크기 측정 방법을 소개한다.

파리목

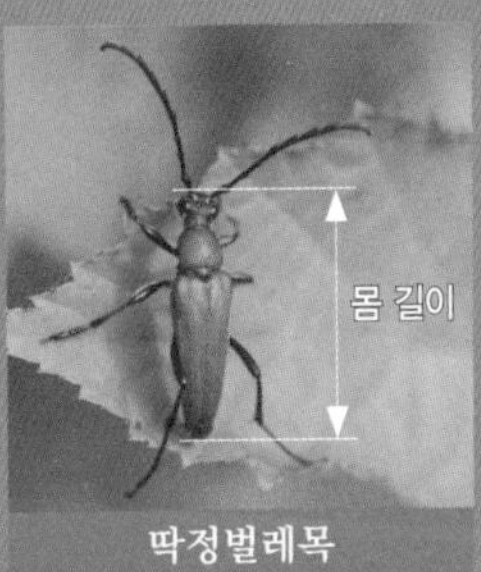

딱정벌레목

나비목

노린재목

메뚜기목

벌목

잠자리목

곤충 쉽게 찾기

한영식 지음

작은멋쟁이나비

머리말

지구상에서 가장 다채로운 곤충은 활발하게 움직이며 수많은 동식물들을 연결해 줍니다. 곤충은 계절이 바뀔 때마다 출현하는 종류가 달라지고, 1년에 여러 번 발생하거나 몇 년에 한 번 성충이 발생하는 경우도 많습니다. 더욱이 알에서 태어난 곤충은 유충과 번데기를 거쳐 성충으로 모습을 바꾸며 성장하기 때문에 발견한 곤충이 어떤 곤충인지 올바로 알기가 쉽지 않습니다.

곤충의 이름을 쉽게 찾지 못하면 곤충에 대한 호기심도 금방 사라지게 됩니다. 방금 발견한 곤충이 어떤 곤충인지 이름을 알았을 때 비로소 더 자세히 관찰하게 되고 어떻게 살아가는지 생태에 대해서도 궁금증이 생겨나게 됩니다. 그러나 곤충은 크기도 작고 금세 날아가 버리기 때문에 제대로 관찰하기 힘들고 찾더라도 이름을 알기가 어렵습니다. 그래서 발견한 곤충을 초보자도 쉽게 찾을 수 있도록 고민하며 이 책을 만들었습니다.

《곤충 쉽게 찾기》는 곤충의 분류 체계에 따라 내시류, 외시류, 고시류, 무시류 순으로 나열하고, 그 안에 목별로 분류해서 어떤 분류군에 속하는지 알면 이름을 쉽게 찾을 수 있도록 구성했습니다. 만약, 어떤 무리에 속하는지 모를 때는 부록에 있는 '서식지로 곤충 찾기'를 활용해 곤충을 발견한 서식지로 곤충의 이름을 찾을 수 있습니다.

숲 교육이 활발해지면서 곤충에 대한 관심도 점점 높아지고 있습니다. 발견한 곤충의 이름을 찾고, 그 곤충이 어떻게 살아가며 어떤 가치가 있는지 알게 되면 곤충을 만나는 즐거움에 매료됩니다. 이 책을 통해 곤충과 더욱 가까워지고 곤충을 소중하게 아끼며 사랑할 수 있게 되기를 기대해 봅니다.

한영식

차례

나비목 Lepidoptera

날도래목 Tricoptera

밑들이목 Mecoptera

파리목 Diptera

벌목 Hymenoptera

뱀잠자리목 Megaloptera

풀잠자리목 Neuroptera

약대벌레목 Raphidioptera

Ⅱ 유시아강(유시류) Pterygota

신시하강(신시류) Neoptera

외시상목(외시류) Exopterygota

노린재목 Hemiptera

메뚜기목 Orthoptera

집게벌레목 Dermaptera

대벌레목 Phasmida

강도래목 Plecoptera

바퀴목 Dictyoptera

사마귀목 Mantodea

Ⅲ 유시아강(유시류) Pterygota

고시하강(고시류) Paleoptera

잠자리목 Odonata

하루살이목 Ephemeroptera

Ⅳ 무시아강(무시류) Apterygota

돌좀목 Microcoryphia

좀목 Zygentoma

일러두기

1. 이 책은 우리나라에서 쉽게 만날 수 있는 곤충 20목 244과 1,580종을 실었다.
2. 곤충을 발전 단계에 따라 유시아강과 무시아강으로 구분하고, 유시아강을 내시류, 외시류, 고시류로 구별하여 곤충의 발전 단계 순으로 목별 차례를 구성하였다.
3. 곤충을 구별하는 데 도움이 되도록 곤충의 이름과 학명, 크기, 출현시기, 먹이, 생태 정보를 실어 쉽고 빠르게 이름과 특징을 한눈에 파악할 수 있다. 곤충의 주 출현시기는 괄호로 표기해 참고하도록 하였다. 예) 출현시기 | 4~9월(봄)
   먹이는 성충의 먹이를 표기했으며 유충의 먹이의 경우에는 먹이 옆에 (유충)을 표기하였다. 예) 먹이(유충) | 산초나무, 초피나무
4. 곤충의 색깔은 흰색, 검은색, 붉은색, 황색, 녹색, 갈색, 청색 등을 기본색으로 표기했으며 색의 범위가 넓은 노란색 계열은 황색으로, 빨간색 계열은 붉은색으로 통일해서 표기하였다.
5. 성충과 함께 자주 발견되는 유충, 번데기, 알과 체색 변이, 계절형, 암수, 짝짓기 등의 사진도 같이 실어 곤충을 폭넓게 이해하도록 하였다.
6. 생김새가 유사한 곤충은 한눈에 보고 비교할 수 있는 페이지를 따로 수록해 곤충의 이름을 쉽게 찾고 구분할 수 있도록 하였다.
7. 부록에는 '서식지로 곤충 찾기'를 수록해 곤충을 발견한 서식지(땅, 잎, 꽃, 나무, 물, 밤)에 따라 곤충을 쉽게 찾고 구분할 수 있도록 하였다.
8. 곤충의 기초적인 이해를 돕기 위해 부록에 '곤충의 몸 구조와 명칭'을 실어 대표적인 곤충의 몸 구조를 살펴보고 명칭을 자세히 설명하였다.
9. 곤충의 우리말 이름은 〈국가생물종목록-환경부 국립생물자원관〉(2023년)을 기준으로 작성하였다.
10. 내용은 쉽게 이해할 수 있도록 한글로 된 용어를 사용하였고, 전문 용어는 '용어해설'에 쉽게 풀이하였다. '곤충 이름 찾아보기'와 '속명 찾아보기'를 수록해 곤충을 쉽게 찾을 수 있도록 도왔다.

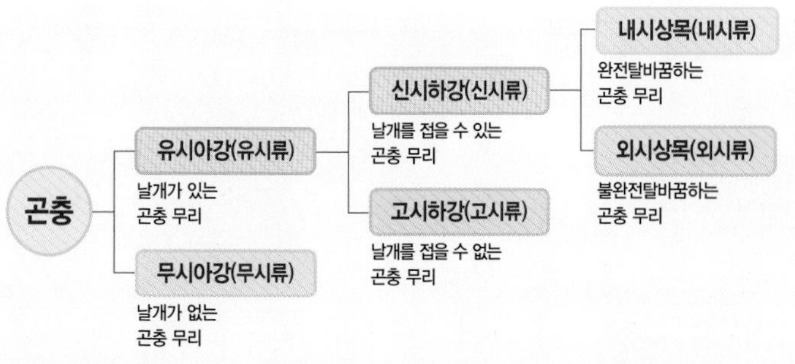

호랑꽃무지

I 유시아강 〉 신시하강 〉 내시상목(내시류)

날개가 있는 유시아강(유시류)에 속하는 곤충 중에서 날개를 접을 수 있는 곤충을 신시류(신시하강)의 곤충이라고 한다. 내시류는 신시류의 곤충 중에서 알, 유충, 번데기, 성충의 단계(완전탈바꿈)를 거치며 살아가는 가장 많은 곤충이 속하는 무리이다.

딱지날개

머리

길앞잡이

큰턱

먹이를 사냥하는 모습

짝짓기

길앞잡이(딱정벌레과) *Cicindela chinensis*

크기 | 18~21㎜ 출현시기 | 4~9월(봄) 먹이 | 소형 곤충, 곤충 유충, 거미류

아름다운 금속 광택을 띠고 있어서 '비단길앞잡이'라고 부르기도 한다. 머리에는 불룩 튀어나온 커다란 겹눈과 날카로운 집게 모양의 큰턱을 갖고 있다. 기다란 다리로 땅 위를 발 빠르게 돌아다니며 바지런히 움직여 소형 곤충을 사냥하기 때문에 '호랑이딱정벌레(Tiger Beetle)'라고도 부른다. 햇볕 좋은 날 산길을 걷다 보면 앞으로 날아올라 2~3m 앞에 앉았다 날아가기를 반복하는 모습을 발견할 수 있다. 그 모습이 마치 산길을 안내하는 것 같아서 이름이 지어졌다.

아이누길앞잡이 털이 많은 다리

아이누길앞잡이(딱정벌레과) *Cicindela gemmata*

크기 | 16~21㎜ 출현시기 | 4~6월(봄) 먹이 | 소형 곤충

산길, 강가, 냇가, 논밭 등에서 가장 흔하게 볼 수 있는 대표적인 길앞잡이이다. 몸이 갈색빛을 띠고 있어서 산길에 앉아 있으면 쉽게 눈에 띄지 않는다. 다리에 털이 매우 많이 나 있는 모습이 일본에 사는 털이 많은 아이누족(Ainu)을 닮았다고 해서 이름이 지어졌다.

무녀길앞잡이 야행성(불빛에 날아옴)

무녀길앞잡이(딱정벌레과) *Cephalota chiloleuca*

크기 | 11~15㎜ 출현시기 | 6~9월(여름) 먹이 | 소형 곤충

서해안의 바닷가, 염전 지대, 간척지, 섬에서 땅 위를 발 빠르게 기어 다닌다. 꼬마길앞잡이와 함께 발견된다. 무당이 많이 살고 있는 바닷가에서 흔하게 발견되기 때문에 이름이 지어졌다. 밤에 불을 켜 놓으면 불빛에 유인되어 무리 지어 날아오는 습성이 있다.

꼬마길앞잡이 짝짓기

꼬마길앞잡이(딱정벌레과) *Cicindela elisae*

크기 | 8~11㎜ 출현시기 | 6~9월(여름) 먹이 | 소형 곤충

몸이 작고 빛깔이 암녹색이어서 땅에 앉아 있어도 쉽게 눈에 띄지 않는다. 딱지날개에 가느다란 흰색 줄무늬가 멋지게 장식되어 있다. 길앞잡이류 중에서 크기가 매우 작아서 이름이 지어졌다. 수컷이 큰턱으로 암컷을 꽉 물고 짝짓기를 한다.

큰무늬길앞잡이(딱정벌레과) *Cicindela lewisii*

크기 | 15~18㎜ 출현시기 | 5~9월(여름) 먹이 | 소형 곤충

몸 빛깔이 모래밭이나 간척지 색깔과 비슷한 보호색을 띤다. 바닷가의 모래 해변이나 간척지에 산다.

쇠길앞잡이(딱정벌레과) *Cicindela speculifera*

크기 | 12~13㎜ 출현시기 | 6~8월(여름) 먹이 | 소형 곤충

냇가, 습지, 논 주변에서 발견되며 '꼬마길앞잡이'와 비슷하지만 딱지날개 무늬가 다르다.

홍단딱정벌레 속날개가 없어서 날지 못한다.

홍단딱정벌레(딱정벌레과) *Carabus (Coptolabrus) smaragdinus*

크기 | 25~45㎜ 출현시기 | 4~10월(여름) 먹이 | 지렁이, 곤충 사체

붉은 구릿빛 광택이 아름다운 곤충이다. 몸에는 여러 개의 올록볼록한 점각이 줄지어 있다. 풀숲의 땅속이나 낙엽 밑에 숨어 있다가 밤이 되면 지렁이, 곤충 등을 빠른 발과 큰턱으로 덥석 물어 사냥한다. 성충은 물론 유충도 땅 위를 빠르게 기어 다니며 사냥하는 육식성 곤충이다.

멋쟁이딱정벌레 딱지날개 테두리의 광택이 눈에 띈다.

멋쟁이딱정벌레(딱정벌레과) *Carabus (Coptolabrus) jankowskii*

크기 | 28~40㎜ 출현시기 | 4~10월(여름) 먹이 | 지렁이, 곤충 사체

딱지날개는 암녹색이고 앞가슴등판은 주홍색을 띤다. 뒷날개가 퇴화되어 날아다닐 수 없지만 땅 위에서 매우 발 빠르게 움직이며 먹잇감을 사냥한다. 숲속에서 땅 위나 나무 위를 기어 다니는 모습을 볼 수 있다. 주로 밤에 활동하지만 낮에도 움직이는 모습을 종종 볼 수 있다.

검정명주딱정벌레 밤에 불빛에 잘 날아와서 먹이 사냥을 한다.

유충 딱지날개 낙엽 밑으로 숨는 모습

검정명주딱정벌레(딱정벌레과) *Calosoma maximowiczi*

크기 | 22~31㎜ 출현시기 | 4~7월(봄) 먹이 | 나비류 유충, 나뭇진

몸과 다리는 전체적으로 검은빛을 띤다. 튼튼하고 길쭉한 다리로 땅 위를 빠르게 이동하며 유충이나 지렁이를 잡아먹고 산다. 땅 위를 기어 다니며 생활하는 특성이 있어서 '보행충', '땅딱정벌레(Ground Beetle)'라고 부른다. 딱정벌레류는 대부분 뒷날개가 퇴화되어 비행할 수 없는 것과 달리 명주딱정벌레류는 막질의 뒷날개를 갖고 있어서 잘 날아다닌다. 낮에는 숲속 가장자리에서 사냥하고 밤이 되면 불빛에 모여든 곤충을 사냥하기 위해 불빛에 모여든다.

풀색명주딱정벌레 딱지날개 테두리가 녹색 광택을 띤다.

풀색명주딱정벌레(딱정벌레과) *Calosoma cyanescens*

크기 | 17~25㎜ 출현시기 | 4~9월(봄) 먹이 | 나비류 유충, 나뭇진

몸은 전체적으로 검은 구릿빛을 띠며 테두리에는 녹색 광택이 나타난다. 나무, 낙엽 밑, 산길을 기어 다니며 나비류 유충을 잡아먹고 산다. 딱정벌레류는 보통 뒷날개가 퇴화되어 날아다닐 수 없지만 명주딱정벌레류는 뒷날개를 갖고 있어서 멀리까지 날아서 사냥할 수 있다.

긴조롱박먼지벌레 죽은 척하는 의사 행동

긴조롱박먼지벌레(딱정벌레과) *Scarites terricola pacificus*

크기 | 15~19.5㎜ 출현시기 | 5~10월(여름) 먹이 | 소형 곤충

몸은 가느다란 조롱박 모양이다. 해안이나 하천의 모래밭에 살면서 곤충을 사냥한다. 낮에는 숨어서 쉬다가 밤에 활발하게 움직이며 사냥한다. 위험에 처하면 죽은 척하는 의사 행동을 잘한다. 의사 행동을 하고 있으면 천적들은 죽은 먹잇감인 줄 알고 잡아먹지 않는다.

줄딱부리강변먼지벌레 불룩 튀어나온 겹눈

줄딱부리강변먼지벌레(딱정벌레과) *Asaphidion semilucidum*

크기 | 4㎜ 내외 출현시기 | 4~11월(봄)

강변의 모래밭이나 자갈밭을 빠르게 기어 다니며 산다. 강변 곳곳에 있는 돌을 들추다 보면 재빨리 도망치는 모습을 발견할 수 있다. 다른 먼지벌레와 달리 몸에 비해 눈이 불룩 튀어나와서 이름에 '딱부리'가 붙었다. 크기가 워낙 작아서 꼼꼼히 찾아보지 않으면 발견이 힘들다.

별강변먼지벌레(딱정벌레과) *Bembidion scopulinum*

크기 | 4~5㎜
출현시기 | 4~9월(봄)

딱지날개 아래쪽 부위에 2개의 황색 점무늬가 있다. 개울이나 하천에 사는 소형 먼지벌레이다.

네눈박이강변먼지벌레(딱정벌레과) *Bembidion morawitzi*

크기 | 4.5㎜ 내외
출현시기 | 3~8월(봄)

몸은 납작하고 광택이 있으며 딱지날개 좌우에 황갈색 무늬가 있다. 강가의 모래밭 주변에 산다.

습지먼지벌레(딱정벌레과)

Archipatrobus flavipes

크기 | 15㎜ 내외 출현시기 | 4~10월(봄)
먹이 | 잡식성(육식, 초식)

몸은 검은색이며 반질반질한 광택이 난다. 더듬이는 적갈색, 다리는 황갈색이고 땅 위를 기어 다닌다.

한국길쭉먼지벌레(딱정벌레과)

Trigonognatha coreana

크기 | 18~21㎜ 출현시기 | 6~8월(여름)
먹이 | 소형 곤충, 지렁이

딱지날개는 보랏빛 광택을 띠며 날개에 선명한 세로줄무늬가 있다. 밤에 활동하며 죽은 지렁이나 곤충을 먹는다.

큰줄납작먼지벌레(딱정벌레과)

Colpodes sylphis stichai

크기 | 8.5~10.5㎜ 출현시기 | 4~10월(봄)
먹이 | 잡식성(육식, 초식)

계곡 주변의 숲에 산다. 발 빠르게 기어다니다가 겨울에 땅속이나 낙엽 밑에서 월동한다.

등줄먼지벌레(딱정벌레과)

Agonum daimio

크기 | 6~9㎜ 출현시기 | 3~8월(봄)
먹이 | 잡식성(육식, 초식)

머리는 검은색이고 앞가슴등판은 황색을 띤다. 황색 딱지날개 가운데에 굵은 검은색 줄무늬가 있다.

남색납작먼지벌레(딱정벌레과)

Dicranoncus femoralis

크기 | 8~9.5㎜ 출현시기 | 4~10월(여름)
먹이 | 잡식성(육식, 초식)

몸은 전체적으로 청람색을 띤다. 더듬이와 다리의 종아리마디, 발목마디는 갈색을 띤다.

날개끝가시먼지벌레(딱정벌레과)

Colpodes buchanani

크기 | 10~13㎜ 출현시기 | 4~10월(여름)
먹이 | 잡식성(육식, 초식)

몸은 적갈색이고 딱지날개는 청동색을 띤다. 몸이 매우 납작하고 길쭉하다. 불빛에 잘 모여든다.

등빨간먼지벌레 딱지날개가 있는 등면에 붉은색 또는 황색 무늬가 있다.

등빨간먼지벌레(딱정벌레과) *Dolichus halensis halensis*

크기 | 15.5~20㎜ 출현시기 | 5~10월(여름) 먹이 | 잡식성(육식, 초식)

머리와 앞가슴등판은 검은색을 띠지만 딱지날개에 둥근 모양의 붉은색 또는 황색 무늬가 퍼져 있다. 주로 밤에 활동하는 야행성 먼지벌레로 낮에는 숲, 논밭, 습지 등의 돌이나 낙엽 밑에 숨어 산다. 위험을 감지하면 기다란 다리로 발 빠르게 움직여 재빨리 구석으로 숨는 습성이 있다.

윤납작먼지벌레(딱정벌레과)
Synuchus nitidus

크기 | 15~17㎜ 출현시기 | 4~10월(여름)
먹이 | 소형 곤충

몸은 납작하고 검은색이며 반질반질한 광택이 난다. 둥근 앞가슴등판 가운데에 1개의 세로줄이 있다.

검정칠납작먼지벌레(딱정벌레과)
Synuchus melantho

크기 | 10~13㎜ 출현시기 | 5~10월(여름)
먹이 | 소형 곤충

몸은 검은색이고 다리는 황갈색이다. 숲길을 재빨리 기어 다니고 밤에는 환한 불빛에 모여든다.

애먼지벌레(딱정벌레과)
Anisodactylus tricuspidatus

크기 | 10~13㎜ 출현시기 | 5~10월(여름)
먹이 | 소형 곤충

몸은 검은색이고 광택이 나며 다리는 흑갈색을 띤다. 풀밭이나 땅 위를 발빠르게 기어 다닌다.

큰가시머리먼지벌레(딱정벌레과)
Harpalus calceatus

크기 | 12.5~14.5㎜ 출현시기 | 4~7월(봄)
먹이 | 소형 곤충, 사체

머리는 크게 돌출되었고 타원형의 딱지날개는 검은색 광택이 난다. 땅 위를 빠르게 기어 다닌다.

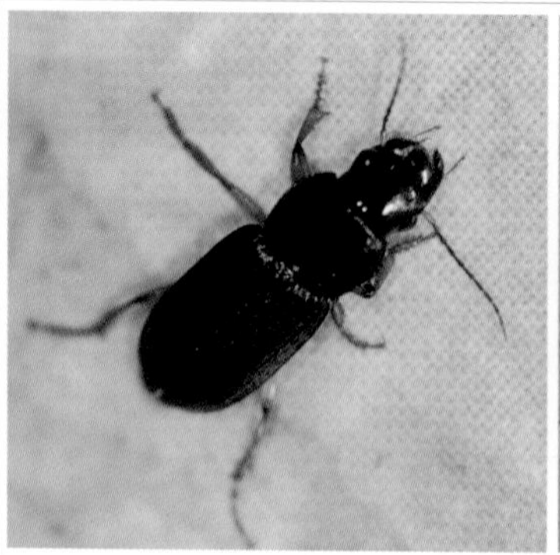

가슴털머리먼지벌레(딱정벌레과)
Harpalus eous

크기 | 19~20mm
출현시기 | 6~9월(여름)

몸은 전체적으로 검은색이고 다리는 황갈색이며 불빛에 잘 모여든다. 숲, 논밭, 냇가 등의 땅에 산다.

중국머리먼지벌레(딱정벌레과)
Harpalus (Pseudoophonus) sinicus

크기 | 9.5~14.5mm
출현시기 | 6~9월(여름)

가슴에 비해 머리가 매우 커서 '머리먼지벌레'라고 부른다. 땅이나 풀잎 위를 빠르게 기어 다닌다.

머리먼지벌레(딱정벌레과)
Harpalus (Cephalomorphus) capito

크기 | 15.1~17.9mm 출현시기 | 7~8월(여름)
먹이 | 소형 곤충, 사체

딱지날개에 가느다란 세로줄무늬가 있다. 먼지벌레류 중에서 가슴에 비해 머리 부위가 커서 이름이 지어졌다.

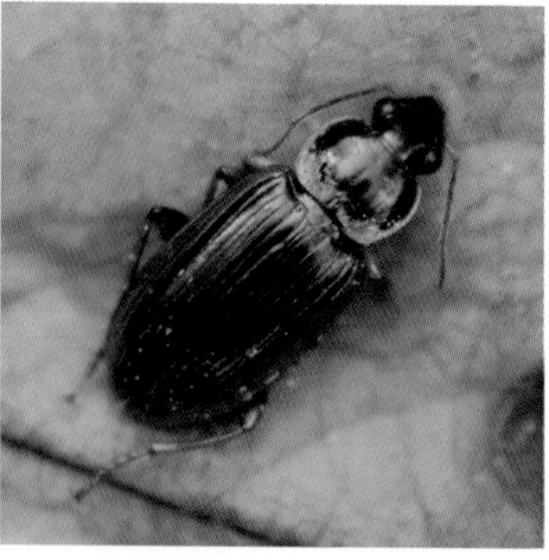

노랑테먼지벌레(딱정벌레과)
Anoplogenius cyanescens

크기 | 8.3~9.5mm 출현시기 | 3~11월(여름)
먹이 | 곤충 유충, 나방류 알

풀밭에서 발견되며 몸은 적갈색~흑갈색을 띤다. 딱지날개의 테두리는 연황색을 띤다.

우수리둥글먼지벌레 우수리 지역에서 처음 발견되어 이름이 지어졌다.

우수리둥글먼지벌레(딱정벌레과) *Amara ussuriensis*

크기 | 7.5~8㎜ 출현시기 | 4~8월(봄) 먹이 | 잡식성(육식, 초식)

몸은 광택이 있는 검은색이고 타원형이다. 잔디, 들판, 하천 변 풀밭에 산다. 위험에 처하면 재빨리 움직여 풀숲이나 낙엽 밑으로 도망친다. 땅에서 발 빠르게 기어 다니는 모습을 흔하게 볼 수 있지만 대부분의 먼지벌레들과 달리 풀잎 위를 기어 다니는 모습도 자주 발견된다.

큰둥글먼지벌레(딱정벌레과)

Curtonotus giganteus

크기 | 17.5~21㎜ 출현시기 | 4~9월(여름)
먹이 | 잡식성(육식, 초식)

몸은 검은색이고 광택이 나며 딱지날개에 세로줄무늬가 뚜렷하다. 겨울에 성충으로 월동한다.

꼬마좀쌀먼지벌레(딱정벌레과)

Stenolophus (Astenolophus) fulvicornis

크기 | 4.5~5.3㎜ 출현시기 | 3~9월(여름)
먹이 | 썩은 물질

검은색의 딱지날개, 머리, 앞가슴등판에 광택이 있어 반질거린다. 크기가 좀쌀처럼 매우 작다.

미륵무늬먼지벌레

더듬이(제1~3마디 황색)

미륵무늬먼지벌레(딱정벌레과) *Chlaenius (Achlaenius) variicornis*

크기 | 11.2~13.5㎜ 출현시기 | 5~11월(여름) 먹이 | 소형 곤충

몸은 전체적으로 암녹색을 띠며 다리는 연갈색이다. 더듬이는 전체적으로 흑갈색을 띠지만 제1~3마디까지 황색을 띤다. 잘 발달된 다리로 천적을 피해 풀숲에 숨거나 먹이를 구하기 위해 재빨리 이동한다. 산과 들에 사는 소형 곤충을 잡아먹고 살며 성충으로 월동한다.

어리노랑테무늬먼지벌레(딱정벌레과) *Chlaenius (Chlaeniellus) circumductus*

크기 | 13~14㎜ 출현시기 | 5~10월(여름) 먹이 | 소형 곤충

딱지날개의 가장자리를 따라서 황색 테두리가 있다. 낙엽이나 돌 틈 사이를 빠르게 기어 다닌다.

멋무늬먼지벌레(딱정벌레과) *Chlaenius (Callistoides) deliciolus*

크기 | 10~11.5㎜ 출현시기 | 5~11월(여름) 먹이 | 소형 곤충

딱지날개 양쪽에 주황색 테두리가 있고 아랫부분에 둥근 점무늬가 있다. 주로 밤에 활동한다.

쌍무늬먼지벌레(딱정벌레과)

Chlaenius (Lissauchenius) naeviger

크기 | 14~14.5㎜ 출현시기 | 4~9월(여름)
먹이 | 소형 곤충

암녹색의 딱지날개에 2개의 황색 점무늬가 있다. 개울 주변의 산이나 습지의 풀밭에 산다.

노랑무늬먼지벌레(딱정벌레과)

Chlaenius (Lissauchenius) posticalis

크기 | 12~13㎜ 출현시기 | 5~8월(여름)
먹이 | 소형 곤충

딱지날개에 2개의 둥근 황색 점무늬가 있다. 낮에는 풀숲에 숨어 지내다가 밤이 되면 활동한다.

끝무늬녹색먼지벌레(딱정벌레과)

Chlaenius (Achlaenius) micans

크기 | 15~17.5㎜ 출현시기 | 5~8월(여름)
먹이 | 소형 곤충

딱지날개 끝부분에 있는 2개의 황색 점무늬가 배 끝부분을 따라 고리처럼 서로 연결되어 있다.

왕쌍무늬먼지벌레(딱정벌레과)

Chlaenius (Pachydinodes) pictus

크기 | 12.5~14㎜ 출현시기 | 5~8월(여름)
먹이 | 소형 곤충

몸은 적갈색, 머리와 앞가슴등판은 붉은색을 띤다. 딱지날개의 황색 점무늬가 서로 연결되어 있다.

줄먼지벌레 딱지날개에 세로줄무늬가 있어서 이름이 지어졌다.

줄먼지벌레(딱정벌레과) *Chlaenius (Haplochlaenius) costiger costiger*

크기 | 22~23㎜ 출현시기 | 5~8월(여름) 먹이 | 소형 곤충

몸은 검은색, 다리는 황색, 앞가슴등판은 광택이 나는 붉은색을 띤다. 산과 들의 돌이나 낙엽 밑에 살면서 다른 곤충을 잡아먹는 몸집이 커다란 먼지벌레이다. 딱지날개에 세로로 된 줄무늬가 선명하게 있어서 이름이 지어졌다. 주로 밤에 활발하게 움직이며 소형 곤충을 사냥한다.

무늬이빨먼지벌레(딱정벌레과)

Badister pictus

크기 | 6.2~6.5㎜

출현시기 | 5~10월(여름)

머리는 검은색이고 주황색의 딱지날개에 4개의 검은색 점무늬가 있다. 땅이나 풀숲을 잘 기어 다닌다.

산목대장먼지벌레(딱정벌레과)

Odacantha (Heliocasnonia) aegrota

크기 | 6~7㎜

출현시기 | 2~11월(여름)

몸은 전체적으로 길다. 앞가슴등판이 길쭉해 마치 목이 긴 동물처럼 보여서 이름이 지어졌다.

큰털보먼지벌레 선명한 황색 무늬는 경고색이다.

큰털보먼지벌레(딱정벌레과) *Dischissus mirandus*

크기 | 17~19㎜ 출현시기 | 4~10월(여름) 먹이 | 소형 곤충, 배설물

몸, 더듬이, 다리, 앞가슴등판은 검은색이다. 금속 광택이 나는 딱지날개에는 굵은 세로줄무늬가 뚜렷하며 딱지날개 좌우에 4개의 황색 무늬가 있다. 낮에는 숲, 논밭, 냇가 등의 돌 밑에 숨어 있다가 밤에 나와 소형 곤충을 잡아먹는다. 불빛에 유인되어 모여들기도 한다.

송이먼지벌레(딱정벌레과) *Tinoderus singularis*

크기 | 10~11㎜
출현시기 | 3~10월(여름)

몸은 전체적으로 검은색이며 다리는 적갈색을 띤다. 딱지날개 좌우에 4개의 둥근 주황색 무늬가 있다.

작은네눈박이먼지벌레(딱정벌레과) *Panagaeus robustus*

크기 | 9.5~10.5㎜
출현시기 | 3~10월(여름)

딱지날개 좌우에 4개의 주황색 무늬가 있다. 땅이나 낙엽에서 바지런히 기어 다닌다.

밑빠진먼지벌레(딱정벌레과)
Cymindis daimio

크기 | 8~9㎜ 출현시기 | 5~6월(여름)
먹이 | 지렁이

딱지날개는 적갈색이며 아랫부분에 남색의 U자 무늬가 있다. 계곡 주변의 축축한 곳에 산다.

노랑머리먼지벌레(딱정벌레과)
Calleida (Callidiola) lepida

크기 | 10~11.5㎜
출현시기 | 5~9월(여름)

머리와 앞가슴등판은 적갈색이고 딱지날개는 녹색을 띤다. 땅보다 잎을 잘 기어 다닌다.

쌍점박이먼지벌레(딱정벌레과)
Lebidia bioculata

크기 | 8.5~9.5㎜ 출현시기 | 4~10월(여름)
먹이 | 소형 곤충

딱지날개 좌우에 둥근 황백색 무늬가 특징이다. 나무 위에 살며 주로 밤에 활동한다.

줄납작밑빠진먼지벌레(딱정벌레과)
Parena latecincta

크기 | 9~10㎜ 출현시기 | 5~10월(봄)
먹이 | 소형 곤충

딱지날개 가장자리에 둥글게 휘어진 암녹색 테두리가 있다. 나무에서 소형 곤충을 사냥한다.

납작선두리먼지벌레(딱정벌레과)

Parena cavipennis

크기 | 9.5~10㎜ 출현시기 | 4~9월(여름)
먹이 | 잡식성(육식, 초식)

몸은 납작하고 황적색이다. 머리에는 곰보 모양의 홈이 파여 있고 앞머리에는 V자 모양의 홈이 있다.

노랑가슴먼지벌레(딱정벌레과)

Lachnolebia cribricollis

크기 | 6.5~8㎜ 출현시기 | 3~10월(봄)
먹이 | 잡식성(육식, 초식)

몸은 납작하고 머리와 딱지날개는 청록색이며 앞가슴등판은 주황색, 다리는 황색이다. 산이나 밭에 산다.

한라십자무늬먼지벌레(딱정벌레과)

Lebia (Poecilothais) retrofasciata

크기 | 5.5~6.5㎜ 출현시기 | 5~10월(여름)
먹이 | 잡식성(육식, 초식)

몸은 황갈색이고 머리와 가슴은 붉은색이다. 나무 위에서 살며 딱지날개에 검은색 십자무늬가 있다.

엷은먼지벌레(딱정벌레과)

Demetrias marginicollis

크기 | 5~5.5㎜ 출현시기 | 3~10월(여름)
먹이 | 잡식성(육식, 초식)

몸은 연갈색을 띠고 머리는 검은색이다. 앞가슴등판 가장자리와 딱지날개 봉합선 부위가 검다.

폭탄먼지벌레

폭탄 방귀를 뀌어서 '방구퉁'이라 불린다.

딱지날개　　야행성(밤에 활동함)　　폭탄 방귀를 뀌는 꽁무니

폭탄먼지벌레(딱정벌레과) *Pheropsophus (Stenaptinus) jessoensis*

크기 | 11~18㎜ 출현시기 | 5~9월(여름) 먹이 | 소형 곤충, 사체

딱지날개 좌우에 2개의 황색 점무늬가 있다. 냇가를 끼고 있는 숲, 경작지 풀밭, 물이 축축한 습지 주변에서 죽은 곤충이나 동물의 사체를 먹고 산다. 위험한 적을 만나면 꽁무니에서 퍽 하는 소리와 함께 100도가 넘는 고열의 폭탄 방귀를 뀌어서 이름이 지어졌다. 폭탄 방귀를 맞은 천적은 화들짝 놀라서 삼키려다 뱉어 내고 만다. 몸속에는 뜨거운 방귀를 저장해 두는 저장실과 신속히 반응해 폭탄 방귀를 뀌는 반응실이 있어서 위험을 느낄 때마다 여러 차례 연속적으로 방귀를 뀔 수 있다.

먼지벌레 무리 비교하기

검정칠납작먼지벌레

길쭉먼지벌레류

몸은 매우 납작하고 길쭉하며 머리가 앞가슴등판에 비해 작다. 기다란 다리로 땅 위를 빠르게 기어 다닌다.

중국머리먼지벌레

먼지벌레류

몸은 타원형으로 길쭉하며 길쭉먼지벌레류보다 다리가 짧은 편이다. 머리가 앞가슴등판에 비해 매우 큰 편이다.

우수리둥글먼지벌레

둥글먼지벌레류

몸 전체가 둥글둥글하며 머리와 딱지날개 끝부분이 매우 뾰족한 편이다. 땅 위와 풀밭 사이를 빠르게 기어 다닌다.

끝무늬녹색먼지벌레

무늬먼지벌레류

딱지날개에 무늬를 갖고 있다. 길쭉먼지벌레류처럼 몸이 길고 잘 발달된 긴 다리를 갖고 있어서 매우 빨리 기어 다닌다.

한라십자무늬먼지벌레

십자무늬먼지벌레류

딱지날개에 십자무늬를 갖고 있다. 땅 위를 기어 다니는 먼지벌레류와 달리 풀 줄기나 나무 위를 오르내린다.

폭탄먼지벌레

폭탄먼지벌레류

고열의 폭탄 방귀를 뀌어서 천적으로부터 자신을 지킨다. 습지나 저수지 근처에 살면서 주로 밤에 활동한다.

털이 많은 다리

더듬이와 겹눈

물방개

헤엄치는 모습

호흡

먹이를 사냥하는 모습

물방개(물방개과) *Cybister chinensis*

크기 | 35~40㎜ 출현시기 | 4~10월(여름) 먹이 | 수서곤충, 작은 물고기

몸은 녹흑색이고 타원형이며 가장자리에 황색 테두리가 있다. 물방개는 '물+방(둥글다)+개(접미사)'가 합쳐져 만들어진 이름으로 '물에 사는 둥근 곤충'이라는 뜻이다. 물방개류 중에서 크기가 가장 크고 옛날에는 '쌀방개'라고 불렀다. 성충과 유충 모두 하천, 연못, 웅덩이에서 수서곤충과 작은 물고기를 잡아먹고 살며 밤에 불빛에 날아온다. 꽁무니의 딱지날개와 등판 사이에 공기를 저장해서 물속에서도 숨을 쉰다. 개체 수가 많이 줄어 환경부 지정 멸종위기 야생생물Ⅱ급으로 지정되어 보호하고 있다.

검정물방개 딱지날개 가장자리에 황색 테두리가 없다.

헤엄치는 모습

호흡

물속 정지 자세

검정물방개(물방개과) *Cybister (Melanectes) brevis*

크기 | 20~25㎜ 출현시기 | 3~11월(여름) 먹이 | 수서곤충, 작은 물고기

몸은 전체적으로 광택이 나는 검은색이고 타원형으로 둥글다. 딱지날개의 끝부분에 희미한 점이 있다. 털이 수북하게 달린 뒷다리를 동시에 뻗어서 헤엄치는 모습이 개구리헤엄과 닮은 평영을 한다. 성충과 유충 모두 연못이나 저수지의 물속에 사는 수서곤충이나 작은 물고기를 잡아먹고 산다. 연못, 저수지, 논, 늪에 살며 겨울에 연못이나 저수지 바닥의 돌 밑에 숨어서 월동한다. 위협을 받으면 지독한 냄새를 풍기는 방어 물질을 분비한다. 밤에 환한 불빛에 유인되어 잘 날아온다.

애기물방개

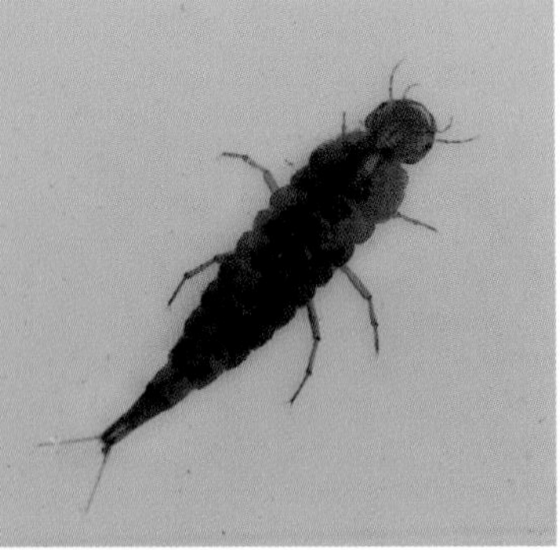

유충

애기물방개(물방개과) *Rhantus (Rhantus) suturalis*

크기 | 11~13㎜ 출현시기 | 3~11월(여름) 먹이 | 수서곤충

몸은 흑갈색이고 가장자리를 따라 연갈색 테두리가 있다. 연못, 논, 웅덩이의 고인 물에 살며 겨울에 물속의 낙엽 아래에서 성충으로 월동한다. 밤에 환한 불빛에 유인되어 잘 날아온다. 유충은 갈색이고 물에 사는 수서곤충을 잘 잡아먹고 산다.

꼬마줄물방개

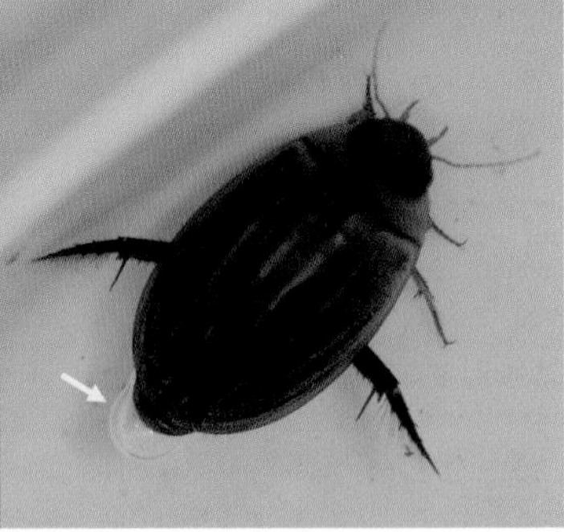

호흡

꼬마줄물방개(물방개과) *Hydaticus (Prodaticus) grammicus*

크기 | 8~10㎜ 출현시기 | 3~11월(여름) 먹이 | 수서곤충, 작은 물고기

몸은 전체적으로 타원형이고 황갈색 딱지날개에 검은색 세로줄무늬가 있다. 물방개 중에서 크기가 작아서 '꼬마'라는 이름이 붙었다. 물풀이 많이 자라는 연못, 논, 웅덩이, 수로 등에 살면서 소형 수서곤충을 잡아먹는다. 밤에는 불빛에 유인되어 잘 날아온다.

알물방개(물방개과)
Hyphydrus japonicus vagus

크기 | 4~5㎜ 출현시기 | 5~10월(여름)
먹이 | 수서곤충

몸은 황갈색이고 딱지날개가 얼룩덜룩하다. 생김새가 볼록한 알처럼 생겼으며 연못이나 웅덩이에 산다.

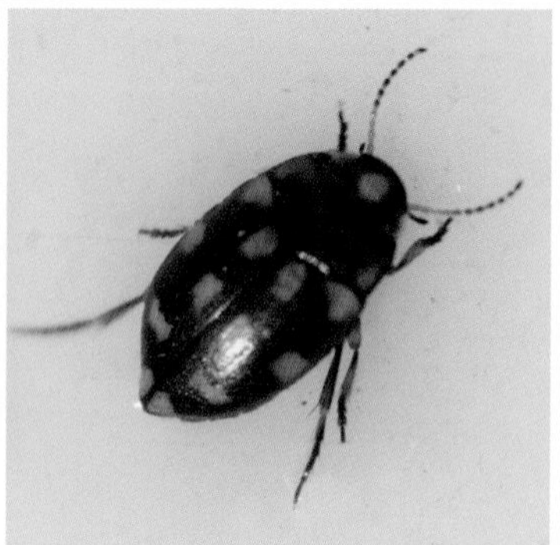

노랑무늬물방개(물방개과)
Oreodytes natrix

크기 | 4㎜ 내외 출현시기 | 6~8월(여름)
먹이 | 수서동물

몸은 타원형이고 딱지날개에 12개의 황색 무늬가 있다. 냇가의 여울이나 가장자리에서 발견된다.

검정땅콩물방개

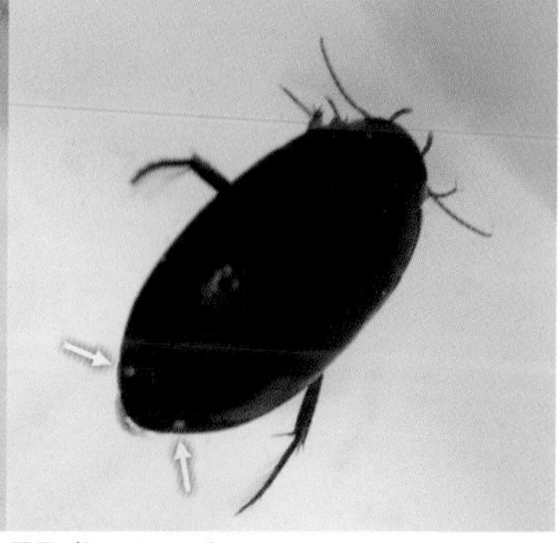
꽁무니(2개의 점무늬)

검정땅콩물방개(물방개과) *Agabus (Acatodes) conspicuus*

크기 | 6~7㎜ 출현시기 | 6~9월(여름) 먹이 | 수서동물

몸은 검은색이고 광택이 있다. 머리 꼭대기에 암적색 얼룩무늬가 있고 더듬이는 황갈색을 띤다. 배면은 검은색이고 다리는 적흑색이다. 둥근 타원형의 생김새가 땅콩같아 보여서 이름이 지어졌다. 연못, 논, 저수지에서 빠르게 헤엄치며 소형 수서동물을 잡아먹고 산다.

깨알물방개(물방개과)
Laccophilus difficilis

크기 | 4.2~5㎜ 출현시기 | 3~10월(여름)
먹이 | 수서곤충

몸은 연갈색이고 타원형이다. 크기가 너무 작아서 깨알처럼 보인다고 해서 이름이 지어졌다.

혹외줄물방개(물방개과)
Nebrioporus hostilis

크기 | 5㎜ 내외 출현시기 | 4~10월(여름)
먹이 | 수서곤충

몸은 황갈색이고 딱지날개에 6~7개의 검은색 세로줄무늬가 있다. 냇가와 연못에서 산다.

물맴이(물맴이과)
Gyrinus (Gyrinus) japonicus

크기 | 6~8㎜ 출현시기 | 4~10월(봄)
먹이 | 부유 물질

물 위를 빙글빙글 맴돈다 해서 이름이 지어졌다. 물 위, 물 아래를 동시에 볼 수 있는 2쌍의 눈이 있다.

물진드기(물진드기과)
Peltodytes intermedius

크기 | 4㎜ 내외 출현시기 | 4~10월(봄)
먹이 | 실지렁이, 소형 갑각류

몸은 갈색이고 딱지날개에 검은색 점무늬가 많다. 진드기처럼 크기가 작아서 이름이 지어졌다.

다리

머리

물땡땡이

등면 광택(머리, 앞가슴등판, 딱지날개)

작은방패판(역삼각형 모양)

물땡땡이(물땡땡이과) *Hydrophilus (Hydrophilus) acuminatus*

크기 | 35~40㎜ 출현시기 | 4~11월(여름) 먹이 | 물풀

몸은 광택이 도는 검은색으로 길쭉한 타원형이다. 딱지날개에는 4개의 세로로 된 홈줄이 있다. 성충은 더듬이로 공기를 흡입하여 가슴의 털에 담아 두고 숨을 쉰다. 유충은 물속에서 물달팽이나 소형 수서곤충을 잡아먹고 살지만 성충이 되면 물풀을 뜯어 먹는다. 저수지, 웅덩이, 논 등에 살며 헤엄은 빠르지 않다. 암컷은 배 끝에서 실을 내어서 알덩이를 만들고 알을 낳아 물풀의 줄기에 붙인다. 겨울에 유충이나 성충으로 월동하며 밤이 되면 불빛에 잘 날아온다. 국외반출승인대상종이다.

잔물땡땡이(물땡땡이과)
Hydrochara affinis

크기 | 16~18㎜ 출현시기 | 연중(여름)
먹이 | 물풀

몸은 광택이 있는 검은색이고 타원형이다. 논, 연못, 하천에 사는 유충은 물달팽이와 수서곤충을 잡아먹는다.

애물땡땡이(물땡땡이과)
Sternolophus rufipes

크기 | 9~11㎜ 출현시기 | 4~10월(여름)
먹이 | 물풀

몸은 검은색이고 타원형이며 반질반질한 광택이 난다. 저수지 등의 고인 물에 살며 밤에 불빛에 잘 날아온다.

애넓적물땡땡이(물땡땡이과)
Enochrus (Holcophilydrus) simulans

크기 | 4.9~6㎜ 출현시기 | 5~9월(여름)
먹이 | 물풀

몸은 광택이 있는 황갈색이며 넓적하다. 유충은 논, 연못에서 물달팽이를 먹고 살며 밤에 불빛에 날아온다.

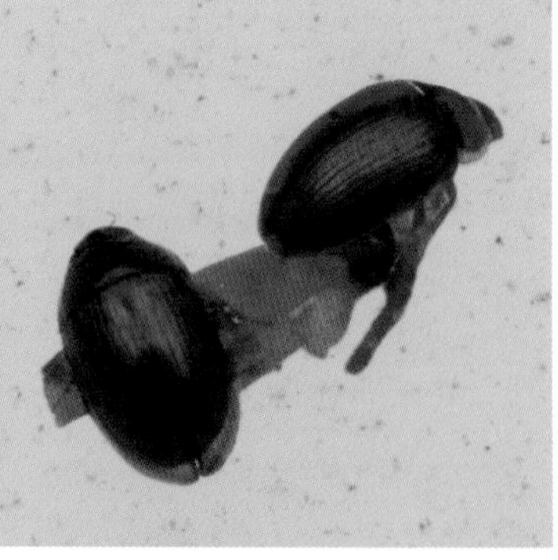

무늬점물땡땡이(물땡땡이과)
Laccobius (Microlaccobius) oscillans

크기 | 2.6~2.8㎜ 출현시기 | 4~10월(여름)
먹이 | 물풀, 수서동물

몸은 암갈색이고 타원형이다. 논, 연못에 살며 유충은 소형 수서동물이나 동물성 플랑크톤을 먹고 산다.

딱지날개와 다리

큰턱과 더듬이

풍뎅이붙이

배면

풍뎅이붙이에 기생하는 진드기

풍뎅이붙이(풍뎅이붙이과) *Merohister jekeli*

크기 | 10㎜ 내외 출현시기 | 5~8월(여름) 먹이 | 구더기, 동물 사체

몸은 남색빛이 도는 검은색으로 광택이 있다. 둥글고 납작하게 생겼으며 큰턱이 앞으로 튀어나왔다. 딱지날개가 배보다 짧아서 배마디 두 마디가 노출되었다. 다리는 '소똥구리'와 비슷해서 땅속을 파고 생활하는 데 적합하게 발달되었다. 전체적인 생김새가 풍뎅이류와 매우 비슷하기 때문에 닮았다는 뜻의 '붙이'가 붙어서 이름이 지어졌다. 동물의 사체나 배설물에 잘 모여들어 그 속에 살고 있는 구더기를 잡아먹고 산다. 풀밭이나 땅에서 주로 발견되며 겨울에 성충으로 월동한다.

아무르납작풍뎅이붙이(풍뎅이붙이과)
Hololepta amurensis

크기 | 7.5~11㎜
출현시기 | 4~6월(봄)

몸은 광택이 있는 검은색이고 매우 납작하다. 큰턱이 잘 발달되어 있고 나무껍질에서 잘 발견된다.

긴풍뎅이붙이(풍뎅이붙이과)
Platysoma (Cylister) lineicolle

크기 | 3.4~4.5㎜
출현시기 | 3~7월(봄)

몸은 광택이 있는 검은색이고 직사각형 모양이며 큰턱이 발달되었다. 더듬이와 다리는 진갈색을 띤다.

큰수중다리송장벌레(송장벌레과)
Necrodes littoralis

크기 | 15~28㎜ 출현시기 | 6~8월(여름)
먹이 | 구더기

수컷의 뒷다리 넓적다리마디가 굵게 발달되어서 이름이 지어졌다. 사체에 모인 구더기를 잡아먹는다.

수중다리송장벌레(송장벌레과)
Necrodes nigricornis

크기 | 15~20㎜ 출현시기 | 6~8월(여름)
먹이 | 구더기

사체에 모인 구더기를 잡아먹는다. '큰수중다리송장벌레'와 비슷하지만 더듬이 전체가 검은색이어서 구별된다.

넓적송장벌레 땅 위를 기어 다니며 동물의 사체와 배설물을 먹는다.

유충

먹이를 사냥하는 모습

풀잎 위에 올라간 모습

넓적송장벌레(송장벌레과) *Silpha perforata*

크기 | 17~23㎜ 출현시기 | 5~8월(여름) 먹이 | 동물 사체, 배설물

몸은 검은색이고 청색 광택이 난다. 딱지날개는 넓고 편평하며 한쪽에 4개의 융기된 세로줄무늬가 있다. 배 끝부분이 딱지날개보다 더 길게 튀어나와 있는 것이 특징이다. 더듬이의 마지막 마디가 넓게 발달되어 있어서 냄새를 잘 맡을 수 있다. 숲에서 동물의 사체와 배설물을 먹기 위해 잘 모여든다. 주로 밤에 활동하지만 낮에 활동하는 모습도 종종 볼 수 있다. 유충은 동물의 사체를 찾아서 산길을 발 빠르게 기어 다니기 때문에 쉽게 발견된다. 우리나라의 송장벌레류 중에서 가장 흔하다.

네눈박이송장벌레 딱지날개에 눈처럼 보이는 4개의 점무늬가 있다.

딱지날개(점무늬)

길게 튀어나온 배

야행성(밤에 활동함)

네눈박이송장벌레(송장벌레과) *Dendroxena sexcarinata*

크기 | 10~15㎜ 출현시기 | 5~7월(여름) 먹이 | 나비류 유충

몸은 검은색이고 딱지날개는 연갈색을 띤다. 딱지날개에 4개의 커다란 점무늬가 눈이 박힌 것처럼 보인다고 해서 이름이 지어졌다. 사체에 모여들어 사체나 구더기를 먹고 사는 일반적인 송장벌레와 달리 물푸레나무, 느릅나무, 참나무류 등의 활엽수 위를 오르내리며 다양한 나비류와 나방류의 유충을 잡아먹고 산다. 낮에 숲속 나무 위에서 살아가기 때문에 나무 위아래를 바쁘게 오가는 모습을 발견할 수 있다. 나무에 있다가 땅에 잘 떨어져서 산길을 기어 다니는 모습도 발견할 수 있다.

좀송장벌레(송장벌레과)
Thanatophilus sinuatus

크기 | 14㎜ 내외 출현시기 | 5~8월(여름)
먹이 | 동물 사체, 썩은 물질

몸은 검은색이고 딱지날개에 점각이 올록볼록 튀어나와 있다. 동물의 사체와 쓰레기에 잘 모여든다.

꼬마검정송장벌레(송장벌레과)
Ptomascopus morio

크기 | 8~15㎜ 출현시기 | 6~9월(여름)
먹이 | 동물 사체

몸은 검은색이고 반질반질한 검은색 광택이 돈다. 동물의 사체에 모여 사체를 파묻고 알을 낳는다.

이마무늬송장벌레　　동물의 사체를 묻는 매장충이다.

이마무늬송장벌레(송장벌레과) *Nicrophorus maculifrons*

크기 | 17~18㎜ 출현시기 | 4~9월(여름) 먹이 | 동물 사체

몸은 광택이 있는 검은색이다. 머리 부분에 적갈색 점이 있어서 이름이 지어졌다. 딱지날개에 적갈색 무늬가 있어서 생김새가 '넉점박이송장벌레'와 비슷하다. 성충은 숲에 있는 동물의 사체나 배설물에 잘 모여든다. 밤에 환한 불빛에 잘 날아온다.

넉점박이송장벌레 딱지날개에 4개의 점무늬가 있다.

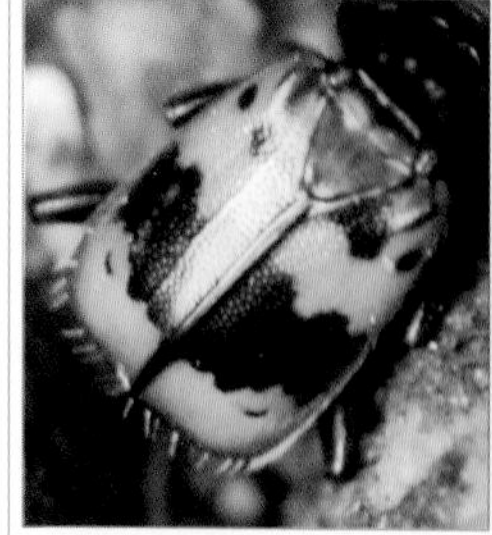

딱지날개

끝이 부푼 더듬이

길게 튀어나온 배

넉점박이송장벌레(송장벌레과) *Nicrophorus quadripunctatus*

크기 | 13~21㎜ 출현시기 | 6~9월(여름) 먹이 | 동물 사체

몸은 광택이 있는 검은색이다. 주황색 딱지날개에 4개의 둥근 검은색 점무늬가 있어서 이름이 지어졌다. 주로 동물의 사체나 배설물에 잘 모여든다. 동물의 사체에 모여서 사체의 아래쪽을 파서 땅속에 파묻고 그 속에 알을 낳아 번식한다. 사체를 땅속에 파묻어 장례를 잘 치러 준다고 해서 '장의사딱정벌레', 사체에 잘 모여들어서 '송장벌레'라고 부른다. 위험한 상황을 감지하면 잠깐 죽은 척하지만 곧 일어나 재빨리 구석으로 숨는다. 밤에 불빛에 종종 날아와 모여든다.

송장벌레 무리 비교하기

넉점박이송장벌레

무늬송장벌레류

쥐, 새 등 죽은 동물의 사체를 땅속에 묻는 매장충이다. 땅속에 묻은 사체에 알을 낳아서 번식한다.

큰수중다리송장벌레

수중다리송장벌레류

죽은 동물의 사체에 알을 낳아 번식하는 파리류의 유충인 구더기를 잡아먹기 위해 사체에 모여든다.

넓적송장벌레

넓적송장벌레류

앞가슴등판과 딱지날개가 편평한 송장벌레이다. 구더기, 소형 곤충을 잡아먹고 살며 흔히 만날 수 있다.

네눈박이송장벌레

네눈박이송장벌레류

죽은 동물의 사체에 모이지 않고 나무 위를 오르내리며 나무에 사는 나비류 유충을 잡아먹는 포식성 송장벌레이다.

홍딱지반날개

딱지날개가 반쪽밖에 없어서 '반날개'이다.

짧은 딱지날개

머리와 더듬이

홍딱지반날개(반날개과) *Platydracus (Platydracus) brevicornis*

크기 | 18㎜ 내외 출현시기 | 5~8월(여름) 먹이 | 동물 사체, 배설물

몸은 광택이 있는 검은색이며 가늘고 길쭉하다. 딱지날개와 배 끝마디는 황갈색을 띠며 큰턱이 잘 발달되어 있다. 보통의 딱정벌레목 곤충과 달리 딱지날개가 몸 전체를 뒤덮지 않고 반쪽만 덮는다 해서 '반날개'라는 이름이 지어졌다. 숲속에서 낮에 활발하게 활동하면서 동물의 사체와 배설물에 모여서 분해시키는 생태계 분해자 역할을 한다. 딱지날개가 뒤덮지 못해서 배 등면이 그대로 노출되지만 손톱의 주성분인 케라틴 성분으로 이루어져 있어서 땅에서 자유롭게 활동해도 쉽게 다치지 않는다.

노랑털검정반날개(반날개과)

Ocypus (Ocypus) weisei

크기 | 16~19㎜ 출현시기 | 7~8월(여름)
먹이 | 동물 사체

몸은 검은색이고 황색 털이 많아서 눈에 잘 띈다. 숲의 계곡 주변이나 경작지 주변에서 산다.

녹슬은반날개(반날개과)

Ontholestes gracilis

크기 | 13~16㎜ 출현시기 | 6~8월(여름)
먹이 | 동물 사체

몸은 갈색이고 몸에 청색 점무늬가 매우 많아서 마치 녹슨 것처럼 보여서 이름이 지어졌다.

극동좀반날개(반날개과)

Philonthus (Philonthus) wuesthoffi

크기 | 6.2㎜ 내외 출현시기 | 5~8월(여름)
먹이 | 동물 사체, 배설물

몸은 전체적으로 검은색이며 불빛에 잘 날아온다. 작은 딱지날개 속의 뒷날개를 펴서 잘 날아다닌다.

잔머리왕눈이반날개(반날개과)

Quedius (Microsaurus) parviceps

크기 | 11~12㎜ 출현시기 | 5~8월(여름)
먹이 | 동물 사체, 배설물

몸은 검은색이고 눈이 불룩 튀어나왔다. 낙엽이 많이 쌓인 곳에서 생활하며 생태계 분해자 역할을 한다.

어리큰칠흑반날개(반날개과)

Liusus hilleri

크기 | 10㎜ 내외 출현시기 | 4~10월(여름)
먹이 | 동물 사체

몸은 전체적으로 검은색으로 길쭉하다. 딱지날개도 검은색을 띠며 더듬이는 염주알 모양이다.

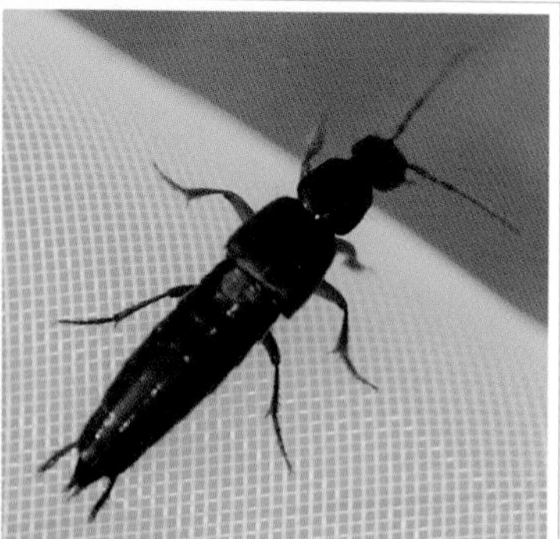

호리좀반날개(반날개과)

Philonthus (Philonthus) numata

크기 | 5~5.5㎜ 출현시기 | 6~10월(여름)
먹이 | 소형 절지동물

몸은 검은색이고 더듬이와 다리는 황갈색을 띤다. 몸이 호리호리하고 작아서 '호리좀'이라고 부른다.

청딱지개미반날개(반날개과)

Paederus fuscipes fuscipes

크기 | 6.5~7㎜ 출현시기 | 1~12월(가을)
먹이 | 소형 절지동물

몸은 길쭉하고 딱지날개가 청록색이며 소형 곤충을 잡아먹고 산다. 여름에는 불빛에 잘 모여든다.

긴뿔반날개(반날개과)

Bledius (Bledius) salsus

크기 | 5.6~7.9㎜ 출현시기 | 6~8월(여름)
먹이 | 소형 절지동물

몸은 적갈색이고 눈이 불룩 튀어나와 있다. 수컷은 긴 뿔을 갖고 있다. 해안이나 하천에서 발견된다.

북쪽알락딱부리반날개

불룩 튀어나온 겹눈

북쪽알락딱부리반날개(반날개과) *Stenus cicindeloides*

크기 | 8~9㎜ 출현시기 | 5~8월(여름) 먹이 | 소형 절지동물

몸은 전체적으로 검은색이고 다리는 갈색을 띤다. 눈이 몸에 비해 불룩 튀어나와서 '딱부리'라는 이름이 지어졌다. 딱지날개는 몸길이의 절반보다 짧고 딱지날개 속에는 막질의 커다란 속날개가 들어 있다. 밤에 환하게 켜진 불빛에 유인되어 잘 날아온다. 소형 곤충을 잡아먹고 산다.

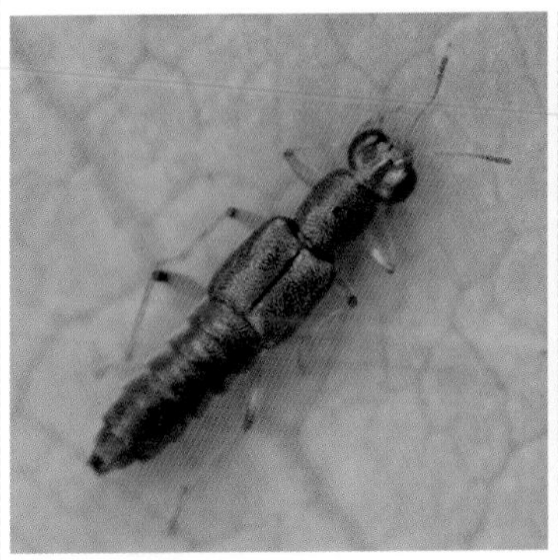

구리딱부리반날개(반날개과)
Stenus mercator

크기 | 6㎜ 내외 출현시기 | 5~8월(여름)
먹이 | 소형 절지동물

몸은 검은색이고 다리는 갈색을 띤다. 눈이 불룩 튀어나온 것이 특징이다. 강가에서 많이 발견된다.

나도딱부리반날개(반날개과)
Stenus comma comma

크기 | 5~6㎜ 출현시기 | 4~10월(여름)
먹이 | 소형 절지동물

몸은 검은색이고 딱지날개에 둥근 주황색 또는 황색 점무늬가 있다. 눈이 불룩 튀어나왔다. 주로 강가에 산다.

큰붉은어깨알뾰족반날개 버섯을 먹는 모습

큰붉은어깨알뾰족반날개(반날개과) *Sepedophilus tibialis*

크기 | 4~4.5㎜ 출현시기 | 6~8월(여름) 먹이 | 버섯류

머리가 작고 앞가슴등판이 매우 넓은 것이 호리호리한 반날개류와 달라 보인다. 몸의 윗부분은 알처럼 둥글고 배의 끝부분은 꼬리처럼 뾰족하다. 버섯류에 잘 모여들어 버섯류를 먹고 살기 때문에 산에 자라는 버섯류를 살피다 보면 흔하게 발견된다.

반짝이뾰족반날개(반날개과) *Nitidotachinus excellens*

크기 | 3~4㎜
출현시기 | 5~8월(여름)

몸은 검은색이고 앞가슴등판과 딱지날개가 적갈색이다. 등면이 광택이 있는 붉은색이어서 이름이 지어졌다.

알꽃벼룩(알꽃벼룩과) *Scirtes japonicus*

크기 | 3~4㎜
출현시기 | 4~8월(여름)

몸은 암갈색 또는 황갈색이며 둥근 알 모양이다. 잘 발달된 굵은 뒷다리로 '벼룩'처럼 잘 뛰어오른다.

암컷
유충
넓적사슴벌레(수컷)
번데기
나뭇진을 먹는 모습
큰턱과 혀

넓적사슴벌레(사슴벌레과) *Dorcus titanus castanicolor*

크기 | 26~84㎜(수컷), 20~43㎜(암컷) 출현시기 | 6~8월(여름) 먹이 | 나뭇진

몸은 검은색이고 전체적으로 넓적해서 이름이 지어졌다. 수컷은 몸집이 매우 크고 큰턱이 잘 발달되었다. 반면에 암컷은 크기도 작고 큰턱도 매우 작다. 낮에는 참나무류에 숨어 있다가 저녁 무렵이 되면 나와서 참나무류의 나뭇진을 먹고 산다. 밤이 되면 나뭇진에 잘 모여들어 활동하며 불빛에 유인되어 날아온다. 유충은 참나무류를 갉아 먹고 살기 때문에 큰턱이 잘 발달되었다. 우리나라의 사슴벌레류 중에서 가장 호전적인 사슴벌레여서 싸움을 매우 잘한다. 겨울에 성충 또는 유충으로 월동한다.

암컷
번데기
왕사슴벌레(수컷)
큰턱
더듬이
옆면

왕사슴벌레(사슴벌레과) *Dorcus hopei binodulosus*

크기 | 27~76mm(수컷), 25~45mm(암컷) 출현시기 | 6~9월(여름) 먹이 | 나뭇진

몸은 검은색이고 광택이 난다. 성충의 수명은 3년 이상으로 우리나라 사슴벌레류 중 가장 오래 산다. 수컷은 큰턱이 매우 크고 둥글게 안쪽으로 휘어졌다. 암컷은 수컷에 비해 큰턱이 매우 작지만 큰턱의 힘이 매우 강해서 단단한 참나무류를 뚫고 들어가 알을 낳는다. 수컷은 딱지날개에 세로 줄무늬가 약하지만 암컷은 딱지날개에 광택이 매우 강하고 뚜렷한 줄무늬가 많다. 밤이 되면 참나무류 나뭇진에 모여들어 활동하는 야행성 사슴벌레이다. 그러나 비행 능력이 좋지 않아서 불빛에 거의 모여들지 않는다.

애사슴벌레(수컷) 숲에서 흔하게 볼 수 있는 소형 사슴벌레이다.

암컷

유충

큰턱과 더듬이

애사슴벌레(사슴벌레과) *Dorcus rectus rectus*

크기 | 17~53㎜(수컷), 12~30㎜(암컷) 출현시기 | 5~9월(여름) 먹이 | 나뭇진

몸은 검은색 또는 갈색이다. 생김새가 '넓적사슴벌레'와 비슷해 보이지만 크기가 작고 큰턱의 형태가 달라서 구별된다. 우리나라의 사슴벌레류 중에서 크기가 가장 작아서 이름에 '애'가 붙었다. 성충의 수명이 2년 정도이고 겨울에 성충 또는 유충으로 나무 속에서 월동한다. 소형 사슴벌레이기 때문에 크기가 작은 나뭇가지에서도 월동한다. 참나무류의 나뭇진에 잘 모여들며 밤에 환한 불빛에 잘 날아온다. 여러 종류의 활엽수에 알을 낳기 때문에 가장 흔하게 볼 수 있는 사슴벌레이다.

톱사슴벌레(수컷) 큰턱의 안쪽이 톱날 모양이다.

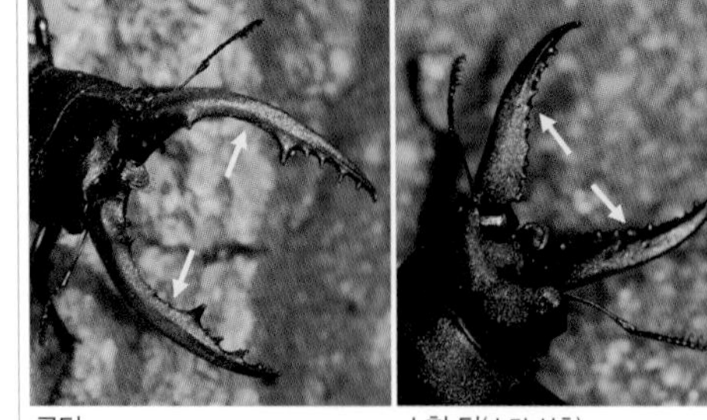

큰턱 소형 턱(수컷 성충)

톱사슴벌레와 장수풍뎅이의 결투

톱사슴벌레(사슴벌레과) *Prosopocoilus inclinatus inclinatus*

크기 | 22~74㎜(수컷), 23~37㎜(암컷) 출현시기 | 6~9월(여름) 먹이 | 나뭇진

몸은 흑갈색 또는 적갈색이고 큰턱 안쪽에 톱니 모양의 돌기가 많아서 이름이 지어졌다. 수컷 중 크기가 작은 소형 개체는 큰턱이 매우 작다. 수컷의 큰턱은 짝짓기를 위해 다른 수컷과 싸우거나 나뭇진을 서로 차지하기 위해 사용된다. 암컷은 수컷과 달리 큰턱이 매우 작다. 사슴벌레류 중에서 스트레스에 매우 예민해서 건드리면 거칠게 화를 잘 낸다. 예민하게 반응하기 때문에 수명도 짧다. 밤에 활동하는 야행성 사슴벌레여서 불빛에 잘 날아온다. 참나무류의 나뭇진이나 과일에 잘 모여든다.

두점박이사슴벌레(수컷) 제주도에만 사는 사슴벌레이다.

암컷

큰턱(수컷)

앞가슴등판(2개의 점)

두점박이사슴벌레(사슴벌레과) *Prosopocoilus astacoides blanchardi*

크기 | 26~66㎜(수컷), 24~31㎜(암컷) 출현시기 | 7~9월(여름) 먹이 | 나뭇진

몸은 황갈색 또는 갈색이며 납작한 형태이다. 앞가슴등판 양쪽에 2개의 검은색 점무늬가 있고 앞가슴등판 가운데에 검은색 세로줄이 있다. 수컷의 큰턱은 안쪽으로 둥글게 휘어져 있으며 돌기가 있다. 참나무류의 나뭇진이나 과일에 잘 모여든다. 밤이 되면 불빛에 잘 날아오며 겨울에 유충으로 월동한다. 유충은 물기가 많은 나무의 뿌리에서 주로 발견된다. 우리나라에서는 제주도에만 사는 사슴벌레로 잘 알려져 있다. 개체 수가 많이 줄어들어 환경부 지정 멸종위기 야생생물Ⅱ급에 지정되어 있는 보호종이다.

사슴벌레 종류 비교하기

넓적사슴벌레

몸은 전체적으로 넓적하다. 우리나라에서 크기가 가장 큰 사슴벌레로 호전성이 강해서 싸움을 잘한다.

왕사슴벌레

몸은 검은색이고 반질반질한 광택이 흐른다. 성충의 수명이 3년으로 사슴벌레류 중에서 가장 오래 산다.

애사슴벌레

몸의 크기가 작은 사슴벌레여서 이름에 '애기'라는 뜻의 '애'가 붙었다. 작은 나뭇가지 속에서도 월동한다.

두점박이사슴벌레

우리나라에 살고 있는 사슴벌레류 중 유일하게 황갈색을 띠고 있다. 제주도에서만 사는 사슴벌레이다.

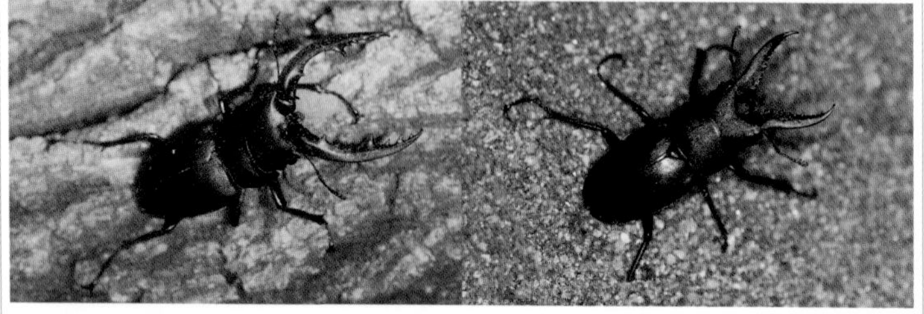

톱사슴벌레

몸은 흑갈색 또는 적갈색을 띤다. 큰턱의 안쪽에 돌기가 잘 발달되어 마치 톱날처럼 보인다. 유충 때 먹이를 잘 먹으면 대형 턱을 갖는 대형 성충이 되지만 유충 때 먹이 활동이 좋지 못하면 소형 턱을 갖는 소형 성충이 된다.

보라금풍뎅이 보랏빛의 광택이 아름답다.

보라금풍뎅이(금풍뎅이과) *Phelotrupes (Chromogeotrupes) auratus*

크기 | 16~22㎜ 출현시기 | 6~9월(여름) 먹이 | 동물 배설물

몸은 보라색의 아름다운 광택을 띠지만 녹색, 청색, 검은색 등 체색 변이가 심하다. 동물의 배설물 주위에 굴을 파고 배설물을 굴속에 옮긴 후 그 속에 알을 낳는다. 산과 들의 풀밭에서 배설물을 옮기는 모습을 볼 수 있다. 배설물에 알을 낳는 모습이 '소똥구리'와 닮았다.

북방보라금풍뎅이 배설물이나 사체에 잘 모여든다.

북방보라금풍뎅이(금풍뎅이과) *Phelotrupes (Eogeotrupes) laevistriatus*

크기 | 14~20㎜ 출현시기 | 6~9월(여름) 먹이 | 동물 배설물

몸은 보라색의 금속 광택이 나서 매우 아름답다. 앞가슴등판은 넓적하고 딱지날개에 여러 개의 세로줄무늬가 있다. 주변에 있는 배설물을 모아 수직의 굴을 파서 흙 속에 모아 두고 일부를 먹는다. '송장벌레'나 '소똥구리'처럼 배설물이나 사체를 분해하는 중요한 역할을 한다.

애기뿔소똥구리(소똥구리과)

Copris (Copris) tripartitus

크기 | 13~19㎜ 출현시기 | 4~10월(여름)
먹이 | 동물 배설물

머리에 뿔이 솟아 있고 소와 말의 배설물에 알을 낳는다. 환경부 지정 멸종위기 야생생물Ⅱ급이다.

왕소똥구리(소똥구리과)

Scarabaeus (Scarabaeus) typhon

크기 | 20~33㎜ 출현시기 | 5~10월(여름)
먹이 | 동물 배설물

몸은 검은색이고 딱지날개가 편평하다. 소똥을 경단으로 만들어 굴리던 대표적인 소똥구리이다.

뿔소똥구리(소똥구리과)

Copris (Copris) ochus

크기 | 20~28㎜ 출현시기 | 5~10월(여름)
먹이 | 동물 배설물

몸은 공처럼 둥글고 굵다. 수컷은 머리와 가슴에 큰 뿔이 있다. 소와 말의 배설물을 모아 알을 낳는다.

렌지소똥풍뎅이(소똥구리과)

Onthophagus (Strandius) lenzii

크기 | 6~12㎜ 출현시기 | 4~11월(여름)
먹이 | 동물 배설물

몸은 검은색이고 알 모양이며 개체수가 많다. 수컷은 앞가슴등판 양쪽이 돌출되어 있는 것이 특징이다.

모가슴소똥풍뎅이(수컷)　암컷

모가슴소똥풍뎅이(소똥구리과) *Onthophagus (Phanaeomorphus) fodiens*

크기 | 7~11㎜　출현시기 | 3~10월(여름)　먹이 | 동물 배설물

몸은 검은색이고 앞가슴등판이 불룩하게 솟아 있다. 산지의 풀밭에 살며 소와 말의 배설물에 잘 모여든다. 소똥구리와 소똥풍뎅이는 모두 소똥구리과에 속하는 곤충이다. 소똥구리는 멸종 위기에 처해 잘 볼 수 없지만 소똥풍뎅이는 숲속 산길에서 쉽게 발견된다.

소요산소똥풍뎅이(소똥구리과) *Onthophagus (Strandius) japonicus*

크기 | 7~11㎜　출현시기 | 4~10월(여름)
먹이 | 동물 배설물

머리와 앞가슴등판은 검은색, 딱지날개는 황갈색이며 가슴 양쪽에 뾰족한 돌기가 있다. 배설물을 분해한다.

혹가슴검정소똥풍뎅이(소똥구리과) *Onthophagus (Gibbonthophagus) atripennis*

크기 | 5~9㎜　출현시기 | 3~12월(여름)
먹이 | 동물 배설물

몸은 검은색이고 광택이 있다. 앞가슴등판에 있는 2개의 뿔이 혹이 난 것처럼 보인다. 배설물에 잘 모인다.

똥풍뎅이 1형(갈색형) 똥풍뎅이 2형(검은색형)

똥풍뎅이(똥풍뎅이과) *Aphodius (Phaeaphodius) rectus*

크기 | 4.5~7.2㎜ 출현시기 | 3~10월(여름) 먹이 | 동물 배설물

몸은 기다란 원통형이며 잘 날아다닌다. 갈색의 딱지날개에 2개의 검은색 점무늬가 있는 개체도 있지만 몸 전체가 검은색을 띠는 체색 변이도 있다. 퇴비, 배설물 등을 살펴보면 발견할 수 있다. 배설물을 분해하며 살아가는 청소 곤충으로 생태계 순환에 도움을 준다.

주황긴다리풍뎅이 1형(황갈색형) 주황긴다리풍뎅이 2형(검은색형)

주황긴다리풍뎅이(검정풍뎅이과) *Ectinohoplia rufipes*

크기 | 7~10㎜ 출현시기 | 4~9월(여름) 먹이(유충) | 식물 뿌리

몸은 황갈색 털로 덮여 있지만 털이 벗겨지면 검은색형을 띠는 체색 변이도 있다. 풍뎅이류 중에서 다리가 매우 길어서 이름이 지어졌다. 숲에 피는 다양한 꽃에 날아오거나 풀잎 위에 앉아 있는 모습을 발견할 수 있다. 유충은 다양한 식물의 뿌리를 먹고 산다.

큰검정풍뎅이 1형　　농작물이 자라는 밭에 많이 산다.

큰검정풍뎅이 2형

더듬이(포크 모양)

큰검정풍뎅이(검정풍뎅이과) *Holotrichia parallela*

크기 | 17~22㎜　출현시기 | 4~9월(여름)　먹이(유충) | 식물 뿌리

몸은 검은색 또는 갈색을 띤다. 몸이 길고 둥글고 뚱뚱하며 몸 전체가 잔털로 덮여 있지만 딱지날개에 광택이 없는 점이 '참검정풍뎅이'와의 차이점이다. 성충은 활엽수의 잎을 갉아 먹고 유충은 식물의 뿌리를 갉아 먹고 산다. 유충인 굼벵이는 특히 텃밭 작물의 뿌리를 갉아 먹고 살아서 작물에 피해를 주는 해충으로 손꼽힌다. 밤에 가로등이나 주유소 불빛에 잘 날아와서 땅 위를 기어 다니는 모습을 볼 수 있다. 우리 주변에 살기 때문에 밤에 길을 걷다 보면 어디서나 흔하게 만날 수 있는 대표적인 풍뎅이이다.

참검정풍뎅이(검정풍뎅이과)
Holotrichia diomphalia

크기 | 16~21㎜ 출현시기 | 3~10월(여름)
먹이(유충) | 식물 뿌리

몸은 검은색이고 반질반질한 광택이 돈다. 유충은 식물의 뿌리를 먹고 살며 밤에 환한 불빛에 잘 날아온다.

쌍색풍뎅이(검정풍뎅이과)
Hilyotrogus bicoloreus

크기 | 15~18㎜ 출현시기 | 5~9월(여름)
먹이(유충) | 식물 뿌리

몸은 적갈색 또는 황갈색이고 둥글고 기다란 알 모양이다. 유충은 식물의 뿌리를 먹고 산다.

고려노랑풍뎅이(검정풍뎅이과)
Pseudosymmchia impressifrons

크기 | 10~15㎜ 출현시기 | 4~10월(여름)
먹이(유충) | 식물 뿌리

몸은 연갈색이고 머리는 검은색이며 배면에 황색 털이 있다. 밤에 땅 위를 천천히 기어 다닌다.

감자풍뎅이(검정풍뎅이과)
Apogonia cupreoviridis

크기 | 8~11㎜ 출현시기 | 4~11월(여름)
먹이(유충) | 식물 뿌리

몸은 검은색이고 광택이 있으며 점이 줄지어 있다. 산과 들의 풀밭에 살며 밤에 불빛에 날아든다.

황갈색줄풍뎅이(검정풍뎅이과)
Brahmina striata

크기 | 11.5~14㎜ 출현시기 | 4~9월(여름)
먹이(유충) | 식물 뿌리

몸은 황갈색이고 원통형이다. 유충은 식물의 뿌리를 먹고 살고 성충은 활엽수의 잎을 갉아 먹고 산다.

긴다색풍뎅이(검정풍뎅이과)
Heptophylla picea

크기 | 12~15㎜ 출현시기 | 5~8월(여름)
먹이(유충) | 식물 뿌리

몸은 갈색이고 길쭉하며 원통형이다. 밤에 가로등이나 불빛에 잘 날아와서 기어 다닌다.

왕풍뎅이(야행성) 가로등이나 주유소 불빛에 유인되어 날아온다.

왕풍뎅이(검정풍뎅이과) *Melolontha incana*

크기 | 26~33㎜ 출현시기 | 5~10월(여름) 먹이(유충) | 식물 뿌리

몸에 황갈색 가루가 많아서 '가루풍뎅이'라고 부른다. 가루가 떨어지면 적갈색처럼 보인다. 수컷은 더듬이가 크고 암컷은 작아서 서로 구별된다. 밤에 불빛에 날아오는 가장 큰 풍뎅이라 해서 이름이 지어졌다. 유충은 활엽수의 뿌리를 먹고 산다.

줄우단풍뎅이 1형 줄우단풍뎅이 2형

줄우단풍뎅이(검정풍뎅이과) *Gastroserica herzi*

크기 | 6~8.5㎜ 출현시기 | 4~10월(여름) 먹이(유충) | 식물 뿌리

몸은 황갈색이고 앞가슴등판에 2개의 굵은 세로줄무늬가 있는 것이 특징이다. 몸에 비늘 같은 털이 수북하게 붙은 모습이 벨벳(우단)처럼 보여서 이름이 지어졌다. 산길을 따라 걷다가 키 작은 활엽수의 잎이나 풀잎에 붙어 있는 모습이 쉽게 발견된다.

빨간색우단풍뎅이(검정풍뎅이과) *Maladera verticalis*

크기 | 8~9.5㎜ 출현시기 | 5~10월(여름) 먹이(유충) | 식물 뿌리

몸은 어두운 적갈색이고 둥글다. 몸에 빽빽하게 난 털이 벨벳(우단)처럼 보여서 이름이 지어졌다.

애우단풍뎅이(검정풍뎅이과) *Maladera orientalis*

크기 | 7~8㎜ 출현시기 | 3~10월(여름) 먹이(유충) | 식물 뿌리

몸은 둥근 알 모양이고 크기가 작아서 이름이 지어졌다. 성충은 밤에 불빛에 잘 날아온다.

외뿔장수풍뎅이 머리에 작은 뿔이 있다.

외뿔장수풍뎅이(장수풍뎅이과) *Eophileurus chinensis*

크기 | 18~24㎜ 출현시기 | 5~8월(여름) 먹이 | 나뭇진

몸은 검은색이고 약한 광택이 있다. 수컷은 암컷에 비해 앞가슴등판 부분이 훨씬 더 움푹 들어갔다. 머리에 1개의 짧은 뿔이 있어서 이름이 지어졌다. 크기가 작아서 장수풍뎅이보다는 일반적인 풍뎅이처럼 보인다. 유충은 땅속의 부엽토를 먹고 산다.

홈줄풍뎅이 딱지날개에 움푹 파인 줄무늬가 있다.

홈줄풍뎅이(풍뎅이과) *Bifurcanomala aulax*

크기 | 11~16㎜ 출현시기 | 5~11월(여름) 먹이(유충) | 식물 뿌리

몸은 대부분 진녹색이고 광택이 있지만 때로는 청람색인 경우도 있다. 딱지날개에 10개의 세로로 된 홈이 길게 발달되어 있다. 산과 들의 풀밭에서 볼 수 있으며 성충은 잎을 갉아 먹고 유충은 식물의 뿌리를 갉아 먹는다. 밤이 되면 불빛에 잘 날아온다.

뿔

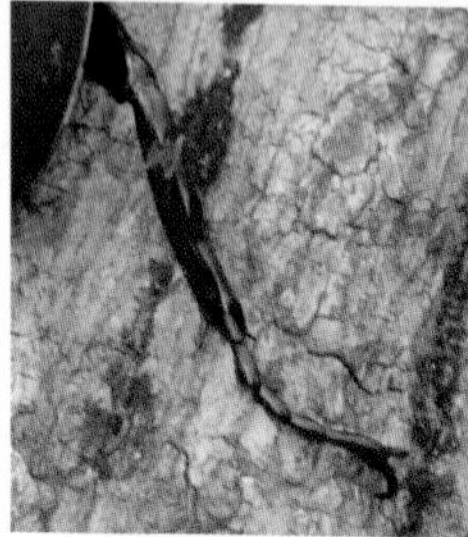
발톱 있는 다리

장수풍뎅이(수컷)

소형 뿔

장수풍뎅이의 결투

장수풍뎅이(장수풍뎅이과) *Allomyrina dichotoma*

크기 | 30~83㎜ 출현시기 | 7~9월(여름) 먹이 | 나뭇진

몸은 흑갈색 또는 적갈색을 띠며 뚱뚱하고 단단해 보인다. 우리나라에 살고 있는 풍뎅이류 중에서 크기가 가장 크다. 수컷은 이마와 앞가슴등판에 뿔이 나 있어서 뿔이 없는 암컷과 구별된다. 밤이 되면 다양한 활엽수의 나뭇진에 모여서 먹이와 짝짓기를 위해 결투를 벌이는 야행성 곤충이다. 낮에는 나무뿌리 근처에 자리 잡고 쉰다. 암컷은 짝짓기 후에 낙엽 아래에 30~50여 개의 알을 낳는다. 알에서 부화된 유충은 썩은 나무와 두엄을 먹고 3령 유충으로 월동하고 다음 해 성충이 된다. 덩치가 크고 힘이 세서

알
유충
장수풍뎅이(암컷)
번데기
우화
사육

군사를 거느리는 우두머리인 장수를 닮았다고 해서 이름이 지어졌다. 몸이 크고 무거워서 다른 곤충보다 불빛에 늦게 날아온다. 불빛에 날아온 장수풍뎅이는 불빛을 향해 빙글빙글 돌며 정신없이 날아다닌다. 전국에서 볼 수 있지만 주로 남부 지방과 제주도에 많이 산다. 최근에는 애완용 곤충으로 장수풍뎅이를 기르는 곤충 농장이 많아지면서 농장 밖으로 나오거나 주변에 놓아준 숫자가 많아져서 중부 지방 숲에서도 흔하게 관찰된다. 유충은 최근에 식용 곤충으로 등록되어 주목받고 있다.

풍뎅이 몸에 반질반질한 광택이 있다.

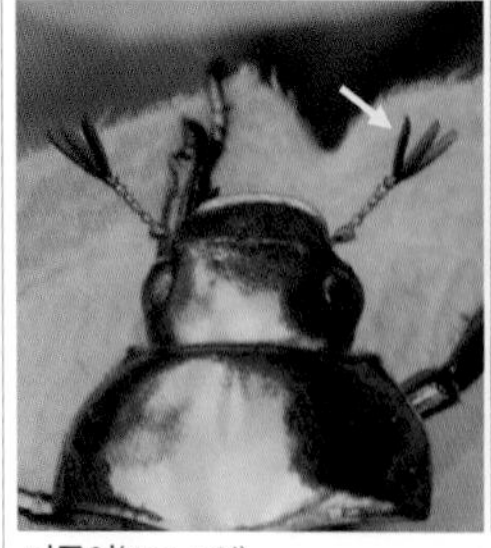
더듬이(포크 모양)

비행 준비

꽃을 먹는 모습

풍뎅이(풍뎅이과) *Mimela splendens*

크기 | 15~23㎜ 출현시기 | 4~11월(여름) 먹이(유충) | 식물 뿌리

아름다운 녹색 광택을 띠는 풍뎅이이다. 활엽수의 잎에 앉아 있을 때는 고개를 푹 숙이고 있어서 더듬이를 보기 힘들다. 위기에 처하면 툭 하고 풀밭 아래로 추락하여 숨어서 천적으로부터 자신을 보호한다. 강이나 냇가 주변의 풀밭에서 나뭇잎과 풀잎을 갉아 먹거나 꽃을 먹고 있는 모습을 볼 수 있다. 밤에 불빛에 잘 날아오는 풍뎅이류와 달리 불빛에 모여들지 않기 때문에 밤에는 볼 수 없다. 유충(굼벵이)은 식물의 뿌리를 갉아 먹거나 부엽토를 먹고 살며 겨울에 땅속에서 월동한다.

별줄풍뎅이 1형 별줄풍뎅이 2형

별줄풍뎅이(풍뎅이과) *Mimela testaceipes*

크기 | 14~20㎜ 출현시기 | 5~11월(여름) 먹이(유충) | 식물 뿌리

몸은 전체적으로 녹색이지만 때로는 황갈색을 띠는 체색 변이가 있다. 단단한 딱지날개에 4개의 볼록한 굵은 줄이 있는 것이 가장 큰 특징이다. 성충은 낮은 산지의 풀밭에서 관찰되며 침엽수의 잎을 갉아 먹으며 살아간다. 유충은 다양한 식물의 뿌리를 갉아 먹고 산다.

금줄풍뎅이(풍뎅이과)
Mimela holosericea

크기 | 16~20㎜ 출현시기 | 6~9월(여름)
먹이(유충) | 식물 뿌리

몸은 녹색 또는 구릿빛을 띤다. 금빛이 나는 딱지날개에 굵은 줄이 있어서 이름이 지어졌다.

어깨무늬풍뎅이(풍뎅이과)
Blitopertha conspurcata

크기 | 8~11㎜ 출현시기 | 4~10월(여름)
먹이(유충) | 식물 뿌리

몸은 황색 털로 덮여 있다. 딱지날개에 검은색 점무늬가 매우 많아서 얼룩덜룩해 보인다.

등얼룩풍뎅이 1형

도심지의 공원에서도 쉽게 볼 수 있다.

등얼룩풍뎅이 2형(진한 얼룩형)

등얼룩풍뎅이 2형(검은색형)

더듬이(포크 모양)

등얼룩풍뎅이(풍뎅이과) *Blitopertha orientalis*

크기 | 8~13㎜ 출현시기 | 3~11월(여름) 먹이(유충) | 잔디 뿌리, 농작물 뿌리

몸은 황갈색이고 얼룩덜룩한 검은색 점무늬가 많다. 개체에 따라 딱지날개의 무늬가 다양해서 이형이 매우 많다. 때로는 전체가 검은 검은색형도 있다. 더듬이를 활짝 펴면 포크 모양으로 잘 펼쳐진다. 산과 들의 풀밭에서 가장 쉽게 발견되는 대표적인 풍뎅이이다. 밤에 환하게 밝혀진 불빛에 잘 날아온다. 유충은 다양한 식물의 뿌리뿐 아니라 잔디 뿌리도 매우 좋아하기 때문에 골프장 잔디에 피해를 주는 해충으로도 유명하다. 생김새가 '연노랑풍뎅이'와 닮았지만 딱지날개가 얼룩덜룩하고 앞가슴등판의 점각이 아령 모양이어서 구별된다.

연노랑풍뎅이(풍뎅이과)
Blitopertha pallidipennis

크기 | 8~12.5㎜ 출현시기 | 6~8월(여름)
먹이(유충) | 식물 뿌리

몸은 연갈색을 띠고 더듬이는 포크 모양이다. 딱지날개에 얼룩덜룩한 무늬가 없어서 '등얼룩풍뎅이'와 구별된다.

몽고청동풍뎅이(풍뎅이과)
Anomala mongolica

크기 | 17~22㎜ 출현시기 | 6~8월(여름)
먹이(유충) | 식물 뿌리

몸은 진녹색을 띠며 검은빛도 난다. 배 부분은 구릿빛의 광택이 있다. 나뭇잎이나 꽃에 모인다.

청동풍뎅이 몸은 청동색이며 배 부분에 털이 수북하다.

청동풍뎅이(풍뎅이과) *Anomala albopilosa*

크기 | 18~25㎜ 출현시기 | 6~10월(여름) 먹이(유충) | 식물 뿌리

몸은 전체적으로 청동색을 띠며 둥글고 길쭉한 알 모양이다. 개체에 따라 붉은색을 띠는 체색 변이도 있다. 산과 들의 나뭇잎이나 꽃에 모이며 밤에 켜 놓은 불빛에 유인되어 잘 날아온다. 각종 과일나무의 잎이나 새순을 갉아 먹어서 과수원에 피해를 일으키기도 한다.

참오리나무풍뎅이(풍뎅이과)

Anomala luculenta

크기 | 13~17㎜ 출현시기 | 4~9월(여름)
먹이(유충) | 식물 뿌리

몸은 녹갈색이지만 개체에 따라 진녹색, 구릿빛을 띠는 갈색도 있다. 밤에 불빛에 잘 날아온다.

오리나무풍뎅이(풍뎅이과)

Anomala rufocuprea

크기 | 12~16㎜ 출현시기 | 5~9월(여름)
먹이 | 콩, 포도나무, 감나무, 오리나무

몸은 진녹색이나 녹갈색의 광택이 있다. 녹색, 구릿빛 등 개체마다 체색 변이가 다양하다.

카멜레온줄풍뎅이 1형

카멜레온줄풍뎅이 2형

카멜레온줄풍뎅이(풍뎅이과) *Anomala chamaeleon*

크기 | 12~17㎜ 출현시기 | 5~10월(여름) 먹이(유충) | 식물 뿌리

몸은 둥글고 길쭉한 알 모양이며 광택이 있다. 전체적으로 녹색 또는 황록색이며 개체에 따라 구릿빛, 보랏빛 등 다양하다. 성충은 산지에서 발견되며 밤에 켜 놓은 불빛에 잘 날아온다. 유충은 식물의 뿌리를 먹고 살고 성충은 활엽수의 잎을 갉아 먹고 산다.

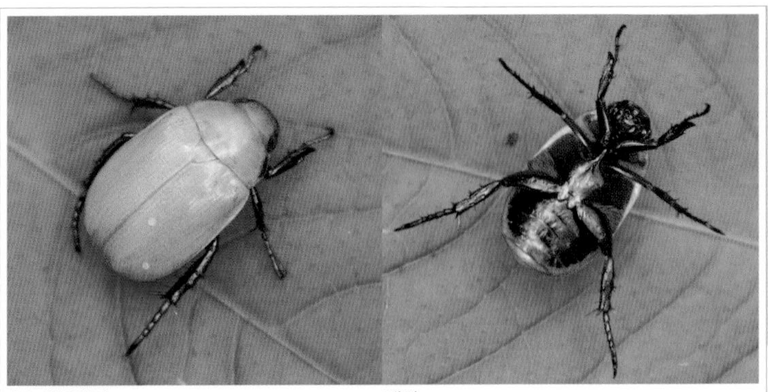
등노랑풍뎅이　　배면

등노랑풍뎅이(풍뎅이과) *Callistethus plagiicollis*

크기 | 12~18㎜ 출현시기 | 5~10월(여름) 먹이(유충) | 식물 뿌리

우리나라에서 유일하게 등면이 황색인 풍뎅이이다. 배 부분은 광택이 나는 구릿빛을 띤다. 산길의 축축한 땅을 잘 기어 다니는 모습이 관찰되며 비가 오면 낙엽 밑에 잘 숨는다. 숲에 살며 밤에 불빛에 매우 잘 날아오기 때문에 쉽게 관찰된다.

주둥무늬차색풍뎅이　　짝짓기

주둥무늬차색풍뎅이(풍뎅이과) *Adoretus tenuimaculatus*

크기 | 9~14㎜ 출현시기 | 5~9월(여름) 먹이(유충) | 식물 뿌리

몸은 적갈색이고 황백색 털로 덮여 있다. 전체적인 모습이 둥글고 길다. 성충은 상수리나무, 밤나무 등의 활엽수 잎을 잎맥만 남기고 모조리 갉아 먹는다. 유충은 다양한 식물의 뿌리를 갉아 먹고 산다. 활엽수림에 살며 밤에 불빛에 매우 잘 모여든다.

참콩풍뎅이 1형 참콩풍뎅이 2형

참콩풍뎅이(풍뎅이과) *Popillia flavosellata*

크기 | 10~15㎜ 출현시기 | 4~10월(여름) 먹이 | 참나무류, 벚나무류

몸은 진한 남색이고 반질반질한 광택이 있다. 배마디 양옆에 흰색 털로 이루어진 점무늬가 있어서 '콩풍뎅이'와 구별된다. 몸 빛깔은 보통 남색이지만 때로는 갈색을 띠는 체색 변이도 있다. 참나무류, 벚나무류, 느릅나무류의 잎을 먹거나 꽃에 모이기도 한다.

콩풍뎅이(풍뎅이과)
Popillia mutans

크기 | 10~13㎜ 출현시기 | 4~11월(여름)
먹이 | 잎, 꽃가루

'참콩풍뎅이'와 닮았지만 배마디에 흰색 점무늬가 없다. 생김새가 콩을 닮아서 이름이 지어졌다.

녹색콩풍뎅이(풍뎅이과)
Popillia quadriguttata

크기 | 9~12㎜ 출현시기 | 5~10월(여름)
먹이(유충) | 식물 뿌리

딱지날개는 갈색이고 머리와 앞가슴등판은 광택이 있는 녹색이다. 콩풍뎅이류 중 크기가 작은 편이다.

풀색꽃무지 2형(적갈색형)

풀색꽃무지 2형(갈색형)

풀색꽃무지 1형

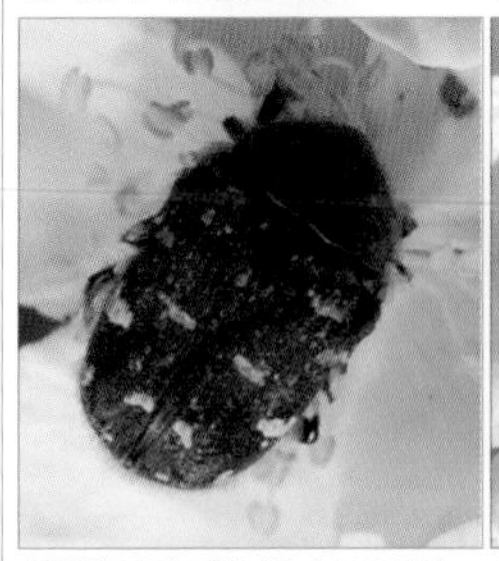

풀색꽃무지 2형(가운데 붉은점형)

짝짓기

죽은 척하는 의사 행동

풀색꽃무지(꽃무지과) *Gametis jucunda*

크기 | 10~14㎜ 출현시기 | 3~10월(봄) 먹이 | 꽃가루

몸은 녹색 또는 갈색이며 둥글고 넓적하다. 딱지날개에는 흰색 점무늬가 있지만 개체마다 딱지날개의 색깔과 무늬가 다른 체색 변이가 매우 많다. 꽃이 흐드러지게 핀 꽃밭에 여러 마리가 함께 무리 지어 모여들어 꽃가루를 먹고 짝짓기하는 모습도 볼 수 있다. 우리나라의 산과 들에서 가장 흔하게 볼 수 있는 꽃무지이다. 꽃무지류의 유충은 풍뎅이류의 유충과 달리 앞으로 기어가지 못하고 등으로 기어 다니는 특징이 있다. 등면의 주름이 발달되어 등으로 잘 기어 다닌다.

홀쭉꽃무지 배면 딱지날개(4개의 흰색 점)

홀쭉꽃무지(꽃무지과) *Clinterocera obsoleta*

크기 | 15~17㎜ 출현시기 | 5~6월(여름)

몸은 검은색이고 딱지날개에 황색 털이 있다. 통통한 꽃무지류 중에서 몸이 호리호리해서 이름이 지어졌다. 꽃에 모이는 꽃무지와 달리 땅에서 먼지를 뒤집어쓰고 기어 다니는 모습이 자주 관찰된다. 활동성이 느려서 빨리 도망치지 못하고 건드리면 죽은 척을 잘한다.

검정꽃무지(꽃무지과)
Glycyphana fulvistemma

크기 | 11~14㎜ 출현시기 | 4~10월(여름)
먹이 | 꽃가루

몸은 검은색이고 딱지날개 가운데에 연황색 무늬가 있다. 국수나무, 찔레 등에서 꽃가루를 먹는다.

알락풍뎅이(꽃무지과)
Anthracophora rusticola

크기 | 16~21㎜ 출현시기 | 6~9월(여름)
먹이(유충) | 식물 뿌리

딱지날개에 검은색 점무늬가 불규칙하게 있다. 유충은 식물의 뿌리를 먹고 성충은 참나무류 나뭇진을 먹는다.

사슴풍뎅이(수컷)

사슴뿔 모양의 큰턱이 있다.

암컷

큰턱

사슴풍뎅이(꽃무지과) *Dicronocephalus adamsi*

크기 | 21~35㎜ 출현시기 | 5~7월(여름) 먹이 | 나뭇진

수컷은 적갈색 또는 암갈색의 몸에 회백색 가루가 덮여 있다. 머리에 사슴뿔 모양의 큰턱이 잘 발달되어 있어서 이름이 지어졌다. 암컷은 수컷과 달리 진갈색이고 뿔이 없어서 다른 종류처럼 보인다. 곤충은 대체적으로 암컷과 수컷이 서로 비슷하지만 사슴풍뎅이의 경우에는 암컷과 수컷 생김새의 차이가 크다. 활엽수 위를 잘 날아다니다가 내려앉아 나뭇진을 먹고 산다. 사슴풍뎅이는 '풍뎅이'라는 이름이 붙여져 있지만 꽃무지과에 속하며 꽃무지과와 풍뎅이과는 모두 풍뎅이류이다.

흰점박이꽃무지 유충(등으로 기어 다님)

흰점박이꽃무지(꽃무지과) *Protaetia brevitarsis seulensis*

크기 | 17~22㎜ 출현시기 | 5~10월(여름) 먹이 | 나뭇진

몸은 녹갈색이나 구리색, 붉은색 등 체색 변이가 다양하다. 딱지날개에 불규칙한 흰색 점무늬가 많다. 성충은 나무에 모여 나뭇진을 먹거나 썩은 과일에 모여든다. 유충은 퇴비, 썩은 식물질을 먹고 산다. 초가지붕 밑에 살던 토종 굼벵이가 바로 흰점박이꽃무지 유충이다.

풍이 머리와 더듬이

풍이(꽃무지과) *Pseudotorynorrhina japonica*

크기 | 25~33㎜ 출현시기 | 5~9월(여름) 먹이 | 나뭇진

몸은 암녹색이나 구리색이며 반질반질한 광택이 있다. 나뭇진에 여러 마리가 함께 모여 나뭇진을 먹고 있는 모습을 볼 수 있다. 때로는 수박, 참외 등 농익은 과일이나 쓰레기에 모여드는 경우도 있다. 비행 능력이 탁월해서 붕 하고 재빨리 날아서 이동한다.

호랑꽃무지

짝짓기

호랑꽃무지(꽃무지과) *Lasiotrichius succinctus*

크기 | 8~13㎜ 출현시기 | 4~11월(봄) 먹이 | 꽃가루

몸은 검은색과 황색 털이 빽빽하다. 갈색 바탕에 줄무늬가 범(호랑이) 무늬와 비슷해서 이름이 지어졌다. 성충은 개망초, 큰까치수영, 엉겅퀴 등의 꽃에 모여서 꽃가루를 먹고 유충은 썩은 나무를 갉아 먹으며 살아간다. 자신을 보호하기 위해 '꿀벌'과 비슷한 모양으로 의태한다.

긴다리호랑꽃무지(꽃무지과) *Gnorimus subopacus*

크기 | 15~22㎜ 출현시기 | 5~9월(여름) 먹이 | 꽃가루

몸은 갈색이고 광택이 없으며 납작하다. 꽃무지류의 곤충 중 다리가 유난히 긴 것이 특징이다.

넓적꽃무지(꽃무지과) *Nipponovalgus angusticollis*

크기 | 4~7㎜ 출현시기 | 4~10월(봄) 먹이 | 꽃가루

검은색 바탕에 황회색 털이 덮여 있어서 얼룩덜룩해 보인다. 유충은 소나무 껍질을 먹고 산다.

풍뎅이 무리 비교하기

풍뎅이

풍뎅이류

유충은 땅속에서 식물의 뿌리를 갉아 먹는다. 성충이 되면 활엽수의 잎을 갉아 먹고 산다.

큰검정풍뎅이

검정풍뎅이류

몸은 검은색 또는 갈색을 띠는 경우가 많다. 유충은 작물이 자라는 땅속에서 식물의 뿌리를 갉아 먹고 산다.

장수풍뎅이

장수풍뎅이류

풍뎅이류 곤충 중에서 크기가 가장 크다. 수컷은 뿔이 달렸지만 암컷은 뿔이 없어서 구별된다.

보라금풍뎅이

금풍뎅이류

몸 빛깔은 화려하지만 배설물을 매우 좋아한다. '똥풍뎅이', '소똥구리'와 함께 배설물에 잘 모이는 풍뎅이류이다.

풀색꽃무지

꽃무지류

유충은 C자 모양의 굼벵이형이며 등으로 기어 다닌다. 성충이 되면 꽃가루나 나뭇진을 먹고 산다.

왕사슴벌레

사슴벌레류

사슴의 뿔처럼 큰턱이 크게 발달된 풍뎅이류이다. 유충은 참나무류 등의 활엽수 속에서 나무를 갉아 먹으며 자란다.

둥근물삿갓벌레(수컷) 유충이 삿갓 모양이어서 이름이 지어졌다.

암컷

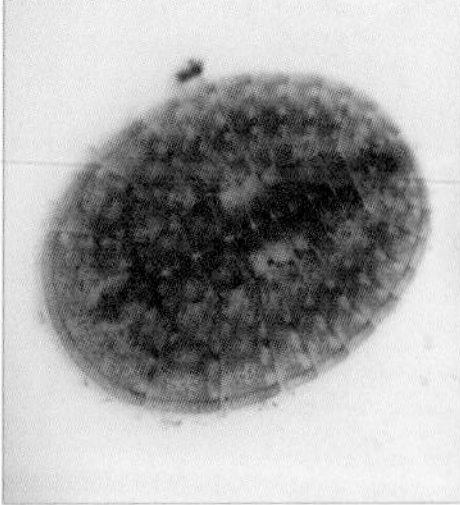
유충

더듬이(수컷)

둥근물삿갓벌레(물삿갓벌레과) *Eubrianax ramicornis*

크기 | 3~6㎜ 출현시기 | 5~8월(봄) 먹이(유충) | 부착조류, 이끼류

몸은 전체적으로 검은색이고 더듬이가 빗살 모양이다. 그러나 암컷의 더듬이는 밋밋한 실 모양이어서 서로 다르다. 물속에 사는 유충이 둥근 삿갓을 쓴 모양이서 이름이 지어졌다. 유충은 7~10㎜ 정도의 둥글고 납작한 타원형으로 연갈색에 검은색 반점이 많다. 유충의 배면에는 부챗살 모양의 흰색 아가미털이 4쌍 있다. 계류, 평지하천, 강 등의 유수역에 살며 물 흐름이 빠른 여울을 좋아한다. 납작한 몸이 흡반 같은 역할을 해서 돌 위에 잘 붙어 살 수 있다. 바닥을 기어 다니며 부착조류와 이끼류를 먹고 산다.

소나무비단벌레 소나무 껍질과 닮은 보호색을 갖고 있다.

유충

겹눈과 더듬이

소나무비단벌레(비단벌레과) *Chalcophora japonica japonica*

크기 | 36~44㎜ 출현시기 | 5~8월(봄) 먹이(유충) | 소나무

몸이 진갈색에 회황색 가루가 덮여 있는 대형 비단벌레로 가루가 벗겨지면 진갈색이 된다. 딱지날개에 불규칙하게 깊이 파인 홈이 있는 것이 특징이다. 전체적으로 나무껍질 빛깔과 닮은 보호색을 갖고 있어서 나무에 앉아 있으면 쉽게 발견하기 힘들다. 유충은 연황색이 나는 흰색으로 '하늘소' 유충과 매우 비슷하지만 머리가 크고 배 부분이 얇고 길어서 구별된다. 유충은 썩은 소나무 속을 파먹으며 생활하며 전국적으로 발견된다. 겨울에 소나무 속에서 월동한다.

비단벌레 　 남부 지방의 방풍림에 많이 산다.

비단벌레(비단벌레과) *Chrysochroa coreana*

크기 | 30~40㎜ 출현시기 | 7~8월(여름) 먹이 | 팽나무, 참나무류

몸은 녹색이고 붉은색 세로줄무늬가 아름다워서 이름이 지어졌다. 화려한 딱지날개로 만든 유물이 발견되어 천연기념물 제496호로 지정되었다. 주로 남부 지방에 살며 성충은 팽나무, 참나무류, 서어나무 등의 활엽수를 먹고 유충은 팽나무, 느티나무를 갉아 먹는다.

고려비단벌레(비단벌레과)

Buprestis haemorrhoidalis japanensis

크기 | 11~22㎜ 출현시기 | 6~9월(여름)
먹이 | 소나무 벌채목

몸은 구릿빛을 띠며 세로줄이 있다. 소나무의 벌채목에 잘 날아와서 죽은 소나무에 알을 낳는다.

금테비단벌레(비단벌레과)

Lamprodila (Lamprodila) pretiosa

크기 | 8~13㎜ 출현시기 | 4~6월(봄)
먹이 | 느릅나무 벌채목

몸은 청색 또는 암청색을 띠며 앞가슴등판부터 딱지날개까지 붉은색 테두리가 있다. 벌채목에 잘 날아온다.

노랑무늬비단벌레(비단벌레과)
Ptosima chinensis

크기 | 13㎜ 내외 출현시기 | 5~8월(여름)
먹이 | 복숭아나무

딱지날개 아랫부분에 4개의 황색 점무늬가 있는 것이 특징이다. 성충은 복숭아나무, 매화나무 잎을 먹고 산다.

윤넓적비단벌레(비단벌레과)
Chrysobothris (Chrysobothris) samurai

크기 | 10㎜ 내외 출현시기 | 5~8월(여름)
먹이(유충) | 고사목, 벌채목

몸은 진갈색이고 광택이 있으며 매우 넓적하다. 겹눈이 크고 딱지날개에 6개의 둥근 점무늬가 있다.

꼬마넓적비단벌레(비단벌레과)
Anthaxia rubromarginata

크기 | 3~5㎜ 출현시기 | 5~7월(봄)
먹이 | 꽃가루

몸은 넓적하고 앞가슴등판 가장자리에 붉은색 테두리가 뚜렷하다. 꽃에 잘 모여서 꽃가루를 먹는다.

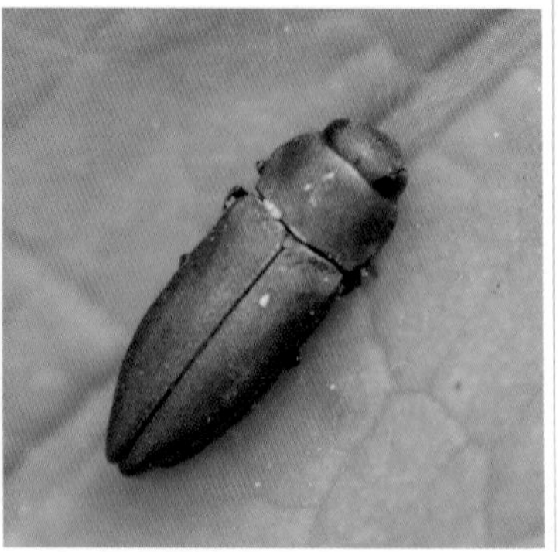

넓적비단벌레(비단벌레과)
Anthaxia (Haplanthaxia) proteus

크기 | 3~5.5㎜ 출현시기 | 6~8월(여름)
먹이 | 꽃가루

몸은 연녹색이고 광택이 있으며 길고 넓적하다. 크기가 작은 소형 비단벌레로 꽃 위에서 발견된다.

아세아호리비단벌레(비단벌레과)

Agrilus asiaticus

크기 | 5.6~8.3㎜
출현시기 | 5~9월(여름)

몸은 적동색이고 호리호리하며 길쭉하다. 딱지날개 가운데 부분이 잘록하게 움푹 들어갔다.

흰점호리비단벌레(비단벌레과)

Agrilus sospes

크기 | 5~8.5㎜
출현시기 | 5~9월(여름)

몸은 흑갈색이고 딱지날개에 6개의 흰색 점무늬가 있다. 딱지날개 가운데 부분이 잘록하게 들어갔다.

황녹색호리비단벌레(비단벌레과)

Agrilus chujoi

크기 | 6.5~8㎜ 출현시기 | 7~8월(여름)
먹이 | 칡

몸은 녹색이고 광택이 있다. 딱지날개에 검은색과 흰색 무늬가 있다. 성충은 칡 잎, 유충은 칡덩굴을 파먹는다.

사과호리비단벌레(비단벌레과)

Agrilus mali

크기 | 5~8㎜
출현시기 | 5~8월(여름)

몸은 갈색과 보라색이 섞인 광택이 있으며 원통형으로 길쭉하다. 딱지날개보다 배 부분이 더 크다.

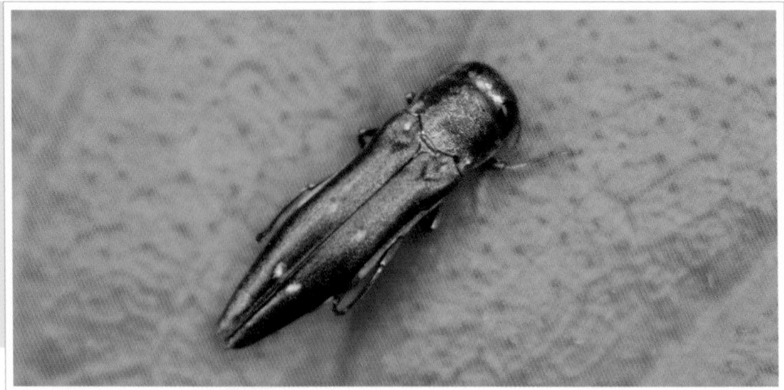

청록호리비단벌레 몸이 길고 호리호리하다.

청록호리비단벌레(비단벌레과) *Agrilus tokyoensis*

크기 | 9~10㎜ 출현시기 | 5~8월(여름)

몸은 원통형이고 길쭉하며 호리호리하다. 딱지날개 가운데 부분과 아래쪽에 4개의 뚜렷한 흰색 점무늬가 있고 위쪽에는 2개의 희미한 흰색 점무늬가 있다. 청록색 광택이 나서 빛깔이 매우 아름다우며 햇빛을 받으면 반짝반짝 빛난다. 나무껍질에 앉아 있는 모습을 볼 수 있다.

꼬마청호리비단벌레(비단벌레과)

Agrilus asahinai

크기 | 5.5~6㎜

출현시기 | 5~8월(여름)

몸은 광택이 있는 청색빛을 띤다. 크기가 작아서 '꼬마'라는 이름이 지어졌다. '에청호리비단벌레'라고 불렀다.

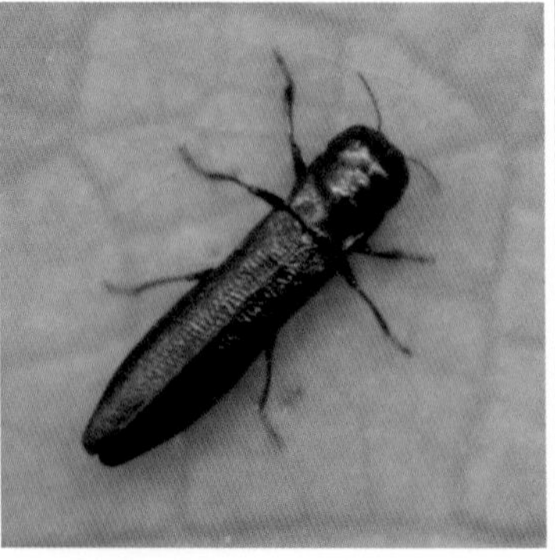

통비단벌레(비단벌레과)

Paracylindromorphus japanensis

크기 | 4~5.5㎜

출현시기 | 5~8월(여름)

몸은 흑갈색이고 길쭉한 원통형이다. 딱지날개 가운데 부분이 오목하게 휘어져 들어가 있다.

구리빛얼룩비단벌레(비단벌레과)

Meliboeus (Meliboeus) wenigi wenigi

크기 | 3~5㎜
출현시기 | 5~7월(여름)

몸은 전체적으로 광택이 있는 구리색이며 길쭉하다. 풀잎이나 나뭇잎 위에 잘 내려앉는다.

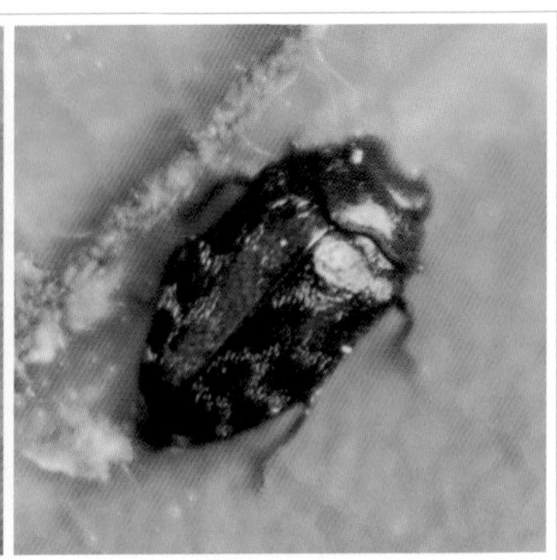

버드나무좀비단벌레(비단벌레과)

Trachys minuta minuta

크기 | 3~4㎜ 출현시기 | 4~5월(봄)
먹이 | 버드나무류

딱지날개가 흑청색을 띤다. 버드나무 잎에 앉아 있다가 위험을 느끼면 툭 하고 아래로 떨어진다.

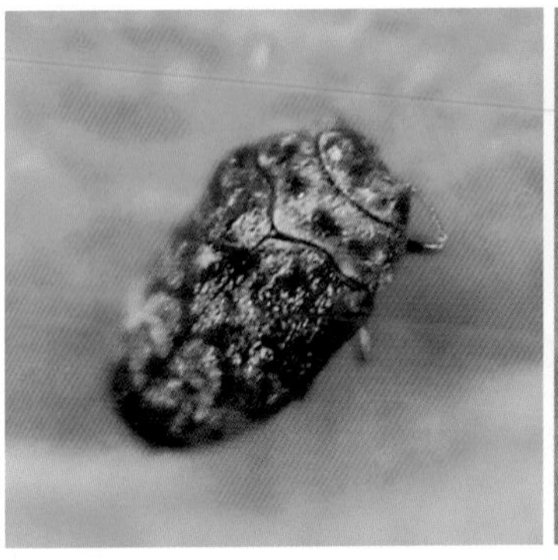

얼룩무늬좀비단벌레(비단벌레과)

Trachys variolaris

크기 | 3~4㎜ 출현시기 | 5~6월(봄)
먹이 | 졸참나무, 신갈나무

몸은 황색, 금색, 은백색 털이 빽빽하게 돋아 있어서 얼룩덜룩하다. 참나무류, 밤나무의 잎을 먹는다.

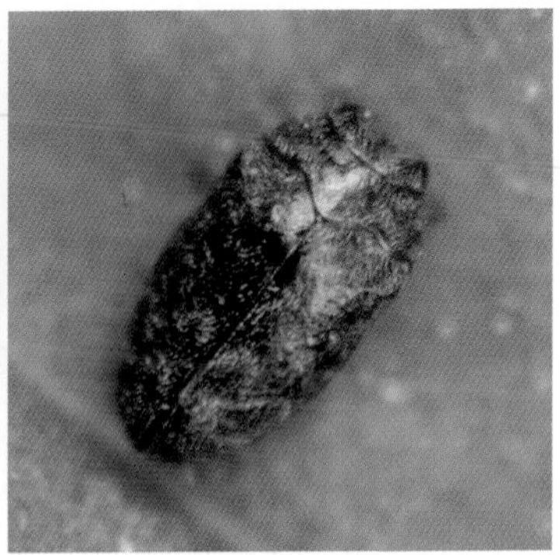

느티나무좀비단벌레(비단벌레과)

Trachys yanoi

크기 | 3~4.5㎜ 출현시기 | 5~10월(여름)
먹이 | 느티나무, 팽나무

몸은 전체적으로 검은색이며 넓적한 소형 비단벌레이다. 보라색의 광택이 나며 느티나무, 팽나무에서 발견된다.

대유동방아벌레 2형

유충

대유동방아벌레 1형

앞가슴등판(양쪽 돌기)

의사 행동

비행 준비

대유동방아벌레(방아벌레과) *Agrypnus argillaceus argillaceus*

크기 | 9~12㎜ 출현시기 | 4~6월(봄) 먹이(유충) | 소형 곤충

몸은 흑갈색이며 전체적으로 붉은색 털로 덮여 있다. 활동하면서 털이 벗겨지면 갈색형 등 다양하게 보인다. 더듬이는 톱니 모양이고 위험에 처하면 죽은 척하는 의사 행동을 잘하여 위기를 모면한다. 성충은 활엽수의 잎이나 풀잎에 잘 붙어 있다. 겨울에 유충으로 월동한다. 몸을 뒤집는 신기한 모습이 방아를 찧는 것 같다고 해서 '방아벌레'라는 이름이 붙었다. 몸이 뒤집히면 몸을 활처럼 구부렸다 펴는 반동으로 똑딱 소리를 내며 뛰어오른다고 해서 '똑딱벌레'라고도 불렀다.

녹슬은방아벌레　　의사 행동

녹슬은방아벌레(방아벌레과) *Agrypnus binodulus coreanus*

크기 | 12~16㎜　출현시기 | 5~10월(여름)

몸은 흑갈색과 암갈색에 흰색 또는 황갈색 털이 있어서 얼룩덜룩해 보인다. 몸이 마치 녹이 슨 것처럼 보인다 해서 이름이 지어졌다. 앞가슴등판에 2개의 돌기가 있다. 밤에 불빛에 잘 날아오는 모습을 볼 수 있다. 땅속을 잘 헤집고 다니기 때문에 몸이 흙투성이이다.

애녹슬은방아벌레(방아벌레과)

Agrypnus scrofa

크기 | 8~10㎜

출현시기 | 6~7월(여름)

몸은 길쭉하고 편평하며 광택이 거의 없다. '녹슬은방아벌레'와 닮았지만 크기가 작아서 이름이 지어졌다.

꼬마방아벌레(방아벌레과)

Drasterius agnatus

크기 | 4.5㎜ 내외

출현시기 | 4~9월(여름)

몸은 적갈색이고 딱지날개에 검은색 무늬가 있다. 방아벌레류 중 크기가 가장 작아서 이름에 '꼬마'가 붙었다.

루이스방아벌레 위험을 느끼면 죽은 척을 잘한다.

루이스방아벌레(방아벌레과) *Tetrigus lewisi*

크기 | 21~33㎜ 출현시기 | 4~10월(여름) 먹이 | 나뭇진

몸은 갈색이고 더듬이는 황적갈색이다. 대형 방아벌레로 더듬이는 빗살 모양으로 특이하다. 몸이 뒤집히면 앞가슴과 가운뎃가슴 부분이 지렛대처럼 작용해서 딱 하는 소리와 함께 높이 뛰어올라 뒤집힌 몸을 바로잡는다. 딱 소리가 나서 옛날에는 '똑딱벌레'라고 불렀다.

왕빗살방아벌레 더듬이가 빗살 모양인 대형 방아벌레이다.

왕빗살방아벌레(방아벌레과) *Pectocera fortunei*

크기 | 22~27㎜ 출현시기 | 4~6월(여름) 먹이(유충) | 소형 곤충

몸은 짧은 갈색 털로 덮여 있고 황갈색 점무늬가 많다. 우리나라의 방아벌레 중 대형 방아벌레에 속한다. 수컷의 더듬이는 기다란 빗살 모양으로 특이하다. 위험을 느끼면 다리를 움츠리고 죽은 척한다. 밤에 불빛에 잘 날아오며 성충과 유충 모두 다른 곤충을 잡아먹고 산다.

관모긴몸방아벌레(방아벌레과)

Medakathous jactatus jactatus

크기 | 8~10㎜
출현시기 | 5~8월(여름)

몸은 매우 길고 머리와 앞가슴등판은 검은색을 띤다. 광택이 있고 딱지날개는 갈색이다.

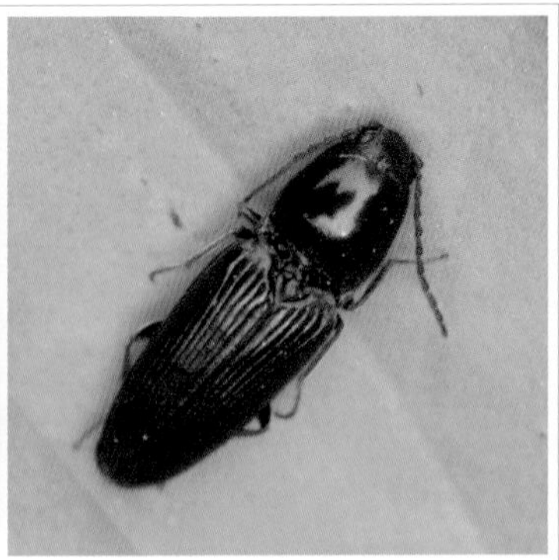

검정긴몸방아벌레(방아벌레과)

Hemicrepidius secessus secessus

크기 | 10~19㎜
출현시기 | 5~8월(여름)

몸은 검은색이고 다리는 적갈색이다. 보통의 방아벌레보다 몸 길이가 훨씬 더 길어서 '긴몸방아벌레'라 부른다.

크라아츠방아벌레(방아벌레과)

Limoniscus kraatzi kraatzi

크기 | 8.5~12㎜
출현시기 | 4~5월(봄)

몸은 검은색으로 가늘고 길다. 딱지날개 가운데에 2개의 황색 점무늬가 있는 것이 특징이다.

얼룩방아벌레(방아벌레과)

Actenicerus pruinosus

크기 | 12~17㎜
출현시기 | 4~9월(여름)

몸은 길쭉한 타원형이고 갈색 털이 수북하게 덮여 있다. 딱지날개가 얼룩덜룩해 보여서 이름이 지어졌다.

청동방아벌레(방아벌레과)
Selatosomus (Selatosomus) puncticollis

크기 | 15㎜ 내외 출현시기 | 5~6월(여름)
먹이(유충) | 식물 뿌리, 감자 괴경

몸은 검은색이고 청동색 광택이 난다. '철사벌레'라고 불리는 유충은 식물의 뿌리나 감자 괴경(덩이줄기)을 먹는다.

진홍색방아벌레(방아벌레과)
Ampedus (Parelater) puniceus

크기 | 10~12㎜
출현시기 | 4~7월(봄)

몸은 검은색이고 딱지날개는 붉은색이다. 봄에 잘 날아다니며 겨울에 나무 속에서 성충으로 월동한다.

북방색방아벌레

딱지날개(2개의 황색 점무늬)

북방색방아벌레(방아벌레과) *Ampedus basalis*

크기 | 8~10㎜ 출현시기 | 4~5월(봄)

몸은 검은색이고 길쭉하다. 딱지날개 위쪽 부분에 2개의 황색 점무늬가 있다. 겨울에 나무 속에서 '진홍색방아벌레'와 함께 성충으로 월동한다. 초봄에 겨울잠에서 깨어난 성충이 나무 위 또는 땅이나 돌 위를 기어 다니는 모습을 볼 수 있다.

검정테광방아벌레 앞가슴등판(검은색 줄무늬)

검정테광방아벌레(방아벌레과) *Ludioschema vittiger vittiger*

크기 | 9~14㎜ 출현시기 | 7~8월(여름)

몸은 황갈색이고 가늘고 길다. 앞가슴등판 가운데와 딱지날개 양쪽 끝에 검은색 줄무늬가 있다. 몸 전체의 가장자리를 따라 검은색 줄무늬가 마치 테두리를 두른 것처럼 보인다. 성충은 낮은 산지에서 쉽게 발견되며 겨울에 성충으로 월동한다.

검정빗살방아벌레 비행 준비

검정빗살방아벌레(방아벌레과) *Melanotus (Spheniscosomus) cribricollis*

크기 | 17㎜ 내외 출현시기 | 5~7월(여름)

몸은 검은색이고 톱니 모양의 더듬이가 빗살처럼 보여서 이름이 지어졌다. 잎에 내려앉아 쉬거나 땅 위를 기어 다니는 모습이 자주 관찰된다. 천적으로부터 위협을 느끼면 몸을 뒤집어 툭 하고 튀어 올라 도망치기도 하고 다리와 더듬이를 움츠려 죽은 척하기도 한다.

살짝수염홍반디

더듬이가 멋진 빗살 모양이다.

더듬이(빗살 모양)

비행 준비

살짝수염홍반디(홍반디과) *Macrolycus flabellatus*

크기 | 9~12㎜ 출현시기 | 5~6월(봄)

머리와 앞가슴등판은 검은색이고 딱지날개는 예쁜 붉은색을 띤다. 수컷은 더듬이가 빗살 모양으로 매우 독특하지만 암컷은 톱니 모양이어서 서로 다르다. 빗살 모양의 더듬이가 수염이 살짝 있는 것처럼 보인다 해서 이름이 지어졌다. 산길을 걷다 보면 산길 가장자리의 풀잎에 내려앉아 쉬고 있는 모습을 발견할 수 있다. '홍반디'는 '반디'라는 이름 때문에 불빛을 반짝거리며 밤하늘을 날아다니는 반딧불이류라고 착각하지만 '반딧불이과' 종류가 아니라 '홍반디과'에 속하는 딱정벌레로 낮에 활동한다.

홍반디(홍반디과)
Lycostomus modestus

크기 | 9~14㎜
출현시기 | 5~7월(여름)

딱지날개는 주홍색을 띠고 더듬이와 다리는 검은색이다. 더듬이는 톱날 모양이며 '반딧불이'를 닮았다.

큰홍반디(홍반디과)
Lycostomus porphyrophorus

크기 | 14㎜ 내외
출현시기 | 5~7월(여름)

몸은 검은색이지만 딱지날개와 앞가슴등판 양쪽은 붉은색이다. 풀잎이나 벌채목에서 볼 수 있다.

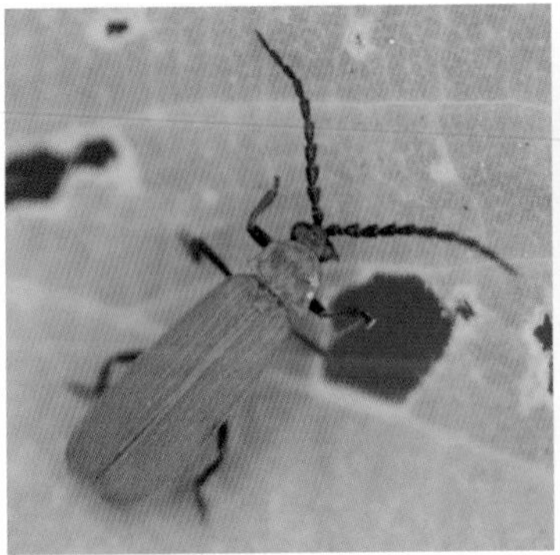

고려홍반디(홍반디과)
Plateros purus

크기 | 4.5~8㎜
출현시기 | 5~9월(여름)

앞가슴등판과 딱지날개는 연주황색이다. 생김새가 불빛을 반짝거리는 '반딧불이'를 많이 닮았다.

별홍반디(홍반디과)
Erotides (Glabroplatycis) nasutus

크기 | 5~9㎜
출현시기 | 4~7월(봄)

딱지날개는 검붉은색이고 세로줄 무늬가 많다. 더듬이는 톱니 모양이며 풀밭을 잘 날아다닌다.

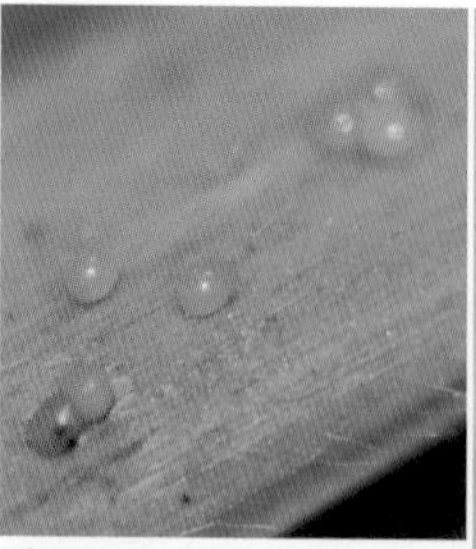
알

앞가슴등판(검은색 세로줄무늬)

애반딧불이

발광마디(수컷)

발광마디(암컷)

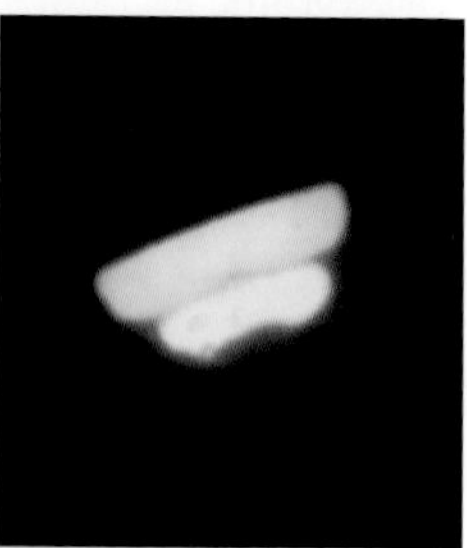
발광마디

애반딧불이(반딧불이과) *Luciola (Luciola) lateralis*

크기 | 7~10㎜ 출현시기 | 6~8월(여름) 먹이(유충) | 물달팽이, 우렁이, 다슬기

주황색 앞가슴등판에 검은색 세로줄무늬가 있다. 우리나라에 살고 있는 반딧불이류 중 가장 작아서 이름에 '애'가 붙었다. 수컷과 암컷 모두 비행할 수 있고 암컷은 축축한 이끼류에 알을 낳는다. 유충은 물 흐름이 느린 냇물이나 논에 살면서 다슬기, 우렁이, 물달팽이 등을 먹고 산다. 암컷과 수컷 모두 불빛을 낼 수 있는 것은 똑같지만 암컷은 발광마디가 제6배마디 1개이고 수컷은 제6, 7배마디에서 불빛을 낼 수 있다. 전라북도 무주군 일원의 반딧불이와 그 먹이(다슬기) 서식지는 천연기념물 제322호로 지정되어 있다.

늦반딧불이 반딧불이 종류 중에서 가장 늦게 출현한다.

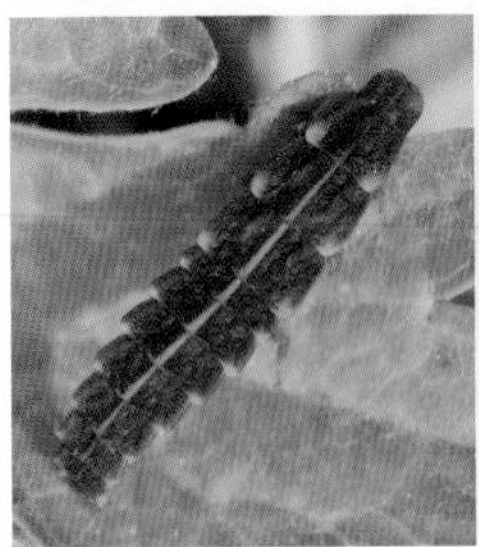

유충

야행성(밤에 활동함)

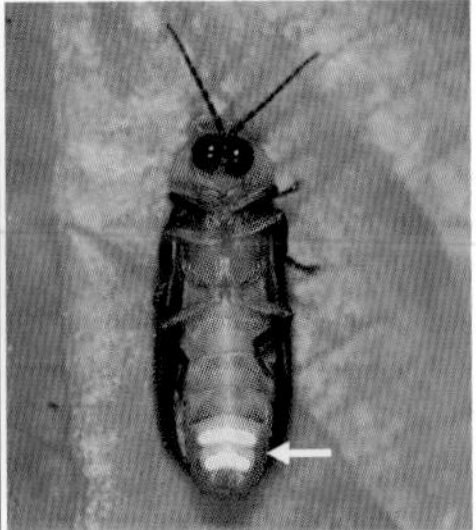

발광마디

늦반딧불이(반딧불이과) *Pyrocoelia rufa*

크기 | 15~18㎜ 출현시기 | 7~9월(여름) 먹이(유충) | 달팽이류

몸은 흑갈색이고 앞가슴등판은 황색을 띤다. 우리나라에 살고 있는 반딧불이류 중에서 크기가 가장 크다. 수컷은 날개가 있지만 암컷은 날개가 퇴화되어 날아다닐 수 없다. 유충 시절에는 축축한 숲속에서 달팽이를 잡아먹고 산다. 성충이 되면 아무것도 먹지 않고 이슬(수분)만 먹는다. 그래서 개의 배설물에 앉아서 수분을 먹고 있는 반딧불이를 보고 개똥에서 생겼다 해서 '개똥벌레'라고 불렀다. 반짝반짝 불빛을 내는 반딧불이는 몸속에 '루시페린'이라는 발광 물질을 갖고 있어서 알, 유충, 번데기, 성충 모두 불빛을 낼 수 있다.

파파리반딧불이 커다란 겹눈으로 빛을 모아 밤에 활동한다.

발광마디와 겹눈

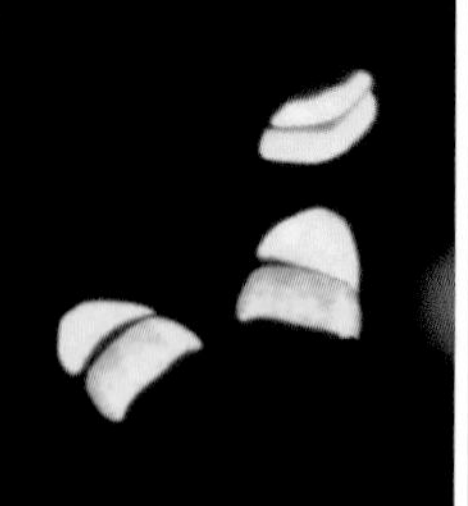

발광마디

파파리반딧불이(반딧불이과) *Luciola (Hotaria) papariensis*

크기 | 8~9㎜ 출현시기 | 5~7월(여름) 먹이(유충) | 달팽이류

딱지날개는 검은색이고 앞가슴등판은 주황색이다. 전체적인 생김새가 '애반딧불이'와 매우 비슷하지만 주황색 앞가슴등판에 세로줄무늬가 없는 점이 서로 다르다. 전국적으로 볼 수 있는 반딧불이로 봄부터 초여름까지 활동하며 우리나라 반딧불이류 중에서 불빛이 가장 밝다. 유충은 육상에 사는 작은 달팽이를 잡아먹고 산다. 함경도 파발리 지역에 사는 반딧불이라고 해서 이름이 지어졌다. 수컷은 암컷을 찾아 잘 날아다닐 수 있지만 암컷은 날개가 퇴화되어서 날아다니지 못한다.

앞가슴등판(붉은색)

더듬이를 청소하는 모습

서울병대벌레

짝짓기

비행 준비

서울병대벌레(병대벌레과) *Cantharis (Cantharis) soeulensis*

크기 | 10~13㎜ 출현시기 | 5~6월(봄) 먹이 | 진딧물

머리와 앞가슴등판은 주홍색이고 딱지날개는 검은색을 띠지만 개체 변이가 많다. 겹눈은 검은색이고 다리는 주홍색이다. 풀이나 꽃을 바쁘게 날아다니며 진딧물 같은 소형 곤충을 잡아먹고 산다. 단단하지 않은 딱지날개를 갖고 있는 연약한 생김새와 달리 무리 지어 소형 곤충을 사냥하는 모습이 군사의 무리와 닮았다고 해서 '병대벌레', '군인딱정벌레'라는 이름이 지어졌다. 산지의 풀밭에 많이 살며 우리나라에만 살고 있는 고유종이다. 넓은 들판에 많은 개체가 무리 지어 있는 모습을 종종 관찰할 수 있다.

회황색병대벌레(병대벌레과)
Lycocerus vitellinus

크기 | 9~11㎜ 출현시기 | 5~6월(봄)
먹이 | 진딧물, 잎벌레류 유충

몸은 회황색이고 앞가슴등판에 검은색 무늬가 있다. 나뭇잎이나 풀잎 위에서 진딧물을 잡아먹는다.

노랑줄어리병대벌레(병대벌레과)
Lycocerus nigrimembris

크기 | 7~9㎜ 출현시기 | 4~6월(봄)
먹이 | 진딧물

몸은 검은색이고 앞가슴등판은 주황색이다. 풀밭에 핀 여러 꽃들을 찾아다니며 진딧물을 잡아먹는다.

등점목가는병대벌레(병대벌레과)
Hatchiana glochidiata

크기 | 10~15㎜ 출현시기 | 4~6월(봄)
먹이 | 진딧물, 깔따구

몸은 회황색이고 머리와 앞가슴등판은 적갈색을 띤다. 낮은 관목의 나무줄기에 잘 붙어 있다.

연노랑목가는병대벌레(병대벌레과)
Asiopodabrus fragiliformis

크기 | 7~10㎜ 출현시기 | 5~6월(봄)
먹이 | 진딧물

몸은 황색이고 앞가슴등판과 머리 사이가 매우 가늘다. 풀밭에서 짝짓기하고 있는 모습이 관찰된다.

애알락수시렁이(수시렁이과)

Anthrenus (Nathrenus) verbasci

크기 | 2~3㎜ 출현시기 | 4~6월(봄)
먹이 | 꽃가루

몸은 검은색이고 동글동글하며 다양한 꽃에 모여 꽃가루를 먹는다. 유충은 전시된 곤충의 표본 등을 먹고 산다.

사마귀수시렁이(수시렁이과)

Anthrenus (Anthrenus) nipponensis

크기 | 3~4㎜ 출현시기 | 4~10월(여름)
먹이(유충) | 사마귀 알

몸은 검은색과 갈색으로 얼룩덜룩하다. 사마귀 알집에 알을 낳고 부화된 유충은 알집 속을 파먹는다.

검수시렁이

유충

검수시렁이(수시렁이과) *Dermestes (Dermestes) ater*

크기 | 7~9㎜ 출현시기 | 9월(가을) 먹이 | 건어물, 동물 사체

몸은 황갈색을 띠며 짧은 털로 덮여 있고 기다란 타원형이며 볼록하다. 더듬이 마지막 세 마디는 굵게 발달되어 있다. 앞가슴등판은 볼록하며 딱지날개는 반질반질하다. 다 자란 유충은 15㎜ 정도이며 건조한 비단, 건어물, 죽은 동물 등을 먹고 산다.

권연벌레 배면

권연벌레(표본벌레과) *Lasioderma serricorne*

크기 | 3㎜ 내외 출현시기 | 6~8월(여름) 먹이(유충) | 건조 동물질, 식물질

몸은 적갈색을 띠며 황갈색 털로 덮여 있고 긴 타원형이다. 성충은 오래된 집이나 건조한 목질 등에서 발견되기 때문에 사람들에게 불편을 일으키기도 한다. 전시된 곤충의 표본 등을 갉아 먹고 담배의 해충으로도 유명하다. 연 2~3회 발생하며 겨울에 유충으로 월동한다.

길쭉표본벌레(표본벌레과)
Ptinus (Cyphoderes) japonicus

크기 | 2~4.5㎜ 출현시기 | 2~9월(여름)
먹이(유충) | 동식물 표본, 곡식류

몸은 갈색이고 길쭉하다. 동식물 표본이나 곡식류에 연 1~2회 발생하며 겨울에 유충으로 월동한다.

넓적나무좀(개나무좀과)
Lyctus brunneus

크기 | 2.2~3㎜ 출현시기 | 5~8월(여름)
먹이 | 건조한 목재, 목가공품

몸은 적갈색이고 황갈색 털로 덮여 있다. 유충은 4㎜ 정도이고 유백색이며 '구더기'와 비슷해 보인다.

얼러지쌀도적(쌀도적과)
Leperina squamulosa

크기 | 10~13㎜
출현시기 | 5~8월(여름)

몸이 얼룩덜룩해서 나무껍질과 같은 보호색을 갖고 있다. 납작한 모양이어서 나무 틈새에 잘 숨는다.

개미붙이(개미붙이과)
Thanasimus lewisi

크기 | 7~10㎜ 출현시기 | 4~8월(여름)
먹이 | 소형 곤충

딱지날개에 굵은 줄무늬가 있어서 '체크무늬딱정벌레'라고도 부른다. 나무좀 등의 소형 곤충을 사냥한다.

긴개미붙이(개미붙이과)
Opilo mollis

크기 | 10~12㎜ 출현시기 | 6~9월(여름)
먹이 | 소형 곤충

몸은 길고 생김새가 '개미'와 매우 비슷해서 개미를 닮은 생물이란 뜻으로 '개미붙이'라는 이름이 지어졌다.

집개미붙이(개미붙이과)
Opilo domesticus

크기 | 10㎜ 내외 출현시기 | 6~8월(여름)
먹이 | 소형 곤충

몸은 전체적으로 갈색이며 소형 곤충을 잡아먹는다. 바쁘게 기어 다니며 모습이 '개미'와 무척 닮았다.

몸(황색 무늬)

방어 물질(붉은색)

노랑무늬의병벌레

비행 준비

무당벌레의 냄새를 맡는 모습

노랑무늬의병벌레(무늬의병벌레과) *Malachius (Malachius) prolongatus*

크기 | 5.2~5.8㎜ 출현시기 | 5~6월(봄) 먹이 | 소형 곤충

몸은 청록색이고 딱지날개 끝부분에 선명한 황색 무늬가 있다. 우리나라에서 가장 흔하게 볼 수 있는 의병벌레이다. 암수가 마주 보고 있는 모습을 종종 볼 수 있는데 이는 수컷이 분비물을 암컷에게 주는 모습이다. 암컷이 분비물을 받아먹고 나서 짝짓기가 이루어진다. '병대벌레'와 마찬가지로 딱지날개가 부드러워 연약해 보이지만 나무와 풀의 꽃과 잎에 모여서 소형 곤충을 잡아먹고 꽃가루도 먹는다. 의병처럼 용감하게 사냥을 잘한다고 해서 '의병벌레'라고 부른다. 성충은 물론 유충도 포식성이다.

황띠굵은뿔의병벌레(수컷)

암컷

황띠굵은뿔의병벌레(무늬의병벌레과) *Intybia tsushimensis*

크기 | 2.8~3.4㎜ 출현시기 | 5~9월(여름)

몸은 전체적으로 검은색이며 길고 납작하다. 딱지날개에는 황적색 또는 황색의 넓은 띠무늬가 있는 소형 의병벌레이다. 수컷의 첫째부터 넷째 더듬이마디는 굵게 부풀어 있고 겹눈은 크게 돌출되어 있다. 저수지 주변의 나뭇잎이나 풀잎에서 주로 발견된다.

굵은뿔의병벌레(무늬의병벌레과)
Intybia kishii

크기 | 2.8~3.5㎜
출현시기 | 5~9월(여름)

몸은 검은색이고 딱지날개 중간에 굵은 붉은색 가로띠무늬가 있다. 수컷은 더듬이 기부가 굵게 부풀었다.

탐라의병벌레(무늬의병벌레과)
Attalus (Attalus) elongatulus

크기 | 4~5㎜ 출현시기 | 4~5월(봄)
먹이 | 소형 곤충

몸은 전체적으로 청람색이다. 평지와 야산의 풀밭에 날아다니며 소형 곤충을 잡아먹는다.

호리납작밑빠진벌레

꽃가루를 먹는 모습

호리납작밑빠진벌레(밑빠진벌레과) *Epuraea (Epuraea) oblonga*

크기 | 2.4~3.7㎜ 출현시기 | 5~7월(봄) 먹이 | 꽃가루, 열매

몸은 황갈색이고 연갈색 털이 매우 많다. 더듬이는 암갈색이고 딱지날개 전체는 담갈색 털로 덮여 있다. 산에 핀 다양한 꽃에 모여서 꽃가루를 먹고 짝짓기하는 모습도 볼 수 있다. 크기가 작고 꽃이나 잎의 틈새에 들어가 있어서 자세히 봐야 찾을 수 있다.

갈색왕밑빠진벌레(밑빠진벌레과) *Phenolia (Lasiodites) picta*

크기 | 5.5~8.5㎜ 출현시기 | 5~9월(여름) 먹이 | 나뭇진

몸은 갈색~적갈색이고 타원형이다. 성충은 참나무류의 나뭇진을 먹고 나무 틈새에 잘 숨어 있다.

네무늬밑빠진벌레(밑빠진벌레과) *Glischrochilus (Librodor) ipsoides*

크기 | 5~7㎜ 출현시기 | 5~7월(여름) 먹이 | 나뭇진

몸은 검은색이고 딱지날개에 황적색 무늬가 있다. 크기와 큰턱이 작다. 성충은 활엽수의 나뭇진을 먹는다.

네눈박이밑빠진벌레(밑빠진벌레과)
Glischrochilus (Librodor) japonicus

크기 | 7~14㎜ 출현시기 | 5~10월(여름)
먹이 | 나뭇진

몸은 검은색이고 광택이 난다. 딱지날개에 4개의 주황색 무늬가 있다. 성충은 참나무류의 나뭇진을 잘 먹는다.

털무늬밑빠진벌레(밑빠진벌레과)
Glischrochilus parvipustulatus

크기 | 9~13㎜ 출현시기 | 4~10월(여름)
먹이 | 나뭇진

몸은 전체적으로 적갈색이고 길쭉한 알 모양이다. 딱지날개에 6개의 둥근 황색 점무늬가 있다.

주홍머리대장(머리대장과)
Cucujus coccinatus

크기 | 10~15㎜
출현시기 | 4~8월(여름)

몸은 붉은색이고 납작해서 틈새에 잘 숨는다. 머리가 매우 커서 이름이 지어졌다. 소나무 벌채목에서 발견된다.

고려나무쑤시기(나무쑤시기과)
Helota fulviventris

크기 | 12~16㎜ 출현시기 | 4~10월(여름)
먹이 | 나뭇진

몸은 흑갈색이고 광택이 반질반질하다. 딱지날개에 4개의 황색 점무늬가 있으며 나뭇진을 먹고 산다.

털보왕버섯벌레

야행성(불빛에 날아옴)

털보왕버섯벌레(버섯벌레과) *Episcapha fortunii fortunii*

크기 | 9~13㎜ 출현시기 | 6월~다음 해 3월(봄) 먹이 | 버섯류

몸은 검은색이고 타원형이다. 딱지날개에 톱니 모양의 주황색 무늬가 있다. 더듬이의 끝 세 마디는 크고 넓적하게 발달했다. 성충과 유충 모두 버섯류를 잘 먹고 살기 때문에 숲속에 핀 버섯류 주위에서 발견된다. 겨울에 죽은 참나무류 속에서 성충으로 월동한다.

노랑줄왕버섯벌레(버섯벌레과) *Episcapha flavofasciata flavofasciata*

크기 | 12~15㎜ 출현시기 | 4~10월(여름) 먹이 | 버섯류

몸은 검은색이고 기다란 타원형이다. 딱지날개에 연녹색의 무늬가 있고 버섯류를 잘 갉아 먹는다.

쌍점둥근버섯벌레(버섯벌레과) *Pseudotritoma consobrina consobrina*

크기 | 4~4.5㎜ 출현시기 | 6월~다음 해 3월(여름) 먹이 | 버섯류

몸은 검은색을 띠며 둥글다. 딱지날개 가운데에 2개의 둥근 붉은색 점무늬가 있다. 버섯류를 먹고 산다.

붉은가슴방아벌레붙이(방아벌레붙이과)
Anadastus atriceps

크기 | 5~6㎜
출현시기 | 5~6월(봄)

몸은 가늘고 길쭉하다. 딱지날개는 남색 광택이 있고 앞가슴등판이 주홍색이어서 이름이 지어졌다.

애방아벌레붙이(방아벌레붙이과)
Anadastus menetriesii

크기 | 5~6㎜
출현시기 | 5~8월(여름)

몸은 길쭉하고 머리와 더듬이는 검은색이다. 딱지날개는 청색을 띠고 다리는 황갈색 또는 적갈색을 띤다.

석점박이방아벌레붙이　　붉은색 앞가슴등판에 3개의 점이 있다.

석점박이방아벌레붙이(방아벌레붙이과) *Tetraphala collaris*

크기 | 9.5~16㎜　출현시기 | 5~6월(봄)

몸은 원통형으로 길고 머리, 딱지날개, 더듬이, 다리는 청람색을 띤다. 앞가슴등판은 붉은색을 띠며 3개의 검은색 점무늬가 있는 것이 특징이다. 생김새가 방아벌레과의 곤충과 많이 닮아서 닮았다는 뜻의 '붙이'가 붙어 이름이 지어졌다.

무당벌레붙이 땅 위를 발 빠르게 기어 다닌다.

더듬이

유충

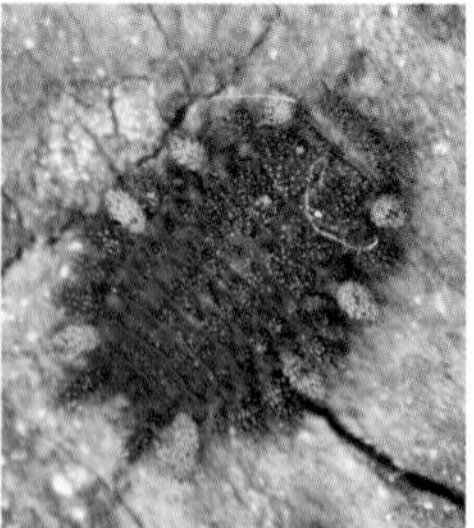
[1]**네점무늬무당벌레붙이** 유충

무당벌레붙이(무당벌레붙이과) *Ancylopus pictus asiaticus*

크기 | 4.7~5㎜ 출현시기 | 3~10월(봄) 먹이 | 버섯류, 썩은 나무

몸은 둥글고 머리는 검은색, 앞가슴등판과 딱지날개는 붉은색을 띤다. 딱지날개에 점무늬가 있는 모습이 마치 무당벌레처럼 보여서 이름이 지어졌다. 그러나 '무당벌레'와 달리 더듬이가 매우 길고 다리도 길어서 구별된다. 딱지날개는 개체마다 변이가 매우 다양하다. 버섯류나 썩은 나무 주변에 살면서 발 빠르게 기어 다닌다. 낮에는 풀밭에서 활동하고 밤이 되면 불빛에 모여든다. 나무껍질 밑이나 돌 밑에서 성충으로 월동하고 봄에 깨어나 활동한다. [1]**네점무늬무당벌레붙이** 유충은 땅보다 나무에 잘 붙어 있다.

소나무무당벌레(무당벌레과)
Harmonia yedoensis

크기 | 4.8~8㎜
출현시기 | 연중(여름)

'무당벌레'와 매우 비슷하지만 딱지날개 끝부분이 더 뾰족한 점이 다르다. 소나무 주변에서 발견된다.

긴점무당벌레(무당벌레과)
Myzia oblongoguttata

크기 | 7~8.5㎜
출현시기 | 4~8월(여름)

몸은 적갈색이고 딱지날개에 길쭉한 흰색 무늬가 있다. 나무에 잘 붙어 있으며 진딧물을 먹고 산다.

달무리무당벌레(무당벌레과)
Anatis halonis

크기 | 6.7~8.5㎜ 출현시기 | 4~6월(봄)
먹이 | 진딧물

딱지날개 양 끝의 흰색 점 속에 검은색 점이 달무리 같다. 앞가슴등판에 M자 무늬가 있다.

십일점박이무당벌레(무당벌레과)
Coccinella (Coccinella) ainu

크기 | 4.3~5.6㎜ 출현시기 | 6~8월(여름)
먹이 | 진딧물

딱지날개에 11개의 검은색 점무늬가 있다. 습지나 하천 주변에 살면서 진딧물을 잡아먹고 산다.

알

유충

무당벌레 1형

번데기

짝짓기(붉은색형)

짝짓기(검은색형)

무당벌레(무당벌레과) *Harmonia axyridis*

크기 | 5~8㎜ 출현시기 | 3~11월(봄) 먹이 | 진딧물

몸은 황색 또는 주황색이다. 딱지날개에 18개의 둥근 검은색 점무늬를 갖고 있지만 개체 변이가 많아서 색깔과 점무늬 숫자가 다른 여러 가지의 무당벌레가 있다. 무당벌레는 성충과 유충 모두 진딧물을 잘 잡아먹어 농사에 도움을 준다. 유럽에서 진딧물 때문에 포도 농사가 어려움을 겪을 때 갑자기 나타난 빨간 무당벌레들이 진딧물을 잡아먹어서 농사가 풍년이 된 적이 있다. 그래서 유럽 사람들은 무당벌레를 우리를 구원한 딱정벌레라 해서 '성모마리아 딱정벌레(Lady-bird Beetles)'라 부른다. 무당벌레는 색

붉은색형 · 붉은색형(가운데의 큰 점) · 붉은색형(작은 점) · 붉은색형(서로 붙어 있는 점)
검은색형(2개의 붉은색 점) · 검은색형(2개의 붉은색 점 미완성) · 검은색형(4개의 붉은색 점) · 검은색형(전체의 붉은색 점)
검은색형(2개의 황색 점) · 검은색형(4개의 황색 점) · 민무늬형(붉은색) · 민무늬형(황색)

깔이나 무늬에 변이가 다양하기 때문에 유전학자들이 유전자가 전달되었는지를 검증하는 실험 재료로 활용하기도 한다. 전국의 산과 들에서 가장 쉽게 만날 수 있는 무당벌레이다. 겨울에 성충은 무리 지어 월동한다. 산지나 마을 주변에서 겨울나기를 하는 무당벌레는 날씨가 추워지면 따뜻한 집 안으로 들어오거나 햇볕이 잘 드는 창가나 처마 밑에 모여서 겨울잠을 잔다. 작두 위에서 빙글빙글 돌며 굿을 하는 무당의 옷처럼 붉은 색깔을 띤다고 해서 이름이 지어졌다.

유충

번데기

칠성무당벌레

우화 직후 모습

딱지날개(7개의 점)

머리와 더듬이

칠성무당벌레(무당벌레과) *Coccinella (Coccinella) septempunctata*

크기 | 5~8.5㎜ 출현시기 | 3~11월(봄) 먹이 | 진딧물

몸은 붉은색 또는 주황색을 띠며 둥글다. 딱지날개에 7개의 점무늬가 있는 것이 특징이다. 둥근 점무늬는 왼쪽에 3개, 오른쪽에 3개, 가운데에 1개가 있다. 우리나라에 살고 있는 무당벌레류 중에서 가장 흔한 종류이다. 산지나 강가의 풀밭에서 활발하게 움직이며 성충과 유충 모두 진딧물을 잡아먹는다. 무더운 여름에는 여름잠(하면)을 자기도 한다. 유충은 몸이 좀형으로 길고 황색 점무늬가 있다. 포식성 곤충이어서 유충끼리 서로 잡아먹는 동종포식도 한다. 알에서 성충이 될 때까지 2~3주가 걸린다.

유럽무당벌레(무당벌레과)

Calvia quatuordecimguttata

크기 | 4.4~6㎜ 출현시기 | 5~7월(봄)
먹이 | 나무이

몸은 황갈색이고 딱지날개에 14개의 연황색 점무늬가 있으며 앞가슴등판에도 2개의 연황색 점무늬가 있다.

네점가슴무당벌레(무당벌레과)

Calvia muiri

크기 | 4~5.1㎜ 출현시기 | 4~10월(가을)
먹이 | 진딧물

몸은 주황색이고 앞가슴등판에 4개의 흰색 점무늬가 있다. 느티나무와 참나무류에 사는 진딧물을 잡아먹는다.

열석점긴다리무당벌레(무당벌레과)

Hippodamia (Hemisphaerica) tredecimpunctata

크기 | 5.5~6㎜ 출현시기 | 5~10월(여름)
먹이 | 진딧물

동글동글한 '무당벌레'에 비해서 몸이 길쭉하고 다리도 길다. 습지나 강가의 풀밭에서 진딧물을 먹는다.

다리무당벌레(무당벌레과)

Hippodamia (Hippodamia) variegata

크기 | 5.5~6㎜ 출현시기 | 4~10월(여름)
먹이 | 진딧물

딱지날개는 황갈색이며 10개의 검은색 점이 있다. 몸이 길쭉하며 다리도 길다. 강변처럼 습한 환경의 풀밭에 산다.

남생이무당벌레 2형

유충

남생이무당벌레 1형

번데기

딱지날개(거북 무늬)

남생이무당벌레(무당벌레과) *Aiolocaria hexaspilota*

크기 | 8~13㎜ 출현시기 | 4~7월(여름) 먹이 | 잎벌레류 유충

붉은색 딱지날개에 검은색 줄무늬가 남생이의 등판을 닮아서 이름이 지어졌다. 남생이 등판처럼 생긴 딱지날개의 무늬는 개체에 따라 변이가 있다. 우리나라에 살고 있는 모든 무당벌레류 중에서 크기가 가장 크다. 덩치가 커서 성충이나 유충 모두 진딧물보다 잎벌레류의 유충을 잡아먹고 사는 육식성 곤충이다. 숲과 강가의 들판에 살면서 월동하기 위해 가을이 되면 무리 지어 모여든다. 산지의 길가 주변 풀밭에서 종종 볼 수 있지만 개체 수가 많이 줄어들었다.

꼬마남생이무당벌레 2형(4개의 점무늬)

꼬마남생이무당벌레 1형

꼬마남생이무당벌레 2형(2개의 점무늬)

꼬마남생이무당벌레 2형(검은색형)

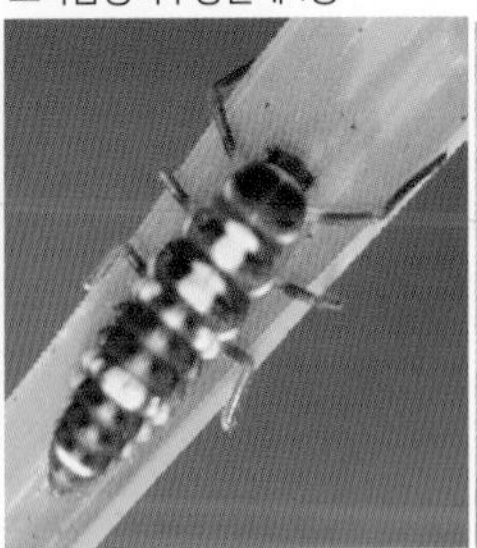
유충

짝짓기

꼬마남생이무당벌레(무당벌레과) *Propylea japonica*

크기 | 3~4.5㎜ 출현시기 | 4~10월(여름) 먹이 | 진딧물

몸은 황색 또는 주황색이고 딱지날개에 있는 검은색 무늬가 민물거북 남생이의 등판 무늬와 비슷하다. '남생이무당벌레'와 달리 크기가 매우 작아서 '꼬마'라는 이름이 지어졌다. 딱지날개의 거북 무늬는 개체마다 변이가 다양해서 여러 가지 모양의 무늬가 있다. 봄부터 가을까지 활발하게 움직이고 무더운 여름에도 여름잠을 자지 않는다. 산과 들의 풀밭에서 진딧물을 잡아먹으며 산다. 유충은 등면에 황색 점무늬가 줄지어 있고 성충과 마찬가지로 진딧물을 잡아먹는다. 나무껍질 아래에서 성충으로 월동한다.

노랑무당벌레 겹눈과 앞가슴등판의 점무늬가 닮았다.

유충 앞가슴등판(2개의 검은색 점무늬)

노랑무당벌레(무당벌레과) *Illeis (Illeis) koebelei koebelei*

크기 | 3.5~5㎜ 출현시기 | 4~10월(여름) 먹이 | 흰가루병균

머리와 앞가슴등판은 흰색이고 딱지날개는 황색이다. 앞가슴등판 아래쪽에 2개의 검은색 점무늬가 있는 것이 특징이다. 성충은 하천의 가중나무 등의 잎에서 활동하는 모습을 볼 수 있다. 식물에 모여 진딧물을 먹고 사는 대부분의 '무당벌레'와 달리 흰가루병균과 같은 균류를 잡아먹고 산다. '꼬마남생이무당벌레'와 크기가 비슷할 정도로 매우 작은 소형 무당벌레이며 성충으로 월동한다. 유충은 성충과 마찬가지로 머리와 가슴은 흰색을 띠고 배 부분은 황색을 띠며 검은색 점무늬가 많다.

노랑육점박이무당벌레(무당벌레과)
Oenopia bissexnotata

크기 | 3~4㎜
출현시기 | 3~11월(가을)

몸은 둥글고 앞가슴등판은 황색 무늬가 있다. 딱지날개에 8개, 가장자리에 4개의 황색 점무늬가 있다.

십이흰점무당벌레(무당벌레과)
Vibidia duodecimguttata

크기 | 3.1~4.9㎜
출현시기 | 2~11월(봄)

몸은 둥글고 적갈색을 띤다. 딱지날개에 12개의 둥근 흰색 점무늬가 있어서 이름이 지어졌다.

십구점무당벌레 해안가의 습지나 강변에서 산다.

십구점무당벌레(무당벌레과) *Anisosticta kobensis*

크기 | 3.8~4.1㎜ 출현시기 | 5~7월(여름) 먹이 | 진딧물

몸은 황색이고 머리는 검은색이다. 딱지날개에 19개의 검은색 점무늬가 있고 앞가슴등판에는 6개의 검은색 점무늬가 있다. 성충은 진딧물, 벼멸구 등의 소형 곤충을 잡아먹고 산다. 산과 들에서 발견되는 '무당벌레', '칠성무당벌레'와 달리 강이나 연안 습지의 풀밭에서 발견된다.

애홍점박이무당벌레　　　　유충

애홍점박이무당벌레(무당벌레과) *Chilocorus kuwanae*

크기 | 3.3~4.9㎜ 출현시기 | 3~11월(봄) 먹이(유충) | 깍지벌레

몸은 검은색이고 광택이 있으며 딱지날개에 2개의 둥근 붉은색 점무늬가 있다. 생김새가 군인이 쓰는 철모를 닮았다. 몸에 뾰족뾰족한 가시가 돋아 있는 유충은 나무껍질과 비슷한 보호색을 갖고 있다. 유충은 활엽수의 나무껍질에 붙어서 깍지벌레를 먹는다.

홍점박이무당벌레(무당벌레과) *Chilocorus rubidus*

크기 | 5.8~7.2㎜ 출현시기 | 3~11월(봄)
먹이 | 깍지벌레

몸은 검은색이고 붉은색 점이 딱지날개 전체에 퍼져 있다. 성충으로 월동하며 자세한 생태는 알려져 있지 않다.

넉점검은테무당벌레(무당벌레과) *Phymatosternus lewisii*

크기 | 2.9~3.7㎜ 출현시기 | 3~11월(봄)
먹이 | 진딧물

몸은 둥글고 황갈색 털로 덮여 있다. 딱지날개 테두리가 검은색이며 위쪽에 2개의 둥근 점무늬가 있다.

홍테무당벌레(무당벌레과)
Rodolia limbata

크기 | 4.5~5.5㎜ 출현시기 | 4~5월(봄)
먹이 | 깍지벌레

몸은 검은색을 띠며 둥글다. 앞가슴등판에 검은색 띠가 있고 딱지날개에 붉은색 테두리가 있다.

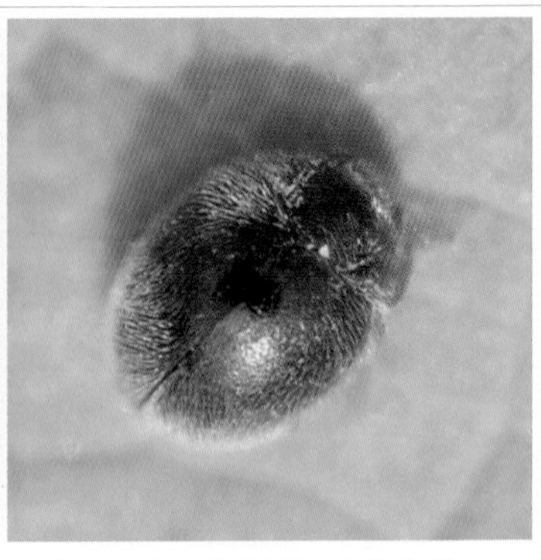

바바애기무당벌레(무당벌레과)
Scymnus (Neopullus) babai

크기 | 1.8~2.5㎜
출현시기 | 5~8월(여름)

몸은 흰색 털로 덮여 있으며 다리는 황갈색이다. 앞가슴등판과 딱지날개는 검은색이고 머리는 주황색을 띤다.

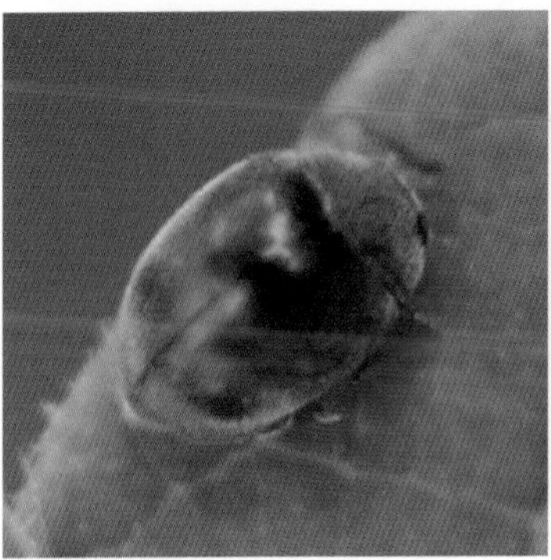

대륙애기무당벌레(무당벌레과)
Scymnus (Pullus) ferrugatus

크기 | 2㎜ 내외
출현시기 | 4~7월(여름)

앞가슴등판은 갈색이고 딱지날개는 검은색이다. 나뭇잎에 붙어 있으며 크기가 작아서 찾기 어렵다.

방패무당벌레(무당벌레과)
Hyperaspis (Hyperaspis) asiatica

크기 | 2.8~3.2㎜
출현시기 | 7~8월(여름)

몸은 전체적으로 검은색이고 알 모양이다. 앞가슴등판 양쪽과 딱지날개 아래쪽에 둥근 황색 무늬가 있다.

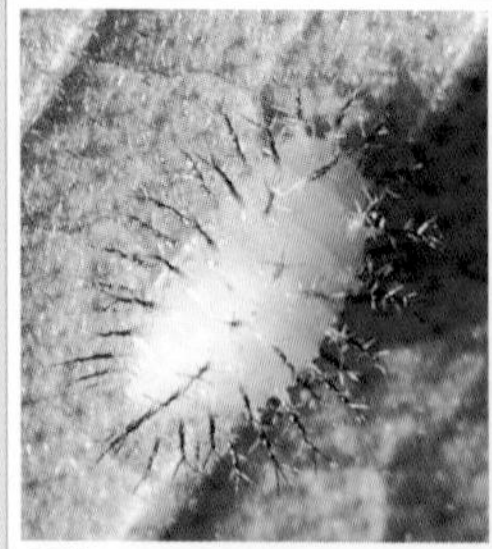
유충

짝짓기

큰이십팔점박이무당벌레

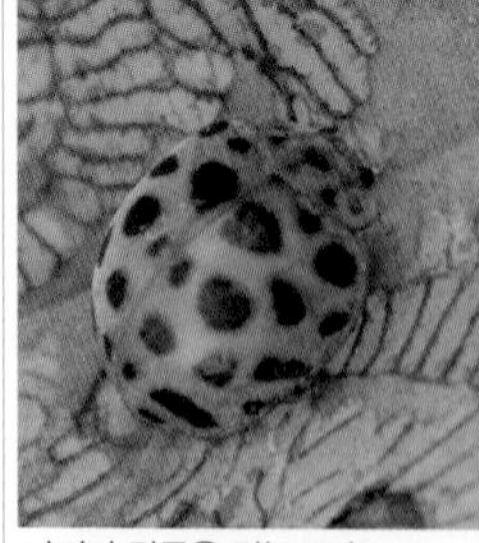
가지과 작물을 먹는 모습

방어 물질(황색)

큰이십팔점박이무당벌레(무당벌레과) *Henosepilachna vigintioctomaculata*

크기 | 7~8.5㎜ 출현시기 | 4~10월(여름) 먹이 | 감자, 가지, 토마토

몸은 황갈색이고 딱지날개에 28개의 검은색 점무늬가 있어서 이름이 지어졌다. 감자, 가지, 토마토 등의 농작물과 까마중, 구기자 등의 가지과 식물을 갉아 먹고 산다. 성충과 유충 모두 농작물 잎을 갉아 먹는 해충으로 유명하다. 유충은 황색이고 몸 전체에 뾰족한 가시가 돋아 있다. 주로 남부 지방에 사는 '이십팔점박이무당벌레'와 생김새가 비슷하지만 점무늬가 더욱 큰 것으로 구별한다. 전체적인 모습이 바가지를 엎어 놓은 것 같다고 해서 '됫박벌레'라고도 부른다.

중국무당벌레

식물을 먹고 사는 초식성 무당벌레이다.

중국무당벌레(무당벌레과) *Epilachna chinensis*

크기 | 4.5~5.6㎜ 출현시기 | 8~9월(여름) 먹이 | 계요등, 하늘타리

몸은 전체적으로 검붉은색을 띠며 짧은 달걀 모양이다. 앞가슴등판에 기다란 검은색 점무늬가 있으며 딱지날개에 10개의 검은색 점무늬가 있다. 대부분의 무당벌레가 진딧물을 먹고 사는 육식성 무당벌레인 것과는 달리 꼭두서니과의 식물을 먹고 사는 초식성 무당벌레이다.

곱추무당벌레(무당벌레과)
Epilachna quadricollis

크기 | 4~5.5㎜ 출현시기 | 5~6월(봄)
먹이 | 물푸레나무, 쥐똥나무, 이팝나무

몸은 황갈색이고 볼록 나온 모습이 꼽추 같다. 딱지날개에 10개, 앞가슴등판에 4개의 검은색 점무늬가 있다.

애곱추무당벌레(무당벌레과)
Cynegetis impunctata

크기 | 1.4㎜ 내외
출현시기 | 5~6월(여름)

몸은 둥글고 앞가슴등판에 검은색 무늬가 있다. 딱지날개에 서로 붙어 있는 여러 개의 둥근 점무늬가 있다.

무당벌레 종류 비교하기

무당벌레

딱지날개에 점이 18개 있는 개체부터 점무늬가 없는 개체까지 다양하다. 풀잎에 사는 진딧물을 잡아먹고 산다.

칠성무당벌레

딱지날개에 7개의 검은색 점무늬가 있는 것이 특징이다. 풀 줄기 사이를 오르내리며 진딧물을 잡아먹고 산다.

십일점박이무당벌레

얼핏 보면 '칠성무당벌레'와 매우 비슷하지만 딱지날개에 11개의 크고 작은 검은색 점무늬를 갖고 있다.

열석점긴다리무당벌레

딱지날개에 13개의 점무늬가 있고 보통의 무당벌레보다 다리가 길다. 하구, 기수역, 해안가의 풀밭에서 자주 보인다.

십구점무당벌레

몸은 황색이고 딱지날개에 19개의 검은색 점무늬가 있는 소형 무당벌레이다. 해안가의 풀밭에 산다.

네점가슴무당벌레

딱지날개에는 14개의 흰색 점무늬가 있다. 앞가슴등판에 4개의 흰색 점이 있어서 이름이 지어졌다.

목대장(목대장과)
Cephaloon pallens

크기 | 12~14㎜ 출현시기 | 5~6월(봄)
먹이(유충) | 썩은 나무

목에 해당하는 가슴 부위가 삼각형 모양으로 매우 크다. 꽃이나 풀 줄기에 앉아 있는 모습을 발견할 수 있다.

꼬마긴썩덩벌레(긴썩덩벌레과)
Phloiotrya (Phloiotrya) rugicollis

크기 | 5.3~13㎜
출현시기 | 5~7월(여름)

몸은 갈색 또는 흑갈색을 띠며 길쭉하다. 더듬이는 연갈색이고 머리는 둥글다. 벌채목에서 발견된다.

밑검은섬하늘소붙이

짝짓기

밑검은섬하늘소붙이(하늘소붙이과) *Eobia (Eobia) chinensis ambusta*

크기 | 5.5~8㎜ 출현시기 | 4~6월(봄) 먹이 | 꽃가루

몸은 전체적으로 흑청색을 띠며 길쭉하다. 봄에 피는 여러 풀꽃에 모여들어 꽃가루를 먹는다. 꽃에 모여 짝짓기하는 모습을 보면 수컷이 암컷에 비해 훨씬 작다는 것을 알 수 있다. 옛날에는 '민가슴하늘소붙이'로 불렸지만 지금은 '밑검은섬하늘소붙이'로 이름이 바뀌었다.

녹색하늘소붙이(하늘소붙이과)
Chrysanthia geniculata integricollis

크기 | 5~7㎜ 출현시기 | 4~5월(봄)
먹이 | 꽃가루

몸은 녹색이고 광택이 있다. 엉겅퀴 등의 다양한 꽃에 모여들어 꽃가루를 먹고 살며 꽃 위에서 짝짓기도 한다.

아무르하늘소붙이(하늘소붙이과)
Oedemera (Stenaxis) amurensis

크기 | 6~9㎜ 출현시기 | 4~5월(봄)
먹이 | 꽃가루

몸은 흑갈색이고 기다란 몸과 더듬이가 '하늘소'를 매우 많이 닮아서 '하늘소붙이'라는 이름이 지어졌다.

시베르스하늘소붙이(수컷)

암컷

시베르스하늘소붙이(하늘소붙이과) *Oedemera lucidicollis flaviventris*

크기 | 8~12㎜ 출현시기 | 4~6월(봄) 먹이 | 꽃가루

몸은 암청색이고 앞가슴등판은 붉은색을 띤다. 수컷은 뒷다리의 넓적다리마디가 알통처럼 굵게 발달되어 있지만 암컷은 알통이 없이 가늘다. 들판에 핀 다채로운 꽃에 모여서 꽃가루를 먹고 있는 모습을 발견할 수 있다. 몸이 매우 가늘어서 꽃 속에 파묻혀 꽃가루를 먹고 있으면 눈에 잘 띄지 않는다.

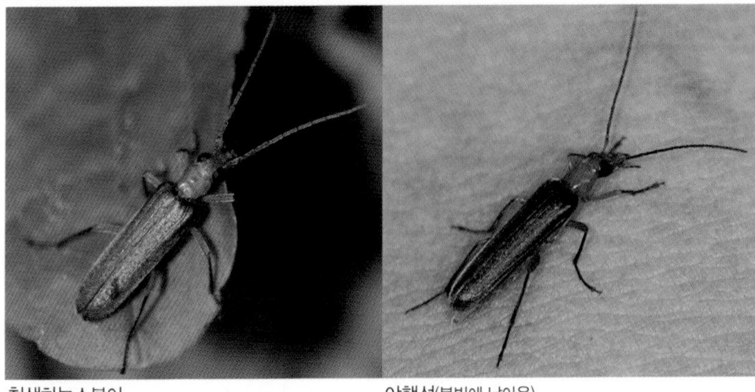
청색하늘소붙이 야행성(불빛에 날아옴)

청색하늘소붙이(하늘소붙이과) *Nacerdes (Xanthochroa) waterhousei*

크기 | 11~15㎜ 출현시기 | 6~8월(여름) 먹이(유충) | 썩은 나무

머리는 주황색이고 딱지날개는 청록색을 띤다. 더듬이가 매우 길게 발달되어 있어서 '하늘소'라고 착각하기도 한다. 밤에 환한 불빛에 이끌려 불빛으로 날아오는 모습이 관찰된다. '하늘소'와 닮은 곤충이라는 의미로 '하늘소붙이'라는 이름이 지어졌다.

큰노랑하늘소붙이(하늘소붙이과)

Nacerdes (Xanthochroa) hilleri hilleri

크기 | 12~16㎜

출현시기 | 6~8월(여름)

몸은 주황색 또는 황갈색을 띠며 가늘고 길쭉하다. '노랑하늘소붙이'보다 크며 밤에 불빛에 잘 날아온다.

노랑하늘소붙이(하늘소붙이과)

Nacerdes (Xanthochroa) luteipennis

크기 | 9~13㎜

출현시기 | 6~9월(여름)

몸은 검은색이고 딱지날개는 황갈색이다. 꽃에 모이며 밤에는 불빛에 날아든다. 유충은 썩은 침엽수 줄기 속에 산다.

꽃벼룩 위험을 느끼면 땅 아래로 떨어져 피한다.

꽃벼룩(꽃벼룩과) *Mordella brachyura brachyura*

크기 | 5~6.5㎜ 출현시기 | 5~7월(여름) 먹이 | 꽃가루

몸이 길고 배 끝부분이 가시처럼 뾰족하게 튀어나와서 '가시꼬리딱정벌레'라고 부른다. 들판에 있는 개망초, 찔레나무, 양지꽃 등의 다양한 꽃에 모여서 꽃가루를 먹고 있는 모습을 볼 수 있다. 인기척이 느껴지면 갑자기 꽃 아래로 다이빙해서 떨어지기 때문에 자세히 보아야 발견할 수 있다.

밤갈색꽃벼룩(꽃벼룩과) *Falsomordellistena auromaculata*

크기 | 5.2~5.5㎜ 출현시기 | 5~7월(여름) 먹이 | 꽃가루

몸은 전체적으로 검은색이고 딱지날개에 갈색 무늬가 있다. 배 끝부분이 가시처럼 뾰족하게 발달되었다.

알락광대꽃벼룩(꽃벼룩과) *Hoshihananomia pirika*

크기 | 10~13㎜ 출현시기 | 6~8월(여름) 먹이 | 꽃가루

몸은 검은색이고 꼬리 끝이 가시처럼 뾰족하다. 딱지날개의 흰색 무늬가 광대처럼 알록달록해 보인다.

홍날개 비행 준비

홍날개(홍날개과) *Pseudopyrochroa rufula*

크기 | 7~10㎜ 출현시기 | 3~5월(봄) 먹이(유충) | 썩은 나무

몸이 전체적으로 붉은색을 띠고 붉은색 날개를 가졌다고 해서 이름이 지어졌다. 머리는 검은색이고 앞가슴등판과 딱지날개는 붉은색을 띤다. 유충은 전체적으로 황색이며 나무껍질 아래에서 월동한다. 번데기로 월동하며 봄이 되면 성충이 되어 날아다닌다.

황머리털홍날개 유충

황머리털홍날개(홍날개과) *Pseudopyrochroa laticollis*

크기 | 8~12㎜ 출현시기 | 6~9월(여름) 먹이(유충) | 썩은 나무

머리와 앞가슴등판은 검은색이고 딱지날개는 주홍색을 띤다. 더듬이는 톱니 모양이다. '홍날개'가 주로 봄에 활동하는 것과 달리 여름에 출현하는 홍날개류이다. 유충은 나무껍질 아래에서 썩은 나무를 갉아 먹으며 생활한다. 유충은 몸이 납작하고 길쭉하며 꼬리 부위에 가시돌기가 있다.

중국먹가뢰(가뢰과)
Epicauta chinensis

크기 | 14~20㎜ 출현시기 | 5~7월(여름)
먹이 | 콩류

몸은 검은색이고 머리 가장자리 부위가 붉은색이다. 들판이나 낮은 산지에 모여 칡이나 콩과 식물을 먹는다.

황가뢰(가뢰과)
Zonitoschema japonica

크기 | 9~22㎜ 출현시기 | 6~8월(여름)
먹이(유충) | 가위벌류

몸은 연황색이고 다리 끝부분은 검은색이다. 풀잎과 꽃에 잘 모여들며 밤에 불빛에 잘 날아온다.

애남가뢰(가뢰과)
Meloe (Meloe) auriculatus

크기 | 8~20㎜
출현시기 | 10월~다음 해 3월(봄)

몸은 진한 남색이며 크기가 작은 남가뢰이다. 수컷은 더듬이의 가운데 부위가 넓게 발달해서 암컷과 구별된다.

좀남가뢰(가뢰과)
Meloe (Meloe) lobatus

크기 | 8~21㎜
출현시기 | 3~10월(봄)

몸은 흑청색을 띠며 배가 크다. 남가뢰류 중 크기가 매우 작아서 이름에 '좀'이 붙었다.

큰남색잎벌레붙이 '잎벌레'를 닮아서 '잎벌레붙이'라는 이름이 지어졌다.

유충 우화 무리 지어 발생한 모습

큰남색잎벌레붙이(거저리과) *Cerogria janthinipennis*

크기 | 14~19㎜ 출현시기 | 5~9월(봄) 먹이(유충) | 썩은 나무

몸은 진한 남색을 띠며 가늘고 긴 회백색 털로 덮여 있다. 딱지날개는 단단하지 않고 무르다. 나무에 붙어 있는 성충은 행동이 매우 느려서 잘 움직이지 않기 때문에 천천히 움직이는 나무늘보처럼 보인다. 나뭇진에 무리 지어 모여서 번데기가 되고 성충으로 우화하는 모습을 쉽게 만날 수 있다. 겨울에 유충이나 번데기로 월동한다. 한국 고유종으로 우리나라의 잎벌레붙이류 중에서 크기가 가장 크다. 생김새가 '잎벌레'와 닮아서 '붙이'가 붙어 이름이 지어졌다.

잎벌레붙이(거저리과)
Lagria nigricollis

크기 | 6~8㎜ 출현시기 | 4~8월(여름)
먹이(유충) | 썩은 나무, 버섯류

머리와 앞가슴등판은 검은색, 딱지날개는 갈색이다. 성충은 꽃과 풀잎에 모이고 유충은 썩은 나무에 산다.

중국잎벌레붙이(거저리과)
Luprops orientalis

크기 | 6~8㎜ 출현시기 | 4~8월(여름)
먹이(유충) | 썩은 나무

몸은 전체적으로 흑갈색을 띤다. 나뭇잎이나 꽃에서 쉽게 발견되며 겨울에 성충으로 월동한다.

줄점잎벌레붙이(거저리과)
Anisostira rugipennis

크기 | 10~12㎜ 출현시기 | 5~7월(여름)
먹이 | 소형 곤충

몸은 어두운 남색이고 앞가슴등판은 붉은색이다. 전체적으로 몸이 얇으며 길쭉하다. 어두운 곳을 좋아한다.

묘향산거저리(거저리과)
Anaedus mroczkowskii

크기 | 6.5~8㎜
출현시기 | 6~8월(여름)

몸은 흑갈색이고 납작하다. 성충은 소나무에서 볼 수 있다. 겨울에 소나무 속에서 성충으로 월동한다.

바닷가거저리(거저리과)

Idisia ornata

크기 | 5㎜ 내외
출현시기 | 4~7월(여름)

몸은 기다란 타원형이고 흰색 털로 덮여 있다. 바닷가 모래사장에서 볼 수 있고 모래 색깔과 비슷한 보호색을 띤다.

모래거저리(거저리과)

Gonocephalum pubens

크기 | 10~11㎜
출현시기 | 4~10월(여름)

몸은 검은색이고 광택이 없으며 타원형으로 납작하다. 바닷가나 강가의 모래밭에 살며 건드리면 죽은 척을 잘한다.

모래거저리붙이(거저리과)

Caedius marinus

크기 | 4~5㎜
출현시기 | 5~8월(여름)

몸은 갈색이고 황색 털로 덮여 있다. 바닷가의 해변에서 발발대며 기어 다녀서 이름이 지어졌다.

작은모래거저리(거저리과)

Opatrum subaratum

크기 | 9㎜ 내외 출현시기 | 4~5월(봄)
먹이(유충) | 썩은 식물

몸은 전체적으로 갈색을 띤다. 딱지날개에 올록볼록한 돌기가 줄지어 있다. 땅에서 잘 관찰된다.

강변거저리 구석으로 숨는 모습

강변거저리(거저리과) *Heterotarsus carinula*

크기 | 10~11㎜ 출현시기 | 4~8월(봄) 먹이(유충) | 썩은 나무

모래가 많은 강변이나 개울, 산길에서 흔하게 발견된다. 땅 위를 발발거리며 기어 다니는 모습을 볼 수 있다. 땅 위를 기어 다니는 모습을 보면 '먼지벌레'로 착각할 수 있지만 더듬이가 서로 다르다. 거저리는 더듬이가 염주알 모양이고 먼지벌레는 실 모양의 더듬이를 갖고 있다.

아메리카왕거저리 유충(슈퍼밀웜)

아메리카왕거저리(거저리과) *Zophobas atratus*

크기 | 30~35㎜ 출현시기 | 연중 먹이 | 저장 곡물

몸은 적갈색을 띤 검은색이다. 딱지날개에 움푹 파인 홈줄이 있다. 전 세계적으로 유명한 저장 곡물 해충이다. 실험실에서 쉽게 기를 수 있어서 실험용 재료로 이용되거나 파충류의 먹이로 이용된다. 유충인 슈퍼밀웜은 몸에 좋은 성분이 많아서 식용 곤충으로 활용된다.

산맴돌이거저리 유충

산맴돌이거저리(거저리과) *Plesiophthalmus davidis*

크기 | 15~18㎜ 출현시기 | 5~9월(여름) 먹이(유충) | 썩은 나무

몸은 검은색이고 광택이 없다. 앞다리가 매우 길게 발달했고 썩은 나무 주변에서 맴돌며 기어 다니는 모습을 볼 수 있다. 성충은 주로 캄캄한 밤에 썩은 활엽수에서 짝짓기하고 알을 낳는다. 유충은 길쭉하고 나무를 갉아 먹으며 겨울에 벌채목과 나무 속에서 월동한다.

맴돌이거저리 딱지날개에 광택이 반질반질하다.

맴돌이거저리(거저리과) *Plesiophthalmus nigrocyaneus*

크기 | 18~20㎜ 출현시기 | 5~9월(여름) 먹이(유충) | 썩은 나무

몸은 검은색이고 광택이 있어서 '산맴돌이거저리'와 서로 다르다. 딱지날개에 세로로 된 줄무늬가 있다. 밤에 활동하는 야행성 곤충으로 어두운 밤을 좋아하는 딱정벌레이다. 유충은 썩은 나무를 갉아 먹고 산다. 겨울에 벌채목이나 나무 속에서 유충으로 월동한다.

제주거저리 배면

제주거저리(거저리과) *Blindus strigosus*

크기 | 7~9㎜ 출현시기 | 3~9월(봄) 먹이(유충) | 썩은 나무

몸은 검은색이고 남색 광택을 띠며 원통형 모양이다. 숲이나 산길의 땅 위에서 발 빠르게 기어 다니는 모습을 볼 수 있다. 겨울에 성충으로 월동하고 햇살이 따뜻한 봄이 되면 깨어나서 발발대며 돌아다닌다. 유충은 벌채목이나 죽은 나무를 갉아 먹으며 살아간다.

우묵거저리(거저리과) *Uloma latimanus*

크기 | 9~12.5㎜ 출현시기 | 4~11월(봄) 먹이(유충) | 썩은 나무

몸은 검은색 또는 적갈색이며 길쭉한 타원형이다. 딱지날개에 세로줄 무늬가 있으며 성충으로 월동한다.

우리방아거저리(거저리과) *Tarpela magyari*

크기 | 12㎜ 내외 출현시기 | 5~8월(여름) 먹이(유충) | 썩은 나무

몸은 전체적으로 검은색이고 더듬이와 다리는 적갈색을 띤다. 땅이나 나무 위를 잘 기어 다닌다.

구슬무당거저리 구석으로 숨는 모습

구슬무당거저리(거저리과) *Ceropria induta induta*

크기 | 10㎜ 내외 출현시기 | 5~9월(봄) 먹이 | 버섯류, 균류

몸은 타원형이고 보라색 광택을 띤다. 빛이 비추는 각도에 따라 아름다운 광택이 나기 때문에 무당처럼 화려한 옷을 입고 있다고 해서 이름이 지어졌다. 숲속의 버섯류와 참나무류의 나뭇진에 잘 모여들며 밤이 되면 활발하게 활동한다. 겨울에 성충으로 월동한다.

금강산거저리(거저리과)
Basanus tsushimensis

크기 | 7~9㎜ 출현시기 | 4~11월(여름)
먹이(유충) | 버섯류

몸은 검은색이고 타원형이며 딱지날개 위쪽에 붉은색 무늬가 있다. 주로 버섯류를 먹고 산다.

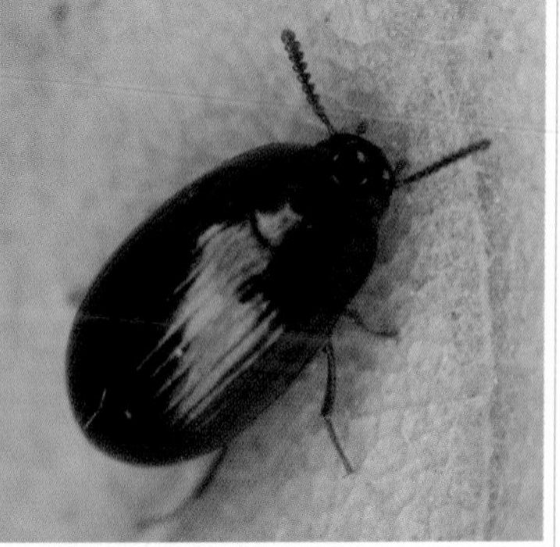

극동진주거저리(거저리과)
Platydema lynceum

크기 | 7~8.5㎜ 출현시기 | 4~10월(여름)
먹이 | 소형 곤충

몸은 검은색을 띠며 광택이 있고 기다란 달걀 모양이다. 땅 위를 기어 다니는 모습을 볼 수 있다.

보라거저리 유충

보라거저리(거저리과) *Derosphaerus subviolaceus*

크기 | 14~16㎜ 출현시기 | 4~11월(봄) 먹이(유충) | 썩은 나무, 고사목

몸은 검은색이며 둥글고 길쭉하다. 몸 전체에 보랏빛의 광택이 난다. 겨울에 썩은 나무나 고사목에서 유충으로 월동한다. 유충은 길쭉한 원통형이고 연황색을 띤다. 큰턱으로 나무를 잘 씹어 먹고 산다. 어두운 숲속에서 생활하며 자극을 받으면 죽은 척한다.

호리병거저리 몸(호리병 모양)

호리병거저리(거저리과) *Misolampidius tentyrioides*

크기 | 14~16㎜ 출현시기 | 4~11월(봄) 먹이(유충) | 썩은 나무

몸은 검은색이고 광택이 있다. 앞가슴등판과 딱지날개 사이가 호리병이나 표주박처럼 잘록하다. 넓적다리마디는 매우 굵게 발달되어 있다. 숲속의 썩은 나무 속에 살며 밤이 되면 활동을 하는 야행성 딱정벌레이다. 겨울에 썩은 나무 속에서 성충으로 월동한다.

극동긴맴돌이거저리(거저리과)

Stenophanes mesostena

크기 | 17㎜ 내외
출현시기 | 6~10월(여름)

몸은 검은색이고 다리와 몸이 매우 길쭉하다. 딱지날개에 굵은 세로줄 무늬가 뚜렷하며 밤에 활동한다.

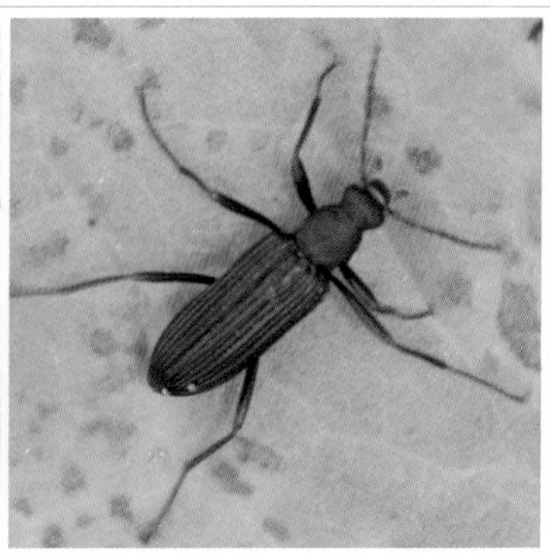

별거저리(거저리과)

Strongylium cultellatum cultellatum

크기 | 7.8~12.5㎜
출현시기 | 7~8월(여름)

몸이 매우 가늘고 길다. 딱지날개에 세로로 된 홈이 깊이 파여 있다. 성충은 활엽수림에서 볼 수 있다.

밤빛사촌썩덩벌레(썩덩벌레과)

Borboresthes cruralis

크기 | 7.5~8.5㎜
출현시기 | 4~8월(여름)

몸은 전체적으로 황색~황갈색을 띠며 기다란 알 모양이고 등면이 볼록하다. 빠르게 땅 위를 기어 다닌다.

왕썩덩벌레(썩덩벌레과)

Allecula melanaria

크기 | 10~12㎜ 출현시기 | 5~8월(여름)
먹이 | 썩은 소나무

몸은 전체적으로 검은색을 띠고 길쭉하다. 겹눈이 크고 더듬이도 긴 편이다. 유충은 썩은 소나무에서 발견된다.

거저리 무리 비교하기

구슬무당거저리

르위스거저리류

반질반질한 광택을 갖고 있는 경우가 대부분이다. 구슬처럼 둥글둥글하며 무당이 입은 옷처럼 색깔이 매우 화려하다.

우묵거저리

우묵거저리류

몸은 기다란 원통형으로 검은색이나 적갈색을 띠며 광택이 있다. 침엽수, 활엽수의 나무 속에서 발견된다.

보라거저리

거저리류

몸은 길쭉하고 보랏빛 광택이 돈다. 유충은 길쭉한 원통형이고 가슴 부위가 약간 넓다. 나무 속에서 유충으로 월동한다.

호리병거저리

호리병거저리류

몸은 길고 앞가슴등판과 딱지날개 사이가 잘록하게 들어가서 호리병 모양이다. 나무 속에서 성충으로 월동한다.

산맴돌이거저리

맴돌이거저리류

몸 전체가 검은색이고 크기가 커서 나무를 갉아 먹는 유충의 크기도 크다. 썩은 나무 속에서 유충으로 월동한다.

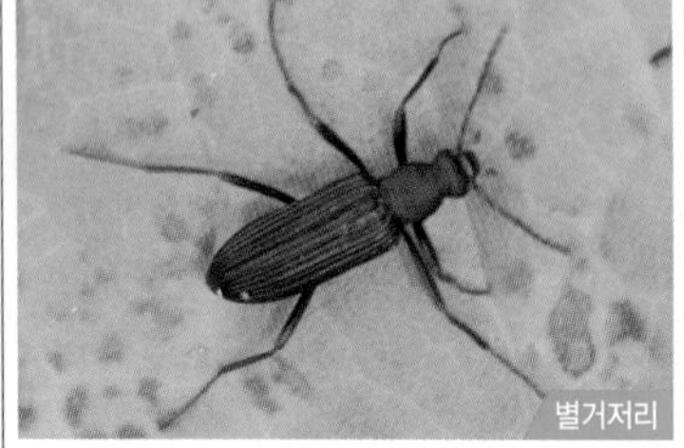
별거저리

별거저리류

몸은 가늘고 길쭉해서 거저리처럼 보이지 않는다. 딱지날개에는 세로 홈이 깊이 파였고 활엽수림에서 볼 수 있다.

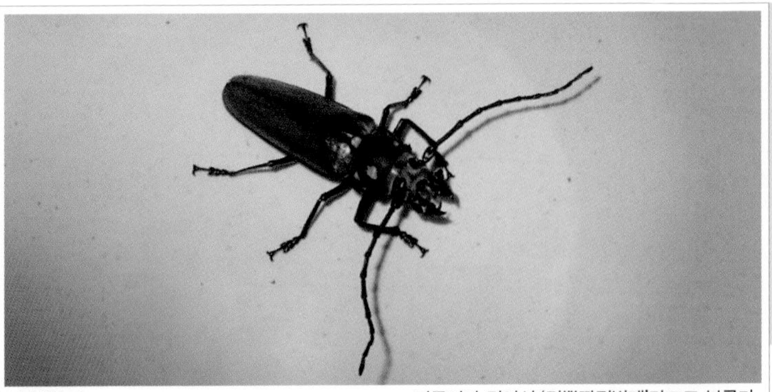
장수하늘소 더듬이가 길어서 '긴뿔딱정벌레'라고도 부른다.

장수하늘소(하늘소과) *Callipogon (Eoxenus) relictus*

크기 | 55~110㎜ 출현시기 | 7~8월(여름) 먹이(유충) | 서나무, 신갈나무, 물푸레나무

우리나라 딱정벌레류 중 크기가 가장 크며 동북아시아의 울창한 자연림에 사는 하늘소 중에서도 최대 크기이다. 유라시아와 중남미가 하나의 대륙으로 붙어 있었다는 '대륙이동설'의 근거가 되는 곤충으로 가치가 뛰어나 천연기념물 제218호로 지정되었다. 환경부 지정 멸종위기 야생생물Ⅱ급으로도 지정되었다.

버들하늘소 숲에서 흔하게 볼 수 있는 하늘소이다.

버들하늘소(하늘소과) *Aegosoma sinicum sinicum*

크기 | 32~60㎜ 출현시기 | 6~8월(여름) 먹이(유충) | 활엽수

몸은 전체적으로 암갈색이며 숲에서 가장 흔하게 볼 수 있는 하늘소이다. 딱지날개에는 2개의 융기된 줄무늬가 뚜렷하다. 수컷은 더듬이가 굵고 크기는 작다. 반면에 암컷은 더듬이가 얇고 크기가 크다. 참나무류의 나뭇진을 먹고 살며 밤에 불빛에 유인되어 잘 날아온다.

톱하늘소 1형(암컷)

톱하늘소 2형(수컷 갈색형)

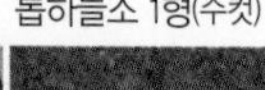
톱하늘소 1형(수컷)

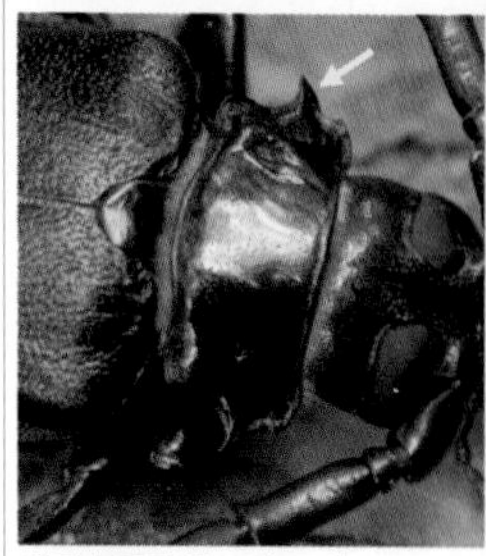
앞가슴등판(뿔 모양 돌기)

비행 준비

배면(뒤집혀서 버둥대는 모습)

톱하늘소(하늘소과) *Prionus insularis insularis*

크기 | 18~45㎜ 출현시기 | 6~9월(여름) 먹이(유충) | 침엽수, 활엽수

몸은 검은색 또는 갈색이며 가슴에 뾰족한 돌기가 있다. 더듬이가 톱니 모양이어서 이름이 지어졌다. 수컷은 더듬이의 톱니 모양이 뚜렷하게 발달되었지만 암컷은 톱니 모양이 약하다. 뒷다리와 딱지날개를 마찰시켜 소리를 낸다. 성충은 야행성으로 밤에 켜놓은 불빛에 잘 날아든다. 잡목림에 많이 살고 개체 수가 많기 때문에 쉽게 볼 수 있는 하늘소이다. 밤이 되면 참나무류에 나뭇진을 먹기 위해 모여들며 침엽수의 벌채목에 알을 낳는다. 유충은 나무 밑동과 뿌리를 갉아 먹으며 성장한다.

검정하늘소 더듬이가 짧아서 하늘소처럼 보이지 않는다.

큰턱

나무를 오르는 모습

야행성(불빛에 날아옴)

검정하늘소(하늘소과) *Spondylis buprestoides*

크기 | 12~25㎜ 출현시기 | 7~9월(여름) 먹이(유충) | 소나무, 삼나무

몸은 광택이 없는 검은색이고 원통형이다. 일반적인 하늘소에 비해서 더듬이가 매우 짧아서 하늘소처럼 보이지 않는다. 큰턱이 매우 잘 발달되어 있어서 나무 속을 잘 뚫고 다닌다. 개체 수가 많아서 흔하게 발견되는 하늘소로 낮에는 나무껍질 틈에 숨어 있다가 밤이 되면 침엽수의 벌채목에서 활동한다. 밤에 환하게 켜진 주유소나 가로등 불빛에 잘 날아온다. 전국의 잡목림에 널리 서식하고 주로 침엽수의 뿌리 근처에 알을 낳아 번식한다. 부화된 유충은 나무 속을 파고 들어가서 목질을 먹으며 살아간다.

소나무하늘소(하늘소과)
Rhagium inquisitor rugipenne

크기 | 12~20㎜ 출현시기 | 10월~다음 해 5월(봄)
먹이(유충) | 분비나무, 소나무, 잣나무

몸은 갈색이고 점무늬가 많아서 얼룩덜룩해 보인다. 소나무 고사목이나 벌채목에 잘 모여든다.

작은넓적하늘소(하늘소과)
Asemum striatum

크기 | 8~15㎜ 출현시기 | 5~8월(여름)
먹이(유충) | 침엽수

몸은 검은색 또는 흑갈색이다. 죽은 나무나 소나무의 벌채목 위에서 볼 수 있으며 불빛에 잘 날아온다.

깔따구하늘소 나무껍질과 비슷한 보호색을 갖고 있다.

깔따구하늘소(하늘소과) *Distenia gracilis gracilis*

크기 | 20~30㎜ 출현시기 | 6~10월(여름) 먹이(유충) | 물박달나무, 버드나무

머리와 앞가슴등판은 검은색이고 딱지날개는 연회색 가루가 덮여 있다. 산에 피는 다양한 꽃에 모여서 꽃가루를 먹고 살며 짝짓기도 한다. 성충은 밤에 불빛에 잘 날아온다. 버드나무, 단풍나무, 오리나무 등의 뿌리에 산란하며 겨울에 유충으로 월동한다.

작은청동하늘소 잎을 잘 기어 다닌다.

작은청동하늘소(하늘소과) *Carilia virginea*

크기 | 6~8㎜ 출현시기 | 5~7월(봄) 먹이(유충) | 꽃가루

몸은 남색이고 머리, 더듬이, 다리는 검은색이다. 딱지날개는 청색, 검은색, 청록색 등 개체 변이가 다양하다. 수컷은 암컷에 비해 더듬이의 길이가 훨씬 더 길어서 구별된다. 성충은 신나무, 층층나무 등의 꽃에 모여 꽃가루를 먹고 암컷은 단풍나무, 가문비나무 등에 알을 낳는다.

넉점각시하늘소(하늘소과) *Pidonia (Omphalodera) puziloi*

크기 | 5~8㎜ 출현시기 | 5~7월(여름)
먹이 | 꽃가루

갈색의 딱지날개에 4개의 작은 연황색 점무늬가 있다. 활엽수림에 널리 서식하고 꽃에 잘 모인다.

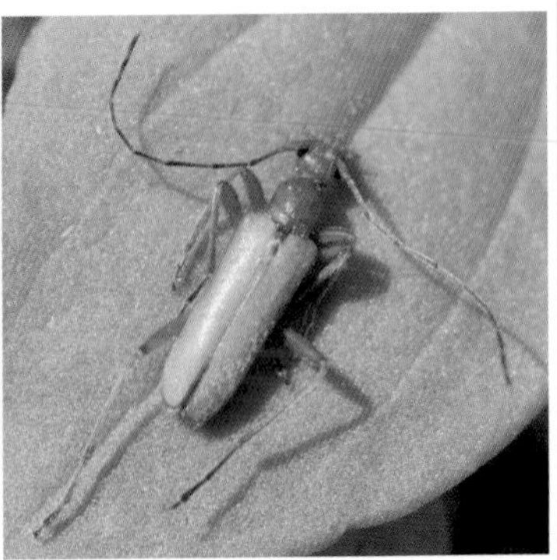

노랑각시하늘소(하늘소과) *Pidonia (Mumon) debilis*

크기 | 6~8㎜ 출현시기 | 5~6월(봄)
먹이 | 꽃가루

몸은 전체적으로 황색이고 가늘고 길다. 산지에 핀 다양한 꽃에 모여서 꽃가루를 먹고 산다.

산각시하늘소(하늘소과)

Pidonia (Pidonia) amurensis

크기 | 7~11㎜ 출현시기 | 5~6월(봄)
먹이 | 꽃가루

몸은 흑갈색이고 딱지날개에 4개의 황색 줄무늬가 있다. 꽃에 모여 꽃가루를 먹고 짝짓기도 한다.

꼬마산꽃하늘소(하늘소과)

Pseudalosterna elegantula

크기 | 4~7㎜ 출현시기 | 5~7월(여름)
먹이(유충) | 칡, 덩굴식물

층층나무, 노린재나무, 참조팝나무 등의 꽃에 잘 날아온다. 칡과 같은 덩굴식물에 알을 낳는다.

남색산꽃하늘소

짝짓기

남색산꽃하늘소(하늘소과) *Anoplodera (Anoplroderomorpha) cyanea*

크기 | 10~15㎜ 출현시기 | 5~7월(여름) 먹이(유충) | 물푸레나무, 단풍나무

몸은 전체적으로 남색을 띤다. 성충은 쥐똥나무, 층층나무 등의 다양한 꽃에 잘 모여든다. 암컷은 꽃에 모여 짝짓기를 한 후 물푸레나무, 단풍나무, 참나무류의 고사목에 알을 낳는다. 유충은 고사목의 목질을 먹으며 성장하여 번데기가 되고 성충이 되어 나무를 뚫고 나온다.

암컷

더듬이

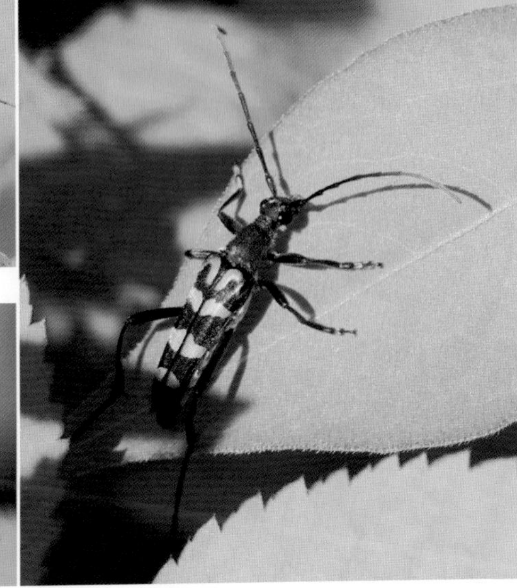

긴알락꽃하늘소(수컷)

꽃가루를 먹는 모습

짝짓기

긴알락꽃하늘소(하늘소과) *Leptura annularis annularis*

크기 | 12~23㎜ 출현시기 | 5~7월(봄) 먹이(유충) | 침엽수, 활엽수

몸은 검은색이고 딱지날개에 황색 무늬가 있다. 우리나라의 꽃하늘소류 중 개체 수가 가장 많아서 쉽게 관찰된다. 성충은 신나무, 개망초, 백당나무 등의 다양한 꽃에 모여 꽃가루를 먹고 산다. 암컷은 다리가 적갈색이고 수컷은 검은색이어서 서로 구별된다. '벌'과 비슷한 황색 무늬와 꽃에 모이는 습성이 닮아서 벌인 줄 착각하게 만들어 자신을 보호한다. 암컷은 전나무, 소나무, 버드나무, 참나무류 등의 고사목에 알을 낳는다. 겨울에 유충으로 나무 속에서 월동한다.

꽃하늘소 1형(수컷)

꽃가루를 잘 먹고 산다.

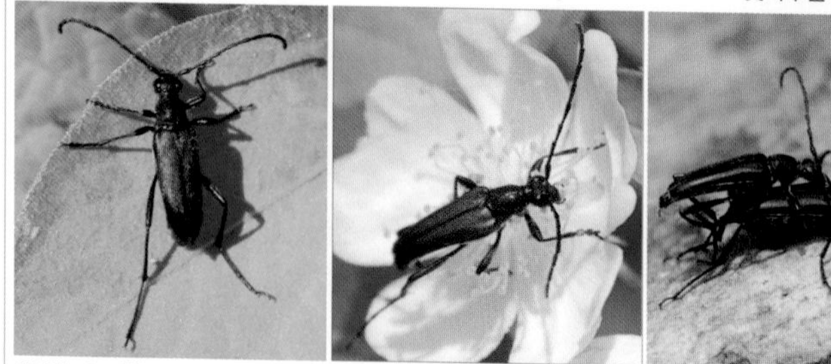
꽃하늘소 2형(수컷 적갈색형) 꽃가루를 먹는 모습 짝짓기

꽃하늘소(하늘소과) *Leptura aethiops*

크기 | 12~17㎜ 출현시기 | 5~8월(봄) 먹이(유충) | 소나무, 가문비나무, 삼나무

몸은 검은색 또는 적갈색을 띠며 체색 변이가 있다. 개체 수가 많아서 전국적으로 쉽게 만날 수 있는 꽃하늘소 중 하나이다. 밤나무, 국수나무, 신나무, 괴불나무, 국수나무, 엉겅퀴 등 숲에 핀 꽃에 모여서 꽃 속을 파고들며 꽃가루를 먹고 있는 모습을 볼 수 있다. 암컷은 오래된 활엽수나 침엽수에 알을 낳아 번식한다. 부화된 유충은 소나무, 밤나무, 가문비나무, 삼나무 등의 목질을 갉아 먹으며 무럭무럭 성장한다. 다 자란 유충은 곧 번데기 방을 만들어 번데기가 되고 우화하면 성충이 된다.

붉은산꽃하늘소(하늘소과)

Stictoleptura (Aredolpona) rubra

크기 | 12~22㎜ 출현시기 | 6~8월(여름)
먹이(유충) | 소나무, 고사목

딱지날개와 앞가슴등판이 붉은색을 띤다. 개망초, 어수리 등 다양한 꽃에 모이고 침엽수의 고사목에 알을 낳는다.

알통다리꽃하늘소(하늘소과)

Oedecnema gebleri

크기 | 11~17㎜ 출현시기 | 5~7월(봄)
먹이 | 노린재나무 꽃가루, 신나무 꽃가루

주황색 딱지날개에 10개의 검은색 점무늬가 있다. 뒷다리가 알통처럼 굵게 발달되어서 이름이 지어졌다.

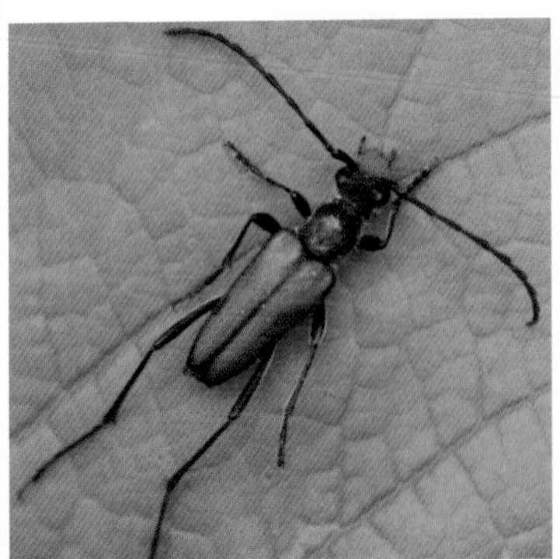

옆검은산꽃하늘소(하늘소과)

Anastrangalia sequensi

크기 | 8~13㎜ 출현시기 | 5~6월(여름)
먹이(유충) | 가문비나무, 독일가문비나무

적갈색의 딱지날개 테두리가 검은색이어서 이름이 지어졌다. 침엽수의 고사목에 알을 낳는다.

열두점박이꽃하늘소(하늘소과)

Leptura duodecimguttata duodecimguttata

크기 | 11~15㎜ 출현시기 | 6~8월(여름)
먹이 | 꽃가루

몸은 검은색이고 딱지날개에 12개의 황색 점무늬가 있다. 유충은 활엽수를 먹고 산다.

꽃하늘소 종류 비교하기

꽃하늘소

머리, 가슴, 딱지날개 모두 검은색을 띠고 있다. 딱지날개가 갈색을 띠는 체색 변이도 있다.

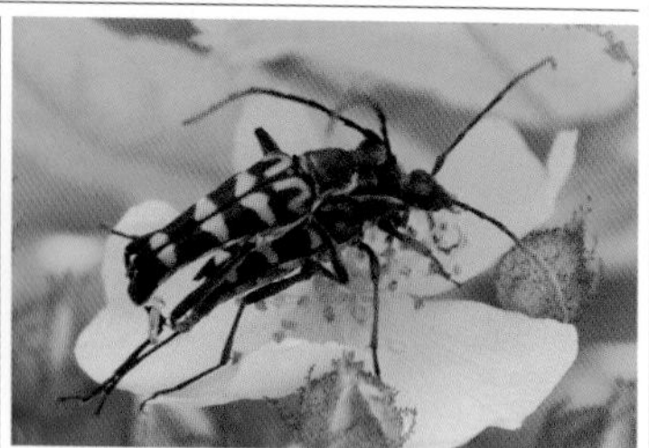

긴알락꽃하늘소

머리와 앞가슴등판은 암갈색을 띠고 있다. 딱지날개에 크고 작은 황색 무늬가 많이 있어서 알록달록하다.

붉은산꽃하늘소

머리와 더듬이는 검은색이지만 앞가슴등판과 딱지날개가 붉은색을 띠고 있어서 전체적으로 붉게 보인다.

알통다리꽃하늘소

몸은 전체적으로 검은색이고 딱지날개는 주황색을 띠며 10개의 검은색 점무늬가 있다. 뒷다리는 굵게 발달했다.

열두점박이꽃하늘소

머리와 더듬이, 앞가슴등판과 딱지날개는 검은색을 띠고 있다. 딱지날개에 12개의 황색 점무늬가 있다.

남색산꽃하늘소

머리, 가슴, 딱지날개는 모두 남색을 띠고 있다. 잎이나 꽃 위에서 암수가 짝짓기하는 모습을 볼 수 있다.

하늘소 덩치가 커서 '장수하늘소'로 착각하는 경우가 많다.

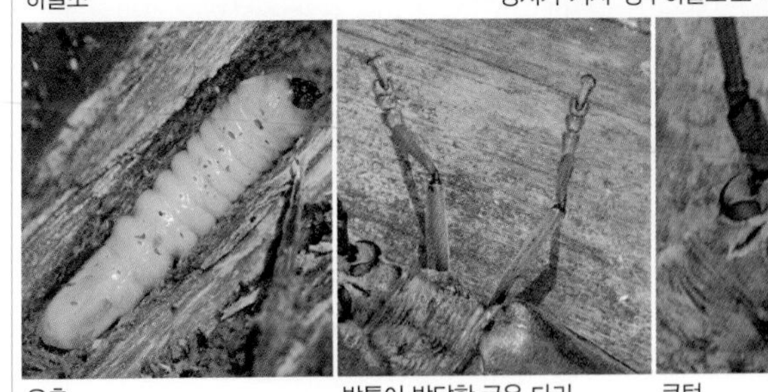

유충 발톱이 발달한 굵은 다리

큰턱

하늘소(하늘소과) *Neocerambyx raddei*

크기 | 34~57㎜ 출현시기 | 6~8월(여름) 먹이(유충) | 밤나무, 졸참나무, 상수리나무

몸은 흑갈색이고 황토색 털로 덮여 있다. 더듬이는 수컷이 암컷보다 훨씬 더 길지만 몸집은 암컷이 수컷보다 더 크다. 우리나라의 하늘소류 중에서 몸집이 매우 큰 하늘소 중 하나이기 때문에 발견한 사람들이 종종 '장수하늘소'를 발견했다고 착각하는 경우가 많다. 몸이 커다란 대형 하늘소로 야행성 곤충이기 때문에 불빛에 잘 모여든다. 유충은 밤나무 속을 파먹으며 산다. 겨울에 유충으로 월동한다. 활엽수가 많은 숲에서 발견되며 밤에 나뭇진을 먹는 모습을 볼 수 있다.

작은하늘소(하늘소과)

Margites (Margites) fulvidus

크기 | 12~19㎜ 출현시기 | 5~8월(여름)
먹이(유충) | 굴피나무, 느티나무, 상수리나무

몸은 적갈색이고 갈색 털로 덮여 있다. 밤에는 상수리나무의 나뭇진을 먹고 살고 암컷은 고사목에 산란한다.

굵은수염하늘소(하늘소과)

Pyrestes haematicus

크기 | 15~18㎜ 출현시기 | 5~8월(여름)
먹이(유충) | 감태나무, 생강나무

머리와 가슴은 검은색이고 딱지날개는 붉은색이다. 더듬이가 굵고 톱날처럼 생겨서 이름이 지어졌다.

북방꼬마벌하늘소(하늘소과)

Glaphyra (Glaphyra) starki

크기 | 7~8㎜ 출현시기 | 5~6월(여름)
먹이(유충) | 상수리나무, 단풍나무

몸은 검은색이고 다리의 넓적다리마디가 알통처럼 굵다. 생김새나 비행하는 모습이 '벌'처럼 보인다.

무늬소주홍하늘소(하늘소과)

Amarysius altajensis coreanus

크기 | 14~19㎜ 출현시기 | 5~6월(여름)
먹이(유충) | 단풍나무, 물푸레나무

몸은 검은색이고 붉은색 딱지날개에 검은색의 타원형 무늬가 있다. 신나무나 단풍나무 꽃에 잘 모여든다.

달주홍하늘소 개체 수가 적어서 만나기 힘들다.

달주홍하늘소(하늘소과) *Purpuricenus sideriger*

크기 | 17~23㎜ 출현시기 | 5~7월(여름) 먹이(유충) | 상수리나무

몸은 검은색이고 앞가슴등판과 딱지날개는 주홍색을 띤다. 앞가슴등판에는 검은색 점무늬가 있고 딱지날개에도 3개의 커다란 검은색 점무늬가 있다. 과거에는 '모자주홍하늘소'와 생김새가 닮아서 같은 종이라고 여겼지만 지금은 다른 종으로 구별한다.

참풀색하늘소 녹색의 아름다운 광택이 있다.

참풀색하늘소(하늘소과) *Chloridolum (Parachloridolum) japonicum*

크기 | 15~30㎜ 출현시기 | 6~8월(여름) 먹이(유충) | 참나무류

앞가슴등판과 딱지날개가 광택이 있는 녹색이어서 매우 아름답다. 앞가슴등판 양쪽에 뾰족한 돌기가 있다. 수컷의 더듬이는 몸 길이의 2배로 매우 길다. 밤에 활동하는 야행성 곤충으로 사향 냄새를 풍긴다. 성충은 참나무류의 나뭇진을 먹고 유충은 참나무류의 줄기를 파먹는다.

벚나무사향하늘소(암컷) 벚나무의 나뭇진에 잘 모인다.

수컷

더듬이

짝짓기

벚나무사향하늘소(하늘소과) *Aromia bungii*

크기 | 25~35㎜ 출현시기 | 7~8월(여름) 먹이(유충) | 벚나무, 복숭아나무

몸은 흑남색이고 광택이 있는 대형 하늘소이다. 앞가슴등판 양쪽에 뾰족한 돌기가 있다. 수컷은 암컷에 비해 더듬이의 길이가 훨씬 더 길지만 몸의 크기는 암컷보다 작다. 성충은 벚나무에 흐르는 나뭇진에서 쉽게 발견되며 건드리면 몸에서 은은한 사향 냄새를 풍긴다. 유충은 벚나무, 복숭아나무, 살구나무, 자두나무 등을 갉아 먹어 피해를 주는 해충이다. 벚나무가 활짝 필 때 나무껍질 위를 기어 다니는 모습을 볼 수 있다. 겨울에 유충으로 월동한다.

애청삼나무하늘소(수컷) 암컷

애청삼나무하늘소(하늘소과) *Callidiellum rufipenne*

크기 | 5~14㎜ 출현시기 | 4~7월(여름) 먹이(유충) | 삼나무, 전나무, 향나무

머리와 앞가슴등판은 검은색이고 딱지날개는 적갈색이다. 향나무 벌채목에서 주로 발견되며 전체적인 모습이 나무껍질과 비슷한 보호색을 갖고 있다. 짝짓기를 마친 암컷은 침엽수의 나무껍질 틈새에 알을 낳는다. 겨울에 성충이나 유충으로 나무 속에서 월동한다.

육점박이범하늘소 다리를 청소하는 모습

육점박이범하늘소(하늘소과) *Chlorophorus simillimus*

크기 | 7~13㎜ 출현시기 | 5~7월(여름) 먹이 | 국수나무 꽃가루, 밤나무 꽃가루

딱지날개에 6개, 앞가슴등판에 2개의 검은색 무늬가 범 무늬와 비슷하다. 국수나무, 밤나무, 층층나무, 조팝나무 등의 꽃에 날아와서 꽃가루를 먹고 산다. 움직임이 빨라서 발 빠르게 움직이며 이곳저곳을 돌아다닌다. 유충은 다양한 활엽수를 먹고 산다.

범하늘소(하늘소과)
Chlorophorus diadema diadema

크기 | 8~16㎜ 출현시기 | 5~8월(여름)
먹이 | 꽃가루

몸은 검은색이고 황갈색의 범 무늬가 있다. 고사목과 꽃에 잘 모여들며 암컷은 활엽수 고사목에 알을 낳는다.

긴다리범하늘소(하늘소과)
Rhaphuma gracilipes

크기 | 6~11㎜
출현시기 | 5~7월(봄)

몸은 전체적으로 검은색이고 길다. 몸에 비해 다리가 매우 길어서 빠르게 기어 다니는 모습을 볼 수 있다.

꼬마긴다리범하늘소(하늘소과)
Rhaphuma diminuta diminuta

크기 | 4~8㎜ 출현시기 | 4~5월(봄)
먹이(유충) | 활엽수

조팝나무, 신나무 등의 꽃에 잘 모이고 활엽수 고사목에 산란한다. 범하늘소류 중 크기가 가장 작다.

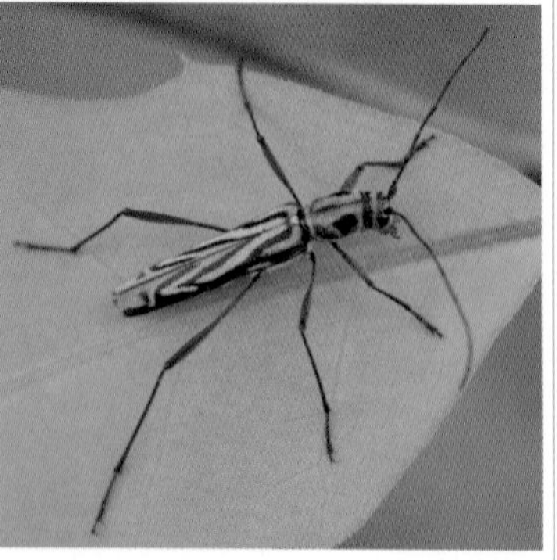

측범하늘소(하늘소과)
Rhabdoclytus acutivittis acutivittis

크기 | 12~18㎜ 출현시기 | 5~6월(여름)
먹이(유충) | 활엽수

딱지날개는 검은색 바탕에 황색 줄무늬가 범 무늬와 비슷하다. 고추나무 등의 꽃에 모여든다.

세줄호랑하늘소(하늘소과)
Xylotrechus (Xylotrechus) cuneipennis

크기 | 10~24mm 출현시기 | 6~8월(여름)
먹이(유충) | 굴참나무, 신갈나무

딱지날개에 범 무늬가 있다. 굴피나무, 신갈나무 등의 고사목이나 벌채목에 알을 낳는다.

닮은북자호랑하늘소(하늘소과)
Xylotrechus ibex

크기 | 9~16mm 출현시기 | 5~6월(여름)
먹이(유충) | 오리나무

물오리나무, 오리나무의 고사목에서 주로 관찰된다. 오리나무, 물박달나무 고사목에 알을 낳는다.

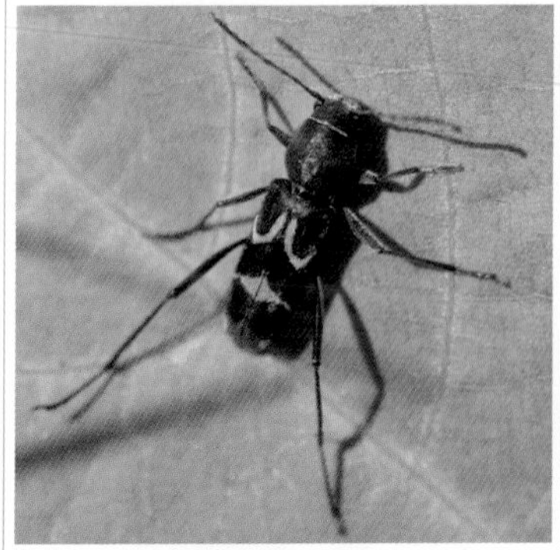

작은호랑하늘소(하늘소과)
Perissus fairmairei

크기 | 7~11mm 출현시기 | 5~6월(여름)
먹이(유충) | 굴피나무, 느티나무, 상수리나무

참나무류의 벌채목에서 볼 수 있고 암컷은 벌채목에 알을 낳는다. 호랑하늘소류 중에서 크기가 가장 작다.

벌호랑하늘소(하늘소과)
Cyrtoclytus capra

크기 | 8~19mm 출현시기 | 5~6월(여름)
먹이(유충) | 버드나무, 신갈나무, 호두나무

딱지날개에 황색 줄무늬가 있다. 활엽수의 고사목이나 꽃 위에서 빠르게 기어 다니는 모습을 발견할 수 있다.

범하늘소 종류 비교하기

육점박이범하늘소

몸은 황갈색이고 원통형이다. 딱지날개에 6개의 크고 작은 검은색 점무늬가 있다. 발 빠르게 꽃 위를 기어 다닌다.

범하늘소

몸은 전체적으로 검은색을 띤다. 딱지날개에 다양한 모양의 황갈색 범 무늬가 있다. 다리가 길어 빠르게 기어 다닌다.

긴다리범하늘소

몸과 더듬이, 앞가슴등판과 딱지날개는 검은색이다. 뒷다리가 매우 길게 발달했고 딱지날개에 흰색 범 무늬가 있다.

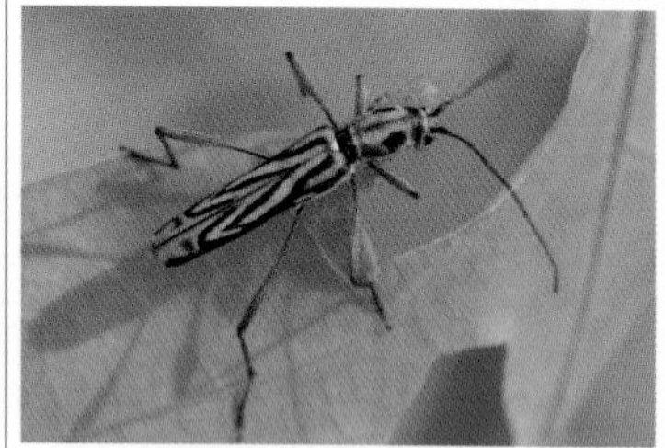

측범하늘소

몸은 전체적으로 검은색을 띤다. 앞가슴등판은 황색이고 딱지날개에 비스듬한 황색 줄무늬가 있다.

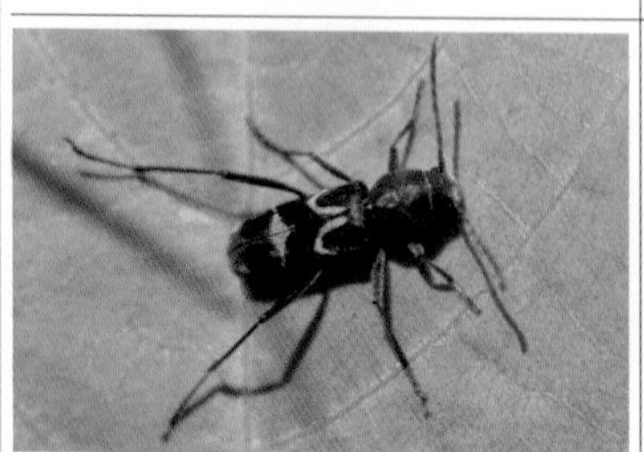

작은호랑하늘소

몸은 전체적으로 검은색이고 '범하늘소'보다 통통하다. 딱지날개에 회색 줄무늬가 발달했다.

벌호랑하늘소

몸은 전체적으로 검은색을 띤다. 딱지날개에 다양한 모양의 크고 작은 황색 줄무늬가 범 무늬와 비슷하다.

깨다시하늘소(하늘소과)

Mesosa (Mesosa) myops

크기 | 10~17㎜ 출현시기 | 5~8월(여름)
먹이(유충) | 참나무류, 물푸레나무, 칡

몸은 검은색이고 불규칙한 황갈색 털로 덮여 있다. 활엽수의 벌채목에 살고 밤에 불빛에 잘 날아온다.

흰깨다시하늘소(하늘소과)

Mesosa (Perimesosa) hirsuta continentalis

크기 | 10~18㎜ 출현시기 | 5~8월(여름)
먹이(유충) | 침엽수, 활엽수

몸은 갈색이고 딱지날개에 흰색 점무늬가 많다. 고사목에 잘 모이며 밤에 불빛에 잘 날아온다.

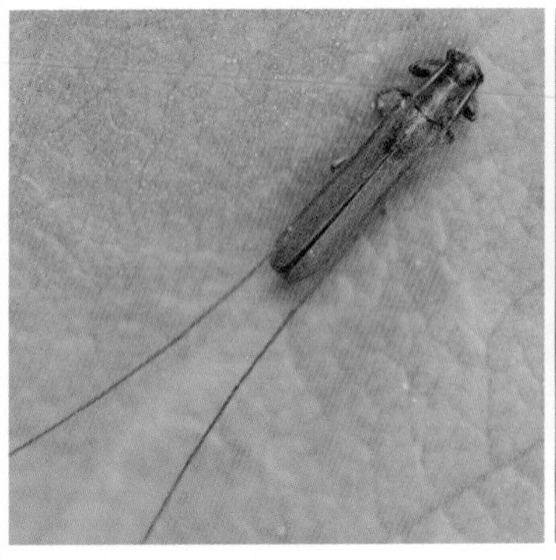

원통하늘소(하늘소과)

Pseudocalamobius japonicus

크기 | 7~12㎜ 출현시기 | 5~6월(여름)
먹이(유충) | 노박덩굴, 멍석딸기

몸은 흑갈색을 띠며 매우 얇은 긴 원통형이다. 더듬이가 몸 길이의 3배 이상으로 길며 밤에 불빛에 잘 날아온다.

작은초원하늘소(하늘소과)

Coreocalamobius parantennatus

크기 | 5~10㎜ 출현시기 | 3~5월(봄)
먹이(유충) | 달뿌리풀

몸은 전체적으로 갈색이며 둥글고 길다. 낮에 달뿌리풀에 붙어서 살며 관찰하기 힘든 종이다.

남색초원하늘소 더듬이에 달린 털 뭉치가 특이하다.

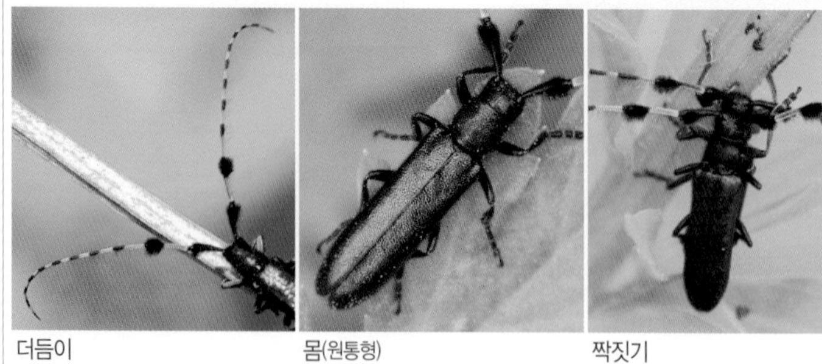
더듬이 몸(원통형) 짝짓기

남색초원하늘소(하늘소과) *Agapanthia (Epoptes) amurensis*

크기 | 11~17㎜ 출현시기 | 5~7월(봄) 먹이(유충) | 개망초, 쑥, 고들빼기

몸은 흑청색이고 광택이 나며 기다란 원통형이다. 특히 더듬이에 검은색 털 뭉치가 달려 있는 모습이 매우 특이하다. 성충은 산과 들에 피어 있는 엉겅퀴, 개망초, 지칭개 등의 국화과 식물의 잎이나 줄기를 먹고 산다. 전국의 풀밭 어디서나 사는 흔히 볼 수 있는 하늘소 종류이다. 암컷은 개망초 줄기에 구멍을 내고 알을 낳는다. 알에서 부화된 유충은 개망초 줄기 속을 파먹으며 다 자라면 땅으로 내려가 번데기가 된다. 겨울에 유충으로 월동한다.

흰가슴하늘소(하늘소과)

Xylariopsis mimica

크기 | 10~14㎜ 출현시기 | 5~8월(여름)
먹이(유충) | 노박덩굴, 등, 하늘타리

앞가슴등판이 흰색이어서 이름이 지어졌다. 노박덩굴의 가지에 붙어 있거나 짝짓기하는 모습을 볼 수 있다.

흰점곰보하늘소(하늘소과)

Pterolophia (Pterolophia) granulata

크기 | 7~10㎜ 출현시기 | 5~8월(여름)
먹이(유충) | 낙엽송, 밤나무, 뽕나무

몸은 짧고 딱지날개의 끝에 흰색과 밝은 갈색의 넓은 띠무늬가 있다. 활엽수의 고사목에 알을 낳는다.

우리곰보하늘소(하늘소과)

Pterolophia (Pterolophia) multinotata

크기 | 6~9㎜ 출현시기 | 5~7월(여름)
먹이(유충) | 예덕나무, 자귀나무, 팽나무

몸은 전체적으로 갈색이며 얼룩덜룩하다. 활엽수의 나무껍질 틈에 알을 낳으며 밤에 불빛에 날아온다.

큰곰보하늘소(하늘소과)

Pterolophia (Hylobrotus) annulata

크기 | 9~14㎜ 출현시기 | 5~7월(여름)
먹이(유충) | 닥나무, 자귀나무, 칡, 졸참나무

몸은 갈색이고 딱지날개에 X자 무늬가 있다. 암컷은 고사목에 알을 낳는다. 유충은 목질을 먹으며 자란다.

우리목하늘소 딱지날개가 단단하고 나무껍질과 비슷하다.

우리목하늘소(하늘소과) *Lamiomimus gottschei*

크기 | 24~35㎜ 출현시기 | 5~8월(여름) 먹이(유충) | 참나무류

몸은 연한 흑갈색이고 딱지날개에 2개의 넓은 가로띠무늬가 있다. 참나무류의 벌채목과 죽은 나무에 살며 나무 빛깔의 보호색을 갖는다. 다리 힘이 매우 강해서 돌을 잘 들어 올려서 옛날에는 '돌드레'라고 불렀다. 참나무류 벌채목에 모여 있는 모습을 볼 수 있다.

알락하늘소 가로수에 많이 살고 있어 도시에서 자주 볼 수 있다.

알락하늘소(하늘소과) *Anoplophora chinensis*

크기 | 25~35㎜ 출현시기 | 6~8월(여름) 먹이(유충) | 플라타너스, 버드나무

몸은 검은색이고 날개에 흰색 점무늬가 많다. 활엽수림과 도시의 가로수, 정원수에서도 볼 수 있다. 성충은 양버즘나무에 알을 낳고 부화된 유충은 나무 속을 파먹고 자란다. 낮은 산에 가면 단풍나무에서 잘 보인다. 겨울에 유충으로 월동한다.

북방수염하늘소 생김새가 나무껍질과 비슷하다.

북방수염하늘소(하늘소과) *Monochamus (Monochamus) saltuarius*

크기 | 11~19㎜ 출현시기 | 5~8월(여름) 먹이(유충) | 침엽수(소나무), 벌채목

몸은 흑갈색이고 앞가슴등판과 딱지날개에 적갈색 무늬가 있다. 수컷은 더듬이가 암컷에 비해 훨씬 더 길다. '솔수염하늘소'와 함께 소나무재선충을 옮기는 수목 해충이다. 주로 소나무의 벌채목에서 볼 수 있다. 겨울에 소나무 속에서 유충으로 월동한다.

점박이수염하늘소 딱지날개에 2개의 흰색 점무늬가 있다.

점박이수염하늘소(하늘소과) *Monochamus (Monochamus) guttulatus*

크기 | 12~15㎜ 출현시기 | 5~8월(여름) 먹이(유충) | 호두나무

몸은 흑갈색이고 가늘고 길며 더듬이도 매우 길다. 딱지날개에 2개의 커다란 흰색 점무늬가 있어서 이름이 지어졌다. 성충은 활엽수의 벌채목에서 볼 수 있으며 밤에 환하게 켜진 불빛에 모여든다. 겨울에 유충으로 나무 속을 갉아 먹으며 월동한다.

우단하늘소 앞가슴등판에 뾰족한 돌기가 있다.

우단하늘소(하늘소과) *Acalolepta fraudatrix fraudatrix*

크기 | 12~25㎜ 출현시기 | 6~8월(여름) 먹이(유충) | 활엽수

몸은 전체적으로 갈색이고 길쭉하다. 수컷은 더듬이가 몸 길이의 2배 이상이며 암컷은 몸 길이와 비슷하다. 앞가슴등판 양쪽에 뾰족한 돌기가 있다. 활엽수가 많은 숲에서 발견되며 밤에 불빛에 날아온다. 호두나무, 자귀나무 등의 활엽수에 알을 낳아 번식한다.

울도하늘소 인공 사육이 잘 되어 멸종위기종에서 해제되었다.

울도하늘소(하늘소과) *Psacothea hilaris hilaris*

크기 | 14~30㎜ 출현시기 | 6~8월(여름) 먹이(유충) | 뽕나무, 무화과나무, 닥나무, 용나무

몸이 회백색 털로 덮여 있고 황색 점무늬가 있다. 뽕나무, 무화과나무, 용나무 등의 줄기를 갉아 먹는다. 울릉도에서만 발견되어 '울도'라는 이름이 지어졌지만 최근에는 경상남도와 전라남도 지역에서도 발견되었다. 멸종위기 야생생물Ⅱ급 곤충이었지만 개체 수가 많아져 해제되었다.

참나무하늘소 참나무류 외에도 다양한 나무에 산다.

참나무하늘소(하늘소과) *Batocera lineolata*

크기 | 40~52㎜ 출현시기 | 5~7월(여름) 먹이(유충) | 참나무류, 버드나무, 느릅나무

몸은 남색이지만 회백색 가루로 덮여 있다. 앞가슴등판에 2개, 딱지날개에 10개의 흰색 무늬가 있다. 유충은 참나무류, 버드나무, 느릅나무, 호두나무 등을 갉아 먹고 산다. 나무를 갉아 먹으며 다 자란 유충은 성충이 되어 나올 때 나무에 구멍을 뚫어 피해를 일으킨다.

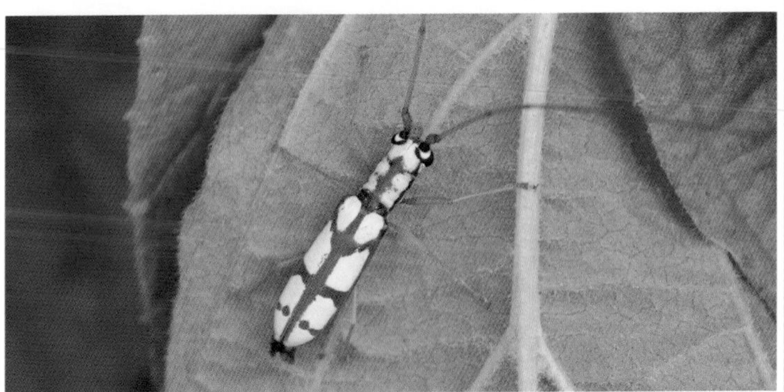
굴피염소하늘소 몸이 염소처럼 흰색을 띤다.

굴피염소하늘소(하늘소과) *Olenecamptus formosanus*

크기 | 11~16㎜ 출현시기 | 5~8월(봄) 먹이(유충) | 굴피나무, 밤나무, 호두나무

흰색 가루로 덮여 있는 모습이 염소를 닮았다 해서 이름이 지어졌다. 굴피나무, 밤나무, 호두나무 등의 잎을 갉아 먹고 산다. 밤에는 불빛에 잘 날아온다. 암컷은 굴피나무에 상처를 내고 알을 낳는다. 유충은 나무껍질을 갉아 먹고 살며 나무 속에서 번데기가 된다.

털 뭉치가 있는 딱지날개

튼튼한 다리

털두꺼비하늘소

보호색

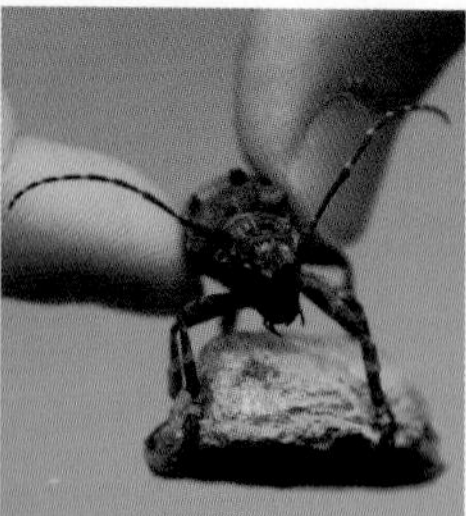
돌을 드는 모습

나무를 잘 기어오르는 모습

털두꺼비하늘소(하늘소과) *Moechotypa diphysis*

크기 | 19~25mm 출현시기 | 3~10월(여름) 먹이(유충) | 상수리나무, 밤나무

몸은 암갈색이며 딱지날개에 털 뭉치가 있고 앞가슴등판과 딱지날개가 올록볼록 튀어나와서 이름이 지어졌다. 수컷은 더듬이가 몸 길이보다 확실히 길지만 암컷은 몸 길이와 비슷하다. 참나무류의 벌채목과 버섯 재배장, 숲에서 발견되는 가장 흔한 하늘소이다. 성충은 다양한 활엽수에 알을 낳아 번식하기 때문에 주변에서 흔하게 만날 수 있다. 겨울에 성충 또는 유충으로 숲의 벌채목이나 나무 밑에서 월동한다. 봄이 되면 깨어나 주위를 기어다니다가 자동차나 자전거에 치여 죽는 로드킬이 자주 발생한다.

새똥하늘소(하늘소과)
Pogonocherus seminiveus

크기 | 6~8㎜ 출현시기 | 2~7월(봄)
먹이(유충) | 두릅나무, 밤나무, 신갈나무

몸은 검은색이고 딱지날개 윗부분은 흰색이다. 생김새가 새똥처럼 보여서 천적으로부터 자신을 보호한다.

줄콩알하늘소(하늘소과)
Exocentrus lineatus

크기 | 5~7㎜ 출현시기 | 5~8월(여름)
먹이(유충) | 활엽수

딱지날개 가운데에 흰색 세로줄이 있다. 고사목에 모여 짝짓기하고 산란한다. 위기에 처하면 툭 떨어진다.

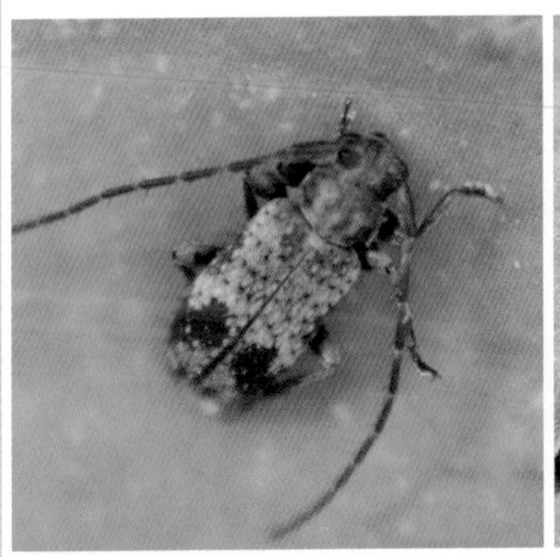

구름무늬콩알하늘소(하늘소과)
Exocentrus fasciolatus

크기 | 4~6㎜ 출현시기 | 6~8월(여름)
먹이(유충) | 느릅나무, 보리수나무, 팽나무

몸은 전체적으로 흑갈색이다. 활엽수의 고사목에서 생활하고 고사목 나무껍질 틈새에 알을 낳는다.

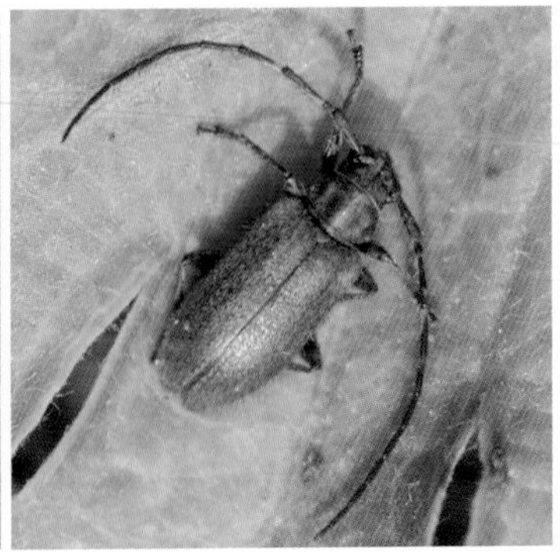

우리콩알하늘소(하늘소과)
Exocentrus (Pseudocentrus) zikaweiensis

크기 | 5~9㎜ 출현시기 | 6~8월(여름)
먹이(유충) | 무화과나무, 난티나무, 산뽕나무

몸은 검은색이고 딱지날개는 황갈색이다. 콩알처럼 크기가 작아서 이름이 지어졌다. 밤에 불빛에 잘 날아온다.

통하늘소(하늘소과)
Anaesthetobrium luteipenne

크기 | 5~7㎜ 출현시기 | 5~7월(여름)
먹이(유충) | 뽕나무, 산뽕나무

몸은 전체적으로 검은색이고 길쭉한 원통형이며 딱지날개는 밝은 갈색이다. 뽕나무에 알을 낳는다.

삼하늘소(하늘소과)
Thyestilla gebleri

크기 | 10~15㎜ 출현시기 | 5~7월(여름)
먹이(유충) | 대마, 쑥, 엉겅퀴

딱지날개 봉합부와 양옆에 3개의 회백색 줄무늬가 뚜렷하다. 암컷은 쑥, 삼 등의 줄기에 알을 낳는다.

국화하늘소(하늘소과)
Phytoecia (Phytoecia) rufiventris

크기 | 6~9㎜ 출현시기 | 4~5월(봄)
먹이(유충) | 쑥, 국화, 개망초

몸은 검은색이고 앞가슴등판에 붉은색 무늬가 있다. 성충은 쑥이 많은 들판을 잘 날아다니며 줄기에 알을 낳는다.

노랑줄점하늘소(하늘소과)
Epiglenea comes comes

크기 | 8~11㎜ 출현시기 | 5~8월(여름)
먹이(유충) | 감나무, 붉나무, 옻나무

몸은 검은색이고 황색 세로줄무늬가 있다. 유충은 나무껍질 아래로 들어가 자라서 번데기가 된다.

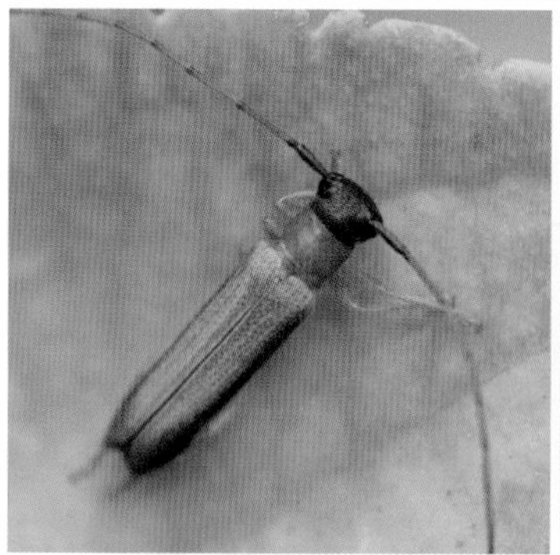

선두리하늘소(하늘소과)
Nupserha marginella marginella

크기 | 9~13㎜ 출현시기 | 6~7월(여름)
먹이(유충) | 사과나무

몸은 원통형이고 머리와 더듬이 첫 마디는 검은색이다. 딱지날개 가장자리에 검은색 세로줄무늬가 있다.

통사과하늘소(하늘소과)
Oberea depressa

크기 | 15~19㎜ 출현시기 | 5~6월(봄)
먹이(유충) | 조팝나무

머리와 더듬이는 검은색이고 앞가슴등판과 다리는 적갈색이다. 앞가슴등판 양쪽에 검은색 점이 있다.

사과하늘소 앞가슴등판(점무늬 없음)

사과하늘소(하늘소과) *Oberea vittata*

크기 | 12~19㎜ 출현시기 | 5~8월(여름) 먹이(유충) | 싸리, 좀자작나무

몸은 원통형이며 머리, 더듬이는 검은색을 띠고 다리는 주황색이다. 딱지날개는 적갈색~검은색이고 가장자리는 검은색을 띤다. 주로 싸리나무 주위에서 발견되며 암컷은 싸리나무의 가지에 알을 낳는다. 밤에 켜 놓은 불빛에 유인되어 잘 날아온다.

하늘소 무리 비교하기

하늘소

하늘소류

죽은 나무나 죽어 가는 활엽수를 가해하며 몇몇 종은 침엽수를 먹고 산다. 앞가슴등판이 둥글게 생긴 것이 특징이다.

우리목하늘소

목하늘소류

침엽수 고사목을 주로 가해한다. 하늘소 무리 중 가장 종류가 많다. 머리가 수직으로 떨어지는 특징이 있다.

톱하늘소

톱하늘소류

머리 크기에 비해 큰턱이 크게 발달된 하늘소 종류이다. 대부분 활엽수를 갉아 먹고 살며 밤에 불빛에 잘 날아온다.

검정하늘소

검정하늘소류

침엽수의 고사목을 갉아 먹으며 살아간다. 넓적하늘소류와 검정하늘소류를 포함한다. 불빛에 잘 날아온다.

깔따구하늘소

깔따구하늘소류

활엽수의 고사목을 갉아 먹는 하늘소이다. 우리나라에는 1종만 있고 학자에 따라 하늘소아과에 포함시키기도 한다.

긴알락꽃하늘소

꽃하늘소류

풀밭이나 산지에 핀 꽃에 잘 모이는 하늘소이다. 몸 빛깔이 꽃처럼 매우 화려하며 낮에 활동하는 주행성 하늘소이다.

벼뿌리잎벌레(잎벌레과)
Donacia provostii

크기 | 6~6.8㎜ 출현시기 | 6~8월(여름)
먹이 | 마름, 순채, 노랑어리연, 개연꽃, 가래

몸은 구릿빛을 띠는 녹색 또는 청동색이며 가늘고 길다. 먹이 식물의 잎 뒷면에 알을 낳는다.

쌍무늬혹가슴잎벌레(잎벌레과)
Zeugophora (Pedrillia) bicolor

크기 | 4.7~5㎜ 출현시기 | 5~7월(봄)
먹이 | 참빗살나무, 회나무

머리와 앞가슴등판은 검은색이고 딱지날개는 적갈색을 띤다. 몸이 볼록하며 가슴이 혹이 난 것처럼 돌출되었다.

곰보날개긴가슴잎벌레(잎벌레과)
Lilioceris gibba

크기 | 7~9㎜ 출현시기 | 4~5월(봄)
먹이 | 백합류

딱지날개에 움푹 들어간 점무늬가 많아서 마치 곰보빵을 연상시킨다. 앞가슴등판과 몸통이 길쭉하다.

등빨간남색잎벌레(잎벌레과)
Lema (Lema) scutellaris

크기 | 5.5~5.8㎜ 출현시기 | 6~7월(여름)
먹이 | 닭의장풀

몸은 적갈색이고 길다. 딱지날개는 청색이고 끝부분은 황갈색이다. 무더운 여름에 여름잠을 잔다.

주홍배큰벼잎벌레 배(주홍색)

주홍배큰벼잎벌레(잎벌레과) *Lema (Petauristes) fortunei*

크기 | 6~8.2㎜ 출현시기 | 5~8월(봄) 먹이 | 참마, 마

몸은 길쭉하고 머리와 앞가슴등판은 붉은색을 띤다. 딱지날개는 청색 또는 남청색이다. 배 부분이 주홍색이어서 이름이 지어졌다. 머리가 검은색인 '고려긴가슴잎벌레'와 생김새가 비슷해서 혼동되지만 머리가 주홍색이어서 구별된다.

점박이큰벼잎벌레(잎벌레과)

Lema (Petauristes) adamsii

크기 | 5.5~6㎜ 출현시기 | 4~9월(봄)
먹이 | 참마

몸은 황색이고 광택이 있다. 앞가슴등판에 4개, 딱지날개에 4개 또는 2개의 검은색 점무늬가 있다.

열점박이잎벌레(잎벌레과)

Lema (Lema) decempunctata

크기 | 4~6㎜ 출현시기 | 3~11월(여름)
먹이 | 구기자나무

머리와 앞가슴등판은 검은색이고 갈색의 딱지날개에 10개의 검은색 점무늬가 있다. 연 4회 발생한다.

배노랑긴가슴잎벌레 몸에 비해서 가슴 부분이 길다.

배(황색)

짝짓기

배노랑긴가슴잎벌레(잎벌레과) *Lema (Lema) concinnipennis*

크기 | 5~6.5㎜ 출현시기 | 4~9월(봄) 먹이 | 닭의장풀

몸은 청람색이며 광택이 있고 길쭉하다. 더듬이와 다리는 검은색이고 배 끝부분 세 마디가 황색이어서 이름이 지어졌다. 보통의 잎벌레와는 달리 가슴 부분이 길게 발달되어 긴가슴잎벌레류에 속한다. 유충은 집단으로 모여서 먹이를 갉아 먹고 살며 배설물을 등에 덮어서 위장하여 자신을 보호한다. 겨울에 성충으로 월동한 후 4월 하순부터 출현하여 짝짓기한 후 5~7월에 걸쳐 닭의장풀 뒷면에 황색 알을 낳는다. 성충은 산과 들의 풀밭에서 닭의장풀을 갉아 먹고 살며 연 1회 발생한다.

적갈색긴가슴잎벌레(잎벌레과)

Lema (Lema) diversa

크기 | 5~6㎜ 출현시기 | 4~8월(여름)
먹이 | 닭의장풀

몸은 적갈색을 띠며 전체적으로 길쭉하다. 성충으로 월동한 후 4월에 출현하며 연 2~3회 발생한다.

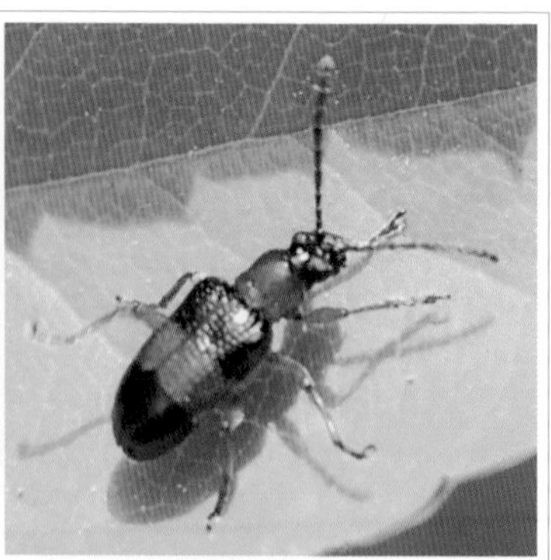

홍줄큰벼잎벌레(잎벌레과)

Lema (Lema) delicatula

크기 | 4.3~4.5㎜ 출현시기 | 4~7월(여름)
먹이 | 닭의장풀

몸은 붉은색을 띠고 길쭉하다. 딱지날개에 2개의 굵은 청색 띠무늬가 있다. 성충으로 월동한다.

등빨간긴가슴잎벌레(잎벌레과)

Lilioceris scapularis

크기 | 8.5~9.5㎜ 출현시기 | 5~7월(여름)
먹이 | 닭의장풀

몸은 검은색이고 딱지날개 양쪽에 붉은색 또는 황색 무늬가 있다. 긴가슴잎벌레류 중 크기가 가장 크다.

밤나무잎벌레(잎벌레과)

Physosmaragdina nigrifrons

크기 | 4.8~5.5㎜ 출현시기 | 4~10월(여름)
먹이 | 참억새, 밤나무, 개망초

앞가슴등판과 딱지날개는 적갈색이다. 딱지날개에는 검은색 띠무늬가 있지만 개체마다 변이가 다양하다.

반금색잎벌레(잎벌레과)
Smaragdina semiaurantiaca

크기 | 5.2~6㎜ 출현시기 | 5~8월(봄)
먹이 | 참소리쟁이, 버드나무류

몸은 원통형이고 머리와 딱지날개는 청색을 띤다. 앞가슴등판, 더듬이, 다리는 밝은 갈색을 띤다.

콜체잎벌레(잎벌레과)
Cryptocephalus koltzei koltzei

크기 | 4~5.2㎜ 출현시기 | 5~7월(봄)
먹이 | 쑥, 싸리

몸은 검은색이고 짧으며 원통형이다. 딱지날개에 6개의 굵은 황색 점무늬가 있는 것이 특징이다.

소요산잎벌레 1형

소요산잎벌레 2형(흑청색)

소요산잎벌레(잎벌레과) *Cryptocephalus (Cryptocephalus) hyacinthinus*

크기 | 3.5~4.5㎜ 출현시기 | 5~8월(여름) 먹이 | 신갈나무, 상수리나무, 밤나무

몸은 전체적으로 광택이 있는 청록색을 띠지만 자청색, 흑청색 등 체색 변이가 다양하고 짧은 원통형이다. 다리는 흑청색 또는 적갈색을 띤다. '닮은북방통잎벌레'라고 불리던 종이 동종이명으로 확인되어 지금은 둘 다 '소요산잎벌레'로 부른다.

십사점통잎벌레(잎벌레과)

Cryptocephalus tetradecaspilotus

크기 | 3.7~5.2㎜ 출현시기 | 7~8월(여름)
먹이 | 큰까치수영, 진퍼리까치수영, 싸리류

앞가슴등판에 4개의 검은색 점무늬와 딱지날개에 10개의 검은색 점무늬가 있어서 이름이 지어졌다.

광릉잎벌레(잎벌레과)

Cryptocephalus luridipennis pallescens

크기 | 4.5~5㎜
출현시기 | 4~7월(여름)

몸은 황갈색이고 전체적으로 둥근 원통형이다. 딱지날개에 6개의 검은색 점무늬가 있는 것이 특징이다.

네점통잎벌레(잎벌레과)

Cryptocephalus nobilis

크기 | 4.8~6.4㎜
출현시기 | 6~8월(여름)

몸은 검은색이고 전체적으로 원통형이다. 딱지날개에 4개의 황색 점무늬가 있어서 이름이 지어졌다.

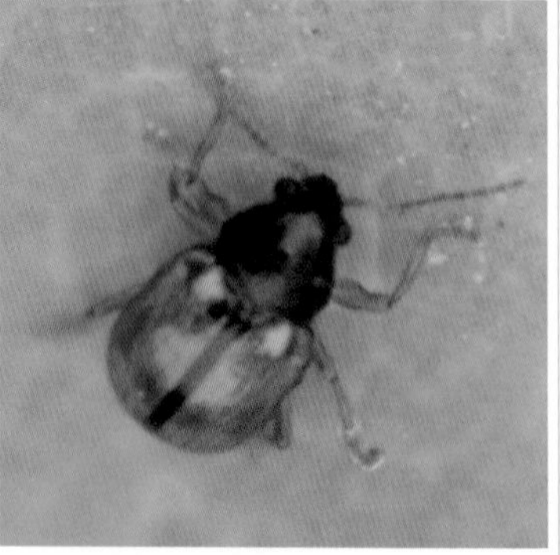

콩잎벌레(잎벌레과)

Pagria consimilis

크기 | 1.8~2.4㎜ 출현시기 | 6~8월(여름)
먹이 | 콩, 칡

머리와 앞가슴등판은 검은색이고 딱지날개는 갈색이다. 꼽추잎벌레류 중에서 크기가 가장 작다.

금록색잎벌레 1형 금록색잎벌레 2형

금록색잎벌레(잎벌레과) *Basilepta fulvipes*

크기 | 3~4.5㎜ 출현시기 | 6~8월(여름) 먹이 | 쑥

몸은 녹색, 청색, 갈색 등 개체에 따라 체색 변이가 다양하고 매우 짧다. 앞가슴등판은 황색과 청색, 붉은색 등이 있고 다리는 적갈색~검은색이다. 여름에 가장 흔하게 볼 수 있는 잎벌레로 쑥을 먹고 산다. 겨울에 유충으로 월동한다.

고구마잎벌레 1형 고구마잎벌레 2형

고구마잎벌레(잎벌레과) *Colasposoma dauricum*

크기 | 5.3~6㎜ 출현시기 | 5~8월(여름) 먹이 | 고구마, 메꽃, 갯메꽃

몸은 녹색, 청동색, 청색, 적동색 등 개체에 따라 다양한 체색 변이가 있으며 볼록한 타원형이다. 더듬이는 검은색이고 제2~5마디는 황갈색이다. 알에서 부화된 유충은 땅속의 뿌리를 갉아 먹으며 산다. 특히 고구마의 괴경(덩이줄기)을 갉아 먹어서 피해를 일으킨다.

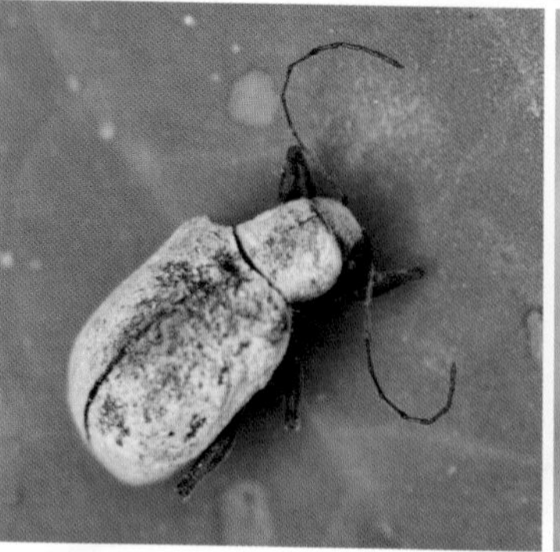

사과나무잎벌레(잎벌레과)

Lypesthes ater

크기 | 6~7㎜ 출현시기 | 5~7월(여름)
먹이 | 사과나무, 배나무, 매화나무, 호두나무

몸은 볼록하고 다리는 적갈색을 띤다. 몸 전체가 흰색 털로 덮여 있지만 털이 빠지면 검은색이 드러난다.

이마줄꼽추잎벌레(잎벌레과)

Heteraspis lewisii

크기 | 3.2~4㎜ 출현시기 | 5~8월(여름)
먹이 | 머루, 포도, 담쟁이덩굴

몸은 청동색이지만 개체에 따라 청색이나 녹색을 띠며 길이가 짧다. 숲에서 개머루를 먹고 산다.

곧선털꼽추잎벌레(잎벌레과)

Demotina fasciata

크기 | 4.2~4.5㎜ 출현시기 | 5~10월(여름)
먹이 | 떡갈나무

몸은 갈색~적갈색을 띠며 길쭉하다. 배면은 검은색이고 더듬이는 황갈색이다. 떡갈나무를 먹고 산다.

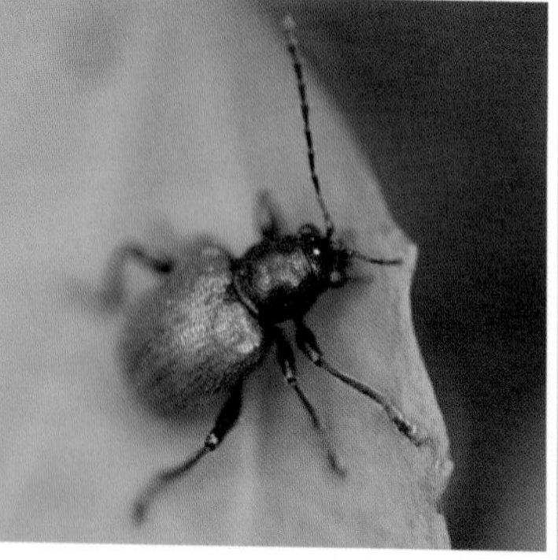

포도꼽추잎벌레(잎벌레과)

Bromius obscurus

크기 | 5~5.5㎜ 출현시기 | 7~10월(여름)
먹이 | 포도

몸은 볼록하고 머리, 앞가슴등판, 다리는 검은색이다. 딱지날개는 적갈색이고 넓적다리마디에 가시가 있다.

중국청람색잎벌레(잎벌레과)

Chrysochus chinensis

크기 | 11~13㎜ 출현시기 | 5~8월(여름)
먹이 | 박주가리, 고구마

몸은 청람색의 광택이 나서 보석처럼 아름다우며 둥글둥글하다. 우리나라 꼽추잎벌레류 중 크기가 가장 크다.

박하잎벌레(잎벌레과)

Chrysolina (Lithopteroides) exanthematica

크기 | 7.5~9㎜ 출현시기 | 4~9월(봄)
먹이 | 박하, 산박하

몸은 검은색이고 타원형이며 딱지날개에 점무늬가 줄지어 있다. 잠시 여름잠을 자고 가을에 다시 나타난다.

쑥잎벌레 1형

쑥잎벌레 2형

쑥잎벌레(잎벌레과) *Chrysolina (Anopachys) aurichalcea*

크기 | 7~10㎜ 출현시기 | 4~11월(가을) 먹이 | 쑥, 쑥부쟁이, 머위

몸은 적동색과 흑청색, 청동색 등의 체색 변이가 매우 많다. 겨울에 알로 월동한 후 3월에 부화하여 활동을 시작한다. 10월이 되면 짝짓기를 하고 있는 모습이 많이 관찰된다. 늦가을에 쑥이 있는 곳에서 많이 보이며 암컷은 식물의 뿌리 근처에 알을 낳는다.

청줄보라잎벌레(잎벌레과)

Chrysolina (Euchrysolina) virgata

크기 | 11~15㎜ 출현시기 | 6~9월(여름)
먹이 | 층층이꽃, 들깨, 쉽싸리

몸은 광택이 도는 녹색이고 붉은색 줄무늬가 있어서 매우 아름답다. 기후변화지표종이다.

호두나무잎벌레(잎벌레과)

Gastrolina thoracica

크기 | 6.8~8.2㎜ 출현시기 | 5~7월(여름)
먹이 | 호두나무, 가래나무

몸은 전체적으로 검은색이며 납작하다. 성충으로 월동한 후 4월에 출현해 호두나무와 가래나무를 갉아 먹는다.

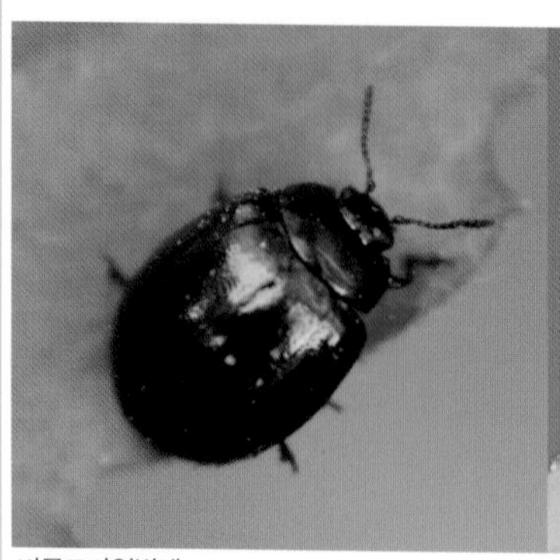

버들꼬마잎벌레

짝짓기

버들꼬마잎벌레(잎벌레과) *Plagiodera versicolora*

크기 | 3.3~4.4㎜ 출현시기 | 5~11월(봄) 먹이 | 버드나무류, 미루나무, 사시나무

몸은 광택이 도는 진한 청람색이고 타원형이다. 겨울에 성충으로 월동한 후 초봄부터 출현하여 버드나무 잎에 알을 낳는다. 버드나무를 흔들면 우수수 떨어질 정도로 개체 수가 무척 많다. 다른 잎벌레류에 비해 크기가 매우 작아서 '꼬마'라는 이름이 붙었다.

수컷과 암컷

알

좀남색잎벌레

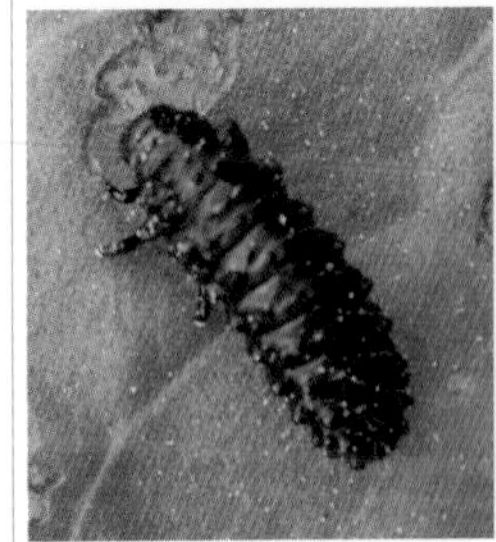
유충

소리쟁이를 먹는 유충

먹이를 먹는 모습

좀남색잎벌레(잎벌레과) *Gastrophysa (Gastrophysa) atrocyanea*

크기 | 5.2~5.8㎜ 출현시기 | 3~5월(봄) 먹이 | 소리쟁이, 수영, 애기수영, 상아, 토황

몸은 흑청색이고 기다란 타원형이다. 남색의 잎벌레 중에서 크기가 작아 '좀'이 붙어 이름이 지어졌다. 봄이 되어 겨울잠에서 깨어난 성충은 소리쟁이 잎에 나타나서 잎을 갉아 먹고 짝짓기를 한 후 알을 낳는다. 알에서 부화된 유충은 잎을 갉아 먹으며 무럭무럭 자란다. 무리 지어 갉아 먹기 때문에 잎이 거의 없어질 정도로 피해를 준다. 소리쟁이 잎에 구멍이 뻥뻥 뚫려 있는 곳을 유심히 관찰하면 발견할 수 있다. 전국적으로 널리 서식하는 잎벌레로 겨울에 성충으로 월동한다.

사시나무잎벌레

딱지날개(주홍색)

사시나무잎벌레(잎벌레과) *Chrysomela populi*

크기 | 10~12㎜ 출현시기 | 4~10월(봄) 먹이 | 버드나무류, 황철나무, 사시나무

몸은 둥글고 붉은색의 딱지날개가 매우 예쁘다. 초봄부터 활동하는 모습이 보이며 성충과 유충 모두 사시나무, 오리나무, 황철나무의 잎을 갉아 먹고 산다. 그래서 옛날에는 '황철나무잎벌레'라고 불렀다. 유충은 사시나무의 잎 뒷면에 붙어서 번데기가 된다.

홍테잎벌레(잎벌레과) *Entomoscelis orientalis*

크기 | 5.5~6㎜ 출현시기 | 5~6월(봄) 먹이 | 마디풀

몸은 주황색이고 딱지날개와 앞가슴등판에 있는 굵은 흑청색 무늬 때문에 붉은색 테두리를 두른 것처럼 보인다.

참금록색잎벌레(잎벌레과) *Plagiosterna adamsi*

크기 | 6.5~8.5㎜ 출현시기 | 5~9월(여름) 먹이 | 오리나무, 사방오리

몸은 검은색을 띠며 타원형이다. 앞가슴등판은 적갈색이고 딱지날개는 녹색이다. 주로 오리나무 잎을 먹는다.

버들잎벌레 2형(검은색형)

버들잎벌레 1형

유충

우화 직후(연갈색형)

우화 직후(황갈색형)

번데기

버들잎벌레(잎벌레과) *Chrysomela vigintipunctata vigintipunctata*

크기 | 6.8~8.5㎜ 출현시기 | 4~6월(봄) 먹이 | 버드나무류, 사시나무, 황철나무

머리와 앞가슴등판은 검은색이고 딱지날개는 황갈색을 띤다. 몸이 둥글고 딱지날개에 20개의 검은색 점무늬가 있어서 '무당벌레'로 착각하는 경우가 많다. 그러나 무당벌레와 달리 더듬이와 다리가 길어서 구별된다. 딱지날개의 점무늬는 개체에 따라 변이가 많고 완전히 검은색을 띠는 체색 변이도 있다. 성충은 초봄부터 버드나무에 모여서 잎을 갉아 먹고 유충도 버드나무 잎을 갉아 먹는다. 유충은 몸이 길쭉하고 검은색 점무늬가 많으며 가슴에만 6개의 다리가 있다.

십이점박이잎벌레 2형

알

십이점박이잎벌레 1형

비행 준비

의사 행동(위기를 느끼면 다리를 움츠리고 죽은 척한다.)

십이점박이잎벌레(잎벌레과) *Paropsides soriculata*

크기 | 8~10㎜ 출현시기 | 5~7월(봄) 먹이 | 돌배나무, 털야광나무

몸은 전체적으로 검은색을 띠며 타원형이고 볼록하다. 딱지날개에 12개의 붉은색 점무늬가 있지만 개체에 따라서 붉은색 점무늬가 다르게 나타나는 체색 변이가 많다. 겨울에 성충으로 월동하고 봄이 되면 깨어나 활동을 시작한다. 돌배나무에 모여 20개 정도의 암적색 알을 뭉쳐서 산란한다. 적갈색 점액으로 붙여서 산란하기 때문에 쉽게 발견된다. 알에서 부화된 유충은 먹이 식물을 갉아 먹으며 허물벗기를 하며 성장한다. 다 자란 4령 유충은 땅속으로 들어가 번데기가 된다.

열점박이별잎벌레(잎벌레과)

Oides decempunctatus

크기 | 9~14㎜ 출현시기 | 5~10월(여름)
먹이 | 포도, 개머루

몸은 황색이고 딱지날개에 10개의 둥글고 큰 검은색 점이 있다. 우리나라의 긴더듬이잎벌레 중 가장 크다.

한서잎벌레(잎벌레과)

Galeruca (Galeruca) dahlii vicina

크기 | 10~11㎜ 출현시기 | 7~11월(여름)
먹이 | 쇠무릎, 명아주, 개비름, 머위

몸은 흑갈색이고 타원형으로 볼록하다. 딱지날개에 여러 개의 줄무늬가 있다. 성충으로 월동한다.

질경이잎벌레(잎벌레과)

Lochmaea caprea

크기 | 5~6㎜ 출현시기 | 5~9월(여름)
먹이 | 버드나무, 황철나무

몸은 황갈색이고 성충으로 월동한 후 5월에 출현하여 알을 낳는다. 버드나무, 황철나무의 잎을 먹고 산다.

딸기잎벌레(잎벌레과)

Galerucella (Galerucella) grisescens

크기 | 3.7~5.2㎜ 출현시기 | 4~11월(여름)
먹이 | 소리쟁이, 토황, 수영, 딸기, 쑥갓

몸은 암갈색이고 납작하며 딱지날개에 검은색 무늬가 있다. 월동한 후 4월에 10~30개의 알을 낳는다.

일본잎벌레(잎벌레과)
Galerucella (Galerucella) nipponensis

크기 | 4.8~6㎜ 출현시기 | 4~8월(여름)
먹이 | 마름, 순채, 쉽싸리

몸은 암갈색이고 납작하다. 연못의 마름과 순채를 갉아 먹고 살며 죽은 풀 사이에서 월동한다.

남방잎벌레(잎벌레과)
Apophylia beeneni

크기 | 4.5~5.8㎜ 출현시기 | 6~8월(여름)
먹이 | 들깨, 박하, 소엽

몸은 매우 길쭉하다. 머리는 검은색, 앞가슴등판은 황갈색, 딱지날개는 녹청색이며 광택이 있다.

노랑가슴녹색잎벌레(잎벌레과)
Agelasa nigriceps

크기 | 5.8~7.8㎜ 출현시기 | 5~10월(여름)
먹이 | 다래나무, 쥐다래나무, 개머루

머리와 딱지날개는 녹청색이고 앞가슴등판, 배, 다리는 황갈색이다. 성충은 5월 말에 흰색 알을 낳는다.

상아잎벌레(잎벌레과)
Gallerucida bifasciata

크기 | 7.5~9.5㎜ 출현시기 | 3~8월(봄)
먹이 | 소리쟁이, 며느리배꼽, 호장근, 수영

몸은 검은색이고 딱지날개에 3개의 황색 줄무늬가 있다. 성충으로 월동한 후 5~6월에 산란한다.

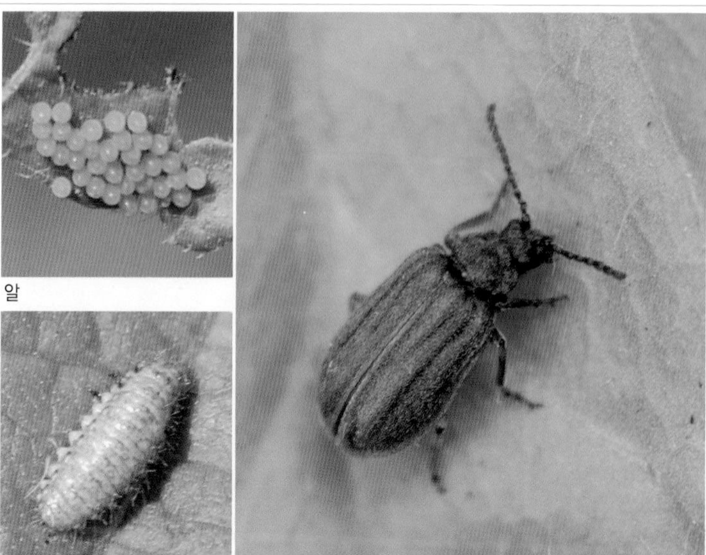

알

유충

돼지풀잎벌레

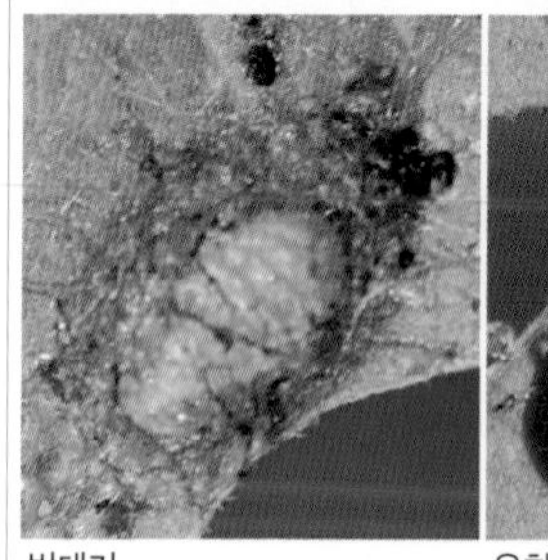

번데기

우화 직후

먹이 식물(단풍잎돼지풀)

돼지풀잎벌레(잎벌레과) *Ophraella communa*

크기 | 4~7㎜ 출현시기 | 3~11월(여름) 먹이 | 돼지풀, 단풍잎돼지풀, 도꼬마리

몸은 밝은 황갈색을 띠며 길쭉하다. 딱지날개에 진갈색의 세로줄무늬가 있다. 7~8월에는 알, 유충, 성충이 모두 발견될 정도로 번식력이 왕성하다. 북미가 원산지인 외래종으로 돼지풀을 가장 잘 갉아 먹어서 이름이 지어졌다. 하지만 돼지풀 외에도 단풍잎돼지풀, 둥근잎돼지풀, 들깨, 도꼬마리, 큰도꼬마리, 가시도꼬마리, 해바라기 등 다양한 식물을 먹고 산다. 특히 생태계교란식물로 문제가 되고 있는 돼지풀과 단풍잎돼지풀을 잘 갉아 먹는 잎벌레로 알려져 있다.

오리나무잎벌레 얇은 줄기를 붙잡고 기어간다.

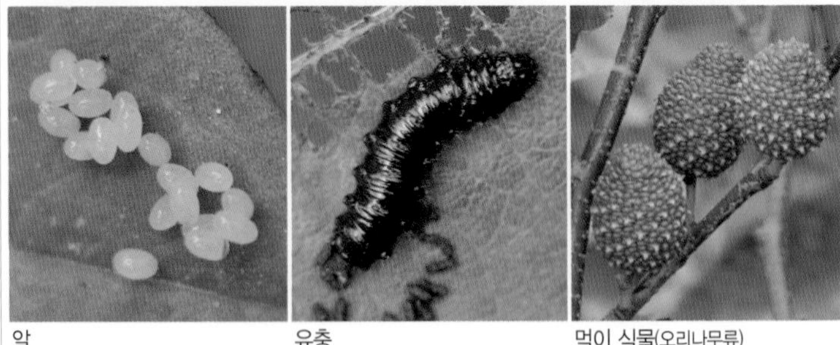
알 유충 먹이 식물(오리나무류)

오리나무잎벌레(잎벌레과) *Agelastica coerulea*

크기 | 5.7~7.5㎜ 출현시기 | 4~8월(봄) 먹이 | 오리나무, 사방오리, 자작나무

몸은 광택이 있는 진한 흑청색이고 긴 타원형으로 볼록하다. 몸에 비해 더듬이가 매우 길며 더듬이와 다리의 색깔도 흑청색을 띤다. 겨울에 성충으로 월동한 후 봄이 되면 깨어나 활동을 시작한다. 4월 하순이 되면 오리나무에 10여 개의 황백색 알을 뭉쳐서 낳는다. 유충은 흑청색이고 무리 지어 오리나무의 잎을 갉아 먹고 살며 성장한다. 다 자란 유충은 땅속으로 들어가 번데기가 된다. 특히 많은 개체 수가 한꺼번에 대발생해서 오리나무의 잎을 마구 갉아 먹기 때문에 수목 해충으로 지정되어 있다.

세점박이잎벌레(잎벌레과)

Paridea (Paridea) angulicollis

크기 | 5~5.7㎜ 출현시기 | 4~11월(여름)
먹이 | 하늘타리, 돌외

딱지날개에 보통 3개의 검은색 점이 있지만 가운데의 점이 없는 개체도 있다.

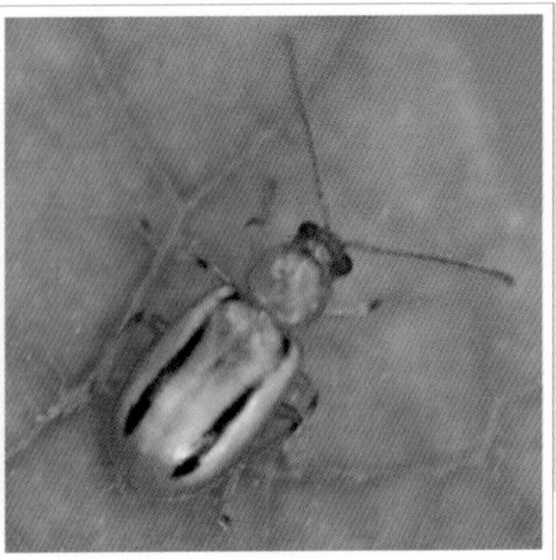

두줄박이애잎벌레(잎벌레과)

Medythia nigrobilineata

크기 | 3~3.4㎜ 출현시기 | 5~6월(봄)
먹이 | 콩류

몸은 둥글고 딱지날개에 2개의 검은색 세로줄무늬가 있다. 성충은 콩과 식물을 먹고 유충은 뿌리를 먹는다.

오이잎벌레(잎벌레과)

Aulacophora indica

크기 | 5.6~7.3㎜ 출현시기 | 3~11월(여름)
먹이 | 오이, 호박, 참외, 배추

몸은 주황색을 띤다. 성충으로 월동한 후 3월에 출현해 활동한다. 유충은 박과 식물의 뿌리를 먹는다.

검정오이잎벌레(잎벌레과)

Aulacophora nigripennis nigripennis

크기 | 5.8~6.3㎜ 출현시기 | 4~11월(여름)
먹이 | 콩, 등나무, 팽나무, 단풍마, 오이

몸은 황갈색을 띠며 길고 볼록하다. 딱지날개와 다리는 검은색이다. 성충으로 월동하고 연 1회 발생한다.

크로바잎벌레(잎벌레과)
Monolepta quadriguttata

크기 | 3.6~4㎜ 출현시기 | 6~10월(여름)
먹이 | 쑥, 들깨, 콩, 토끼풀, 배추, 당근

몸은 알 모양이고 머리와 앞가슴등판은 적갈색이다. 딱지날개에 2개의 둥근 연황색 점무늬가 있다.

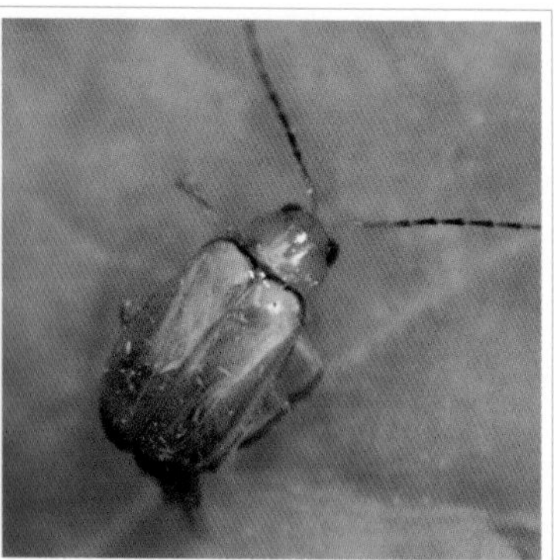

어리발톱잎벌레(잎벌레과)
Monolepta shirozui

크기 | 3~4㎜ 출현시기 | 5~9월(가을)
먹이 | 때죽나무, 붉나무, 졸참나무, 밤나무

몸은 황갈색을 띠며 길쭉한 알 모양이다. 검은색의 눈이 불룩 튀어나왔으며 딱지날개 끝부분도 검다.

왕벼룩잎벌레(잎벌레과)
Ophrida spectabilis

크기 | 9~13㎜ 출현시기 | 5~9월(여름)
먹이 | 개옻나무, 옻나무, 붉나무

적갈색의 딱지날개에 흰색 무늬가 있고 굵은 뒷다리로 '벼룩'처럼 튄다. 우리나라의 벼룩잎벌레류 중 가장 크다.

벼룩잎벌레(잎벌레과)
Phyllotreta striolata

크기 | 2~2.5㎜ 출현시기 | 3~11월(여름)
먹이 | 무, 배추, 냉이, 갓, 유채

몸은 검은색이고 딱지날개에 황색 줄무늬가 있다. 겨울에 성충으로 월동하고 십자화과 식물을 잘 먹는다.

긴발벼룩잎벌레(잎벌레과)

Longitarsus (Longitarsus) succineus

크기 | 2㎜ 내외 출현시기 | 6~8월(여름)
먹이 | 쑥

몸은 황갈색을 띠고 길쭉한 타원형이다. 더듬이는 가늘고 길다. 몸에 비해 뒷다리가 매우 긴 편이다.

털다리벼룩잎벌레(잎벌레과)

Chaetocnema (Tlanoma) kimotoi

크기 | 1.8~2.2㎜
출현시기 | 6~8월(여름)

몸은 어두운 적갈색을 띠고 길쭉한 타원형이다. 뒷다리가 굵게 발달된 크기가 매우 작은 벼룩잎벌레이다.

발리잎벌레(잎벌레과)

Altica caerulescens

크기 | 3.2~4.3㎜ 출현시기 | 3~11월(여름)
먹이 | 깨풀, 모시물통이

몸은 광택이 있는 흑청색을 띠고 길쭉하다. 뒷다리의 넓적다리마디가 굵게 발달되어 '벼룩'처럼 점프를 잘한다.

딸기벼룩잎벌레(잎벌레과)

Altica fragariae

크기 | 3.5~4㎜ 출현시기 | 4~8월(여름)
먹이 | 딸기, 뱀딸기

몸은 흑청색 또는 녹청색이다. 성충은 6~7월에 잎 뒷면에 5개 정도의 알을 뭉쳐서 산란한다.

바늘꽃벼룩잎벌레(잎벌레과)
Altica oleracea oleracea

크기 | 2.8~3.8㎜ 출현시기 | 3~11월(여름)
먹이 | 분홍바늘꽃, 달맞이꽃

몸은 흑청색, 녹청색, 청동색 등 다양하다. 성충은 톡톡 잘 튀며 유충은 5~9월에 발견된다.

황갈색잎벌레(잎벌레과)
Phygasia fulvipennis

크기 | 5~6㎜ 출현시기 | 5~6월(봄)
먹이 | 박주가리

몸은 검은색이고 딱지날개는 적갈색이다. 풀잎에 앉아 있다가 위험을 느끼면 아래로 툭 떨어진다.

보라색잎벌레(잎벌레과)
Hemipyxis plagioderoides

크기 | 3.8~5㎜ 출현시기 | 5~6월(봄)
먹이 | 질경이

몸은 타원형이고 머리와 가슴은 검은색이며 딱지날개는 흑청색이다. 성충으로 월동하고 연 1회 발생한다.

단색둥글잎벌레(잎벌레과)
Argopus unicolor

크기 | 4~5㎜ 출현시기 | 5~6월(여름)
먹이 | 으아리, 사위질빵, 할미꽃

몸은 전체적으로 적갈색을 띠고 둥글다. 다리도 적갈색이다. 으아리, 사위질빵 등을 갉아 먹는다.

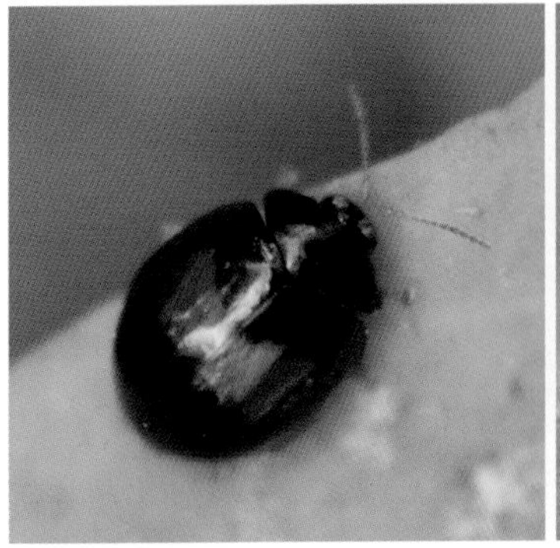

두점알벼룩잎벌레(잎벌레과)

Argopistes biplagiatus

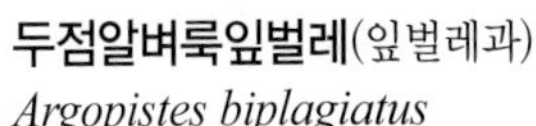

크기 | 3~4㎜ 출현시기 | 5~6월(봄)
먹이 | 물푸레나무

몸은 검은색이고 알처럼 둥글다. 딱지날개에 2개의 붉은색 점무늬가 있으며 더듬이가 길다.

검정배줄벼룩잎벌레(잎벌레과)

Psylliodes (Psylliodes) punctifrons

크기 | 3㎜ 내외 출현시기 | 4~11월(여름)
먹이 | 배추, 냉이

몸은 검은색이고 긴 타원형이다. 잡초나 낙엽 밑에서 겨울에 성충으로 월동한 후 4월에 알을 낳는다.

점날개잎벌레

꽃가루를 먹는 모습

점날개잎벌레(잎벌레과) *Nonarthra cyanea cyanea*

크기 | 3.2~4㎜ 출현시기 | 3~11월(봄) 먹이 | 꽃가루

몸은 광택이 있는 흑청색이다. 멀리서 보면 동글동글한 점처럼 보여서 이름이 지어졌다. 굵게 발달된 뒷다리로 '벼룩'처럼 점프하여 멀리 이동한다. 성충은 산과 들에 자라는 다양한 꽃에 잘 모여든다. 겨울에 성충으로 월동하고 연 1회 발생한다.

노랑테가시잎벌레
딱지날개(많은 가시)

노랑테가시잎벌레(잎벌레과) *Dactylispa (Triplispa) angulosa*

크기 | 3.3~4.2㎜ 출현시기 | 4~11월(여름) 먹이 | 벚나무, 졸참나무

몸은 진갈색이고 납작하며 가장자리를 따라 황색 띠가 테두리를 두른 것처럼 보인다. 몸 전체에 뾰족뾰족한 가시가 많이 달려 있어서 '가시잎벌레'라는 이름이 지어졌다. 풀잎 위에 앉아 있지만 크기가 작아서 눈에 잘 띄지 않는다.

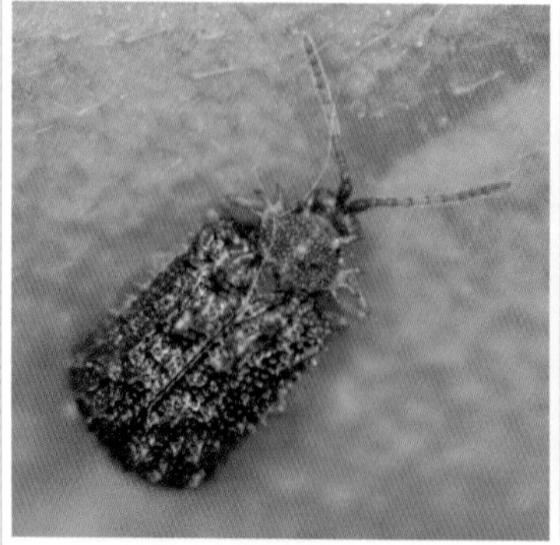

큰노랑테가시잎벌레(잎벌레과) *Dactylispa masonii*

크기|5~5.2㎜ 출현시기| 4~7월(여름)
먹이 | 머위, 쑥부쟁이, 쑥

몸은 흑갈색이고 불규칙한 가시가 15개 있다. '노랑테가시잎벌레'와 비슷하지만 몸이 더 크다.

사각노랑테가시잎벌레(잎벌레과) *Dactylispa (Platypriella) subquadrata*

크기|4.5~5.6㎜ 출현시기|4~10월(여름)
먹이 | 졸참나무

몸은 검은색이고 사각형이다. 딱지날개는 울퉁불퉁하고 뾰족한 가시가 돋아 있다. 성충으로 월동한다.

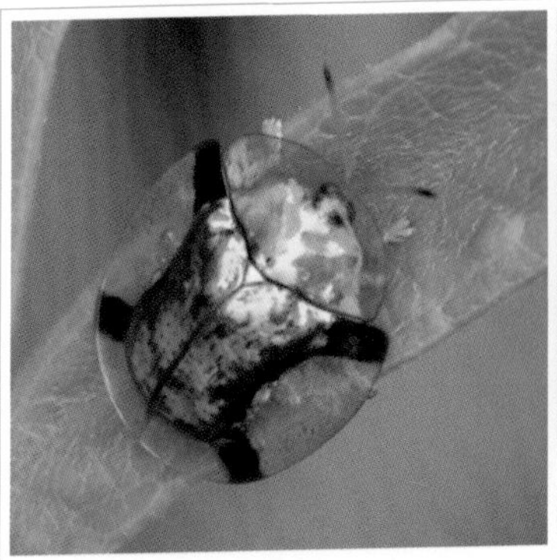

모시금자라남생이잎벌레(잎벌레과)

Aspidomorpha transparipennis

크기 | 6.2~7.2㎜ 출현시기 | 4~11월(여름)
먹이 | 메꽃

몸은 황금빛이 나서 남생이잎벌레류 중 가장 아름답다. 성충은 5~8월에 알을 낳고 낙엽 속에서 월동한다.

남생이잎벌레붙이(잎벌레과)

Glyphocassis spilota spilota

크기 | 5㎜ 내외 출현시기 | 6~8월(여름)
먹이 | 고구마, 메꽃

몸은 둥글고 볼록하다. 딱지날개는 적황색이며 3개의 검은색 점무늬가 있다. 남부 지방에서 주로 발견된다.

남생이잎벌레(잎벌레과)

Cassida nebulosa

크기 | 6.3~7.2㎜ 출현시기 | 4~7월(여름)
먹이 | 명아주, 흰명아주, 근대, 비름

몸은 연갈색이고 딱지날개에 검은색 점무늬가 매우 많다. 성충으로 월동한 후 4월에 깨어나 활동한다.

줄남생이잎벌레(잎벌레과)

Cassida lineola

크기 | 5.7~8.7㎜
출현시기 | 5~8월(여름)

몸은 전체적으로 적갈색을 띤다. 유충은 천적으로부터 보호하기 위해 배설물로 위장을 잘한다.

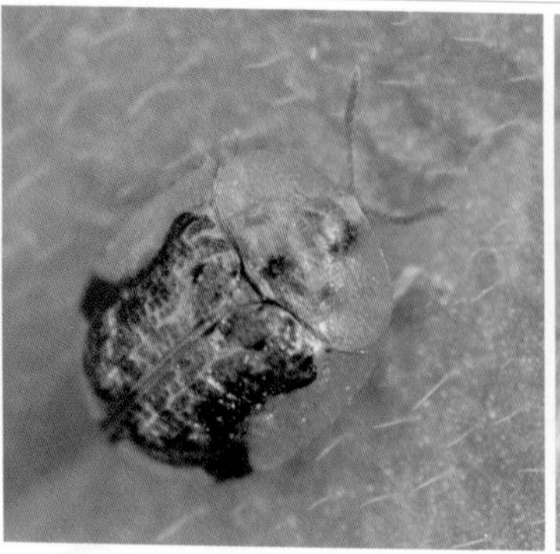

애남생이잎벌레(잎벌레과)
Cassida piperata

크기 | 5~5.5㎜ 출현시기 | 4~10월(여름)
먹이 | 명아주, 개비름, 쇠무릎

몸은 적갈색을 띠며 둥글다. 더듬이는 짧다. 성충으로 월동한 후 4월에 출현하여 5월에 알을 낳는다.

청남생이잎벌레(잎벌레과)
Cassida rubiginosa rubiginosa

크기 | 7~8.5㎜ 출현시기 | 4~7월(여름)
먹이 | 엉겅퀴

몸은 연녹색 또는 녹갈색이다. 성충으로 월동한 후 4월에 깨어난 성충은 5월에 알을 낳고 배설물로 덮는다.

꼬마남생이잎벌레(잎벌레과)
Cassida velaris

크기 | 4.8~5.2㎜ 출현시기 | 4~9월(여름)
먹이 | 명아주

몸은 갈색을 띠고 둥글다. 민물거북 남생이를 닮았고 남생이잎벌레 중 크기가 작아서 이름이 지어졌다.

곱추남생이잎벌레(잎벌레과)
Cassida vespertina

크기 | 4.7~6.7㎜ 출현시기 | 4~7월(봄)
먹이 | 사위질빵, 할미질빵

몸은 암갈색이고 유충은 배설물을 뒤집어 쓴 채 번데기가 된다. 딱지날개가 꼽추처럼 불룩 솟았다.

큰남생이잎벌레　　　유충

큰남생이잎벌레(잎벌레과) *Thlaspida biramosa biramosa*

크기 | 7.5~8.5㎜ 출현시기 | 4~8월(봄) 먹이 | 좀작살나무, 새비나무

모습이 천연기념물인 '남생이'를 닮았다고 해서 이름이 지어졌다. 유충은 자신을 보호하기 위해 배설물과 허물을 뒤집어쓰고 다닌다. 성충은 작살나무 등의 활엽수림의 가장자리에서 잘 발견된다. 가장 흔하게 만날 수 있는 대표적인 남생이잎벌레류이다.

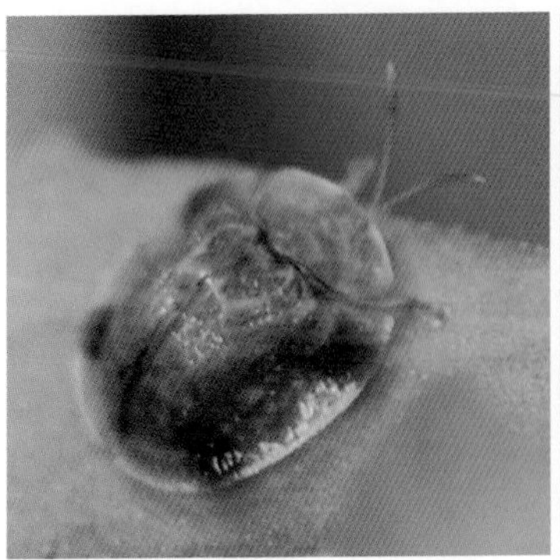

루이스큰남생이잎벌레(잎벌레과)
Thlaspida lewisii

크기 | 5.2~6.8㎜ 출현시기 | 5~8월(여름)
먹이 | 쇠물푸레나무, 쥐똥나무, 들메나무

몸은 황갈색이며 나뭇잎 뒷면에 알을 낳는다. 유충은 배설물을 달고 다니며 겨울에 성충으로 월동한다.

팥바구미(잎벌레과)
Callosobruchus chinensis

크기 | 3.5㎜ 내외 출현시기 | 연중(가을)
먹이 | 팥, 콩, 녹두, 완두

몸은 적갈색이고 더듬이가 톱니 모양이며 앞가슴등판에 2개의 흰색 점무늬가 있다. 냇가, 습지, 논밭에 산다.

잎벌레 무리 비교하기

사시나무잎벌레

잎벌레류

몸이 볼록하고 둥글게 생겨서 '무당벌레'를 많이 닮았다. 방어 물질을 잘 분비하며 우리나라에 50여 종이 살고 있다.

배노랑긴가슴잎벌레

긴가슴잎벌레류

몸에 비해서 앞가슴등판과 몸통이 길쭉한 잎벌레이다. 주로 외떡잎식물을 먹고 살며 우리나라에 30여 종이 살고 있다.

중국청람색잎벌레

꼽추잎벌레류

몸이 긴 타원형이고 등이 볼록하게 생긴 잎벌레이다. 다양한 식물을 먹고 살며 우리나라에 30여 종이 살고 있다.

상아잎벌레

긴더듬이잎벌레류

더듬이가 매우 길게 발달된 잎벌레이다. 몸 길이가 10㎜ 정도의 대형 잎벌레로 우리나라에 60여 종이 살고 있다.

큰노랑테가시잎벌레

가시잎벌레류

몸이 납작하고 가시 모양의 돌기가 돋아 있는 잎벌레이다. 잎에 굴을 파고 살며 우리나라에 10여 종이 살고 있다.

큰남생이잎벌레

남생이잎벌레류

남생이를 닮은 잎벌레이다. 유충은 자신의 똥이나 허물을 등에 지고 다니며 위장하고 우리나라에 20여 종이 살고 있다.

포도거위벌레(주둥이거위벌레과)
Aspidobyctiscus lacunipennis

크기 | 4.4~4.6㎜ 출현시기 | 5~7월(여름)
먹이 | 포도, 머루

몸은 구릿빛이 나는 검은색이다. 딱지날개가 울퉁불퉁하다. 포도나 머루에 잘 날아와 알을 낳는다.

단풍뿔거위벌레(주둥이거위벌레과)
Byctiscus venustus

크기 | 5.5~8.5㎜ 출현시기 | 5~6월(봄)
먹이 | 단풍나무

몸은 진녹색이고 반질반질한 광택이 있어서 아름답다. 앞가슴등판과 딱지날개에 움푹 파인 홈이 있다.

꼬마주둥이거위벌레(주둥이거위벌레과)
Involvulus (Teretriorhynchites) hirticollis

크기 | 3~3.5㎜
출현시기 | 5~7월(여름)

몸은 청람색이고 앞가슴등판, 딱지날개, 다리에 털이 빽빽하게 나 있다. 참나무류의 어린 줄기에 잘 모인다.

찔레털거위벌레(주둥이거위벌레과)
Involvulus (Parinvolvulus) pilosus

크기 | 4.2~4.5㎜ 출현시기 | 5~7월(봄)
먹이 | 장미, 찔레나무, 해당화

몸은 어두운 청람색이며 흰색 털로 덮여 있다. 찔레나무나 바닷가에 피는 해당화에 모인다.

도토리거위벌레 기후 변화로 개체 수가 많아졌다.

도토리에 산란한 모습

땅에 떨어져 수북이 쌓인 참나무류 가지

도토리거위벌레(주둥이거위벌레과) *Cyllorhynchites ursulus quercuphillus*

크기 | 7~10.5㎜ 출현시기 | 6~9월(여름) 먹이 | 갈참나무 도토리, 신갈나무 도토리

몸은 검은색이고 황색 털이 빽빽하게 나 있다. 앞가슴등판과 딱지날개에 움푹 파인 홈이 많다. 산길을 걷다 보면 기다란 주둥이로 도토리에 구멍을 뚫고 알을 낳은 후 가지째 잘라 땅에 떨어뜨린 참나무류 가지를 볼 수 있다. 도토리에서 부화한 유충은 도토리를 갉아 먹고 자란 후 땅속에 들어가 번데기가 된다. 지구온난화로 기후가 변화하면서 환경에 잘 적응해서 개체 수가 나날이 늘어나고 있다. 이로 인해 참나무류 숲에 덜 익은 도토리가 떨어지면서 도토리 열매가 줄어들어 야생동물에게 피해를 일으키고 있다.

복숭아거위벌레(주둥이거위벌레과)
Rhynchites (Epirhynchites) heros

크기 | 7~10.5㎜ 출현시기 | 4~8월(봄)
먹이 | 복숭아, 자두, 매실

몸은 보라색에 가까운 자주색이다. 복숭아나무에 날아와서 주둥이로 열매에 구멍을 뚫고 알을 낳는다.

분홍거위벌레(거위벌레과)
Leptapoderus rubidus

크기 | 6~6.5㎜ 출현시기 | 5~7월(봄)
먹이 | 버드나무류, 물푸레나무류

몸은 적갈색이고 광택이 있다. 딱지날개에 9개의 홈줄이 있다. 버드나무, 물푸레나무 등에 모여 알을 낳는다.

거위벌레　　의사 행동

거위벌레(거위벌레과) *Apoderus jekeli*

크기 | 6.5~10㎜ 출현시기 | 5~9월(여름) 먹이 | 오리나무, 까치박달, 사방오리

머리와 다리는 검은색이고 딱지날개는 적갈색을 띠지만 개체에 따라 체색 변이가 있다. 딱지날개에 세로로 파인 홈이 매우 많다. 성충은 오리나무, 물오리나무, 개암나무, 밤나무 등의 다양한 활엽수 잎을 둘둘 말아서 요람을 만들고 그 속에 황색 알을 낳는다.

개암거위벌레 요람을 만들기 위해 잎을 고르고 있다.

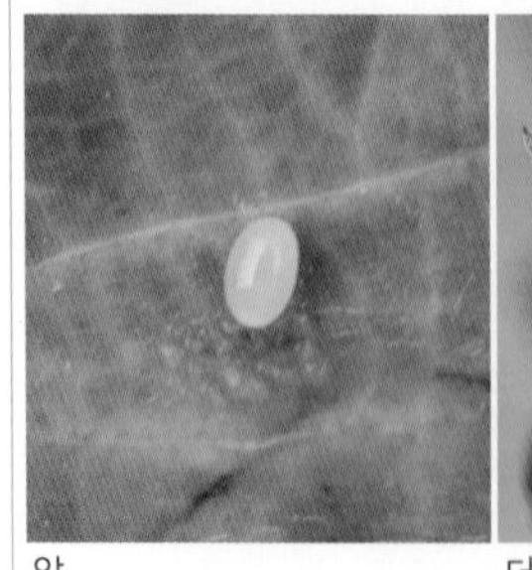

알

더듬이

요람

개암거위벌레(거위벌레과) *Apoderus coryli*

크기 | 6~7.5㎜ 출현시기 | 5~8월(여름) 먹이 | 개암나무, 물오리나무, 떡갈나무

머리는 검은색이고 앞가슴등판, 딱지날개, 다리의 넓적다리마디는 붉은색을 띤다. 더듬이는 검은색이고 끝부분이 부풀어 있다. 개암나무, 물오리나무, 밤나무, 상수리나무, 떡갈나무 등의 잎을 한두 번 말아서 타원형의 황색 알을 1~2개 낳은 후 끝까지 둘둘 말아서 요람을 만든다. 완성된 요람을 잘라서 땅에 떨어뜨리는 '왕거위벌레'와 달리 요람을 자르지 않고 나무에 매달아 둔다. 요람 속의 알은 부화하여 유충이 되어 요람을 갉아 먹으며 자라서 번데기를 거쳐 성충이 된다.

북방거위벌레(수컷) 암컷

북방거위벌레(거위벌레과) *Compsapoderus (Compsapoderus) erythropterus*

크기 | 3.5~4.5㎜ 출현시기 | 4~8월(여름) 먹이 | 딸기, 줄딸기, 오리나무

몸은 전체적으로 검은색이며 수컷은 머리가 길게 발달되었지만 암컷은 짧아서 서로 구별된다. 요람을 만드는 것은 암컷의 몫이다. 생김새가 '노랑배거위벌레'와 닮았지만 배 부분이 황색이 아니어서 구별된다. 숲속에 있는 장미과 식물을 주로 갉아 먹고 산다.

어깨넓은거위벌레 앞가슴등판과 딱지날개에 혹이 많다.

어깨넓은거위벌레(거위벌레과) *Paroplapoderus (Erycapoderus) angulipennis*

크기 | 5㎜ 내외 출현시기 | 5~9월(여름) 먹이 | 팽나무, 느티나무

몸은 검은색, 적갈색이 섞여 있으며 다리는 황색을 띤다. 딱지날개에는 울퉁불퉁한 여러 개의 혹이 가득하다. 어깨에 해당하는 앞가슴등판이 다른 거위벌레에 비해 넓어서 이름이 지어졌다. 낮은 산지의 숲에 사는 성충은 팽나무, 느티나무에서 주로 관찰된다.

등빨간거위벌레 요람

등빨간거위벌레(거위벌레과) *Tomapoderus ruficollis*

크기 | 6.5~7㎜ 출현시기 | 5~9월(여름) 먹이 | 느릅나무, 느티나무

몸은 주황색이고 딱지날개는 반질반질한 광택이 있는 진한 남색이다. 개체에 따라 머리에 검은색 점이 있는 경우도 있다. 나뭇잎을 한쪽 방향에서 반만 잘라 둘둘 말아서 요람을 만들고 나무에 매달아 둔다. 숲 가장자리에 살며 느릅나무와 느티나무에서 볼 수 있다.

꼬마혹등목거위벌레(거위벌레과) *Phymatapoderus flavimanus*

크기 | 6㎜ 내외 출현시기 | 5~8월(여름)
먹이 | 모시풀, 거북꼬리, 좀깨잎나무, 팽나무

몸은 광택이 있는 검은색이고 뒷다리 넓적다리마디 일부가 검은색이며 딱지날개에 울퉁불퉁한 돌기가 있다.

앞다리톱거위벌레(거위벌레과) *Cyrtolabus mutus*

크기 | 4~4.5㎜ 출현시기 | 5~6월(봄)
먹이 | 참나무류

몸은 암청색이며 금속 광택이 있다. 앞다리 부위에 작은 돌기가 발달되어서 이름이 지어졌다.

암컷
알
왕거위벌레(수컷)
옆면(흰색 점무늬)
요람을 만드는 모습
땅에 떨어뜨린 요람

왕거위벌레(거위벌레과) *Paracycnotrachelus chinensis*

크기 | 8~12㎜ 출현시기 | 5~8월(봄) 먹이 | 갈참나무, 밤나무, 오리나무

몸은 적갈색이고 머리가 매우 길쭉한 모습이 거위를 빼닮아서 이름이 지어졌다. 우리나라에 살고 있는 거위벌레류 중에서 크기가 가장 크다. 암컷은 잎을 돌돌 말아서 요람을 만들고 그 속에 1~3개의 알을 낳는다. 알은 둥글고 연황색을 띠며 잎을 한두 번 말아 올린 후 알을 낳고 끝까지 말아서 요람을 완성한다. 완성된 요람의 끝부분을 잘라서 땅 아래 떨어뜨리기 때문에 산길 가장자리에서 요람을 발견할 수 있다. 성충은 참나무류의 잎을 갉아 먹고 산다.

노랑배거위벌레 생김새가 목이 기다란 거위를 닮았다.

배(황색)

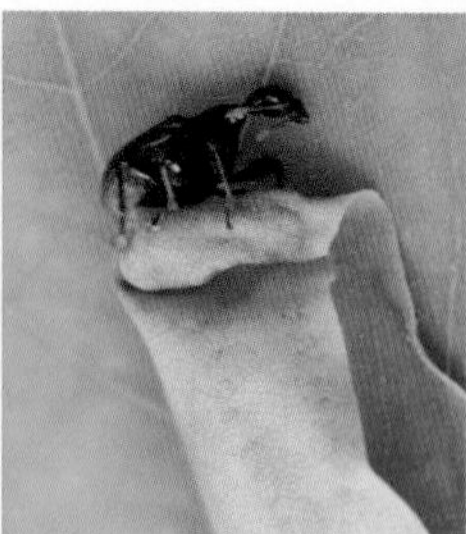

요람을 만드는 모습

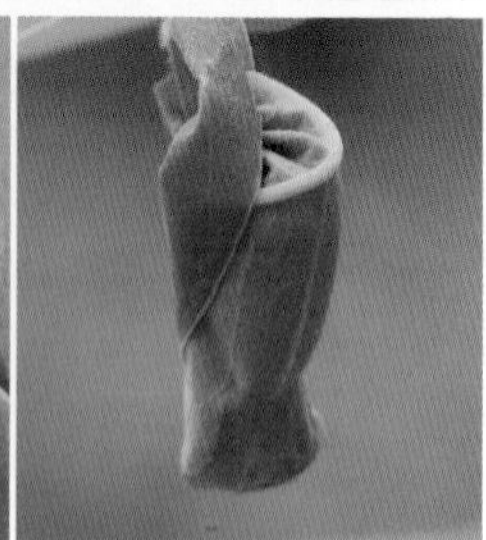

매달아 둔 요람

노랑배거위벌레(거위벌레과) *Cycnotrachelodes cyanopterus*

크기 | 3.5~5.5㎜ 출현시기 | 5~7월(봄) 먹이 | 싸리, 족제비싸리, 아까시나무, 등나무

몸은 검은색이고 반질반질한 광택이 있다. 배 끝부분이 황색을 띠기 때문에 이름이 지어졌다. 잎을 접어서 둘둘 말아 요람을 만들고 그 속에 1~2개의 황색 알을 낳는다. 우리나라에 사는 거위벌레류 중에서 몸집이 작은 편에 속하기 때문에 요람의 크기도 매우 작다. 수컷은 암컷에 비해 머리가 길게 발달되어서 전체적으로 커 보인다. 풀잎에 앉아 있다가 위험을 느끼면 아래로 툭 떨어져 죽은 척하기도 한다. 성충은 주로 아까시나무 잎을 갉아 먹고 산다.

거위벌레 종류 비교하기

개암거위벌레

머리와 더듬이는 검은색이고 앞가슴등판과 딱지날개는 붉은색이다. 다리의 넓적다리마디는 붉은색을 띤다.

거위벌레

머리와 더듬이, 앞가슴등판은 모두 검은색이다. 딱지날개는 적갈색이고 다리는 전체가 검은색을 띤다.

왕거위벌레

머리와 더듬이, 앞가슴등판은 검은색을 띤다. 딱지날개는 위쪽은 검은색이고 아래쪽은 적갈색을 띤다.

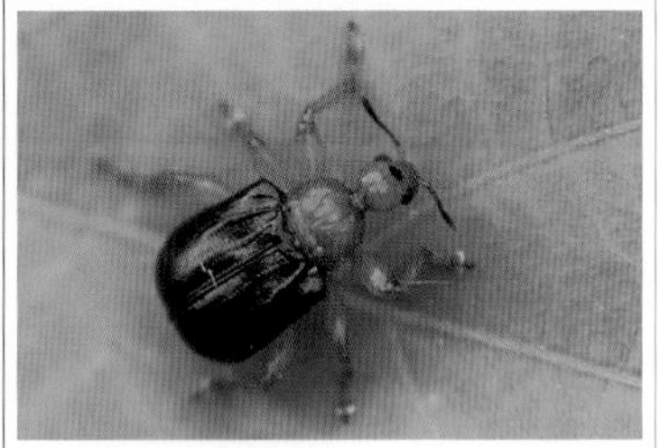

등빨간거위벌레

머리와 앞가슴등판, 다리는 주황색이고 딱지날개는 진한 남색이다. 겹눈과 더듬이는 검은색이다.

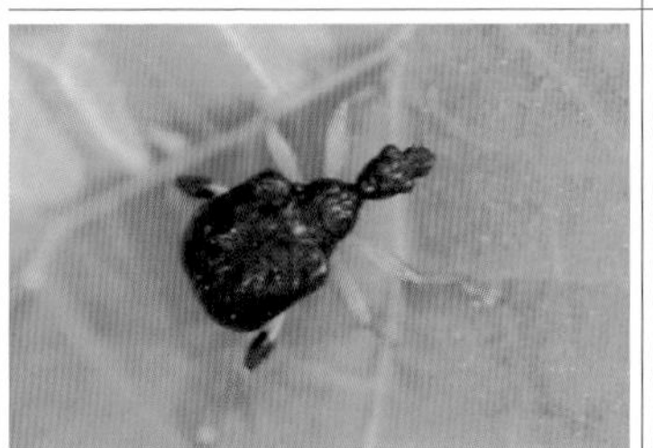

꼬마혹등목거위벌레

몸은 전체적으로 광택이 있는 검은색이고 다리는 황색이다. 가슴과 딱지날개에는 돌기가 많다.

어깨넓은거위벌레

머리와 앞가슴등판, 딱지날개는 흑갈색을 띤다. 앞가슴등판과 딱지날개에 올록볼록 혹이 나 있다.

엉겅퀴창주둥이바구미(창주둥이바구미과)
Piezotrachelus japonicus

크기 | 2.8~3.1㎜ 출현시기 | 4~7월(봄)
먹이 | 지칭개, 엉겅퀴, 자운영

몸은 검은색이고 광택이 난다. 지칭개, 엉겅퀴 등의 꽃에 잘 모여서 짝짓기하는 모습을 볼 수 있다.

제주목창주둥이바구미(창주둥이바구미과)
Pseudopiezotrachelus placidus

크기 | 2.4~2.9㎜ 출현시기 | 5~8월(여름)
먹이 | 등나무, 돌콩

몸은 검은색이고 딱지날개가 매우 볼록하다. 등나무, 돌콩 등의 콩과 식물에 모여서 활동을 한다.

왕바구미 딱지날개가 매우 단단하며 나뭇진에 잘 모인다.

왕바구미(왕바구미과) *Sipalinus gigas*

크기 | 12~23㎜ 출현시기 | 5~9월(여름) 먹이 | 상수리나무 나뭇진

몸은 흑갈색이고 몸 전체가 울퉁불퉁하다. 우리나라에 살고 있는 바구미 중에서 크기가 가장 크며 딱정벌레류 곤충 중 딱지날개가 가장 단단하다. 사슴벌레 옆에서 나뭇진을 함께 먹는 모습을 볼 수 있다. 벌채목에서 발견되며 밤에 불빛에 잘 모인다.

북방길쭉소바구미 딱지날개(하트 무늬)

북방길쭉소바구미(소바구미과) *Ozotomerus japonicus laferi*

크기 | 5~10㎜ 출현시기 | 6~8월(여름)

몸은 전체적으로 검은색을 띠며 길쭉한 원통형이고 주둥이는 매우 짧은 편이다. 딱지날개 가운데에 거꾸로 된 하트 무늬가 있다. 몸 전체가 흰색과 황갈색 털로 덮여 있어서 얼룩덜룩해 보이는 보호색을 갖고 있다. 나무에 앉아 있으면 있는지 없는지 발견하기 힘들다.

회떡소바구미 옆면

회떡소바구미(소바구미과) *Sphinctotropis laxa*

크기 | 4.2~8㎜ 출현시기 | 4~10월(여름) 먹이 | 버섯류

몸은 검은색이고 주둥이와 딱지날개의 좌우에 흰색 털이 있다. 더듬이 끝부분은 곤봉처럼 부풀어 있다. 전체적인 몸 빛깔이 나무껍질과 비슷해서 나무에 앉아 있으면 천적으로부터 자신을 보호할 수 있다. 냇가의 숲에 살며 썩은 나무에 자라는 버섯류에 잘 모여든다.

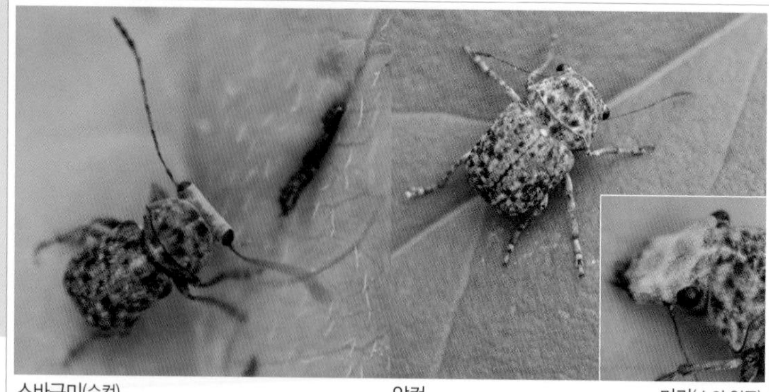
소바구미(수컷) 암컷 머리(소의 얼굴)

소바구미(소바구미과) *Exechesops leucopis*

크기 | 3.7~6.2㎜ 출현시기 | 6~9월(여름) 먹이 | 때죽나무

몸은 검은색이고 황갈색 털로 덮여 있다. 더듬이는 실 모양으로 매우 길고 눈은 불룩 튀어나왔다. 더듬이는 암컷에 비해 수컷이 훨씬 더 길다. 보는 각도에 따라 암수의 모습이 서로 다르게 보이는데 특히 소의 얼굴을 많이 닮아서 이름이 지어졌다.

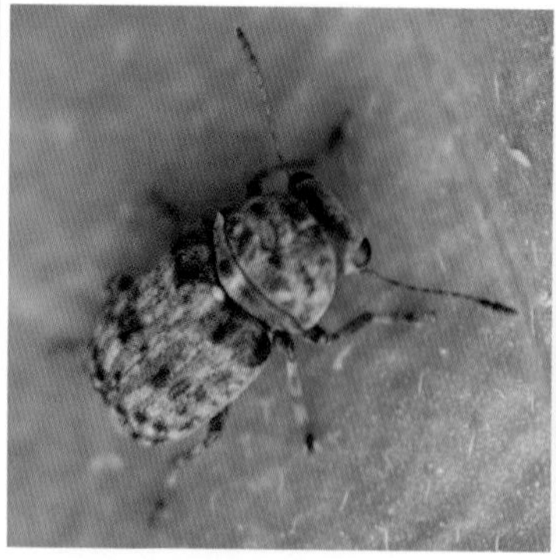

어리소바구미(소바구미과) *Exechesops foliatus*

크기 | 2.2~2.9㎜
출현시기 | 6~8월(여름)

몸은 진한 흑갈색이고 머리는 흰색 털로 덮여 있다. 더듬이는 '하늘소'처럼 매우 길게 발달되었다.

날개떡소바구미(소바구미과) *Tropideres naevulus*

크기 | 3.3~5.8㎜
출현시기 | 9~10월(가을)

몸은 흑갈색이고 점각이 있어서 울퉁불퉁해 보인다. 딱지날개의 끝부분 양쪽에 각각 2개의 세로줄무늬가 있다.

톱다리애밤바구미(바구미과)
Archarius (Toptaria) roelofsi

크기 | 1.8~2.7㎜ 출현시기 | 6~9월(여름)
먹이 | 참나무류

몸은 암청색이고 딱지날개에 회백색 줄무늬가 있다. 더듬이는 암수 모두 딱지날개보다 짧다.

닮은밤바구미(바구미과)
Curculio conjugalis

크기 | 7~8㎜
출현시기 | 6~9월(여름)

몸은 갈색이고 얼룩무늬가 있다. 주둥이의 길이는 암수가 같다. 더듬이는 ㄱ자로 꺾여 있다.

도토리밤바구미(바구미과)
Curculio dentipes

크기 | 5.5~15㎜ 출현시기 | 4~10월(여름)
먹이 | 참나무류, 밤나무

몸은 갈색이고 앞가슴등판 가운데와 가장자리에 흰색 세로줄무늬가 있다. 참나무류의 어린잎을 먹는다.

개암밤바구미(바구미과)
Curculio dieckmanni

크기 | 6.5~7㎜ 출현시기 | 5~9월(여름)
먹이 | 개암나무, 물개암나무

몸은 흑갈색이고 딱지날개에 황색 얼룩무늬가 있다. 기다란 주둥이로 개암나무 열매에 구멍을 뚫고 알을 낳는다.

검정밤바구미(바구미과)
Curculio distinguendus

크기 | 5.5~8㎜ 출현시기 | 8~9월(여름)
먹이 | 상수리나무

몸은 검은색이고 황백색 털로 덮여 있다. 작은방패판은 회황색이다. 유충은 개암나무를 먹고 산다.

천선과밤바구미(바구미과)
Curculio funebris

크기 | 3.5~4.5㎜ 출현시기 | 5~9월(여름)
먹이 | 천선과나무

몸은 검은색이고 딱지날개는 흰색과 암갈색 털로 덮여 있다. 더듬이 끝은 부풀었고 주둥이는 약간 휘어져 있다.

멋쟁이밤바구미(바구미과)
Curculio inornatus

크기 | 3.5~4.4㎜
출현시기 | 5~9월(여름)

앞가슴등판과 딱지날개는 황회색과 갈색 털로 덮여 있어 얼룩덜룩해 보인다. 주둥이가 매우 길다.

버들깨알바구미(바구미과)
Acalyptus carpini

크기 | 1.8~2.6㎜ 출현시기 | 6~8월(여름)
먹이 | 꽃가루

몸은 전체적으로 적갈색이며 주둥이가 길쭉하다. 깨알처럼 크기가 매우 작아서 이름이 지어졌다.

환삼덩굴애바구미(바구미과)
Psilarthroides czerskyi

크기 | 3㎜ 내외 출현시기 | 5~9월(여름)
먹이 | 환삼덩굴

몸은 흑청색이고 길쭉하다. 환삼덩굴에 모이는 작은 바구미라는 뜻으로 이름이 지어졌다.

흰점박이꽃바구미(바구미과)
Anthinobaris dispilota dispilota

크기 | 4.8~5.6㎜ 출현시기 | 5~9월(여름)
먹이 | 꽃가루

몸은 검은색이고 딱지날개에 황백색 털이 있다. 꽃에 잘 모여들어 짝짓기하는 모습을 볼 수 있다.

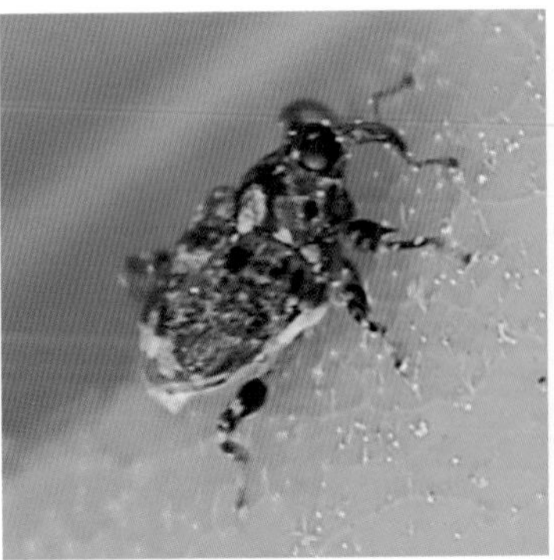

환삼덩굴좁쌀바구미(바구미과)
Cardipennis shaowuensis

크기 | 2.8~3.1㎜ 출현시기 | 4~9월(여름)
먹이 | 환삼덩굴

몸이 좁쌀처럼 작아서 이름이 지어졌다. 습지와 냇가, 논밭이나 마을 주변에 자라는 환삼덩굴에 산다.

가슴골좁쌀바구미(바구미과)
Cardipennis sulcithorax

크기 | 2.5~2.8㎜
출현시기 | 4~9월(여름)

몸은 갈색을 띠며 둥글고 딱지날개에 흰색 무늬가 있다. 좁쌀처럼 크기가 작아서 이름이 지어졌다.

극동버들바구미　　의사 행동

극동버들바구미(바구미과) *Eucryptorrhynchus brandti*

크기 | 7~11㎜ 출현시기 | 6~9월(여름) 먹이 | 나뭇진

몸은 검은색이고 앞가슴등판과 딱지날개 끝부분은 흰색이다. 생김새가 새 똥처럼 보여서 천적인 새로부터 자신을 보호한다. 활엽수에 모여들어 나뭇진을 먹고 있는 모습을 볼 수 있다. 가죽나무에 무리 지어 모여 짝짓기하며 알을 낳고 유충은 나무를 갉아 먹는다.

사과곰보바구미(바구미과)
Pimelocerus exsculptus

크기 | 13~16㎜ 출현시기 | 5~8월(봄)
먹이(유충) | 밤나무 뿌리

몸은 갈색이고 딱지날개가 울퉁불퉁해서 곰보처럼 보인다. 사과나무, 복숭아나무, 버드나무에서 볼 수 있다.

흰모무늬곰보바구미(바구미과)
Pimelocerus elongatus

크기 | 5~8㎜
출현시기 | 4~10월(여름)

몸은 검은색이고 딱지날개는 흰색 털로 덮여 있다. 숲 가장자리에 살며 소나무 벌채목에 잘 모여든다.

배자바구미

칡덩굴이나 잎에 잘 붙어 있다.

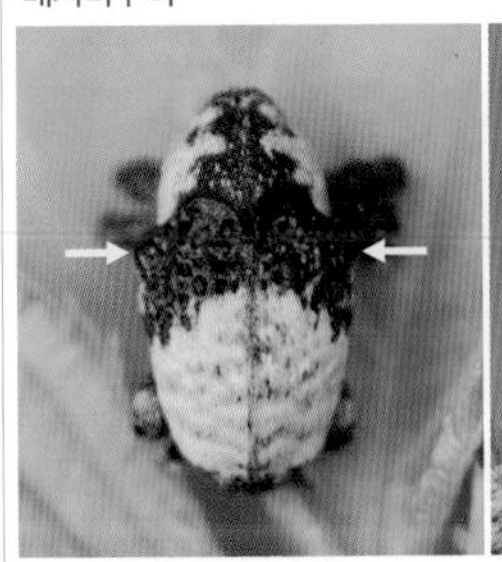

배자 조끼를 닮은 딱지날개

칡을 먹는 모습

의사 행동

배자바구미(바구미과) *Sternuchopsis (Mesalcidodes) trifidus*

크기 | 6~10㎜ 출현시기 | 4~9월(봄) 먹이 | 칡

딱지날개의 검은색 무늬가 한복의 조끼인 배자를 닮아서 이름이 지어졌다. 짤막하고 뚱뚱한 생김새가 판다를 연상시킨다. 잎에 붙어 있는 모습을 멀리서 보면 새똥처럼 보여서 천적의 날카로운 눈을 피한다. 산길 가장자리에서 칡덩굴을 꽉 붙잡고 기다란 주둥이를 찔러 즙을 빨아 먹는 모습을 쉽게 관찰할 수 있다. 천적의 위협이 느껴지면 툭 하고 땅 아래로 떨어져 죽은 척하는 의사 행동도 잘한다. 성충은 칡 줄기에 상처를 내고 그 속에 알을 낳는다.

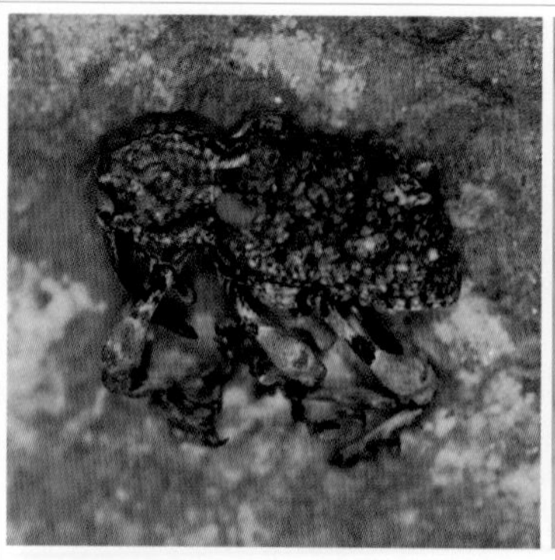

옻나무바구미(바구미과)
Ectatorhinus adamsi

크기 | 15~20㎜ 출현시기 | 5~8월(여름)
먹이 | 상수리나무 나뭇진

몸에 불규칙한 점무늬가 많아서 나무껍질 같은 보호색을 띤다. 건드리면 다리를 움츠리고 죽은 척한다.

노랑쌍무늬바구미(바구미과)
Lepyrus japonicus

크기 | 8~10.5㎜ 출현시기 | 5~9월(여름)
먹이 | 버드나무류

몸은 갈색 가루로 덮여 있고 딱지날개 끝이 뾰족하다. 딱지날개 가장자리에 흰색의 ㅅ자 무늬가 있다.

엉겅퀴통바구미(바구미과)
Merus (Merus) flavosignatus

크기 | 8~10.5㎜
출현시기 | 5~8월(여름)

몸은 흑갈색이고 원통형이다. 앞가슴등판에 3개의 주황색 세로줄무늬가 있다. 더듬이가 ㄱ자로 꺾여 있다.

오뚜기바구미(바구미과)
Trigonocolus tibialis

크기 | 3.6~4.5㎜
출현시기 | 5~8월(여름)

몸은 흑갈색 또는 황갈색이고 흰색 줄무늬가 있다. 타원형의 생김새가 오뚜기를 닮아서 이름이 지어졌다.

뭉뚝바구미(바구미과)
Ptochidius tessellatus

크기 | 4.2~6㎜ 출현시기 | 4~8월(여름)
먹이 | 으름덩굴

몸은 갈색을 띤다. 딱지날개에 점무늬가 많아서 곰보처럼 보인다. 인기척이 느껴지면 금방 떨어진다.

밤색주둥이바구미(바구미과)
Cyrtepistomus castaneus

크기 | 5~6㎜ 출현시기 | 5~9월(여름)
먹이 | 참나무류

몸은 적갈색을 띤다. 몸 빛깔 때문에 이름이 지어졌다. 더듬이는 ㄱ자로 꺾여 있다.

털줄바구미(바구미과)
Calomycterus setarius

크기 | 3.6~4.5㎜
출현시기 | 5~9월(여름)

몸은 전체적으로 갈색이고 털이 많으며 세로줄이 있다. 눈은 동그랗고 딱지날개는 달걀 모양이다.

주둥이바구미(바구미과)
Lepidepistomodes fumosus

크기 | 5.4~6㎜ 출현시기 | 4~8월(여름)
먹이 | 참나무류, 밤나무

몸은 연갈색이고 딱지날개에 검은색 점무늬가 많다. 주둥이가 길쭉해서 '주둥이딱정벌레'라고 부른다.

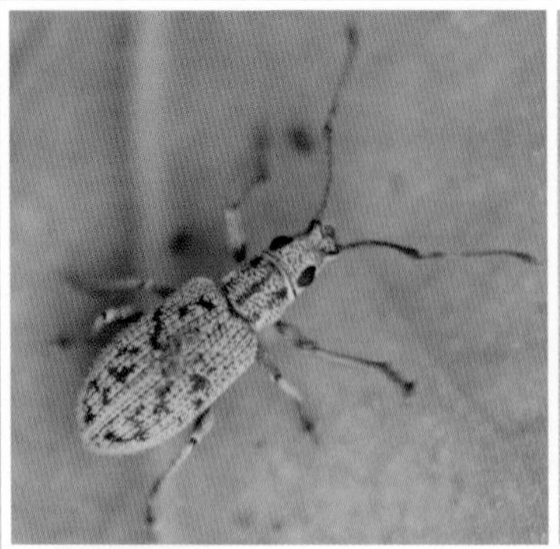

상수리주둥이바구미(바구미과)
Lepidepistomodes nigromaculatus

크기 | 5.3~6㎜
출현시기 | 5~8월(여름)

몸은 검은색이고 회백색 털로 덮여 있다. 매우 작은 소형 바구미로 몸에 비해 눈이 매우 크다.

칠주둥이바구미(바구미과)
Nothomyllocerus illitus

크기 | 5.5~6.8㎜ 출현시기 | 4~8월(여름)
먹이 | 참나무류

몸은 회갈색 털로 덮여 있다. 딱지날개에 점무늬가 흩어져 있다. 참나무류 껍질과 비슷한 보호색을 띤다.

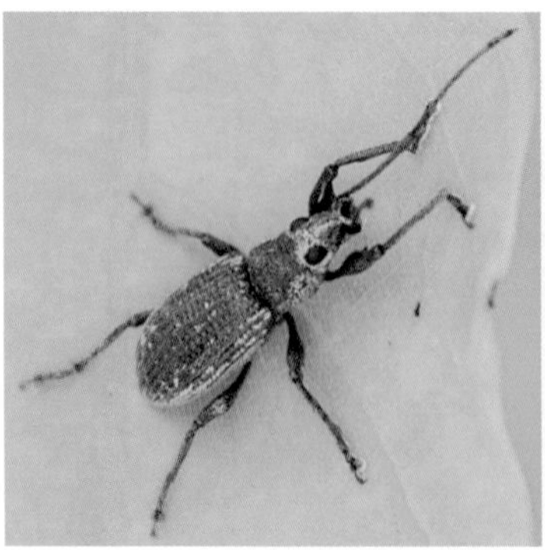

왕주둥이바구미(바구미과)
Phyllolytus variabilis

크기 | 6.5~9.5㎜ 출현시기 | 8~11월(가을)
먹이 | 밤나무, 떡갈나무

몸은 녹색 털로 덮여 있다. 주둥이가 길쭉하게 잘 발달되어 있다. 나무 빛깔과 비슷한 보호색을 띤다.

쌍무늬바구미(바구미과)
Eugnathus distinctus

크기 | 3.5~7.5㎜ 출현시기 | 5~8월(여름)
먹이 | 싸리, 칡

몸은 검은색이고 녹색과 회녹색 털로 덮여 있다. 딱지날개 가운데에 2개의 무늬가 있다.

털보바구미(암컷)　　배 끝과 다리의 털(수컷)

털보바구미(바구미과) *Enaptorhinus granulatus*

크기 | 8~12㎜　출현시기 | 5~7월(봄)　먹이 | 활엽수

몸은 검은색이고 딱지날개 끝부분과 다리에 털이 매우 많아서 이름이 지어졌다. 수컷은 뒷다리와 딱지날개 끝부분에 털이 많지만 암컷은 수컷에 비해 털이 적다. 산길 가장자리에 있는 나뭇잎에 거꾸로 붙어서 짝짓기하고 있는 모습을 볼 수 있다.

황초록바구미　　털 가루가 떨어지면 갈색으로 보인다.

황초록바구미(바구미과) *Chlorophanus grandis*

크기 | 12~14㎜　출현시기 | 6~8월(여름)　먹이 | 버드나무류, 싸리, 여뀌

몸은 연녹색 털로 덮여 있다. 이곳저곳에서 활동하면서 털 가루가 떨어지면 갈색처럼 보이기도 한다. 주둥이가 뭉툭하고 딱지날개 끝부분이 뾰족하다. 성충은 버드나무류의 잎에 앉아 있는 모습이 자주 관찰된다. 겨울에 유충으로 월동한다.

혹바구미 딱지날개 끝에 혹이 나 있다.

혹바구미(바구미과) *Episomus turritus*

크기 | 13~17㎜ 출현시기 | 5~9월(봄) 먹이 | 칡, 아까시나무, 싸리, 뽕나무

몸은 회백색과 갈색 털로 덮여 있다. 딱지날개 끝부분에 불룩 솟은 커다란 혹이 있어서 이름이 지어졌다. 딱지날개가 서로 붙어 있어서 열리지 않기 때문에 날개를 펴고 날아갈 수 없다. 위험이 느껴지면 죽은 척하는 의사 행동을 잘한다.

얼룩무늬가시털바구미(바구미과) *Pseudocneorhinus adamsi*

크기 | 5~6.2㎜ 출현시기 | 6~10월(여름) 먹이 | 편백류

몸은 황갈색이고 얼룩덜룩하며 주둥이가 짧다. 딱지날개 끝부분이 뾰족한 가시털로 덮여 있다.

땅딸보가시털바구미(바구미과) *Pseudocneorhinus bifasciatus*

크기 | 5~5.6㎜ 출현시기 | 6~10월(여름) 먹이 | 귤류

몸은 갈색이고 겹눈은 검은색이다. 몸이 매우 작고 뚱뚱하며 뾰족한 가시털로 덮여 있다. 주둥이는 짧다.

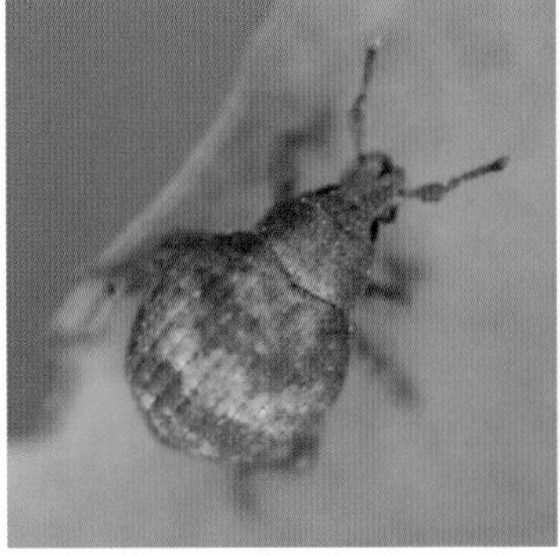

두줄무늬가시털바구미(바구미과)
Pseudocneorhinus obesus

크기 | 4.3~7㎜
출현시기 | 5~9월(여름)

몸은 전체적으로 갈색을 띠며 둥글다. 딱지날개에 2개의 흰색 줄무늬가 있고 털이 빽빽하다.

알팔파바구미(바구미과)
Hypera (Hypera) postica

크기 | 5~6㎜ 출현시기 | 2~5월(봄)
먹이 | 콩류, 크로버, 자운영

몸은 갈색이고 긴 타원형으로 통통하며 가운데에 진갈색 무늬가 있다. 자운영, 자주개자리 등에 모인다.

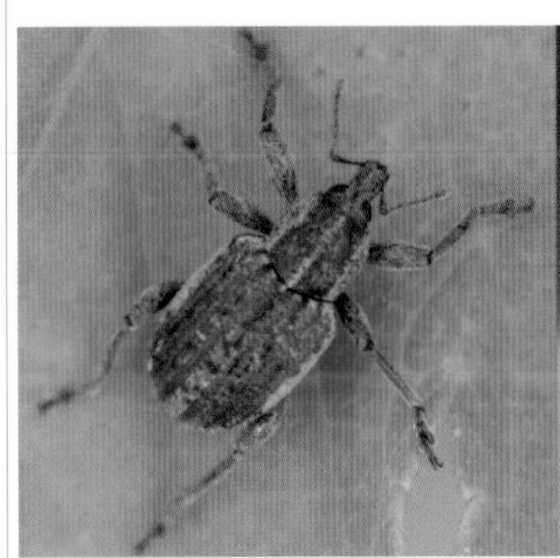
큰뚱보바구미

가슴에 비해 큰 배

큰뚱보바구미(바구미과) *Brachypera (Antidinus) zoilus*

크기 | 7.5~8㎜ 출현시기 | 4~10월(봄) 먹이 | 토끼풀, 알팔파

몸은 갈색이고 뚱뚱하며 주둥이는 짧다. 딱지날개에 파인 홈이 많아서 줄무늬처럼 보인다. 겨울에 성충으로 월동한 후 초봄에 일찍 출현해서 풀밭에서 기어 다니는 모습을 볼 수 있다. 유럽에서 들어 온 외래종으로 성충과 유충 모두 토끼풀을 먹고 산다. 유충은 고치를 만들고 번데기가 된다.

길쭉바구미　　털 가루가 떨어지면 흑갈색으로 보인다.

길쭉바구미(바구미과) *Lixus (Dilixellus) impressiventris*

크기 | 10~12㎜ 출현시기 | 6~8월(여름) 먹이 | 여뀌

몸은 길쭉하고 주둥이가 코끼리 코처럼 길다. 적갈색 가루로 덮여 있지만 오랫동안 활동하면 털 가루가 떨어지면서 흑갈색으로 보인다. '점박이길쭉바구미'와 생김새가 비슷하지만 몸이 더 넓적하고 주둥이가 굵다. 풀잎에 앉아 있다가 위험을 느끼면 잎 뒷면으로 숨는다.

흰띠길쭉바구미(바구미과)
Lixus (Eulixus) acutipennis

크기 | 9~14㎜ 출현시기 | 5~8월(여름)
먹이 | 쑥

몸은 타원형이고 흰색 털로 덮여 있으며 딱지날개에 V자 무늬가 있다. 산과 들의 쑥을 주로 먹고 산다.

점박이길쭉바구미(바구미과)
Lixus (Dilixellus) maculatus

크기 | 6.5~12.5㎜ 출현시기 | 4~9월(여름)
먹이 | 쑥

몸은 검은색 바탕에 주황색 가루가 덮여 있고 매우 가늘고 길쭉하다. 풀밭의 쑥 잎에 앉아 있는 모습이 관찰된다.

산길쭉바구미(바구미과)
Lixus (Dilixellus) fasciculatus

크기 | 8~14mm 출현시기 | 5~7월(여름)
먹이 | 쑥

몸은 원통형으로 길쭉하다. '길쭉바구미'와 비슷하지만 날개 끝이 둥글고 딱지날개에 줄무늬가 있다.

대륙흰줄바구미(바구미과)
Pleurocleonus sollicitus

크기 | 11mm 내외
출현시기 | 3~6월(여름)

몸은 회백색 털 가루가 전체적으로 덮여 있다. 딱지날개에 줄무늬가 있으며 주둥이가 길쭉하다.

볼록민가슴바구미(바구미과)
Carcilia tenuistriata

크기 | 6~12mm
출현시기 | 6~8월(여름)

몸은 황색 털로 덮여 있고 굵은 원통형이다. 숲에 살며 밤에 불빛에 유인되어 날아온다.

곰보벌레(곰보벌레과)
Tenomerga anguliscutus

크기 | 11~13mm 출현시기 | 6~8월(여름)
먹이(유충) | 썩은 나무

몸은 암갈색이고 머리에 3쌍의 혹 모양 돌기가 있다. 원시아목에 속하는 유일한 딱정벌레이다.

바구미 무리 비교하기

회떡소바구미

소바구미류

몸은 길쭉하고 더듬이도 길다. 납작하고 넓은 주둥이를 갖고 있다. 대부분 죽은 나무의 균류를 먹고 산다.

엉겅퀴창주둥이바구미

창주둥이바구미류

몸이 서양배 모양을 닮은 소형 바구미류이다. 더듬이가 실 모양이고 유충은 식물체의 열매나 줄기를 파 먹고 산다.

길쭉바구미

바구미류

주둥이가 길어서 '코끼리벌레(상비충)'라 한다. 식물을 먹고 살며 식물에 구멍을 파고 그 속에 알을 낳는다.

왕바구미

왕바구미류

몸의 크기가 큰 '왕바구미'와 크기가 작은 '쌀바구미'가 속한다. 왕바구미는 활엽수림, 쌀바구미는 저장 곡물에 모인다.

왕거위벌레

거위벌레류

생김새가 전체적으로 거위를 닮았다. 식물의 잎을 둘둘 말아서 알을 낳는다. 유충은 둘둘 만 요람을 먹고 자란다.

도토리거위벌레

주둥이거위벌레류

주둥이가 유난히 길다. 식물의 잎이나 열매에 알을 낳는다. 도토리거위벌레는 도토리에 알을 낳아서 번식한다.

알
유충(3령)
호랑나비
유충(5령)
번데기
날개 아랫면

호랑나비(호랑나비과) *Papilio xuthus*

크기 | 56~97㎜ 출현시기 | 3~11월(봄) 먹이(유충) | 산초나무, 탱자나무, 황벽나무

우리나라 산과 들의 진달래, 개나리 등의 꽃에 모여 꿀을 빠는 대형 나비이다. 연 2~3회 발생하며 봄에 출현하는 개체는 산길을 날아다니는 모습을 볼 수 있다. 여름에는 숲 가장자리나 도시공원의 꽃밭에 날아와 꿀을 빤다. 날개 무늬가 호랑이 무늬와 비슷해서 이름이 지어졌다. 북한에서는 '범나비'라고 부른다. 유충은 1~4령까지는 새똥 모양으로 위장하여 자신을 보호한다. 종령 유충이 되면 진한 녹색을 띤다. 겨울에 번데기로 월동한다.

산호랑나비 높은 산꼭대기에서도 산다.

유충(5령 종령) 유충과 유충 배설물

산호랑나비(호랑나비과) *Papilio machaon*

크기 | 65~95㎜ 출현시기 | 4~10월(봄) 먹이(유충) | 미나리, 기름나물, 탱자나무

'호랑나비'와 생김새가 닮았지만 색이 더 노랗고 앞날개의 무늬가 다르다. 연 2회 발생하며 높은 산뿐만 아니라 농경지와 하천, 해안의 꽃밭에서 볼 수 있다. 수수꽃다리, 진달래, 철쭉, 복숭아나무, 쉬땅나무, 개망초, 이질풀, 동자꽃 등의 꽃에 모여 꿀을 빤다. 유충은 미나리, 기름나물, 당근, 벌사상자, 참당귀, 방풍, 갯방풍, 탱자나무, 유자나무 등을 갉아 먹고 산다. 1~2령은 흑갈색이고 3~5령은 녹색에 검은색, 녹색, 주황색 점무늬가 있다. 겨울에 번데기로 월동한다.

수컷

날개 윗면

긴꼬리제비나비(암컷)

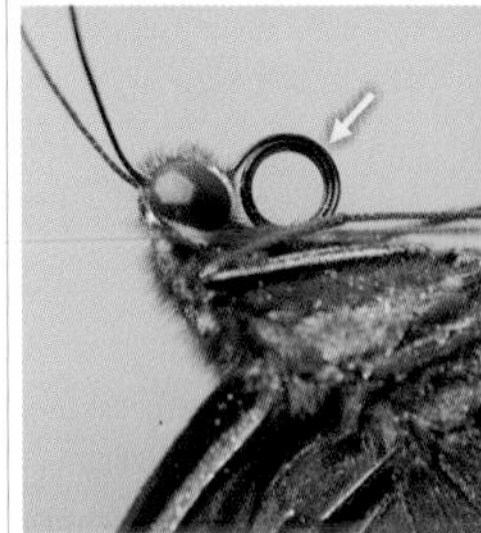
돌돌 말린 주둥이

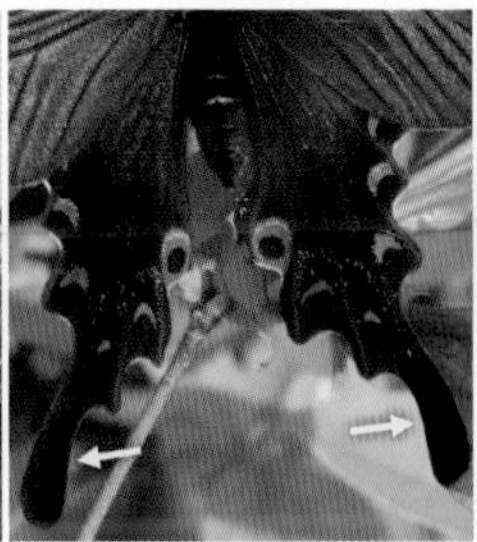
꼬리돌기

더듬이(곤봉 모양)

긴꼬리제비나비(호랑나비과) *Papilio macilentus*

크기 | 60~120㎜ 출현시기 | 4~9월(봄) 먹이(유충) | 산초나무, 초피나무, 머귀나무

낮은 산지의 가장자리에서 쉽게 만날 수 있으며 꼬리돌기가 매우 길게 발달된 제비나비이다. 고추나무, 나리, 엉겅퀴, 큰까치수염, 누리장나무, 수수꽃다리 등의 꽃에 모여서 꿀을 빤다. 계곡이나 산길의 정해진 경로(나비길)를 반복하여 날아다니는 습성이 있다. 유충은 산초나무, 초피나무, 탱자나무, 머귀나무 등을 갉아 먹고 산다. 1~4령까지는 새똥 모양으로 위장하고 5령이 되면 진한 녹색으로 바뀌며 냄새뿔로 천적을 물리친다. 연 2회 발생하며 먹이 식물에 붙어서 번데기로 월동한다.

암컷

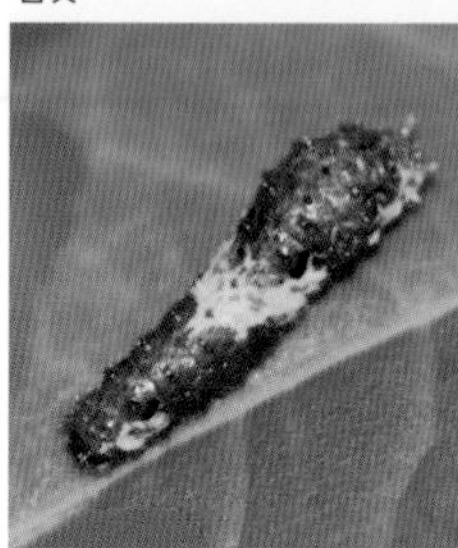
유충(3령)

제비나비(수컷)

유충(5령 종령)

날개 아랫면

물을 먹는 모습(흡수 행동)

제비나비(호랑나비과) *Papilio bianor*

크기 | 85~120㎜ 출현시기 | 4~9월(봄) 먹이(유충) | 산초나무, 황벽나무, 상산

생김새가 제비를 닮았고 청록색 광택이 나는 매우 아름다운 나비이다. 낮은 산지나 평지에서 주로 관찰된다. 봄에는 산길을 따라 날아다니는 모습을 볼 수 있으며 여름에는 산지뿐 아니라 꽃밭에서 만날 수 있다. 곰취, 엉겅퀴, 철쭉, 계요등, 누리장나무, 자귀나무 등의 다양한 꽃에 모여 꿀을 빤다. 나비길을 만들어 정해진 길로 날아다니며 습지에 무리 지어 모인다. 유충은 머귀나무, 산초나무, 초피나무, 황벽나무, 상산, 왕산초나무의 잎을 갉아 먹고 산다. 연 2~3회 발생하며 번데기로 월동한다.

산제비나비 꼬리돌기가 길어서 제비와 닮았다.

산제비나비(호랑나비과) *Papilio maackii*

크기 | 63~118㎜ 출현시기 | 4~9월(봄) 먹이(유충) | 머귀나무, 황벽나무

높은 산지를 활발하게 날아다니는 제비나비이다. 산지의 축축한 땅에 무리 지어 모여 물을 먹는다. 철쭉, 누리장나무, 자귀나무, 민들레, 큰까치수염 등에 모여 꿀을 빤다. 유충은 새똥 모양이지만 종령이 되면 녹색으로 변한다. 연 2회 발생하며 번데기로 월동한다.

청띠제비나비 날개에 청색 띠무늬가 있고 상록활엽수림에 산다.

청띠제비나비(호랑나비과) *Graphium sarpedon*

크기 | 57~79㎜ 출현시기 | 5~11월(여름) 먹이(유충) | 녹나무, 후박나무

날개에 청색 띠무늬가 있는 나비로 남부 지방, 남해안 및 서해안 섬, 울릉도, 제주도 등에 산다. 해안 상록활엽수림에 있는 아까시나무, 초피나무, 거지덩굴 등의 꽃에 모여 꿀을 빤다. 연 2~3회 발생하며 서해안 중부 지방에 출현한다. 서식 범위에 따라 기후 변화 진행을 예측할 수 있는 종이다.

수컷

날개 아랫면

애호랑나비(암컷)

더듬이(곤봉 모양)

암컷의 수태낭(갈색)

수컷(수태낭 없음)

애호랑나비(호랑나비과) *Luehdorfia puziloi*

크기 | 39~49㎜ 출현시기 | 3~6월(봄) 먹이(유충) | 족도리, 개족도리

크기가 작은 호랑나비라고 해서 '애기'라는 뜻의 이름이 지어졌다. 호랑나비류 중에서 초봄에 가장 일찍 출현해서 '이른봄애호랑나비', '이른봄범나비'라고 불렀다. 진달래가 필 무렵부터 산지를 날아다니며 얼레지, 진달래, 제비꽃 등 봄에 피는 꽃에 모여 꿀을 빨아 먹고 산다. 산꼭대기를 날아다니다가 기온이 떨어지면 산길에 내려앉아 일광욕을 한다. 짝짓기를 마친 수컷은 암컷의 꽁무니에 수태낭(짝짓기주머니)을 만들어 다른 수컷과의 짝짓기를 막는다. 연 1회 발생하며 7월에 번데기가 되어 월동한다.

암컷
유충
꼬리명주나비(수컷)
번데기
꼬리돌기

꼬리명주나비(호랑나비과) *Sericinus montela*

크기 | 42~58㎜ 출현시기 | 4~9월(봄) 먹이(유충) | 쥐방울덩굴

날개가 명주처럼 보이고 꼬리돌기가 길게 발달된 나비이다. 하천이나 경작지 주변을 사뿐사뿐 날아다니기 때문에 바람이 강한 곳에서는 살기 힘들다. 잎에 앉아 짝짓기를 하여 5~95개의 알을 무리 지어 낳는다. 유충은 먹이 식물인 쥐방울덩굴만 먹고 살며 가시돌기가 발달되어 있다. 북한에서는 '꼬리범나비'라고 부른다. 매우 아름다운 나비로 손꼽기 때문에 꼬리명주나비 복원 사업을 진행하는 곳이 전국적으로 매우 많다. 연 2~3회 발생하며 국외반출승인대상종이고 멸종위기에 처해 있다.

날개 윗면

더듬이

모시나비

짝짓기

수태낭(짝짓기주머니)

모시나비(호랑나비과) *Parnassius stubbendorfii*

크기 | 43~60㎜ 출현시기 | 5~6월(여름) 먹이(유충) | 왜현호색, 산괴불주머니, 현호색

비늘가루가 없어서 날개가 모시옷을 연상시키는 나비이다. 양지바른 숲길을 걷다 보면 만날 수 있다. 엉겅퀴, 기린초, 서양민들레 등의 풀꽃에 모여 꿀을 빤다. 짝짓기를 마친 수컷은 독특한 물질로 수태낭(짝짓기주머니)을 만들어 암컷의 꽁무니를 막아서 자신의 유전자를 지키는 습성을 갖고 있다. 어린 유충은 잎 가장자리를 먹지만 더 자라면 새싹, 꽃, 줄기 등을 모조리 먹는다. 유충을 자극하면 흰색의 냄새뿔이 머리와 앞가슴 사이에 돋아난다. 연 1회 발생하며 북한에서는 '모시범나비'라고 부른다.

유충

배추흰나비

돌돌 말린 주둥이

꿀을 빨아 먹는 모습(흡밀 행동)

우화

짝짓기

배추흰나비(흰나비과) *Pieris rapae*

크기 | 39~52㎜ 출현시기 | 3~11월(봄) 먹이(유충) | 배추, 무, 양배추, 냉이, 갓

날개가 흰색이며 가장자리는 검은색 무늬가 있다. 농경지, 공원, 하천 등에서 쉽게 만날 수 있는 개체 수가 많은 대표적인 흰나비이다. 배추, 무, 양배추, 개망초, 민들레, 토끼풀 등의 풀꽃에 모여 꿀을 빤다. 붉은색 꽃보다 흰색이나 황색 꽃에 잘 모여든다. 유충은 녹색이고 짧은 털과 긴 털이 촘촘하게 나 있으며 다 자라면 28㎜ 정도이다. 2령 유충 때 기생벌인 '배추살이금좀벌'이 배추흰나비 유충 몸속에 산란하여 기생한다. 연 4회 발생하며 마을 근처의 십자화과 식물 주변에서 번데기로 월동한다.

대만흰나비 날개 윗면

대만흰나비(흰나비과) *Pieris canidia*

크기 | 37~46㎜ 출현시기 | 4~10월(여름) 먹이(유충) | 나도냉이, 속속이풀

날개가 흰색이어서 '배추흰나비'와 비슷하지만 검은색 점무늬가 날개 아래쪽까지 있어서 구별된다. 낮은 산지나 농경지에 주로 살며 제주도를 제외한 우리나라에 산다. 냉이, 개망초, 엉겅퀴, 조이풀 등에서 꿀을 빤다. 연 3~4회 발생하며 번데기로 월동한다.

줄흰나비 날개 윗면

줄흰나비(흰나비과) *Pieris napi*

크기 | 39~54㎜ 출현시기 | 4~9월(여름) 먹이(유충) | 바위장대, 나도냉이, 꽃황새냉이

날개에 줄무늬가 있는 흰나비로 강원도, 경상북도, 경기도 동북부, 지리산, 제주도 등의 높은 산지에 산다. 얼레지, 곰취, 엉겅퀴, 토끼풀, 층층이꽃, 꿀풀 등의 풀꽃에 모여 꿀을 빤다. 유충은 녹색으로 다 자라면 24㎜ 정도이다. 연 2~3회 발생하며 번데기로 월동한다.

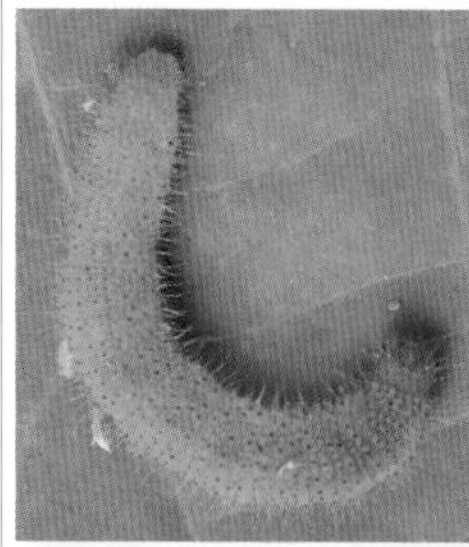
유충

물을 먹는 모습(흡수 행동)

큰줄흰나비

짝짓기

짝짓기 거부 행동(몸을 뒤집어 배 끝을 들어 올림)

큰줄흰나비(흰나비과) *Pieris melete*

크기 | 41~55㎜ 출현시기 | 4~10월(봄) 먹이(유충) | 배추, 무, 냉이, 갓, 속속이풀

날개에 줄무늬가 있는 흰나비로 우리나라 전역의 낮은 산지에서 볼 수 있다. 흰나비류 중에서 개체 수가 많아서 쉽게 발견된다. 봄형과 여름형은 날개의 줄무늬가 약간 차이가 있다. 낮은 산지에서 엉겅퀴, 꿀풀, 큰까치수염, 민들레, 냉이, 유채, 토끼풀 등의 풀꽃에 날아와 꿀을 빤다. 수컷은 계곡 주변에 무리 지어 물을 먹는 모습을 볼 수 있다. 짝짓기를 마친 암컷은 다른 수컷이 접근하면 몸을 뒤집어 배 끝을 하늘로 들어 올려서 짝짓기 거부 행동을 한다. 연 2~3회 발생하며 번데기로 월동한다.

갈고리흰나비 날개 윗면

갈고리흰나비(흰나비과) *Anthocharis scolymus*

크기 | 43~47㎜ 출현시기 | 4~5월(봄) 먹이(유충) | 냉이, 나도냉이, 장대나물, 꽃다지

낮은 산지, 농경지, 하천 주변의 풀밭에서 볼 수 있는 나비로 연 1회 발생하기 때문에 봄에만 볼 수 있다. 앞날개 끝부분이 갈고리처럼 휘어져 있어서 이름이 지어졌다. 냉이, 민들레, 장대나물, 유채 등의 꽃에 모여서 꿀을 빤다. 번데기로 월동한다.

남방노랑나비 꽃꿀을 빨아먹는 모습

남방노랑나비(흰나비과) *Eurema mandarina*

크기 | 32~47㎜ 출현시기 | 5~11월(여름) 먹이(유충) | 비수리, 자귀나무, 차풀

날개가 황색이고 남부 지방에 살아서 이름이 지어졌다. 그러나 최근 지구온난화로 중부 지방까지 사는 것이 확인되고 있는 기후변화지표종이다. 산지를 날면서 개망초, 국화 등의 꽃에서 꿀을 빤다. 연 3~4회 발생하며 성충으로 월동하고 봄에 출현한다.

노랑나비(수컷) 양지바른 풀밭을 좋아한다.

암컷(흰색형)

꿀을 빨아 먹는 모습

짝짓기

노랑나비(흰나비과) *Colias erate*

크기 | 38~50㎜ 출현시기 | 3~11월(여름) 먹이(유충) | 자운영, 벌노랑이, 비수리, 싸리

날개는 황색이고 가장자리에 검은색 무늬가 있다. 수컷은 황색을 띠지만 암컷은 황색형과 흰색형이 있어서 흰나비로 착각하는 경우도 있다. 우리나라 전역에 살고 있으며 개체 수가 많아서 흔하게 만날 수 있다. 햇볕이 잘 드는 경작지, 산지, 하천 등의 풀밭을 매우 빠르게 날아다니며 개망초, 토끼풀, 유채, 민들레, 산국 등의 꽃에 모여 꿀을 빤다. 유충은 처음에는 연황색을 띠지만 다 자라면 진한 녹색을 띠며 길이가 30~33㎜ 정도이다. 연 3~4회 발생하며 번데기로 월동한다.

흰나비 종류 비교하기

배추흰나비

날개 윗면은 흰색, 아랫면은 황색을 띤다. 앞날개 가장자리에 검은색 무늬가 있다. 뒷날개 가장자리에 검은색 점이 없다.

대만흰나비

날개 윗면과 아랫면 모두 흰색을 띤다. 앞날개 가장자리의 검은색 무늬 안쪽에 굴곡이 있다. 주로 산지에서 관찰된다.

큰줄흰나비

날개 윗면은 흰색, 아랫면은 황색을 띤다. 날개에 검은색 줄무늬가 선명하다. 암컷은 수컷에 비해 검은색 무늬가 발달했다.

줄흰나비

날개가 전체적으로 '큰줄흰나비'와 비슷하지만 뒷날개 아랫면의 날개맥이 굵고 선명하다.

노랑나비

날개가 전체적으로 황색을 띤다. 암컷은 황색형과 흰색형 2가지가 있다. 수컷은 황색 암컷을 좋아한다.

남방노랑나비

날개가 전체적으로 황색을 띠며 날개 가장자리에 검은색 무늬가 선명하다. 지구 온난화로 중부 지방에서도 관찰된다.

남방부전나비　　마을 주변에서 흔하게 관찰된다.

날개 윗면(수컷)

날개 윗면(암컷)

짝짓기

남방부전나비(부전나비과) *Zizeeria maha*

크기 | 17~28㎜ 출현시기 | 4~11월(여름) 먹이(유충) | 괭이밥

공원이나 풀밭, 경작지나 산길에서 매우 흔하게 볼 수 있다. 중부 지방은 늦여름부터 개체 수가 많아지기 때문에 공원이나 도시 주변 풀밭에서도 매우 흔하게 관찰된다. 민들레, 개망초, 토끼풀, 쑥부쟁이 등 산과 들에 피는 풀꽃에 모여서 꿀을 빤다. 1령 유충은 연황색을 띠지만 허물을 벗으며 자라면 녹색으로 변한다. 가을에 먹이 식물이 붉게 변하면 유충도 붉게 변하여 보호색을 갖게 된다. 다 자란 유충은 돌이나 낙엽 밑에서 번데기가 된다. 연 3~4회 발생하며 유충으로 월동한다.

먹부전나비 날개 윗면

먹부전나비(부전나비과) *Tongeia fischeri*

크기 | 22~25㎜ 출현시기 | 4~10월(여름) 먹이(유충) | 땅채송화, 바위솔, 돌나물

날개 윗면이 검은색이다. 해안의 풀밭에 많이 살며 돌나물이 자라는 산지나 평지의 풀밭을 날아다닌다. 갯금불초, 땅채송화, 순비기나무, 토끼풀, 개망초 등의 꽃에 모여 꿀을 빤다. 유충은 녹색이며 다 자라면 길이가 12㎜ 정도이다. 연 3~4회 발생하며 유충으로 월동한다.

물결부전나비(부전나비과) *Lampides boeticus*

크기 | 26~32㎜ 출현시기 | 7~11월(여름) 먹이(유충) | 제비콩

날개에 물결무늬가 있다. 제주도, 남해안, 경기도 섬 지역 등에서 볼 수 있다. 연 1회 발생한다.

담흑부전나비(부전나비과) *Niphanda fusca*

크기 | 34~40㎜ 출현시기 | 6~7월(여름) 먹이(유충) | 진딧물 분비물

진딧물과 일본왕개미가 있는 식물에 알을 낳고 3령 유충이 되면 일본왕개미 집으로 옮겨 공생한다.

암컷

암먹부전나비(수컷)

날개 윗면(암컷)

짝짓기

천적에게 공격당한 꼬리 부분

날개 윗면(수컷)

암먹부전나비(부전나비과) *Cupido argiades*

크기 | 17~28㎜ 출현시기 | 3~10월(여름) 먹이(유충) | 매듭풀, 갈퀴나물, 광릉갈퀴

암컷의 날개 윗면이 검은색이어서 이름이 지어졌다. 수컷은 날개 윗면이 청색을 띤다. 산과 들, 농경지와 공원 등의 풀밭에서 쉽게 만날 수 있는 대표적인 부전나비이다. 산지나 풀밭을 빠르게 날아다니며 민들레, 개망초, 토끼풀, 톱풀, 갈퀴나물 등의 꽃에 모여 꿀을 빤다. 먹이 식물의 꽃봉오리에 알을 낳는다. 이른 아침에는 일광욕을 하기 위해 날개를 펴고 잎에 앉아 있는 모습을 볼 수 있다. 유충은 녹색이며 다 자라면 길이가 11㎜ 정도이다. 연 3~4회 발생하며 유충으로 월동한다.

부전나비(부전나비과)

Plebejus argyrognomon

크기 | 26~32㎜ 출현시기 | 5~10월(여름)
먹이(유충) | 갈퀴나물, 낭아초

강변, 논밭의 풀밭에서 볼 수 있으며 제주도를 제외한 전국에 산다. 개망초, 사철쑥, 갈퀴나물의 꽃에서 꿀을 빤다.

푸른부전나비(부전나비과)

Celastrina argiolus

크기 | 26~32㎜ 출현시기 | 3~10월(여름)
먹이(유충) | 싸리, 고삼, 칡, 족제비싸리

날개 윗면이 청색을 띤다. 개여뀌, 제비꽃, 조팝나무 등의 꽃에 앉아 꿀을 빨며 짐승의 배설물에도 모인다.

극남부전나비

서로 반대 방향을 보고 짝짓기한다.

극남부전나비(부전나비과) *Zizina emelina*

크기 | 20~25㎜ 출현시기 | 5~10월(가을) 먹이(유충) | 벌노랑이, 토끼풀

남해안, 동해안, 서해안, 제주도 등의 해안 풀밭에 살며 개체 수가 적다. 토끼풀, 벌노랑이, 땅채송화 등의 꽃에 모여 꿀을 빤다. 암컷은 벌노랑이 꽃봉오리에 알을 1개씩 낳는다. 북한에서는 '큰남방숯돌나비'라고 부른다. 연 2~3회 발생하며 유충으로 월동한다.

큰주홍부전나비 날개 윗면이 주홍색이다.

날개 윗면(수컷)

날개 윗면(암컷)

큰주홍부전나비(부전나비과) *Lycaena dispar*

크기 | 26~41㎜ 출현시기 | 5~10월(여름) 먹이(유충) | 참소리쟁이, 소리쟁이

날개가 주홍색을 띠는 아름다운 부전나비이다. 액자 가장자리를 꾸미는 삼각형 모양의 장식품인 부전처럼 생겼다고 해서 이름이 지어졌다. 하천, 논 주변의 풀밭을 날아다니며 개망초, 여뀌, 민들레 등의 꽃에서 꿀을 빤다. '작은주홍부전나비'와 생김새가 매우 많이 닮았지만 크기가 크고 날개 윗면과 아랫면의 무늬가 서로 달라서 구별된다. 북한에서는 '큰붉은숫돌나비'라고 부른다. 유충은 녹색이고 번데기는 오뚝이 모양으로 불룩하다. 연 3~4회 발생하며 유충으로 월동한다.

날개 윗면(수컷)

날개 윗면(암컷)

작은주홍부전나비

천적에게 공격당한 꼬리 부분

꿀을 빨아 먹는 모습

작은주홍부전나비(부전나비과) *Lycaena phlaeas*

크기 | 26~34㎜ 출현시기 | 4~10월(여름) 먹이(유충) | 애기수영, 수영, 소리쟁이

산지 및 하천의 풀밭, 농경지에서 볼 수 있으며 개체 수가 많아서 쉽게 눈에 띈다. 민들레, 개망초, 딱지꽃, 토끼풀, 구절초, 코스모스 등의 다양한 풀꽃에 모여 꿀을 빤다. 주홍색 날개가 매우 예뻐서 이름이 지어졌고 북한에서는 '붉은숫돌나비'라고 부른다. '큰주홍부전나비'와 생김새가 비슷하지만 날개의 크기가 약간 작고 날개 아랫면의 점무늬가 굵어서 서로 구별된다. 유충은 녹색이며 낙엽이나 돌 밑에 들어가 번데기가 된다. 연 4~5회 발생하며 유충으로 월동한다.

귤빛부전나비(부전나비과)
Japonica lutea

크기 | 34~37㎜ 출현시기 | 5~8월(여름)
먹이(유충) | 상수리나무, 떡갈나무, 갈참나무

날개가 귤색이고 낮은 산지의 잎에 앉아 있는 모습을 볼 수 있다. 알로 월동한다.

시가도귤빛부전나비(부전나비과)
Japonica saepestriata

크기 | 33~36㎜ 출현시기 | 6~7월(여름)
먹이(유충) | 떡갈나무, 갈참나무

귤색 날개에 있는 검은색 점무늬가 도시 거리(市街)처럼 보여서 이름이 지어졌다. 알로 월동한다.

물빛긴꼬리부전나비(부전나비과)
Antigius attilia

크기 | 23~31㎜ 출현시기 | 6~8월(여름)
먹이(유충) | 상수리나무, 졸참나무, 굴참나무

날개 아랫면에 흑갈색 띠무늬가 있으며 꼬리돌기가 길다. 참나무류 숲에 살며 알로 월동한다.

담색긴꼬리부전나비(부전나비과)
Antigius butleri

크기 | 26~28㎜ 출현시기 | 6~8월(여름)
먹이(유충) | 갈참나무, 떡갈나무, 신갈나무

날개 아랫면에 흑갈색 점무늬와 띠무늬가 있다. 참나무류 숲에 많이 살며 알로 월동한다.

산녹색부전나비 날개 윗면

산녹색부전나비(부전나비과) *Favonius taxila*

크기 | 31~37㎜ 출현시기 | 6~8월(여름) 먹이(유충) | 졸참나무, 신갈나무, 갈참나무

수컷의 날개 윗면이 녹색이고 참나무류가 많은 산지에 살아서 이름이 지어졌다. 암컷은 날개 윗면이 흑갈색이다. 계곡이나 산길 주변을 날아다니며 사철나무, 개망초, 큰쥐똥나무 등의 꽃에서 꿀을 빤다. 유충은 찐빵 모양이고 연 1회 발생하며 알로 월동한다.

검정녹색부전나비(부전나비과)
Favonius yuasai

크기 | 32~37㎜ 출현시기 | 6~8월(여름)
먹이(유충) | 굴참나무, 상수리나무

수컷은 날개 윗면이 광택이 있는 흑갈색이지만 암컷은 광택이 없다. 유충으로 월동한다.

넓은띠녹색부전나비(부전나비과)
Favonius cognatus

크기 | 33~36㎜ 출현시기 | 6~7월(여름)
먹이(유충) | 갈참나무, 신갈나무

날개 아랫면의 띠무늬가 다른 녹색부전나비류에 비해 넓다. 참나무류 숲에 살며 알로 월동한다.

범부전나비(부전나비과)
Rapala caerulea

크기 | 26~33mm 출현시기 | 4~9월(봄)
먹이(유충) | 고삼, 족제비싸리, 갈매나무

날개의 줄무늬가 범 무늬와 비슷하다. 낮은 산지에서 발견되며 번데기로 월동한다.

벚나무까마귀부전나비(부전나비과)
Satyrium pruni

크기 | 32~35mm 출현시기 | 5~7월(여름)
먹이(유충) | 벚나무, 복숭아나무, 귀룽나무

낮은 산지나 농촌 마을의 주변에 산다. 까마귀처럼 날개가 검은색이고 알로 월동한다.

쇳빛부전나비(부전나비과)
Callophrys ferrea

크기 | 25~27mm 출현시기 | 4~5월(봄)
먹이(유충) | 조팝나무, 진달래, 철쭉

날개가 쇳빛이고 땅에 앉아 물을 먹는다. 진달래, 조팝나무의 꿀을 빨며 번데기로 월동한다.

바둑돌부전나비(부전나비과)
Taraka hamada

크기 | 21~24mm 출현시기 | 5~10월(여름)
먹이(유충) | 일본납작진딧물

바둑돌 같은 점무늬가 있다. 성충은 이대, 조릿대에 기생하는 일본납작진딧물의 분비물을 빨아 먹는다.

부전나비 종류 비교하기

큰주홍부전나비

수컷은 날개 윗면이 주홍색을 띠며 암컷은 검은색 무늬가 있다. 날개 아랫면의 검은색 점무늬가 작다.

작은주홍부전나비

수컷은 날개 윗면이 주홍색이고 검은색 무늬가 발달했다. 날개 아랫면의 검은색 점무늬가 굵다.

귤빛부전나비

날개는 전체적으로 귤빛을 띤다. 앞날개 가장자리에 검은색 무늬가 발달했다. 날개 아랫면에는 흰색 세로줄무늬가 있다.

시가도귤빛부전나비

날개는 귤빛을 띠며 앞날개 가장자리에 검은색 무늬가 매우 약하다. 날개 아랫면에는 검은색 점무늬가 매우 발달했다.

물빛긴꼬리부전나비

날개 아랫면에 흑갈색 띠무늬가 있고 꼬리돌기가 길다. 앞날개와 뒷날개에 검은색 띠무늬가 굵게 발달했다.

담색긴꼬리부전나비

날개 아랫면에 흑갈색 점무늬와 띠무늬가 있다. 앞날개에는 진갈색 띠무늬가 있지만 뒷날개에는 점무늬만 있다.

날개 아랫면

뿔처럼 튀어나온 주둥이

뿔나비

물을 먹는 모습(흡수 행동)

햇볕을 쬐어 체온을 올리는 모습

뿔나비(네발나비과) *Libythea lepita*

크기 | 32~47㎜ 출현시기 | 3~11월(봄) 먹이(유충) | 풍게나무, 팽나무, 왕팽나무

머리의 아랫입술수염 부분이 뿔처럼 튀어나와서 이름이 지어졌다. 산지 계곡 주변의 활엽수림을 날아다니며 고마리, 버드나무 등의 꽃에서 꿀을 빤다. 계곡 주변의 땅에 수백 마리씩 무리 지어 앉아 물을 먹는 모습을 볼 수 있다. 산길을 걷다가 갑자기 날아가는 뿔나비 때문에 깜짝 놀라기도 한다. 땅에 앉아 있으면 날개 아랫면이 흙 빛깔과 비슷한 보호색을 띠기 때문에 눈에 잘 띄지 않는다. 연 1회 발생하며 성충으로 월동하고 초봄에 출현해 땅이나 돌 위에 잘 내려앉는다.

부처사촌나비 날개 윗면

부처사촌나비(네발나비과) *Mycalesis francisca*

크기 | 38~47㎜ 출현시기 | 5~8월(여름) 먹이(유충) | 실새풀, 참억새, 바랭이

날개 아랫면의 눈알 무늬가 '부처나비'와 비슷해 보이지만 줄무늬가 보라색을 띠어서 구별된다. 그늘진 숲 가장자리나 풀밭을 잘 날아다니며 꽃이나 썩은 과일, 나뭇진에 모인다. 우리나라 전역의 산지에 살고 있으며 연 2회 발생한다. 유충으로 월동한다.

부처나비(네발나비과)
Mycalesis gotama

크기 | 37~48㎜ 출현시기 | 4~10월(여름)
먹이(유충) | 벼, 억새, 바랭이, 주름조개풀

종명 'gotama'는 '부처'를 뜻하며 여기에서 이름이 유래되었다. 그늘진 숲에 살며 연 2~3회 발생한다.

황알락그늘나비(네발나비과)
Kirinia epaminondas

크기 | 47~60㎜ 출현시기 | 6~9월(여름)
먹이(유충) | 벼류, 잡초

참나무류가 많은 숲속에 산다. 썩은 과일에 잘 모여든다. 연 1회 발생하며 유충으로 월동한다.

굴뚝나비 날개 윗면

굴뚝나비(네발나비과) *Minois dryas*

크기 | 50~71㎜ 출현시기 | 6~9월(여름) 먹이(유충) | 참억새, 새포아풀, 잡초

날개 빛깔이 굴뚝처럼 검은색이어서 이름이 지어졌다. 산지나 평지의 풀밭을 쉴 새 없이 날아다니며 엉겅퀴, 개망초, 꿀풀 등의 꽃에 모여 꿀을 빤다. 눈알 무늬가 뱀눈 같다고 해서 북한에서는 '뱀눈나비'라고 부른다. 연 1회 발생하며 유충으로 월동한다.

물결나비(네발나비과) *Ypthima multistriata*

크기 | 33~42㎜ 출현시기 | 5~9월(여름)
먹이(유충) | 강아지풀, 바랭이, 주름조개풀

날개 아랫면에 물결무늬와 눈알 무늬가 있다. 연 2~3회 발생하고 유충으로 월동한다.

애물결나비(네발나비과) *Ypthima argus*

크기 | 31~36㎜ 출현시기 | 5~9월(여름)
먹이(유충) | 강아지풀, 바랭이, 잔디

낮은 산지의 풀밭에 살며 '물결나비'보다 크기가 작다. 연 2~3회 발생하고 유충으로 월동한다.

거꾸로여덟팔나비　　땅 빛깔과 비슷한 보호색을 갖고 있다.

봄형(계절형)　여름형(계절형)　날개(八자 흰색 무늬)

거꾸로여덟팔나비(네발나비과) *Araschnia burejana*

크기 | 35~46㎜　출현시기 | 4~9월(봄)　먹이(유충) | 거북꼬리

날개의 복잡한 그물 무늬가 거미줄처럼 보인다. 날개 아랫면을 거꾸로 보면 흰색의 八자 무늬가 보여서 이름이 지어졌다. 북한에서는 똑같은 이유지만 '팔자나비'라 부른다. 산지의 계곡 주변이나 숲 가장자리를 날아다니며 개망초, 고추나무, 쥐오줌풀 등의 꽃에 모여 꿀을 빤다. 연 2회 발생하는데 봄형은 4월 말~6월에 출현하고 여름형은 7~9월에 출현한다. 봄형과 여름형의 날개 무늬가 서로 달라서 다른 종류의 나비로 착각하기도 한다. 번데기로 월동한다.

큰멋쟁이나비 날개 윗면

큰멋쟁이나비(네발나비과) *Vanessa indica*

크기 | 47~65㎜ 출현시기 | 3~11월(가을) 먹이(유충) | 느릅나무, 거북꼬리, 왕모시풀

낮은 산지의 풀밭을 날렵하게 날아다니며 산국, 엉겅퀴, 토끼풀, 계요등의 꽃에 모여 꿀을 빤다. 참나무류의 나뭇진과 썩은 과일에도 잘 모여들고 축축한 땅에도 잘 내려앉는다. 번데기에는 좀벌류가, 유충에는 맵시벌류가 기생한다. 연 2~4회 발생하며 성충으로 월동한다.

작은멋쟁이나비 날개 윗면

작은멋쟁이나비(네발나비과) *Vanessa cardui*

크기 | 43~59㎜ 출현시기 | 4~11월(가을) 먹이(유충) | 쑥, 참쑥, 떡쑥

날개의 무늬가 매우 아름다워서 이름이 지어졌다. '큰멋쟁이나비'와 닮았지만 날개 무늬가 서로 달라서 구별된다. 산지, 하천, 농경지, 공원 등에 살며 가을철에 개체 수가 많다. 촐싹대며 정신없이 날아다니는 모습을 보고 '애까불나비'라고도 불렀다. 성충으로 월동한다.

유충

날개 아랫면(C자 무늬)

네발나비

날개 윗면

물을 먹는 모습

꿀을 빨아 먹는 모습

네발나비(네발나비과) *Polygonia c-aureum*

크기 | 41~55㎜ 출현시기 | 3~11월(봄) 먹이(유충) | 환삼덩굴, 삼

날개가 낙엽과 비슷해서 땅에 앉아 있으면 눈에 잘 띄지 않는다. 다리가 2개 퇴화되어 4개의 다리로 활동해서 이름이 지어졌다. 날개 아랫면에 알파벳 C자 무늬가 있어서 옛날에는 '남방씨알붐나비'라고 불렀다. 낮은 산지, 숲 가장자리, 하천, 공원, 논밭 등에서 흔하게 만날 수 있다. 산과 들에 핀 꽃에서 꿀을 빨고 땅에 떨어진 과일 열매에도 잘 모여든다. 유충은 몸에 뾰족한 돌기가 많이 달려 있다. 연 2~4회 발생하며 성충으로 월동하고 초봄부터 날아다닌다.

청띠신선나비　　날개 아랫면

청띠신선나비(네발나비과) *Nymphalis canace*

크기 | 55~64㎜ 출현시기 | 3~10월(봄) 먹이(유충) | 청가시덩굴, 청미래덩굴

날개에 청색의 띠무늬가 있어서 이름이 지어졌다. 높은 산지의 활엽수림, 마을 주변에서 흔하게 볼 수 있다. 참나무류, 버드나무 등의 나뭇진을 먹고 꽃꿀과 썩은 과일에도 모여든다. 연 2~3회 발생하고 성충으로 월동한다. 북한에서는 '파란띠수두나비'라고 부른다.

은판나비　　강원도 산간 지방에 많이 산다.

은판나비(네발나비과) *Mimathyma schrenckii*

크기 | 71~89㎜ 출현시기 | 6~8월(여름) 먹이(유충) | 느릅나무, 느티나무

날개에 크고 작은 점무늬가 있다. 느릅나무가 있는 산지를 빠르게 날아다니며 중부 이북에 사는 한랭성 나비이다. 이른 아침에는 축축한 땅과 동물의 사체에 잘 모인다. 먹이 식물 주변에서 짝짓기하고 잎에 알을 낳는다. 연 1회 발생하며 3령 유충으로 월동한다.

왕오색나비 날개가 흰색, 검은색, 붉은색, 청색, 황색 5가지 색을 띤다.

날개 아랫면 물을 먹는 모습

왕오색나비(네발나비과) *Sasakia charonda*

크기 | 71~101㎜ 출현시기 | 6~8월(여름) 먹이(유충) | 풍게나무, 팽나무

날개는 검은색이고 가운데에 진한 보라색 무늬가 있다. 낮은 산지나 마을 주변의 잡목림에 산다. 하늘을 힘차게 날아다니며 참나무류의 나뭇진이나 동물의 배설물에 모여드는 모습을 볼 수 있다. 우리나라의 오색나비류 중에서 크기가 가장 크고 우리나라에 국지적으로 살고 있으며 개체 수가 적다. 서해안의 섬에는 무리 지어 발생하기도 한다. 수컷은 오전에는 축축한 물가에 잘 모이고 오후에는 산꼭대기에서 암컷이 나타나면 뒤쫓는 텃세 행동을 한다. 연 1회 발생하며 4~5령 유충으로 월동한다.

황오색나비 날개가 황색을 띠는 오색나비이다.

황오색나비(네발나비과) *Apatura metis*

크기 | 55~76㎜ 출현시기 | 6~10월(여름) 먹이(유충) | 호랑버들, 버드나무, 갯버들

오색 빛깔을 띠는 화려한 날개를 가진 나비이다. 낙엽 활엽수림의 계곡 부근이나 강가의 버드나무 군락지에 살며 참나무류, 느릅나무류, 버드나무류의 나뭇진을 빨아 먹는다. 물가의 축축한 곳에 모여서 물을 빨아 먹는다. 연 1~3회 발생하며 3령 유충으로 월동한다.

홍점알락나비 해안가 숲에 많이 산다.

홍점알락나비(네발나비과) *Hestina assimilis*

크기 | 69~92㎜ 출현시기 | 5~9월(여름) 먹이(유충) | 풍게나무, 팽나무

날개의 줄무늬가 알록달록해 보이고 붉은색 점무늬가 있어서 이름이 지어졌다. 낮은 산지, 마을 주변에 살며 특히 팽나무가 많은 해안에 많이 산다. 수컷은 맑은 날 오후 3시 이후 산꼭대기에서 텃세 행동을 한다. 연 2~3회 발생하며 4~5령 유충으로 월동한다.

대왱나비

배설물에 잘 내려앉는다.

날개 아랫면

돌돌 말린 주둥이

대왕나비(네발나비과) *Sephisa princeps*

크기 | 63~75㎜ 출현시기 | 6~8월(여름) 먹이(유충) | 굴참나무, 신갈나무, 졸참나무

날개가 적황색이고 검은색 줄무늬가 매우 많다. 종명 'princeps'가 '군주'나 '대왕'을 뜻해서 이름이 지어졌다. 참나무류가 많은 낙엽활엽수림의 계곡 주변에 살며 참나무류에 모여 나뭇진을 먹는다. 이른 아침에는 산길의 축축한 땅에 앉아 물을 먹고 동물의 배설물에도 잘 모인다. 오후에는 참나무류 꼭대기의 잎에 앉아 텃세 행동을 하기도 한다. 수컷은 매우 활발하게 날아다녀서 눈에 잘 띄지만 암컷은 숲속에만 있기 때문에 관찰하기 쉽지 않다. 연 1회 발생하며 3령 유충으로 월동한다.

흰줄표범나비 날개 윗면

흰줄표범나비(네발나비과) *Argyronome laodice*

크기 | 52~63㎜ 출현시기 | 6~10월(여름) 먹이(유충) | 제비꽃류

뒷날개 아랫면에 흰색의 줄무늬가 있어서 이름이 지어졌다. 낮은 산지의 낙엽활엽수림, 농경지와 물가의 풀밭을 날아다니며 엉겅퀴, 개망초 등의 꽃에 모여 꿀을 빤다. 땅에 앉아서 물을 먹거나 햇볕을 쪼인다. 연 1회 발생하며 알이나 유충으로 월동한다.

큰흰줄표범나비 날개 윗면

큰흰줄표범나비(네발나비과) *Argyronome ruslana*

크기 | 58~69㎜ 출현시기 | 6~8월(여름) 먹이(유충) | 제비꽃류

뒷날개 아랫면에 흰색 줄무늬가 있지만 중간 부분이 끊어져 있어서 '흰줄표범나비'와 구별된다. 높은 산지를 활발하게 날면서 엉겅퀴, 큰까치수염, 개망초 등의 꽃에 모여 꿀을 빤다. 무더운 여름에는 잠시 여름잠을 잔다. 연 1회 발생하며 알이나 유충으로 월동한다.

수컷

유충

암끝검은표범나비(암컷)

번데기

날개 아랫면(암컷)

암끝검은표범나비(네발나비과) *Argyreus hyperbius*

크기 | 64~80㎜ 출현시기 | 3~11월(여름) 먹이(유충) | 제비꽃류

암컷의 앞날개 윗면 끝부분이 검은색을 띠고 있고 날개의 점무늬가 표범을 닮아서 이름이 지어졌다. 수컷은 날개 끝부분이 검은색이 아니다. 주로 제주도와 남해안에 살지만 이동성이 강해서 가을이 되면 서해안 섬까지 날아온다. 산과 들의 풀밭을 날아다니며 엉겅퀴, 코스모스, 익모초 등의 꽃에 모여 꿀을 빤다. 암컷은 제비꽃이 자라는 주변에 알을 낳는다. 연 3~4회 발생하며 봄형은 3~5월, 여름형은 6~11월에 출현한다. 사육이 비교적 쉬워서 나비 공원에서 기르고 있다.

은줄표범나비 뒷날개 아랫면에 3개의 은색 줄무늬가 있다.

은줄표범나비(네발나비과) *Argynnis paphia*

크기 | 58~68㎜ 출현시기 | 5~10월(가을) 먹이(유충) | 흰털제비꽃, 제비꽃류

날개 윗면의 점무늬가 표범을 닮았고 뒷날개의 아랫면에 은색 줄무늬가 있다. 낮은 산지의 엉겅퀴, 개망초, 꿀풀, 백리향 등의 꽃에 모여 꿀을 빤다. 축축한 땅에 내려앉아 물을 먹는다. 무더운 7월에는 여름잠을 잔다. 연 1회 발생하며 유충으로 월동한다.

긴은점표범나비 뒷날개 아랫면에 은색 점무늬가 있다.

긴은점표범나비(네발나비과) *Argynnis vorax*

크기 | 57~72㎜ 출현시기 | 6~9월(가을) 먹이(유충) | 털제비꽃

뒷날개 아랫면에 은색 점무늬가 있어서 이름이 지어졌다. 높은 산지를 활발하게 날아다니며 큰까치수염, 조뱅이, 개망초, 지느러미엉겅퀴, 백리향 등의 꽃에 모여 꿀을 빤다. 무더운 7~8월에는 잠시 여름잠을 잔다. 연 1회 발생하며 1령 유충으로 월동한다.

줄나비(네발나비과)
Limenitis camilla

크기 | 45~55㎜ 출현시기 | 5~10월(여름)
먹이(유충) | 올괴불나무, 각시괴불나무

계곡 주변 숲의 꽃에 앉아 꿀을 빨고 배설물에도 모인다. 연 2~3회 발생하며 유충으로 월동한다.

제일줄나비(네발나비과)
Limenitis helmanni

크기 | 45~60㎜ 출현시기 | 5~9월(여름)
먹이(유충) | 인동덩굴, 올괴불나무, 구슬댕댕이

날개에 흰색 줄무늬가 있으며 낮은 산지에 많이 산다. 연 2회 발생하며 유충으로 월동한다.

제이줄나비 사뿐사뿐 날아다니며 풀잎에 내려앉는다.

제이줄나비(네발나비과) *Limenitis doerriesi*

크기 | 40~60㎜ 출현시기 | 5~9월(여름) 먹이(유충) | 괴불나무, 인동, 병꽃나무

날개에 2개의 흰색 줄무늬가 있다. 마을 주변이나 숲 가장자리를 날아다니는 모습을 볼 수 있다. 조팝나무, 산초나무 등의 꽃에서 꿀을 빨고 나뭇진이나 배설물에도 잘 모인다. 북한에서는 개체 수가 적어 희귀한 나비이다. 연 2~3회 발생하며 3령 유충으로 월동한다.

애기세줄나비(네발나비과)
Neptis sappho

크기 | 42~55㎜ 출현시기 | 5~9월(여름)
먹이(유충) | 싸리, 칡, 비수리, 벽오동

낮은 산지나 마을 주변을 사뿐사뿐 날아다닌다. 연 2~3회 발생하며 유충으로 월동한다.

별박이세줄나비(네발나비과)
Neptis pryeri

크기 | 50~62㎜ 출현시기 | 5~10월(여름)
먹이(유충) | 조팝나무, 꼬리조팝나무

날개 아랫면에 점무늬가 마치 별이 박힌 것처럼 보인다. 연 2~3회 발생하며 유충으로 월동한다.

세줄나비 이른 아침 땅에 앉아 햇빛을 쪼인다.

세줄나비(네발나비과) *Neptis philyra*

크기 | 54~65㎜ 출현시기 | 5~7월(여름) 먹이(유충) | 고로쇠나무, 단풍나무

날개에 3개의 흰색 줄무늬가 있다. 활엽수림이나 단풍나무가 자라는 마을 주변에 산다. 계곡 주변의 땅에 내려앉아서 물을 먹거나 떨어진 과일의 즙을 먹는 모습도 볼 수 있다. 높은 나무 위를 천천히 날아다니며 꿀을 빤다. 연 1회 발생하며 4령 유충으로 월동한다.

네발나비 무리 비교하기

뿔나비

뿔나비류

머리의 아랫입술수염이 머리 앞쪽에 뿔 모양으로 튀어나왔다. 땅 위에 잘 내려 앉았다가 날아간다.

네발나비

네발나비류

앞다리 2개가 퇴화되어 4개의 다리로 활동하는 나비류이다. 낮은 산지, 하천, 경작지, 공원 등에서 쉽게 볼 수 있다.

부처사촌나비

부처나비류

날개는 어두운 색깔을 띠며 눈알 무늬가 있다. 그늘진 산지에서 쉽게 만날 수 있다.

애기세줄나비

세줄나비류

날개에 흰색 줄무늬가 발달해 있는 나비류이다. 나뭇잎에 앉아 있거나 땅 위에 내려앉아 있는 모습을 쉽게 볼 수 있다.

암끝검은표범나비

표범나비류

날개에 있는 검은색의 점무늬가 표범을 연상시켜서 이름이 지어졌다. 낮은 산지, 경작지, 마을 주변에서 볼 수 있다.

왕오색나비

오색나비류

날개에 5가지 색깔이 있어서 '오색'이라고 이름이 지어졌다. 화려한 색깔의 나비로 나뭇진, 썩은 과일, 배설물에 잘 모인다.

멧팔랑나비(암컷) 낮은 산지를 활발하게 날아다닌다.

수컷 유충 꿀을 빨아 먹는 모습

멧팔랑나비(팔랑나비과) *Erynnis montana*

크기 | 31~39㎜ 출현시기 | 3~6월(봄) 먹이(유충) | 떡갈나무, 졸참나무, 신갈나무

참나무류가 많은 낮은 산지의 활엽수림에 살며 계곡이나 산길을 활발하게 날아다니는 모습을 흔하게 볼 수 있다. 제비꽃, 줄딸기 등 흰색이나 분홍색 꽃에 잘 모여들어 꿀을 빤다. 기온이 낮은 초봄에는 땅에 앉아서 일광욕을 하는 모습도 자주 볼 수 있다. 수컷은 '제비나비'처럼 일정한 공간에 나비길을 만들어 날아다닌다. 암컷은 천천히 날아다니면서 참나무류 새싹에 알을 1개씩 낳는다. 전국적으로 참나무류가 많아서 개체 수가 많다. 연 1회 발생하며 유충으로 월동한다.

왕자팔랑나비 풀잎에 오랫동안 앉아 있지 않는다.

더듬이(갈고리 모양)

날개(흰색 점무늬)

풀잎 위에서 일광욕하는 모습

왕자팔랑나비(팔랑나비과) *Daimio tethys*

크기 | 33~38㎜ 출현시기 | 5~9월(여름) 먹이(유충) | 마, 단풍마, 참마

흑갈색 날개에 흰색 점무늬가 줄지어 나 있다. 산지의 숲 가장자리나 마을 주변에 살며 엉겅퀴, 개망초, 꿀풀 등의 꽃에 모여 꿀을 빤다. 축축한 물가나 새똥에도 잘 모여든다. 주변을 빙빙 돌며 날아다니다 재빨리 날개를 펴고 잎에 앉았다가 금방 다른 곳으로 훌쩍 날아간다. 암컷은 먹이 식물 주위를 천천히 날아다니다가 잎이나 나무줄기에 알을 1개씩 낳는다. 우리나라에 사는 팔랑나비류 중에서 개체 수가 많아서 비교적 흔하게 볼 수 있다. 연 2~3회 발생하며 유충으로 월동한다.

줄점팔랑나비　　　날개 아랫면

줄점팔랑나비(팔랑나비과) *Parnara guttata*

크기 | 33~40㎜ 출현시기 | 5~11월(여름) 먹이(유충) | 참억새, 큰기름새, 강아지풀, 벼

날개에 점무늬가 줄지어 있다. 마을 주변, 논밭, 하천, 낮은 산지 등 전국 곳곳의 풀밭에서 흔하게 볼 수 있다. 특히 가을 꽃밭에서 쉽게 볼 수 있으며 엉겅퀴, 메밀, 산비장이, 구절초 등의 꽃에서 꿀을 빤다. 연 2~3회 발생하며 유충으로 월동한다.

산줄점팔랑나비　　　날개에 점무늬가 줄지어 있다.

산줄점팔랑나비(팔랑나비과) *Pelopidas jansonis*

크기 | 26~35㎜ 출현시기 | 4~8월(여름) 먹이(유충) | 참억새

날개에 점무늬가 줄지어 있고 낮은 산지에 살아서 이름이 지어졌다. 산지의 풀밭을 날아다니며 큰까치수염, 엉겅퀴, 산철쭉, 고들빼기 등의 꽃에 앉아 꿀을 빤다. 연 2회 발생하는데 봄에는 4~5월, 여름에는 7~8월에 출현한다. 번데기로 월동한다.

줄꼬마팔랑나비 날개 아랫면

줄꼬마팔랑나비(팔랑나비과) *Thymelicus leoninus*

크기 | 26~30㎜ 출현시기 | 6~8월(여름) 먹이(유충) | 갈풀, 강아지풀, 큰조아재비

날개에 줄무늬가 많고 크기가 작아서 '꼬마'라는 이름이 지어졌다. 활엽수림의 산길 주변을 민첩하게 날아다니며 개망초, 갈퀴나물, 큰까치수염 등의 꽃에 모여 꿀을 빤다. 오전에는 일광욕을 하려고 땅에 잘 내려앉는다. 연 1회 발생하며 유충으로 월동한다.

황알락팔랑나비 더듬이가 갈고리처럼 휘어졌다.

황알락팔랑나비(팔랑나비과) *Potanthus flavus*

크기 | 24~30㎜ 출현시기 | 6~8월(여름) 먹이(유충) | 황억새, 큰기름새, 기름새

흑갈색 날개 위에 황색 점무늬가 얼룩덜룩해 보여서 이름이 지어졌다. 숲의 풀밭을 빠르게 날아다니며 개망초, 꿀풀 등의 꽃에 날아와 꿀을 빤다. 수컷은 축축한 땅이나 배설물에 잘 모여든다. 암컷은 먹이 식물의 잎 뒤에 알을 1개씩 낳는다. 연 1회 발생한다.

그물무늬긴수염나방 더듬이(수염)가 매우 길다.

그물무늬긴수염나방(긴수염나방과) *Nematopogon distincta*

크기 | 19~21㎜ 출현시기 | 4~5월(봄)

전체적으로 어두운 회황색이고 날개 끝에 흰색 무늬가 있다. 몸은 매우 길쭉하고 앞가슴 부분은 넓지만 배 끝부분으로 갈수록 좁아진다. 흰색의 더듬이는 몸 길이의 2배나 될 정도로 매우 길어서 '수염나방'이라고도 불린다. 잎에 앉아서 쉬고 있는 모습을 볼 수 있다.

노란줄긴수염나방(긴수염나방과) *Nemophora aurifera*

크기 | 14~17㎜
출현시기 | 5~7월(여름)

날개 윗부분은 황색이지만 아랫부분은 진한 보라색을 띤다. 날개 가운데 부분에 흰색 줄무늬가 있다.

큰자루긴수염나방(긴수염나방과) *Nemophora staududingerella*

크기 | 18~20㎜
출현시기 | 5~7월(여름)

몸은 진한 황색이고 연한 남색 줄무늬가 많다. 수컷의 더듬이는 몸 길이의 4배나 될 정도로 길다.

알락굴벌레나방 알록달록한 원시적인 나방이다.

알락굴벌레나방(굴벌레나방과) *Zeuzera multistrigata*

크기 | 40~70㎜ 출현시기 | 7~8월(여름)

날개는 흰색이고 수많은 검은색 점무늬가 흩어져 있는 모습이 알록달록해서 이름이 지어졌다. 가슴에도 4~6개의 검은색 점무늬가 있다. 수컷의 더듬이는 양빗살 모양이고 암컷은 실 모양이다. 유충은 다양한 나무 속에 굴을 파고 살며 2년 동안 자라야 성충이 된다.

회색굴벌레나방 불빛에도 잘 유인되어 날아온다.

회색굴벌레나방(굴벌레나방과) *Phragmataecia castanea*

크기 | 32~37㎜ 출현시기 | 6~7월(여름)

날개는 전체적으로 회갈색이며 작은 검은색 점무늬가 많다. 날개에 비해서 배 부분이 굵고 길게 발달된 모습이 '박각시'와 비슷해 보인다. 수컷의 더듬이는 끝부분을 제외한 대부분이 양빗살 모양이지만 암컷은 양빗살 부분이 매우 짧다. 유충은 열매의 속을 파먹고 살며 번데기는 가시로 덮여 있다.

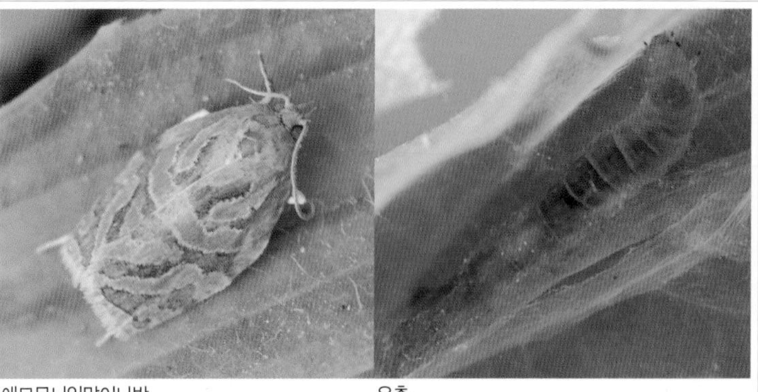
애모무늬잎말이나방 유충

애모무늬잎말이나방(잎말이나방과) *Adoxophyes tripsiana*

크기 | 14~24㎜ 출현시기 | 5~9월(여름) 먹이(유충) | 진달래, 땅콩, 사과나무

날개는 황갈색이고 그물 모양의 갈색 줄무늬가 매우 많다. 잎말이나방류 중에서 개체 수가 많아서 어디서나 흔하게 만날 수 있는 대표 종이다. 사과, 배 등을 재배하는 과수원에 피해를 주는 나방으로 매우 유명하다. 밤에 불빛에 유인되어 잘 날아온다.

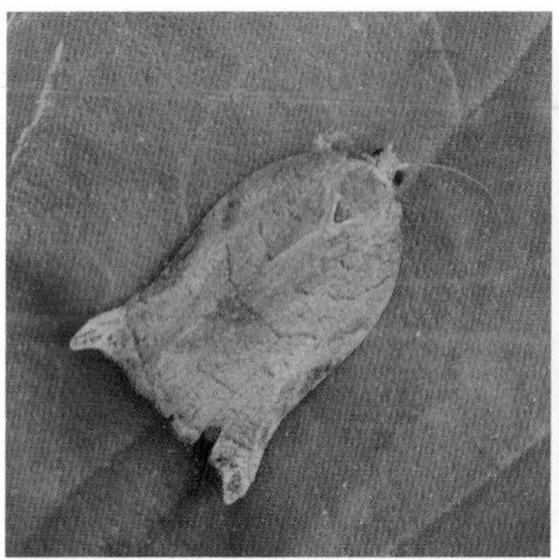

뿔날개잎말이나방(잎말이나방과) *Archips asiaticus*

크기 | 20~29㎜ 출현시기 | 5~10월(여름) 먹이(유충) | 사과나무, 배나무, 벚나무

연주황색 날개는 뿔처럼 뾰족하다. 종 모양을 닮아서 잎말이나방을 '종나방(Bell Moth)'이라 부른다.

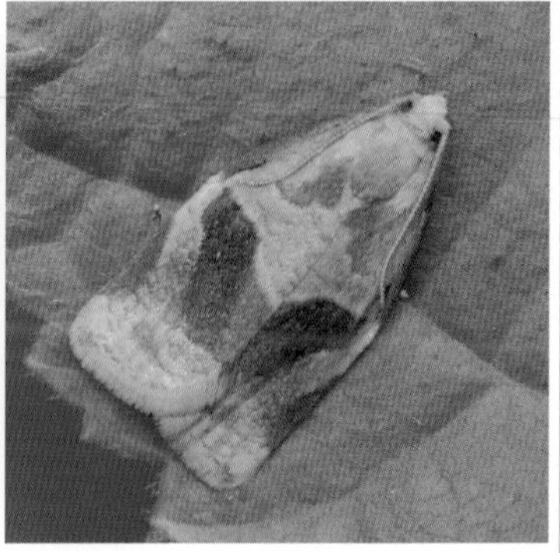

흰꼬리잎말이나방(잎말이나방과) *Archips nigricaudana*

크기 | 20~24㎜ 출현시기 | 5~6월(봄) 먹이(유충) | 사과나무, 졸참나무, 밤나무

몸은 종 모양으로 넓적하다. 날개와 더듬이는 연갈색을 띠며 진갈색의 불규칙한 무늬가 있다.

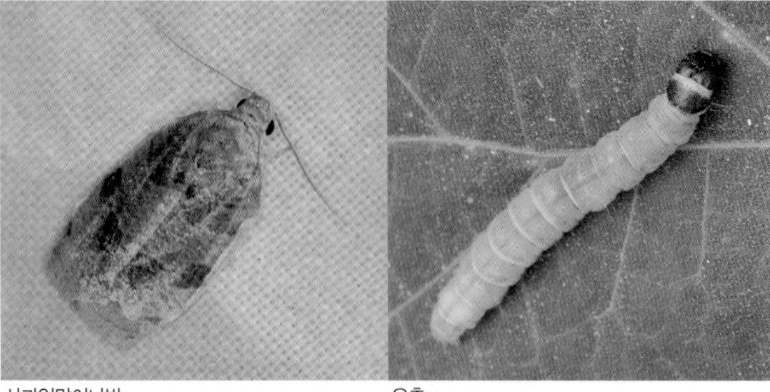
사과잎말이나방 유충

사과잎말이나방(잎말이나방과) *Choristoneura longicellana*

크기 | 19~34㎜ 출현시기 | 5~9월(여름) 먹이(유충) | 사과나무, 배나무, 참나무류

날개는 전체적으로 연갈색을 띠며 진갈색 무늬가 있다. 과수원에 발생하는 주요 해충으로 연 3회 발생한다. 유충은 몸이 길고 연녹색이며 머리와 앞가슴등판은 갈색이다. 유충은 사과나무나 배나무의 잎을 둘둘 말아서 잎살을 갉아 먹어 피해를 일으킨다.

큰사과잎말이나방(잎말이나방과)
Choristoneura adumbratana

크기 | 18~35㎜ 출현시기 | 5~9월(여름)
먹이(유충) | 배나무, 사과나무

날개는 연갈색이다. '사과잎말이나방'과 함께 사과나무, 배나무 등의 과일나무에 피해를 일으킨다.

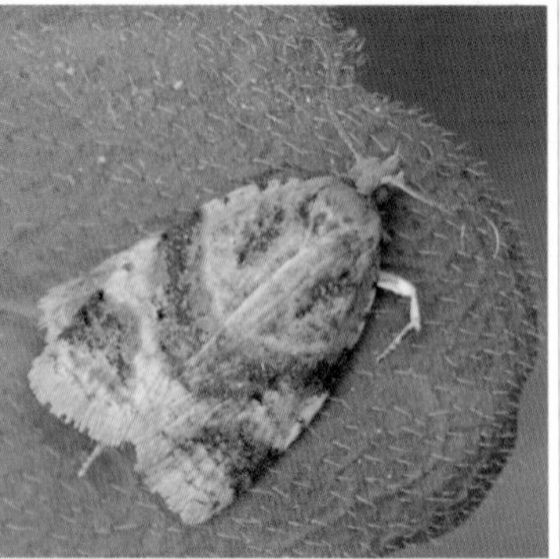

꼬마무늬잎말이나방(잎말이나방과)
Gnorismoneura hoshinoi

크기 | 14~18㎜
출현시기 | 5~9월(여름)

날개는 연한 회갈색이고 은색의 비늘가루로 덮여 있다. 날개를 지붕 모양으로 접고 있으며 크기가 작다.

낙타등잎말이나방(잎말이나방과)

Homonopsis foederatana

크기 | 16~26㎜ 출현시기 | 5~6월(봄)
먹이(유충) | 당단풍나무, 진달래, 신갈나무

날개는 갈색이고 진갈색의 얼룩덜룩한 점무늬가 매우 많다. 앞날개 가장자리에 털이 있다.

흰머리잎말이나방(잎말이나방과)

Pandemis cinnamomeana

크기 | 17~23㎜ 출현시기 | 5~10월(여름)
먹이(유충) | 사과나무, 느릅나무, 버드나무류

날개는 황갈색이며 연황색 줄무늬가 있다. 치악잎말이나방과 비슷하지만 머리가 흰색을 띠어 구별된다.

감나무잎말이나방(잎말이나방과)

Ptycholoma lecheana

크기 | 20~25㎜ 출현시기 | 4~5월(봄)
먹이(유충) | 감나무, 배나무, 버드나무

몸은 종 모양이고 날개는 주황색이다. 다양한 나무의 나뭇잎에 앉아 있는 모습을 볼 수 있다.

꼬마홀쭉잎말이나방(잎말이나방과)

Neocalyptis angustilineata

크기 | 13~17㎜
출현시기 | 5~9월(여름)

날개는 황갈색이고 진갈색 V자 무늬가 있다. 크기가 작아서 이름에 '꼬마'가 붙었다.

크리스토프잎말이나방(잎말이나방과)
Spatalistis christophana

크기 | 17㎜ 내외 출현시기 | 6~8월(여름)
먹이(유충) | 떡갈나무

날개는 황색이며 진한 황색 무늬가 많고 올록볼록 돌기가 있다. 유충은 8~10㎜ 정도이고 검은색 점이 많다.

참느릅잎말이나방(잎말이나방과)
Acleris ulmicola

크기 | 15㎜ 내외 출현시기 | 7~9월(여름)
먹이(유충) | 느릅나무

날개는 흰색이고 갈색의 삼각형 무늬가 있다. 유충의 머리는 적갈색, 앞가슴등판은 연갈색, 배는 연녹색이다.

네줄애기잎말이나방(잎말이나방과)
Grapholita delineana

크기 | 11~15㎜ 출현시기 | 4~8월(여름)
먹이(유충) | 환삼덩굴, 대마

날개는 흑갈색이고 앞날개에 4개의 톱니 모양 줄무늬가 있다. 환삼덩굴 주위를 잘 날아다닌다.

찔레애기잎말이나방(잎말이나방과)
Notocelia rosaecolana

크기 | 18㎜ 내외 출현시기 | 5~6월(봄)
먹이(유충) | 장미, 찔레나무

앞날개 윗부분은 회갈색, 아랫부분은 흰색이다. 어린잎을 갉아 먹고 그 속에서 번데기가 된다.

앞흰점애기잎말이나방(잎말이나방과)

Hedya dimidiana

크기 | 21㎜ 내외 출현시기 | 5~9월(여름)
먹이(유충) | 벚나무, 산초나무, 마가목

날개는 갈색이고 앞날개 가장자리에 흰색 무늬가 있다. 유충은 15㎜ 정도이며 검은색 점이 많다.

흰갈퀴애기잎말이나방(잎말이나방과)

Epiblema foenella

크기 | 19㎜ 내외 출현시기 | 6~9월(여름)
먹이(유충) | 쑥

날개는 진갈색이고 갈퀴 모양의 흰색 무늬가 있다. 가을부터 다음 해 봄까지 쑥의 뿌리와 줄기를 먹고 산다.

극남방꼬마애기잎말이나방(잎말이나방과)

Cryptaspasma angulicostana

크기 | 18~25㎜
출현시기 | 6~9월(여름)

날개는 은색이고 가장자리에는 검은색 무늬가 퍼져 있다. 날개 가운데 좌우에 2개의 흰색 점무늬가 있다.

줄회색애기잎말이나방(잎말이나방과)

Olethreutes transversana

크기 | 16~21㎜ 출현시기 | 7~9월(여름)
먹이(유충) | 콩, 박하

날개 가운데와 가장자리에 회색 줄무늬가 여러 줄 있다. 크기가 작아서 '애기'라는 이름이 붙었다.

잎말이나방 종류 비교하기

사과잎말이나방

몸은 연갈색을 띤다. 앞가슴등판에 4개의 검은색 점무늬가 있다. 사과나무, 배나무, 자두나무 등을 먹는다.

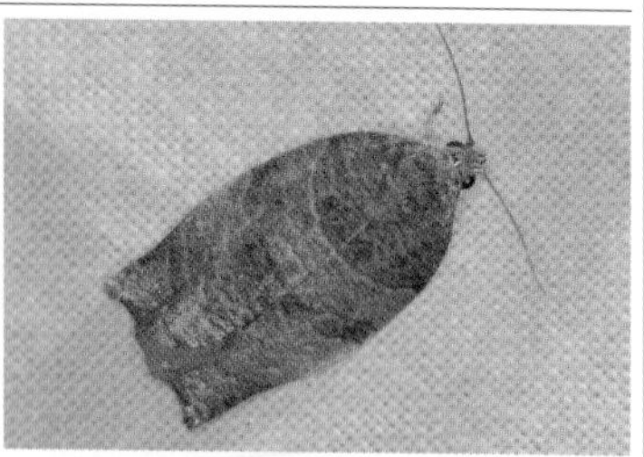

큰사과잎말이나방

몸은 연갈색을 띠며 전체적인 모습이 '사과잎말이나방'을 닮았지만 앞가슴등판에 검은색 점무늬가 없다.

애모무늬잎말이나방

몸은 황갈색을 띠며 불규칙한 갈색 무늬가 많아서 얼룩덜룩하다. 배, 복숭아, 사과 등을 먹고 산다.

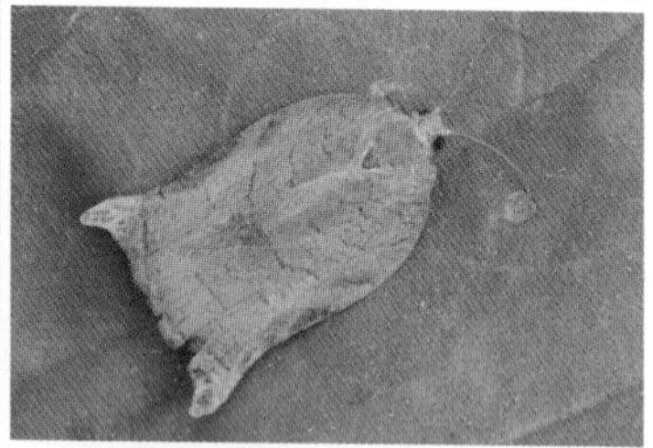

뿔날개잎말이나방

몸은 연주황색 또는 연갈색을 띠며 종 모양이다. 날개 가장자리가 뿔 모양으로 튀어나온 것이 특징이다.

흰머리잎말이나방

몸은 황갈색을 띤다. 날개에 3개의 가로줄무늬가 있고 더듬이는 흰색이다. 사과나무, 느릅나무 등을 먹고 산다.

감나무잎말이나방

몸은 주황색을 띤다. 날개에 불규칙한 은색 무늬가 있다. 밤나무, 배나무, 버드나무 등을 먹고 산다.

남방차주머니나방 집　　　유충은 도롱이 속에서 월동하고 봄에 번데기가 된다.

남방차주머니나방(주머니나방과) *Eumeta variegata*

크기 | 27~35㎜ 출현시기 | 5~8월(여름) 먹이(유충) | 벚나무, 밤나무, 편백

식물의 잎과 줄기를 실로 엮은 자루에서 유충과 번데기가 생활하며 남부 지방에 산다. 자루 모양이 비올 때 입는 도롱이를 닮아서 유충을 '도롱이 벌레'라고 부른다. 수컷과 달리 암컷은 날개가 없다. 유충은 자루 속에서 잎, 꽃, 이끼류를 먹고 살며 그 안에서 월동하고 봄에 번데기가 된다.

유리주머니나방 집　　　유충이 풀잎 뒷면을 기어 다니는 모습

유리주머니나방(주머니나방과) *Acanthopsyche nigraplaga*

크기 | 18~21㎜ 출현시기 | 5~9월(여름) 먹이(유충) | 각종 식물

유충은 식물의 가는 줄기를 이용해서 도롱이 모양의 집을 만들고 딱딱한 곳에 고정시켜서 그 안에서 번데기가 된다. 수컷은 날개의 바깥쪽이 투명하고 암컷은 날개가 없다. '남방차주머니나방'에 비해 도롱이 모양의 집이 훨씬 더 얇다. 유충은 풀잎 아랫면을 기어 다니며 식물을 갉아 먹는다.

복숭아유리나방(유리나방과)
Synanthedon bicingulata

크기 | 25~30㎜ 출현시기 | 6~8월(여름)
먹이(유충) | 복숭아, 벚나무

몸은 길고 날개는 투명하며 더듬이는 채찍 모양이다. 생김새가 '벌'을 닮아서 천적으로부터 자신을 지킨다.

애기유리나방(유리나방과)
Synanthedon tenuis

크기 | 16~20㎜ 출현시기 | 5~8월(여름)
먹이(유충) | 감나무, 배나무

몸은 검은색이고 원통형으로 길다. 날개는 투명하고 배마디에 있는 3개의 황색 줄무늬가 특징이다.

다래유리나방(유리나방과)
Nokona coreana

크기 | 32~34㎜ 출현시기 | 6~7월(여름)
먹이(유충) | 다래나무

몸은 검은색이고 황색 줄무늬가 있어서 '말벌'을 닮았다. 날개는 유리창처럼 투명하고 더듬이는 채찍 모양이다.

산딸기유리나방(유리나방과)
Pennisetia pectinata

크기 | 23~34㎜ 출현시기 | 7~9월(여름)
먹이(유충) | 산딸기나무

황색, 붉은색 무늬와 털이 많아 '말벌'처럼 보인다. 독성이 있는 말벌을 닮은 의태를 통해 자신을 보호한다.

창포그림날개나방(그림날개나방과)

Lepidotarphius perornatella

크기 | 15~19mm 출현시기 | 5~8월(여름)
먹이(유충) | 창포

앞날개 윗부분은 청람색을 띠고 아랫부분은 은백색 무늬가 있는 주황색을 띠는 화려한 빛깔의 나방이다.

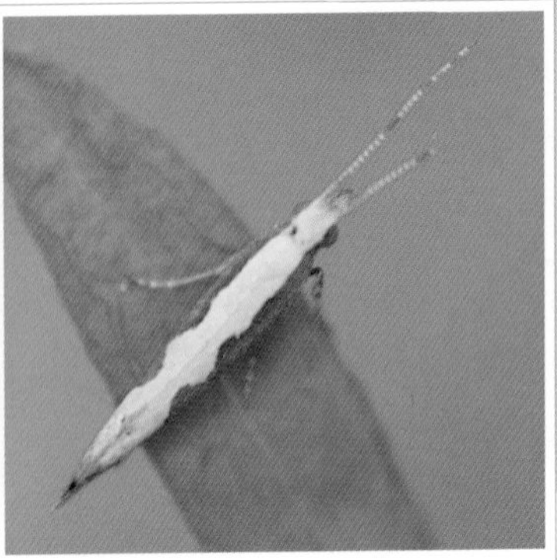

배추좀나방(좀나방과)

Plutella xylostella

크기 | 12mm 내외 출현시기 | 4~5월(봄)
먹이(유충) | 케일, 무, 배추

날개 등면은 회색 또는 흰색이며 앞날개 양옆에 물결무늬가 있다. 십자화과 작물의 해충이다.

우묵날개원뿔나방(큰원뿔나방과)

Acria ceramitis

크기 | 15mm 내외 출현시기 | 6~9월(여름)
먹이(유충) | 밤나무, 참나무류

날개는 진갈색이고 흰색 점이 있으며 가운데가 움푹 패였다. 유충은 잎에 실을 쳐서 터널을 만들고 먹는다.

젤러리원뿔나방(원뿔나방과)

Schiffermuelleria zelleri

크기 | 20mm 내외
출현시기 | 5~6월(여름)

날개는 주황색이고 좌우에 흰색 무늬가 6개 있다. 원뿔나방류 중에는 크기가 큰 대형 나방이다.

붉은꼬마꼭지나방(원뿔나방과)
Oedematopoda ignipicta

크기 | 5.5㎜ 내외
출현시기 | 4~6월(봄)

앞날개와 앞가슴등판은 붉은색을 띠고 더듬이는 침 모양으로 날카롭다. 풀잎에 잘 내려앉는다.

두점애기비단나방(애기비단나방과)
Scythris sinensis

크기 | 11~14㎜ 출현시기 | 6~7월(여름)
먹이(유충) | 명아주

몸은 검은색이고 길쭉하며 앞날개에 4개의 황색 점무늬가 있다. 꽃에 잘 앉고 번데기로 월동한다.

낙엽뿔나방

주둥이가 뿔처럼 튀어나왔다.

낙엽뿔나방(남방뿔나방과) *Lecitholara thiodora*

크기 | 12~14㎜ 출현시기 | 6~10월(여름) 먹이(유충) | 마른 낙엽

유충이 마른 낙엽을 갉아 먹고 살아서 이름이 지어졌다. 날개는 진갈색을 띠고 있어서 낙엽에 앉아 있으면 눈에 잘 띄지 않는다. 더듬이는 흰색으로 자신의 몸 길이보다 훨씬 더 길다. '제주남방뿔나방'과 생김새가 매우 비슷하지만 더듬이가 흰색이어서 구별된다.

흰풀명나방(풀명나방과)
Calamotropha paludella

크기 | 22~29㎜ 출현시기 | 6~8월(여름)
먹이(유충) | 부들, 애기부들

날개는 노란빛이 도는 흰색이어서 이름이 지어졌다. 날개 가운데 부분에 작은 검은색 점이 있다.

이화명나방(풀명나방과)
Chilo suppressalis

크기 | 22~24㎜ 출현시기 | 6~8월(여름)
먹이(유충) | 벼, 옥수수, 기장

날개는 황갈색이고 무늬가 없다. 입술수염이 튀어나와 뾰족하다. 유충은 벼과 작물의 해충이다.

칠점두줄포충나방(풀명나방과)
Miyakea raddeella

크기 | 18㎜ 내외
출현시기 | 5~9월(여름)

앞날개에 주황색 띠무늬가 많다. 날개 끝부분에 6~7개의 검은색 점무늬가 황색 비늘가루에 둘러싸여 있다.

깨다시포충나방(풀명나방과)
Neopediasia mixtalis

크기 | 10~13㎜
출현시기 | 6~9월(여름)

날개와 더듬이는 전체적으로 흰색을 띤다. 날개에 작은 점무늬가 많이 있어서 이름이 지어졌다.

연물명나방(풀명나방과)
Nymphula interruptalis

크기 | 22~28㎜ 출현시기 | 5~9월(여름)
먹이(유충) | 어리연꽃류, 수련

날개는 주황색이고 흰색 무늬가 있다. 유충은 노랑어리연꽃 잎 2장을 붙여서 갉아 먹고 산다.

연보라들명나방(풀명나방과)
Agrotera nemoralis

크기 | 15~20㎜ 출현시기 | 5~8월(여름)
먹이(유충) | 참나무류, 자작나무류, 개암나무

날개는 연보라색이고 앞날개 윗부분은 흰색을 띤다. 흰색 배에도 연보라색 줄무늬가 있다.

검은보라들명나방(풀명나방과)
Agrotera posticalis

크기 | 15~16㎜ 출현시기 | 7~10월(여름)
먹이(유충) | 참나무류

날개 위쪽은 황색이고 주황색 무늬가 있고 아래쪽은 갈색을 띤다. 잎 2장을 붙여서 잎살을 갉아 먹는다.

각시뾰족들명나방(풀명나방과)
Anania verbascalis

크기 | 18~21㎜ 출현시기 | 6~9월(여름)
먹이(유충) | 꿀풀류, 현삼류

날개는 황갈색을 띠고 물결 모양의 진한 적갈색 무늬가 있다. 앞날개 가운데에는 진갈색 점이 있다.

외줄들명나방(풀명나방과)
Bradina geminalis

크기 | 19~27㎜
출현시기 | 4~10월(여름)

갈색 날개에 진갈색의 줄무늬가 있고 가장자리도 진갈색이다. 날개 가운데에 반원 무늬가 있다.

복숭아명나방(풀명나방과)
Conogethes punctiferalis

크기 | 23~29㎜ 출현시기 | 5~9월(여름)
먹이(유충) | 복숭아나무, 밤나무, 벚나무

날개는 전체적으로 황갈색을 띤다. 날개 전체에 검은색 점무늬가 흩뿌려져 있는 것이 특징이다.

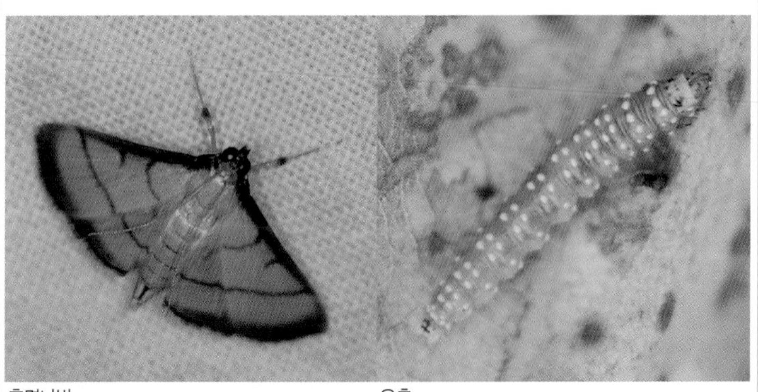

혹명나방 유충

혹명나방(풀명나방과) *Cnaphalocrocis medinalis*

크기 | 16~20㎜ 출현시기 | 6~10월(여름) 먹이(유충) | 벼, 밀, 보리

날개는 황색이고 가장자리는 진갈색을 띤다. 날개에 가로줄무늬가 뚜렷하며 개체 수가 많아서 매우 쉽게 볼 수 있다. 낮에도 활발하게 움직이며 날아다니고 밤에 불빛에 유인되어 잘 날아온다. 유충의 머리는 갈색, 몸은 녹황색이고 흰색 점무늬가 흩뿌려져 있다.

목화바둑명나방(풀명나방과)
Palpita indica

크기 | 28~30㎜ 출현시기 | 6~10월(여름)
먹이(유충) | 목화, 무궁화

날개는 흰색이고 바깥쪽에 굵은 흑갈색 테두리가 있다. 유충은 목화와 무궁화의 잎을 갉아 먹는다.

말굽무늬들명나방(풀명나방과)
Eurrhyparodes contortalis

크기 | 27~32㎜
출현시기 | 5~8월(여름)

날개에 물결 무늬가 있다. 뒷날개 가운데에는 말굽 모양의 무늬가 있어서 이름이 지어졌다.

목화명나방(풀명나방과)
Haritalodes derogata

크기 | 22~30㎜ 출현시기 | 5~8월(여름)
먹이(유충) | 목화, 아욱, 벽오동, 무궁화

날개는 황백색이고 줄무늬가 많다. 유충은 목화 줄기를 먹는 농작물 해충이다. 유충으로 월동한다.

포도들명나방(풀명나방과)
Herpetogramma luctuosalis

크기 | 23~28㎜ 출현시기 | 6~9월(여름)
먹이(유충) | 포도, 담쟁이덩굴

날개는 암갈색을 띠고 황백색 점무늬가 많다. 더듬이는 실 모양이고 포도에 피해를 일으킨다.

흰띠명나방(풀명나방과)

Spoladea recurvalis

크기 | 20~24㎜ 출현시기 | 5~10월(여름)
먹이(유충) | 맨드라미, 시금치

날개는 흑갈색이다. 날개 가운데에 흰색 띠무늬가 있고 양쪽 가장자리에도 흰색 점무늬가 있다.

등심무늬들명나방(풀명나방과)

Nomophila noctuella

크기 | 25~27㎜ 출현시기 | 8~9월(여름)
먹이(유충) | 콩류, 마디풀류

날개는 황갈색이고 흑갈색 눈알 무늬가 있다. 수풀 사이를 빠르게 날아다니는 모습을 볼 수 있다.

조명나방(풀명나방과)

Ostrinia furnacalis

크기 | 23~32㎜ 출현시기 | 7~9월(여름)
먹이(유충) | 조, 옥수수, 콩

날개는 황갈색이고 적갈색 물결무늬가 있다. 옥수수, 조, 콩 등을 갉아 먹는 농작물 해충이다.

분홍무늬들명나방(풀명나방과)

Ostrinia palustralis

크기 | 32~36㎜ 출현시기 | 5~8월(여름)
먹이(유충) | 마디풀류

날개는 연황색이고 분홍색 띠무늬가 뚜렷하다. 잎을 붙잡고 있는 모습을 볼 수 있다.

큰노랑들명나방(풀명나방과)

Pionea ochrealis

크기 | 26㎜ 내외
출현시기 | 6~8월(여름)

날개는 연황색이고 진한 황색 가로 띠무늬가 있다. 뒷날개는 개체에 따라 황색 또는 황백색을 띤다.

몸노랑들명나방(풀명나방과)

Pleuroptya chlorophanta

크기 | 25~27㎜ 출현시기 | 5~9월(여름)
먹이(유충) | 벚나무, 개암나무, 감나무

날개와 몸이 전체적으로 황색이어서 이름이 지어졌다. 앞뒤 날개에 5개의 검은색 줄무늬가 있다.

흰얼룩들명나방(풀명나방과)

Pseudebulea fentoni

크기 | 24~31㎜ 출현시기 | 7~8월(여름)
먹이(유충) | 단풍나무

앞날개에 흰색 사각형 무늬가 있다. 더듬이는 암수 모두 실 모양이다. 유충은 단풍나무류를 먹는다.

점애기들명나방(풀명나방과)

Diasemia accalis

크기 | 16~20㎜
출현시기 | 4~9월(여름)

날개는 갈색이고 복잡한 흰색 띠무늬가 있다. 날개 아래쪽에는 검은색 사각형 무늬가 있다.

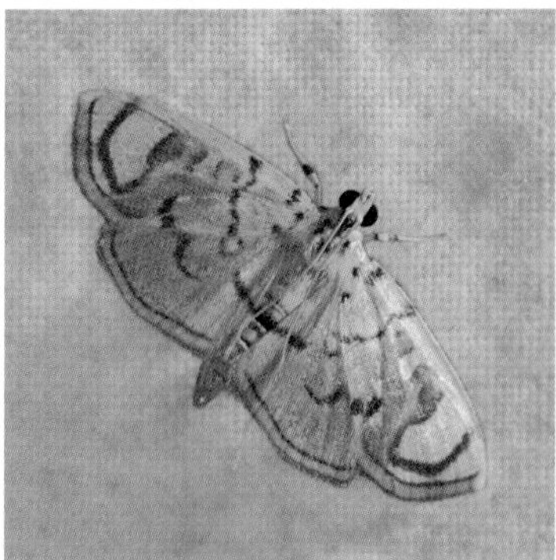

구름무늬들명나방(풀명나방과)
Pycnarmon tylostegalis

크기 | 18~23㎜ 출현시기 | 6~8월(여름)
먹이(유충) | 갈참나무

앞날개 끝에 있는 흰색 무늬가 구름이 둥둥 떠 있는 것처럼 보인다. 잎 2장을 붙여 놓고 잎살을 먹는다.

점붙이들명나방(풀명나방과)
Tabidia strigiferalis

크기 | 21㎜ 내외
출현시기 | 5~8월(여름)

날개는 연황색을 띤다. 날개에 크기가 작은 검은색 점무늬가 매우 많이 흩뿌려져 있다.

줄검은들명나방(풀명나방과)
Tyspanodes hypsalis

크기 | 29㎜ 내외 출현시기 | 5~8월(여름)
먹이(유충) | 고추나무

날개에 진갈색 줄무늬가 있고 머리와 앞가슴등판은 주황색이다. 고추나무 잎 2장을 붙여서 갉아 먹는다.

콩명나방(풀명나방과)
Maruca vitrata

크기 | 26~31㎜ 출현시기 | 7~10월(여름)
먹이(유충) | 콩, 팥

날개는 갈색이고 가운데에 흰색 점무늬가 있다. 수컷의 배 끝에 털 뭉치가 있다. 팥 꼬투리 속의 열매를 파먹는다.

굵은띠비단명나방(명나방과)

Arippara indicator

크기 | 26~30㎜ 출현시기 | 7~8월(여름)
먹이(유충) | 녹나무, 옻나무

날개는 전체적으로 주황색을 띤다. 날개에 2개의 굵은 황색 띠무늬가 있다. 불빛에 잘 날아온다.

노랑눈비단명나방(명나방과)

Orybina regalis

크기 | 26~33㎜ 출현시기 | 6~8월(여름)
먹이(유충) | 단풍나무, 양버즘나무, 갈참나무

날개는 적황색으로 매우 화려한 빛깔을 갖고 있다. 날개에 2개의 황색 점무늬가 뚜렷하다.

큰홍색뾰족명나방(명나방과)

Endotricha consocia

크기 | 18~21㎜
출현시기 | 6~9월(여름)

날개는 황적색이고 뾰족해서 이름이 지어졌다. 머리는 흰색을 띠고 밤에 불빛에 잘 날아온다.

노랑꼬리뾰족명나방(명나방과)

Endotricha flavofascialis

크기 | 13~16㎜
출현시기 | 6~8월(여름)

날개 위쪽은 적갈색, 아래쪽은 붉은색을 띤다. 앞날개 가장자리에 스티치 무늬가 있는 것이 특징이다.

흰띠뾰족명나방(명나방과)
Endotricha kuznetzovi

크기 | 16~20㎜
출현시기 | 6~9월(여름)

날개는 붉은색이 도는 갈색이다. '노랑꼬리뾰족명나방'과 비슷하지만 뒷날개가 진갈색이어서 구별된다.

날개뾰족명나방(명나방과)
Endotricha minialis

크기 | 18~21㎜
출현시기 | 5~8월(여름)

날개는 붉은색이고 뾰족하다. 앞날개 가장자리에 흰색 점무늬가 줄지어 있는 것이 특징이다.

줄보라집명나방(명나방과)
Craneophora ficki

크기 | 27~30㎜
출현시기 | 6~8월(여름)

날개는 자줏빛을 띠는 갈색이다. 아래쪽은 주황색을 띤다. 날개 가운데에는 주황색 띠무늬가 있다.

흰날개큰집명나방(명나방과)
Teliphasa albifusa

크기 | 32~34㎜
출현시기 | 6~8월(여름)

날개는 황록색을 띠는 흑갈색이다. 가운데에 굵은 흰색 띠무늬가 있다. 밤에 불빛에 잘 날아온다.

흰무늬집명나방(명나방과)

Salma amica

크기 | 34~42㎜
출현시기 | 6~8월(여름)

날개는 흑갈색을 띤다. 수컷의 더듬이는 털이 많고 암컷은 실 모양이다.

흰무늬집명나방붙이(명나방과)

Termioptycha nigrescens

크기 | 22~32㎜
출현시기 | 7~9월(여름)

날개는 갈색이고 가장자리는 연한 적갈색을 띤다. 수컷의 더듬이는 가는 털 모양이고 암컷은 실 모양이다.

앞붉은명나방(명나방과)

Oncocera semirubella

크기 | 25~31㎜
출현시기 | 5~8월(여름)

날개는 황색이고 가장자리는 붉은색을 띤다. 개체에 따라 무늬와 색깔의 변이가 많은 편이다.

화랑곡나방(명나방과)

Plodia interpunctella

크기 | 12~18㎜ 출현시기 | 5~9월(여름)
먹이(유충) | 곡류

앞날개 윗부분은 흰색, 아랫부분은 갈색을 띤다. 유충은 쌀, 콩 등을 갉아 먹는 저장 곡물 해충이다.

창나방(창나방과)
Striglina cancellata

크기 | 19~25㎜ 출현시기 | 5~8월(여름)
먹이(유충) | 갈참나무, 신갈나무, 밤나무

날개는 주황색이고 가운데에 진갈색 가로줄무늬가 있다. 날개에 그물 모양의 가느다란 줄무늬가 많다.

그물무늬창나방(창나방과)
Striglina fixseni

크기 | 22~31㎜ 출현시기 | 6~7월(여름)
먹이(유충) | 고로쇠나무, 찰피나무

앞날개는 회갈색이고 흑갈색의 그물 무늬가 있다. 성충은 낮에도 볼 수 있으며 한국 고유종이다.

상수리창나방(창나방과)
Rhodoneura vittula

크기 | 16~21㎜ 출현시기 | 4~8월(여름)
먹이(유충) | 상수리나무, 밤나무

날개는 연갈색을 띠며 진갈색 무늬가 있다. 낮에 나뭇잎 위에 잘 내려앉는다.

깜둥이창나방(창나방과)
Thyris fenestrella seoulensis

크기 | 16~18㎜
출현시기 | 5~8월(여름)

몸과 날개는 검은색이고 날개에 흰색 점무늬가 많다. 낮에 활발하게 날아다니며 꽃밭에 모여든다.

뒤흰띠알락나방　밤에 불빛에 유인되어 날아온다.

유충

날개(흰색 띠무늬)

더듬이(빗살 모양)

뒤흰띠알락나방(알락나방과) *Chalcosia remota*

크기 | 55㎜ 내외　출현시기 | 6~8월(여름)　먹이(유충) | 노린재나무

날개는 흑갈색이고 흰색 띠무늬가 있다. 머리는 붉은색을 띠고 더듬이는 빗살 모양이며 수컷은 암컷에 비해 빗살이 더 길다. '흰띠알락나방'과 비슷하지만 뒷날개에 흰색 띠무늬가 있어서 구별된다. 성충은 연 1회 발생하며 낮에 활동하지만 밤에 불빛에 유인되어 모여든다. 유충은 검은색이고 황색 사각형 무늬가 흩어져 있는 모습이 알록달록해서 눈에 매우 잘 띈다. 대발생하면 노린재나무의 나뭇잎이 거의 없어질 정도로 모조리 갉아 먹는다. 유충은 잎 표면에 단단한 고치를 만들고 번데기가 된다.

수컷

여덟무늬알락나방(암컷)

짝짓기

[1]**실줄알락나방** 유충

[2]**벚나무알락나방** 유충

[3]**장미알락나방** 유충

여덟무늬알락나방(알락나방과) *Balataea octomaculata*

크기 | 19~22㎜ 출현시기 | 6~7월(여름) 먹이(유충) | 갈대, 억새

몸은 검은색이고 머리와 앞가슴등판은 진한 남색을 띤다. 더듬이는 채찍 모양으로 굵고 날개는 넓적하며 8개의 황색 점무늬가 있는 것이 특징이다. 낮에 날아다니며 꿀을 빨기 위해 꽃에 찾아오는 모습을 볼 수 있다. 풀잎에 앉은 모습을 보면 색깔이 화려해서 '나비'라고 착각하는 경우가 많다. 유충은 잎에 타원형의 납작한 털 뭉치 모양의 고치를 만들고 번데기가 된다. 유충은 억새, 갈대 등 화본과 식물을 갉아 먹는다. [1]**실줄알락나방**, [2]**벚나무알락나방**, [3]**장미알락나방** 등의 알락나방 유충은 몸에 털이 많고 잎에 앉아 있는 모습을 볼 수 있다.

대나무쐐기알락나방 낮에 활동하는 주행성 나방이다.

대나무쐐기알락나방(알락나방과) *Balataea funeralis*

크기 | 17㎜ 내외 출현시기 | 5~8월(여름) 먹이(유충) | 대나무류

날개는 전체적으로 검은색이고 배는 청람색을 띤다. 어린 유충 시기에는 집단으로 무리 지어 살다가 자라면서 흩어진다. 잎에 여러 마리가 붙어서 갉아 먹으면 거의 남김없이 잎을 먹어 치운다. 잎에 타원형으로 납작한 갈색 고치를 만들고 번데기가 된다.

굴뚝알락나방(알락나방과) *Inope maerens*

크기 | 10~12㎜

출현시기 | 5~6월(여름)

몸은 검은색이고 날개에 무늬가 없다. 수컷의 더듬이는 빗살 모양이지만 암컷은 실 모양으로 서로 다르다.

사과알락나방(알락나방과) *Illiberis (Primilliberis) pruni*

크기 | 26~30㎜ 출현시기 | 6~7월(여름)

먹이(유충) | 사과나무, 배나무

몸과 날개는 연한 검은색을 띤다. 사과나무, 배나무가 자라는 과수원 주변을 날아다니는 모습을 볼 수 있다.

노랑털알락나방 몸이 노랗고 털이 많다.

유충

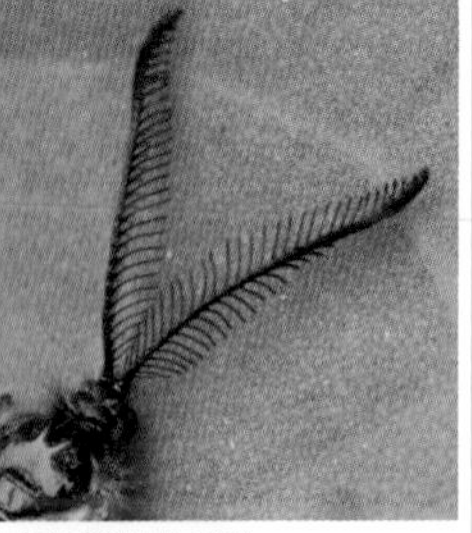

더듬이(양빗살 모양)

노랑털알락나방(알락나방과) *Pryeria sinica*

크기 | 22~32㎜ 출현시기 | 9~11월(가을) 먹이(유충) | 사철나무, 화살나무, 회잎나무

앞날개는 가늘고 길며 투명하고 뒷날개는 앞날개에 비해 작다. 몸에 황색 털이 수북하게 달려 있어서 이름이 지어졌다. 배는 황색이며 검은색 털이 섞여 있고 배 끝부분에 털 뭉치가 있다. 낮에 '나비'처럼 활발하게 날아다니는 모습을 볼 수 있다. 유충은 사철나무, 화살나무 등의 잎을 갉아 먹고 산다. 어릴 때는 집단으로 모여 살다가 자라면서 흩어진다. 대발생하면 나뭇잎을 모조리 갉아 먹는다. 먹이 식물의 주위에서 짝짓기를 한다. 잎에 납작한 갈색 고치를 만들고 번데기가 되었다가 10월에 우화한다.

흰점쐐기나방(쐐기나방과)

Heringodes dentata

크기 | 25~28㎜ 출현시기 | 6~8월(여름)
먹이(유충) | 참나무류, 밤나무, 벚나무

날개는 갈색이고 검은색 무늬가 있으며 2개의 흰색 점무늬가 있다. 연 2회 발생하며 여러 나무를 먹는다.

끝검은쐐기나방(쐐기나방과)

Belippa horrida

크기 | 32~35㎜
출현시기 | 6~7월(여름)

앞날개 끝부분과 가운데 부위에 검은색 점무늬가 있어서 이름이 지어졌다. 개체 수가 적다.

대륙쐐기나방(쐐기나방과)

Ceratonema christophi

크기 | 18~20㎜ 출현시기 | 6~7월(여름)
먹이(유충) | 벚나무

앞날개는 황갈색이고 암갈색 사선이 있다. 뒷날개는 황갈색이다. 연 2회 발생한다.

참쐐기나방(쐐기나방과)

Rhamnosa angulata

크기 | 24~26㎜
출현시기 | 7~8월(여름)

날개는 연한 황갈색을 띤다. 날개에 2개의 갈색 가로줄무늬가 있으며 가슴에는 털 뭉치가 있다.

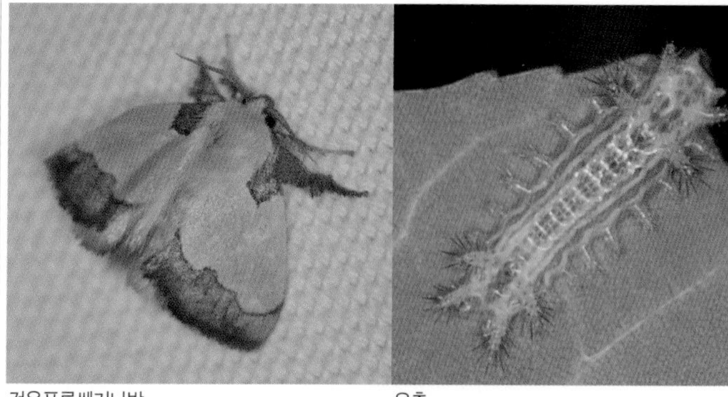
검은푸른쐐기나방 유충

검은푸른쐐기나방(쐐기나방과) *Latoia hilarata*

크기 | 21~25㎜ 출현시기 | 5~8월(여름) 먹이(유충) | 버드나무, 참나무류

'뒷검은푸른쐐기나방'과 매우 비슷하지만 크기가 크며 앞날개의 띠가 넓고 뒷날개 바탕이 연황색을 띠는 점이 서로 달라서 구별된다. 흔하게 볼 수 있는 '뒷검은푸른쐐기나방'과 달리 개체 수가 적어서 쉽게 관찰되지 않는다. 유충(쐐기)은 연녹색을 띠며 뾰족한 가시가 달려 있다.

뒷검은푸른쐐기나방 불빛에 유인되어 잘 날아온다.

뒷검은푸른쐐기나방(쐐기나방과) *Latoia sinica*

크기 | 22~30㎜ 출현시기 | 5~8월(여름) 먹이(유충) | 버드나무, 참느릅나무, 층층나무

날개는 선명한 녹색이다. 앞날개 가장자리와 뒷날개가 검은색이어서 이름이 지어졌다. 수컷의 더듬이는 빗살 모양이고 암컷은 실 모양이어서 서로 다르다. 연 2회 발생하며 개체 수가 많아서 어디서나 쉽게 볼 수 있다. 밤에 불빛에 유인되어 모여든다.

노랑쐐기나방 쐐기(유충)에 쏘이면 위험하다.

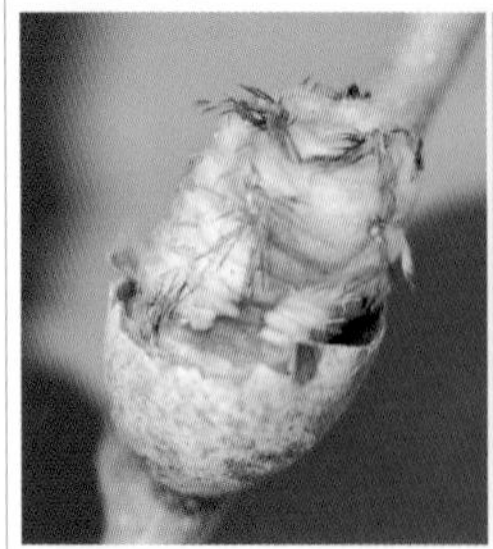
유충(종령)

고치(번데기)

우화 후 고치 모습

노랑쐐기나방(쐐기나방과) *Monema flavescens*

크기 | 24~35㎜ 출현시기 | 6~8월(여름) 먹이(유충) | 벚나무, 버드나무, 앵두나무

날개는 황색이고 아랫부분은 갈색을 띤다. 날개 끝에서 시작하는 2개의 흑갈색 빗줄무늬가 있다. 더듬이는 암수 모두 실 모양이지만 수컷이 암컷에 비해 굵다. 유충은 배나무, 감나무, 버드나무, 뽕나무, 사과나무 등의 다양한 나무를 갉아 먹고 산다. 단단한 회백색 고치에는 흑갈색 무늬가 있다. 연 1회 발생하며 고치 속에서 월동한다. 유충은 청색이고 뾰족한 돌기가 많으며 찔리면 아프다. 다 자라면 나뭇가지가 갈라진 곳에 고치를 만든다. 알 모양의 고치 속에서 전용 상태로 겨울을 나고 봄에 번데기가 되었다가 우화한다.

극동쐐기나방 유충

극동쐐기나방(쐐기나방과) *Thosea sinensis*

크기 | 23~25㎜ 출현시기 | 7~9월(여름) 먹이(유충) | 층층나무, 참나무류, 벚나무

날개는 연한 회갈색이고 검은색 비늘가루가 흩어져 있다. 연 1회 발생하며 개체 수가 적다. 유충은 녹색이고 흰색 세로줄무늬가 있으며 '쏘는 유충'이라고 해서 '쐐기'라고 부른다. 쐐기에 쏘이면 퉁퉁 붓고 통증을 일으킨다. 단풍나무, 벚나무, 층층나무 등의 잎을 갉아 먹고 산다.

새극동쐐기나방(쐐기나방과) *Neothosea suigensis*

크기 | 23~25㎜
출현시기 | 6~7월(여름)

날개는 황갈색이다. 수컷의 더듬이는 짧은 톱니 모양이다. 더듬이를 몸에 붙인 모습이 삼각형처럼 보인다.

남방쐐기나방(쐐기나방과) *Iragoides conjuncta*

크기 | 26~33㎜ 출현시기 | 6~8월(여름)
먹이(유충) | 꽃창포

앞날개 끝에 1개의 검은색 점무늬가 있다. 유충은 녹색이고 배 등면에 청색 무늬가 있으며 가시돌기가 많다.

뿔나비나방　　꿀을 빨아 먹는 모습

뿔나비나방(뿔나비나방과) *Pterodecta felderi*

크기 | 29~33㎜ 출현시기 | 4~8월(봄) 먹이(유충) | 양치식물

날개는 갈색이고 주홍색 반달무늬가 있다. 끝부분이 뾰족하게 생긴 모습이 '뿔나비'를 닮았고 꽃에 앉아 날개를 접고 있는 모습이 '부전나비'처럼 보인다. 낮에 날아다니는 모습이 나비처럼 보이지만 더듬이 끝부분이 곤봉 모양으로 부풀어 있지 않고 실 모양이어서 구별된다.

흑점쌍꼬리나방(쌍꼬리나방과)
Epiplema moza

크기 | 27㎜ 내외
출현시기 | 5~8월(여름)

날개는 갈색이고 진갈색 무늬가 있다. 날개 가장자리가 톱니 모양이고 앞날개 아래쪽에 점무늬가 있다.

포도애털날개나방(털날개나방과)
Nippoptilia vitis

크기 | 18~20㎜ 출현시기 | 6~9월(여름)
먹이(유충) | 포도, 개머루

몸과 날개는 갈색이고 작은 점이 많다. 가늘게 갈라진 뒷날개가 털처럼 보여서 이름이 지어졌다.

참나무갈고리나방(갈고리나방과)
Agnidra scabiosa fixseni

크기 | 27~35㎜ 출현시기 | 5~9월(여름)
먹이(유충) | 참나무류

날개는 황갈색이고 가운데에 연갈색 점무늬가 있다. 날개 끝부분이 갈고리처럼 휘어져 있다.

황줄점갈고리나방(갈고리나방과)
Nordstromia japonica

크기 | 25~37㎜ 출현시기 | 5~9월(여름)
먹이(유충) | 참나무류

날개는 연회색이고 2개의 갈색 가로줄무늬가 있다. 날개 끝부분은 갈고리처럼 휘어져 있다.

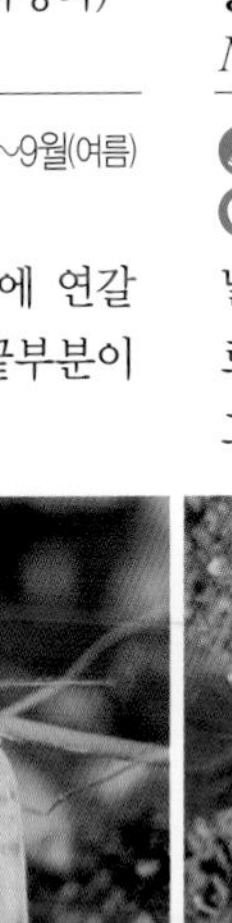

밤색갈고리나방(갈고리나방과)
Drepana curvatula koreula

크기 | 34~42㎜
출현시기 | 5~9월(여름)

날개는 개체에 따라 갈색, 적갈색, 황갈색 등 다양하다. 날개 좌우에 각각 2개의 검은색 점무늬가 있다.

왕인갈고리나방(갈고리나방과)
Cyclidia substigmaria nigralbata

크기 | 50~64㎜ 출현시기 | 5~9월(여름)
먹이(유충) | 박쥐나무

날개는 흰색이고 회갈색 무늬가 많다. 낮에는 그늘진 곳을 천천히 날아다니고 밤에 불빛에 모여든다.

애기담홍뾰족날개나방(갈고리나방과)

Habrosyne aurorina

크기 | 28~36㎜ 출현시기 | 6~8월(여름)
먹이(유충) | 국수나무

날개는 암갈색이고 연홍색 무늬가 많다. 날개의 무늬가 매우 아름다워서 디자인 요소로 활용 가능하다.

흰뾰족날개나방(갈고리나방과)

Habrosyne pyritoides derasoides

크기 | 40㎜ 내외 출현시기 | 8~9월(여름)
먹이(유충) | 산딸기

날개는 암회색이고 흰색과 갈색의 물결무늬가 있다. 유충은 적갈색이고 V자 무늬가 있다.

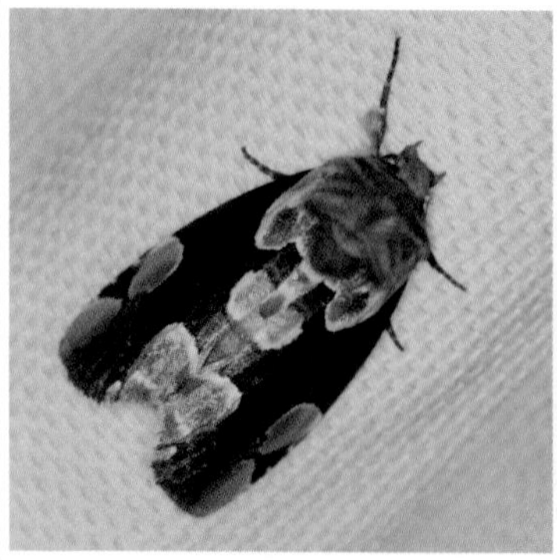

무늬뾰족날개나방(갈고리나방과)

Thyatira batis batis

크기 | 38㎜ 내외 출현시기 | 6~8월(여름)
먹이(유충) | 산딸기, 줄딸기

날개는 암갈색이고 둥근 무늬가 있다. 유충은 암녹색이고 잎에 앉은 모습이 새똥처럼 보인다.

유충

이른봄뾰족날개나방(갈고리나방과)

Kurama mirabilis

크기 | 41㎜ 내외 출현시기 | 4~5월(봄)
먹이(유충) | 떡갈나무

날개는 연갈색이고 역삼각형 모양의 띠무늬가 있다. 유충은 마디마다 둥근 검은색 점무늬가 4개씩 있다.

별박이자나방 날개의 점무늬가 별이 박혀 있는 것처럼 아름답다.

유충(종령)

번데기

더듬이(가느다란 톱니 모양)

별박이자나방(자나방과) *Naxa seriaria*

크기 | 32~47㎜ 출현시기 | 6~7월(여름) 먹이(유충) | 광나무, 물푸레나무, 쥐똥나무

날개는 흰색이고 검은색 점무늬가 많다. 전체가 흰색이어서 '흰나비'로 착각하기도 한다. 흰색 날개에 검은색 점무늬가 땡땡이 무늬 원피스를 연상시킨다. 수컷은 크기가 암컷보다 작고 날개는 흰색이지만 암컷은 반투명에 가깝다. 더듬이는 암수가 모두 톱날 모양이다. 숲속의 그늘진 곳을 하늘하늘 천천히 날아다니는 모습을 흔하게 볼 수 있을 정도로 개체 수가 많은 편이다. 연 1회 발생하며 유충으로 월동한다. 유충은 몸을 구부려 옷감의 길이를 재는 것처럼 기어 다녀서 '자벌레'라 부른다.

흰줄푸른자나방 날개에 연한 흰색 줄무늬가 있다.

흰줄푸른자나방(자나방과) *Geometra dieckmanni*

크기 | 40~45㎜ 출현시기 | 5~8월(여름) 먹이(유충) | 밤나무, 신갈나무

날개는 연녹색이고 2개의 비스듬한 흰색 줄무늬가 있어서 이름이 지어졌다. 산지나 평지에서 매우 흔하게 볼 수 있는 대표적인 자나방이다. 수컷에 비해서 암컷의 크기가 더 크고 밤에 불빛에 잘 모여든다. 유충은 '자벌레'라 불리며 잎사귀와 비슷한 녹색을 띤다.

톱날푸른자나방 날개가 톱니처럼 뾰족하다.

톱날푸른자나방(자나방과) *Timandromorpha enervata*

크기 | 43㎜ 내외 출현시기 | 5~8월(여름)

몸과 날개는 암녹색이고 날개에 흰색 점무늬가 많다. 앞날개 가장자리가 톱니 모양처럼 뾰족해서 이름이 지어졌다. 여름철에 많이 출현하지만 '흰줄푸른자나방'에 비해 개체 수가 많지 않아서 쉽게 만나기 힘들다. 밤에 활동하며 숲 근처의 불빛에 잘 모여든다.

붉은줄푸른자나방 | 날개의 흰색 줄무늬는 붉은빛이 난다.

붉은줄푸른자나방(자나방과) *Neohipparchus vallata*

크기 | 25~32㎜ 출현시기 | 6~8월(여름) 먹이(유충) | 종가시나무

날개는 푸른빛이 도는 녹색이다. 날개에 흰색 줄무늬가 있으며 앞날개와 뒷날개의 흰색 가로줄무늬가 이어져서 V자 모양을 이룬다. 날개 가장자리를 따라서 검은색 점무늬가 흩어져 있다. 밤에 불빛에 잘 날아오며 연 1회 발생한다.

큰제비푸른자나방(자나방과) *Maxates grandificaria*

크기 | 35㎜ 내외 출현시기 | 6~7월(여름)
먹이(유충) | 가래나무

날개는 녹색이고 개체마다 무늬와 색깔의 차이가 있다. 꼬리 모양의 돌기가 길고 날카롭다. 개체 수는 적다.

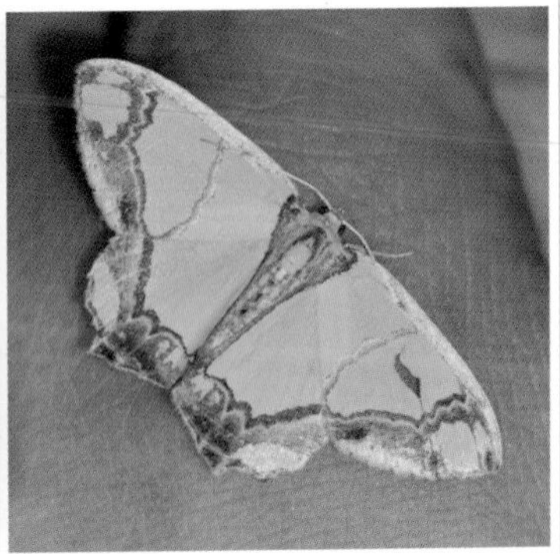

검띠푸른자나방(자나방과) *Agathia carissima*

크기 | 35㎜ 내외
출현시기 | 5~7월(여름)

앞뒷날개는 선명한 녹색이고 갈색 무늬가 있다. 산지에 살며 밤에 불빛에 잘 날아온다.

큰무늬박이푸른자나방 날개에 4개의 검은색 점무늬가 있다.

큰무늬박이푸른자나방(자나방과) *Comibaena tenuisaria*

크기 | 26~29㎜ 출현시기 | 6~7월(여름) 먹이(유충) | 까치박달

날개는 연녹색이고 가장자리에 갈색 무늬가 있다. 날개에 4개의 검은색 점무늬가 뚜렷하다. '무늬박이푸른자나방'과 비슷하게 생겼지만 앞날개와 뒷날개 끝에 있는 흰색 무늬가 갈색 테로 둘러싸여 있지 않아서 구별된다. 밤에 불빛에 잘 날아오며 연 1회 발생한다.

녹색푸른자나방(자나방과) *Hemithea tritonaria*

크기 | 22㎜ 내외 출현시기 | 7월(여름) 먹이(유충) | 신갈나무, 자귀나무, 아까시나무

날개는 녹색이고 앞날개에 물결 모양의 줄무늬가 뚜렷하다. 개체 수가 적어서 보기 힘들며 연 1회 발생한다.

붉은다리푸른자나방(자나방과) *Culpinia diffusa*

크기 | 19~24㎜ 출현시기 | 6~8월(여름)

날개는 연녹색이고 앞다리가 붉은색이어서 이름이 지어졌다. 더듬이는 수컷이 빗살 모양, 암컷이 실 모양이다.

홍띠애기자나방(자나방과)
Timandra comptaria

크기 | 22㎜ 내외 출현시기 | 5~8월(여름)
먹이(유충) | 소리쟁이

날개는 갈색이고 가운데에 붉은색 가로띠무늬가 뚜렷하다. 낮에 나뭇잎에 앉아서 쉬는 모습을 볼 수 있다.

넓은홍띠애기자나방(자나방과)
Timandra apicirosea

크기 | 33㎜ 내외 출현시기 | 5~9월(여름)
먹이(유충) | 마디풀류

날개는 연갈색이고 가운데에 붉은색 가로띠무늬가 있으며 회색 점무늬도 많다. 연 2회 발생한다.

붉은날개애기자나방(자나방과)
Timandra recompta

크기 | 23㎜ 내외 출현시기 | 6~8월(여름)
먹이(유충) | 며느리배꼽, 소리쟁이

날개에 붉은색 가로띠무늬가 있고 가장자리도 붉은색이다. 더듬이는 수컷이 빗살 모양, 암컷이 실 모양이다.

줄노랑흰애기자나방(자나방과)
Scopula superior

크기 | 20~23㎜
출현시기 | 5~10월(여름)

날개는 흰색이고 연황색 물결무늬가 있어서 이름이 지어졌다. 밤에 불빛에 잘 모여든다.

점줄흰애기자나방 둥근 눈알 무늬로 천적을 물리친다.

점줄흰애기자나방(자나방과) *Problepsis plagiata*

크기 | 39~44㎜ 출현시기 | 6~8월(여름)

날개는 흰색을 띤다. 날개 가운데에 4개의 둥글고 큰 회갈색 점무늬가 있는 것이 특징이다. 둥근 눈알 무늬는 천적을 큰 생물로 착각하게 만들어 놀라게 하여 몸을 피한다. 낮에 풀숲 속에서 날개를 펴고 쉬고 있는 모습을 볼 수 있다.

앞노랑애기자나방(자나방과) *Scopula nigropunctata*

크기 | 25~29㎜ 출현시기 | 5~8월(여름)
먹이(유충) | 산딸기, 누리장나무

날개는 노란빛을 띠는 연갈색이다. 날개 전체에 구불구불한 줄무늬와 점무늬가 매우 많다.

분홍애기자나방(자나방과) *Idaea muricata*

크기 | 14~16㎜
출현시기 | 5~8월(여름)

날개는 전체적으로 붉은색을 띤다. 연 2회 발생하며 몸집이 작고 개체 수가 많은 편이다.

배노랑물결자나방(자나방과)

Callabraxas compositata

크기 | 38~46㎜ 출현시기 | 6~8월(여름)
먹이(유충) | 담쟁이덩굴

날개는 흰색이고 물결 모양의 검은색 줄무늬가 있어서 이름이 지어졌다. 뒷날개 끝부분은 황색이다.

흰띠큰물결자나방(자나방과)

Baptria tibiale

크기 | 25㎜ 내외
출현시기 | 5~7월(여름)

앞날개에 있는 흰색 띠의 폭이 매우 넓다. 낮에 활발하게 날아다니는 주행성 나방이다.

큰톱날물결자나방(자나방과)

Ecliptopera umbrosaria

크기 | 27~30㎜ 출현시기 | 5~8월(여름)
먹이(유충) | 물봉선, 노랑물봉선

날개는 갈색이고 흰색 가로줄무늬가 구불구불해서 톱날처럼 보인다. 연 2회 발생한다.

흰애기물결자나방(자나방과)

Asthena nymphaeata

크기 | 20㎜ 내외
출현시기 | 6~7월(여름)

날개는 흰색이고 물결 모양의 연황색 줄무늬가 많다. 크기가 작아서 이름에 '애기'가 붙었다.

각시얼룩가지나방(자나방과)
Abraxas niphonibia

크기 | 32~36㎜ 출현시기 | 6~8월(여름)
먹이(유충) | 노박덩굴

날개는 흰색이고 황갈색 점무늬가 많으며 가장자리는 회색을 띤다. 유충은 자벌레형으로 나뭇가지를 닮았다.

네무늬가지나방(자나방과)
Heterostegane hyriaria

크기 | 17~20㎜
출현시기 | 5~8월(여름)

날개는 연황색이고 4개의 갈색 점무늬가 있다. 날개 가장자리를 따라서 진갈색 줄무늬가 있다.

쌍점흰가지나방(자나방과)
Lomographa bimaculata

크기 | 22~29㎜ 출현시기 | 6~8월(여름)
먹이(유충) | 귀룽나무, 산사나무

날개는 흰색이고 앞날개에 4개의 암갈색 쌍점 무늬가 있어서 이름이 지어졌다. 유충은 투명한 녹색이다.

먹세줄흰가지나방(자나방과)
Myrteta angelica

크기 | 35㎜ 내외 출현시기 | 7~10월(여름)
먹이(유충) | 쪽동백나무, 때죽나무

날개는 흰색이고 3개의 비스듬한 암갈색 줄무늬가 있다. 낮에 나뭇잎 위에 앉거나 꽃에 잘 모여든다.

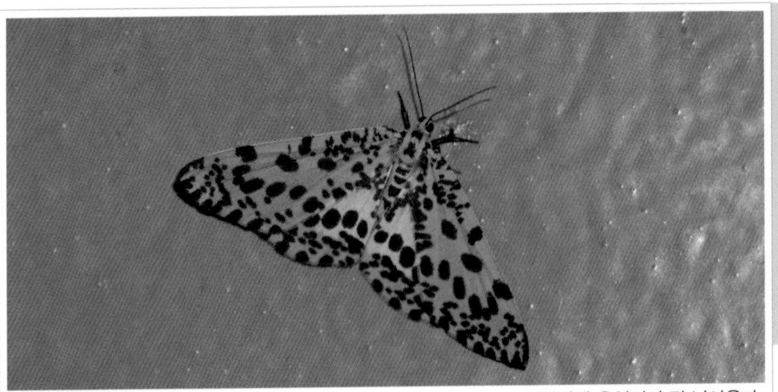
노랑날개무늬가지나방　　불빛에 유인되어 잘 날아온다.

노랑날개무늬가지나방(자나방과) *Obeidia tigrata*

크기 | 50㎜ 내외　출현시기 | 7~8월(여름)　먹이(유충) | 노박덩굴

날개는 황색이고 검은색 점무늬가 많다. 뒷다리 종아리마디에 굵은 털 뭉치가 달려 있다. 낮에 개쉬땅나무 등의 꽃에 모여 꿀을 빤다. 유충은 '잠자리가지나방'과 비슷하지만 황색 바탕에 검은색 직사각형 무늬가 연속적으로 있고 배 끝부분에 검은색 무늬가 작아서 구별된다.

뒷노랑점가지나방　　뒷날개(황색)

뒷노랑점가지나방(자나방과) *Arichanna melanaria*

크기 | 40~48㎜　출현시기 | 5~8월(여름)　먹이(유충) | 진달래, 철쭉

앞날개에 검은색 점무늬가 많다. 황색 뒷날개에 검은색 점무늬가 많아서 이름이 지어졌다. 더듬이는 수컷은 빗살 모양이고 암컷은 실 모양이다. 넓은 지역에 살며 개체 수가 많아서 쉽게 볼 수 있다. 밤에 활발하게 날아다니며 불빛에 잘 모여든다.

큰알락흰가지나방 점무늬가 알록달록하다.

큰알락흰가지나방(자나방과) *Parapercnia giraffata*

크기 | 58㎜ 내외 출현시기 | 5~8월(여름) 먹이(유충) | 감나무

날개는 전체적으로 회백색을 띤다. 날개에 검은색 점무늬가 크고 많아서 '알락흰가지나방'보다 훨씬 더 검게 보이며 배 부분도 황색이어서 배가 회백색을 띠는 '알락흰가지나방'과 쉽게 구별된다. 무더운 여름밤에 불빛에 유인되어 잘 날아온다.

알락흰가지나방 밤에 불빛에 잘 모여든다.

알락흰가지나방(자나방과) *Antipercnia albinigrata*

크기 | 50~55㎜ 출현시기 | 6~8월(여름) 먹이(유충) | 감나무

날개는 전체적으로 회백색이다. 날개에 크고 작은 검은색 점무늬가 매우 많아서 달마시안처럼 보인다. '큰알락흰가지나방'과 비슷하지만 뒷날개 가장자리의 둥근 무늬가 작고 배가 흰색을 띠어 구별된다. 밤에 날아다니다가 불빛에 유인되어 날아온다.

구름무늬가지나방 나무껍질과 닮은 보호색을 갖고 있다.

구름무늬가지나방(자나방과) *Jankowskia athleta*

크기 | 40㎜ 내외 출현시기 | 6~7월(여름)

날개는 진갈색이고 아래쪽은 황색이 도는 갈색이다. 개체에 따라 색깔의 차이가 있다. '북방구름무늬가지나방'과 매우 비슷하게 생겼지만 날개 바깥쪽이 붉은빛이 도는 연갈색이어서 구별된다. 날개가 먹구름이 낀 것처럼 보여서 이름이 지어졌다.

세줄날개가지나방 날개에 줄무늬가 많다.

세줄날개가지나방(자나방과) *Hypomecis roboraria*

크기 | 39~54㎜ 출현시기 | 5~8월(여름) 먹이(유충) | 졸참나무, 사과나무

날개는 전체적으로 흑갈색을 띤다. 날개에 3개의 구불구불한 검은색 줄무늬가 있어서 이름이 지어졌다. 더듬이는 빗살 모양으로 특별하다. 나무껍질에 붙어 있으면 색깔이 비슷해서 천적의 눈에 잘 띄지 않는다. 밤에 불빛에 유인되어 잘 날아온다.

수컷

더듬이(양빗살 모양)

뾸무늬큰가지나방(암컷)

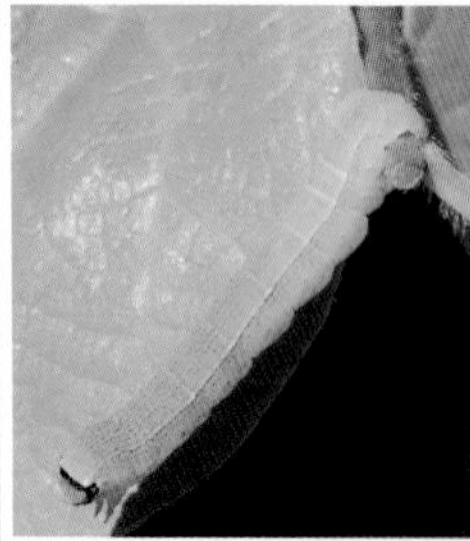
1)**넓은띠큰가지나방** 유충

2)**니토베가지나방** 유충

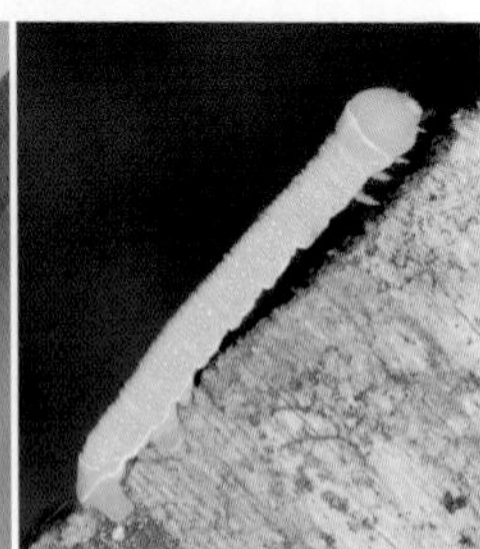
3)**뒷흰가지나방** 유충

뾸무늬큰가지나방(자나방과) *Phthonosema tendinosaria*

크기 | 48~56㎜ 출현시기 | 5~8월(여름) 먹이(유충) | 개암나무, 밤나무, 버드나무

날개는 갈색이고 가운데에 검은색 줄무늬가 있으며 작고 연한 점무늬가 많다. 나무껍질 같은 보호색을 갖고 있어서 나무에 붙어 있으면 눈에 잘 띄지 않는다. 크기가 큰 대형 가지나방으로 산지나 평지 어디서나 볼 수 있는 흔한 종이다. 수컷의 더듬이는 양빗살 모양이고 암컷은 실 모양이다. 암컷은 수컷보다 크기가 더 크다. 1)**넓은띠큰가지나방**, 2)**니토베가지나방**, 3)**뒷흰가지나방** 등의 가지나방 유충은 자벌레형 유충으로 나뭇가지나 나뭇잎에서 몸을 구부렸다 펴며 움직인다.

날개물결가지나방 날개에 물결무늬가 있다.

날개물결가지나방(자나방과) *Ectropis crepuscularia*

크기 | 27~36㎜ 출현시기 | 5~8월(여름) 먹이(유충) | 갈참나무, 버드나무

날개는 연갈색을 띤다. 날개 전체에 물결무늬가 가득 있어서 이름이 지어졌다. 개체에 따라 색깔과 무늬가 다양하다. 숲속에서 나무에 붙어 있으면 나무껍질과 비슷한 보호색 때문에 눈에 잘 띄지 않는다. 숲, 공원, 밭 등에서 보이며 연 2~3회 발생한다.

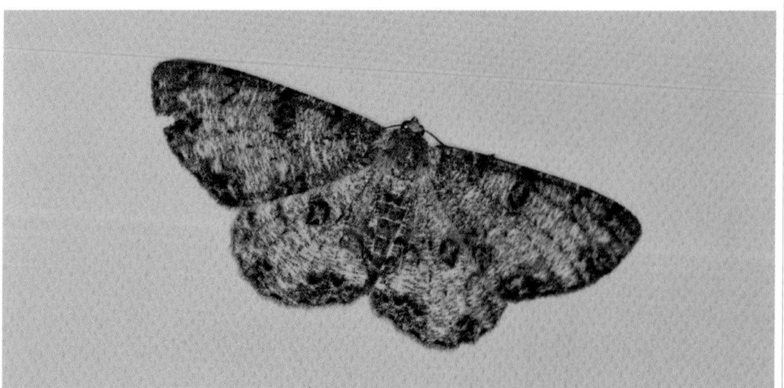
큰눈노랑가지나방 날개의 둥근 무늬가 큰 눈처럼 보인다.

큰눈노랑가지나방(자나방과) *Ophthalmitis albosignaria*

크기 | 38~50㎜ 출현시기 | 6~8월(여름) 먹이(유충) | 가래나무

날개는 회색빛이 도는 흰색이고 물결무늬가 있다. 날개에 굵은 검은색 고리 무늬가 있다. 더듬이는 암수 모두 빗살 모양이지만 암컷은 빗살의 길이가 짧다. 밤에 활동하며 불빛에 잘 날아오지만 날개 색깔이 어둡기 때문에 눈에 잘 띄지 않는다.

썩은잎가지나방 더듬이가 빗살 모양이다.

썩은잎가지나방(자나방과) *Hypomecis diffusaria*

크기 | 65~90㎜ 출현시기 | 7~9월(여름)

날개는 진갈색이고 물결무늬와 갈색 점무늬가 있다. 전체적인 생김새가 썩은 잎처럼 보여서 이름이 지어졌다. 암컷은 수컷에 비해 크기가 더 크다. 수컷의 더듬이는 빗살 모양이고 암컷은 실 모양이다. 유충이 나뭇가지와 비슷해서 '가지나방'이라고 이름이 지어졌다.

흰무늬겨울가지나방 겨울에도 산지를 날아다니며 활동한다.

흰무늬겨울가지나방(자나방과) *Agriopis dira*

크기 | 26~30㎜ 출현시기 | 12월~다음 해 4월(겨울) 먹이(유충) | 참나무류

날개는 수컷은 갈색이고 암컷은 날개가 퇴화되어 매우 짧아 날지 못한다. 겨울에 활동하는 가지나방 종류로 성충은 늦겨울부터 초봄에 걸쳐 출현한다. 특히 3~4월에 참나무 숲에서 날아다니는 모습을 많이 볼 수 있다. 오랫동안 계속 날지는 않고 자주 낙엽 위에 내려앉는다.

수컷

더듬이

불회색가지나방(암컷)

1)**뾰족가지나방** 유충

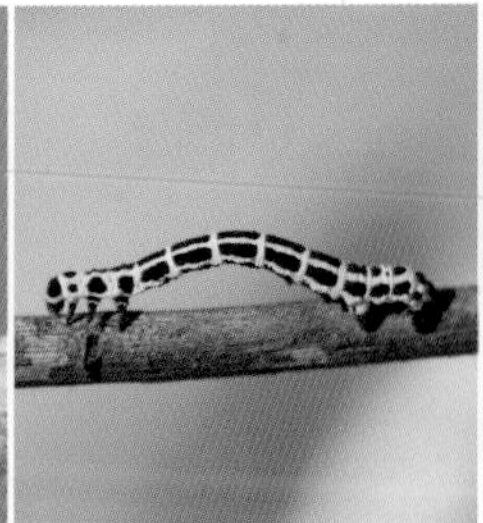
2)**잠자리가지나방** 유충

3)**가시가지나방** 유충

불회색가지나방(자나방과) *Biston regalis*

크기 | 50~70㎜ 출현시기 | 6~8월(여름) 먹이(유충) | 느티나무, 아까시나무

몸과 날개는 회색빛이 도는 연갈색이다. 날개에 검은색 가로줄무늬가 있으며 가장자리는 붉은빛이 도는 갈색을 띤다. 더듬이는 수컷은 빗살 모양이지만 암컷은 실 모양이어서 서로 다르다. 연 1회 발생한다. 유충은 연녹색과 갈색의 물결무늬가 있다. 나뭇가지와 비슷한 보호색을 가지고 있어서 천적인 새의 눈에 잘 띄지 않는다. 불회색가지나방을 포함하여 1)**뾰족가지나방**, 2)**잠자리가지나방**, 3)**가시가지나방** 유충은 나무에 붙어 있으면 나뭇가지처럼 보인다고 해서 '가지나방'이라는 이름이 지어졌다.

노랑띠알락가지나방 낮에는 나뭇잎에 앉아 쉰다.

노랑띠알락가지나방(자나방과) *Biston panterinaria*

크기 | 50~58㎜ 출현시기 | 6~8월(여름) 먹이(유충) | 명자나무, 개느삼, 섬딸기

날개는 흰색이고 앞가슴등판과 날개 끝부분에 황색 띠무늬가 있어서 이름이 지어졌다. 날개 전체에 회백색 점무늬가 흩어져 있고 날개 무늬에 개체 변이가 있다. 낮에 나뭇잎에 날개를 펴고 앉아 있는 모습을 볼 수 있다. 밤에 불빛에 잘 날아온다.

큰빗줄가지나방(자나방과) *Descoreba simplex*

크기 | 43㎜ 내외 출현시기 | 3~4월(봄) 먹이(유충) | 참빗살나무, 붉나무, 노박덩굴

몸에 털이 많고 앞날개에 비스듬한 줄무늬가 있다. 더듬이는 수컷은 빗살 모양, 암컷은 실 모양이다.

소뿔가지나방(자나방과) *Ennomos autumnaria*

크기 | 38~43㎜ 출현시기 | 8월(여름) 먹이(유충) | 느릅나무, 벚나무, 신갈나무

날개는 연한 황갈색이고 점무늬가 많다. 날개 가장자리가 톱니 모양으로 뾰족해서 이름이 지어졌다.

외줄노랑가지나방 주로 밤에 활동하는 야행성 나방이다.

외줄노랑가지나방(자나방과) *Auaxa sulphurea*

크기 | 30~40㎜ 출현시기 | 6~7월(여름) 먹이(유충) | 찔레나무

날개는 밝은 황색을 띤다. 날개 바깥쪽은 붉은빛이 도는 연갈색을 띤다. 앞날개 끝은 뾰족하고 가장자리는 톱니 모양이다. 수컷의 더듬이는 가느다란 눈썹 모양(미모상)이고 암컷은 실 모양이다. 전체적으로 개체 수는 많지 않다. 밤에 불빛에 모여들어 근처 땅에 잘 내려앉는다.

끝짤룩노랑가지나방 날개 끝부분이 잘린 것처럼 각이 져 있다.

끝짤룩노랑가지나방(자나방과) *Pareclipsis gracilis*

크기 | 30~38㎜ 출현시기 | 5~8월(여름)

날개는 전체적으로 황색을 띤다. 앞뒷날개에 흑갈색 점무늬가 있으며 가장자리가 날카롭게 각이 져 있는 것이 특징이다. 더듬이는 암수 모두 실 모양으로 똑같다. 산지에 많이 살며 개체 수가 많은 편이다. 옛날에는 '끝짤름노랑가지나방'이라고 불렀다.

우수리가지나방 낙엽과 비슷해서 땅에 앉으면 눈에 잘 띄지 않는다.

우수리가지나방(자나방과) *Meteima mediorufa*

크기 | 54~74㎜ 출현시기 | 5~8월(여름) 먹이(유충) | 참나무류

몸은 갈색이고 생김새가 낙엽과 매우 비슷해서 낙엽이 쌓인 땅 위에 앉아 있으면 눈에 잘 띄지 않는다. 밤에 불빛에 잘 날아온다. 유충은 다 자라면 붉은색에서 흑자색으로 변하고 주로 참나무류의 잎을 갉아 먹는다. 위험을 느끼면 나무 아래로 툭 떨어져 버린다.

큰노랑애기가지나방(자나방과) *Corymica pryeri*

크기 | 24~30㎜
출현시기 | 5~8월(여름)

날개는 밝은 황색이고 가장자리에 갈색 무늬가 있다. 더듬이는 암수 모두 실 모양이다.

갈고리가지나방(자나방과) *Fascellina chromataria*

크기 | 36㎜ 내외 출현시기 | 5~8월(여름)
먹이(유충) | 비목나무

날개 끝부분이 패여 있어 모양이 특이하다. 개체마다 색깔이 조금씩 다르며 개체 수는 많지 않다.

자나방 무리 비교하기

흰줄푸른자나방

푸른자나방류

날개가 연녹색이며 가로줄이 발달한 소형 또는 중형 나방이다. 산과 들에 널리 살며 우리나라에 70여 종이 알려져 있다.

홍띠애기자나방

애기자나방류

날개가 갈색이고 가로줄이 발달한 소형 또는 중형 나방이다. 산과 들에 널리 살며 우리나라에 70여 종이 알려져 있다.

배노랑물결자나방

물결자나방류

날개의 무늬와 색깔이 다양하며 물결무늬가 많은 소형 또는 중형 나방이다. 산과 들에 널리 살며 우리나라에 220여 종이 산다.

뿔무늬큰가지나방

가지나방류

무늬와 색깔이 다양한 소형 또는 중형 나방이다. 유충은 나뭇가지 모양을 닮았다. 우리나라에 280여 종이 알려져 있다.

대만나방 유충은 은행잎을 먹고 산다.

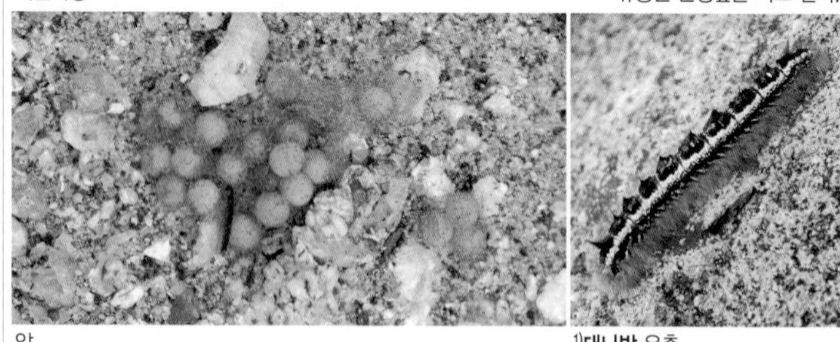

알 [1]대나방 유충

대만나방(솔나방과) *Paralebeda femorata*

크기 | 60~112㎜ 출현시기 | 6~8월(여름) 먹이(유충) | 은행나무

앞날개는 진갈색이고 뒷날개는 연갈색을 띤다. 앞날개 가운데에 비스듬한 진갈색 무늬가 있는 것이 특징이다. 유충은 허물을 벗으며 6령까지 자란다. 연 1회 발생하며 기주 식물의 가지에서 유충으로 월동한다. 대만나방처럼 솔나방과에 속하는 [1]**대나방** 유충은 대나무, 조릿대, 억새 등의 벼과 식물을 먹고 산다. 대나방의 유충처럼 털이 복슬복슬한 나방류의 유충을 '송충이'라 부른다. 성충은 앞날개에 2개의 황백색 무늬가 특징이다. 5~6월, 8~9월에 연 2회 발생하며 밤에 불빛에 잘 모여든다.

유충(누에) 누에고치 누에나방 번데기 우화 [1]멧누에나방(야생종)

누에나방(누에나방과) *Bombyx mori*

크기 | 44~50㎜ 출현시기 | 5~11월(여름) 먹이(유충) | 뽕나무

몸과 날개는 회백색이고 더듬이는 빗살 모양이다. 유충인 누에는 뽕잎을 먹고 자라서 고치가 되는데 고치에서 명주실을 뽑아 비단 옷감을 만들어 실크로드를 열었다. 누에나방은 중국에서 5000년~1만 년 전에 야생종인 [1]**멧누에나방**을 품종 개량하여 만든 사육종으로 멧누에나방과 달리 입이 퇴화되어 먹이를 먹을 수 없고 날아가는 힘도 없다. 멧누에나방은 날개가 암갈색이고 끝부분이 갈고리 모양으로 튀어나왔다. 6~11월 초에 출현한다. 유충은 뽕나무와 산뽕나무의 잎을 갉아 먹고 산다.

옥색긴꼬리산누에나방 눈알 무늬로 천적을 물리친다.

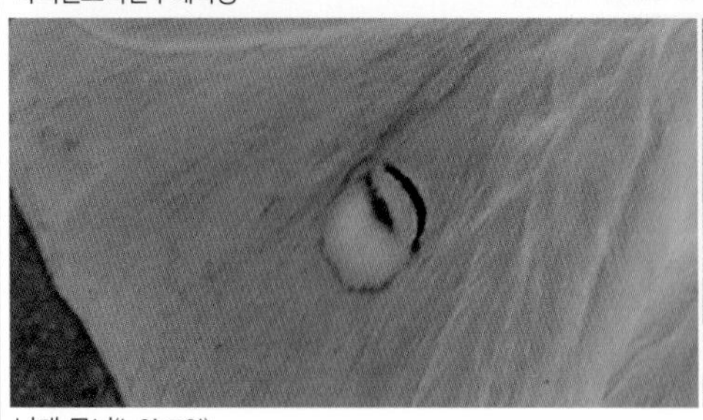

날개 무늬(눈알 모양)

더듬이(양빗살 모양)

옥색긴꼬리산누에나방(산누에나방과) *Actias gnoma mandsahurica*

크기 | 95~117㎜ 출현시기 | 5~8월(여름) 먹이(유충) | 녹나무, 단풍나무

날개는 전체적으로 옥색을 띠고 날개꼬리가 매우 길게 발달되어 있어서 이름이 지어졌다. 우리나라의 전통 한복 색깔과 비슷한 옥색이다. 우리나라에 살고 있는 나방류 중 크기가 매우 크고 불빛에 날아오면 새처럼 보이기도 한다. 날개에는 4개의 둥근 눈알 무늬가 있는 것이 특징이다. 천적에게 들키면 눈알 무늬를 갑자기 노출시켜 천적을 깜짝 놀라게 하여 도망친다. 유충은 녹나무, 단풍나무 등의 잎을 갉아 먹고 살다가 연녹색 고치를 만들고 그 속에서 번데기로 월동한다. 연 2회 발생한다.

암컷

참나무산누에나방(수컷)

고치

[1]유리산누에나방 고치

[2]밤나무산누에나방 고치

참나무산누에나방(산누에나방과) *Antheraea yamamai*

크기 | 112~145㎜ 출현시기 | 6~8월(여름) 먹이(유충) | 상수리나무, 졸참나무

날개는 붉은색이 도는 갈색이다. 천적이 잡아먹으려고 하면 4개의 커다란 눈알 무늬를 노출시켜 깜짝 놀라게 만든 후 도망친다. 연 1회 발생한다. 유충은 졸참나무, 상수리나무 등의 잎을 갉아 먹고 질긴 실로 둥글고 길쭉한 고치를 만든다. 참나무산누에나방 고치는 둥글고 길쭉한 달걀 모양이지만 [1]**유리산누에나방** 고치는 끝부분이 집게로 집어 놓는 듯한 모습이고 [2]**밤나무산누에나방** 고치는 그물 같은 물질로 얽혀 있어서 서로 구별된다.

박각시 과수원에 많이 날아온다.

박각시(박각시과) *Agrius convolvuli*

크기 | 92~107㎜ 출현시기 | 5~10월(여름) 먹이(유충) | 강낭콩

앞날개에 흑갈색 또는 검은색의 복잡한 물결무늬가 있다. 우리나라 박각시류 중에서 가장 긴 10㎝ 정도의 기다란 주둥이를 갖고 있다. 저녁 무렵에 꽃을 찾아 날아온다. 사과, 복숭아 등의 과즙을 빨아 피해를 일으킨다. 밤에 불빛에 잘 모인다. 연 2회 발생하여 쉽게 볼 수 있다.

큰쥐박각시 전체적인 색깔이 쥐 색깔과 비슷하다.

큰쥐박각시(박각시과) *Psilogramma increta*

크기 | 103~125㎜ 출현시기 | 5~10월(여름) 먹이(유충) | 오동나무, 수수꽃다리

날개는 진회색을 띤다. 가슴에는 검은색 띠가 있고 배 등면의 가운데와 양옆에는 검은색 세로줄무늬가 있다. '쥐박각시'와 비슷하지만 날개의 세로줄무늬가 가늘고 평행해서 구별된다. 연 2회 발생한다. 밤에 불빛에 날아오면 색깔이 어두워서 눈에 잘 띄지 않는다.

녹색박각시 몸이 굵고 날개가 넓적하다.

녹색박각시(박각시과) *Callambulyx tatarinovii*

크기 | 62~81㎜ 출현시기 | 5~10월(여름) 먹이(유충) | 까치박달, 참느릅나무

날개는 녹색이고 무늬가 아름다워서 눈에 잘 띈다. 시간이 지나면 털 가루가 떨어져서 색깔이 바랜다. 개체 수가 많아서 숲에서 흔하게 볼 수 있다. 연 2회 발생하며 7~8월에 출현하는 개체 수가 많다. 유충은 다 자라면 흙 속에 들어가 번데기가 되어 월동한다.

물결박각시 날개에 물결무늬가 많다.

물결박각시(박각시과) *Dolbina tancrei*

크기 | 55~69㎜ 출현시기 | 6~8월(여름) 먹이(유충) | 물푸레나무, 쥐똥나무

날개는 녹색빛이 도는 회색을 띤다. 물결 모양의 가로줄무늬가 있다. 평지나 산지 등에서 흔하게 볼 수 있는 박각시이다. 밤에 불빛에 잘 날아오며 연 1회 발생한다. 유충은 배 등면에 사선으로 된 줄무늬가 있고 주변이 보랏빛 또는 흰빛을 띤다.

점박각시 날개 가운데에 2개의 흰색 점무늬가 있다.

점박각시(박각시과) *Kentrochrysalis sieversi*

크기 | 89~97㎜ 출현시기 | 5~8월(여름) 먹이(유충) | 물푸레나무

날개는 전체적으로 회갈색을 띤다. 날개에 흰색 점무늬가 뚜렷해서 이름이 지어졌다. 몸통이 굵고 날개가 삼각형 모양의 대형 나방으로 밤에 불빛에 유인되어 날아온다. 유충은 꼬리 쪽에 붉은색의 뾰족한 꼬리돌기가 있다. 유충의 몸통은 성충과 마찬가지로 매우 굵으며 원통형이다.

닥나무박각시 개체에 따라 색깔이 다양하다.

닥나무박각시(박각시과) *Parum colligata*

크기 | 69~74㎜ 출현시기 | 5~9월(여름) 먹이(유충) | 물푸레나무, 닥나무, 꾸지나무

날개는 황록색 또는 진갈색을 띤다. 개체에 따라 색깔의 차이가 큰 편이다. 앞날개 아래쪽에 2개의 반원형 은백색 점무늬가 있는 것이 특징이다. 밤에 환한 불빛에 잘 모여든다. 유충은 물푸레나무, 닥나무, 꾸지나무 등의 잎을 갉아 먹고 살며, 다 자라면 번데기가 되어 월동한다.

아시아갈고리박각시 날개 끝이 갈고리 모양이다.

아시아갈고리박각시(박각시과) *Ambulyx sericeipennis tobii*

크기 | 105~117㎜ 출현시기 | 8월(여름) 먹이(유충) | 참나무류, 호두나무류

날개는 갈색이고 녹흑색 점무늬가 있다. 앞날개 끝부분은 갈고리처럼 휘어져 있고 아시아 지역에 널리 서식하기 때문에 이름이 지어졌다. 배마디에는 2개의 점무늬가 있는 것이 특징이다. 유충은 참나무류, 호두나무류 등의 잎을 갉아 먹고 살며, 연 1회 발생한다.

점갈고리박각시 날개에 검은색 점무늬가 크다.

점갈고리박각시(박각시과) *Ambulyx ochracea*

크기 | 91~99㎜ 출현시기 | 5~8월(여름)

날개는 황갈색이고 4개의 검은색 점무늬가 있는 것이 특징이다. 가슴에는 녹갈색 줄무늬가 있고 배 끝에는 3개의 녹갈색 점무늬가 있다. 낮에는 잎에 앉아 쉬다가 밤이 되면 불빛에 유인되어 잘 날아온다. 몸집이 큰 대형 나방으로 연 2회 발생한다.

콩박각시 유충은 콩과 식물을 좋아한다.

유충 1)**뱀눈박각시** 유충

2)**솔박각시** 유충

콩박각시(박각시과) *Clanis bilineata*

크기 | 94~106㎜ 출현시기 | 6~8월(여름) 먹이(유충) | 아까시나무, 조록싸리, 콩

날개는 황색이 도는 연갈색이다. 앞날개 가운데에 삼각형 무늬가 있다. 유충은 콩, 아까시나무, 싸리, 참싸리 등 콩과 식물의 잎을 갉아 먹고 산다. 유충으로 땅속에서 월동하고 봄이 되면 번데기가 되며 여름에 성충이 된다. 눈알 무늬가 있는 1)**뱀눈박각시** 유충이나 소나무 순을 먹고 사는 2)**솔박각시** 유충은 모두 꼬리 윗면에 뿔이 있어서 '뿔난벌레(Horn-Worm)'라고 부른다. 뚱뚱한 유충을 건드리면 휘청거리며 꾸물거리는 모습이 망아지가 뛰는 것처럼 날뛴다고 해서 '깨망아지', '쥐망아지'라고도 불렀다.

등줄박각시 등과 날개에 가로줄무늬가 많다.

등줄박각시(박각시과) *Marumba sperchius*

크기 | 95~110㎜ 출현시기 | 5~8월(여름) 먹이(유충) | 밤나무, 상수리나무

날개는 암갈색, 검은색, 적갈색, 흑갈색 등 체색 변이가 다양하며 날개에는 진갈색 줄무늬가 많다. 유충은 풀숲에서 잎을 갉아 먹고 산다. 산지나 평지에 살며 연 2회 발생한다. 밤에 불빛에 잘 모여든다. 유충은 밤나무, 상수리나무, 졸참나무 등의 잎을 갉아 먹으며 번데기로 월동한다.

분홍등줄박각시 분홍색을 띠고 줄무늬가 많다.

분홍등줄박각시(박각시과) *Marumba gaschkewitschii*

크기 | 77~86㎜ 출현시기 | 5~8월(여름) 먹이(유충) | 매실나무, 자두나무

날개는 진갈색이고 뒷날개는 분홍색을 띠며 가슴 등면에 검은색 줄무늬가 있어서 이름이 지어졌다. 산지나 평지에 살면서 밤에 불빛에 잘 모여든다. 5~6월, 7~8월에 연 2회 발생한다. 유충은 매실나무, 자두나무, 벚나무, 복숭아나무 등의 잎을 갉아 먹는다. 땅속에서 번데기로 월동한다.

벚나무박각시 앞날개 가장자리가 톱니 모양이다.

벚나무박각시(박각시과) *Phyllosphingia dissimilis*

크기 | 96~118㎜ 출현시기 | 5~8월(여름) 먹이(유충) | 벚나무

날개는 갈색이고 검은색 무늬가 있다. 앞날개 가장자리는 톱니 모양이다. 뒷날개가 앞날개 윗부분으로 올라와서 날개가 불룩해 보인다. 연 1회 발생하며 밤에 환한 불빛에 모여든다. 유충은 벚나무를 갉아 먹고 살며 겨울에 번데기로 월동한다.

우단박각시 몸과 날개가 벨벳을 닮았다.

우단박각시(박각시과) *Rhagastis mongoliana*

크기 | 47~62㎜ 출현시기 | 5~8월(여름) 먹이(유충) | 봉선화, 흰솔나물

앞날개는 벨벳(우단)처럼 검은색을 띤다. 날개는 흑갈색이며 끝에 검은색의 작은 삼각형 무늬가 있다. 우리나라 전역에 살고 있으며 개체 수가 많다. 밤에 환한 불빛에 잘 유인되고 연 2회 발생한다. 유충은 봉선화, 흰솔나물 등을 갉아 먹고 살며 번데기로 월동한다.

줄박각시 날개에 굵은 줄무늬가 있다.

줄박각시(박각시과) *Theretra japonica*

크기 | 55~69㎜ 출현시기 | 5~8월(여름) 먹이(유충) | 토란, 담쟁이덩굴, 큰달맞이꽃

몸은 원통형으로 날개에 비해 매우 뚱뚱하다. 날개에 황백색 줄무늬가 선명해서 이름이 지어졌다. 배 등면에 흰색 줄이 있으며 저녁 무렵에는 꽃에 날아들기도 하고 밤에 불빛에 잘 모여든다. 개체 수가 많아 쉽게 볼 수 있으며 유충은 토란, 담쟁이덩굴 등의 잎을 갉아 먹고 산다.

머루박각시 유충은 머루나 포도를 좋아한다.

머루박각시(박각시과) *Ampelophaga rubiginosa*

크기 | 84~88㎜ 출현시기 | 6~8월(여름) 먹이(유충) | 머루, 포도

날개는 갈색이고 붉은색 무늬가 있다. 날개 끝은 톱니 모양으로 구불구불하다. 평지나 산지에 많이 살며 밤에 불빛에 잘 모여든다. 유충이 머루, 포도 등의 잎을 갉아 먹고 살아서 이름이 지어졌다. 다 자란 유충은 겨울에 번데기로 월동한다.

주홍박각시

주홍색이 아름다운 박각시이다.

유충 우화 직후 날갯짓

주홍박각시(박각시과) *Deilephila elpenor*

크기 | 57~63㎜ 출현시기 | 5~9월(여름) 먹이(유충) | 털부처꽃, 봉선화, 물봉선

몸과 날개가 주홍색을 띠는 아름다운 빛깔의 박각시이다. 앞날개에 2개의 비스듬한 띠무늬가 있다. 낮에는 땅에서 쉬고 밤이 되면 불빛에 유인되어 날아온다. 유충은 녹색이지만 종령 유충은 진회색으로 변한다. 배마디마다 눈알 무늬가 줄지어 나 있어서 뱀처럼 보인다. 스트레스를 받으면 몸을 좌우로 크게 흔드는 습성이 있다. 유충은 낮에는 땅에서 활동하다가 밤이 되면 먹이를 먹기 위해 풀 줄기로 올라간다. 털부처꽃, 봉선화, 물봉선 등의 잎을 갉아 먹고 살며, 다 자란 유충은 번데기로 월동한다.

황나꼬리박각시(박각시과)
Hemaris radians

크기 | 38~43㎜ 출현시기 | 4~9월(여름)
먹이(유충) | 인동덩굴

활발하게 날아다니며 꽃을 찾아 꿀을 빤다. 가슴과 배의 등면과 뒷날개 끝부분이 주황색을 띤다.

꼬리박각시(박각시과)
Macroglossum stellatarum

크기 | 50~53㎜
출현시기 | 3~10월(여름)

뒷날개는 주황색을 띤다. 낮에 활발하게 날아다니며 공중에서 정지 비행하며 꽃에 모여 꿀을 빤다.

작은검은꼬리박각시(박각시과)
Macroglossum bombylans

크기 | 42~45㎜ 출현시기 | 7~10월(여름)
먹이(유충) | 꼭두서니

꽃에 날아와서 기다란 주둥이를 내밀어 꿀을 빤다. '박꽃에 오는 예쁜 각시'라는 뜻으로 이름이 지어졌다.

벌꼬리박각시(박각시과)
Macroglossum pyrrhostictum

크기 | 50㎜ 내외 출현시기 | 7~9월(여름)
먹이(유충) | 계요등

몸은 갈색이고 꼬리 부분은 검은색이다. 공중에서 정지 비행하며 꿀을 빠는 모습이 벌새처럼 보인다.

박각시 종류 비교하기

물결박각시

날개는 녹색빛이 도는 회색을 띤다. 날개에 가로줄이 매우 많고 물결무늬가 발달해 있다.

점박각시

몸은 회갈색을 띠며 날개에 물결무늬가 약간 있다. 검은색의 테두리가 발달해 있으며 중간에 흰색 점무늬가 있다.

콩박각시

날개는 황색이 도는 연갈색이다. 날개에 녹색 무늬가 많고 가운데에는 구불구불한 가로줄무늬가 있다.

닥나무박각시

날개는 황록색 또는 진갈색을 띤다. 날개 끝에는 갈색 무늬가 있고 가운데에는 흰색 점무늬가 있다.

등줄박각시

날개는 전체적으로 갈색을 띤다. 앞날개에 가로줄무늬와 세로줄무늬가 복잡하게 어우러져 있다.

머루박각시

날개는 갈색이고 붉은빛이 돈다. 머리에서 배 끝까지 황색 선이 있는 것이 특징이다.

검은띠나무결재주나방

유충

검은띠나무결재주나방(재주나방과) *Furcula furcula*

크기 | 33~37㎜ 출현시기 | 5~8월(여름) 먹이(유충) | 오리나무, 버드나무

앞날개 가운데에 있는 검은색 가로띠가 나뭇결무늬를 닮아서 이름이 지어졌다. 더듬이는 암수 모두 양빗살 모양으로 특이하며 암컷은 수컷에 비해 빗살이 짧다. 연 2회 발생하며 개체 수는 적은 편이다. 유충은 배 끝에 2개의 긴 꼬리가 있다. 나뭇가지에 나무껍질 등을 붙여 고치를 만든다.

밤나무재주나방 유충

밤나무재주나방(재주나방과) *Fentonia ocypete*

크기 | 40~48㎜ 출현시기 | 4~9월(여름) 먹이(유충) | 참나무류, 밤나무

날개는 흑갈색을 띤다. 수컷의 더듬이는 양빗살 모양이지만 암컷은 실 모양이어서 서로 다르다. 연 2회 발생하며 개체 수가 비교적 많아서 쉽게 볼 수 있다. 참나무류가 많은 숲에 살며 밤에 불빛에 유인되어 잘 날아온다. 유충은 참나무류, 밤나무의 잎을 갉아 먹고 살며 땅속에 들어가 번데기가 된다.

곱추재주나방 앞가슴등판이 꼽추처럼 튀어나왔다.

곱추재주나방(재주나방과) *Euhampsonia cristata*

크기 | 65~80㎜ 출현시기 | 5~8월(여름) 먹이(유충) | 졸참나무, 떡갈나무

날개는 황갈색이고 가장자리는 톱니 모양처럼 돌기가 있다. 털 뭉치가 있는 앞가슴등판이 높게 솟아 있는 모습이 꼽추를 닮아서 이름이 지어졌다. 수컷의 더듬이는 양빗살 모양이고 암컷은 실 모양이어서 서로 다르다. 밤에 불빛에 잘 모여들며 연 2회 발생한다.

곧은줄재주나방 앞다리에 털이 많다.

곧은줄재주나방(재주나방과) *Peridea gigantea*

크기 | 49~61㎜ 출현시기 | 5~10월(여름) 먹이(유충) | 참나무류

날개는 흑갈색을 띤다. 수컷의 더듬이는 톱니 모양이고 암컷은 실 모양이어서 서로 다르다. 연 2회 발생하며 개체 수가 많아서 참나무류 숲에서 쉽게 볼 수 있다. 밤에 환한 불빛에 유인되어 모여든다. 유충은 참나무류의 잎을 갉아 먹다가 땅속으로 이동해서 번데기가 되어 월동한다.

꽃술재주나방 배 끝의 털 뭉치가 꽃술처럼 생겼다.

유충

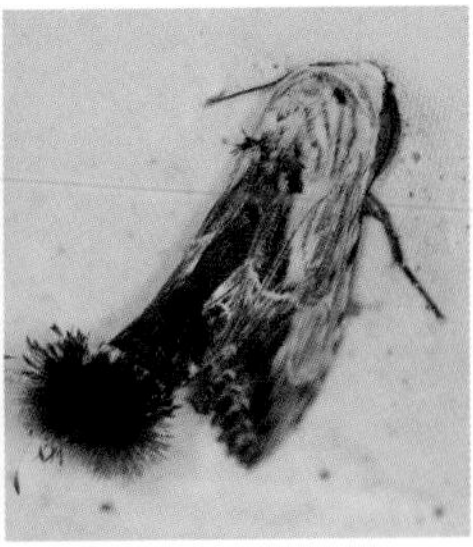

발향린을 뿌리는 모습

털 뭉치(꽃술 모양)

꽃술재주나방(재주나방과) *Dudusa sphigiformis*

크기 | 75~78㎜ 출현시기 | 5~8월(여름) 먹이(유충) | 신나무, 복자기, 단풍나무

날개는 검은색이고 줄무늬가 많으며 가장자리는 톱니 모양처럼 돌기가 많다. 배 끝에 꽃술 모양의 털 뭉치가 달려 있는 것이 특징이다. 털 뭉치를 위로 들어 올리며 발향린을 발산하여 짝을 불러서 짝짓기를 한다. 재주나방류 중에서 비교적 개체 수가 많아서 쉽게 볼 수 있다. 밤에 불빛에 유인되어 잘 모이며 연 2회 발생한다. 유충이 나무에 거꾸로 매달려 있으면 재주를 부리는 것처럼 보인다고 해서 이름이 지어졌다. 신나무, 복자기, 단풍나무 등의 잎을 갉아 먹고 살며 땅속에 고치를 만들고 번데기로 월동한다.

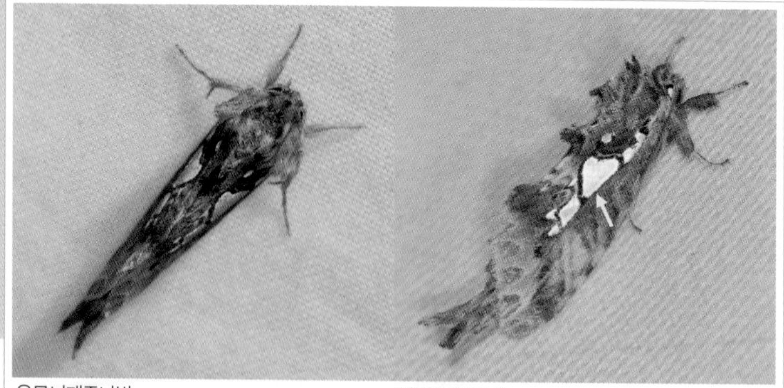
은무늬재주나방 날개(은색 무늬)

은무늬재주나방(재주나방과) *Spatalia doerriesi*

크기 | 38~45㎜ 출현시기 | 6~8월(여름) 먹이(유충) | 신갈나무, 상수리나무, 피나무

날개는 갈색이고 은색 비늘가루가 모인 무늬가 있으며 가운데 있는 삼각형 무늬가 가장 크다. 밤에 환한 불빛에 유인되어 날아온다. 불빛에 비치면 은색 무늬가 반짝거려 눈에 잘 띈다. 그러나 은색 비늘가루가 떨어지면 투명하게 보이기도 한다.

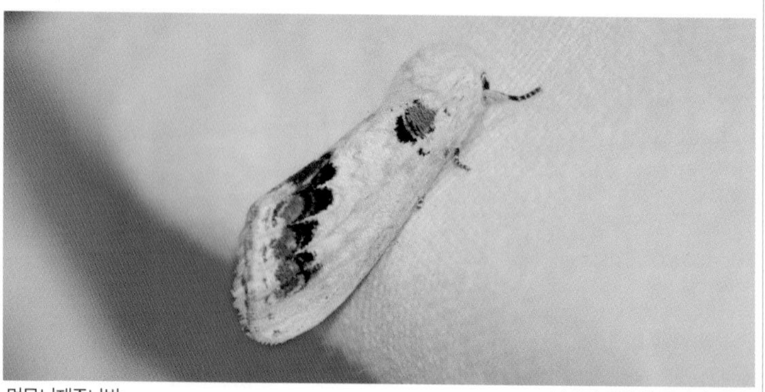
먹무늬재주나방 날개에 검은색 무늬가 있다.

먹무늬재주나방(재주나방과) *Phalera flavescens*

크기 | 42~56㎜ 출현시기 | 6~9월(여름) 먹이(유충) | 산사나무, 버드나무

흰색 날개의 윗부분과 끝부분에 검은색 무늬가 있어서 이름이 지어졌다. 얼굴이 앞가슴등판 아래쪽에 있어서 잘 보이지 않는다. 유충은 산사나무, 버드나무 등의 식물을 갉아 먹고 살며 땅속에서 번데기로 월동한다. 연 1회 발생한다.

주름재주나방 날개의 줄무늬가 주름치마처럼 보인다.

주름재주나방(재주나방과) *Pterostoma gigantina*

크기 | 49~62㎜ 출현시기 | 4~8월(여름) 먹이(유충) | 등나무, 다릅나무, 황철나무

날개는 연갈색이고 줄무늬가 많아서 주름치마처럼 보인다. 더듬이는 암수 모두 양빗살 모양이지만 암컷은 빗살이 짧아서 구별된다. 날개의 가장자리는 톱니 모양이다. 유충은 등나무, 다릅나무, 황철나무 등의 잎을 갉아 먹고 살며, 연 2회 발생한다.

참나무재주나방 참나무류 숲에서 쉽게 볼 수 있다.

참나무재주나방(재주나방과) *Phalera assimilis*

크기 | 43~65㎜ 출현시기 | 6~8월(여름) 먹이(유충) | 참나무류

날개는 회색이고 검은색 줄무늬가 있으며 광택이 있다. 앞날개 끝부분에 황색 무늬가 있다. 참나무류가 많이 자라는 울창한 숲에서 쉽게 만날 수 있으며 연 1회 발생한다. 유충은 참나무류에 속하는 상수리나무, 신갈나무, 떡갈나무 등의 잎을 무리 지어 갉아 먹고 땅속에서 번데기로 월동한다.

줄재주나방 날개에 불규칙한 줄무늬가 많다.

줄재주나방(재주나방과) *Epodonta lineata*

크기 | 43~54㎜ 출현시기 | 5~10월(여름) 먹이(유충) | 음나무

날개는 흑갈색이고 날개에 줄무늬가 많이 있어서 이름이 지어졌다. 수컷의 더듬이는 거의 끝까지 양빗살 모양이지만 암컷은 빗살이 짧아서 서로 다르다. 밤에 불빛에 잘 날아오며 개체 수가 많아서 쉽게 볼 수 있다. 5~6월, 7~8월에 연 2회 발생한다.

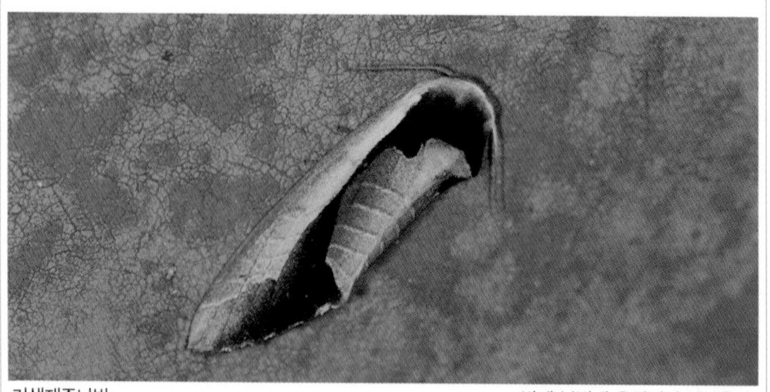
기생재주나방 밤에 불빛에 유인되어 날아온다.

기생재주나방(재주나방과) *Uropyia meticulodina*

크기 | 47~56㎜ 출현시기 | 6~9월(여름) 먹이(유충) | 굴피나무

날개는 연한 갈색이고 위쪽과 아래쪽은 진갈색을 띤다. 날개에 흰색 줄무늬가 여러 줄 있으며 수컷과 암컷은 색깔과 무늬가 비슷하다. 수컷의 더듬이는 양빗살 모양이고 암컷은 톱니 모양이다. 밤에 불빛에 유인되어 잘 모여들며 연 2회 발생한다.

배얼룩재주나방 배에 얼룩덜룩한 무늬가 있다.

배얼룩재주나방(재주나방과) *Phalera grotei*

크기 | 75~85㎜ 출현시기 | 6~8월(여름) 먹이(유충) | 아까시나무, 싸리

날개는 암갈색이다. 배는 검은색이고 황색 털로 줄무늬가 있는 모습이 얼룩덜룩해 보인다고 해서 이름이 지어졌다. 앉아서 쉴 때 날개를 둥글게 만들어 나무토막처럼 보인다. 연 1회 발생하며 개체 수가 비교적 적은 편이다. 밤에 불빛에 유인되어 잘 모여든다.

버들재주나방 유충

버들재주나방(재주나방과) *Clostera anastomosis*

크기 | 32~37㎜ 출현시기 | 5~10월(여름) 먹이(유충) | 버드나무류

앞날개는 자줏빛이 도는 갈색을 띤다. 날개 가운데에 가락지 모양의 무늬가 있는 것이 특징이다. 더듬이는 암수 모두 양빗살 모양이지만 암컷은 빗살이 짧다. 유충은 무리 지어 잎에 발생하는 경우가 많다. 나무 속에서 고치를 만들고 월동하며 연 3~4회 발생한다.

상제독나방 유충

상제독나방(태극나방과) *Arctornis album*

크기 | 21~40㎜ 출현시기 | 5~8월(여름) 먹이(유충) | 산딸기

날개는 흰색이고 개체에 따라 희미한 점이 있다. 5~6월, 7~8월 연 2회 발생하며 개체 수가 많은 편이어서 쉽게 만날 수 있다. 밤에 불빛에 유인되어 잘 날아온다. 독나방 유충은 털에 독성이 있어서 직접 손으로 만지면 알레르기를 일으킬 수 있다.

점흰독나방(태극나방과) *Arctornis kumatai*

크기 | 39~43㎜ 출현시기 | 5~9월(여름) 먹이(유충) | 차나무

날개는 흰색을 띤다. 날개 좌우에 2개의 작은 검은색 점무늬가 있어서 이름이 지어졌다.

엘무늬독나방(태극나방과) *Arctornis l-nigrum*

크기 | 43~57㎜ 출현시기 | 6~8월(여름) 먹이(유충) | 느릅나무, 사시나무

날개는 전체적으로 흰색이다. 날개 가운데에 알파벳 L자 무늬가 있어서 이름이 지어졌다.

유충

[1]**독나방** 유충

콩독나방

무리 지어 모인 [1]**독나방** 유충

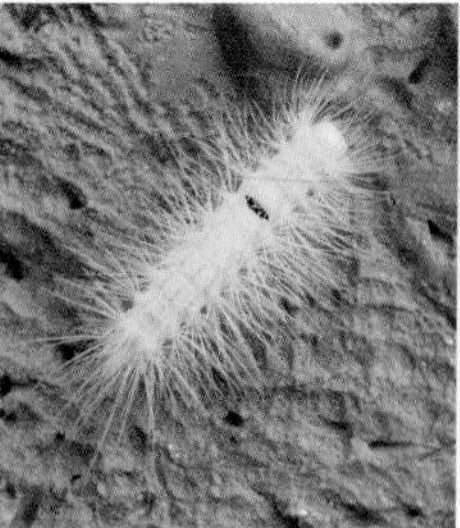

[2]**사과독나방** 유충

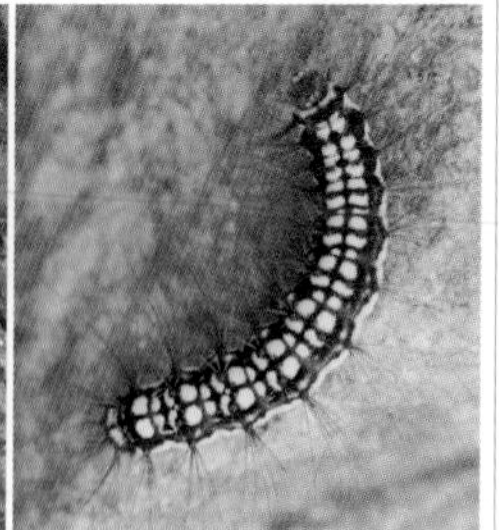

[3]**황다리독나방** 유충

콩독나방(태극나방과) *Cifuna locuples*

크기 | 34~53㎜ 출현시기 | 6~8월(여름) 먹이(유충) | 돌콩, 갈참나무, 버드나무

날개는 황갈색을 띤다. 더듬이는 암수 모두 빗살 모양이지만 수컷은 빗살이 짧다. 연 3회 발생한다. 유충은 털이 매우 많고 앞가슴등판에 갈색 털 뭉치가 있으며 주로 콩이나 등나무 같은 콩과 식물을 갉아 먹는다. 무리 지어 발생하지 않으며 유충으로 월동한다. [1]**독나방** 유충은 털에 독성 물질이 있어서 만지면 가려움증이 생기기 때문에 주의해야 한다. [2]**사과독나방** 유충은 황색 털로 수북하게 덮여 있다. [3]**황다리독나방** 유충은 층층나무에 대발생하여 잎을 모조리 갉아 먹는다.

무늬독나방　유충

무늬독나방(태극나방과) *Kidokuga piperita*

크기 | 17~39㎜ 출현시기 | 5~8월(여름) 먹이(유충) | 버드나무, 국수나무, 조록싸리

앞날개는 황색이며 날개에 커다란 갈색 무늬가 있고 그 주변에도 2~5개의 작은 무늬가 있어서 이름이 지어졌다. 5~6월, 7~8월에 걸쳐 연 2회 발생한다. 유충은 붉은색, 선명한 황색의 경고색을 갖고 있으며 털도 매우 길다. 버드나무, 국수나무 등의 잎을 갉아 먹으며 산다.

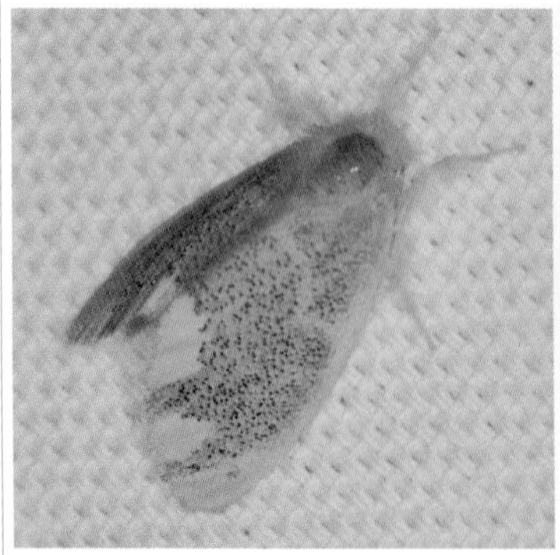

꼬마독나방(태극나방과)
Somena pulverea

크기 | 23~30㎜ 출현시기 | 5~8월(여름)
먹이(유충) | 벚나무, 장미, 아까시나무

독나방류 중 크기가 작은 독나방으로 5~6월, 7~8월 연 2회 발생한다. 밤에 불빛에 날아온다.

흰독나방(태극나방과)
Sphrageidus similis

크기 | 25~42㎜ 출현시기 | 5~8월(여름)
먹이(유충) | 버드나무, 장미, 뽕나무

날개가 전체적으로 흰색이어서 이름이 지어졌다. 날개에 흑갈색 무늬가 있고 배는 주황색이다.

매미나방 무리 지어 대발생하는 경우가 많다.

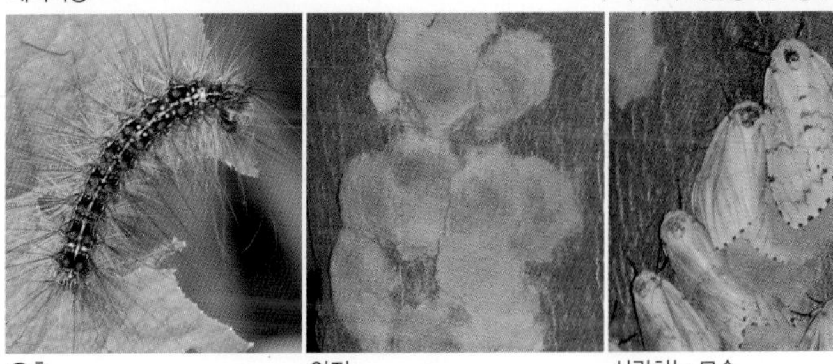

유충 알집 산란하는 모습

매미나방(태극나방과) *Lymantria dispar*

크기 | 42~70㎜ 출현시기 | 7~8월(여름) 먹이(유충) | 참나무류, 버드나무, 벚나무

날개는 수컷은 흑갈색이고 암컷은 황백색을 띤다. 유충은 나뭇잎이나 나무껍질에 달라붙어 있는 모습을 흔하게 볼 수 있다. 털이 매우 길고 많으며 청색과 붉은색이 있어서 알록달록해 보인다. 암컷은 나무 위에 스펀지 모양의 알덩이를 산란하려고 무리 지어 모여 있는 모습을 볼 수 있다. 연 1회 발생하며 개체 수가 많다. 유충은 참나무류, 버드나무, 느릅나무 등 100여 종의 나뭇잎을 먹고 사는 광식성으로 산림에 피해를 일으킨다. 유충의 털이 피부에 닿으면 알레르기를 일으킬 수 있어서 조심해야 된다.

붉은매미나방(수컷)

암컷

붉은매미나방(태극나방과) *Lymantria mathura*

크기 | 45~82㎜ 출현시기 | 7~9월(여름) 먹이(유충) | 갈참나무, 단풍나무, 밤나무

날개가 분홍색이 도는 갈색이어서 이름이 지어졌다. 더듬이는 빗살 모양으로 특이하다. 참나무류 숲에 살며 밤에 활동하는 야행성 나방으로 밤에 불빛에 유인되어 잘 날아온다. 유충은 갈참나무, 단풍나무, 밤나무 등의 잎을 갉아 먹으며 산다.

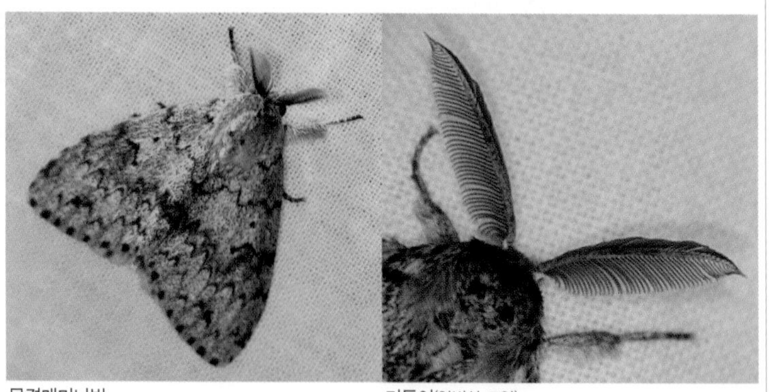
물결매미나방

더듬이(양빗살 모양)

물결매미나방(태극나방과) *Lymantria lucescens*

크기 | 50~73㎜ 출현시기 | 7~8월(여름) 먹이(유충) | 참나무류

날개는 회색이고 물결처럼 보이는 검은색 줄무늬가 많아서 이름이 지어졌다. 더듬이는 빗살 모양이고 불빛에 잘 유인되어 날아온다. 매미나방류는 독나방과에 속하기 때문에 나방의 비늘가루나 유충의 털을 만지게 되면 알레르기를 일으킬 수 있어서 주의해야 한다.

유충

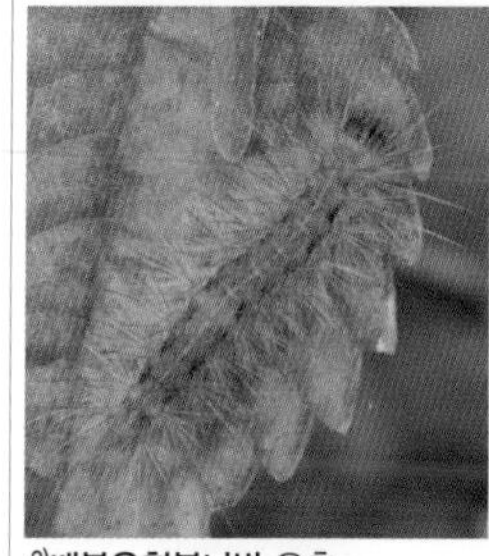
1)**미국흰불나방** 유충

점박이불나방

2)**배붉은흰불나방** 유충

3)**배점무늬불나방** 유충

점박이불나방(태극나방과) *Agrisius fuliginosus*

크기 | 42~47㎜ 출현시기 | 6~8월(여름) 먹이(유충) | 참나무류

날개는 회백색이고 위쪽에 검은색 점무늬가 매우 많다. 밤에 불빛에 유인되어 잘 날아들기 때문에 '불나방'이라고 부른다. 연 1회 발생하며 참나무류 숲의 잎에서 쉽게 볼 수 있다. 유충은 몸이 황색이고 머리와 배 끝은 주황색이다. 몸이 길쭉하고 기다란 털이 매우 많이 나 있다. 불나방 유충은 나뭇잎을 주로 갉아 먹고 살기 때문에 대부분 수목 해충이다. 1)**미국흰불나방**, 2)**배붉은흰불나방**, 3)**배점무늬불나방** 유충은 모두 털이 수북하게 달려 있어서 보통 '송충이'라 부른다.

각시불나방(태극나방과)

Manulea japonica

크기 | 20~24㎜ 출현시기 | 6~8월(여름)
먹이(유충) | 지의류

앞날개는 회색을 띤다. 날개 가장자리에 황색 테두리가 있다. 불빛에 훌쩍 날아와 모여든다.

금빛노랑불나방(태극나방과)

Wittia sororcula

크기 | 20~24㎜ 출현시기 | 5~8월(여름)
먹이(유충) | 지의류

날개는 황색이고 다리는 검은색이다. 낮에는 풀잎에 앉아서 쉬고 밤이 되면 불빛에 날아온다.

노랑배불나방(태극나방과)

Katha deplana

크기 | 27~35㎜ 출현시기 | 7~9월(여름)
먹이(유충) | 이끼류

날개는 황회색을 띠며 가장자리에 연황색 테두리가 있다. 머리와 앞가슴등판은 황색이다.

노랑테불나방(태극나방과)

Collita griseola

크기 | 39㎜ 내외 출현시기 | 5~9월(여름)
먹이(유충) | 지의류

날개는 회색을 띠며 개체에 따라 갈색을 띤다. 몸 전체에 테두리가 있다. 밤에 불빛에 잘 날아온다.

넉점박이불나방 날개에 4개의 점무늬가 있다.

넉점박이불나방(태극나방과) *Lithosia quadra*

크기 | 33~48㎜ 출현시기 | 6~9월(여름) 먹이(유충) | 이끼류

앞날개는 주황색이고 날개에 4개의 점무늬가 있어서 이름이 지어졌다. 날개를 접고 있으면 점무늬 1개가 가려져서 점이 3개처럼 보인다. 연 2회 발생하며 개체 수가 많아서 밤에 불빛에 잘 유인되어 날아온다. 유충은 이끼류를 갉아 먹고 산다.

교차무늬주홍테불나방(태극나방과) *Barsine aberrans*

크기 | 24㎜ 내외 출현시기 | 5~8월(여름)
먹이(유충) | 지의류

날개는 전체적으로 주홍색이고 검은색 줄무늬가 서로 교차되어 나타난다. 불빛에 유인되어 날아온다.

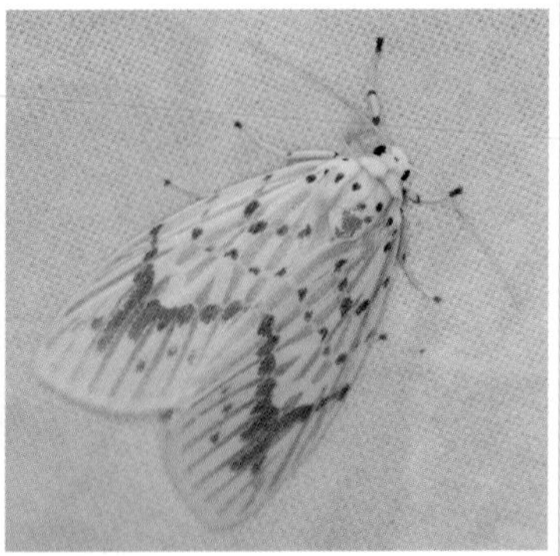

홍줄불나방(태극나방과) *Barsine striata*

크기 | 33~40㎜ 출현시기 | 5~8월(여름)
먹이(유충) | 지의류

날개는 황색을 띠고 복잡한 붉은색 줄무늬가 있는 것이 특징이다. 밤에 불빛에 유인되어 잘 날아온다.

톱날무늬노랑불나방(태극나방과)

Miltochrista ziczac

크기 | 16㎜ 내외
출현시기 | 6~9월(여름)

날개는 회색이고 붉은색 테두리가 있다. 날개 안쪽에 톱니 모양의 줄무늬가 있어서 이름이 지어졌다.

목도리불나방(태극나방과)

Macrobrochis staudingeri

크기 | 39~48㎜
출현시기 | 6~8월(여름)

날개는 흑갈색을 띠고 청색을 띤 남색 광택이 난다. 주황색이 선명한 앞가슴등판은 목도리를 두른 듯 보인다.

배붉은흰불나방 날개 밑에 있는 배가 붉은색이다.

배붉은흰불나방(태극나방과) *Spilarctia subcarnea*

크기 | 40㎜ 내외 출현시기 | 5~8월(여름) 먹이(유충) | 활엽수

앞날개는 흰색이고 앞가슴등판에 흰색 털이 수북하다. 배 부분이 붉은색을 띠고 있어서 이름이 지어졌다. 날개 아래쪽에는 1~2개의 점무늬가 있다. 밤에 불빛에 유인되어 잘 날아온다. 유충은 황색이고 몸 전체에 가시털 뭉치가 수북하게 달려 있는 것이 특징이다.

유충

흰무늬왕불나방

위험을 느껴 둥글게 만 유충

낮에 풀잎에서 쉬는 모습

배(주홍색)

흰무늬왕불나방(태극나방과) *Aglaomorpha histrio*

크기 | 75~85㎜ 출현시기 | 5~8월(여름) 먹이(유충) | 여뀌, 고마리

앞날개는 검은색이고 흰색과 황색 점무늬가 많다. 뒷날개는 주홍색이고 검은색 점무늬가 있다. 흰색 무늬가 많고 몸집이 커다란 불나방이라고 해서 이름이 지어졌다. 더듬이는 수컷은 톱니 모양이고 암컷은 실 모양이다. 수컷은 암컷보다 크기가 약간 작고 날개도 가늘고 길다. 밤이 되면 불빛에 유인되어 잘 날아온다. 낮에는 숲에 숨어 있다가 가까운 곳을 날아다니기도 하고 꽃에 모여 꿀을 빨아 먹기도 한다. 성충은 5~6월, 7~8월에 걸쳐 연 2회 발생한다.

흰제비불나방　　유충

흰제비불나방(태극나방과) *Chionarctia niveus*

크기 | 60~72㎜ 출현시기 | 7~8월(여름) 먹이(유충) | 개망초, 갈퀴나물, 살갈퀴

날개는 흰색을 띤다. 앞다리 넓적다리마디와 종아리마디가 붉은색을 띤다. 뒷날개에 검은색 점무늬가 있기도 하고 없기도 하다. 연 1회 발생하며 자두, 복숭아 등의 과즙을 빨아 먹어 피해를 일으킨다. 유충은 털이 수북하다. 돌 밑에서 발견되며 자극을 받으면 몸을 둥글게 만다.

외줄점불나방　　날개에 점무늬가 줄지어 있다.

외줄점불나방(태극나방과) *Spilarctia lutea*

크기 | 37㎜ 내외 출현시기 | 5~8월(여름)

날개는 노란빛이 도는 흰색을 띤다. '줄점불나방'과 비슷하지만 날개가 암수 모두 짧고 검은색 점무늬가 날개를 가로질러 이어지지 않아 구별된다. 개체 수가 많아서 숲에서 쉽게 볼 수 있다. 성충은 5~6월, 7~8월 연 2회 발생한다. 낮에는 그늘진 숲속의 잎에 잘 앉아 있고, 밤에는 불빛에 유인되어 날아온다.

줄점불나방

유충

줄점불나방(태극나방과) *Spilarctia seriatopunctata*

크기 | 38~44㎜ 출현시기 | 5~8월(여름) 먹이(유충) | 버드나무, 벚나무, 여뀌

날개는 황회색이고 배는 붉은색이며 더듬이는 실 모양이다. 날개에 검은색 점무늬가 줄지어 있다. 개체에 따라 무늬 변이가 많다. 밤에 불빛에 유인되어 날아온다. 유충은 몸 전체에 길고 빳빳한 털이 수북하게 나 있으며 나뭇잎에 붙어 있는 모습을 볼 수 있다.

홍배불나방(태극나방과)
Spilarctia alba

크기 | 48~65㎜
출현시기 | 6~8월(여름)

배 부분이 붉은색이어서 이름이 지어졌다. '배붉은흰불나방'과 비슷하지만 검은색 점무늬가 있어서 구별된다.

점무늬불나방(태극나방과)
Spilosoma punctaria

크기 | 28~40㎜ 출현시기 | 5~9월(여름)
먹이(유충) | 감나무, 뽕나무

날개는 연한 우윳빛이고 검은색 점무늬가 매우 많다. 밤에 불빛에 유인되어 잘 날아온다.

노랑애기나방

짝짓기

노랑애기나방(태극나방과) *Amata germana*

크기 | 31~42㎜ 출현시기 | 7~8월(여름) 먹이 | 꽃꿀

몸은 황색이며 뚱뚱하고 검은색 줄무늬가 많다. 날개는 몸통에 비해 작고 검은색이며 흰색 점무늬가 있다. 낮에 활동하는 주행성 나방으로 꽃에 모여서 꿀을 빤다. 짝짓기할 때는 서로 반대 방향을 보고 짝짓기를 한다. 수컷은 암컷보다 크기가 작고 암컷의 배가 더 크다.

붉은띠수염나방 저녁 무렵 활동을 시작하여 날아다니다가 땅에 앉아 있다.

붉은띠수염나방(태극나방과) *Gonepatica opalina*

크기 | 21~25㎜ 출현시기 | 6~7월(여름) 먹이(유충) | 신갈나무, 상수리나무

앞날개는 회갈색을 띤다. 날개 중앙에 2개의 붉은색 가로띠무늬가 있어서 이름이 지어졌다. 성충은 참나무 숲에서 활동하며 밤에 불빛에 잘 날아온다. 애벌레는 신갈나무, 상수리나무 등의 참나무류를 잘 먹기 때문에 참나무 숲에서 관찰된다. 번데기로 겨울나기를 하고 초여름이 되면 성충이 되어 날아다닌다.

쌍복판눈수염나방 날개 가운데에 V자 무늬가 있다.

쌍복판눈수염나방(태극나방과) *Edessena hamada*

크기 | 46~56㎜ 출현시기 | 6~8월(여름) 먹이(유충) | 참나무류

날개는 어두운 회갈색을 띤다. 날개 좌우에 있는 V자 무늬 또는 콩팥 무늬가 눈처럼 보여서 이름이 지어졌다. 밤에 활발하게 날아다니는 야행성 나방으로 밤에 불빛에 유인되어 잘 날아온다. 참나무류의 숲에 많이 살아서 쉽게 볼 수 있다.

검은띠수염나방(태극나방과) *Hadennia incongruens*

크기 | 26~34㎜
출현시기 | 6~8월(여름)

날개는 갈색이고 가운데에 진갈색 띠무늬가 있으며 좌우에 흰색 점무늬가 있다. 불빛에 모여든다.

흰점멧수염나방(태극나방과) *Cidariplura gladiata*

크기 | 29㎜ 내외
출현시기 | 6~7월(여름)

앞날개는 갈색이고 가운데에 흰색 줄무늬가 있고 좌우에 2개의 흰색 점무늬가 있다.

노랑무늬수염나방(태극나방과)
Paracolax contigua

크기 | 23㎜ 내외
출현시기 | 7~8월(여름)

날개는 연갈색을 띠며 반원형의 황색 점무늬가 좌우에 2개 있다. 불빛에 유인되어 날아온다.

줄수염나방(태극나방과)
Paracolax trilinealis

크기 | 31㎜ 내외
출현시기 | 5~9월(여름)

수컷의 더듬이는 가는 털 모양으로 털이 많다. 아랫입술수염은 낫 모양으로 위로 휘어졌다. 연 2회 발생한다.

복판눈수염나방(태극나방과)
Idia curvipalpis

크기 | 23㎜ 내외
출현시기 | 7~8월(여름)

앞날개는 흑갈색을 띤다. 날개의 콩팥 무늬는 타원형이며 황색을 띤다. 밤에 불빛에 유인되어 날아온다.

넓은띠담흑수염나방(태극나방과)
Hydrillodes morosa

크기 | 26㎜ 내외
출현시기 | 5~8월(여름)

앞날개 위쪽은 갈색이고 아래쪽은 진갈색을 띠며 개체마다 색깔이 다양하다. 날개에 물결무늬가 있다.

세줄무늬수염나방(태극나방과)

Herminia arenosa

크기 | 27㎜ 내외 출현시기 | 5~8월(여름)
먹이(유충) | 콩류

날개는 전체적으로 황갈색을 띠며 진갈색의 구불구불한 가로줄무늬가 있다. 잎에 잘 앉아 있다.

가운데흰수염나방(태극나방과)

Harita belinda

크기 | 26~28㎜ 출현시기 | 8~9월(여름)
먹이(유충) | 낭아초

날개 위쪽은 진갈색이고 아래쪽은 연갈색이다. 날개 가운데에 흰색 줄무늬가 있다.

활무늬수염나방(태극나방과)

Hypena bicoloralis

크기 | 28㎜ 내외 출현시기 | 6~9월(여름)
먹이(유충) | 느릅나무

날개에 활 모양의 무늬가 있어서 이름이 지어졌다. 밤에 불빛에 유인되어 날아오며 연 2회 발생한다.

뒷노랑수염나방(태극나방과)

Hypena amica

크기 | 30~32㎜ 출현시기 | 5~9월(여름)
먹이(유충) | 모시풀, 거북꼬리, 참느릅나무

앞날개는 검보라색을 띠고 뒷날개는 황색을 띤다. 머리가 뿔처럼 뾰족하게 돌출되어 있다.

흰줄노랑뒷날개나방

앞날개와 뒷날개의 색깔이 다르다.

흰줄노랑뒷날개나방(태극나방과) *Catocala separans*

크기 | 50㎜ 내외 출현시기 | 7~8월(여름)

앞날개는 안쪽은 검은색이고 바깥쪽은 회백색을 띤다. 뒷날개에 검은색 줄무늬가 있다. 앞날개에 회백색 줄무늬가 있고 뒷날개는 노란빛을 띠어 이름이 지어졌다. 연 1회 발생하며 개체 수는 적은 편이다. 밤에 불빛에 유인되어 날아온다.

붉은뒷날개나방

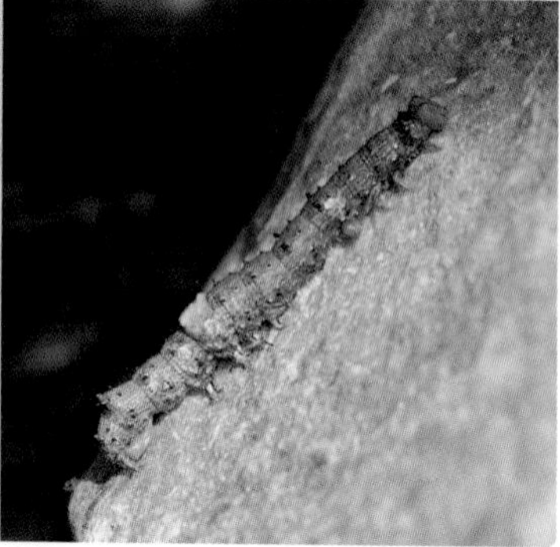

유충

붉은뒷날개나방(태극나방과) *Catocala dula*

크기 | 65㎜ 내외 출현시기 | 7~9월(여름) 먹이(유충) | 참나무류

앞날개는 진갈색을 띠지만 뒷날개가 붉은색을 띠어서 이름이 지어졌다. 그늘진 숲의 참나무류에 붙어 있으면 색깔이 나무껍질과 비슷해서 눈에 잘 띄지 않는다. 유충의 머리는 적갈색이고 몸은 갈색이며 털 뭉치가 볼록하게 솟아 있어서 나뭇가지처럼 보인다.

광대노랑뒷날개나방

유충

광대노랑뒷날개나방(태극나방과) *Catocala fulminea*

크기 | 59㎜ 내외 출현시기 | 7~8월(여름)

앞날개는 연갈색을 띠고 뒷날개는 황색 무늬가 있어서 서로 다르다. 날개 가운데에는 넓은 흰색 무늬가 있다. 연 1회 발생한다. 숲속의 나무껍질에 붙어 있으면 색깔이 비슷해서 눈에 잘 띄지 않는다. 유충은 흑갈색이고 제 1, 2, 8배마디에는 짧은 뿔, 제 5배마디에는 긴 뿔이 나 있다.

연노랑뒷날개나방(태극나방과)
Catocala streckeri

크기 | 53㎜ 내외 출현시기 | 6~7월(여름)
먹이(유충) | 상수리나무, 신갈나무

앞날개는 흑갈색을 띤다. 여름에 연 1회 발생한다. 밤에 불빛에 유인되어 날아온다.

잿빛노랑뒷날개나방(태극나방과)
Catocala agitatrix

크기 | 55㎜ 내외
출현시기 | 7~8월(여름)

날개는 잿빛으로 매우 암회색을 띤다. 연 1회 발생한다. 밤에 불빛에 유인되어 날아온다.

사과나무노랑뒷날개나방(태극나방과)

Catocala bella

크기 | 58㎜ 내외
출현시기 | 7~8월(여름)

날개는 녹색빛과 회색빛이 도는 갈색이다. 불빛에 잘 날아오며 연 1회 발생한다.

꼬마노랑뒷날개나방(태극나방과)

Catocala duplicata

크기 | 50㎜ 내외 출현시기 | 7~8월(여름)
먹이(유충) | 갈참나무

앞날개는 갈색을 띤다. 노랑뒷날개나방류 중 크기가 작은 편이다. 낮에 참나무류 줄기에 앉아 있다.

흰무늬박이뒷날개나방　　낮에는 나무껍질에 잘 붙어 있다.

흰무늬박이뒷날개나방(태극나방과) *Catocala actaea*

크기 | 61㎜ 내외 출현시기 | 7~8월(여름) 먹이(유충) | 상수리나무, 신갈나무

앞날개는 흑갈색이고 뒷날개는 커다란 흰색 점무늬가 있다. 날개 가장자리 부분을 따라 물결무늬가 있다. 상수리나무가 있는 참나무류 숲을 날아다니며 생활한다. 참나무류 나무껍질에 붙어 있으면 날개의 색깔이 매우 비슷한 보호색을 띠어서 눈에 잘 띄지 않는다.

구름무늬나방(태극나방과)
Mocis annetta

크기 | 40㎜ 내외 출현시기 | 5~8월(여름)
먹이(유충) | 돌콩, 싸리, 아까시나무

날개는 갈색이고 진갈색 무늬가 있다. 날개 가운데의 검은색 무늬가 먹구름이 낀 것처럼 보인다.

꼬마구름무늬나방(태극나방과)
Mocis ancilla

크기 | 43㎜ 내외
출현시기 | 5~8월(여름)

앞날개는 적갈색이고 '구름무늬밤나방'과 생김새가 비슷하지만 몸집이 작다. 밤에 불빛에 잘 날아온다.

큰갈색띠태극나방 밤에 불빛에 잘 날아온다.

큰갈색띠태극나방(태극나방과) *Hypopyra vespertilio*

크기 | 64~78㎜ 출현시기 | 6~8월(여름) 먹이(유충) | 자귀나무

날개는 전체적으로 연갈색을 띤다. 앞날개 끝에서 뒷날개까지 진갈색의 가로빗줄무늬가 있다. 앞날개 좌우에 V자 무늬가 있다. 성충은 여름에 연 1회 발생하여 밤에 불빛에 잘 날아온다. 유충은 자귀나무 등의 잎을 갉아 먹고 산다.

무궁화무늬나방　　　뒷날개(붉은색)

무궁화무늬나방(태극나방과) *Thyas juno*

크기 | 82~95㎜　출현시기 | 5~8월(여름)　먹이(유충) | 무궁화, 밤나무, 졸참나무

앞날개는 회갈색과 황갈색이 섞여 있고 더듬이도 갈색을 띤다. 뒷날개 바깥쪽 테두리 부분은 붉은색을 띤다. 수컷 뒷날개에 긴 털 뭉치가 있는 대형 밤나방이다. 감귤, 배, 복숭아, 사과 등의 과즙을 빨아 먹어 과일나무에 피해를 일으킨다.

톱니태극나방　　　날개 가운데에 태극무늬가 있다.

톱니태극나방(태극나방과) *Spirama helicina*

크기 | 54~61㎜　출현시기 | 5~8월(여름)　먹이(유충) | 자귀나무

날개는 진한 흑갈색을 띠기 때문에 밤에 활동하면 천적의 눈에 잘 띄지 않는다. 앞날개에 소용돌이 모양의 태극무늬가 있고 뒷날개 가장자리가 톱니 모양이어서 이름이 지어졌다. 성충은 연 2회 발생하며 복숭아, 포도, 자두 등의 과즙을 빨아 먹어 과일나무에 피해를 일으킨다.

태극나방(암컷) 커다란 눈알 무늬로 천적을 놀라게 한다.

수컷(여름형) 암컷(여름형)

태극나방(태극나방과) *Spirama retorta*

크기 | 60~72㎜ 출현시기 | 5~8월(여름) 먹이(유충) | 자귀나무, 차풀

날개에 소용돌이처럼 둥근 태극무늬가 있어서 이름이 지어졌다. 북한에서는 '뱀눈밤나방', 일본에서는 '소용돌이나방'이라고 부른다. 자두, 포도 등의 과즙을 빨아 먹어 과일나무에 피해를 일으키기도 한다. 번데기로 월동한다. 유충은 자귀나무, 차풀을 갉아 먹고 산다. 성충은 5~6월, 7~8월에 걸쳐 연 2회 발생한다. 봄형은 무늬가 뚜렷하지 않아서 암수 구별이 어렵다. 여름형 수컷은 날개에 가로줄무늬가 발달하지 않았지만 암컷은 가로줄무늬가 뚜렷해서 구별된다.

흰줄태극나방 날개에 흰색 가로줄무늬가 있다.

흰줄태극나방(태극나방과) *Metopta rectifasciata*

크기 | 55~63㎜ 출현시기 | 6~8월(여름) 먹이(유충) | 자귀나무, 청미래덩굴

날개는 전체적으로 갈색을 띤다. 앞날개에는 둥근 태극무늬가 좌우에 있으며 날개 가운데에 흰색 가로줄무늬가 있어서 이름이 지어졌다. 더듬이는 양빗살 모양으로 생겼다. 밤에 숲에서 활동하는 야행성 나방으로 불빛에 잘 모여드는 습성이 있다.

왕흰줄태극나방 태극나방 중에서 크기가 가장 크다.

왕흰줄태극나방(태극나방과) *Erebus ephesperis*

크기 | 92㎜ 내외 출현시기 | 7~8월(여름) 먹이(유충) | 청미래덩굴

날개는 전체적으로 갈색을 띠고 흰색 줄무늬가 있다. 날개에 태극무늬가 매우 뚜렷하고 태극나방류 중에서 크기가 커서 이름이 지어졌다. 성충은 복숭아나무에 모여 즙을 빨아 먹기도 한다. 개체 수가 적은 편이며 연 1회 발생한다. 유충은 청미래덩굴의 잎을 갉아 먹고 산다.

큰목검은나방 가슴 부분이 검은색을 띤다.

큰목검은나방(태극나방과) *Lygephila maxima*

크기 | 56㎜ 내외 출현시기 | 6~8월(여름)

날개는 연갈색이며 머리 뒤쪽 부분이 검은색을 띠고 있어서 이름이 지어졌다. 날개 가운데에 검은색 점무늬가 무리 지어 있다. 가운뎃다리와 뒷다리 종아리마디에는 가시가 나 있다. 성충은 연 1회 발생한다. 밤에 불빛에 유인되어 잘 날아온다.

점분홍꼬마짤름나방(태극나방과) *Sophta subrosea*

크기 | 19㎜ 내외
출현시기 | 5~8월(여름)

날개는 밝은 회색이고 연보라색 무늬가 있으며 날개 좌우에 점무늬가 있다. 성충은 연 2회 발생한다.

노랑줄꼬마짤름나방(태극나방과) *Oruza mira*

크기 | 22㎜ 내외 출현시기 | 5~8월(여름)
먹이(유충) | 마른 단풍잎

날개는 갈색이고 황색 줄무늬가 있다. 몸집이 작아서 '꼬마'라고 이름이 지어졌다. 연 2회 발생한다.

줄무늬꼬마짤름나방(태극나방과)
Oruza brunnea

크기 | 19~25㎜
출현시기 | 6~9월(여름)

날개 가장자리는 톱니 모양이며 끝이 검은색 점으로 되어 있어서 검은색 줄처럼 보인다.

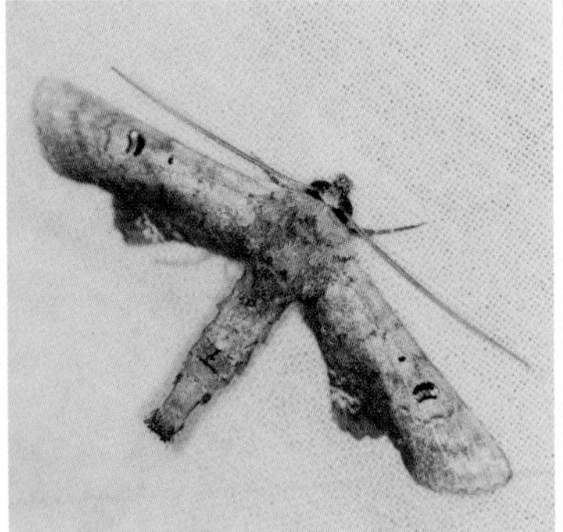

긴수염비행기나방(비행기나방과)
Anuga multiplicans

크기 | 42~45㎜ 출현시기 | 6~8월(여름)
먹이(유충) | 옻나무, 개옻나무

날개와 더듬이는 암갈색을 띤다. 폭이 좁은 날개를 옆으로 길게 뻗고 있는 모습이 비행기를 빼닮았다.

쌍줄푸른나방(혹나방과)
Pseudoips prasinanus

크기 | 32~41㎜ 출현시기 | 5~9월(여름)
먹이(유충) | 갈참나무, 신갈나무

날개는 연녹색을 띠고 가운데에 2개의 연한 흰색 줄무늬가 있다. 불빛에 유인되어 날아온다.

큰쌍줄푸른나방(혹나방과)
Pseudoips sylpha

크기 | 38~40㎜ 출현시기 | 3~8월(여름)
먹이(유충) | 상수리나무

날개는 연녹색을 띠고 가운데에 회백색 줄무늬가 많다. 참나무류 숲에 살며 불빛에 날아온다.

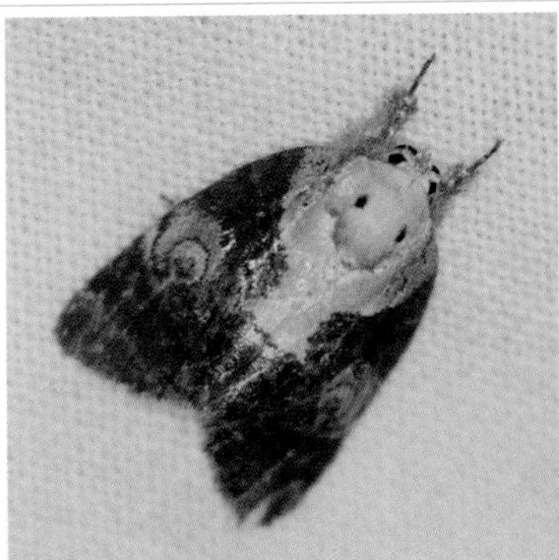

흰무늬껍질밤나방(혹나방과)

Negritothripa hampsoni

크기 | 23㎜ 내외 출현시기 | 6~8월(여름)
먹이(유충) | 신갈나무, 상수리나무

몸은 연분홍색을 띠는 흰색이다. 날개 좌우에 소용돌이무늬가 있다. 연 2회 발생한다.

붉은가꼬마푸른나방(혹나방과)

Earias pudicana

크기 | 20㎜ 내외 출현시기 | 5~8월(여름)
먹이(유충) | 왕버들, 호랑버들

앞날개 아래쪽은 연분홍색을 띠고 갈색 점무늬가 있지만 개체에 따라 흐리거나 없는 경우도 있다.

분홍꼬마푸른나방(혹나방과)

Earias roseifera

크기 | 16㎜ 내외
출현시기 | 5월(봄)

앞날개는 황록색이고 앞날개 가장자리와 가운데는 분홍색을 띤다. 밤에 불빛에 날아오며 연 2회 발생한다.

붉은무늬갈색애나방(혹나방과)

Siglophora sanguinolenta

크기 | 21㎜ 내외 출현시기 | 5~8월(여름)
먹이(유충) | 상수리나무

앞날개 윗부분은 황색을 띠고 아랫부분은 적갈색을 띤다. 밤에 불빛에 날아오며 연 2회 발생한다.

콩은무늬밤나방(밤나방과)

Ctenoplusia agnata

크기 | 33~35㎜ 출현시기 | 6~10월(여름)
먹이(유충) | 콩

몸과 날개는 전체적으로 황갈색이다. 앞날개 가운데에 은색 무늬가 있다. 농작물에 피해를 일으킨다.

벼금무늬밤나방(밤나방과)

Plusia festucae

크기 | 33㎜ 내외 출현시기 | 5~8월(여름)
먹이(유충) | 벼

날개는 연갈색을 띤다. 앞날개 가운데에 은백색 점무늬가 여러 개 있다. 유충은 벼를 갉아 먹는다.

은무늬밤나방 날개에 은색 점무늬가 발달한 밤나방류이다.

은무늬밤나방(밤나방과) *Macdunnoughia purissima*

크기 | 30~36㎜ 출현시기 | 5~10월(여름)

앞날개는 밝은 회색을 띠며 진갈색 가로줄무늬는 가운데의 작은 은색 점무늬와 분리되어 있다. 성충은 연 1회 발생한다. 우리나라 전역에 살고 있으며 개체 수가 많은 편이어서 쉽게 찾아볼 수 있다. 낮에는 잎에 앉아 있고, 밤에는 불빛에 유인되어 잘 날아온다.

붉은금무늬밤나방(밤나방과)

Chrysodeixis eriosoma

크기 | 34㎜ 내외 출현시기 | 6~10월(여름)
먹이(유충) | 양파, 강낭콩, 민들레, 소리쟁이

날개는 진갈색이고 가운데에 은백색 점무늬가 있다. 풀잎에 거꾸로 붙어 있는 모습을 볼 수 있다.

솔버짐나방(밤나방과)

Panthea coenobita

크기 | 36~55㎜ 출현시기 | 5~9월(여름)
먹이(유충) | 소나무

날개에 검은색 물결무늬가 있다. 유충은 묵은 소나무 잎을 먹고 산다. 낙엽 아래에서 번데기가 된다.

노랑목저녁나방(밤나방과)

Moma kolthoffi

크기 | 39㎜ 내외 출현시기 | 6~9월(여름)
먹이(유충) | 개암나무, 까치박달

날개는 회갈색이고 녹색, 회색, 검은색 물결무늬가 많아서 얼룩덜룩해 보인다. 불빛에 잘 날아온다.

높은산저녁나방(밤나방과)

Moma alpium

크기 | 31~39㎜ 출현시기 | 6~9월(여름)
먹이(유충) | 갈참나무

날개는 회갈색이고 녹색, 회색, 검은색 줄무늬가 많다. 산지에 살며 연 1회 발생한다.

산저녁나방(밤나방과)
Belciana staudingeri

크기 | 34~38㎜ 출현시기 | 6~8월(여름)
먹이(유충) | 벚나무, 참느릅나무

날개는 녹색이며 검은색 줄무늬가 많다. 날개 끝부분은 갈색이고 가운데에 3개의 흰색 점무늬가 있다.

사과저녁나방(밤나방과)
Acronicta intermedia

크기 | 41~42㎜ 출현시기 | 6~8월(여름)
먹이(유충) | 사과나무, 복숭아나무, 버드나무

날개는 암회색이다. 성충은 연 2회 발생한다. 유충은 사과나무, 복숭아나무 등의 잎을 갉아 먹고 산다.

흰줄이끼밤나방(밤나방과)
Stenoloba jankowskii

크기 | 28㎜ 내외
출현시기 | 6~8월(여름)

날개는 푸른빛이 도는 검은색이다. 날개 가운데 흰색 무늬가 넓게 퍼져 있다. 개체 수가 적어서 쉽게 볼 수 없다.

애기얼룩나방(밤나방과)
Mimeusemia persimilis

크기 | 40~46㎜ 출현시기 | 5~8월(여름)
먹이(유충) | 머루

날개는 전체적으로 검은색을 띠고 둥근 흰색 점무늬가 매우 많이 있다. 환한 낮에도 잘 활동한다.

흰눈까마귀밤나방 날개 가운데에 흰색 점무늬가 있다.

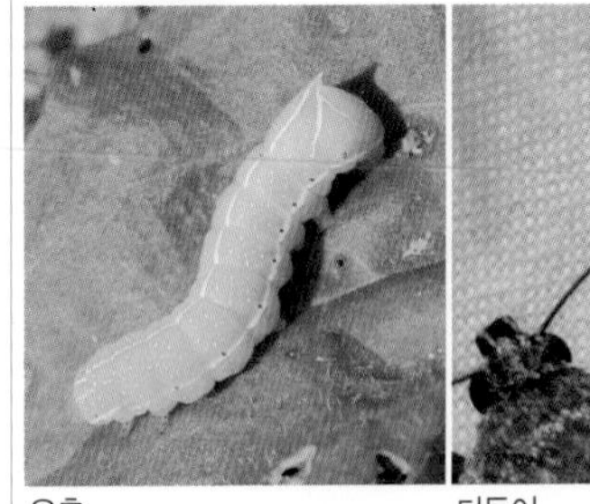
유충

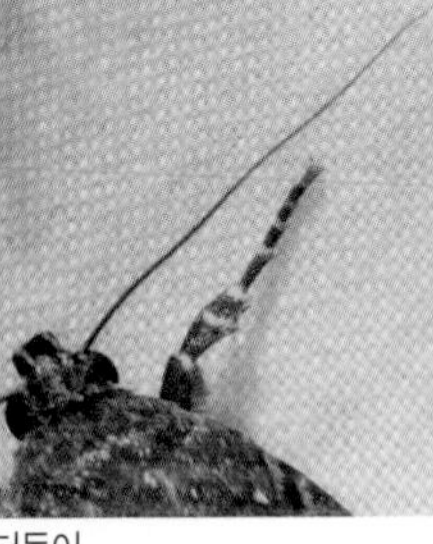
더듬이

날개(흰색 무늬)

흰눈까마귀밤나방(밤나방과) *Amphipyra monolitha*

크기 | 51~62㎜ 출현시기 | 7~10월(여름) 먹이(유충) | 병꽃나무, 수수꽃다리, 물푸레나무

날개는 전체적으로 검은색을 띠고 앞날개에 가락지 모양의 흰색 점무늬가 여러 개 있어서 이름이 지어졌다. 유충은 몸이 녹색이어서 성충의 색깔과 무척 다르다. 몸 빛깔이 녹색이어서 나뭇잎에 붙어 있으면 눈에 잘 띄지 않는다. 유충의 옆면에는 황색 줄무늬가 있고 배 뒤쪽이 솟아 있는 것이 특징이다. 밤나방과의 유충은 대부분 털이 짧거나 거의 없는 모양이며 꼬물꼬물 기어 다닌다. 가슴다리 3쌍, 배다리 4쌍, 꼬리다리 1쌍으로 총 8쌍의 다리를 갖고 있다.

까마귀밤나방(밤나방과)
Amphipyra livida

크기 | 42~48㎜
출현시기 | 7~10월(여름)

날개는 검은색으로 까마귀와 색깔이 비슷하다. 밤에 활동하면 눈에 잘 띄지 않는 보호색을 갖고 있다. 연 1회 발생한다.

메밀거세미나방(밤나방과)
Trachea atriplicis

크기 | 42㎜ 내외
출현시기 | 5~9월(여름)

날개는 회갈색이고 무늬는 진녹색이다. 수컷의 더듬이는 눈썹 모양이다. 성충은 과일의 즙을 빨아 먹는다.

제주꼬마밤나방(밤나방과)
Cosmia achatina

크기 | 30㎜ 내외 출현시기 | 6~7월(여름)
먹이(유충) | 팽나무

날개는 전체적으로 갈색을 띤다. 날개에 털이 매우 많으며 흰색 점무늬와 줄무늬가 있는 것이 특징이다.

얼룩어린밤나방(밤나방과)
Callopistria repleta

크기 | 25~32㎜ 출현시기 | 7~9월(여름)
먹이(유충) | 고사리

날개는 갈색과 암갈색을 띤다. 날개에 줄무늬가 매우 많아서 얼룩덜룩해 보여서 이름이 지어졌다.

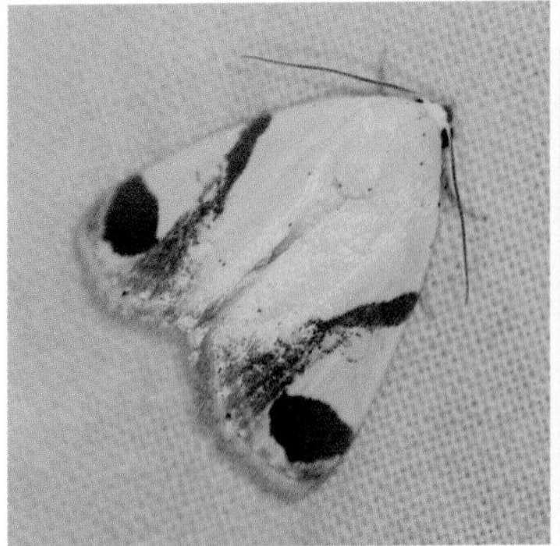

꼬마봉인밤나방(밤나방과)
Sphragifera biplagiata

크기 | 29㎜ 내외
출현시기 | 7~8월(여름)

앞날개는 흰색이며 가운데에 비스듬한 줄무늬가 있다. 날개 끝부분에는 둥근 적갈색 무늬가 있다.

점박이줄무늬밤나방(밤나방과)
Mythimna chosenicola

크기 | 28~35㎜
출현시기 | 5~7월(여름)

날개는 회색빛이 나는 황색이다. 날개에 가는 줄무늬가 많이 있고 검은색 점무늬도 많다.

줄흰무늬밤나방 날개에 촘촘하고 가는 줄무늬가 있다.

줄흰무늬밤나방(밤나방과) *Mythimna striata*

크기 | 34~38㎜ 출현시기 | 5~8월(여름)

날개는 전체적으로 갈색을 띤다. 날개에 가는 줄무늬가 촘촘하게 있고 가운데에 작은 흰색 점무늬가 있어서 이름이 지어졌다. '점박이줄무늬밤나방'과 매우 비슷하게 생겼지만 날개에 있는 작은 점무늬가 흰색이어서 점무늬가 검은색인 '점박이줄무늬밤나방'과 서로 구별된다.

유충

1)**가흰밤나방** 유충

멸강나방

2)**곧은띠밤나방** 유충

3)**도둑나방** 유충

4)**암청색줄무늬밤나방** 유충

멸강나방(밤나방과) *Mythimna separata*

크기 | 40~48㎜ 출현시기 | 4~10월(여름) 먹이(유충) | 벼, 보리

몸과 날개는 황갈색이고 낮에 날아다니며 꽃에 모여 꿀을 빤다. 중국에서 우리나라로 유입되는 비래 해충으로 벼과 식물을 갉아 먹어서 농작물에 피해를 일으킨다. 포도, 배 등 과즙도 빨아 먹는다. 유충 색깔에는 변이가 많으며 우리나라에서 월동하지 못하고 모두 죽는다. 밤나방류 유충은 대부분 털이 없이 매끈하며 흔히 '거세미형 유충'이라 부른다. 1)**가흰밤나방**, 2)**곧은띠밤나방**, 3)**도둑나방**, 4)**암청색줄무늬밤나방** 등의 밤나방류 유충인 거세미는 농작물을 갉아 먹는 농작물 해충으로 유명하다.

썩은밤나방(밤나방과)
Axylia putris

크기 | 32㎜ 내외 출현시기 | 5~9월(여름)
먹이(유충) | 민들레, 소리쟁이

날개는 회갈색이고 콩팥 무늬는 암갈색이다. 연 2회 발생한다. 유충은 민들레, 소리쟁이 등을 갉아 먹고 산다.

검거세미밤나방(밤나방과)
Agrotis ipsilon

크기 | 48~56㎜ 출현시기 | 5~10월(여름)
먹이(유충) | 가지, 배추

수컷의 날개는 연한 회갈색이고 암컷은 진한 검은색을 띤다. 연 2~3회 발생하며 과일의 즙을 빨아 먹기도 한다.

왕담배나방　　농작물의 주요 해충이다.

왕담배나방(밤나방과) *Helicoverpa armigera*

크기 | 36㎜ 내외 출현시기 | 6~8월(여름) 먹이(유충) | 팥, 고추, 오동나무

날개는 연한 회황색~황갈색이다. 앞날개에 콩팥 무늬가 있다. 유충은 녹색 바탕에 검은색 점무늬가 있다. 농작물의 주요 해충으로 담배, 감자, 목화, 콩, 녹두, 땅콩, 토마토, 감귤, 가지, 들깨, 배추, 상추, 오이, 카네이션, 안개꽃 등을 갉아 먹어 피해를 일으킨다.

밤나방 무리 비교하기

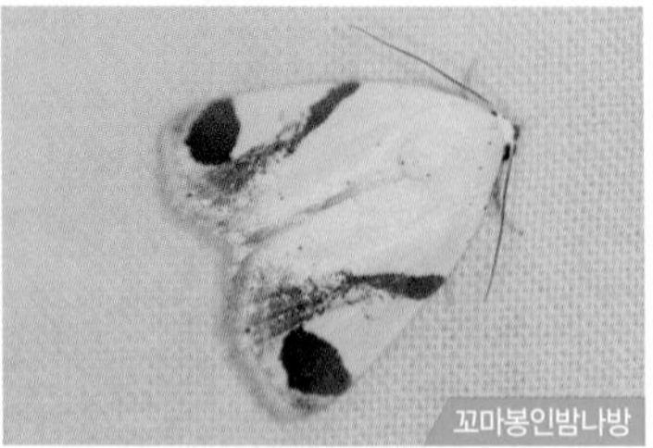
꼬마봉인밤나방

흰무늬밤나방류

날개의 무늬와 색깔이 다양하고 흰색 무늬가 있는 중형 또는 소형 나방이다. 우리나라에 180여 종이 알려져 있다.

검거세미나방

밤나방류

날개의 모양과 무늬가 다양한 중형 나방이다. 산과 들에 살고 있으며 우리나라에 70여 종이 알려져 있다.

노랑목저녁나방

저녁나방류

날개의 무늬와 색깔이 다양한 중형 또는 소형 나방이다. 산지에서 쉽게 볼 수 있고 우리나라에 70여 종이 알려져 있다.

긴수염비행기나방

비행기나방류

날개를 펴고 앉아 있는 생김새가 비행기와 모습이 비슷한 중형 나방이다. 산지에 살며 우리나라에 5종이 알려져 있다.

쌍줄푸른나방

푸른나방류

날개의 모양과 무늬가 다양하며 연녹색이다. 산과 들에 사는 소형 나방으로 우리나라에 20여 종이 알려져 있다.

흰줄노랑뒷날개나방

뒷날개밤나방류

뒷날개에 무늬가 발달한 대형 나방으로 앞날개는 나무껍질과 비슷한 보호색이 있다. 우리나라에 80여 종이 알려져 있다.

주름물날도래 물날도래류 유충

주름물날도래(물날도래과) *Rhyacophila articulata*

크기 | 25㎜ 내외 출현시기 | 5~8월(여름) 먹이(유충) | 수서곤충

몸은 연갈색이며 검은색 줄무늬가 있다. 유충은 몸이 길쭉하고 18~22㎜이다. 배마디마다 털과 같은 기관아가미가 달려 있다. 산지의 깨끗한 계곡의 자갈이 많은 여울에 살면서 수서곤충의 유충을 잡아먹고 산다. 갈고리처럼 생긴 발톱을 갖고 있어서 빠른 여울에서도 쉽게 이동할 수 있다.

긴발톱물날도래(유충) 번데기

긴발톱물날도래(긴발톱물날도래과) *Apsilochorema sutshanum*

크기 | 10~15㎜(유충) 출현시기 | 5~8월(여름) 먹이(유충) | 수서곤충

유충은 몸이 연청색 또는 갈색을 띤다. 발톱이 길어서 이름이 지어졌다. 깨끗한 계곡의 물 흐름이 완만한 여울에 살면서 자갈 위를 기어 다니며 주로 수서곤충을 잡아먹는다. 집을 만들지 않고 둥둥 떠다니며 자유 생활을 한다. 늦봄과 여름에 성충으로 우화하여 날아다닌다.

수염치레날도래

유충

수염치레날도래(바수염날도래과) *Psilotreta locumtenens*

크기 | 10~14㎜(유충) 출현시기 | 5~8월(봄) 먹이(유충) | 부착조류

계곡 주변을 날아다니며 잎에 내려앉는 모습이 '나방'과 닮아서 착각하는 경우가 많다. 봄에 냇가 근처의 잎에 내려앉아서 짝짓기하고 있는 모습을 흔하게 볼 수 있다. 유충은 크기가 10~14㎜로 깨끗한 계곡 물속에서 부착조류를 긁어 먹고 산다. 작은 모래알을 촘촘히 붙여 원통형의 집을 만들어 생활한다.

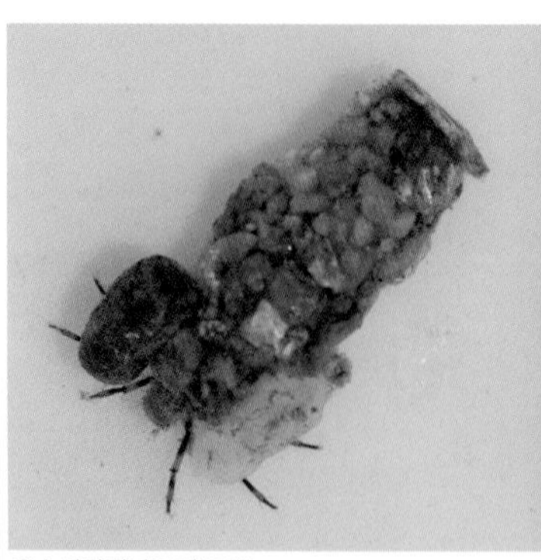
우수리광택날도래(유충)

돌에 붙은 번데기

우수리광택날도래(광택날도래과) *Glossosoma ussuricum*

크기 | 10~15㎜(유충) 출현시기 | 5~8월(여름) 먹이(유충) | 규조류, 유기물

유충은 깨끗한 계곡이나 냇가의 물 흐름이 완만한 여울에 산다. 유충은 모래와 같은 작은 돌을 모아 불규칙한 돔 모양의 집을 짓는다. 집을 짓고 사는 날도래 무리 중에서 가장 원시적인 종이다. 성장하면서 집을 교체하는데 보통 2시간 이내에 완성한다. 초저녁에 우화하여 성충이 된다.

큰줄날도래 유충

큰줄날도래(줄날도래과) *Macrostemum radiatum*

크기 | 8~14㎜ 출현시기 | 5~9월(여름) 먹이(유충) | 유기물, 조류

날개는 연황색을 띠고 복잡한 줄무늬가 많아서 이름이 지어졌다. 밤에 환한 불빛에 잘 날아온다. 유충은 하천 중류의 유기물이 풍부하고 물 흐름이 빠른 여울이 잘 발달된 곳에 산다. 플랑크톤, 미세 유기물을 걸러 먹고 살며 4월부터 여름까지 우화하여 성충이 된다.

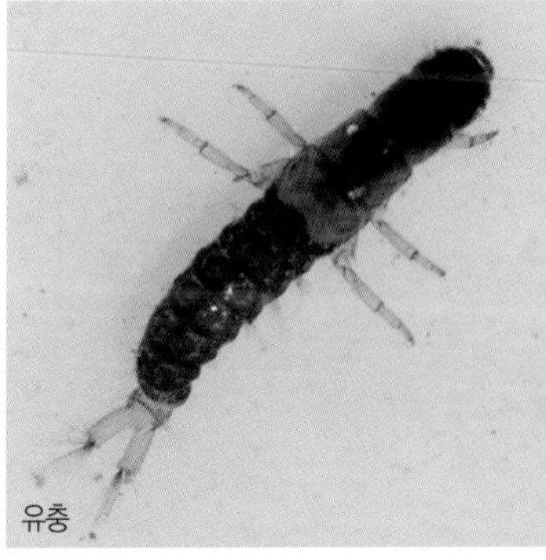
유충

곰줄날도래(줄날도래과)
Arctopsyche ladogensis

크기 | 23~26㎜(유충) 출현시기 | 5~10월(여름)
먹이(유충) | 유기물, 조류

유충은 깨끗한 산지의 계곡에 살기 때문에 줄날도래류 중에서 관찰이 힘들다. 유기물 및 조류 등을 먹고 산다.

유충

꼬마줄날도래(줄날도래과)
Cheumatopsyche brevilineata

크기 | 10~13㎜(유충) 출현시기 | 6~8월(여름)
먹이(유충) | 유기물, 조류

유충은 유기물이 풍부한 하천의 중류에 산다. 다른 줄날도래류에 비해 크기가 작아서 이름이 지어졌다.

굴뚝날도래 날개에 검은색 무늬가 있는 대형 날도래이다.

굴뚝날도래(날도래과) *Semblis phalaenoides*

크기 | 45㎜ 내외 출현시기 | 5~8월(여름) 먹이(유충) | 낙엽, 수서동물

해발 고도가 높고 물이 깨끗한 상류나 고산 습지에 사는 대형 날도래이다. 유충은 머리에 3개의 진갈색 줄이 있고 앞가슴등판에도 2개의 갈색 줄무늬가 있다. 물 흐름이 느린 냇가에서 볼 수 있으며 균일한 크기의 나뭇잎 조각을 직사각형 모양으로 잘라서 원통형의 집을 짓는다.

일본가시날도래(가시날도래과)
Goera japonica

크기 | 13㎜ 내외 출현시기 | 5~10월(여름)
먹이(유충) | 부착조류

날개는 전체적으로 갈색이고 지붕 모양이다. 냇가 근처 풀잎에 붙어 있는 모습을 볼 수 있다.

날개날도래(날개날도래과)
Molanna moesta

크기 | 10㎜ 내외 출현시기 | 5~8월(여름)
먹이(유충) | 규조류, 식물질, 수서동물

날개는 진갈색이고 길쭉하며 아래쪽을 위로 치켜든다. 유충은 작은 모래로 부채꼴 모양의 집을 짓는다.

유충

번데기

띠무늬우묵날도래(유충)

원통형의 집(유충)

우묵날도래류 성충(우리큰우묵날도래)

띠무늬우묵날도래(우묵날도래과) *Hydatophylax nigrovittatus*

크기 | 30~35㎜(유충) 출현시기 | 5~8월(여름) 먹이(유충) | 낙엽

날개는 연밤색이고 지붕 모양이다. 유충은 머리 등면, 앞가슴등판, 가운데가슴등판에 진갈색 반점이 많다. 깨끗하고 수온이 낮은 산지의 계곡에 많이 살며 낙엽이 많이 퇴적된 곳에서 흔하게 찾아볼 수 있다. 다른 날도래류에 비해 비교적 크기가 크기 때문에 냇가에서 쉽게 볼 수 있다. 유충은 나뭇잎, 나뭇가지, 작은 모래알을 붙여서 원통형의 집을 만든다. 낙엽이 많이 쌓인 물속을 천천히 기어 다니며 낙엽을 먹고 산다. 맑고 깨끗한 시냇가에 사는 날도래로 1급수를 알려 주는 지표종이다.

띠우묵날도래(우묵날도래과)
Nemotaulius sp.

크기 | 30~35㎜(유충) 출현시기 | 5~8월(여름)
먹이(유충) | 낙엽, 유기물

유충은 머리에 진갈색 무늬가 있다. '띠무늬우묵날도래'와 닮았지만 나뭇잎과 나무줄기만 모아 집을 짓는다.

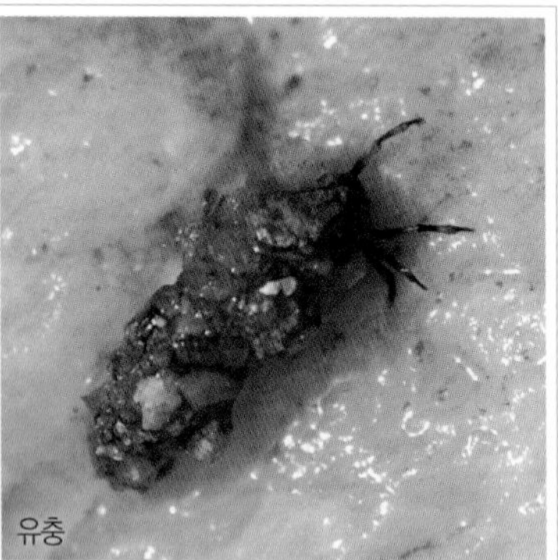

가시우묵날도래(가시우묵날도래과)
Neophylax ussuriensis

크기 | 13~15㎜(유충) 출현시기 | 5~8월(여름)
먹이(유충) | 부착조류

유충은 깨끗한 냇가의 작은 모래와 돌로 원통형의 집을 짓는다. 큰 돌에 번데기가 무리 지어 붙어 있다.

둥근날개날도래(둥근날개날도래과)
Phryganopsyche latipennis

크기 | 25~30㎜(유충) 출현시기 | 5~8월(여름)
먹이(유충) | 낙엽, 유기물

유충은 식물질의 작은 부스러기와 모래로 흐물흐물한 원통형의 집을 만들어 그 속에서 생활한다.

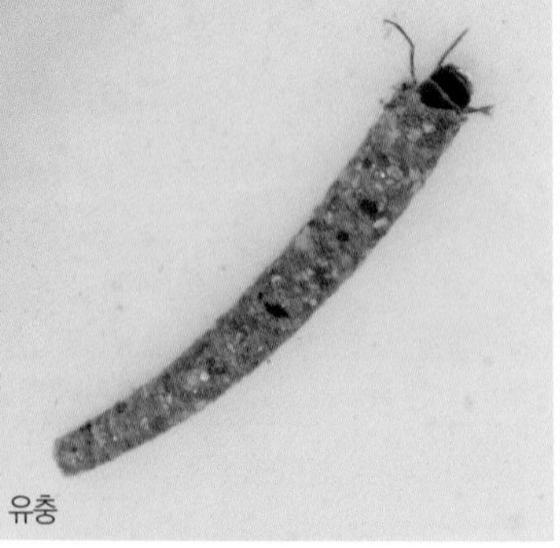

동양털날도래(털날도래과)
Gumaga orientalis

크기 | 7~12㎜(유충) 출현시기 | 5~8월(여름)
먹이(유충) | 낙엽

유충은 물이 느리게 흐르는 곳에서 작은 모래로 원통형의 집을 만들어 산다. 플랑크톤을 먹고 살며 한국 고유종이다.

네모집날도래(네모집날도래과)
Lepidostoma albardanum

크기 | 8~12mm(유충) 출현시기 | 6~8월(여름)
먹이(유충) | 낙엽, 미세한 유기물

유충은 머리와 가슴등판이 진갈색이다. 냇가에서 낙엽으로 사각기둥 모양의 집을 짓고 산다.

흰점네모집날도래(네모집날도래과)
Lepidostoma elongatum

크기 | 3~5mm 출현시기 | 6~8월(여름)
먹이(유충) | 낙엽, 미세한 유기물

날개는 진갈색이다. 앞날개 가운데에 황색 점무늬가 있다. 날개는 지붕 모양이고 불빛에 잘 날아온다.

청나비날도래(나비날도래과)
Mystacides azureus

크기 | 5~10mm(유충) 출현시기 | 6~8월(여름)
먹이(유충) | 바닥의 유기물

날개는 광택이 있는 진한 남색이며 더듬이는 매우 길고 흰색 띠가 있다. 물 흐름이 느린 하천이나 강에 산다.

채다리날도래(채다리날도래과)
Ganonema sp.

크기 | 15~20mm(유충) 출현시기 | 6~8월(여름)
먹이(유충) | 낙엽, 바닥의 썩은 물질

유충은 냇가의 낙엽이 퇴적된 곳이나 물기가 있는 곳에 산다. 가는 나뭇가지 속을 파내고 들어가서 산다.

날도래 무리 비교하기

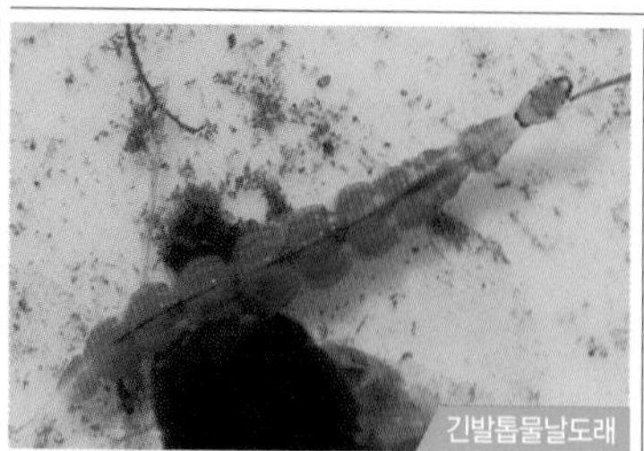

긴발톱물날도래류

집을 만들지 않고 생활하며 소형 수서 곤충을 잡아먹고 산다. 발톱이 매우 길며 산지의 계곡에 산다.

바수염날도래류

모래를 붙여서 작은 원통형의 집을 만들어서 지고 다니며 생활한다. 깨끗한 산지의 계곡에 산다.

우묵날도래류

나뭇가지와 돌을 이용해서 둥근 원통형의 집을 만들어 생활한다. 깨끗한 계곡에 살며 크기가 크다.

줄날도래류

긴발톱물날도래류처럼 집을 만들지 않고 생활한다. 하천 상류에서 흘러 나오는 유기물과 조류를 먹고 산다.

네모집날도래류

낙엽을 이용해서 입구가 네모난 사각기둥의 집을 짓고 생활한다. 낙엽이 많이 쌓인 물 흐름이 느린 곳에 산다.

둥근날개날도래류

식물 부스러기를 이용해서 흐물흐물한 원통형의 집을 짓고 생활한다. 산간 습지의 고인 물에 산다.

밑들이 머리와 주둥이

밑들이(밑들이과) *Panorpa cornigera*

크기 | 12~14㎜ 출현시기 | 5~6월(봄) 먹이 | 소형 곤충

몸은 연갈색이고 날개도 연갈색을 띤다. 날개 가운데에 검은색 가로줄무늬가 있다. 배 끝부분이 전갈처럼 위로 향해 있어서 '스콜피온플라이(Scorpion Fly)'라고 부른다. 수컷은 짝짓기를 위해서 암컷에게 먹이를 선물한다. 암컷이 먹이를 먹고 있을 때 짝짓기를 한다.

참밑들이 배(끝부분이 위로 올라감)

참밑들이(밑들이과) *Panorpa coreana*

크기 | 12~15㎜ 출현시기 | 5~8월(여름) 먹이 | 소형 곤충, 꽃잎, 이끼류

수컷은 전체적으로 검은색을 띠지만 암컷은 황색형이다. 배 끝부분이 위쪽으로 들려 올라가 있는 모습 때문에 '밑들이'라는 이름이 지어졌다. 그늘진 숲속에서 생활하는 한국 고유종이다. 성충은 소형 곤충류도 먹지만 꽃가루, 꽃잎, 열매, 이끼류 등 다양한 먹이를 먹고 산다.

큰황나각다귀

모기와 닮아서 '왕모기'라 불린다.

큰황나각다귀(각다귀과) *Nephrotoma pullata*

크기 | 20㎜ 내외 출현시기 | 5~7월(여름) 먹이(유충) | 썩은 식물

몸은 전체적으로 황색이고 날개와 다리는 갈색을 띤다. 앞가슴등판에 3개의 세로줄무늬가 있는 것이 특징이다. 낮은 산지나 들판, 시냇가, 계곡 주변의 풀잎에 앉아 있는 모습을 볼 수 있다. 기다란 다리로 풀잎이나 나무를 붙잡고 잘 매달려 있다.

황각다귀

퇴화된 뒷날개(평균곤)

황각다귀(각다귀과) *Nephrotoma virgata*

크기 | 12~14㎜ 출현시기 | 5~7월(여름) 먹이(유충) | 썩은 식물

몸은 황색이고 배는 암갈색이다. 더듬이와 다리가 매우 가늘고 길다. '큰황나각다귀'와 매우 비슷하지만 몸에 비해 날개가 길어서 구별된다. 풀밭이나 경작지에 많이 살고 농작물에 해를 입히기도 한다. 다리가 길고 몸이 호리호리해서 '왕모기'로 착각하기도 한다.

황나각다귀 뒷날개 2개가 퇴화되어 날개가 2개만 남아 있다.

황나각다귀(각다귀과) *Nephrotoma cornicina*

크기 | 15~17㎜ 출현시기 | 4~9월(봄) 먹이(유충) | 썩은 식물

몸은 황색이고 앞가슴등판과 배 위에는 암갈색 무늬가 있다. 더듬이는 짧고 다리는 몸 길이보다 훨씬 더 길게 발달했다. 뒷날개 2개가 퇴화되어 투명하고 넓적한 막질의 날개 2개만 있다. 냇가, 풀밭, 논밭, 숲의 풀잎이나 나뭇잎에 앉아 있는 모습을 볼 수 있다.

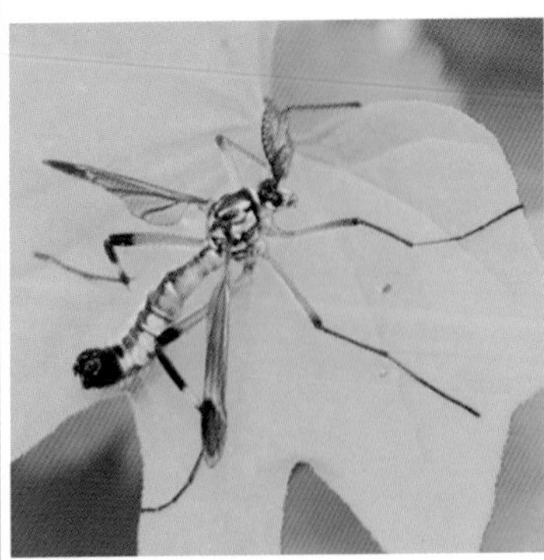

밑들이각다귀(각다귀과) *Ctenophora jozana*

크기 | 9㎜ 내외 출현시기 | 6~8월(여름)
먹이(유충) | 썩은 식물

몸은 길고 연갈색이며 날개는 투명하고 회색을 띤다. 산지의 숲속에서 볼 수 있으며 밤에 불빛에 모인다.

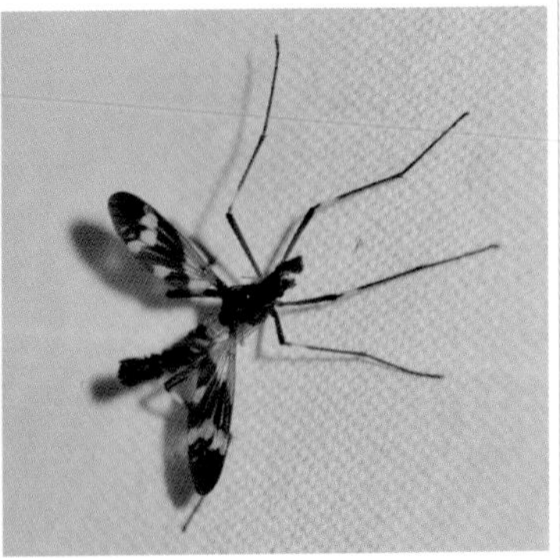

대모각다귀(각다귀과) *Ctenophora pictipennis fasciata*

크기 | 13~17㎜ 출현시기 | 5~9월(여름)
먹이(유충) | 썩은 식물

몸은 검은색이고 다리에 황색 줄무늬가 있다. 날개 가운데와 끝이 검은색을 띤다. 숲의 냇가와 논밭에서 볼 수 있다.

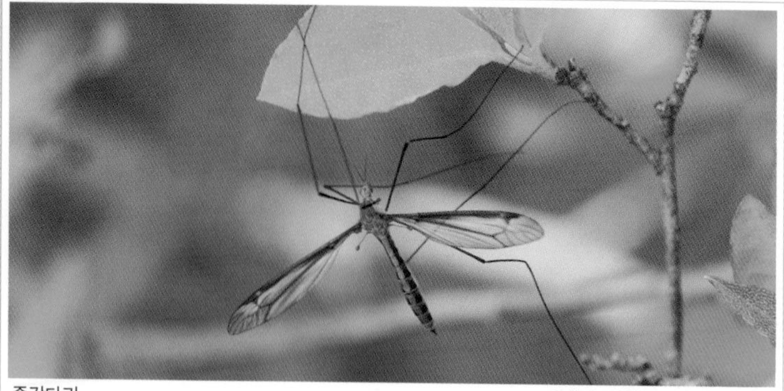
줄각다귀
유충은 하천의 물속에서 산다.

줄각다귀(각다귀과) *Tipula (Pterelachisus) taikun*

크기 | 12~16㎜ 출현시기 | 5~10월(봄) 먹이(유충) | 썩은 식물

몸이 가늘고 날개가 매우 크다. 날개에 줄무늬가 있어서 이름이 지어졌다. 전체적인 생김새가 커다란 '모기'를 닮았다고 해서 '왕모기'라고 부르지만 모기가 아니어서 피를 빨지 않는다. 하천 변 풀밭에 많이 살아서 밤에 불빛에 유인되어 베란다에 포르르 날아오는 경우가 많다.

검정날개각다귀
풀잎에 앉은 모습을 자주 볼 수 있다.

검정날개각다귀(각다귀과) *Hexatoma (Eriocera) pianigra*

크기 | 19㎜ 내외 출현시기 | 5~7월(여름) 먹이(유충) | 썩은 식물

몸은 전체적으로 검은색을 띤다. 날개는 크고 반투명하며 다리에는 가시털이 있다. 배 끝부분에 달린 산란관이 매우 뾰족하게 튀어나와 있다. 크기가 매우 큰 모기라고 생각해서 쫓아내려고 하다가 뾰족한 산란관에 찔리면 벌에 쏘인 것처럼 매우 아프기 때문에 조심해야 한다.

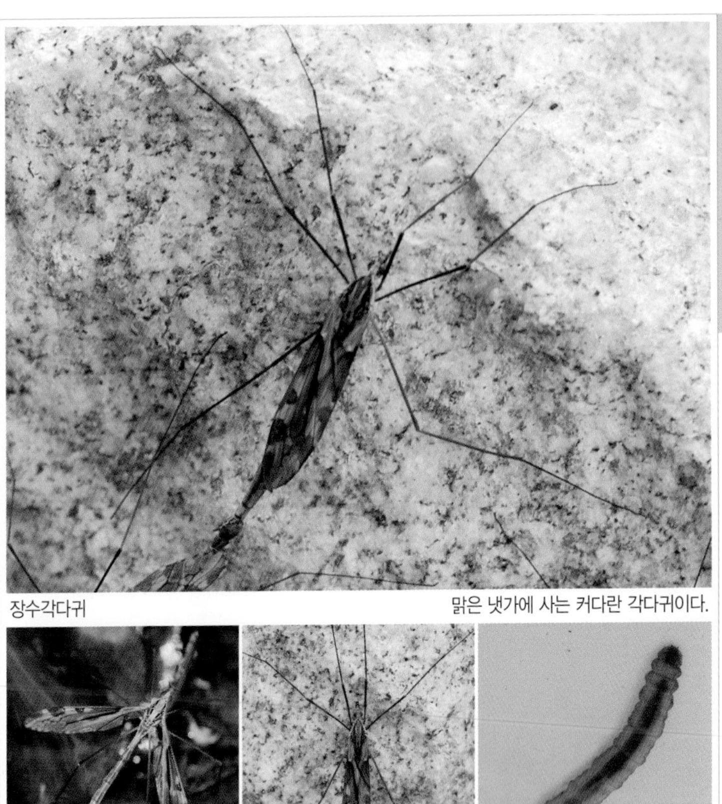

장수각다귀 맑은 냇가에 사는 커다란 각다귀이다.

수컷 암컷 유충

장수각다귀(장수각다귀과) *Pedicia (Pedicia) daimio*

크기 | 24~34㎜ 출현시기 | 5~10월(봄) 먹이(유충) | 썩은 식물

몸은 전체적으로 갈색을 띤다. 날개는 투명하고 회색을 띠며 검은색 줄무늬와 점무늬가 있는 것이 특징이다. 몸집이 매우 커다란 각다귀로 물가에 앉아 있는 모습을 만날 수 있다. 때로는 물가에서 암수가 짝짓기하고 있는 모습도 볼 수 있다. 날개가 연약해서 빠르게 날아다니지 못한다. 시냇가 근처의 풀잎이나 바위에 기다란 다리로 매달려 있기도 해서 '벽걸이곤충(Hanging Fly)'이라고 부른다. 습기가 많은 땅속에 무더기로 알을 낳는다. 유충과 번데기로 월동한다.

민나방파리 '나방'처럼 날개가 넓적하다.

민나방파리(나방파리과) *Psychoda alternata*

크기 | 1.5~2㎜ 출현시기 | 연중(여름)

날개는 회백색으로 반투명하다. 날개가 넓적해서 파리보다 소형 나방처럼 보인다고 해서 이름이 지어졌다. 화장실, 보일러실, 하수도 주변, 창고 주변을 날아다니는 모습을 볼 수 있다. 유충은 축축한 곳이나 물이 고인 곳에 살며 성충이 되면 날아다니다가 벽에 잘 붙는다.

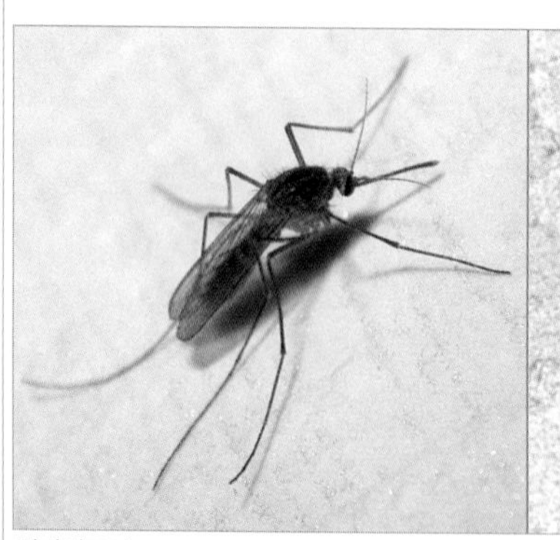
빨간집모기

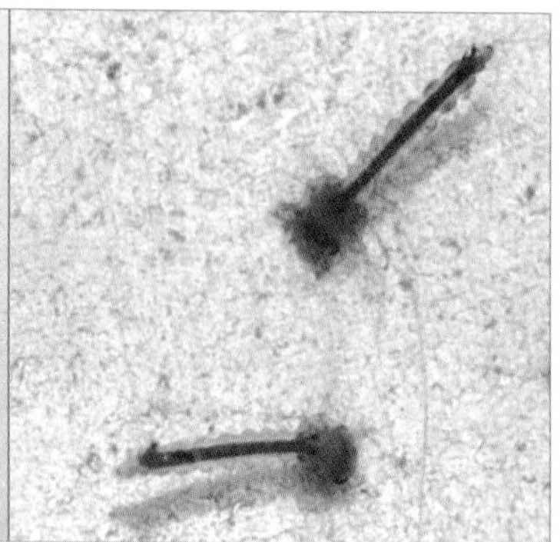
유충(장구벌레)

빨간집모기(모기과) *Culex pipiens pallens*

크기 | 5.5㎜ 내외 출현시기 | 4~11월(여름) 먹이 | 사람 피, 가축 체액

몸은 연갈색을 띤다. 사람의 피를 빨아 먹는 흡혈 해충으로 가축의 체액도 빨아 먹는다. 집 주변, 하수구, 지하실, 욕실, 동굴 등에서 월동한다. 지구 온난화로 날씨가 더워져서 겨울에도 모기가 발생하여 물린다. '장구벌레'라고 불리는 유충은 오염된 웅덩이 속에 산다.

흰줄숲모기 산에 살아서 '산모기'라 불린다.

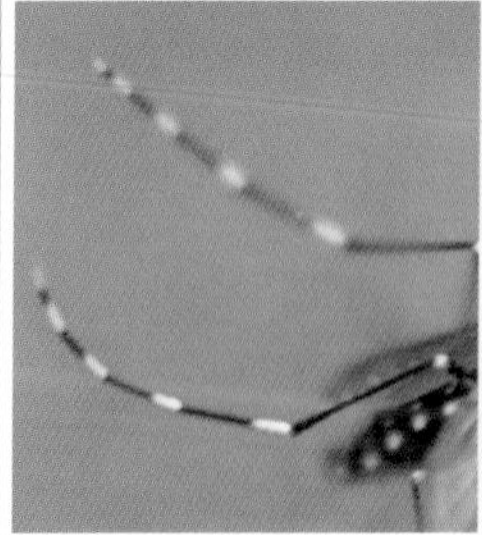

다리(흰색 줄무늬)

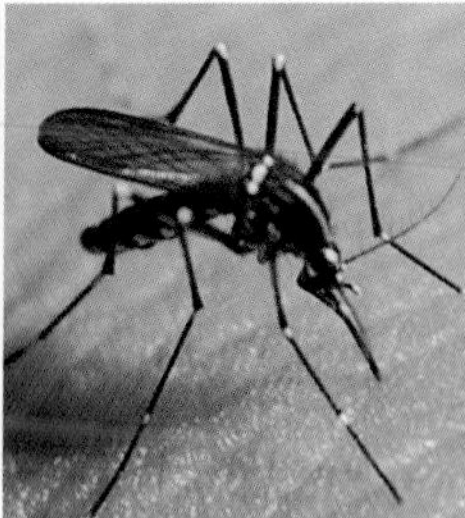

피를 빨아 먹는 모습(암컷)

식물 즙을 빨아 먹는 모습(수컷)

흰줄숲모기(모기과) *Aedes (Stegomyia) albopictus*

크기 | 4.5㎜ 내외 출현시기 | 6~9월(여름) 먹이 | 사람 피, 각종 식물

몸은 검은색이고 다리에 흰색 줄무늬가 있어서 이름이 지어졌다. 다리에 있는 흰색 줄무늬가 운동화 로고를 닮아서 '아디다스 모기'라고 부른다. 도시보다 산에 많이 살아서 흔히 '산모기'라고 부르기도 한다. 최근 아파트와 주택을 산 주변에 많이 짓기 때문에 집 안에 들어오는 비율이 높아져서 자주 물린다. 옛날부터 물리던 집모기가 아니어서 우리 몸에 면역이 없기 때문에 물리면 알레르기 반응이 크게 일어나고 더 아프다. 남미에서 유입되는 지카바이러스를 옮길 수 있는 모기로 주목하고 있다.

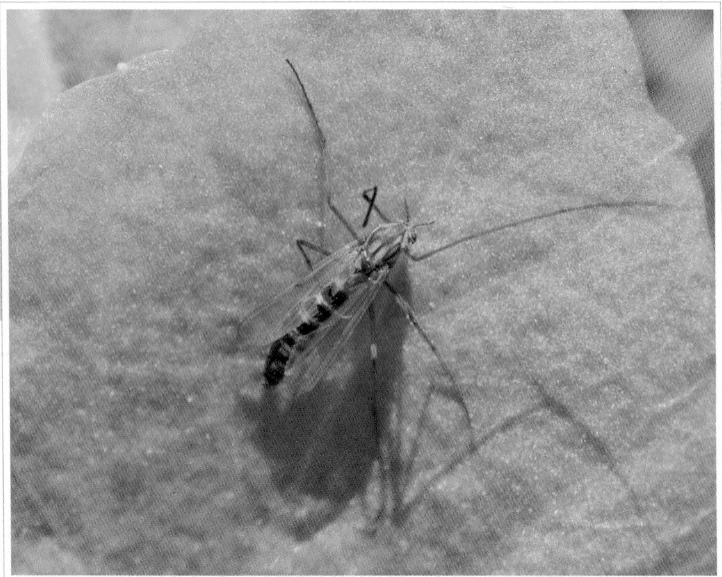

장수깔따구 '모기'와 닮았지만 주둥이에 뾰족한 침이 없다.

날개

더듬이와 머리

장수깔따구(깔따구과) *Chironomus plumosus*

크기 | 6~7㎜ 출현시기 | 4~9월(봄) 먹이(유충) | 오염된 유기물

생김새가 '모기'와 매우 비슷하지만 모기와 달리 기다란 주둥이가 없어서 구별된다. 깔따구류 중에서 크기가 매우 커서 이름이 지어졌다. 마을 주변의 하천이나 습지의 풀밭에 흔하게 산다. 특히 하천이 오염되면 깔따구 유충의 번식이 활발해져서 한꺼번에 대발생하기도 한다. 깔따구와 같은 파리류 곤충은 사람이 호흡할 때 나오는 이산화탄소를 좋아하기 때문에 하천 주변을 산책하다 보면 깔따구가 사람에게 몰려들기도 한다. 특히 비가 적게 오는 건조한 봄철에 많이 발생한다.

검털파리 봄철에 많은 개체 수가 발견된다.

수컷 암컷 유충

검털파리(털파리과) *Bibio tenebrosus*

크기 | 11~14㎜ 출현시기 | 4~8월(봄) 먹이(유충) | 썩은 식물

몸은 전체적으로 검은색을 띠고 길쭉하다. 날개는 황갈색이고 다리는 광택이 있는 검은색이다. 가슴 양옆 가장자리에 짧은 털이 있다. 수컷은 겹눈이 크고 서로 붙어 있지만 암컷은 겹눈이 작고 서로 떨어져 있어서 구별된다. 계곡 주변의 산길이나 풀숲을 날아다니는 모습을 볼 수 있다. 땅이나 잎에서 암수가 짝짓기하는 모습도 종종 볼 수 있다. 유충은 몸 전체에 털이 수북하게 달려 있어서 '불나방' 유충처럼 보이며 낙엽에 바글바글 무리 지어 월동한다.

붉은배털파리　　배가 주홍색이다.

붉은배털파리(털파리과) *Bibio rufiventris*

크기 | 10~11㎜ 출현시기 | 4~5월(봄) 먹이(유충) | 썩은 식물

몸은 전체적으로 검은색을 띤다. 앞가슴등판과 배는 선명한 주홍색을 띠고 있어서 붉게 보이기 때문에 이름이 지어졌다. '검털파리' 암컷과 생김새가 닮았지만 앞가슴등판과 배가 붉은색이어서 구별된다. 냇가나 하천 주변에서 볼 수 있고 개체 수가 적어서 드물게 관찰된다.

어리수중다리털파리(털파리과)
Bibio pseudoclavipes

크기 | 7~9㎜ 출현시기 | 4~5월(봄)
먹이(유충) | 썩은 식물

머리는 검은색이고 앞가슴등판과 다리는 적갈색을 띤다. 냇가, 습지, 하천 주변의 풀밭에 산다.

벌레혹

극동쑥혹파리(혹파리과)
Rhopalomyia giraldii

크기 | 3㎜ 내외
출현시기 | 5~12월(가을)

쑥 줄기에 알을 낳으면 식물이 보호 물질을 분비한다. 그러면 쑥에 솜 모양의 혹이 만들어진다.

깨다시등에 날개가 깨를 뿌려 놓은 것처럼 얼룩덜룩하다.

깨다시등에(등에과) *Haematopota pluvialis*

크기 | 10~13㎜ 출현시기 | 6~8월(여름)

몸은 검은색이며 더듬이는 짧고 검은색이다. 앞가슴등판은 비교적 작고 가느다란 회색 가루로 덮여 있다. 날개는 흑갈색이고 가느다란 흰색 물결무늬가 복잡하게 있어서 깨를 뿌려 놓은 것처럼 얼룩덜룩해 보인다. 다리와 배는 흑갈색을 띤다. 밤에 불빛에 잘 날아와 모인다.

황등에붙이 겹눈이 '잠자리'처럼 크다.

황등에붙이(등에과) *Atylotus horvathi*

크기 | 12~14㎜ 출현시기 | 6~9월(여름) 먹이 | 가축 체액, 꽃가루

몸은 황갈색이고 겹눈은 황색으로 잠자리 눈처럼 매우 크다. 암컷은 '모기'처럼 알을 많이 낳기 위해 가축의 체액을 빨아 먹고 살지만 수컷은 꽃가루를 먹고 산다. 암컷은 가축을 찾아 축사에 모여드는 모습을 볼 수 있고 수컷은 논밭과 마을, 냇가의 풀밭에서 볼 수 있다.

갈로이스등에 나뭇진을 먹고 산다.

갈로이스등에(등에과) *Tabanus galloisi*

크기 | 19~20㎜ 출현시기 | 6~8월(여름) 먹이 | 나뭇진

몸은 전체적으로 진회색을 띤다. 가슴등판에는 4개의 검은색 줄무늬가 있다. 겹눈은 잠자리 눈처럼 매우 크고 배 등면에 흰색 점무늬가 있다. 일반적인 등에류와 달리 동물의 체액을 빨아 먹기 위해 축사에 모이지 않고 산지나 숲 가장자리에 모여서 나뭇진을 먹는다.

소등에 소의 체액을 빨아 먹고 산다.

소등에(등에과) *Tabanus trigonus*

크기 | 17~29㎜ 출현시기 | 6~9월(여름) 먹이 | 소 체액, 말 체액

몸은 회갈색이고 앞가슴등판에 3개의 세로줄무늬가 있다. 소를 찔러 체액을 빨아 먹으면 소는 꼬리로 엉덩이를 찰싹 때려 내쫓는다. 소의 등에 잘 올라타서 한자어 '등(登)'과 접미사 '에'가 붙어 '등에'라는 이름이 지어졌다. 옛날에 우리나라에서는 '쇠파리', 유럽에서는 '말파리'라고 불렀다.

동애등에 썩은 물질 위를 빠르게 날아다닌다.

번데기

더듬이와 눈

포개어 접은 날개

동애등에(동애등에과) *Ptecticus tenebrifer*

크기 | 15~20㎜ 출현시기 | 5~10월(여름) 먹이(유충) | 배설물, 쓰레기

몸은 검은색이고 길쭉하다. 논밭이나 시골 마을의 동물 배설물과 썩은 채소 더미 주위를 빠르게 날아다니는 모습을 볼 수 있다. 유충은 배설물이나 음식물 쓰레기처럼 썩은 물질을 먹고 살기 때문에 밭의 퇴비 주변이나 재래식 화장실 부근에 많이 산다. 유충은 쓰레기나 축산 분뇨를 먹어 치워서 좋은 퇴비를 만들어 주는 탁월한 역할을 해서 환경정화곤충으로 매우 유명하다. 파리목 곤충에 속하기 때문에 뒷날개 2개가 퇴화되어 날개는 2개뿐이다. 빠르게 날다가 내려앉을 때 날개를 등 위에 포개어 접는다.

꼬마동애등에 1형

꼬마동애등에 2형

꼬마동애등에(동애등에과) *Microchrysa flaviventris*

크기 | 4~5㎜ 출현시기 | 6~8월(여름)

몸은 청록색이고 광택이 난다. 겹눈은 적갈색이고 앞가슴등판 무늬가 사람의 얼굴처럼 보인다. 동애등에류 중에서는 크기가 작아서 이름이 지어졌다. 크기가 매우 작아서 눈에 잘 띄지 않지만 선명한 녹색 광택이 있기 때문에 잎에 내려앉으면 쉽게 발견할 수 있다.

범동애등에(동애등에과)
Odontomyia garatas

크기 | 10~13㎜
출현시기 | 6~9월(여름)

몸은 연녹색이고 배에 물결 모양의 검은색 줄무늬가 있다. 냇가, 논밭, 풀밭에서 볼 수 있다.

히라야마동애등에(동애등에과)
Odontomyia hirayamae

크기 | 10~13㎜
출현시기 | 5~7월(여름)

몸은 검은색이고 몸 전체가 짧은 금색 털로 덮여 있다. 배는 편평하고 넓적하며 날개는 투명하다.

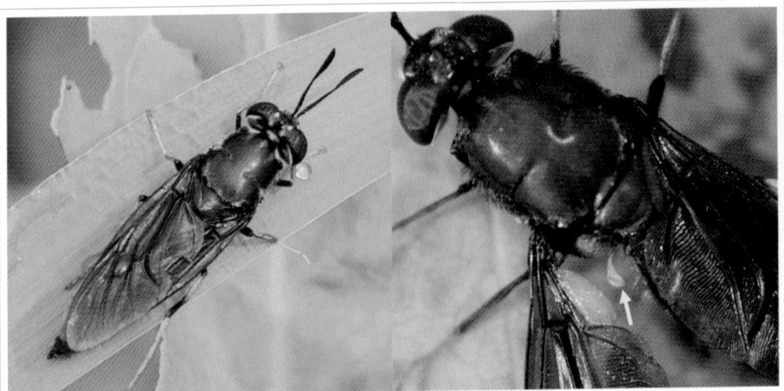

아메리카동애등에 퇴화된 뒷날개(평균곤)

아메리카동애등에(동애등에과) *Hermetia illucens*

크기 | 12~20㎜ 출현시기 | 7~10월(여름) 먹이(유충) | 배설물, 쓰레기

몸은 검은색이고 투명한 날개는 검은색 또는 보랏빛 광택이 돈다. '동애등에'보다 몸이 굵고 앞가슴등판도 넓다. 퇴화된 뒷날개인 평균곤은 흰색이다. 풀잎에 잠시 앉았다가 재빨리 다른 곳으로 날아가기 때문에 눈에 잘 띄지 않아 자세히 찾아봐야 볼 수 있다.

방울동애등에 겹눈과 더듬이

방울동애등에(동애등에과) *Craspedometopon frontale*

크기 | 7~9㎜ 출현시기 | 6~7월(여름)

몸은 검은색이고 광택이 있다. 겹눈은 적갈색이고 날개는 몸 길이보다 훨씬 더 길게 발달된 것이 특징이다. 다리는 흑갈색이고 종아리마디는 황백색이다. '동애등에'나 '아메리카동애등에'에 비해 몸 길이가 매우 짧고 통통한 편이다. 풀밭을 잘 날아다니는 모습을 볼 수 있다.

얼룩점밑들이파리매 황색 점무늬가 있어 얼룩덜룩하다.

얼룩점밑들이파리매(밑들이파리매과) *Solva maculata*

크기 | 20㎜ 내외 출현시기 | 5~6월(봄) 먹이 | 곤충

몸은 전체적으로 검은색이고 겹눈은 잠자리 눈처럼 둥글게 튀어나왔다. 앞가슴등판에 황색 점무늬가 있는 것이 특징이다. 매우 빠르게 날아다니며 활동하기 때문에 눈에 포착하기 힘들다. 재빨리 날아다니며 공중에서 먹잇감을 낚아채는 사냥 솜씨가 뛰어나다.

뒤영벌파리매 털이 북슬북슬하고 뚱뚱하다.

뒤영벌파리매(파리매과) *Laphria mitsukurii*

크기 | 20~22㎜ 출현시기 | 4~8월(여름) 먹이 | 곤충

몸은 전체적으로 검은색을 띠며 짧은 검은색 털로 촘촘하게 덮여 있다. 배 아래쪽은 검은색이지만 위쪽은 주황색을 띤다. 털이 수북하고 주황색을 띠는 배 부분이 뒤영벌류(호박벌, 뒤영벌)와 비슷해서 이름이 지어졌다. 산길을 빠르게 날아다니며 다른 곤충을 사냥하는 육식성 파리이다.

파리매 매처럼 날아다니며 사냥한다.

수컷

암컷

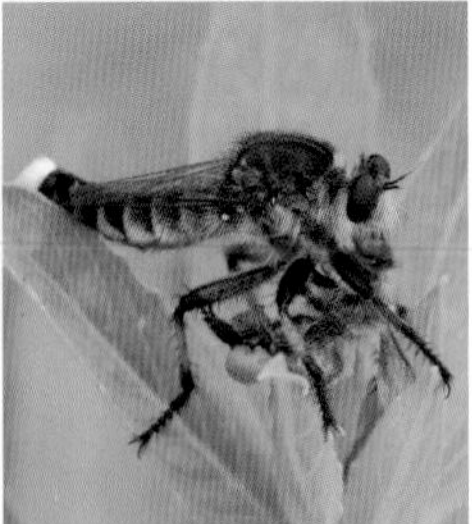

꿀벌을 사냥하는 모습

파리매(파리매과) *Promachus yesonicus*

크기 | 23~30㎜ 출현시기 | 6~8월(여름) 먹이 | 곤충

몸은 검은색이고 다리의 종아리마디는 붉은색을 띤다. 수컷은 배 끝부분에 털 뭉치가 달려 있어서 털 뭉치가 없는 암컷과 구별된다. 다리는 잠자리의 다리처럼 소쿠리 모양이고 가시털이 있어서 어떤 먹잇감도 잘 포획할 수 있게 발달되어 있다. 재빨리 날아다니며 공중에서 먹잇감을 낚아채는 모습이 사냥을 잘하는 '매'를 닮아서 이름이 지어졌다. 산과 들판에서 여러 종류의 곤충을 사냥한다. 먹이로 풍뎅이를 매우 좋아하며 유충도 풍뎅이 유충인 굼벵이를 먹고 산다.

왕파리매 풍뎅이를 사냥해서 잡아먹는다.

왕파리매(파리매과) *Cophinopoda chinensis*

크기 | 20~28㎜ 출현시기 | 6~8월(여름) 먹이 | 곤충

몸은 적갈색이나 황갈색이며 겹눈은 청록색을 띤다. 산지의 계곡 주변이나 하천의 풀밭 등을 빠르게 날아다니며 나방, 꿀벌, 풍뎅이 등을 공중에서 낚아채서 사냥하는 솜씨가 뛰어나다. 한 번 사냥한 먹잇감은 다 먹을 때까지 기다란 다리로 감싸서 붙잡고 날아다닌다.

홍다리파리매 긴 다리로 나방을 낚아챘다.

홍다리파리매(파리매과) *Antipalus pedestris*

크기 | 20~22㎜ 출현시기 | 5~7월(여름) 먹이 | 곤충, 절지동물

몸은 전체적으로 흑갈색을 띤다. 황갈색을 띠는 다리가 붉게 보여서 이름이 지어졌다. 불룩 튀어나온 겹눈은 잠자리 눈처럼 커서 먹잇감을 포착하기 유리하다. 낮에 날아다니며 소형 곤충이나 절지동물을 잽싸게 포획하여 잡아먹는 육식성 파리이다. 번데기로 월동한다.

검정파리매

짝짓기

검정파리매(파리매과) *Trichomachimus scutellaris*

크기 | 22~25㎜ 출현시기 | 6~9월(여름) 먹이 | 곤충

몸은 전체적으로 검은색을 띤다. 개체 수가 많아서 낮은 산지나 들판에서 가장 쉽게 만날 수 있는 파리매이다. 재빨리 날아다니며 나방, 나비, 파리 등을 사냥한 후 풀잎에 앉아 있는 모습을 볼 수 있으며 땅에도 잘 내려앉는다. 공중에서 먹이를 낚아채는 솜씨가 매우 훌륭하다.

광대파리매(수컷) 암컷

광대파리매(파리매과) *Neoitamus angusticornis*

크기 | 17~20㎜ 출현시기 | 4~6월(봄) 먹이 | 곤충

몸은 검은색이고 다리의 종아리마디는 황갈색을 띤다. 겹눈은 붉은색이 도는 검은색이다. 짧은 더듬이와 주둥이도 검은색이다. 매우 빠르게 날아다니며 나비류와 매미류를 사냥한다. 낮은 산지나 들판에서 볼 수 있으며 사냥한 먹잇감을 들고 다니는 모습을 볼 수 있다.

스즈키나나니등에(재니등에과)

Systropus suzukii

크기 | 20㎜ 내외 출현시기 | 8~9월(여름)
먹이 | 꽃꿀

몸이 가늘고 길어서 '나나니벌'과 비슷해 보인다. 짝짓기하면서 꽃에 모여드는 모습을 볼 수 있다.

털보재니등에(재니등에과)

Anastoechus nitidulus

크기 | 8~14㎜ 출현시기 | 4~10월(여름)
먹이 | 꽃꿀

몸은 검은색이고 황백색 털로 덮여 있다. 정지 비행을 하면서 산지와 풀밭의 꽃을 찾아 날아다닌다.

좀털보재니등에

정지 비행

좀털보재니등에(재니등에과) *Bombylius shibakawae*

크기 | 10㎜ 내외 출현시기 | 4~5월(봄) 먹이 | 꽃꿀

몸은 검은색이고 연황색 털이 촘촘하게 덮여 있다. 날개는 투명하며 꽃에 앉아 기다란 주둥이로 꿀을 빠는 모습을 볼 수 있다. 산지나 들판에 핀 꽃을 바쁘게 찾아다니며 꿀을 빨 때는 빠른 날갯짓으로 정지 비행을 한다. 한참 동안 날아다니다가 바위 위에 잘 내려앉는다.

빌로오도재니등에 서로 반대 방향을 보고 짝짓기한다.

꿀을 빨아 먹는 모습

주둥이

빌로오도재니등에(재니등에과) *Bombylius major*

크기 | 7~12㎜ 출현시기 | 4~6월(봄) 먹이 | 꽃꿀

몸은 전체적으로 진갈색이며 몸 전체가 벨벳처럼 부드러운 연황색 털로 빽빽하게 덮여 있다. 수컷은 암컷에 비해 크기가 훨씬 더 작고 서로 반대 방향을 보며 짝짓기를 한다. 봄에 매우 활발하게 날아다니며 공중에서 정지 비행하며 맴도는 모습을 볼 수 있다. 정지 비행을 하면서 꽃에 앉지 않고 갑자기 방향을 바꾸어 다른 꽃으로 날아갈 정도로 비행 능력이 매우 탁월하다. 물가의 바위나 땅, 꽃이나 풀잎에서 볼 수 있다. 유충은 맵시벌 유충을 먹고 산다.

장다리파리 몸에 비해 다리가 길다.

장다리파리(장다리파리과) *Dolichopus nitidus*

크기 | 5~6㎜ 출현시기 | 6~9월(여름)

몸은 녹색이고 금속 광택이 난다. 몸이 가늘고 몸에 비해 다리가 매우 길어서 이름이 지어졌다. 산길을 걷다 보면 풀숲 사이를 날아다니다가 잎에 내려앉는 모습을 볼 수 있다. 나뭇잎 위에 앉아 있으면 햇볕에 녹색 광택이 반짝거린다.

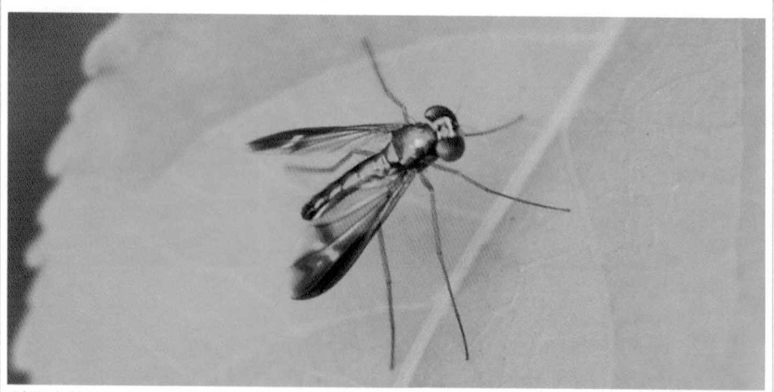
얼룩장다리파리 몸은 녹색 광택이 돌며 잎에 잘 앉는다.

얼룩장다리파리(장다리파리과) *Mesorhaga nebulosus*

크기 | 6㎜ 내외 출현시기 | 6~9월(여름)

몸은 녹색이고 광택이 있다. 더듬이는 검은색이고 주둥이는 황색이다. '장다리파리'와 비슷하게 생겼지만 날개 전체가 투명하지 않고 얼룩덜룩한 검은색 무늬가 있어서 구별된다. 풀숲 사이를 날아다니다가 잎에 내려앉았다 훌쩍 날아간다.

동해참머리파리(머리파리과)

Pipunculus subvaripes

크기 | 9~12㎜ 출현시기 | 6~7월(여름)
먹이(유충) | 멸구, 노린재류

몸은 길쭉하고 더듬이는 매우 짧다. 겹눈이 붙어 있는 머리가 공 모양으로 커서 '머리파리'라고 부른다.

쟈바꽃등에(꽃등에과)

Allograpta javana

크기 | 7.5~10㎜ 출현시기 | 4~10월(봄)
먹이(유충) | 진딧물

몸은 황색이고 앞가슴등판은 광택이 있는 검은색을 띤다. 배에 갈색 줄무늬가 여러 줄 있다.

검정넓적꽃등에(꽃등에과)

Betasyrphus serarius

크기 | 10~12㎜ 출현시기 | 5~11월(여름)
먹이(유충) | 진딧물

몸은 검은색이고 다리는 적갈색 또는 황갈색이다. 배마디에 흰색 줄무늬가 있는 것이 특징이다.

두줄꽃등에(꽃등에과)

Dasysyrphus bilineatus

크기 | 12~14㎜ 출현시기 | 4~10월(여름)
먹이 | 꽃가루

몸은 검은색을 띤다. 배에 구불구불한 물결 모양의 황색 줄무늬가 있다. 논밭과 숲에서 볼 수 있다.

암컷

날개

호리꽃등에

꽃가루를 핥아 먹는 모습

정지 비행

호리꽃등에(꽃등에과) *Episyrphus balteatus*

크기 | 8~11㎜ 출현시기 | 4~11월(봄) 먹이(유충) | 진딧물

몸이 매우 호리호리해서 이름이 지어졌다. 배에 검은색 줄무늬가 많다. 개체에 따라서 크기, 색깔, 배 무늬 등의 변이가 매우 심하게 나타난다. 산과 들에 핀 꽃에서 볼 수 있는 대표적인 꽃등에로 꽃에 날아와서 바로 내려앉지 않고 꽃 주변에서 정지 비행하며 공중에서 맴돌아 '호버플라이(Hover Fly)'라고 부른다. 꽃에 내려앉아 꽃가루를 핥아 먹는다. 꽃, 잎, 돌 등에 앉아서 쉴 때는 음식물의 맛을 정확히 보기 위해 앞다리를 비벼 대며 열심히 청소하는 모습을 볼 수 있다.

별넓적꽃등에(꽃등에과)
Eupeodes (Metasyrphus) corollae

크기 | 8~10㎜ 출현시기 | 4~9월(봄)
먹이(유충) | 목화진딧물, 콩진딧물

몸이 매우 넓적하고 겹눈이 크다. 배에 황색 무늬가 있다. 날아다니다가 풀잎이나 땅에 잘 앉는다.

물결넓적꽃등에(꽃등에과)
Eupeodes (Metasyrphus) nitens

크기 | 10~12㎜ 출현시기 | 4~11월(여름)
먹이(유충) | 진딧물

배에 있는 3개의 황색 줄무늬가 물결처럼 구불구불하다. 낮은 산과 들의 꽃에 잘 모여든다.

끝노랑꽃등에

배 끝부분이 황색이다.

끝노랑꽃등에(꽃등에과) *Dideoides coquiletti*

크기 | 15~17㎜ 출현시기 | 6~9월(여름) 먹이 | 꽃가루

몸은 진한 흑갈색이고 털이 있으며 뚱뚱한 편이다. 겹눈은 잠자리 눈처럼 매우 크다. 날개는 투명하고 다리는 황색을 띤다. 배는 크고 납작하며 배 끝부분이 황색을 띠기 때문에 이름이 지어졌다. 재빨리 날며 다양한 꽃을 찾아서 꽃가루를 먹는다.

꼬마꽃등에 잎사귀 위에서 짝짓기를 한다.

수컷 암컷 겹눈과 더듬이

꼬마꽃등에(꽃등에과) *Sphaerophoria menthastri*

크기 | 8~9㎜ 출현시기 | 4~11월(봄) 먹이(유충) | 진딧물

몸은 검은색이고 매우 작고 가늘다. 앞가슴등판은 구릿빛이 도는 검은색이며 광택이 난다. 배는 주황색을 띠며 수컷은 배마디에 줄무늬가 없지만 암컷은 줄무늬가 있어서 서로 구별된다. 초봄부터 늦가을까지 꽃이 핀 꽃밭이라면 어디서나 쉽게 볼 수 있다. 꽃에 사뿐히 내려앉아 꽃가루를 먹고 산다. 꽃이나 풀잎 위에 앉아서 서로 반대 방향을 보며 짝짓기하는 모습도 볼 수 있다. 유충은 풀잎에 생기는 진딧물을 잡아먹고 살기 때문에 무당벌레가 있는 근처에서 흔히 볼 수 있다.

루펠꽃등에(꽃등에과)
Sphaerophoria rueppellii

크기 | 8㎜ 내외 출현시기 | 7~8월(여름)
먹이 | 꽃가루

'꼬마꽃등에'와 생김새가 비슷하지만 배 부분이 짧고 넓은 점이 서로 달라서 구별된다. 개체 수가 적다.

노란점곱슬꽃등에(꽃등에과)
Platycheirus clypeatus

크기 | 9~13㎜ 출현시기 | 5~10월(여름)
먹이 | 꽃가루

몸은 전체적으로 검은색이고 배에 황색 점무늬가 줄지어 있다. 고지대의 꽃밭에서 볼 수 있다.

고려꽃등에(암컷) 수컷

고려꽃등에(꽃등에과) *Paragus haemorrhous*

크기 | 5~6㎜ 출현시기 | 4~11월(여름) 먹이 | 꽃가루

몸은 구릿빛 또는 보랏빛이 도는 검은색이며 크기가 매우 작다. 겹눈이 서로 붙어 있으며 짧은 원통형이다. 수컷은 배 끝부분이 주황색이고 암컷은 전체적으로 광택이 있는 검은색이어서 구별된다. 냇가, 습지, 논밭, 숲에 핀 다양한 꽃에 모여서 꽃가루를 먹는다.

어리대모꽃등에 꽃에 앉아 꽃가루를 먹는다.

어리대모꽃등에(꽃등에과) *Volucella pellucens tabanoides*

크기 | 16~18㎜ 출현시기 | 5~9월(여름) 먹이(유충) | 벌집

몸은 광택이 있는 검은색으로 배 부분이 매우 뚱뚱하다. 겹눈은 잠자리 눈처럼 매우 크고 배 부분에 굵은 흰색 띠무늬를 갖고 있는 것이 특징이다. 산지에 핀 꽃을 찾아 활발하게 날아다니는 모습을 볼 수 있다. 뒷날개 2개가 퇴화되어 날개가 2개만 남았지만 매우 잘 날아다닌다.

장수말벌집대모꽃등에 말벌류에 기생하며 몸집이 크다.

장수말벌집대모꽃등에(꽃등에과) *Volucella suzukii*

크기 | 15~16㎜ 출현시기 | 7~9월(여름) 먹이(유충) | 말벌류 사체

몸은 전체적으로 검붉은색이고 배 부분은 청람색을 띤다. 땅벌, 황말벌, 말벌, 장수말벌의 둥지에서 자주 발견된다. 말벌 둥지 근처를 비행하다가 말벌 사체 위에 알을 낳아 기생하는 꽃등에이다. 부화된 유충은 말벌의 사체를 먹으며 무럭무럭 자라서 성충이 된다.

넓은이마대모꽃등에 벌 둥지에 알을 낳는다.

넓은이마대모꽃등에(꽃등에과) *Volucella inanoides*

크기 | 14㎜ 내외 출현시기 | 6~8월(여름) 먹이(유충) | 말벌류 사체

몸은 검은색이고 배에 황색 무늬가 있으며 다리도 황색을 띤다. 숲에 핀 꽃에 날아오거나 나뭇진을 먹으러 모여드는 대형 꽃등에이다. 암컷은 뒤영벌이나 말벌류 둥지에 알을 낳고 알에서 깨어난 유충은 죽은 벌의 사체를 먹고 자라기 때문에 청소부 역할을 한다.

눈루리꽃등에(수컷) 암컷

눈루리꽃등에(꽃등에과) *Eristalinus tarsalis*

크기 | 11~12㎜ 출현시기 | 5~11월(여름) 먹이 | 꽃가루

몸은 검은색이고 겹눈은 황색을 띤다. 날개는 털이 없이 투명하고 평균곤은 황색을 띤다. 암컷은 수컷과 달리 배마디에 연황색 줄무늬가 많아서 구별된다. 산지나 들판의 꽃에 날아와서 꽃가루를 먹고 산다. 꽃이나 풀잎에 잠시 앉았다가 다른 곳으로 재빨리 날아간다.

꽃등에 1형 꽃등에 2형 입(꽃가루를 먹는 모습)

꽃등에(꽃등에과) *Episyrphus tenax*

크기 | 14~16㎜ 출현시기 | 4~11월(가을) 먹이 | 꽃가루

몸은 진한 흑갈색이고 배에 적갈색 무늬가 선명하다. 배 부분의 무늬는 개체에 따라 서로 다른 이형이 있다. 꽃등에류 중에서 비교적 뚱뚱하며 꽃에 날아와서 꽃가루를 핥아 먹는 모습을 볼 수 있다. 유충은 썩은 오염 물질을 먹고 살며 꼬리가 길어서 '꼬리구더기'라고 부른다.

배짧은꽃등에 1형 배짧은꽃등에 2형

배짧은꽃등에(꽃등에과) *Eristalis cerealis*

크기 | 10~13㎜ 출현시기 | 4~10월(여름) 먹이 | 꽃가루

몸은 검은색이고 배에 황갈색 줄무늬가 있다. 산과 들판에 피는 다양한 꽃에 날아와서 앉아 있는 모습이 '꿀벌'을 닮았다. 천적이 벌인 줄 알고 접근하지 못하게 하여 스스로를 보호하는 꽃등에의 위장술이다. 꽃등에 중에서 생김새가 꿀벌과 가장 많이 닮았다.

굵은 뒷다리

겹눈과 더듬이

수중다리꽃등에

날개

앞다리를 비비는 모습

꽃가루를 먹는 모습

수중다리꽃등에(꽃등에과) *Helophilus virgatus*

크기 | 12~14㎜ 출현시기 | 3~11월(봄) 먹이(유충) | 썩은 식물

몸은 검은색이고 황갈색 털로 덮여 있다. 겹눈은 잠자리 눈처럼 매우 크고 불룩 튀어나왔다. 꽃등에류 중에서 뒷다리가 매우 굵어서 몸이 붓는 병인 '수종(水腫)'을 의미하는 '수중'이 붙어서 이름이 지어졌다. 배마디에 황색 무늬가 많은 이형도 있다. 초봄부터 출현하여 산과 들판, 도시와 공원 등의 꽃을 찾아 빠르게 날아다니는 모습을 볼 수 있다. 잎에 앉아서 앞다리를 비벼 대고 있는 모습을 보면 생김새는 '벌'을 닮았지만 파리류의 곤충임을 알 수 있다. 그래서 꽃등에를 '꽃파리'라 부른다.

왕꽃등에(꽃등에과)
Phytomia zonata

크기 | 12~16㎜ 출현시기 | 6~10월(여름)
먹이 | 꽃가루

몸은 검은색이고 배는 갈색이며 검은색 줄무늬가 있다. 국화과 식물의 꽃가루를 먹기 위해 모여든다.

알통다리꽃등에(꽃등에과)
Syritta pipiens

크기 | 8~10㎜ 출현시기 | 5~10월(여름)
먹이(유충) | 퇴비, 썩은 물질

몸은 길쭉하고 뒷다리가 알통처럼 굵게 발달해서 이름이 지어졌다. 꽃에 모여 꽃가루를 먹고 산다.

덩굴꽃등에(꽃등에과)
Eristalis arbustorum

크기 | 11㎜ 내외 출현시기 | 4~11월(가을)
먹이 | 꽃가루

몸은 검은색이고 배 부분에 흰색 가로줄무늬가 뚜렷하다. 꽃에 날아와 꽃가루를 핥아 먹고 산다.

울보꽃등에(꽃등에과)
Pseudovolucella decipiens

크기 | 16~18㎜ 출현시기 | 5~10월(여름)
먹이 | 꽃가루

몸은 검은색이고 배 위쪽 부분이 황색 털로 덮여 있다. 날개는 투명하고 꽃에 모여 꽃가루를 먹는다.

노랑배수중다리꽃등에(수컷) 암컷

노랑배수중다리꽃등에(꽃등에과) *Mesembrius flaviceps*

크기 | 10~14㎜ 출현시기 | 5~8월(여름) 먹이 | 꽃가루

몸은 전체적으로 검은색이고 배 부분은 황색 무늬가 있다. 뒷다리가 굵어서 '수중다리꽃등에'와 닮았지만 앞가슴등판의 세로줄무늬가 다르고 제2, 3배마디에 황색 무늬가 있어서 황색 무늬가 없는 '수중다리꽃등에'와 구별된다. 꽃에 잘 날아와 꽃가루를 먹는다.

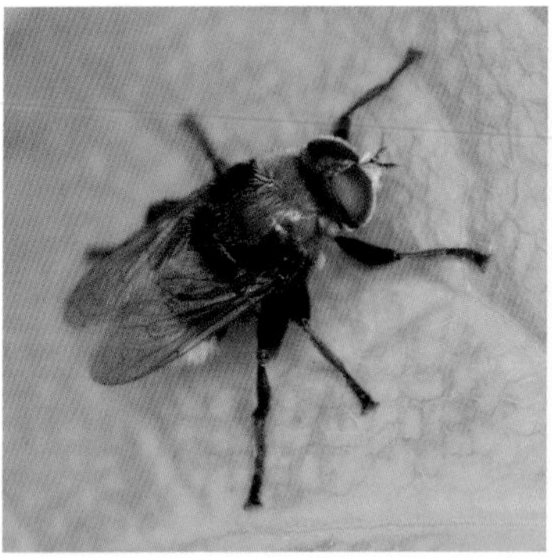

삼색꽃등에(꽃등에과) *Mallota tricolor*

크기 | 15㎜ 내외 출현시기 | 5~9월(여름) 먹이 | 꽃가루

몸은 검은색, 앞가슴등판 부분은 흰색, 배 끝부분은 주황색으로 3가지 색깔로 되어 있어서 이름이 지어졌다.

쌍형꽃등에(꽃등에과) *Mallota dimorpha*

크기 | 17~20㎜ 출현시기 | 5~9월(여름) 먹이 | 꽃가루

몸은 검은색이고 연황색 털로 덮여 있다. 배는 길쭉하고 굵으며 뒷다리는 굵게 발달되었다.

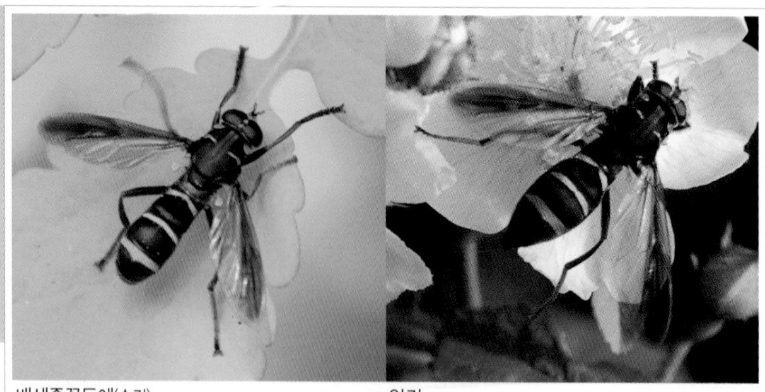
배세줄꽃등에(수컷) 암컷

배세줄꽃등에(꽃등에과) *Temnostoma bombylans*

크기 | 11~13㎜ 출현시기 | 5~7월(여름) 먹이 | 꽃가루

몸은 검은색이고 날개 위쪽은 연갈색을 띤다. 배는 처음 시작 부분이 약간 좁고 배마디에는 3개의 황색 줄무늬가 있어서 이름이 지어졌다. 산과 들판을 활발하게 날아다니며 꽃에 모여 꽃가루를 먹고 산다. 비교적 잘 보전된 깨끗한 숲에 살기 때문에 보기 힘들다.

알락허리꽃등에(수컷) 암컷

알락허리꽃등에(꽃등에과) *Chalcosyrphus (Xylotomima) laterimaculatus*

크기 | 10~11㎜ 출현시기 | 5~8월(여름) 먹이(유충) | 썩은 물질

몸은 검은색이고 길쭉하다. 뒷다리는 알통처럼 굵게 발달되어 있으며 나머지 다리는 가늘다. '알통다리꽃등에'와 생김새가 매우 비슷하지만 배마디의 무늬가 서로 달라서 구별된다. 산지나 하천의 들판에 핀 꽃에 날아와서 꽃가루를 먹는다. 유충은 썩은 물질을 먹으며 자란다.

꽃등에 종류 비교하기

꽃등에

전체적으로 진한 흑갈색이고 겹눈이 크다. 배 등면에 적갈색 무늬가 발달했다. 꽃가루를 먹기 위해 잘 모인다.

배짧은꽃등에

'꽃등에'와 비슷하지만 배가 작고 황갈색 줄무늬가 있다. 꽃에 잘 모이며 생김새가 '꿀벌'과 닮았다.

수중다리꽃등에

몸은 검은색이고 황갈색 털로 덮여 있다. 뒷다리 넓적다리마디가 굵게 발달된 것이 특징이다.

노랑배수중다리꽃등에

'수중다리꽃등에'처럼 뒷다리가 굵게 발달했지만 크기가 작고 배 부분에 황색 무늬가 발달했다.

꼬마꽃등에

몸은 가늘고 검은색을 띤다. 수컷은 배마디에 줄무늬가 없지만 암컷은 줄무늬가 있어서 '루펠꽃등에'와 비슷하다.

루펠꽃등에

배마디에 줄무늬가 있다. '꼬마꽃등에'와 비슷하지만 허리가 잘록하고 배 부분이 크게 더 부풀었다.

벌붙이파리(벌붙이파리과)
Conops curtulus

크기 | 14~15㎜ 출현시기 | 4~8월(여름)
먹이(유충) | 벌류, 파리류

몸은 흑갈색이다. 머리가 크고 배에 황색 줄무늬가 있는 모습이 '벌'을 닮아서 이름이 지어졌다.

산타로벌붙이파리(벌붙이파리과)
Conops santaroi

크기 | 13㎜ 내외
출현시기 | 6~8월(여름)

몸은 암갈색을 띠고 머리는 가슴보다 폭이 넓다. 날개는 투명하며 배 마디마다 황색 줄무늬가 있다.

조잔벌붙이파리(벌붙이파리과)
Conops flavipes

크기 | 10㎜ 내외 출현시기 | 8~9월(여름)
먹이(유충) | 벌류

몸은 검은색이고 배에 황색 줄무늬가 있어서 '벌'처럼 보인다. 산과 들판의 풀잎에 잘 내려앉는다.

왕벌붙이파리(벌붙이파리과)
Physocephala rufipes

크기 | 16~20㎜ 출현시기 | 6~8월(여름)
먹이(유충) | 벌류

몸은 적갈색이고 머리가 매우 크며 '벌'과 비슷하게 생겼다. 산지 주변의 다양한 꽃에 모여든다.

닮은줄과실파리(과실파리과)
Acanthonevra trigona

크기 | 8~9㎜ 출현시기 | 5~11월(여름)
먹이 | 과일

몸은 갈색이고 앞가슴등판에는 검은색 세로줄무늬가 있다. 날개와 배에 흑갈색 무늬가 있다.

산알락좀과실파리(과실파리과)
Campiglossa deserta

크기 | 3~5㎜ 출현시기 | 5~8월(여름)
먹이 | 과일

몸은 전체적으로 회색을 띤다. 투명한 날개에는 그물 모양의 검은색 무늬가 많다. 주둥이가 길다.

호박과실파리 유충이 호박 속에서 산다.

호박과실파리(과실파리과) *Bactrocera (Zeugodacus) depressa*

크기 | 8~9㎜ 출현시기 | 5~10월(여름) 먹이 | 호박

몸은 연갈색이고 다리는 황색이다. 가슴등판은 진갈색이고 3개의 황색 세로줄무늬가 있다. 어깨판과 작은방패판도 황색을 띤다. 배는 갈색이며 검은색 가로줄무늬가 있고 날개는 투명하다. 호박에 알을 낳고 알에서 부화된 구더기는 호박을 갉아 먹으며 산다.

국화좀과실파리 유충은 국화과 식물을 좋아한다.

국화좀과실파리(과실파리과) *Campiglossa hirayamae*

크기 | 3.5~4.5㎜ 출현시기 | 5~8월(여름) 먹이(유충) | 국화, 산국, 동백나무

몸은 전체적으로 회색을 띤다. 날개는 무늬가 없는 보통의 파리와 달리 연한 검은색 바탕에 투명한 점무늬가 있어서 얼룩덜룩해 보인다. 주로 국화과 식물에 알을 낳아 번식한다. 부화된 유충은 국화과 식물과 동백나무의 잎을 갉아 먹고 산다.

알락파리(알락파리과) *Euprosopia grahami*

크기 | 11㎜ 내외

출현시기 | 7~8월(여름)

몸은 황갈색이고 가슴등판에 검은색 세로줄무늬가 있다. 날개에 진갈색 무늬가 많이 있어서 얼룩덜룩하다.

날개알락파리(알락파리과) *Prosthiochaeta bifasciata*

크기 | 10㎜ 내외

출현시기 | 6~7월(여름)

몸은 검은색, 머리는 주황색이다. 날개 길이가 몸 길이보다 길며 날개에 검은색 줄무늬가 많아 얼룩덜룩하다.

민무늬콩알락파리(알락파리과)

Rivellia apicalis

크기 | 4~5㎜ 출현시기 | 7~9월(여름)
먹이(유충) | 콩류 뿌리

몸은 전체적으로 검은색을 띤다. 날개는 줄무늬가 없이 투명하고 끝부분이 검은색을 띤다.

배무늬콩알락파리(알락파리과)

Rivellia cestoventris

크기 | 4~5㎜ 출현시기 | 7~9월(여름)
먹이(유충) | 콩류 뿌리

몸은 붉은색을 띤다. 배는 2개의 검은색 줄무늬가 뚜렷하다. 날개에도 3개의 검은색 줄무늬가 있다.

끝검정콩알락파리(알락파리과)

Rivellia nigroapicalis

크기 | 4~5㎜ 출현시기 | 7~9월(여름)
먹이(유충) | 콩류 뿌리

몸은 흑적색을 띤다. 배는 붉은색이며 끝부분이 검은색이다. 날개에 3개의 줄무늬가 뚜렷하다.

검정길쭉알락파리(알락파리과)

Lamprophthalma japonica

크기 | 15㎜ 내외
출현시기 | 5~8월(여름)

몸은 검은색이고 길쭉하며 넓적다리마디는 황색이다. 날개는 투명하며 가장자리는 진갈색을 띤다.

뿔들파리(들파리과)
Sepedon aenescens

크기 | 9~11㎜ 출현시기 | 4~8월(여름)
먹이 | 꽃가루

몸은 검은색을 띠고 길쭉하다. 햇볕이 잘 드는 산지나 하천의 풀밭 사이를 빠르게 날아다닌다.

노랑초파리(초파리과)
Drosophila melanogaster

크기 | 2.5㎜ 내외 출현시기 | 3~10월(여름)
먹이 | 과일

과일이나 땅에 떨어진 열매에 잘 모여들어 '과일파리'라고 부른다. 유충은 9~10일이면 성충이 된다.

검정큰날개파리(큰날개파리과)
Minettia longipennis

크기 | 5㎜ 내외
출현시기 | 5~8월(여름)

몸은 검은색이고 날개는 투명하다. 날개 길이가 몸 길이보다 훨씬 더 길다. 풀잎에 잘 내려앉는다.

꼬리꼬마큰날개파리(큰날개파리과)
Homoneura spinicauda

크기 | 3.7~4.6㎜
출현시기 | 4~10월(여름)

몸은 전체적으로 황갈색을 띤다. 겹눈은 주홍색이고 날개는 투명하며 검은색 점무늬가 있다.

똥파리 / 먹이를 사냥하는 모습

똥파리(똥파리과) *Scathophaga stercoraria*

크기 | 10㎜ 내외 출현시기 | 6~10월(여름) 먹이 | 곤충

몸은 회갈색이지만 황색 털이 매우 길어서 전체적으로 황갈색처럼 보인다. 성충은 재빠른 비행 실력을 발휘해서 곤충을 사냥해서 잡아먹는다. 유충은 배설물이나 퇴비처럼 썩은 물질을 먹고 자라기 때문에 '똥파리'라는 이름이 지어졌다.

왕똥파리 / 뒷다리로 날개 청소하는 모습

왕똥파리(똥파리과) *Scathophaga mellipes*

크기 | 9~13㎜ 출현시기 | 6~11월(여름) 먹이 | 곤충

몸은 전체적으로 녹색을 띠는 암회색이다. 머리는 황갈색이고 겹눈은 붉은색을 띤다. 다리는 연갈색을 띠며 가슴과 배에는 4개의 세로줄무늬가 있다. 날개는 배 길이보다 훨씬 더 길고 빠르게 날아다니며 곤충을 사냥해서 잡아먹는 육식성 파리이다.

검정띠꽃파리(꽃파리과)
Anthomyia illocata

크기 | 4~6㎜
출현시기 | 5~6월(여름)

몸에는 회색 가루가 덮여 있다. 겹눈은 적갈색을 띠고 앞가슴등판에 굵은 가로띠무늬가 있다.

푸른등금파리(검정파리과)
Lucilia ampullacea

크기 | 8~10㎜ 출현시기 | 4~10월(여름)
먹이 | 동물 사체, 배설물

몸은 청록색 광택이 난다. 마을 주변에서 흔하게 볼 수 있다. 풀잎과 땅, 사체와 배설물에 잘 모인다.

큰검정파리 크기가 커서 '왕파리'라 불린다.

큰검정파리(검정파리과) *Calliphora lata*

크기 | 10~13㎜ 출현시기 | 3~11월(가을) 먹이 | 동물 사체, 배설물

몸은 청색 광택이 나는 검은색이며 몸집이 큰 파리이다. 산과 들, 도시에서도 자주 볼 수 있으며 햇볕이 잘 드는 땅이나 돌에 잘 내려앉았다가 재빨리 날아간다. 3~5월에 활동하다가 자취를 감추고 9월 말쯤 출현해 11월까지 활동한다. 배설물과 썩은 동물의 사체에 잘 모여든다.

금파리 꽃가루를 먹는 모습

금파리(검정파리과) *Lucilia caesar*

크기 | 6~12㎜ 출현시기 | 4~10월(여름) 먹이 | 동물 사체, 배설물

몸은 황록색이고 광택이 난다. 산과 들에서 쉽게 볼 수 있으며 땅이나 돌 위에 잘 내려앉는다. 동물의 사체나 배설물에 잘 모여 알을 낳아 번식한다. 특히 사체 냄새를 잘 맡고 모여들어 알을 낳아서 살인 사건의 범인을 검거하기 위해 연구되는 '법의학 곤충'으로 유명하다.

연두금파리(검정파리과) *Lucilia illustris*

크기 | 5~9㎜ 출현시기 | 4~10월(여름) 먹이 | 동물 사체, 배설물

몸은 녹색이고 배설물에 잘 내려앉아 병균을 옮기는 위생 해충이다. 사체나 배설물에 잘 모여든다.

검정뺨금파리(검정파리과) *Chrysomyia megacephala*

크기 | 8~13㎜ 출현시기 | 4~10월(여름) 먹이 | 동물 사체, 배설물

머리는 붉은색이고 몸은 청록색을 띤다. 산지나 농경지의 사체와 배설물 같은 유기물이 많은 곳에 산다.

초록파리 꽃가루를 먹는 모습

초록파리(초록파리과) *Isomyia prasina*

크기 | 9~10㎜ 출현시기 | 6~11월(가을) 먹이 | 꽃가루

몸은 흑갈색이고 앞가슴등판이 예쁜 초록빛을 띠어서 이름이 지어졌다. 배 끝부분에 털이 많으며 겹눈은 매우 큰 편이다. 여름과 가을에 피는 다양한 종류의 꽃에 날아들어 꽃가루를 핥아 먹고 있는 모습을 볼 수 있다. 비행하다가 풀 줄기에 내려앉아 있기도 한다.

점박이초록파리 겹눈(줄무늬)

점박이초록파리(초록파리과) *Stomorhina obsoleta*

크기 | 5~7㎜ 출현시기 | 6~11월(가을) 먹이 | 꽃가루

몸은 암녹색이고 겹눈에 줄무늬가 있다. 겹눈은 잠자리 눈처럼 반구형으로 매우 크다. '금파리'나 '큰검정파리' 같은 검정파리류가 배설물이나 사체에 잘 모이는 것과 달리 여름과 가을에 피는 꽃에 모여들어 뭉뚝한 주둥이로 꽃가루를 핥아 먹는 모습을 볼 수 있다.

앞가슴등판(줄무늬)

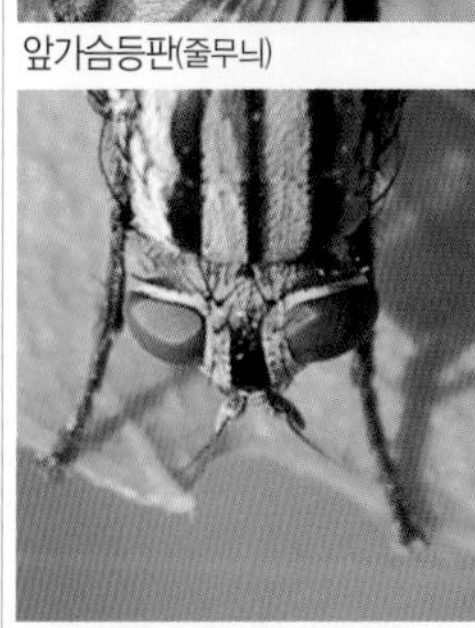
짧은 더듬이와 겹눈(붉은색)

검정볼기쉬파리

다리를 비비는 모습

짝짓기

검정볼기쉬파리(쉬파리과) *Sarcophaga melanura*

크기 | 7~13㎜ 출현시기 | 4~10월(여름) 먹이 | 동물 사체, 배설물

몸은 회색이고 앞가슴등판과 배 등면에는 검은색 줄무늬가 있다. 겹눈은 붉은색으로 매우 크다. 썩은 음식물이나 쓰레기가 버려진 곳, 사람이나 동물의 배설물과 사체에 잘 모여든다. 온갖 더러운 곳을 찾아다니며 병균을 묻혀서 옮기는 위생 해충이다. 그래서 음식을 먹을 때 음식에 내려앉지 않도록 주의해야 한다. 비행 능력이 좋은 쉬파리는 날아다니다가 간장이나 된장에 모여들어 알을 낳는다. 알에서 부화된 유충(구더기)을 옛날 사람들이 '쉬'라고 불러서 이름이 지어졌다.

북해도기생파리(기생파리과)
Drinomyia hokkaidensis

크기 | 9~15㎜ 출현시기 | 6~9월(여름)
먹이(유충) | 곤충

몸은 황갈색이고 배에 뾰족한 털이 무수히 많다. 잎에 내려앉아 있는 모습을 볼 수 있다.

검정수염기생파리(기생파리과)
Hermya beelzebul

크기 | 15~19㎜ 출현시기 | 6~9월(여름)
먹이(유충) | 곤충

몸은 검은색이고 앞가슴등판에 4개의 검은색 세로줄무늬가 있다. 나뭇잎과 풀잎에 잘 내려앉는다.

된박털기생파리 배가 매우 뚱뚱하고 털이 많다.

된박털기생파리(기생파리과) *Tachina trigonophora*

크기 | 18~22㎜ 출현시기 | 4~8월(봄) 먹이(유충) | 곤충

몸은 흑갈색이고 배는 밝은 주황색이다. 수박처럼 둥그렇게 생긴 뚱뚱한 배에는 뾰족한 털이 매우 많고 검은색 줄무늬도 여러 개 있다. 키 작은 나무나 풀밭 사이를 재빨리 날아다니다가 잎이나 풀 줄기에 내려앉는 모습을 볼 수 있다. 곤충의 몸에 알을 낳아 기생한다.

노랑털기생파리(기생파리과)

Tachina luteola

크기 | 15㎜ 내외 출현시기 | 4~10월(여름)
먹이(유충) | 나방류 유충

몸은 황갈색이고 뚱뚱하며 갈색 털이 복슬복슬하다. 산지나 들판의 꽃과 잎에서 볼 수 있다.

등줄기생파리(기생파리과)

Tachina nupta

크기 | 15㎜ 내외 출현시기 | 4~10월(여름)
먹이(유충) | 나방류 유충

몸은 갈색을 띠며 털이 많다. 배 등면에 세로줄무늬가 있어서 이름이 지어졌다. 산길, 계곡, 논밭에서 볼 수 있다.

참풍뎅이기생파리(기생파리과)

Prosena siberita

크기 | 9~12㎜ 출현시기 | 5~10월(여름)
먹이(유충) | 풍뎅이 유충

몸은 회색이고 검은색 털이 많다. 더듬이는 매우 짧고 날개는 투명하다. 풍뎅이 유충에 기생한다.

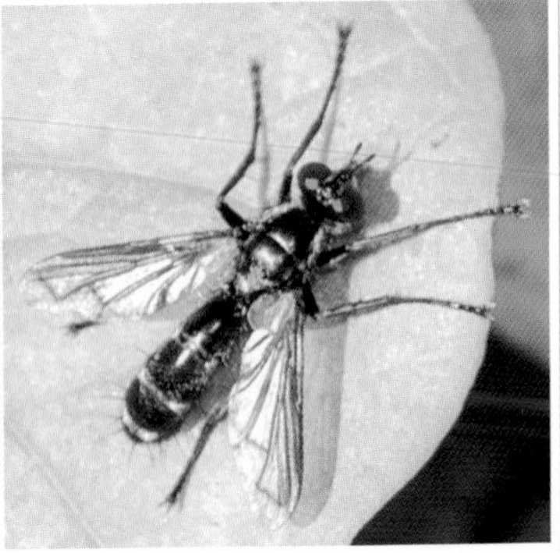

표주박기생파리(기생파리과)

Cylindromyia brassicaria

크기 | 8㎜ 내외 출현시기 | 6~9월(여름)
먹이(유충) | 노린재류

몸은 검은색이고 다른 기생파리류에 비해 몸이 매우 가늘다. 배 등면에 긴 털이 많고 꽃에 잘 모인다.

뚱보기생파리(수컷) 암컷

뚱보기생파리(기생파리과) *Gymnosoma rotundatum*

크기 | 13㎜ 내외 출현시기 | 5~10월(여름) 먹이(유충) | 노린재류

몸은 주황색이고 배 가운데에 3개의 검은색 점무늬가 있는 것이 특징이다. 전체적인 생김새가 동글동글해서 귀엽게 보이지만 성충은 노린재류의 몸에 알을 낳아 기생한다. 부화된 유충은 노린재의 체액을 빨며 자란다. 다 자라면 노린재는 죽게 되고 뚱보기생파리만 태어난다.

중국별뚱보기생파리 꽃가루를 먹는 모습을 자주 볼 수 있다.

중국별뚱보기생파리(기생파리과) *Ectophasia rotundiventris*

크기 | 8~12㎜ 출현시기 | 5~10월(여름) 먹이(유충) | 곤충

몸은 연주황색을 띤다. 다른 기생파리류와 달리 배 끝부분에 털이 없다. 산과 들에 피는 다양한 꽃에 모여들며 풀잎과 풀 줄기의 끝에 잘 내려앉는다. 다른 곤충의 유충 몸속이나 피부에 알을 낳는다. 알에서 부화된 기생파리 유충은 다른 곤충 유충의 몸속으로 파고들어 가서 먹으며 기생한다.

기생파리 종류 비교하기

노랑털기생파리

몸이 뚱뚱하고 몸 전체에 털이 복슬복슬하게 발달했다. 성충은 꽃에 모여 꽃가루를 핥아 먹고 산다. 나방류 유충에 기생한다.

뒷박털기생파리

'노랑털기생파리'와 비슷하지만 몸이 더 뚱뚱하다. 배는 밝은 주황색이고 뾰족한 털이 무수히 많다. 곤충류에 기생한다.

등줄기생파리

몸이 뚱뚱해서 '노랑털기생파리'와 비슷하지만 배 등면에 털이 길고 검은색 세로줄무늬가 있다. 곤충류에 기생한다.

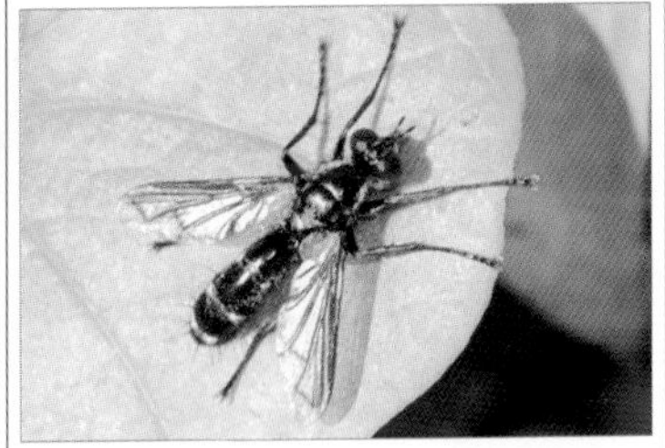

표주박기생파리

몸은 전체적으로 검은색을 띠며 호리호리하다. 배 등면에 털이 많고 노린재류에 기생한다.

뚱보기생파리

몸이 전체적으로 주황색을 띠며 배 가운데에 3개의 검은색 점무늬가 뚜렷하다. 노린재류에 기생한다.

중국별뚱보기생파리

몸은 연주황색을 띤다. 배 끝부분은 검은색이고 끝에 털이 없다. 꽃에 잘 모이며 곤충류에 기생한다.

유충의 둥근 머리

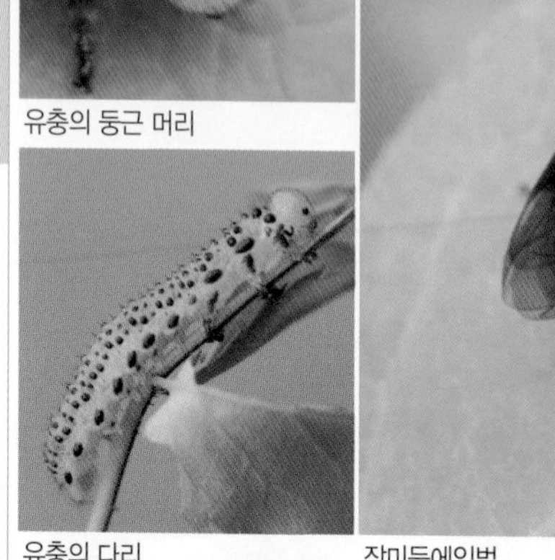

유충의 다리

장미등에잎벌

유충의 갉아 먹는 모습

무리 지어 잎을 먹는 모습

짝짓기

장미등에잎벌(등에잎벌과) *Arge pagana pagana*

크기 | 8㎜ 내외 출현시기 | 4~10월(봄) 먹이(유충) | 장미, 찔레나무, 해당화

몸은 광택이 있는 검은색이고 배는 황갈색이다. 더듬이는 검은색이고 다리의 종아리마디와 발목마디는 갈색이다. 더듬이 사이에 불룩 나온 부위는 Y자 모양이다. 연 3~4회 발생하고 개체 수가 많아서 풀잎 사이를 날아다니는 모습을 쉽게 볼 수 있다. 유충은 몸 길이가 20㎜ 정도이고 머리는 검은색 또는 황색이며 몸은 황록색이고 검은색 무늬가 있다. 유충은 장미, 찔레나무, 해당화의 잎을 갉아 먹고 사는데 주맥만 남기고 전부 갉아 먹어 피해가 크다. 땅속에서 유충으로 월동한다.

유충

더듬이

극동등에잎벌

날개

잘록하지 않은 허리

극동등에잎벌(등에잎벌과) *Arge similis*

크기 | 9㎜ 내외 출현시기 | 4~9월(여름) 먹이(유충) | 철쭉, 진달래

몸과 다리는 광택이 있는 청람색을 띤다. 더듬이는 검은색이고 끝부분이 넓적하다. '장미등에잎벌'과 생김새가 비슷해 보이지만 배가 검은색이고 다리의 종아리마디와 발목마디가 갈색이 아니라 검은색이어서 구별된다. 비교적 개체 수가 많아서 풀숲 사이를 날아다니는 모습을 쉽게 볼 수 있다. 유충은 가슴다리 3쌍, 배다리 5쌍, 꼬리다리 1쌍이 있다. 다 자란 유충은 25㎜ 정도가 되며 철쭉의 잎을 갉아 먹고 산다. 매년 수차례 발생하며 대발생하면 식물을 죽이기도 한다.

구리수중다리잎벌

구릿빛 광택이 나며 다리가 굵다.

구리수중다리잎벌(수중다리잎벌과) *Abia formosa*

크기 | 14~15㎜ 출현시기 | 4~8월(봄) 먹이(유충) | 병꽃나무

몸은 흑갈색이고 구릿빛의 광택이 반질반질하다. 더듬이와 다리는 갈색이고 날개는 투명한 황색이다. 더듬이는 끝부분이 부풀어 오른 곤봉 모양이다. 배가 넓적하고 크며 다리도 굵다. 잎에 앉아 있는 모습이 눈에 띈다. 유충은 병꽃나무의 잎을 갉아 먹고 산다.

잣나무별납작잎벌

잣나무 숲에 산다.

잣나무별납작잎벌(납작잎벌과) *Acantholyda (Itycorsia) parki*

크기 | 14㎜ 내외 출현시기 | 6~8월(여름) 먹이(유충) | 잣나무

몸은 검은색이고 머리와 가슴에 황색 무늬가 있다. 배와 다리는 황갈색이고 배에 흑갈색 무늬가 있다. 잣나무에서 짝짓기를 하고 새로 나온 잎에 1~2개씩 산란한다. 부화된 유충은 잣나무 잎을 갉아 먹고 살며 7~8월이 되면 땅속에 들어가서 둥지를 짓고 월동한다.

검정날개잎벌　　유충

검정날개잎벌(잎벌과) *Allantus (Allantus) luctifer*

크기 | 8.9㎜ 내외　출현시기 | 5~10월(여름)　먹이(유충) | 소리쟁이, 수영

몸은 검은색을 띤다. 풀숲을 날아다니며 잎에 잘 내려앉는다. 유충은 연한 녹회색이고 배 부분과 머리는 황색을 띤다. 머리는 구슬 모양으로 둥글고 배다리는 12개이다. 숨구멍을 따라 큰 검은색 점이 줄지어 있다. 자극을 받으면 몸을 둥글게 말고 배 끝을 쳐든다.

왜무잎벌(잎벌과)
Athalia japonica

크기 | 7㎜ 내외　출현시기 | 5~10월(여름)　먹이(유충) | 냉이류, 무, 배추

몸은 주황색이고 머리와 날개는 검은색이며 넓적다리마디는 주황색이다. 유충은 십자화과 식물을 갉아 먹는다.

흰입술무잎벌(잎벌과)
Athalia kashmirensis

크기 | 5.1~7.2㎜　출현시기 | 5~7월(여름)　먹이(유충) | 꼬리풀

머리와 날개는 검은색이고 앞가슴등판은 붉은색을 띤다. 산과 들판을 날아다니는 모습이 '파리'처럼 보인다.

두색무잎벌(잎벌과)
Athalia proxima

크기 | 4.9~7.7㎜ 출현시기 | 4~9월(여름)
먹이(유충) | 배추, 무

몸은 전체적으로 황갈색을 띤다. 더듬이, 겹눈, 날개는 검은색이다. 배추, 무 등을 갉아 먹는다.

황갈테두리잎벌(잎벌과)
Tenthredo (Endotethryx) adusta

크기 | 17㎜ 내외
출현시기 | 5~6월(여름)

몸은 황갈색이며 광택이 있다. 산지의 키 작은 나무 사이를 날아다니는 모습이 '파리'처럼 보인다.

테수염검정잎벌

재빨리 날아다니다가 잎에 내려앉는다.

테수염검정잎벌(잎벌과) *Macrophya (Macrophya) infumata*

크기 | 12㎜ 내외 출현시기 | 5~6월(봄)

몸은 전체적으로 검은색이고 다리의 발목마디는 흰색을 띤다. 머리와 가슴에는 점각이 있으며 더듬이는 비교적 길게 발달되었다. 수컷은 작은방패판이 검은색이지만 암컷은 흰색 점무늬가 있어서 서로 구별된다. 숲을 재빠르게 날아다니며 잎에 앉는 모습을 볼 수 있다.

유충

동그랗게 말린 유충

황호리병잎벌

기다란 더듬이

배(주홍색)

[1]**개나리잎벌** 유충

황호리병잎벌(잎벌과) *Tenthredo mortivaga*

크기 | 12㎜ 내외 출현시기 | 4~6월(봄) 먹이(유충) | 별꽃, 쇠별꽃

몸은 황색이고 눈 부분은 검은색을 띤다. 배는 황갈색이고 배 끝부분은 주홍색을 띤다. 몸이 호리호리하게 생겨서 이름이 지어졌다. 냇가, 논밭, 숲의 나무 사이를 빠르게 날아다니는 모습이 '파리'처럼 보인다. 날아다니다가 나뭇잎이나 풀잎에 잘 내려앉는다. 유충은 별꽃 등의 풀잎을 갉아 먹는데 일반적인 벌과는 달리 잎을 먹는다고 해서 '잎벌'이라 부른다. [1]**개나리잎벌** 유충은 개나리에 무리 지어 모여 있는 것을 볼 수 있으며 개나리 잎을 갉아 먹고 산다.

검정마디꼬리납작맵시벌(맵시벌과)
Coccygomimus luctuosa

크기 | 18㎜ 내외 출현시기 | 4~9월(여름)
먹이(유충) | 나비류 번데기

몸은 검은색이며 산란관이 길다. 독나방, 매미나방, 호랑나비, 모시나비 등의 번데기에 산란하여 기생한다.

송곳벌살이긴꼬리납작맵시벌(맵시벌과)
Megarhyssa gloriosa

크기 | 40㎜ 내외 출현시기 | 6~7월(여름)
먹이(유충) | 곤충 유충

몸은 전체적으로 적갈색이고 길쭉하며 불규칙한 황색 무늬가 있다. 나무에 살고 있는 유충에 산란한다.

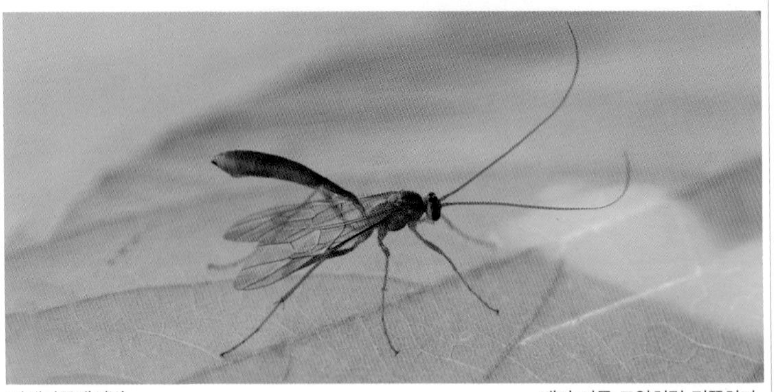

단색자루맵시벌 　 배가 자루 모양처럼 길쭉하다.

단색자루맵시벌(맵시벌과) *Netelia unicolor*

크기 | 25㎜ 내외 출현시기 | 5~7월(여름) 먹이(유충) | 배저녁나방 유충

몸은 황색을 띤다. 더듬이는 실 모양으로 길며 겹눈은 검은색을 띤다. 배가 자루 모양으로 매우 길쭉하게 생겼고 몸 빛깔이 황색으로 단색이어서 이름이 지어졌다. 산지의 풀숲 사이를 활발하게 날아다니며 잎 뒷면에 잘 붙는다. 배저녁나방 유충에게 기생한다.

왜가시뭉툭맵시벌(맵시벌과)

Banchus japonicus

크기 | 12~14㎜ 출현시기 | 4~7월(여름)
먹이(유충) | 나방류 유충

몸과 더듬이는 검은색을 띤다. 배 부분에 황색 줄무늬와 점무늬가 있는 것이 특징이며 땅에 잘 앉는다.

긴꼬리뾰족맵시벌(맵시벌과)

Acroricnus ambulator

크기 | 18㎜ 내외 출현시기 | 6~9월(여름)
먹이(유충) | 황테감탕벌 유충

몸은 전체적으로 검은색이고 산란관이 길다. 황테감탕벌 유충에게 산란하여 기생한다. 연 1회 발생한다.

누런줄뭉툭맵시벌 나비류 유충에 기생하는 벌이다.

누런줄뭉툭맵시벌(맵시벌과) *Metopius rufus browni*

크기 | 11㎜ 내외 출현시기 | 8~9월(여름) 먹이(유충) | 줄점팔랑나비 유충, 나방류 유충

몸은 흑갈색이고 길쭉하다. 더듬이는 연갈색이고 다리는 황색이다. 날개는 연황색을 띠고 앞날개 끝에 흑갈색 무늬가 있다. 제1~4배마디에는 황색 줄무늬가 있다. 더듬이는 길지만 몸 길이보다는 짧다. 줄점팔랑나비와 나방류 유충의 몸에 산란하여 기생하는 기생벌이다.

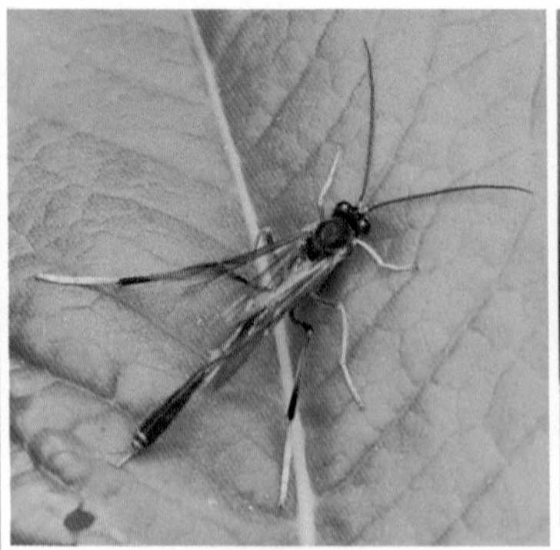

어리곤봉자루맵시벌(맵시벌과)
Habronyx elegans

크기 | 23㎜ 내외 출현시기 | 5~7월(여름)
먹이(유충) | 나비류 유충

몸은 적갈색이고 매우 길며 다리는 황색을 띤다. 배자루가 매우 길며 나비류 유충에 기생한다.

흰줄박이맵시벌(맵시벌과)
Achaius oratorius albizonellus

크기 | 13~15㎜ 출현시기 | 5~7월(여름)
먹이(유충) | 나비류 유충

몸은 전체적으로 검은색을 띤다. 더듬이와 다리가 매우 길고 흰색 줄무늬가 뚜렷하게 발달했다.

나방살이맵시벌 나방류 유충의 몸을 찔러 몸속에 알을 낳는다.

나방살이맵시벌(맵시벌과) *Eutanyacra picta*

크기 | 14㎜ 내외 출현시기 | 5~6월(여름) 먹이(유충) | 나방류 유충

몸은 전체적으로 검은색을 띤다. 배마디에 황색 줄무늬가 있는 것이 특징이다. 더듬이 끝부분은 흰색을 띤다. 낮은 산지나 경작지 주변에 많이 살면서 풀잎에 내려앉아 나방류나 잎벌류 유충을 찔러서 알을 낳아 기생한다. 나방류 유충의 몸속에 알을 낳아서 이름이 지어졌다.

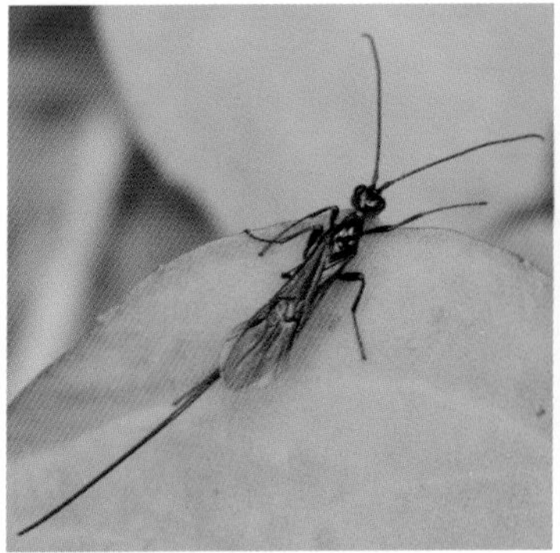

나무좀살이고치벌(고치벌과)

Coeloides scolyticida

크기 | 3~6㎜ 출현시기 | 5~8월(여름)
먹이(유충) | 나무좀 유충, 바구미류 유충

몸은 검은색이고 산란관이 몸 길이 정도로 길다. 목질을 먹는 나무좀과 바구미류의 유충에 기생한다.

중국고치벌(고치벌과)

Zombrus bicolor

크기 | 10㎜ 내외 출현시기 | 6~9월(여름)
먹이(유충) | 나무에 사는 곤충

몸은 주황색이고 날개와 다리, 더듬이와 머리는 검은색을 띤다. 나무에 사는 곤충에 산란하여 기생한다.

무늬수중다리좀벌 굵은 뒷다리

무늬수중다리좀벌(수중다리좀벌과) *Brachymeria lasus*

크기 | 5~7㎜ 출현시기 | 5~9월(여름) 먹이(유충) | 나비류 번데기, 파리류 번데기

몸은 검은색을 띠고 길이가 짧고 통통하다. 더듬이는 몸 길이에 비해 무척 짧고 다리는 황색을 띤다. 뒷다리의 넓적다리마디는 알통 모양으로 굵게 발달했다. 낮은 산지의 풀밭을 날아다니다가 나뭇잎이나 풀잎에 잘 내려앉는다. 나비류, 파리류 번데기에 기생하는 기생벌이다.

먹사치청벌(청벌과)
Chrysis angolensis

크기 | 10㎜ 내외 출현시기 | 6~9월(여름)
먹이(유충) | 꿀벌류 유충, 말벌류 유충

몸은 반짝거리는 광택이 있는 청람색을 띠어서 매우 화려하다. 꿀벌류와 말벌류 유충에 기생한다.

왜청벌(청벌과)
Hedychrum japonicum

크기 | 7~9㎜
출현시기 | 5~8월(여름)

몸은 녹색을 띠며 낮은 산지를 잘 날아다닌다. 배 전체가 붉은색을 띠는 것이 특징이다.

육니청벌(청벌과)
Chrysis principalis

크기 | 9~13㎜
출현시기 | 5~9월(여름)

몸은 전체적으로 광택이 있는 녹색으로 반짝거린다. 배 끝부분에 6개의 이빨 모양의 돌기가 있다.

줄육니청벌(청벌과)
Chrysis fasciata

크기 | 8~12㎜ 출현시기 | 6~9월(여름)
먹이(유충) | 말벌류 유충

몸은 청록색으로 매우 반짝거린다. 배 등면에는 붉은색과 황색 줄무늬가 있어서 매우 화려하다.

왕청벌 먹이를 먹는 모습

왕청벌(청벌과) *Stilbum cyanurum*

크기 | 12~16㎜ 출현시기 | 7~9월(여름) 먹이(유충) | 호리병벌류

몸은 청색이 도는 녹색으로 금속 광택이 있어서 반짝거린다. 청벌류 중에서 대형종으로 몸이 통통하다. 호리병벌의 둥지를 뜯어내고 산란하여 기생하기 때문에 '뻐꾸기말벌(Cockoo Wasp)'이라고 부른다. 꽃을 찾아 빠르게 날아다니며 꽃가루를 먹는 모습을 볼 수 있다.

등빨간갈고리벌(갈고리벌과)
Poecilogonalos fasciata

크기 | 9~11㎜ 출현시기 | 7~10월(여름)
먹이(유충) | 말벌류 유충, 나비류 유충

몸은 검은색이고 앞가슴등판은 붉은색을 띤다. 산란관이 갈고리처럼 휘어져 '갈고리벌'이라고 부른다.

벌레혹

참나무잎혹벌(혹벌과)
Andricus noliquercicola

크기 | 1.5~2.2㎜
출현시기 | 5~8월(여름)

몸은 검은색으로 매우 작다. 참나무류 잎에 산란하면 5~10㎜의 공 모양의 벌레혹이 만들어진다.

참나무혹벌(혹벌과)
Diplolepis japonica

크기 | 4㎜ 내외
출현시기 | 12월~다음 해 3월(봄)

몸이 매우 작고 겨울눈에 알을 낳으면 부풀어 오르기 시작한다. 참나무류에 혹을 일으켜 이름이 지어졌다.

참나무순혹벌(혹벌과)
Neuroterus nawai

크기 | 2~3㎜
출현시기 | 5~6월(여름)

참나무류에 알을 낳으면 20~30㎜의 커다란 벌레혹이 만들어진다. 혹이 많으면 참나무류가 잘 자라지 못한다.

밤나무혹벌(혹벌과)
Dryocosmus kuriphilus

크기 | 3㎜ 내외
출현시기 | 6~7월(여름)

밤나무 눈에 기생하면 10~15㎜의 벌레혹이 생긴다. 혹이 생기면 꽃이 피고 열매 맺는 데 문제가 생긴다.

어리상수리혹벌(혹벌과)
Trichagalma serratae

크기 | 3~4㎜
출현시기 | 7~8월(여름)

졸참나무, 상수리나무 등의 가지에 10~20㎜의 밤송이처럼 뾰족뾰족한 벌레혹을 줄지어 만든다.

구주개미벌(개미벌과)

Mutilla mikado

크기 | 11~13㎜ 출현시기 | 6~8월(여름)
먹이(유충) | 뒤영벌

몸은 검은색이고 뚱뚱하다. 땅을 기어 다니며 생활하는 모습이 '개미'를 닮아서 '개미벌'이라고 부른다.

배벌(배벌과)

Megacampsomeris schulthessi

크기 | 19~33㎜ 출현시기 | 5~8월(여름)
먹이(유충) | 풍뎅이 유충

몸은 검은색이고 앞가슴등판에는 황갈색 털이 많다. 배마디에는 흰색 줄무늬가 있으며 꽃에 잘 모인다.

긴배벌(배벌과)

Megacampsomeris grossa matsumurai

크기 | 21~30㎜
출현시기 | 5~8월(여름)

몸은 검은색이다. '배벌'과 비슷하게 생겼지만 전체적으로 호리호리해서 구별된다. 몸에 비해 배 부분이 길다.

애배벌(배벌과)

Campsomeriella annulata annulata

크기 | 13~20㎜ 출현시기 | 5~8월(여름)
먹이(유충) | 풍뎅이 유충

몸은 검은색이고 배가 길쭉하다. 배마디에 털이 있는 흰색 줄무늬가 있다. 숲과 들판에 핀 꽃에 모인다.

황띠배벌 배마디에 황색 띠무늬가 있다.

황띠배벌(배벌과) *Scolia oculata*

크기 | 13~27㎜ 출현시기 | 6~10월(여름)

몸은 전체적으로 검은색을 띤다. 더듬이는 길고 검은색이다. 날개는 진한 적갈색이며 보라색 광택이 있다. 제3배마디 양쪽에 황색 띠무늬가 있어서 이름이 지어졌다. 수컷이 암컷에 비해 몸이 가늘고 황색 띠무늬도 더 커서 구별된다. 낮은 산지의 꽃밭을 날아다닌다.

어리줄배벌 풍뎅이 유충에게 알을 낳는다.

어리줄배벌(배벌과) *Scolia nobilis*

크기 | 20㎜ 내외 출현시기 | 7~8월(여름) 먹이(유충) | 풍뎅이 유충

몸은 검은색이며 황갈색 털이 있다. 머리는 황색이고 길쭉한 배에 3줄의 황색 줄무늬가 선명하다. 날개는 연갈색으로 투명하다. 더듬이와 다리는 검은색이다. 꽃과 나뭇진에 잘 모이며 커다란 몸집 때문에 '말벌'처럼 보이지만 풍뎅이 유충에 알을 낳는 기생벌이다.

대모벌　　꽃가루를 먹는 모습

대모벌(대모벌과) *Cyphononyx fulvognathus*

크기 | 22~25㎜　출현시기 | 7~9월(여름)　먹이(유충) | 거미류

몸은 검은색이고 다리와 더듬이는 황색을 띤다. 거미를 마취시켜서 사냥한 후 끌고 가서 그 위에 알을 낳는다. 알에서 부화된 유충은 마취된 거미를 먹으며 자란다. 산지나 들판을 매우 빠르게 날아다니며 잎이나 꽃에 앉았다가 금방 다른 곳으로 이동한다.

왕무늬대모벌　　낮게 날아다니며 거미를 사냥한다.

왕무늬대모벌(대모벌과) *Lophopompilus samariensis*

크기 | 13~25㎜　출현시기 | 6~8월(여름)　먹이(유충) | 황닷거미

몸은 전체적으로 검은색을 띠고 흑갈색 털이 가득 나 있다. 제2배마디 등면에 황색 띠무늬가 있는 것이 특징이다. 여름에 주로 활동하며 거미를 마취시켜 둥지로 끌고 가서 알을 낳아 유충의 먹이로 삼는다. 부화된 새끼들은 마취된 신선한 먹이를 먹으며 무럭무럭 자란다.

별대모벌 거미를 마취시켜 사냥한 후 알을 낳는다.

별대모벌(대모벌과) *Anoplius eous*

크기 | 10~20㎜ 출현시기 | 7~9월(여름) 먹이(유충) | 거미류

몸은 검은색이고 길쭉하다. 더듬이는 검은색이고 날개는 반투명하며 가장자리는 암갈색을 띤다. 성충과 유충 모두 산지나 들판에 핀 꽃에 모여 다른 곤충을 잡아먹는다. 특히 성충은 주로 거미류를 마취시켜서 그 속에 알을 낳는다. 부화된 유충은 마취된 거미를 먹으며 자란다.

홍허리대모벌 허리(붉은색)

홍허리대모벌(대모벌과) *Pompilus reflexus*

크기 | 9㎜ 내외 출현시기 | 6~9월(여름) 먹이(유충) | 거미류

몸은 전체적으로 검은색을 띠고 길쭉하다. 날개는 투명하고 회갈색을 띠며 가장자리는 검은색이다. 배는 적갈색에 붉은색 띠무늬가 뚜렷하게 있어서 이름이 지어졌다. 산지나 꽃밭을 낮고 빠르게 날아다니며 거미를 마취시켜서 사냥한 후 끌고 가는 모습을 볼 수 있다.

나나니 나비류 유충을 사냥한다.

나나니(구멍벌과) *Ammophila infesta*

크기 | 18~25㎜ 출현시기 | 5~10월(여름) 먹이(유충) | 나비류 유충

몸이 매우 가늘고 길쭉하다. 앞가슴등판은 검은색이고 배 윗부분은 주황색을 띤다. 산길이나 논밭 사이를 빠르게 날아다니는 모습을 볼 수 있다. 땅 위를 빠르게 날아다니며 나비류 유충을 사냥해서 땅속에 만든 굴에 넣고 유충의 몸에 자신의 알을 낳아 번식한다.

식크맨나나니 땅 위를 매우 낮게 날아다닌다.

식크맨나나니(구멍벌과) *Ammophila sickmanni*

크기 | 12~25㎜ 출현시기 | 5~8월(여름) 먹이(유충) | 나비류 유충

몸은 전체적으로 검은색을 띤다. 배자루는 매우 가늘고 길쭉하며 배 윗부분은 주홍색을 띤다. 앞가슴등판과 가운데가슴 옆면에 은색 털이 있다. 낮은 산지나 풀밭을 날아다니며 나비류 유충을 사냥한다. 사냥한 먹잇감을 굴속에 차곡차곡 넣은 후 알을 낳는다.

노랑점나나니(구멍벌과)
Sceliphron deforme atripes

크기 | 14~22㎜ 출현시기 | 7~10월(여름)
먹이(유충) | 거미류

몸은 검은색이고 배 끝부분에 4개의 선명한 황색 줄무늬가 있다. 거미를 마취시켜 유충에게 먹이로 준다.

애황나나니(구멍벌과)
Sceliphron madraspatanum kohli

크기 | 18~21㎜ 출현시기 | 6~9월(여름)
먹이(유충) | 거미류

몸은 검은색이고 가슴등판과 다리에 황색 무늬가 있다. 배자루는 호리호리하고 날개는 암갈색이다.

홍다리조롱박벌(구멍벌과)
Sodontia harmandi

크기 | 22~30㎜ 출현시기 | 6~7월(여름)
먹이(유충) | 실베짱이, 쌕쌔기

몸은 검은색이고 다리는 붉은색이며 베짱이류나 매부리류를 사냥해서 땅에 구멍을 파고 넣은 후 알을 낳는다.

빗은주둥이벌(은주둥이벌과)
Crabro cribrarius

크기 | 9~18㎜ 출현시기 | 6~9월(여름)
먹이(유충) | 꽃파리, 파리매류, 명나방류

몸은 검은색이고 황색 무늬가 많다. 굴을 파서 꽃파리, 검정파리, 꽃등에, 명나방류를 사냥해 넣는다.

큰호리병벌 호리병 모양의 둥지를 만들어 알을 낳는다.

잘록한 허리 진흙을 모으는 모습 둥지

큰호리병벌(말벌과) *Oreumenes decoratus*

크기 | 25~30㎜ 출현시기 | 6~10월(여름) 먹이(유충) | 나비류 유충, 나방류 유충

몸은 검은색이고 매우 길쭉하며 호리호리하다. 날개는 갈색이고 광택이 있다. 성충은 꽃에 모여 꽃꿀을 먹는다. 땅에 자주 내려앉아 진흙을 모아서 호리병 모양의 둥지를 짓는다. 산과 들판을 활발하게 날아다니며 나비류 유충을 마취시켜서 사냥한다. 사냥한 먹잇감을 호리병 모양의 둥지에 모아서 가득 넣은 후 알을 낳고 항아리 입구를 막는다. 알에서 부화된 유충은 어미가 저장해 둔 나비류 유충을 먹으며 무럭무럭 자란다. 다 자란 유충은 둥지 속에서 번데기로 변하고 성충이 되면 진흙 둥지를 뚫고 나온다.

점호리병벌 배(황색 점무늬)

점호리병벌(말벌과) *Eumenes punctatus*

크기 | 10~13㎜ 출현시기 | 7~9월(여름) 먹이(유충) | 나방류 유충

몸은 검은색이고 황색 무늬가 많다. 배자루는 길고 황색 줄무늬가 있으며 제2배마디 가운데 좌우에 황색 점무늬가 있어서 이름이 지어졌다. 호리병 모양의 둥지를 만들고 나방류 유충을 사냥해서 저장한다. 알에서 부화된 유충은 나방류 유충을 먹고 자라서 성충이 된다.

민호리병벌 잘록한 허리

민호리병벌(말벌과) *Eumenes rubronotatus*

크기 | 15㎜ 내외 출현시기 | 6~8월(여름) 먹이(유충) | 나방류 유충

몸은 검은색이고 허리가 매우 잘록하다. 날개는 투명하고 회갈색을 띤다. 배 부분 아래쪽에는 굵은 황색 줄무늬가 있다. 진흙을 모은 뒤 입에서 나온 타액을 섞어 호리병 모양의 둥지를 짓는다. 둥지 속에 나방류 유충을 잡아넣은 후 알을 낳고 입구를 막는다.

줄무늬감탕벌　　꽃가루를 먹는 모습

줄무늬감탕벌(말벌과) *Orancistrocerus drewseni drewseni*

크기 | 18㎜ 내외　출현시기 | 6~9월(여름)　먹이(유충) | 나방류 유충

몸은 검은색이고 황회색 털이 많다. 배 부분에 2개의 황색 줄무늬가 뚜렷하게 있어서 이름이 지어졌다. 산지나 들판에 핀 꽃과 잎에 잘 모여든다. 진흙을 모아 둥지를 만들고 유충이 먹고 살 수 있게 잎말이나방류, 명나방류, 밤나방류의 유충을 사냥해서 저장한다.

한국황슭감탕벌　　옆면(잘록한 허리)

한국황슭감탕벌(말벌과) *Anterhynchium flavomarginatum koreanum*

크기 | 20㎜ 내외　출현시기 | 6~8월(여름)　먹이(유충) | 나방류 유충

몸은 검은색이고 광택이 반질반질하다. 머리에 황색 무늬가 있고 배에는 2개의 굵은 황색 줄무늬가 있다. 말벌류에 속하는 사냥벌로 나방류 유충을 사냥해서 진흙으로 만든 둥지에 모은 후 알을 낳아 번식한다. 알에서 부화된 유충은 나방류 유충을 먹으며 자란다.

고동배감탕벌(말벌과)
Rhynchium quinquecinctum fukaii

크기 | 10~17㎜ 출현시기 | 7~8월(여름)
먹이(유충) | 명나방류 유충

몸은 검은색이고 배에 황갈색 무늬가 있다. 포도들명나방, 솔들명나방 등의 유충을 먹고 산다.

두줄잎벌레살이감탕벌(말벌과)
Symmorphus bifasciatus

크기 | 12㎜ 내외 출현시기 | 6~7월(여름)
먹이(유충) | 잎벌레류 유충

몸은 검은색이고 날개는 투명하다. 배에 황색 줄무늬가 있다. 잎벌레류 유충을 사냥한다.

파피꼬마감탕벌

꽃가루를 먹는 모습

파피꼬마감탕벌(말벌과) *Stenodynerus pappi pappi*

크기 | 10㎜ 내외 출현시기 | 7~10월(여름)

몸은 검은색이고 배 부분에 2개의 황색 줄무늬가 선명하다. 우리나라에 사는 감탕벌 중에서도 크기가 작아서 '꼬마', 냇가에 깔린 질퍽질퍽한 진흙을 뜻하는 '감탕'이 붙어서 이름이 지어졌다. 산지와 들판의 꽃을 찾아서 바쁘게 날아다니며 진흙을 모아 둥지를 만드는 모습을 볼 수 있다.

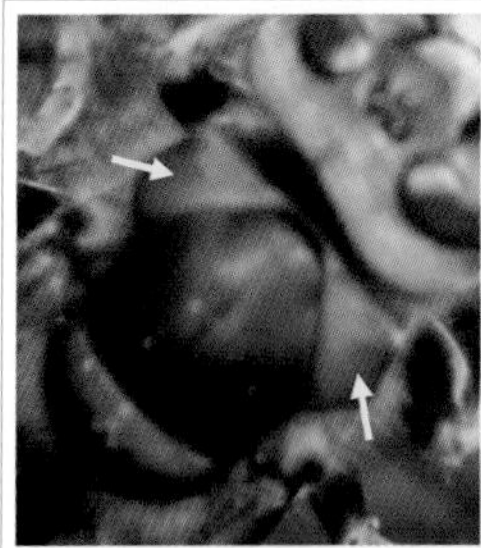
앞가슴등판(적갈색 무늬)

얼굴

말벌

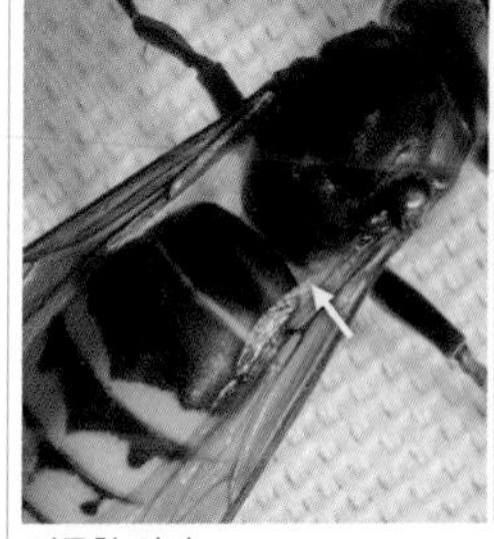
잘록한 허리

불빛에 날아온 모습

싸우는 모습

말벌(말벌과) *Vespa crabro flavofasciata*

크기 | 21~29㎜ 출현시기 | 4~10월(여름) 먹이 | 꿀벌 유충, 곤충, 나뭇진

몸은 흑갈색이고 적갈색 무늬가 많다. 배 부분에 물결 모양의 황색 줄무늬가 있다. 앞가슴등판의 어깨 부위와 제1배마디가 적갈색을 띤다. 들판, 마을 주변, 숲 가장자리를 빠르게 날아다니며 곤충을 사냥한다. 특히 주변 양봉장에 찾아가서 꿀벌을 매우 잘 사냥하기 때문에 '꿀벌 해적'이라 부른다. 땅속이나 나무 구멍에 둥지를 짓고 산다. 낮에는 나뭇진이 흐르는 나무에 모여서 나뭇진을 먹고 살며 밤이 되면 불빛에 유인되어 날아온다. 겨울에 여왕말벌은 나무 속으로 들어가 월동한다.

더듬이

얼굴

좀말벌

겨울잠을 자는 모습

둥지

좀말벌(말벌과) *Vespa analis parallela*

크기 | 23~29㎜ 출현시기 | 4~10월(여름) 먹이 | 곤충, 나뭇진

몸은 흑갈색이고 배에 황색 줄무늬가 뚜렷하다. 배 윗부분에는 적갈색 무늬가 있다. '말벌'과 닮았지만 황색 줄무늬가 물결 모양이 아니고 어깨 부위에 적갈색 무늬가 없어서 구별된다. 썩어 가는 나무를 모아서 둥지를 짓는다. 처음에는 여왕벌 혼자서 둥지를 짓기 시작한다. 삿갓 모양의 둥지는 점차 조롱박 모양이 된다. 일벌이 태어나서 개체 수가 많아지면 조롱박 모양의 둥지는 점차 공 모양으로 둥글게 바뀐다. 8월 말이면 개체 수가 최대가 되며 10월이면 최소로 줄어들어 일벌이 거의 보이지 않는다.

큰턱

얼굴

장수말벌

배(황색 줄무늬)

땅에 떨어진 감을 먹는 모습

장수말벌(말벌과) *Vespa mandarinia*

크기 | 27~44㎜ 출현시기 | 4~10월(여름) 먹이 | 곤충, 나뭇진, 떨어진 과일

몸은 검은색이고 머리는 황색이며 배에 황색 줄무늬가 있다. '말벌'과 생김새가 닮았지만 크기가 매우 커서 구별된다. 우리나라 벌류 중에서는 크기가 가장 크고 힘이 센 벌로 침의 독성도 매우 강해서 쏘이면 위험하다. 대부분 땅속에 둥지를 짓고 살며 때로는 나무 구멍에 짓기도 한다. 둥지는 둥글고 층이 겹겹이 쌓여서 이루어진다. 나뭇진을 먹기 위해 참나무류에 모여들며 여러 곤충을 사냥한다. 특히 다른 말벌류까지도 서슴없이 사냥하는 최고로 강한 육식성 벌이다. 땅에 떨어진 감을 좋아해서 모여든다.

빽빽한 털

얼굴

털보말벌

더듬이

겨울잠을 자는 여왕벌

털보말벌(말벌과) *Vespa simillima simillima*

크기 | 24~26㎜ 출현시기 | 4~10월(여름) 먹이 | 곤충, 나뭇진, 떨어진 과일

몸은 검은색이고 몸 전체에 황색 털이 빽빽하게 있는 것이 특징이어서 이름이 지어졌다. 배 부분의 주황색 줄무늬는 폭이 넓고 물결 모양이다. 앞가슴등판에도 작은 주황색 무늬가 있다. 다리의 넓적다리마디는 검은색이고 종아리마디와 발목마디는 황색을 띤다. 산지나 마을 주변의 숲 가장자리를 날아다니며 곤충을 사냥한다. 비석, 처마, 암벽, 건물 벽, 나뭇가지 등 다양한 곳에 둥지를 짓는다. 나무에 흐르는 나뭇진을 먹기 위해 날아오며 감 열매나 풀꽃에 모여 꿀을 먹는 모습도 볼 수 있다.

등검은말벌 배 등면이 검은색이다.

등검은말벌(말벌과) *Vespa velutina nigrithorax*

크기 | 16~28㎜ 출현시기 | 4~11월(여름) 먹이 | 곤충, 꽃꿀, 나뭇진

몸은 검은색이고 배 끝부분은 황색을 띤다. 동남아시아의 열대 지역에서 유입된 외래종 말벌로 2003년 부산에 유입되어 전국으로 퍼졌다. 참나무류와 감나무의 높은 곳에 둥지를 짓는다. 성충은 꽃꿀, 감로, 나뭇진을 잘 먹고 유충은 꿀벌 등의 곤충을 먹는 육식성이다.

검정말벌 배 속에서 나온 침

검정말벌(말벌과) *Vespa dybowskii*

크기 | 25㎜ 내외 출현시기 | 4~10월(여름) 먹이 | 곤충, 나뭇진

몸은 전체적으로 검은색을 띤다. '말벌', '좀말벌'과 달리 배마디가 검은색이어서 쉽게 구별된다. 참나무류가 많은 산지에 주로 살며 나무에 모여 나뭇진을 먹는 모습을 볼 수 있다. 참나무류의 나뭇진에는 장수말벌, 별쌍살벌, 땅벌, 왕바다리 등 다양한 벌이 함께 모여든다.

배(황색 줄무늬)

꽃가루를 먹는 모습

참땅벌

사체를 뜯어 먹는 모습

유충을 먹는 모습

[1]**땅벌**

참땅벌(말벌과) *Vespula koreensis koreensis*

크기 | 18㎜ 내외 출현시기 | 4~10월(여름) 먹이 | 곤충, 사체

몸은 검은색이고 황색 줄무늬가 많다. 사체와 썩은 과일에 잘 모인다. 들판, 논밭, 마을 주변에서 흔하게 볼 수 있다. 땅벌 둥지를 잘못 건드리면 벌떼가 몰려들어 공격하기 때문에 조심해야 한다. 특히 묘지에서 벌초를 하다가 땅에 지은 벌 둥지를 건드려서 땅벌에 쏘여 사고를 당하는 경우가 많다. 땅벌의 천적은 새, 거미, 파리매, 사마귀, 잠자리, 말벌 등이다. [1]**땅벌**(*Vespa flaviceps*)은 '참땅벌'과 생김새가 닮았지만 크기가 작고 줄무늬가 연황색이며 가늘어서 구별된다.

뱀허물쌍살벌 뱀 허물 모양의 둥지를 짓는다.

더듬이와 눈(겹눈, 홑눈) 불빛에 날아온 모습 둥지

뱀허물쌍살벌(말벌과) *Parapolybia varia*

크기 | 13~18㎜ 출현시기 | 4~9월(여름) 먹이 | 곤충 유충

몸은 전체적으로 황색이며 길쭉하고 암갈색 줄무늬가 매우 많다. 산지의 숲 가장자리나 마을의 키 작은 나무에 기다란 뱀 허물 모양의 둥지를 지어서 이름이 지어졌다. 생김새가 비슷한 '큰뱀허물쌍살벌' 둥지는 뱀 허물 모양이 아니라 둥근 모양이어서 구별된다. 나무에 만든 둥지 주변에 여러 마리가 함께 머물면서 어린 유충을 돌본다. 비가 와서 둥지에 물이 들어가면 입으로 물을 빨아내서 습기를 없애고 무더위가 찾아오면 빠르게 날갯짓해서 더위를 식혀 준다. 밤에 불빛에 유인되어 날아온다.

큰뱀허물쌍살벌 따뜻한 돌 위에 앉아 있는 모습을 자주 볼 수 있다.

큰뱀허물쌍살벌(말벌과) *Parapolybia indica*

크기 | 15~20㎜ 출현시기 | 5~10월(여름) 먹이 | 곤충 유충

몸은 전체적으로 황색을 띠고 적갈색 줄무늬가 많다. '뱀허물쌍살벌'과 비슷하게 생겼지만 줄무늬가 적갈색으로 더 붉고 날개도 반투명해서 서로 구별된다. 둥지도 둥근 모양이고 땅에 짓기 때문에 땅에서 기어 다니는 모습을 자주 볼 수 있다. 낮은 산지나 숲 가장자리에서 쉽게 발견된다.

등검정쌍살벌 물을 먹기 위해 냇가에 모인다.

등검정쌍살벌(말벌과) *Polistes (Gyrostoma) jokahamae*

크기 | 19~26㎜ 출현시기 | 4~10월(여름) 먹이 | 나비류 유충

몸은 검은색이고 앞가슴등판과 배에 황갈색 줄무늬가 있으며 다리는 황색이다. 쌍살벌류 중 몸집이 매우 커서 '말벌'이라고 착각하는 경우가 있다. 산지와 하천의 풀밭을 날아다니며 나비류 유충을 사냥한다. 주택가에도 둥지를 잘 짓기 때문에 쉽게 볼 수 있다.

왕바다리 빠르게 비행하다가 나무나 땅에 잘 내려앉는다.

가슴등판(황색 줄무늬) 둥지

왕바다리(말벌과) *Polistes rothneyi koreanus*

크기 | 25~30㎜ 출현시기 | 4~10월(봄) 먹이 | 곤충

몸은 검은색이고 배에 황색 줄무늬가 있다. 몸이 홀쭉하고 다리가 길며 우리나라에 살고 있는 바다리류 중에서 크기가 가장 크다. 마을, 농경지, 야산 등에 살며 집, 처마, 나뭇가지, 바위 아래 등에 삿갓 모양의 둥지를 짓는다. 가장 커다란 둥지를 짓는 바다리로 초대형 벌집의 경우에는 육아방이 1,000개 이상 되기도 한다. 왕바다리의 유충을 사냥하는 천적은 장수말벌이다. 여왕벌은 여름에서 초가을 사이에 수벌과 짝짓기에 성공하고 겨울에 월동한다.

배(2개의 황색 점무늬)

두눈박이쌍살벌

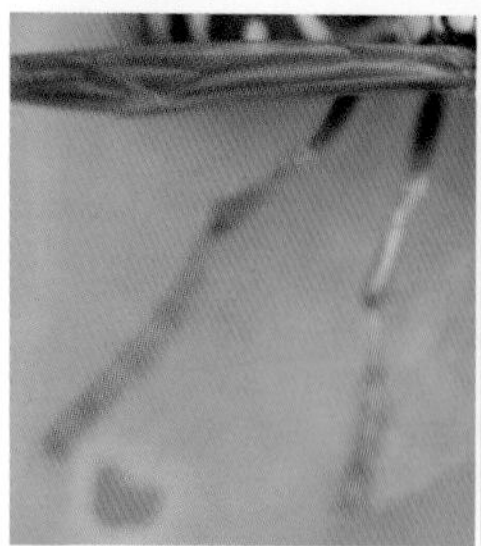
머리와 더듬이

다리(주황색)

꽃가루를 먹는 모습

두눈박이쌍살벌(말벌과) *Polistes chinensis antennalis*

크기 | 14~18㎜ 출현시기 | 4~10월(여름) 먹이 | 곤충

몸은 전체적으로 검은색을 띠며 호리호리하고 길쭉하다. 앞가슴등판과 배마디에 황색 줄무늬가 많다. 제2배마디 좌우에 2개의 황색 점무늬가 있는 것이 두 눈처럼 보여 이름이 지어졌다. 육각형의 벌집 둥지를 만들고 힘을 모아 유충을 기르는 모습을 볼 수 있다. 둥지는 보통 식물 줄기에 남향으로 지으며 지상에서 5~30㎝의 낮은 높이에 만든다. 냇가나 바닷가의 풀밭, 논밭, 숲 등에 핀 다양한 꽃에 모여든다. 산지나 경작지에서는 볼 수 있지만 마을 주변에서는 거의 관찰되지 않는다.

가슴과 배(황색 점무늬)

꽃가루를 먹는 모습

별쌍살벌

둥지를 짓는 모습

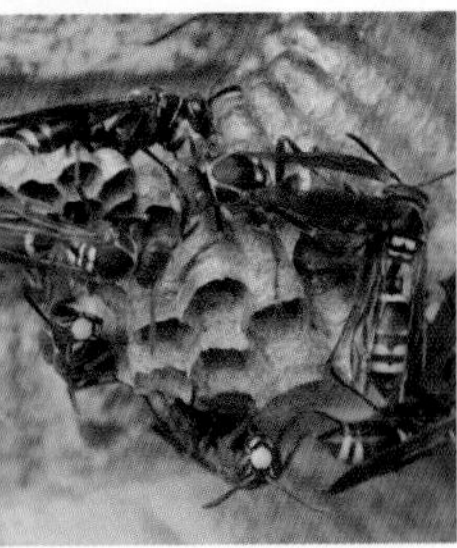
둥지

조각상에 만든 둥지

별쌍살벌(말벌과) *Polistes snelleni*

크기 | 11~17㎜ 출현시기 | 4~10월(여름) 먹이 | 나비류 유충

몸은 검은색이고 더듬이는 흑갈색을 띤다. 날개, 다리, 가슴 등에 황색 점무늬가 별 모양처럼 보여서 이름이 지어졌다. 산지의 풀밭이나 논밭, 마을 주변을 날아다니며 꽃이나 잎에 잘 내려앉는다. 마을 주변이나 야산의 풀 줄기와 나뭇가지에 둥지를 짓는다. 나비류 유충 등을 사냥한다. 비행할 때 뒷다리를 축 늘어뜨리는 모습이 마치 대나무 살을 들고 가는 것처럼 보여서 '쌍살벌'이라는 이름이 지어졌다. 겨울에 식물의 줄기나 건물 틈새에서 무리 지어 월동한다.

어리별쌍살벌 몸의 황색 점무늬가 별 같다.

어리별쌍살벌(말벌과) *Polistes mandarinus*

크기 | 15㎜ 내외 출현시기 | 4~10월(여름) 먹이 | 나비류 유충

몸은 검은색이고 얼굴은 황색이며 더듬이는 흑갈색을 띤다. 별 모양의 황색 점무늬가 '별쌍살벌'과 비슷해서 '어리'가 붙어 이름이 지어졌다. '별쌍살벌'과 닮았지만 작은방패판의 황색 점무늬가 작아서 구별된다. 산지나 논밭, 마을을 날아다니며 나비류 유충을 사냥해서 잡아먹는다.

참어리별쌍살벌 내려앉아 물을 잘 먹는다.

참어리별쌍살벌(말벌과) *Polistes djakonovi*

크기 | 15㎜ 내외 출현시기 | 5~10월(여름) 먹이 | 곤충

몸은 검은색이고 앞가슴등판과 배에 황색 무늬가 있다. 나뭇가지, 풀 줄기, 나뭇잎, 바위 아래에 둥지를 짓는다. 꽃에 모여 꿀을 먹으며 최근 개체 수가 늘어나고 있다. '어리별쌍살벌'과 닮았지만 얼굴 전체가 황색이 아니라 아래쪽은 황색, 위쪽은 검은색이어서 구별된다.

말벌 종류 비교하기

말벌
앞가슴등판 어깨 부위에 적갈색 무늬가 있다. 항아리 모양의 둥지를 짓는다. 밤에 불빛에 유인되어 잘 날아온다.

좀말벌
몸은 흑갈색이고 머리는 황색을 띤다. 소형 곤충을 사냥한다. 둥근 모양의 둥지를 짓는데 초기에는 조롱박 모양이다.

털보말벌
몸은 검은색이고 황색 털이 북실북실하다. 처마, 나무, 바위 등 다양한 곳에 둥근 모양의 둥지를 만든다.

검정말벌
몸이 전체적으로 검은색이고 머리와 앞가슴등판은 흑적색을 띤다. 참나무류의 나뭇진을 먹기 위해 무리 지어 모인다.

장수말벌
머리는 황색, 가슴은 검은색이고 배에 황색 줄무늬가 있다. 우리나라에서 가장 큰 말벌로 다른 말벌까지 사냥한다.

등검은말벌
몸은 검은색이고 배 끝부분은 황색을 띤다. 우리나라에 살고 있는 말벌류 중에서 가장 높은 곳에 둥지를 짓는다.

여왕개미

수개미

일본왕개미

큰턱

죽은 동료 개미를 끄는 모습

개미굴

일본왕개미(개미과) *Camponotus japonicus*

크기 | 7~14㎜ 출현시기 | 3~10월(여름) 먹이 | 잡식성(육식, 초식)

몸은 검은색이고 광택이 거의 없다. 여왕개미는 크기가 17~19㎜로 크다. 도시, 공원, 놀이터, 마을, 숲속 어디서나 쉽게 볼 수 있는 우리나라에서 가장 큰 개미이다. 햇빛이 잘 드는 땅속, 돌 밑에 집을 짓고 살며 썩은 나무에는 집을 짓지 않는다. 5~6월이 되면 장차 여왕이 될 공주개미는 수개미와 결혼 비행을 한다. 결혼 비행을 마치고 나서 수정이 된 여왕개미는 날개를 떼어 버리고 땅속에 들어가 알을 낳아 번식하여 새로운 무리를 형성한다. 겨울에 성충으로 땅속에서 월동한다.

한국홍가슴개미(개미과)

Camponotus atrox

크기 | 7~14㎜ 출현시기 | 5~9월(여름)
먹이 | 잡식성(육식, 초식)

몸은 검은색이고 가슴등판은 붉은색을 띤다. 여왕개미는 크기가 17~19㎜로 크다. 썩은 나무, 돌 밑, 땅속에 산다.

이토왕개미(개미과)

Camponotus itoi

크기 | 3.5~7㎜ 출현시기 | 5~10월(여름)
먹이 | 잡식성(육식, 초식)

몸은 검은색이고 왕개미류 중 가장 작다. 여왕개미는 크기가 6.5~8㎜이다. 산지의 썩은 나무나 돌 틈에 산다.

갈색발왕개미(개미과)

Camponotus kiusuensis

크기 | 7.5~12㎜ 출현시기 | 5~10월(여름)
먹이 | 잡식성(육식, 초식)

몸은 검은색이고 광택이 있다. 여왕개미는 크기가 15~17㎜로 크다. 썩은 나무, 나무뿌리, 돌 아래에 산다.

흑색패인왕개미(개미과)

Camponotus concavus

크기 | 6~13㎜ 출현시기 | 5~10월(여름)
먹이 | 잡식성(육식, 초식)

몸은 검은색이고 광택이 있다. 여왕개미는 크기가 17㎜ 정도이다. 산지의 썩은 나무 속에 살며 한국 고유종이다.

잘록한 허리

진딧물의 감로를 먹는 모습

곰개미

꽃매미를 사냥하는 모습

부전나비 유충을 끄는 모습

개미굴

곰개미(개미과) *Formica japonica*

크기 | 5~9㎜ 출현시기 | 5~10월(봄) 먹이 | 진딧물 감로

몸은 회색빛이 도는 검은색이다. 여왕개미는 크기가 8~11㎜로 배에 검은색 줄무늬가 뚜렷하다. 6~7월에 결혼 비행을 하며 무리가 많을 경우에는 1만 마리 이상이 되기도 한다. 도시, 공원, 놀이터, 산지 등에 매우 흔하게 살며 햇볕이 잘 드는 땅속, 돌 밑, 풀밭에 집을 짓는다. 풀 줄기 위아래를 오르내리며 진딧물의 배설물인 감로를 받아먹는다. 농작물 위에 곰개미가 움직이는 모습이 보이면 진딧물이 많이 생겨났다는 걸 알 수 있다. 곤충의 사체도 잘 끌고 간다. 몸이 곰처럼 검은색이어서 이름이 지어졌다.

여왕개미

가시개미

날개가 떨어진 여왕개미

등에 난 가시

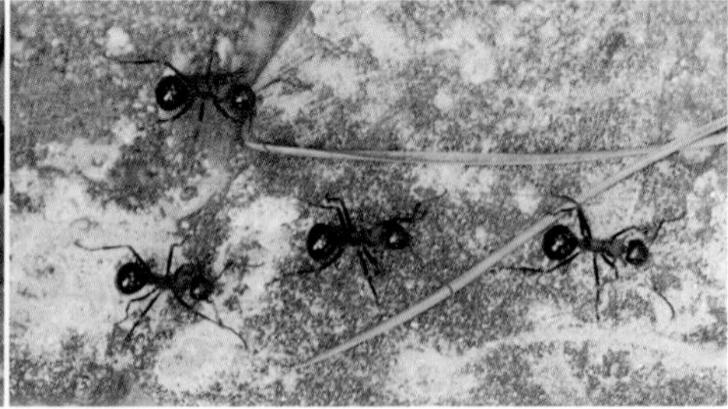
길잡이페로몬

가시개미(개미과) *Polyrhachis lamellidens*

크기 | 7~8㎜ 출현시기 | 4~10월(여름) 먹이(유충) | 일본왕개미

몸은 검은색이고 가슴과 배는 흑적색을 띤다. 가슴과 배에 갈고리 모양의 돌기가 있다. 여왕개미는 크기가 10㎜ 정도로 약간 크며 몸 전체가 검은색을 띤다. 산길을 오를 때 땅에서 줄지어 기어 다니는 모습을 볼 수 있다. 숲의 나무 밑동에 집을 잘 짓고 모여 있으면 개미산 냄새가 진동한다. 일본왕개미, 한국홍가슴개미, 갈색발왕개미에 기생한다. 기생할 개미 군체를 발견하면 일개미를 공격해서 몸을 씹고 체액을 빤다. 결혼 비행은 10~11월에 이루어지며 숙주의 집 근처에서 월동한다.

주름개미 유충

주름개미(개미과) *Tetramorium tsushimae*

크기 | 2.5~3.5㎜ 출현시기 | 3~11월(여름) 먹이 | 진딧물 감로

몸은 연황색, 암갈색, 검은색 등 다양하고 몸 전체에 황색 털이 있다. 머리는 사각형이고 앞쪽에 깊은 세로 주름이 있다. 여왕개미는 크기가 6.5~7㎜로 크다. 마을이나 산지의 돌 아래나 땅속에 매우 흔하게 산다. 돌 밑이나 땅속에서 무리 지어 생활하는 모습을 볼 수 있다.

검정밑드리개미(개미과)
Crematogaster teranishii

크기 | 2.5~4㎜ 출현시기 | 4~9월(여름)
먹이 | 진딧물, 깍지벌레 감로

몸은 전체적으로 검은색이다. 여왕개미는 크기가 7㎜ 정도로 크다. 배는 하트 모양이고 바닷가에 많이 산다.

노랑밑드리개미(개미과)
Crematogaster osakensis

크기 | 2.5~3㎜ 출현시기 | 4~9월(여름)
먹이 | 진딧물, 깍지벌레 감로

몸은 투명한 적갈색이다. 여왕개미는 크기가 7㎜ 정도로 크다. 그늘진 숲속의 땅속이나 돌 아래에 산다.

어리흰줄애꽃벌(꼬마꽃벌과)

Lasioglossum (Lasioglossum) mutilum

크기 | 9㎜ 내외 출현시기 | 6~10월(여름)
먹이(유충) | 꽃가루, 꽃꿀

몸은 검은색이고 배에 흰색 줄무늬가 있다. 꿀과 꽃가루를 모아서 땅속의 둥지에 모은 후 알을 낳는다.

흰줄꼬마꽃벌(꼬마꽃벌과)

Lasioglossum (Lasioglossum) occidens

크기 | 8㎜ 내외 출현시기 | 6~10월(여름)
먹이(유충) | 꽃가루, 꽃꿀

몸은 검은색이고 짧은 털로 덮여 있다. 배마디에 흰색 줄무늬가 있고 크기가 작아서 이름이 지어졌다.

구리꼬마꽃벌(꼬마꽃벌과)

Seladonia (Seladonia) aeraria

크기 | 8㎜ 내외 출현시기 | 8~9월(여름)
먹이(유충) | 꽃가루, 꽃꿀

몸은 전체적으로 구릿빛의 광택이 돈다. 꿀과 꽃가루를 모으기 위해 다양한 꽃을 찾아 날아다닌다.

홍배꼬마꽃벌(꼬마꽃벌과)

Sphecodes similimus

크기 | 8~10㎜ 출현시기 | 4~7월(봄)
먹이(유충) | 꽃가루, 꽃꿀

몸은 전체적으로 검은색이고 짧은 털로 덮여 있다. 배 부분이 붉은색이어서 이름이 지어졌다.

털보애꽃벌(털보애꽃벌과)
Dasypoda japonica

크기 | 13㎜ 내외 출현시기 | 8~9월(여름)
먹이(유충) | 꽃가루, 꽃꿀

몸은 검은색을 띤다. 앞가슴등판은 흑갈색 털로 덮여 있고 배마디에 황백색 털로 된 가로줄무늬가 있다.

극동가위벌(가위벌과)
Megachile remota

크기 | 12㎜ 내외 출현시기 | 5~8월(여름)
먹이(유충) | 꽃가루, 꽃꿀

몸은 전체적으로 검은색이며 황갈색 털로 덮여 있다. '꿀벌'이나 '꽃등에'처럼 꽃에 잘 모여든다.

장미가위벌(가위벌과)
Megachile nipponica

크기 | 12~13㎜ 출현시기 | 6~9월(여름)
먹이(유충) | 꽃가루, 꽃꿀

몸은 검은색이고 앞가슴등판은 갈색이다. 장미의 잎을 가위처럼 잘 오리는 주둥이로 둥근 모양의 둥지를 만든다.

왕가위벌(가위벌과)
Megachile sculpturalis

크기 | 16~25㎜ 출현시기 | 7~10월(여름)
먹이(유충) | 꽃가루, 꽃꿀

몸이 검은색인 대형 가위벌이다. 나무 틈새에 송진으로 둥지를 만들고 꿀과 꽃가루를 모아 알을 낳는다.

야노뾰족벌 뾰족한 배

야노뾰족벌(가위벌과) *Coelioxys yanonis*

크기 | 10~15㎜ 출현시기 | 6~8월(여름)

몸은 전체적으로 검은색이다. 더듬이는 검은색이고 머리와 앞가슴등판에 황갈색 털이 가득하다. 배의 끝부분으로 갈수록 뾰족하게 생겨서 '뾰족벌'이라는 이름이 지어졌다. '야노(矢野)'는 일본어로 '들판을 날아다니는 화살처럼 뾰족하다'는 뜻이다.

뾰족벌(가위벌과) *Coelioxys fenestratus*

크기 | 14~18㎜ 출현시기 | 5~8월(여름)
먹이(유충) | 가위벌류 유충

몸은 검은색이고 날개는 보랏빛 광택이 난다. 배 끝부분은 뾰족하게 튀어나왔다. 가위벌류 유충을 먹고 산다.

애뾰족벌(가위벌과) *Coelioxys hosoba*

크기 | 10~13㎜ 출현시기 | 6~8월(여름)
먹이(유충) | 가위벌류 유충

몸은 전체적으로 검은색이다. 배 끝은 뾰족하고 배마디에 흰색 줄무늬가 있다. 가위벌류 유충을 먹고 산다.

루리알락꽃벌 청보석처럼 화려하다.

루리알락꽃벌(꿀벌과) *Thyreus decorus*

크기 | 15㎜ 내외 출현시기 | 4~10월(여름) 먹이 | 꽃가루, 꽃꿀

몸은 전체적으로 검은색을 띤다. 배 부분에 청색 줄무늬가 청보석(청옥)을 닮아서 '루리'라는 이름이 지어졌다. 산과 들판에 피어 있는 다양한 꽃을 찾아 빠르게 날아다니며 꽃가루를 먹는 모습을 볼 수 있다. 화려한 빛깔 때문에 꽃에 앉으면 눈에 잘 띄어 쉽게 찾을 수 있다.

꼬마알락꽃벌(꿀벌과)

Nomada fervens

크기 | 10㎜ 내외 출현시기 | 5~8월(여름) 먹이 | 꽃가루

몸은 전체적으로 적갈색을 띤다. 날개는 투명하고 산과 들에 핀 다양한 꽃에 잘 모여들어 꽃가루를 먹는다.

꼬마광채꽃벌(꿀벌과)

Ceratina (Ceratinida) flavipes

크기 | 7㎜ 내외 출현시기 | 7~8월(여름) 먹이 | 꽃가루

몸은 전체적으로 검은색을 띠며 광택이 있다. 배에 연황색 줄무늬가 있다. 꽃에 모여 꽃가루를 먹는다.

꽃가루받이

털에 꽃가루가 묻은 모습

양봉꿀벌

물을 먹는 모습

꽃을 찾아 비행하는 모습

둥지(양봉장)

양봉꿀벌(꿀벌과) *Apis mellifera*

크기 | 10~17㎜ 출현시기 | 3~10월(여름) 먹이(유충) | 꽃가루, 꽃꿀

꽃가루받이를 위해서 서양에서 도입된 벌이다. 꿀과 꽃가루를 모으기 위해 꽃을 찾아 날아다닌다. 넓적한 뒷다리의 종아리마디에 꽃가루를 붙여서 운반한다. 수꽃의 수술에 있는 꽃밥을 암꽃의 암술머리에 옮겨 주는 꽃가루받이를 해 주어 식물이 열매를 맺는 데 도움을 준다. 농작물을 재배하는 농가에 큰 도움을 주는 중요한 곤충이다. 그러나 2007년에 꿀벌집단실종현상(C.C.D)이 발생하여 많은 개체의 꿀벌이 죽었다. 지금까지 개체 수가 회복되지 못해 문제가 크다.

재래꿀벌(꿀벌과)

Apis cerana

크기 | 11㎜ 내외 출현시기 | 3~11월(여름)
먹이(유충) | 꽃가루, 꽃꿀

'토종꿀벌'이라고 부르며 썩은 나무 속이나 흙 속에 둥지를 짓는다. 낭충봉아부패병에 걸려 70% 이상이 죽었다.

수염줄벌(꿀벌과)

Eucera (Eucera) spurcatipes

크기 | 12~14㎜ 출현시기 | 4~6월(봄)
먹이(유충) | 꽃가루, 꽃꿀

몸은 검은색이고 털이 빽빽하다. 기다란 더듬이가 수염처럼 매우 길어서 이름이 지어졌다.

일본애수염줄벌(꿀벌과)

Eucera (Synhalonia) nipponensis

크기 | 14㎜ 내외 출현시기 | 4~6월(봄)
먹이(유충) | 꽃가루, 꽃꿀

머리는 잔털로 촘촘히 덮여 있다. 초봄에 활동을 시작해서 땅속에 둥지를 짓고 알을 낳는다.

서양뒤영벌(꿀벌과)

Bombus terrestris

크기 | 11~17㎜ 출현시기 | 5~10월(여름)
먹이(유충) | 꽃가루, 꽃꿀

몸은 검은색이고 앞가슴등판과 배가 황색 털로 덮여 있다. 호박벌과 함께 꽃가루받이 곤충으로 사용된다.

여왕벌

호박벌(암컷)

배(주황색)

꽃가루를 모으는 모습

수컷

호박벌(꿀벌과) *Bombus (Bombus) ignitus*

크기 | 12~23㎜ 출현시기 | 4~10월(여름) 먹이(유충) | 꽃가루, 꽃꿀

암컷은 몸이 검은색이고 기다란 털로 덮여 있으며 배 끝부분은 주황색을 띤다. 수컷은 몸이 연황색이고 배 끝은 주황색을 띤다. 몸이 뚱뚱하고 붕붕 소리를 내며 빠르게 날아다닌다. 호박처럼 꽃의 입구가 넓은 꽃에 잘 모이며 특히 호박꽃 속에 파묻혀 있기를 좋아한다. 해바라기, 호박, 오이, 참깨, 팥, 자운영, 때죽나무, 감나무, 물봉선, 고마리, 파 등의 다양한 꽃을 찾아 꿀과 꽃가루를 모은다. 산, 들판, 마을 주변, 생태 공원 등 어디서나 흔하게 만날 수 있다.

앞가슴등판(황색)

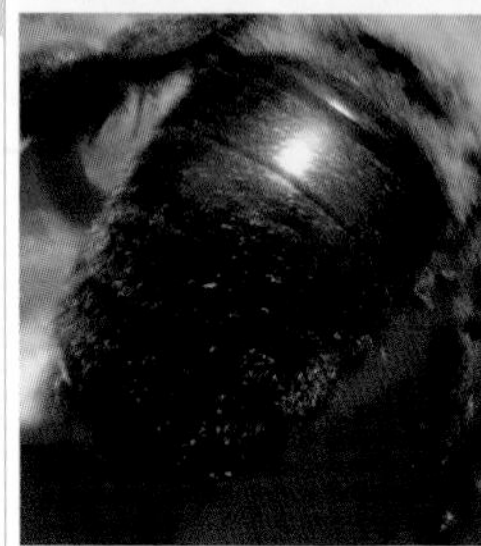

배(검은색)

어리호박벌

꽃가루를 모으는 모습

비행 중

어리호박벌(꿀벌과) *Xylocopa appendiculata circumvolans*

크기 | 20~23㎜ 출현시기 | 4~8월(봄) 먹이(유충) | 꽃가루, 꽃꿀

몸은 검은색이고 머리, 큰턱 밑부분, 더듬이의 일부는 담황색을 띤다. 날개는 검은색이고 흑자색의 광택이 난다. 앞가슴등판은 황색을 띤다. '호박벌'과 생김새가 비슷해서 '어리'라는 말이 이름에 붙었다. 호박벌보다 크기가 훨씬 더 크고 뚱뚱해서 날아다니는 모습을 보면 매우 위협적으로 느껴진다. 일벌, 수벌, 여왕벌이 각자의 역할을 담당하며 사는 호박벌과 달리 암컷과 수컷이 썩은 나무 기둥에 구멍을 뚫어 둥지를 짓고 꽃가루를 저장한 후 알을 낳아 기르는 단독 생활을 한다.

벌 무리 비교하기

털보말벌

말벌류
둥근 모양의 둥지를 짓고 나뭇진을 먹고 산다. 독침으로 다른 곤충을 사냥하는 몸집이 큰 벌이다.

왕무늬대모벌

대모벌류
숲에 사는 배회성 거미를 마취시켜서 둥지로 끌고 가서 알을 낳는다. 숲에서 재빠르게 비행하는 모습을 볼 수 있다.

양봉꿀벌

꿀벌류
꿀과 꽃가루를 모으려고 꽃밭을 찾아 날아다니다 보면 꽃가루를 옮겨 주어 식물의 열매를 맺는 데 도움이 된다.

배벌

배벌류
비슷한 몸집의 벌에 비해서 배가 매우 길게 발달된 벌이다. 풍뎅이류 유충의 몸속에 알을 낳아 기생한다.

나방살이맵시벌

맵시벌류
숲과 들판을 날아다닌다. 꼬물꼬물 기어다니는 잎벌류와 나비류 유충의 몸속에 알을 낳아서 번식하는 기생벌이다.

일본왕개미

개미류
우리 주변에서 쉽게 관찰되는 곤충이다. 땅속에 집을 짓고 여왕개미, 수개미, 일개미 등이 무리 지어 산다.

날개(뱀 허물 모양)

불빛에 날아온 모습

얼룩뱀잠자리

유충

유충의 배에 달린 부속지

얼룩뱀잠자리(뱀잠자리과) *Neochauliodes formosanus*

크기 | 40~50㎜ 출현시기 | 5~9월(여름) 먹이(유충) | 저서무척추동물, 작은 물고기

몸은 전체적으로 갈색을 띤다. 가슴과 배는 연갈색을 띤다. 머리는 암갈색이며 큰턱은 머리 앞쪽으로 돌출되어 있다. 얼룩덜룩한 날개가 뱀 허물처럼 보여서 이름이 지어졌다. 하천이나 물가를 날아다니는 모습을 볼 수 있다. 짝짓기를 마치면 300~3,000개 정도의 알을 덩어리로 낳는다. 알에서 부화된 유충은 물속의 저서무척추동물, 작은 물고기 등을 잡아먹으며 산다. 천적을 피하기 위해 주로 밤에 부화한다. 2~3년 자라야 성충이 된다. 성충이 되면 먹이를 거의 먹지 않는다.

날개

머리와 얼굴

뱀잠자리붙이

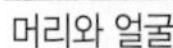

기다란 몸

유충

뱀잠자리붙이(뱀잠자리과) *Parachauliodes asahinai*

크기 | 70㎜ 내외 출현시기 | 5~6월(여름) 먹이(유충) | 저서무척추동물, 작은 물고기

몸은 전체적으로 갈색을 띠며 앞가슴등판은 황갈색이고 배는 암갈색을 띤다. 몸이 매우 길고 뱀잠자리류를 닮았다고 해서 '붙이'가 붙어 이름이 지어졌다. 유충은 진갈색이고 원통형이며 길이는 48~50㎜이다. 배마디 옆면에 길게 뻗은 부속지가 있고 배 끝에는 꼬리다리가 2개 있으며 발톱이 2개씩 있다. 유충은 계류나 하천의 물 흐름이 빠른 여울 구간에 살면서 날카로운 꼬리다리 발톱을 이용해 바닥을 기어 다니며 생활한다. 저서무척추동물과 작은 물고기를 잡아먹는다.

시베리아좀뱀잠자리 등면 날개맥

시베리아좀뱀잠자리(좀뱀잠자리과) *Sialis sibirica*

크기 | 18㎜ 내외 출현시기 | 4~5월(봄) 먹이(유충) | 수서곤충, 저서무척추동물

몸은 검은색으로 매우 길쭉하며 큰턱이 날카롭다. 지붕 모양으로 접은 날개는 반투명하고 날개맥은 암갈색을 띤다. 유충은 물속에 살며 수서곤충과 저서무척추동물을 잡아먹는 포식성 곤충이다. 뱀잠자리류 중에서 몸집이 작아서 '좀'이 붙어 이름이 지어졌다.

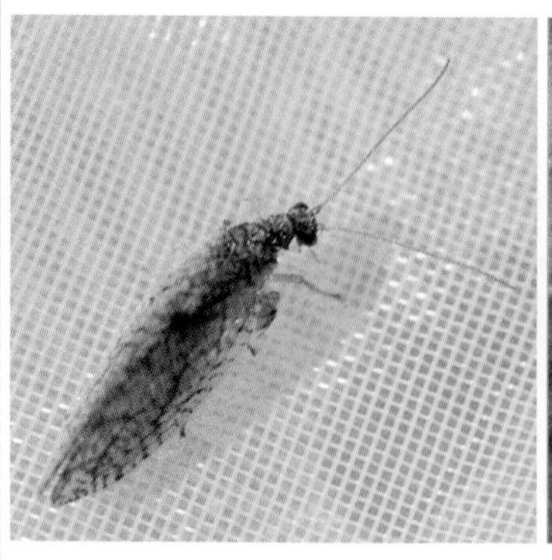

보날개풀잠자리(보날개풀잠자리과)
Lysmus harmandinus

크기 | 10㎜ 내외 출현시기 | 6~8월(여름)
먹이 | 진딧물류

몸은 연갈색이다. 앞날개에 그물 무늬가 복잡하게 얽혀 있는 것이 특징이다. 진딧물류를 먹고 산다.

좀보날개풀잠자리(보날개풀잠자리과)
Spilosmylus tuberculatus

크기 | 35㎜ 내외 출현시기 | 5~8월(여름)
먹이 | 진딧물류

몸은 갈색이고 날개는 연갈색을 띠며 몸에 비해 매우 크고 넓적하다. 진딧물류를 먹고 산다.

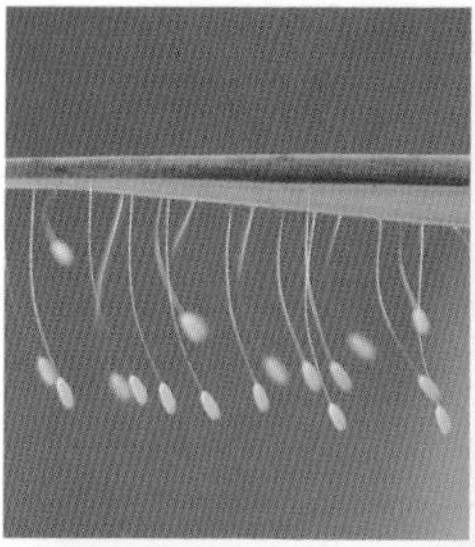

알(우담바라)

유충

칠성풀잠자리

위장한 풀잠자리류 유충

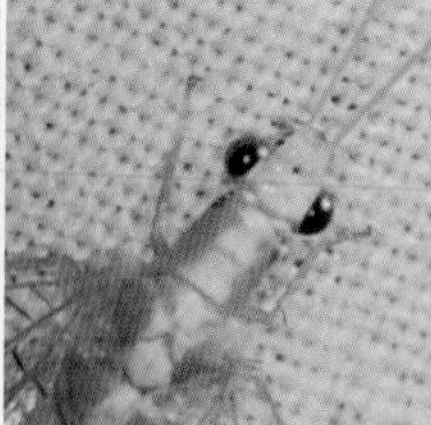
머리

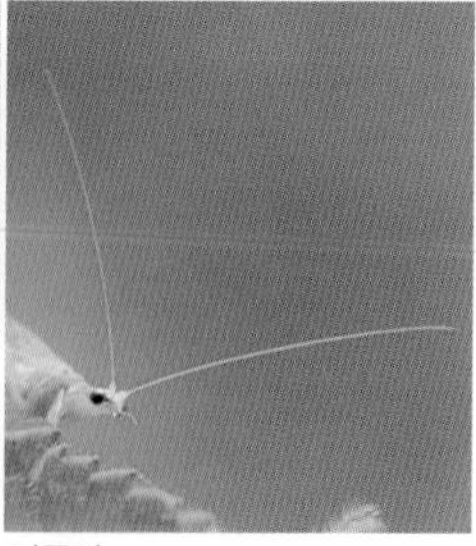
더듬이

칠성풀잠자리(풀잠자리과) *Chrysopa pallens*

크기 | 14~15㎜ 출현시기 | 5~8월(여름) 먹이 | 진딧물류, 응애류

몸은 전체적으로 녹색을 띤다. 날개는 투명하고 녹색이며 넓적하다. 성충과 유충 모두 진딧물류, 응애류, 총채벌레류 등을 잡아먹고 사는 육식성 곤충이다. 특히 진딧물류를 잘 잡아먹기 때문에 풀밭에서 흔하게 볼 수 있다. 낮에 활동하며 밤이 되면 불빛에 유인되어 잘 모여든다. 타원형의 알을 무더기로 낳아서 가는 실 끝에 매달아 잎 뒷면이나 줄기에 20~30여 개를 붙인다. 알에서 부화된 유충은 3번 탈피한 후 고치를 만들고 번데기가 된다. 날개가 '잠자리'처럼 넓적하고 풀에 살아서 이름이 지어졌다.

흰띠풀잠자리 실잠자리류처럼 포르르 날아다닌다.

흰띠풀잠자리(풀잠자리과) *Cunctochrysa albolineata*

크기 | 10~12㎜ 출현시기 | 5~10월(여름) 먹이 | 소형 곤충

몸은 전체적으로 녹색을 띤다. 더듬이는 몸 길이 정도로 매우 길다. 머리에서 배 끝까지 연황색을 띠는 모습이 흰색 띠처럼 보여서 이름이 지어졌다. 산지나 평지, 논밭 등에 살면서 '진딧물'처럼 소형 곤충을 잡아먹는다. 밤에 불빛에 유인되어 날아온다.

끝검은사마귀붙이 낫 모양의 다리 등이 '사마귀'를 닮았다.

끝검은사마귀붙이(사마귀붙이과) *Climaciella quadrituberculata*

크기 | 15㎜ 내외 출현시기 | 7~8월(여름)

몸은 전체적으로 황색을 띠고 배에 적갈색 무늬가 줄지어 있다. 낫 모양의 황색 앞다리에는 진한 적갈색 무늬가 있다. 날개는 투명하고 가장자리에 굵은 황색 띠무늬가 있다. 낫 모양의 앞다리를 움직여 사냥하는 모습이 '사마귀'가 사냥하는 모습과 닮아서 이름이 지어졌다.

다리(낫 모양)

겹눈과 더듬이

애사마귀붙이

날개

불빛에 날아온 모습

애사마귀붙이(사마귀붙이과) *Mantispa japonica*

크기 | 8~17㎜ 출현시기 | 7~8월(여름) 먹이(유충) | 거미류 알집

몸은 전체적으로 황색을 띠며 앞가슴등판은 붉은빛이 도는 갈색이다. 사마귀붙이류 중에서는 크기가 작다. 앞다리가 '사마귀'처럼 낫 모양이고 앞다리를 접고 있다가 펼치는 모습이 '사마귀'와 매우 비슷해서 닮았다는 뜻의 '붙이'가 붙어서 이름이 지어졌다. 낮은 산지나 풀밭 등의 다양한 곳에서 볼 수 있다. 유충은 거미류의 알집 또는 '뱀허물쌍살벌' 유충에 기생한다. 암컷은 일생 동안 1만 개 이상의 알을 낳는다. 밤이 되면 불빛에 유인되어 잘 날아온다.

유충(개미귀신)

개미귀신 집

명주잠자리

더듬이

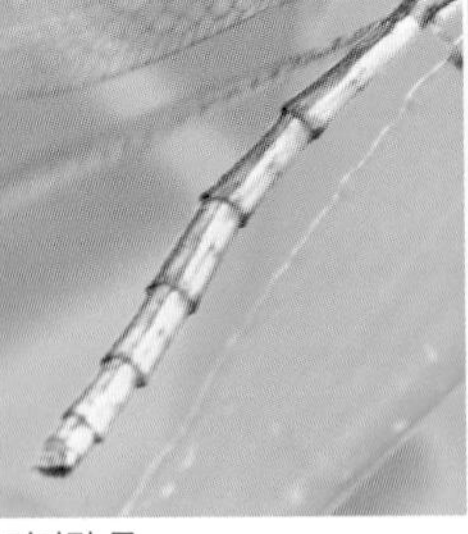
기다란 몸

[1]**별박이명주잠자리**

명주잠자리(명주잠자리과) *Baliga micans*

크기 | 40㎜ 내외 출현시기 | 6~10월(여름) 먹이(유충) | 개미

몸은 길쭉한 막대 모양이고 날개가 '잠자리'처럼 넓적해서 이름이 지어졌다. 그러나 잠자리목이 아닌 풀잠자리목에 속하는 곤충이다. 산지나 평지 등 다양한 곳에 살며 밤에 불빛에 잘 모여든다. 유충은 고운 모래땅에 깔때기 모양의 구멍을 파고 그 속에 숨어서 지나가는 개미를 향해 모래를 뿌린다. 모래를 맞고 미끄러지는 개미를 큰턱으로 물어서 체액을 빨아 먹기 때문에 '개미귀신'이라 부른다. [1]**별박이명주잠자리**는 날개에 검은색 무늬가 있어서 명주잠자리와 구별된다.

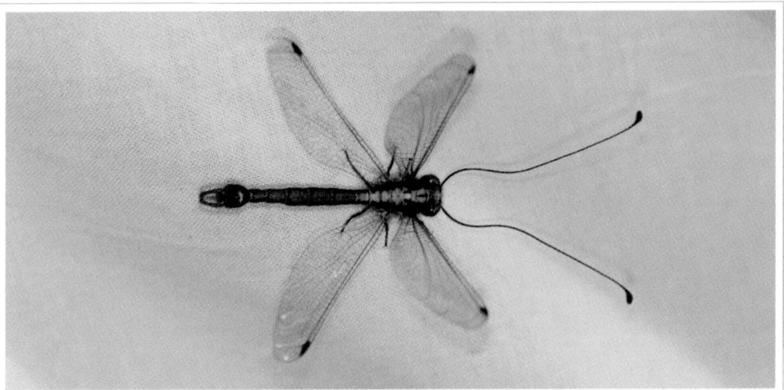
뿔잠자리 더듬이가 골프채처럼 생겼다.

뿔잠자리(뿔잠자리과) *Ascalohybris subjacens*

크기 | 30㎜ 내외 출현시기 | 5~9월(여름) 먹이(유충) | 소형 곤충

몸은 황갈색이고 가로줄무늬와 세로줄무늬가 흑갈색을 띤다. 날개는 투명하고 넓적하며 더듬이는 끝부분이 부풀어 있어서 골프채나 필드하키 채처럼 보인다. 유충은 생김새가 '명주잠자리' 유충과 비슷하며 풀뿌리 주변에서 소형 곤충을 잡아먹고 산다. 밤에 환한 불빛에 잘 모여든다.

노랑뿔잠자리 날아다니는 모습이 '나비'를 닮았다.

노랑뿔잠자리(뿔잠자리과) *Libelloides sibiricus sibiricus*

크기 | 20~25㎜ 출현시기 | 4~7월(봄) 먹이(유충) | 소형 곤충

몸은 검은색이고 날개는 선명한 황색을 띤다. 더듬이는 골프채처럼 끝부분이 부풀어 있는 것이 특징이다. 초봄에 햇볕이 잘 드는 낮은 산지나 풀밭을 날아다니는 모습이 '나비'처럼 보인다. 마른 나뭇가지에 알을 낳고 유충으로 월동하며 연 1회 발생한다.

풀잠자리 무리 비교하기

칠성풀잠자리

풀잠자리류

몸이 녹색을 띠고 있어서 풀에 있으면 눈에 잘 띄지 않는다. 풀즙을 빨아 먹고 사는 진딧물을 잡아먹는 천적이어서 진딧물이 많은 곳이라면 쉽게 관찰된다. 유충은 진딧물을 잡아먹은 후 그 껍데기를 등 위에 올려 위장을 하고 다닌다.

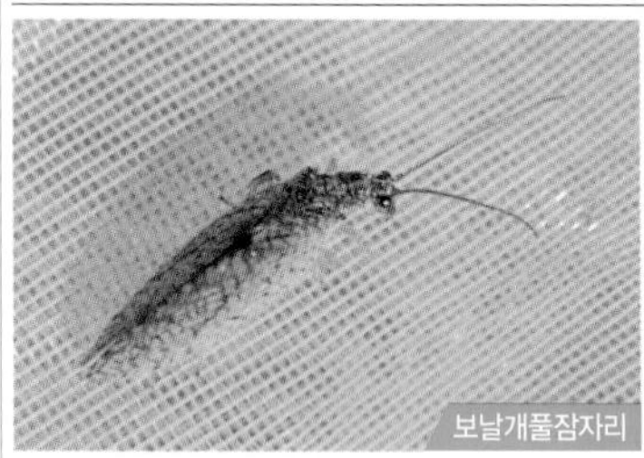
보날개풀잠자리

보날개풀잠자리류

몸과 날개가 전체적으로 연갈색을 띤다. 풀잠자리 무리 중 크기가 작으며 산과 들에서 쉽게 찾아볼 수 있다.

애사마귀붙이

사마귀붙이류

낫 모양의 앞다리로 곤충을 잡아먹는 모습이 '사마귀'와 매우 비슷하다. 유충은 거미류 알집과 새끼 거미를 먹고 산다.

명주잠자리

명주잠자리류

몸이 전체적으로 길며 '잠자리'를 닮았다. 유충인 개미지옥은 깔때기 모양 집을 만들고 개미 등의 곤충을 잡아먹는다.

뿔잠자리

뿔잠자리류

생김새가 '잠자리'와 매우 비슷하다. 그러나 더듬이가 매우 길며 끝부분은 골프채처럼 굵게 발달되었다.

유충

머리(뱀 모양)

약대벌레

꼬리

날개(끝 가장자리 검은색 무늬)

배(연황색 줄무늬)

약대벌레(약대벌레과) *Inocellia japonica*

크기 | 10㎜ 내외 출현시기 | 5~9월(봄) 먹이(유충) | 소형 곤충

몸은 검은색이고 납작하다. 겹눈은 불룩 튀어나왔고 앞가슴은 길다. 배에는 연황색 줄무늬가 있고 다리는 황색을 띤다. '약대'는 낙타의 옛말로 기다란 머리와 앞가슴이 낙타를 닮아서 이름이 지어졌다. 유충은 주로 나무껍질 아래를 돌아다니며 소형 곤충을 잡아먹고 산다. 겨울에 소나무 껍질 아래에서 유충으로 월동한다. 초봄에 나무껍질 속에서 번데기가 된 후 우화하여 성충이 된다. 주로 소나무가 많은 상록수림에서 볼 수 있으며 밤이 되면 불빛에 날아온다.

작은주걱참나무노린재

Ⅱ 유시아강〉신시하강〉외시상목(외시류)

날개가 있는 유시아강(유시류)에 속하는 곤충 중에서 날개를 포개어 접을 수 있는 신시류의 곤충으로 알, 유충, 성충의 단계(불완전탈바꿈)를 거치며 살아가는 곤충 무리를 외시류라 한다. 유충과 성충의 생김새가 매우 비슷하게 닮아 있다.

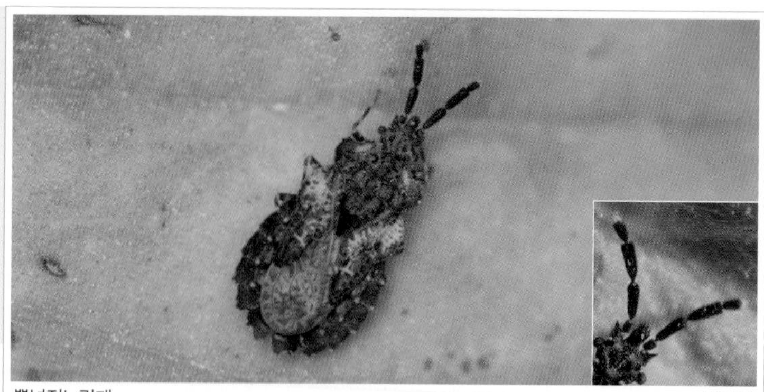
뿔넓적노린재 더듬이

뿔넓적노린재(넓적노린재과) *Aradus spinicollis*

크기 | 6~7㎜ 출현시기 | 3~5월(봄)

몸은 전체적으로 흑갈색을 띠며 앞가슴등판과 앞날개 일부분은 연황색을 띤다. 다리는 갈색과 연황색이 줄무늬를 이룬다. 몸이 넓적하고 배마디에 뿔처럼 뾰족뾰족한 돌기가 많아서 이름이 지어졌다. 더듬이도 몸처럼 납작하고 마디 사이가 끊어질 듯 가늘다.

털큰넓적노린재(넓적노린재과) *Mezira subsetosa*

크기 | 6~8㎜
출현시기 | 3~5월(봄)

몸은 전체적으로 검은색을 띠며 배마디마다 황갈색 무늬가 있다. 참나무류 고사목에서 볼 수 있다.

검정넓적노린재(넓적노린재과) *Brachyrhynchus taiwanica*

크기 | 9~12㎜
출현시기 | 7~9월(여름)

몸은 전체적으로 검은색이고 겹눈은 적갈색이다. 죽은 나무껍질 속에서 무리 지어 월동한다.

애긴넓적노린재(넓적노린재과)

Neuroctenus ater

크기 | 9㎜ 내외
출현시기 | 5월(봄)

몸이 매우 납작하고 길며 검은색을 띤다. 더듬이와 다리도 검은색이다. 참나무류 고사목에서 볼 수 있다.

큰넓적노린재(넓적노린재과)

Mezira castaneus

크기 | 6~8㎜
출현시기 | 2~8월(여름)

몸은 검은색이고 타원형으로 길며 배마디에 황갈색 줄무늬가 있다. 참나무류 등의 활엽수에서 볼 수 있다.

산넓적노린재(수컷) 암컷

산넓적노린재(넓적노린재과) *Usingerida verrucigera*

크기 | 5~8㎜ 출현시기 | 5~10월(여름)

몸은 전체적으로 흑갈색을 띠지만 개체에 따라 검은색, 황갈색인 개체도 있다. 배 부분이 가슴보다 훨씬 더 크고 넓적하다. 작은방패판 위쪽 좌우에 황색 점이 있다. 산에 주로 살고 몸이 편평하게 넓적해서 이름이 지어졌다. 참나무류에서 자라는 버섯류에 모여 있는 모습을 볼 수 있다.

실노린재　　약충(불완전탈바꿈하는 곤충의 유충)

실노린재(실노린재과) *Yemma exilis*

크기 | 6~7㎜　출현시기 | 3~10월(여름)　먹이 | 각종 식물

몸은 연황색을 띤다. 몸이 실처럼 매우 가느다란 형태를 갖고 있어서 이름이 지어졌다. 더듬이와 다리도 매우 가늘기 때문에 풀잎이나 나뭇잎에 앉아 있으면 눈에 잘 띄지 않는다. 산지의 잎과 꽃에 잘 모여든다. 약충은 연녹색이고 다리에 검은색과 황색 줄이 있다.

대성산실노린재　　몸이 실처럼 가느다랗다.

대성산실노린재(실노린재과) *Metatropis tesongsanicus*

크기 | 8㎜ 내외　출현시기 | 3~10월(여름)　먹이 | 각종 식물

몸은 전체적으로 갈색을 띤다. 다리의 넓적다리마디 끝부분이 부풀어 있어서 '실노린재'와 쉽게 구별된다. 몸이 매우 가늘고 얇아서 실처럼 보여서 '모기'나 '각다귀'로 착각하기도 한다. 평양에 있는 대성산에서 처음 발견되어 이름이 지어졌다. 우리나라에만 사는 고유종이다.

게눈노린재

짝짓기

게눈노린재(뽕나무노린재과) *Chauliops fallax*

크기 | 2~3㎜ 출현시기 | 5~10월(여름) 먹이 | 콩, 팥, 칡

몸은 연갈색이고 날개 끝부분은 투명하다. 불룩 튀어나온 겹눈이 게눈을 닮았다고 해서 이름이 붙여졌다. 튀어나온 겹눈이 딱부리긴노린재류와도 닮았다. 콩과 식물에 모여서 즙을 빨아 먹지만 크기가 작아서 쉽게 눈에 띄지 않는다. 위험에 처하면 금방 도망친다.

등줄빨강긴노린재(긴노린재과) *Arocatus melanostoma*

크기 | 8㎜ 내외 출현시기 | 5~9월(여름) 먹이 | 사위질빵, 마

몸은 붉은색 바탕에 검은색 무늬가 있다. 앞가슴등판과 날개에 검은색 세로줄무늬가 있다.

둘레빨강긴노린재(긴노린재과) *Arocatus pseudosericans*

크기 | 7~8㎜ 출현시기 | 4~10월(여름) 먹이 | 사위질빵, 할미밀망

몸 둘레에 붉은색 테두리가 있는 것처럼 보여서 이름이 지어졌다. 다리와 더듬이는 검은색을 띤다.

흰점빨간긴노린재 날개(흰색 점무늬)

흰점빨간긴노린재(긴노린재과) *Lygaeus equestris*

크기 | 11~13㎜ 출현시기 | 4~10월(여름)

몸은 주홍색이고 앞가슴등판, 작은방패판, 앞날개 혁질부에 검은색 점무늬와 줄무늬가 있다. 검은색의 앞날개 막질부에 흰색 점무늬가 뚜렷하게 있는 것이 특징이다. '참긴노린재'와 생김새가 비슷해서 혼동되지만 날개에 있는 검은색 줄무늬와 점무늬가 서로 달라서 구별된다.

참긴노린재 몸이 길쭉하다.

참긴노린재(긴노린재과) *Lygaeus sjostedti*

크기 | 8.6~12㎜ 출현시기 | 6~8월(여름)

몸은 주홍색이고 앞가슴등판 위쪽과 작은방패판은 검은색이다. 앞날개 혁질부의 좌우에 검은색 점무늬가 뚜렷하다. '흰점빨간긴노린재'와 매우 비슷하지만 앞날개 혁질부에 검은색 점무늬가 서로 다르고 앞날개 막질부 가운데에 흰색 점무늬가 없어서 구별된다.

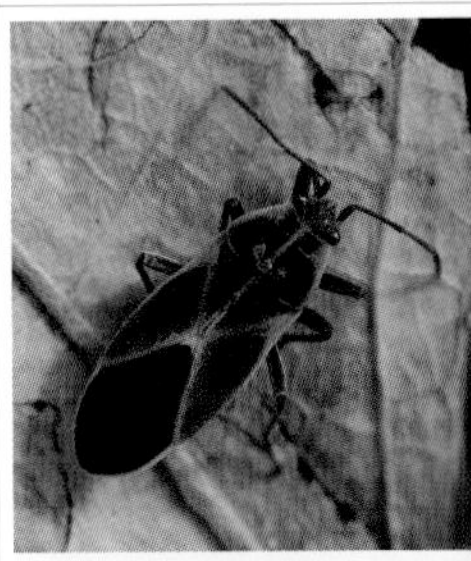
십자무늬긴노린재 2형

무리 지어 모인 약충

십자무늬긴노린재 1형

식물 즙을 빨아 먹는 모습

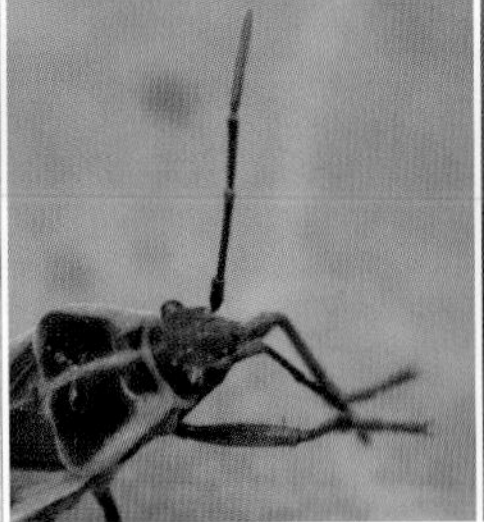
주둥이를 청소하는 모습

짝짓기

십자무늬긴노린재(긴노린재과) *Tropidothorax cruciger*

크기 | 8~11㎜ 출현시기 | 3~11월(여름) 먹이 | 박주가리, 감나무

몸은 주홍색이고 검은색 무늬가 있다. 앞가슴등판에 검은색 사다리꼴 무늬가 있고 앞가슴등판과 앞날개 막질부는 검은색을 띤다. 앞날개 혁질부는 검은색 점무늬가 있거나 전체가 검은색이다. 앞날개에 십자(X자)무늬가 있어서 이름이 지어졌다. 박주가리 등에서 무리 지어 군집 생활을 하는 모습을 쉽게 볼 수 있다. 들판이나 야산의 경작 지대에 많이 살며 풀꽃에도 잘 모여든다. 생존력이 취약한 약충은 자신을 보호하기 위해 집합페로몬을 내뿜어 무리 지어 모인다.

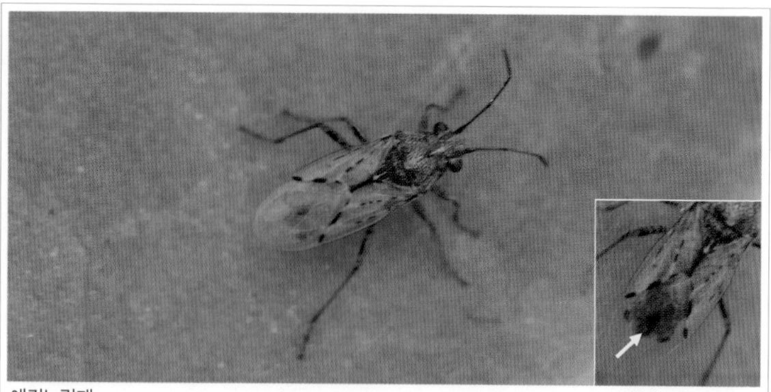

애긴노린재 날개(검은색 점무늬)

애긴노린재(긴노린재과) *Nysius plebejus*

크기 | 3~5㎜ 출현시기 | 2~11월(여름) 먹이 | 개망초, 감국

몸은 전체적으로 갈색 또는 흑갈색을 띤다. 몸이 길쭉한 긴노린재류 중에서 크기가 작아서 '애기'라는 뜻의 '애'가 붙어서 이름이 지어졌다. '닮은애긴노린재'와 비슷하지만 앞날개 막질부에 검은색 점무늬가 있어서 구별된다. 다양한 국화과, 벼과 식물의 꽃에 무리 지어 모여 산다.

고운애긴노린재 짝짓기

고운애긴노린재(긴노린재과) *Nysius eximius*

크기 | 4~5㎜ 출현시기 | 4~10월(여름) 먹이 | 개망초, 민들레

몸은 전체적으로 갈색 또는 흑갈색을 띤다. 앞날개 막질부는 무늬가 없이 투명하고 앞가슴등판에 검은색 점각이 있다. '애긴노린재'와 닮았지만 앞날개 막질부에 검은색 점무늬가 없어서 구별된다. 특히 개망초에 잘 모이며 다양한 국화과 식물의 즙을 빨아 먹고 산다.

팔방긴노린재(긴노린재과)

Kleidocerys resedae

크기 | 5㎜ 내외 출현시기 | 6~8월(여름)
먹이 | 자작나무, 오리나무

몸은 밝은 갈색을 띤다. 앞날개가 매우 투명해서 속이 훤하게 비친다. 더듬이는 끝이 부풀어 있다.

머리울도긴노린재(긴노린재과)

Pylorgus colon

크기 | 5㎜ 내외 출현시기 | 4~9월(여름)
먹이 | 삼나무, 나무수국, 마취목

몸은 전체적으로 적갈색을 띠며 검은색 점무늬가 많다. 작은방패판에 Y자 모양의 흰색 무늬가 있다.

억새반날개긴노린재(장시형)

억새반날개긴노린재(단시형)

억새반날개긴노린재(긴노린재과) *Dimorphopterus japonicus*

크기 | 3~5㎜ 출현시기 | 3~10월(여름) 먹이 | 억새

몸은 검은색이고 다리는 적갈색을 띤다. 머리와 앞가슴등판은 검은색이고 겹눈은 적갈색을 띤다. 날개가 짧은 단시형과 날개가 긴 장시형이 있어서 서로 달라 보인다. '어리민반날개긴노린재'와 닮았지만 앞날개의 막질부가 좁고 진한 날개맥이 없어서 구별된다.

어리민반날개긴노린재(장시형)

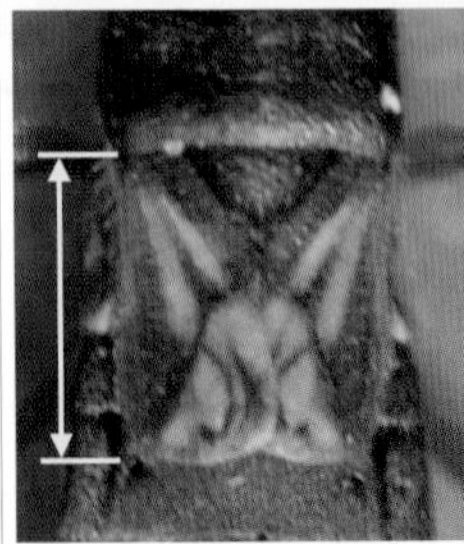
짧은 앞날개

어리민반날개긴노린재(단시형)

날개싹(시포)

약충

어리민반날개긴노린재(긴노린재과) *Dimorphopterus pallipes*

크기 | 2~4㎜ 출현시기 | 4~11월(여름) 먹이 | 줄, 갈대, 달뿌리풀

몸은 전체적으로 검은색을 띤다. 더듬이는 갈색이며 끝부분은 진갈색을 띤다. 날개가 매우 짧은 단시형과 날개가 긴 장시형이 있다. 단시형은 날개가 짧아서 배 전체를 덮지 못하지만 장시형은 투명한 날개가 배 전체를 거의 덮고 있어서 서로 달라 보인다. 갈대, 줄, 달뿌리풀의 즙을 빨아 먹고 살기 때문에 습지나 하천에서 많이 볼 수 있다. 특히 갈대가 많은 습지나 바닷가에는 개체 수가 많아서 쉽게 볼 수 있다. '억새반날개긴노린재'와 닮았지만 막질부에 날개맥이 있어서 구별된다.

큰딱부리긴노린재　약충

큰딱부리긴노린재(긴노린재과) *Geocoris (Piocoris) varius*

크기 | 4~6㎜ 출현시기 | 4~11월(여름) 먹이 | 곤충, 각종 식물

몸은 검은색이고 광택이 있으며 길쭉하다. 머리는 주홍색이고 겹눈이 불룩 튀어나와서 '딱부리'라는 이름이 지어졌다. '참딱부리긴노린재'와 닮았지만 머리가 크고 주홍색이어서 구별된다. 주로 곤충을 찔러 체액을 빨아 먹지만 꽃에 모여서 식물의 즙도 빨아 먹고 산다.

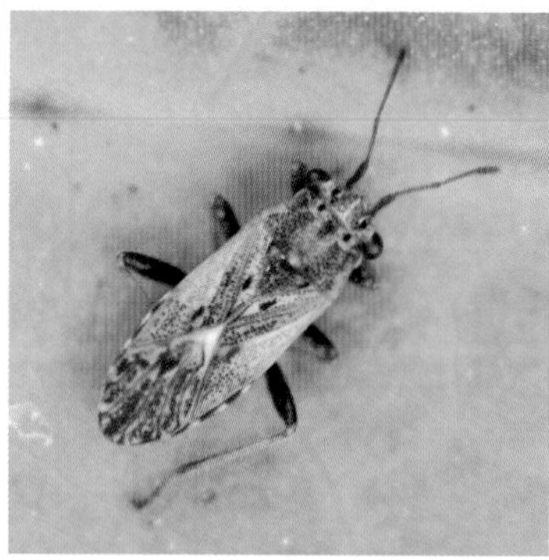

얼룩딱부리긴노린재(긴노린재과) *Henestaris oschanini*

크기 | 5~6㎜
출현시기 | 3~10월(여름)

몸은 흑갈색 또는 적갈색을 띤다. 겹눈은 불룩 튀어나왔고 몸에 검은색 점무늬가 많아서 얼룩덜룩해 보인다.

참딱부리긴노린재(긴노린재과) *Geocoris pallidipennis*

크기 | 3~4㎜ 출현시기 | 3~11월(여름)
먹이 | 진딧물, 다듬이벌레, 각종 식물

몸은 흑갈색을 띠며 눈이 불룩 튀어나왔다. 소형 곤충의 체액을 빨거나 식물의 즙도 빨아 먹고 산다.

암컷

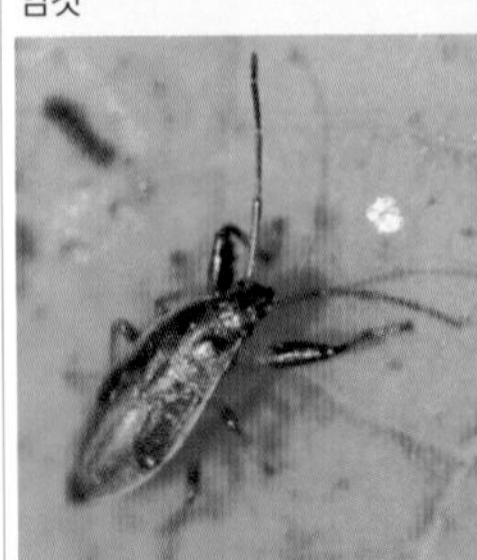
약충

더듬이긴노린재

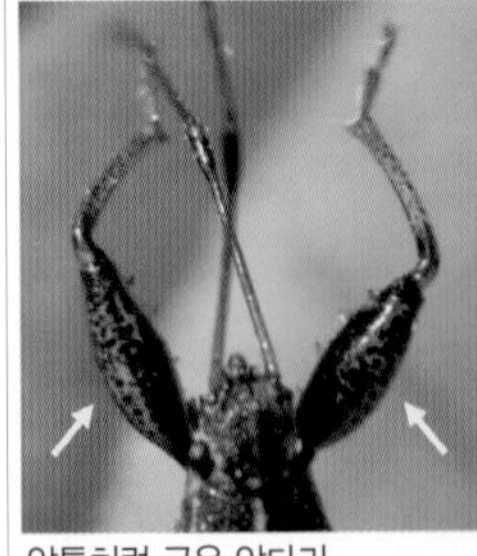
알통처럼 굵은 앞다리

식물 즙을 빨아 먹는 모습

더듬이긴노린재(긴노린재과) *Pachygrontha antennata*

크기 | 7~10㎜ 출현시기 | 4~10월(여름) 먹이 | 강아지풀, 벼

몸은 갈색이고 황갈색 무늬가 있으며 몸의 폭이 매우 좁고 길다. 긴노린재류 중에서 유난히 더듬이가 길어서 이름이 지어졌다. 수컷의 더듬이는 암컷보다 훨씬 더 길게 발달했다. 앞다리 넓적다리마디가 굵게 발달된 모습이 물속에 사는 수서노린재 종류인 '장구애비'를 닮았다. 앞날개 막질부는 투명하고 길어서 배 끝을 넘는다. 산과 들판이나 경작지의 벼과 식물 주변에서 쉽게 볼 수 있다. 벼 이삭에 주둥이를 꽂고 즙을 빨아 먹으면 반점미를 발생시켜 피해를 일으키기도 한다.

갈색무늬긴노린재(긴노린재과)

Paradieuches dissimilis

크기 | 5~6㎜ 출현시기 | 5~7월(여름)
먹이 | 쐐기풀류

앞날개 혁질부에 갈색 무늬가 있어서 이름이 지어졌다. 혁질부 바깥쪽에는 2개의 흰색 점무늬가 있다.

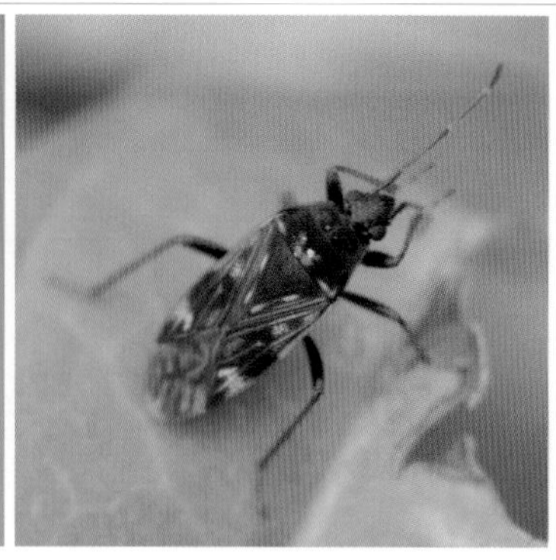

달라스긴노린재(긴노린재과)

Neolethaeus dallasi

크기 | 7~8㎜ 출현시기 | 5~9월(여름)
먹이 | 작살나무, 편백, 자작나무, 회양목

머리와 앞가슴등판, 작은방패판은 검은색을 띤다. 앞날개 혁질부에는 흰색, 검은색, 갈색 점무늬가 섞여 있다.

흑다리긴노린재

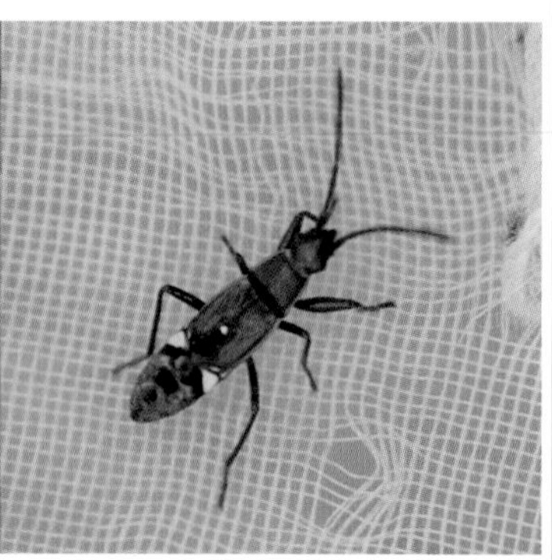

약충

흑다리긴노린재(긴노린재과) *Paromius exiguus*

크기 | 7~8㎜ 출현시기 | 7~10월(여름) 먹이 | 벼, 쇠보리

몸은 연갈색을 띤다. 다리의 넓적다리마디가 검은색을 띠기 때문에 이름이 지어졌다. 해안이나 하천에서 벼과 식물의 즙을 빨아 먹고 산다. 서해안과 김포 등의 간척지에 대규모로 발생해서 벼에 큰 피해를 일으켰다. 산지보다 간척지 풀밭에서 쉽게 발견된다.

측무늬표주박긴노린재(긴노린재과)
Paraparomius lateralis

크기 | 5~6㎜
출현시기 | 3~11월(여름)

몸은 전체적으로 검은색을 띤다. 다리는 연황색이고 앞다리 넓적다리마디는 검은색을 띤다.

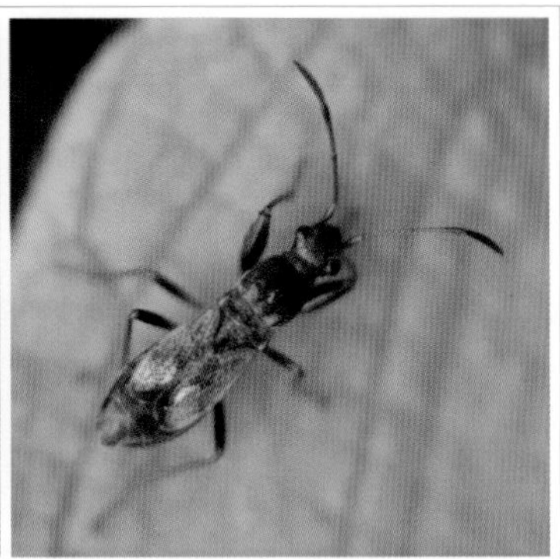

미디표주박긴노린재(긴노린재과)
Togo hemipterus

크기 | 6㎜ 내외 출현시기 | 4~10월(여름)
먹이 | 벼

몸은 검은색이고 앞날개 혁질부는 갈색을 띤다. 몸 전체가 표주박처럼 생겨서 이름이 지어졌다.

표주박긴노린재(긴노린재과)
Caridops albomarginatus

크기 | 8㎜ 내외 출현시기 | 5~9월(여름)
먹이 | 산딸기

몸은 검은색을 띠고 앞날개 막질부 끝부분에 흰색 무늬가 있다. 생김새가 표주박을 닮았다.

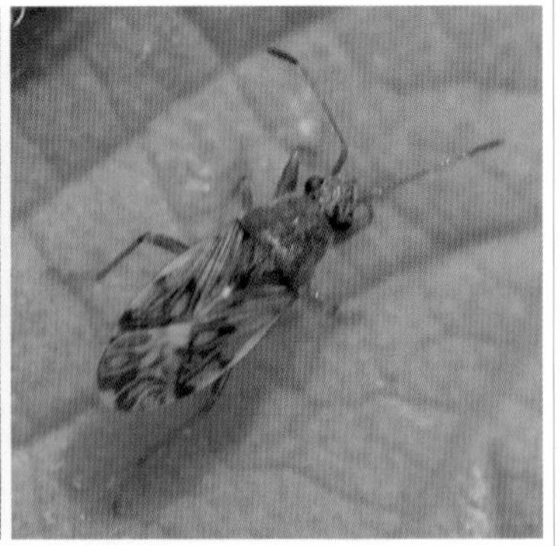

꼬마긴노린재(긴노린재과)
Stigmatonotum rufipes

크기 | 3~5㎜
출현시기 | 4~10월(여름)

몸은 전체적으로 갈색을 띤다. 앞날개 혁질부는 갈색이고 검은색 점무늬가 있으며 앞날개 막질부는 흰색을 띤다.

어리흰무늬긴노린재 약충

어리흰무늬긴노린재(긴노린재과) *Panaorus csikii*

크기 | 7~8㎜ 출현시기 | 3~10월(여름) 먹이 | 각종 식물

몸은 전체적으로 진갈색을 띤다. 머리와 앞가슴등판 위쪽은 검은색을 띤다. '흰무늬긴노린재'와 생김새가 비슷하지만 작은방패판 양옆에 2개의 흰색 점무늬가 있어서 구별된다. '개미'나 '먼지벌레'처럼 땅이나 식물 뿌리 근처를 재빠르게 기어 다니는 모습을 볼 수 있다.

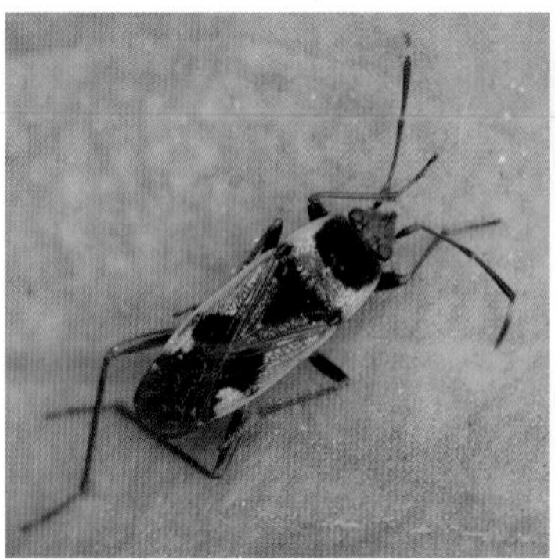

흰무늬긴노린재(긴노린재과) *Panaorus albomaculatus*

크기 | 7.5㎜ 내외
출현시기 | 5~9월(여름)

몸은 암갈색을 띤다. 머리와 앞가슴등판이 검은색이다. 땅 위를 빠르게 기어 다니며 생활한다.

큰흰무늬긴노린재(긴노린재과) *Metochus abbreviatus*

크기 | 10~12㎜
출현시기 | 4~10월(여름)

몸은 전체적으로 검은색을 띤다. 앞날개 혁질부에 2개의 커다란 흰색 무늬가 있어서 이름이 지어졌다.

굴뚝긴노린재(긴노린재과)
Panaorus japonicus

크기 | 7㎜ 내외
출현시기 | 3~12월(여름)

몸이 전체적으로 굴뚝처럼 검은색을 띠고 있어서 이름이 지어졌다. 땅 위를 재빨리 기어간다.

별노린재(별노린재과)
Pyrrhocoris sinuaticollis

크기 | 9㎜ 내외 출현시기 | 2~11월(여름)
먹이 | 식물 뿌리, 벼, 콩

몸은 암갈색을 띠며 개체마다 적갈색 변이가 많다. 땅 위를 기어 다니며 식물의 뿌리를 빨아 먹는다.

땅별노린재 약충(날개싹)

땅별노린재(별노린재과) *Pyrrhocoris sibiricus*

크기 | 9㎜ 내외 출현시기 | 2~11월(여름) 먹이 | 식물 뿌리

몸은 적갈색 또는 암갈색을 띤다. '별노린재'와 생김새가 매우 비슷하지만 다리 기부에 주황색 점무늬가 있고 배면에 주황색 줄무늬가 있어서 구별된다. 풀뿌리가 많이 있는 건조한 땅이나 돌 밑에 산다. 성충으로 월동한다. 약충은 성충처럼 아직 날개가 생기지 않았으며 날개싹(시포)만 보인다.

꽈리허리노린재 약충

꽈리허리노린재(허리노린재과) *Acanthocoris sordidus*

크기 | 10~14㎜ 출현시기 | 5~10월(여름) 먹이 | 꽈리, 감자, 고추, 고구마, 메꽃

몸은 암갈색이나 검은색을 띤다. 뒷다리 넓적다리마디가 굵게 발달된 것이 특징이고 몸의 가운데 허리 부위가 잘록하게 들어갔다. 낮은 산지나 경작지에서 많이 볼 수 있다. 꽈리의 즙을 빨아 먹고 살기 때문에 이름이 지어졌지만 고추, 가지, 고구마 등을 주로 먹는다.

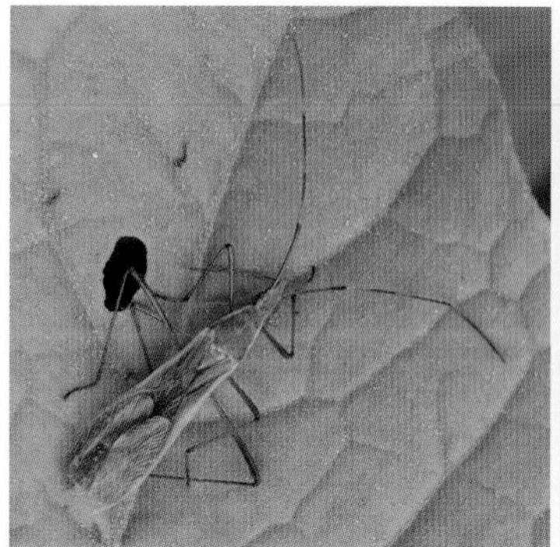

자귀나무허리노린재(허리노린재과)

Homoeocerus (Anacanthocoris) striicornis

크기 | 9~13㎜ 출현시기 | 4~11월(여름)
먹이 | 자귀나무, 감, 귤

몸은 녹색을 띠며 앞날개 혁질부는 연갈색을 띤다. 감과 귤 등의 과즙을 빨아 먹는 농작물 해충이다.

두점배허리노린재(허리노린재과)

Homoeocerus (Tliponius) unipunctatus

크기 | 12~16㎜ 출현시기 | 4~10월(여름)
먹이 | 칡, 콩

몸은 황갈색이고 앞날개에 2개의 검은색 점무늬가 있다. 충청 이남에만 살고 중부 지방에는 살지 않는다.

수컷

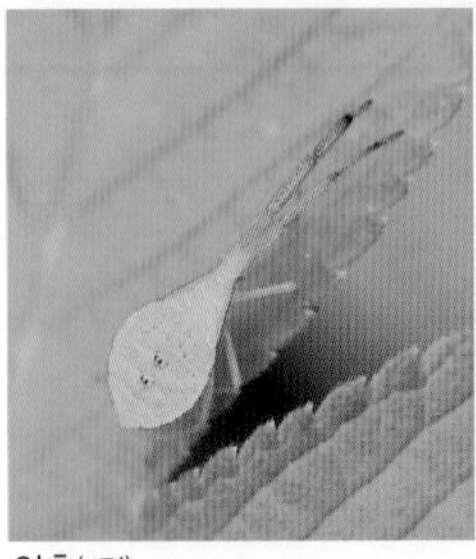
약충(4령)

넓적배허리노린재(암컷)

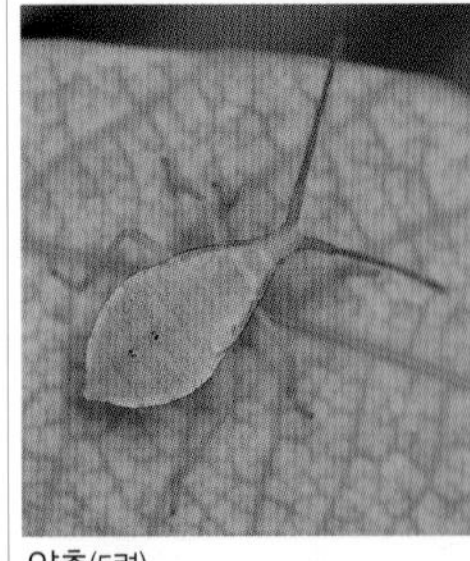
약충(5령)

짝짓기

넓적배허리노린재(허리노린재과) *Homoeocerus (Tliponius) dilatatus*

크기 | 11~15㎜ 출현시기 | 4~10월(여름) 먹이 | 칡, 콩, 등나무, 감나무

몸은 전체적으로 황갈색을 띤다. 앞날개 혁질부 가운데에 2개의 검은색 점 무늬가 있다. 배 가장자리가 넓게 발달해 있고 허리가 약간 들어가 있어서 이름이 지어졌다. '두점배허리노린재'와 생김새가 닮았지만 더듬이 제1마디의 굵기가 일정하고 '두점배허리노린재'는 더듬이의 끝부분으로 갈수록 더 굵어져서 서로 구별된다. 몸이 전체적으로 녹색을 띠는 약충도 '두점배허리노린재' 약충과 닮았지만 검은색 점이 배 등면에만 2개 있어서 배 등면과 가슴등판에 각각 2개의 점이 있는 '두점배허리노린재'와 구별된다.

떼허리노린재(암컷)

식물에 무리 지어 모인다.

수컷

짝짓기

식물 즙을 빨아 먹는 모습

떼허리노린재(허리노린재과) *Hygia (Colpura) lativentris*

크기 | 8~12㎜ 출현시기 | 3~10월(봄) 먹이 | 장미류, 국화류, 마디풀류

몸은 전체적으로 암갈색을 띠고 광택이 없다. 배 부분은 넓어서 날개 가장자리 밖으로 튀어나와 있다. 수컷의 배 끝부분에 2개의 돌기가 있다. 식물에 무리 지어 모여서 먹이도 먹고 짝짓기하기 때문에 이름이 지어졌다. 암컷은 수컷에 비해 몸집과 배가 더 커서 구별된다. 낮은 산지, 풀밭, 경작지의 다양한 식물에서 쉽게 볼 수 있다. 풀잎에서 볼 수 있지만 땅을 기어다니는 모습도 종종 발견된다. '애허리노린재'와 생김새가 닮았지만 수컷의 배 끝부분에 2개의 돌기가 있어서 구별된다.

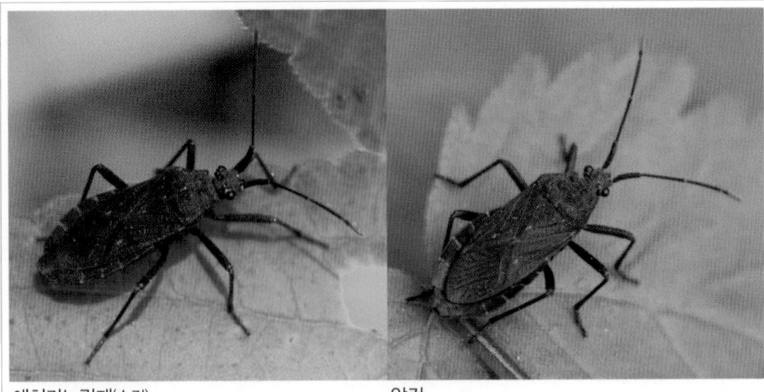
애허리노린재(수컷) 암컷

애허리노린재(허리노린재과) *Hygia (Hygia) opaca*

크기 | 8~11㎜ 출현시기 | 3~10월(여름) 먹이 | 장미류, 국화류, 마디풀류

몸은 암갈색이고 광택이 없다. 식물의 줄기에 무리 지어 모여 즙을 빨아 먹고 짝짓기하는 모습을 볼 수 있다. '떼허리노린재'와 비슷하지만 배 끝부분에 돌기가 없어서 구별된다. 산과 들판의 나무에 모이지만 땅에서 진흙을 뒤집어쓰고 다니는 모습도 볼 수 있다.

양털허리노린재 1형(회색형) 양털허리노린재 2형(갈색형)

양털허리노린재(허리노린재과) *Coriomeris scabricornis scabricornis*

크기 | 7~9㎜ 출현시기 | 2~10월(여름)

몸은 전체적으로 회색 또는 갈색을 띤다. 짧고 부드러운 흰색 털이 빽빽하게 있는 모습이 양털처럼 보인다. 뒷다리 넓적다리마디에는 4개의 기다란 가시가 달려 있다. 앞날개 막질부는 투명하고 갈색 점무늬가 있다. 건조한 풀밭에서 살고 개체 수가 적어서 가끔 발견된다.

약충(4령)

우리가시허리노린재

약충(5령)

앞가슴등판(가시 모양 돌기)

짝짓기

우리가시허리노린재(허리노린재과) *Cletus schmidti*

크기 | 9~13㎜ 출현시기 | 4~11월(여름) 먹이 | 벼류, 마디풀류, 여뀌류

몸은 전체적으로 진갈색을 띤다. 앞가슴등판 양쪽에 가시 모양의 돌기가 잘 발달되어 있고 허리가 약간 들어가 있어서 이름이 지어졌다. '시골가시허리노린재'와 비슷하지만 몸 빛깔이 더 진하고 몸 폭이 넓으며 더듬이 제1마디 안쪽에 검은색 줄이 발달되어 있고 앞가슴등판 어깨에 날카로운 가시 모양의 돌기가 위쪽으로 더 휘어져 있어서 구별된다. 벼과 식물에 주로 살지만 마디풀과 여뀌류에도 산다. 약충은 날개가 없어서 풀잎이나 풀 줄기를 기어 오르내리며 식물의 즙을 빤다.

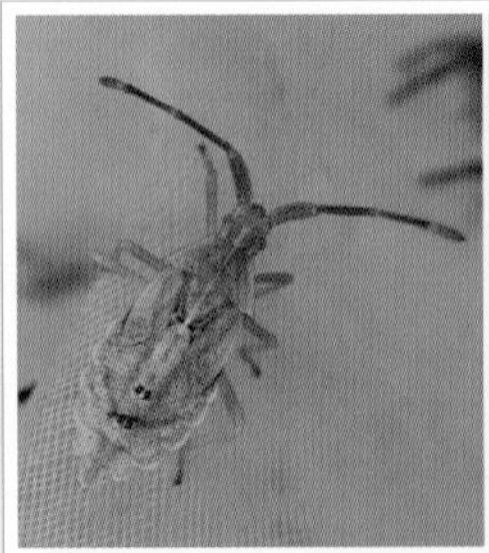
약충

앞가슴등판(가시 모양 돌기)

시골가시허리노린재

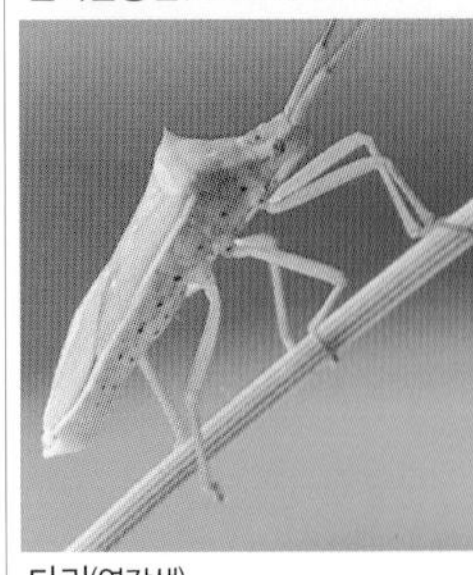
다리(연갈색)

짝짓기

시골가시허리노린재(허리노린재과) *Cletus punctiger*

크기 | 9~11㎜ 출현시기 | 4~11월(여름) 먹이 | 벼류, 마디풀류

몸은 황갈색 또는 암갈색을 띤다. 앞가슴등판 양쪽 어깨에 날카로운 가시 모양의 검은색 돌기가 있다. '우리가시허리노린재'와 매우 많이 닮았지만 몸 폭이 좁아서 더 길어 보이고 더듬이의 제1마디 아래쪽에 검은색 줄이 없으며 앞가슴등판 어깨에 날카로운 가시 모양의 돌기가 위쪽으로 휘지 않고 편평해서 구별된다. 시골길에서 흔하게 볼 수 있는 노린재로 벼과와 마디풀과 식물뿐만 아니라 다양한 식물이 자라는 풀밭에 산다. 풀밭 사이를 날아다니며 풀 줄기나 잎사귀에 잘 내려앉는다.

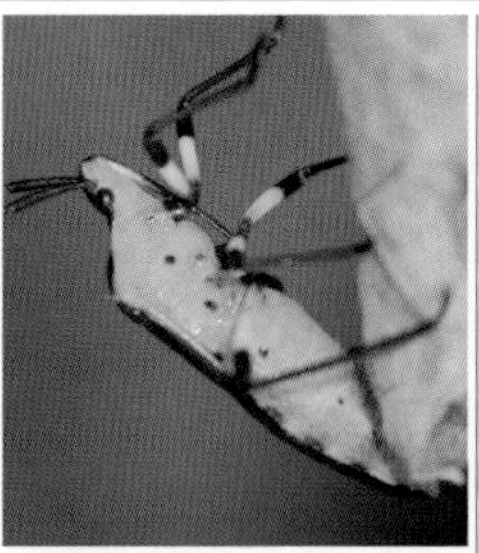
배(황색)

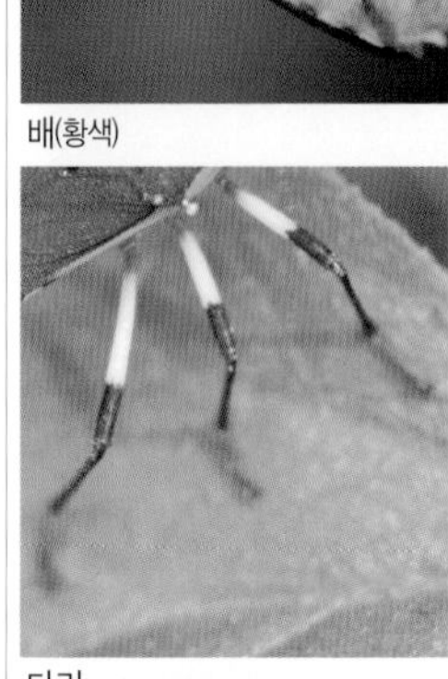
다리

노랑배허리노린재

날개

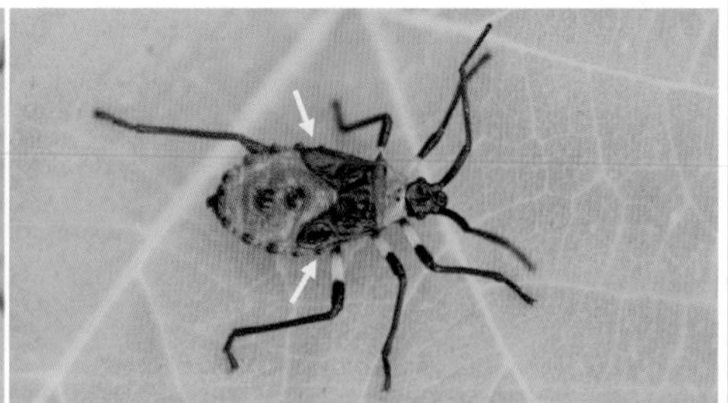
약충(날개싹)

노랑배허리노린재(허리노린재과) *Plinachtus bicoloripes*

크기 | 10~16㎜ 출현시기 | 4~12월(가을) 먹이 | 사철나무, 화살나무, 참빗살나무

몸은 진갈색 또는 검은색을 띤다. 배 아랫부분이 선명한 황색을 띠고 있어서 이름이 지어졌다. 배 부분의 가장자리는 날개보다 넓적해서 밖으로 튀어나와 있고 선명한 황색과 검은색 줄무늬가 있다. 다리의 밑마디는 붉은색이고 넓적다리마디는 반은 흰색, 반은 검은색이고 종아리마디와 발목마디는 검은색을 띤다. 약충이 잎에 무리 지어 있는 모습을 쉽게 발견할 수 있다. 어린 약충은 날개싹(시포)이 없지만 4령 이상이 되면 날개싹이 점점 자란다.

소나무허리노린재

소나무, 잣나무에 피해를 주는 외래 해충이다.

약충

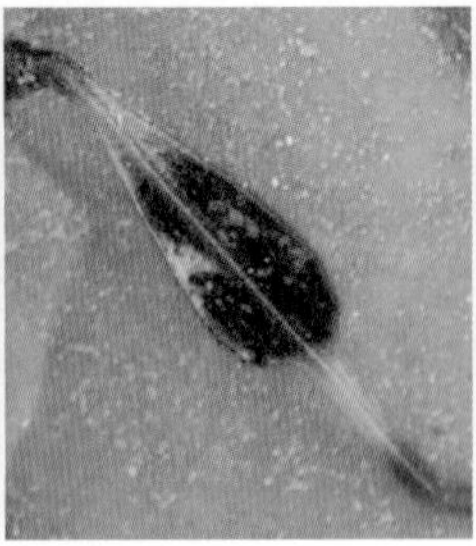

뒷다리(나뭇잎 모양)

앞날개(지그재그 모양의 흰색 줄)

소나무허리노린재(허리노린재과) *Leptoglossus occidentalis*

크기 | 15~20㎜ 출현시기 | 5~11월(여름) 먹이 | 소나무, 잣나무

몸은 전체적으로 적갈색을 띤다. 앞날개 혁질부는 적갈색을 띠고 앞날개 막질부는 검은색을 띤다. 뒷다리의 넓적다리마디에는 10여 개의 가시가 나 있다. 종아리마디는 나뭇잎 모양으로 넓적하게 발달되었다. 북아메리카가 원산지인 외래 곤충으로 북아메리카와 유럽의 소나무, 잣나무 등의 열매에 심각한 피해를 일으키고 있다. 일본을 거쳐 우리나라의 남부 지방에 먼저 유입되었다가 지금은 중부 지방까지 전국적으로 확산되는 추세이다. 개체 수가 늘어나면 우리나라 침엽수에 피해를 일으킬 가능성이 높다.

암컷

큰허리노린재(수컷)

약충(4령)

약충(5령)

짝짓기

풀 즙을 먹는 모습

큰허리노린재(허리노린재과) *Melypteryx fuliginosa*

크기 | 18~25㎜ 출현시기 | 4~11월(봄) 먹이 | 산딸기, 줄딸기, 엉겅퀴, 머위, 양지꽃

몸은 진갈색이고 광택이 없다. 몸 전체에 미세한 털이 있으며 앞가슴등판 가장자리가 뾰족하게 튀어나왔다. 배마디가 넓어서 가장자리가 날개 바깥까지 튀어나와 있다. 허리가 잘록하게 들어간 허리노린재류 중에서 크기가 큰 대형 노린재여서 이름이 지어졌다. 동작이 느려서 쉽게 도망치지 않아 풀 줄기나 풀잎에 앉아 있는 모습을 발견하면 오랫동안 관찰할 수 있다. 산딸기, 줄딸기, 엉겅퀴, 머위, 양지꽃, 짚신나물 등 다양한 식물의 즙을 빨아 먹고 산다.

장수허리노린재(수컷) 뒷다리가 굵게 발달된 대형 노린재이다.

암컷

약충(4령)

뒷다리(뾰족한 돌기)

장수허리노린재(허리노린재과) *Anoplocnemis dallasi*

크기 | 18~24㎜ 출현시기 | 5~10월(봄) 먹이 | 족제비싸리, 싸리, 비수리

몸은 전체적으로 암갈색을 띤다. 몸 전체에 황갈색 털이 있다. 뒷다리의 넓적다리마디가 매우 굵게 발달된 것이 특징이다. 특히 수컷이 암컷보다 더욱 더 굵게 발달되어 있고 뾰족한 돌기까지 있어서 암수가 쉽게 구별된다. 몸집이 매우 커다란 대형 노린재이기 때문에 움직임이 재빠르지 않고 천천히 움직여서 풀 줄기나 풀잎에 앉아 있으면 오랫동안 관찰할 수 있다. 중부 지방보다 남부 지방에 개체 수가 많은 편이다. 겨울에 성충으로 월동하고 5월이 되면 출현하여 활동한다.

허리노린재 종류 비교하기

우리가시허리노린재

'시골가시허리노린재'보다 몸의 폭이 넓고 앞가슴등판 어깨의 돌기가 위쪽으로 휘었다. 더듬이 제1마디에 검은색 줄이 있다.

시골가시허리노린재

'우리가시허리노린재'와 닮았지만 몸의 폭이 좁고 앞가슴등판 어깨의 돌기가 검은색이다. 더듬이 제1마디에 검은색 줄이 없다.

넓적배허리노린재

앞날개 혁질부 가운데에 2개의 검은색 점무늬가 있다. '두점배허리노린재'와 비슷하지만 더듬이 제1마디 굵기가 일정하다.

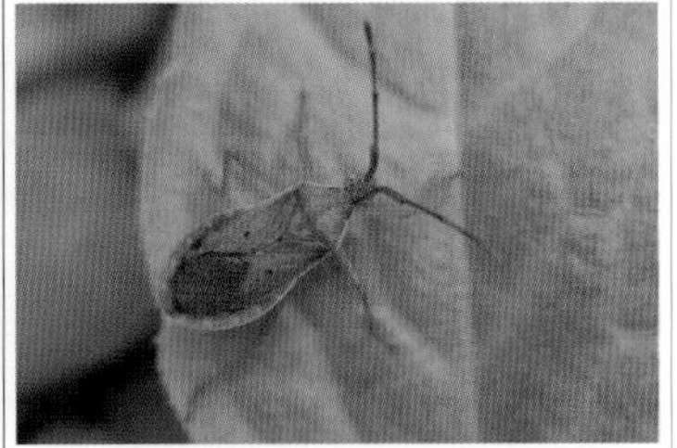

두점배허리노린재

'넓적배허리노린재'와 비슷하지만 앞날개의 검은색 점무늬가 더 뚜렷하다. 더듬이 제1마디의 굵기가 끝으로 갈수록 굵어진다.

장수허리노린재

몸이 크고 암갈색이어서 '큰허리노린재'와 비슷하지만 뒷다리 넓적다리마디가 매우 굵게 부풀어 있다.

큰허리노린재

'장수허리노린재'와 비슷하지만 앞가슴등판 양쪽이 위쪽으로 튀어나와 있고 배 가장자리가 넓게 발달해 있다.

약충(1령)

톱다리개미허리노린재

약충(4령)

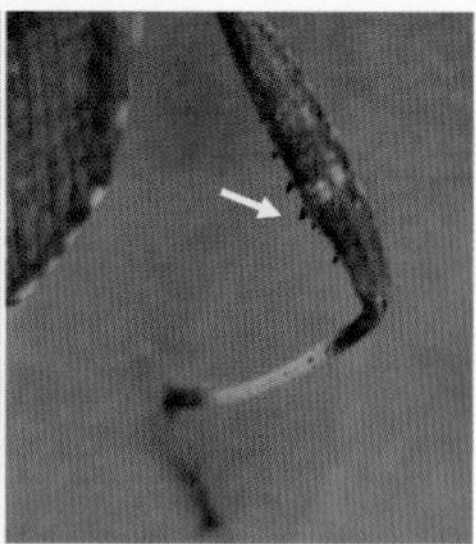
뒷다리(톱니 모양 돌기)

식물 즙을 빨아 먹는 모습

톱다리개미허리노린재(호리허리노린재과) *Riptortus clavatus*

크기 | 14~17㎜ 출현시기 | 1~12월(가을) 먹이 | 콩류, 벼류, 과일나무

몸은 진갈색을 띤다. 굵게 발달된 뒷다리의 넓적다리마디에 톱니 모양의 돌기가 나 있어서 이름이 지어졌다. 재빨리 날아다니는 모습이 '벌'처럼 보인다. 콩, 완두, 강낭콩 등 콩과 작물과 벼, 피, 조 등 벼과 작물의 즙을 빨아 먹어 병해를 유발시켜 피해를 준다. 작물의 열매가 열리는 시기가 아닐 때는 과일나무에 날아가 과일의 즙을 빨아 먹는다. 약충은 생김새가 '개미'와 비슷한 모습으로 의태하는데 무리 지어 공격하는 강인한 개미를 닮으면 천적들의 공격을 피할 수 있기 때문이다.

호리좀허리노린재 뒷다리(가시 모양 돌기)

호리좀허리노린재(호리허리노린재과) *Alydus calcaratus*

크기 | 11㎜ 내외 출현시기 | 7~11월(여름)

몸은 전체적으로 검은색을 띤다. 겹눈은 불룩 튀어나왔고 앞가슴등판은 사다리꼴 모양이다. 더듬이는 네 마디이고 마지막 마디가 가장 길다. '개미'처럼 매우 가느다란 허리를 갖고 있는 소형 노린재이다. 개체 수가 많지 않아서 매우 드물게 발견되기 때문에 쉽게 볼 수 없다.

호리허리노린재 허리가 매우 호리호리하다.

호리허리노린재(호리허리노린재과) *Leptocorisa chinensis*

크기 | 15~17㎜ 출현시기 | 4~10월(여름) 먹이 | 벼류

몸은 전체적으로 녹색을 띠며 폭이 좁고 길다. 호리호리한 허리를 갖고 있어서 이름이 지어졌다. 앞날개 혁질부는 연갈색을 띠고 막질부는 갈색으로 투명하다. 더듬이는 몸 길이와 비슷하며 길다. 남부 지방과 제주도에 많이 살고 중부 지방에는 살지 않는다.

붉은잡초노린재 잡초에 많이 살며 붉은색을 띤다.

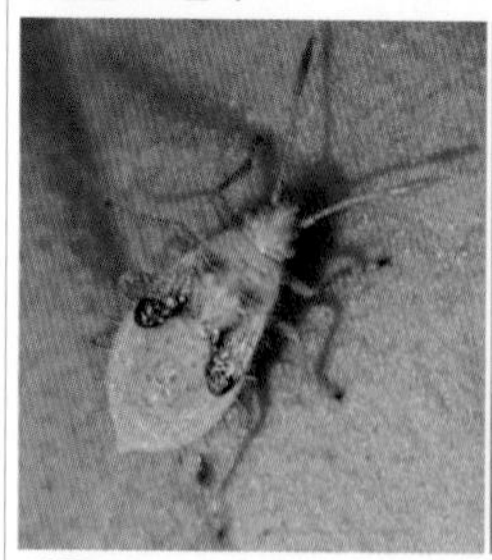
약충(5령)

배 끝보다 긴 뒷날개

식물 즙을 빨아 먹는 모습

붉은잡초노린재(잡초노린재과) *Rhopalus (Aeschyntelus) maculatus*

크기 | 6~8㎜ 출현시기 | 4~10월(여름) 먹이 | 벼류, 국화류, 마디풀류

몸은 적갈색을 띠고 반질반질한 광택이 있다. 앞날개에 흑갈색 점무늬가 있으며 막질부는 투명하고 길어서 배 끝을 넘는다. 몸뿐만 아니라 다리와 더듬이까지 전체적으로 붉은빛을 띠고 있어서 이름이 지어졌다. 낮은 산지나 들판의 풀숲을 날아다니며 식물의 즙을 빨아 먹고 산다. 벼과, 국화과, 마디풀과의 다양한 식물에 모이기 때문에 비교적 쉽게 발견할 수 있다. 특히 벼 이삭에 피해를 주는 경우도 있다. 약충은 날개가 없고 녹색을 띠고 있어서 성충과 다르게 생겼다.

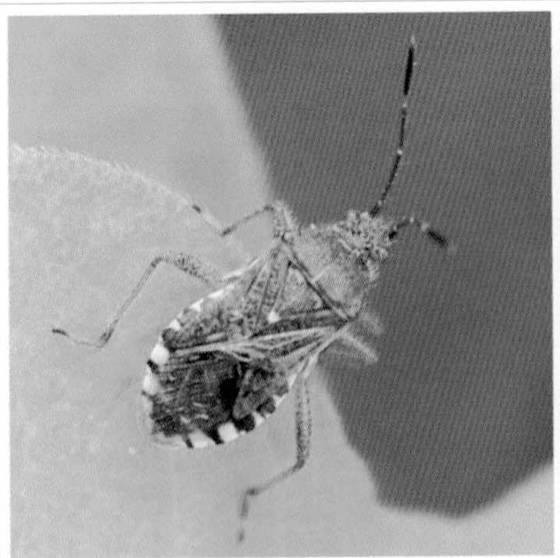

삿포로잡초노린재(잡초노린재과)

Rhopalus (Aeschyntelus) sapporensis

크기 | 6.5~8㎜ 출현시기 | 4~10월(여름)
먹이 | 벼류, 국화류, 마디풀류

몸은 전체적으로 갈색이고 앞날개 막질부가 투명해서 배마디가 잘 보인다. 들판이나 경작지를 날아다닌다.

점흑다리잡초노린재(잡초노린재과)

Stictopleurus minutus

크기 | 6~8㎜ 출현시기 | 4~10월(여름)
먹이 | 벼류, 국화류, 마디풀류

몸은 진갈색이고 앞날개는 투명하다. 검은색 점무늬가 흩어져 있어서 이름이 지어졌다.

호리잡초노린재(잡초노린재과)

Brachycarenus tigrinus

크기 | 6~7㎜ 출현시기 | 4~8월(여름)
먹이 | 십자화류, 국화류, 명아주류, 콩류

몸은 연황색이고 배 부분은 검은색이다. 투명한 앞날개 막질부 아래로 검은색 등면이 비친다.

투명잡초노린재(잡초노린재과)

Liorhyssus hyalinus

크기 | 5~7㎜ 출현시기 | 4~10월(여름)
먹이 | 벼류, 국화류, 마디풀류

몸은 적갈색 또는 진갈색을 띠고 앞날개 막질부는 투명하다. 겹눈 사이에 황색 ㅗ자 무늬가 있다.

잡초노린재 종류 비교하기

삿포로잡초노린재

몸은 갈색이고 털이 많다. 앞날개 혁질부 끝에 붉은색 무늬가 있다. 벼과, 국화과, 마디풀과 등의 식물에서 관찰된다.

점흑다리잡초노린재

몸은 진갈색이고 배 등면이 훤히 비친다. 등면에는 검은색 점무늬가 흩어져 있다. 벼과, 국화과, 마디풀과 등의 식물에서 관찰된다.

호리잡초노린재

'점흑다리잡초노린재'와 비슷하지만 배 부분이 검은색이다. 십자화과, 국화과, 명아주과, 콩과 등의 식물에서 관찰된다.

투명잡초노린재

앞날개는 막질부가 투명해서 배마디가 훤히 비치고 배 끝보다 길이가 길다. 벼과, 국화과, 마디풀과 등의 식물에서 관찰된다.

참나무노린재 약충

참나무노린재(참나무노린재과) *Urostylis westwoodi*

크기 | 12㎜ 내외 출현시기 | 5~10월(여름) 먹이 | 참나무류

몸은 녹색 또는 연황색을 띤다. 등면 전체에 검은색 점각이 흩어져 있다. '작은주걱참나무노린재'와 비슷하지만 배의 기문(숨구멍) 색깔이 검은색이어서 구별된다. 앞가슴등판과 앞날개 둘레를 따라 황색 테두리가 이어져 있다. 전체적인 몸 색깔이 참나무류 잎과 비슷한 보호색을 갖고 있다.

작은주걱참나무노린재 약충

작은주걱참나무노린재(참나무노린재과) *Urostylis annulicornis*

크기 | 11~13㎜ 출현시기 | 5~10월(여름) 먹이 | 참나무류

몸은 전체적으로 녹색이며 잎에 붙어 있으면 눈에 잘 띄지 않는 보호색을 갖고 있다. 등면 전체에 검은색 점각이 흩어져 있으며 더듬이는 몸 길이보다 훨씬 길다. 수컷의 생식기에 막대 모양의 돌기가 있다. 참나무노린재류 중 비교적 쉽게 볼 수 있다.

뒷창참나무노린재(참나무노린재과)
Urostylis lateralis

크기 | 12~15㎜ 출현시기 | 5~11월(가을)
먹이 | 참나무류

몸은 녹색 또는 황갈색이고 다리는 붉은빛을 띤다. 앞가슴등판과 작은 방패판에는 검은색 점각이 없다.

갈참나무노린재(참나무노린재과)
Urostylis trullata

크기 | 10~14㎜ 출현시기 | 6~9월(여름)
먹이 | 참나무류

몸은 녹색 또는 황록색을 띠고 다리는 녹색이다. 앞가슴등판과 작은 방패판에 검은색 점각이 없다.

두쌍무늬노린재

짝짓기

두쌍무늬노린재(참나무노린재과) *Urochela quadrinotata*

크기 | 14~16㎜ 출현시기 | 4~11월(여름) 먹이 | 느릅나무류, 참나무류

몸은 대부분 붉은색을 띠며 늦가을에는 진갈색을 띠는 경우도 있다. 앞날개 혁질부에 4개(2쌍)의 검은색 점무늬가 있어서 이름이 지어졌다. 앞날개 막질부는 갈색이고 반투명하며 더듬이 제4, 5마디에는 황색 무늬가 있다. 느릅나무류와 참나무류 등의 활엽수에서 볼 수 있다.

희미무늬알노린재(알노린재과)

Coptosoma parvipictum

크기 | 3~4㎜ 출현시기 | 4~10월(여름)
먹이 | 여뀌류

몸은 검은색이고 광택이 있다. 작은방패판에 2개의 매우 작은 황백색 점무늬가 있거나 없다.

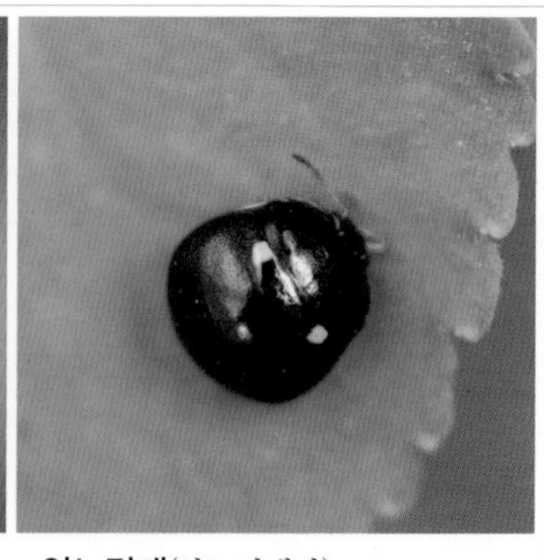

알노린재(알노린재과)

Coptosoma bifarium

크기 | 3~4㎜ 출현시기 | 6~8월(여름)
먹이 | 쑥

몸은 검은색이고 광택이 반질반질하며 둥글다. 작은방패판에는 좌우 2개의 흰색 점무늬가 있다.

동쪽알노린재(알노린재과)

Coptosoma semiflavum

크기 | 3~4㎜
출현시기 | 7~10월(여름)

몸은 둥글고 검은색이며 앞가슴등판에 2개의 황백색 가로줄무늬가 있고 작은방패판에 쉼표 무늬가 있다.

무당알노린재(알노린재과)

Megacopta punctatissima

크기 | 4~6㎜ 출현시기 | 4~10월(여름)
먹이 | 칡, 등나무

몸은 황록색이고 흑갈색 점이 많으며 둥글게 생겼다. 칡 등의 콩과 식물에 무리 지어 살아서 쉽게 관찰된다.

등빨간뿔노린재 1형(수컷)

등빨간뿔노린재 2형

등빨간뿔노린재 1형(암컷)

앞가슴등판(뿔 모양 돌기)

다리(황갈색)

등빨간뿔노린재(뿔노린재과) *Acanthosoma denticaudum*

크기 | 14~19㎜ 출현시기 | 4~10월(여름) 먹이 | 층층나무, 벚나무, 참나무류

몸은 회갈색 또는 청록색이고 광택이 있다. 다리는 연녹색이거나 황갈색을 띤다. 투명한 앞날개 막질부에 검은색 줄무늬가 있다. 등면의 작은방패판이 붉은색을 띠고 있어서 이름이 지어졌다. 수컷은 배 끝부분 돌기가 붉은색이고 가위 모양이어서 돌기가 튀어나오지 않은 암컷과 구별된다. 앞가슴등판 양쪽 어깨에 뿔 모양의 돌기가 튀어나왔다. 층층나무, 벚나무, 참나무류 등의 활엽수에서 즙을 빨아 먹고 살아간다. 겨울에 성충으로 월동하고 봄에 출현하여 활동한다.

긴가위뿔노린재 배 끝부분의 생식돌기가 가위 모양을 닮았다.

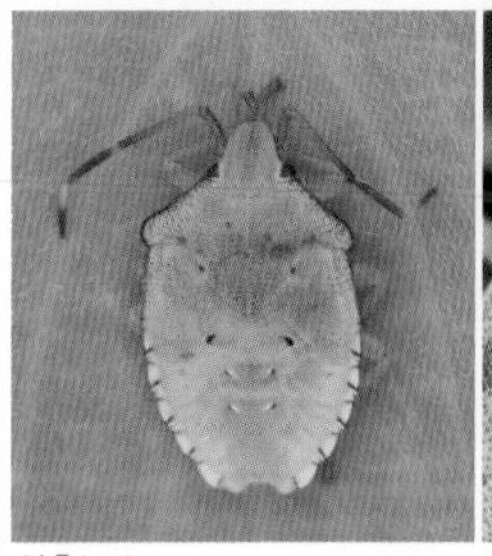
약충(5령)

앞가슴등판(뿔 모양 돌기)

생식돌기(가위 모양)

긴가위뿔노린재(뿔노린재과) *Acanthosoma labiduroides*

크기 | 18㎜ 내외 출현시기 | 4~10월(여름) 먹이 | 층층나무, 산딸나무

몸은 선명한 녹색이고 다리는 연녹색을 띤다. 더듬이는 암갈색이고 앞가슴등판과 앞날개 혁질부에는 점각이 많다. 앞가슴등판 양쪽 어깨에 붉은색 돌기가 뾰족하게 뿔처럼 튀어나와 있는 것이 특징이다. 수컷은 배 끝부분의 생식돌기가 가위 모양이지만 암컷은 배 끝부분이 봉우리 모양으로 밋밋해서 서로 구별된다. 암컷은 약충이 알에서 부화되어 2령이 될 때까지 보호하는 습성이 있다. 층층나무, 산딸나무 등 다양한 활엽수에서 빨대 모양의 기다란 주둥이를 꽂아 즙을 빨아 먹고 산다.

녹색가위뿔노린재(뿔노린재과)

Acanthosoma forficula

크기 | 14~17㎜ 출현시기 | 3~10월(여름)
먹이 | 활엽수

몸은 연녹색이고 어깨의 돌기가 연한 붉은색이나 황색을 띤다. 수컷의 배 끝 생식돌기는 가위 모양이다.

얼룩뿔노린재(뿔노린재과)

Elasmostethus humeralis

크기 | 10~12㎜ 출현시기 | 7~10월(여름)
먹이 | 독활, 오갈피나무, 어수리, 괴불나무

몸은 청록색 또는 녹색이며 막질부는 투명하고 붉은색 등면이 비친다. 무리 지어 꽃과 열매의 즙을 빤다.

넓은남방뿔노린재(뿔노린재과)

Elasmostethus rotundus

크기 | 8~10㎜ 출현시기 | 7~9월(여름)
먹이 | 두릅나무류, 미나리류

몸은 녹색이고 앞가슴등판도 녹색이며 앞날개는 붉은색을 띤다. 독활과 시호 등에 산다.

남방뿔노린재(뿔노린재과)

Dichobothrium nubilum

크기 | 7~9㎜ 출현시기 | 8~11월(여름)
먹이 | 두릅나무류

몸은 녹색이고 앞가슴등판과 작은방패판은 검붉은색을 띤다. 앞날개에 붉은색 X자 무늬가 뚜렷하다.

푸토니뿔노린재(암컷)　　어린 약충을 보호하는 습성이 있다.

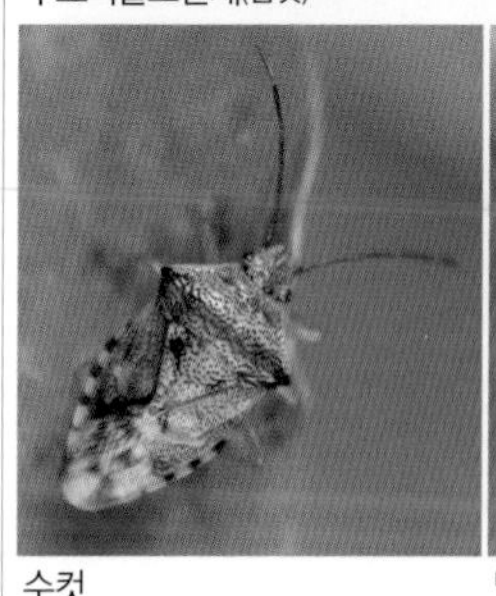

수컷

날개

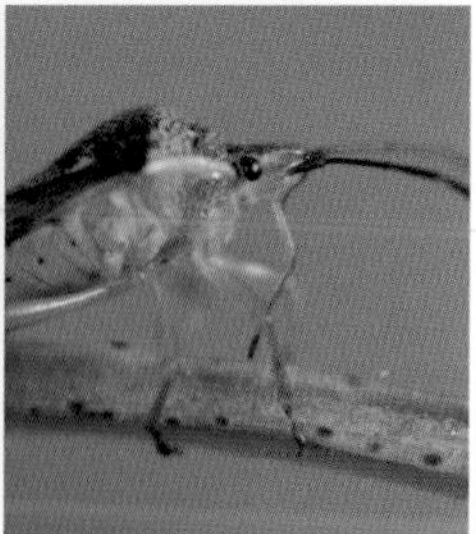

식물 즙을 빨아 먹는 모습

푸토니뿔노린재(뿔노린재과) *Elasmucha putoni*

크기 | 7~10㎜ 출현시기 | 5~10월(여름) 먹이 | 활엽수

몸은 연갈색을 띠며 광택이 반질반질하다. 앞가슴등판 어깨의 돌기가 약하게 튀어나왔다. 작은방패판 가운데에는 적갈색이나 암갈색을 띤다. 수컷은 대부분 적갈색을 띠지만 암컷은 황갈색~적갈색까지 체색 변이가 많다. 암컷은 다른 뿔노린재류처럼 알에서 2령이 될 때까지 약충을 보호하는 습성을 갖고 있는 것으로 알려져 있다. 다양한 활엽수에서 생활하면서 나무의 즙을 빨아 먹으며 살아간다. 개체 수가 많은 편이어서 뿔노린재류 중에서는 비교적 흔하게 발견된다.

에사키뿔노린재 암컷이 새끼를 돌보는 습성이 있다.

앞가슴등판(뿔 모양 돌기)

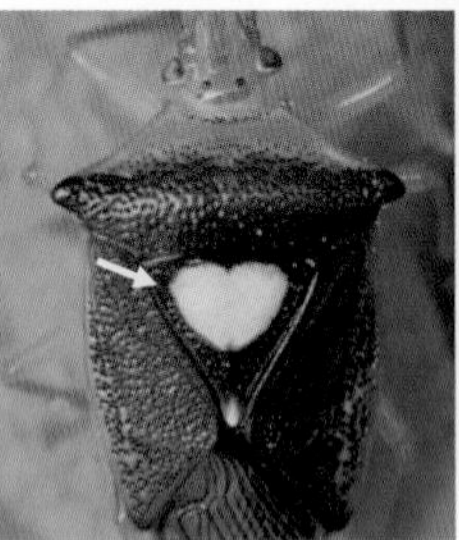

작은방패판(하트 무늬)

날개

에사키뿔노린재(뿔노린재과) *Sastragala esakii*

크기 | 11~13㎜ 출현시기 | 4~11월(여름) 먹이 | 산초나무, 초피나무

몸은 황록색이고 앞가슴등판, 앞날개 혁질부와 막질부는 적갈색을 띤다. 앞가슴등판 위쪽은 황색을 띠며 작은방패판에 흰색 또는 연황색 하트 무늬가 있는 것이 특징이다. 그러나 하트 무늬는 약간의 변이가 많다. 알에서 2령 약충이 될 때까지 암컷이 약충을 보호하는 습성이 있어서 모성애가 강한 곤충으로 꼽힌다. 산초나무, 초피나무는 물론이고 층층나무, 말채나무 등 다양한 식물에서 활동하는 모습을 볼 수 있다. 일본 곤충학자 '에사키(Esakii)'에서 유래되어 이름이 지어졌다.

뿔노린재 종류 비교하기

등빨간뿔노린재

몸은 회갈색 또는 청록색이고 작은방패판이 붉은색을 띠고 있다. 앞가슴등판 어깨의 돌기가 검은색을 띤다.

긴가위뿔노린재

몸은 녹색이고 앞가슴등판 어깨의 돌기가 뾰족하며 붉은색을 띤다. 수컷의 생식돌기가 가위 모양으로 튀어나왔다.

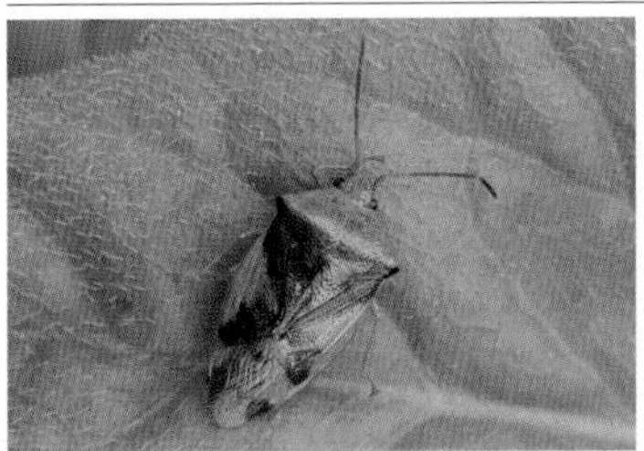

남방뿔노린재

'넓은남방뿔노린재'와 비슷하지만 몸이 작고 앞가슴등판 어깨의 돌기가 더 뾰족하게 튀어나왔다.

넓은남방뿔노린재

'남방뿔노린재'와 비슷하지만 몸이 더 넓고 둥글며 앞가슴등판 어깨의 돌기가 약하게 튀어나왔다.

얼룩뿔노린재

몸은 청록색 또는 녹색이며 앞가슴등판 어깨의 돌기가 약간 튀어나왔다. 작은방패판에 둥그스름한 적갈색 무늬가 있다.

푸토니뿔노린재

몸은 연갈색이고 광택이 있다. 앞가슴등판 어깨의 돌기가 크게 돌출되지 않았고 작은방패판 가운데가 적갈색 또는 암갈색을 띤다.

땅노린재　　야행성(불빛에 날아옴)

땅노린재(땅노린재과) *Macroscytus japonensis*

크기 | 7~10㎜ 출현시기 | 5~9월(여름) 먹이 | 식물 뿌리, 씨앗

몸은 둥글고 검은색이나 갈색이며 광택이 있다. '닮은땅노린재'와 비슷하지만 앞가슴등판과 작은방패판에 점각이 적어서 구별된다. 앞다리와 가운뎃다리는 흙을 파헤치기에 알맞게 발달되어 있어서 땅속으로 쉽게 파고든다. 식물의 뿌리나 열매의 즙을 빨아 먹는다.

닮은땅노린재(땅노린재과)
Macroscytus fraterculus

크기 | 7~9㎜ 출현시기 | 5~8월(여름)
먹이 | 식물 뿌리, 씨앗

몸은 암갈색이나 검은색을 띤다. '땅노린재'와 비슷하지만 점각이 많아 구별된다. 식물 뿌리의 즙을 빤다.

애땅노린재(땅노린재과)
Fromundus pygmaeus

크기 | 4~5㎜ 출현시기 | 7~10월(여름)
먹이 | 식물 뿌리, 씨앗

몸은 전체적으로 검은색이고 작은방패판에 점각이 많다. 다리로 땅을 파서 식물 뿌리의 즙을 빤다.

장수땅노린재 약충

장수땅노린재(땅노린재과) *Adrisa magna*

크기 | 14~20㎜ 출현시기 | 4~10월(여름) 먹이 | 식물 뿌리, 씨앗, 열매

몸은 검은색을 띠며 광택이 반질반질하다. 몸 전체에 점각이 많고 흙 속을 파헤치기에 알맞게 다리에 뾰족한 가시털이 발달되었다. 땅노린재류 중에서 크기가 가장 커서 '장수'라는 이름이 붙었다. 생김새가 '물자라'와 닮았다. 땅에 떨어진 열매의 즙을 빨아 먹고 성충으로 낙엽 아래에서 월동한다.

참점땅노린재(수컷) 암컷

참점땅노린재(땅노린재과) *Adomerus rotundus*

크기 | 3~6㎜ 출현시기 | 6~10월(여름) 먹이 | 식물 뿌리

몸은 전체적으로 검은색을 띠며 광택이 반질반질하다. 암컷은 앞날개 혁질부 좌우에 2개의 흰색 점무늬가 있지만 수컷은 없어서 구별된다. 둥근 몸 둘레를 따라서 흰색 테두리가 있다. 땅에서 활발하게 기어 다니며 다양한 식물 뿌리나 씨앗의 즙을 빨아 먹고 산다.

광대노린재 2형

약충(3령)

광대노린재 1형

약충(5령)

더듬이를 청소하는 모습

광대노린재(광대노린재과) *Poecilocoris lewisi*

크기 | 16~20㎜ 출현시기 | 5~11월(여름) 먹이 | 등나무류, 노린재나무, 때죽나무

몸은 전체적으로 황록색이고 주황색 줄무늬가 많으며 광택이 있다. 때로는 몸이 흑녹색이고 주홍색 줄무늬를 갖고 있는 광택이 없는 체색 변이도 있다. 몸의 빛깔이 광대의 화려한 옷을 연상시켜서 이름이 지어졌다. 작은 방패판이 매우 크게 발달해서 배 부분 전체를 덮고 있는 것이 특징이다. 약충은 몸이 둥글둥글하고 늦가을에는 무리 지어 모여 있는 경우가 많다. 낙엽 밑이나 나무껍질 속에서 5령 약충으로 월동하고 다음 해 5월이 되면 성충이 된다.

큰광대노린재 2형(복잡한 줄무늬)

큰광대노린재 2형(넓은 붉은색 무늬)

큰광대노린재 1형

약충(4령)

약충(5령)

탈피하는 모습

큰광대노린재(광대노린재과) *Poecilocoris splendidulus*

크기 | 16~20㎜ 출현시기 | 5~11월(여름) 먹이 | 회양목

몸은 황록색이고 주황색 줄무늬가 있으며 반질반질한 금속 광택이 있다. '광대노린재'와 생김새가 닮았지만 몸이 더 크고 광택도 훨씬 많아서 구별된다. 작은방패판이 크게 발달해서 배 전체를 거의 덮고 있다. 주로 회양목에 살고 약충 시기에는 무리 지어 함께 모여 있는 모습을 발견할 수 있다. 약충은 둥글고 날개가 없으며 반질반질한 광택이 난다. 식물의 줄기나 꽃에 기다란 주둥이를 찔러서 즙을 빨아 먹고 산다. 나무껍질이나 낙엽 밑에서 약충으로 월동한다.

도토리노린재 2형

도토리노린재 1형

약충

우화(날개돋이)

주둥이(빨대 모양)

도토리노린재(광대노린재과) *Eurygaster testudinaria testudinaria*

크기 | 9~10㎜ 출현시기 | 5~10월(여름) 먹이 | 억새, 개밀, 벼

몸은 전체적으로 진갈색을 띤다. 때로는 연갈색을 띠는 체색 변이도 있다. 작은방패판이 매우 커서 배 전체를 덮고 있다. 배마디는 둥글고 마디마다 흑갈색 줄무늬가 있다. 몸이 둥글고 갈색인 모습이 도토리를 닮았다고 해서 이름이 지어졌다. 억새, 개밀 등이 자라는 들판에서 즙을 빨아 먹으며 산다. 때로는 벼에 발생해서 피해를 주는 경우가 있지만 피해는 경미하다. 날개를 펼치고 잘 날아가지 않아서 풀잎이나 풀 줄기 위를 기어 다니는 모습을 가까이에서 관찰할 수 있다.

톱날노린재 1형(갈색형) 배 가장자리가 시계 톱니 모양이다.

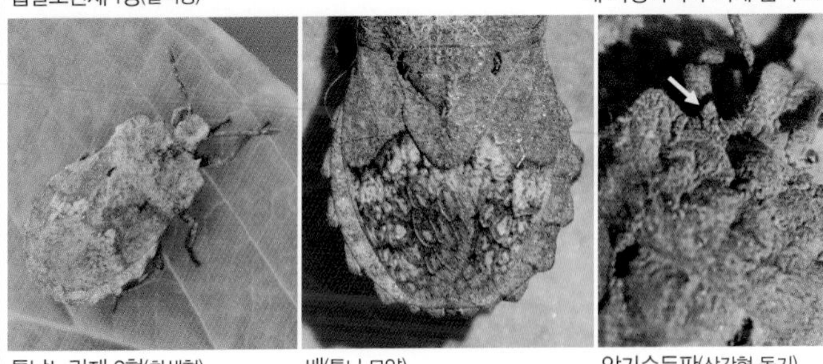
톱날노린재 2형(회색형) 배(톱니 모양) 앞가슴등판(삼각형 돌기)

톱날노린재(톱날노린재과) *Megymenum gracilicorne*

크기 | 12~16㎜ 출현시기 | 6~10월(여름) 먹이 | 호박, 수박, 참외

몸이 갈색이나 암회색을 띠고 있어서 땅에 앉아 있으면 눈에 잘 띄지 않는다. 앞가슴등판 위쪽에는 뿔처럼 생긴 뾰족한 삼각형 돌기가 발달되어 있다. 앞날개 막질부에 그물 모양의 날개맥이 있다. 배는 몸에 비해 매우 크게 발달했으며 가장자리가 시계 톱니 모양으로 생겨서 이름이 지어졌다. 땅속이나 돌 밑에 잘 숨는다. 호박, 수박, 참외 등 박과 식물의 즙을 빨아먹어서 농가에 피해를 주기도 한다. 전 세계적으로는 100여 종이 알려져 있지만 우리나라에는 1종만 기록되어 있다.

앞가슴등판(가시 모양 돌기)

작은방패판(역삼각형)

주둥이노린재

앞날개

먹이를 사냥하는 모습

주둥이노린재(노린재과) *Picromerus lewisi*

크기 | 12~16㎜ 출현시기 | 3~11월(여름) 먹이 | 나비류 유충

몸은 전체적으로 갈색 또는 암갈색을 띤다. 개체마다 체색은 약간씩 차이가 있으며 검은색 점각이 흩어져 있다. 앞가슴등판 어깨에 가시 모양의 돌기가 뾰족하게 튀어나왔으며 개체에 따라 뾰족한 정도의 차이가 있다. 빨대 모양의 기다란 주둥이로 나비류 유충을 찔러서 체액을 빨아 먹고 사는 육식성 노린재이다. 다양한 곤충을 사냥하며 주로 나비류 유충을 사냥하는 것을 좋아한다. 성충뿐 아니라 약충도 날카로운 주둥이로 나비류 유충을 찔러서 체액을 빨아 먹는 사냥꾼으로 유명하다.

갈색주둥이노린재(노린재과)

Arma custos

크기 | 11~14㎜ 출현시기 | 4~10월(여름)
먹이 | 곤충, 소형 절지동물

몸은 암갈색을 띠고 앞가슴등판 어깨의 돌기가 뾰족하다. 주둥이로 곤충을 찔러 체액을 빤다.

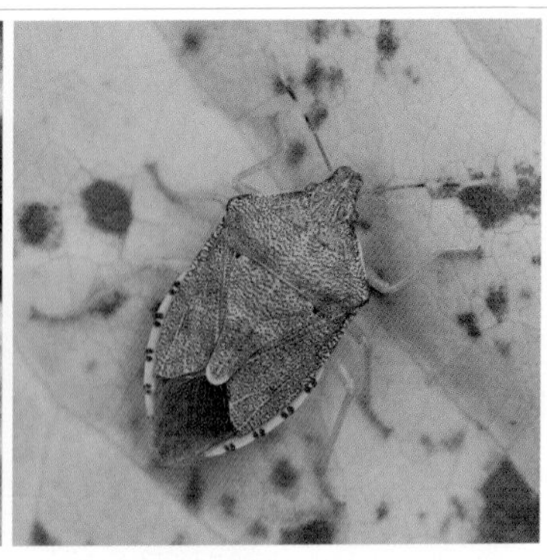

우리갈색주둥이노린재(노린재과)

Arma koreana

크기 | 13~14㎜ 출현시기 | 4~11월(여름)
먹이 | 곤충

몸은 밝은 갈색을 띠고 다리는 황색이다. 주로 유충을 사냥하며 소형 곤충을 찔러 체액을 빨아 먹기도 한다.

얼룩주둥이노린재(노린재과)

Eocanthecona japanicola

크기 | 11~17㎜ 출현시기 | 5~11월(여름)
먹이 | 곤충

몸은 흑갈색을 띠며 광택이 있다. 앞날개 혁질부가 얼룩덜룩해서 이름이 지어졌다. 곤충의 체액을 빤다.

애주둥이노린재(노린재과)

Rhacognathus corniger

크기 | 8~10㎜ 출현시기 | 4~8월(여름)
먹이 | 곤충

몸은 갈색이나 적갈색을 띠며 검은색 점각이 많다. 주둥이노린재류 중 크기가 작아서 이름이 지어졌다.

왕주둥이노린재 1형(광택형)
나비류 유충을 사냥한다.

왕주둥이노린재 2형(무광택형)

약충

왕주둥이노린재(노린재과) *Dinorhynchus dybowskyi*

크기 | 18~23㎜ 출현시기 | 4~10월(여름) 먹이 | 나비류 유충

몸은 녹색 또는 갈색을 띠며 금속 광택이 있다. 개체에 따라 녹색 광택이 많거나 적갈색 광택이 많은 다양한 체색 변이가 있다. 앞가슴등판 어깨에 돌기가 뾰족하게 튀어나왔다. 앞날개 막질부가 매우 길게 발달되어 배 끝보다 길다. 주둥이노린재류 중에서는 크기가 매우 크기 때문에 '왕'이 붙어서 이름이 지어졌다. 날카로운 주둥이로 나비류 유충을 찔러서 체액을 빨아 먹는 육식성 노린재이다. 약충은 날개가 없어서 배 등면이 그대로 보이기 때문에 성충의 모습과 많이 달라 보인다.

홍다리주둥이노린재 먹이를 사냥하는 약충

홍다리주둥이노린재(노린재과) *Pinthaeus sanguinipes*

크기 | 14~18㎜ 출현시기 | 4~10월(여름) 먹이 | 곤충

몸은 암갈색이나 적갈색을 띠며 검은색 점각이 흩어져 있다. 몸 전체에 금속 광택이 나서 햇빛이 비치면 반질반질 광택이 돈다. 역삼각형의 작은방패판 위쪽 좌우에는 황색 점무늬가 있다. 앞날개 막질부는 투명하고 연갈색을 띠며 배 끝을 넘는다.

남색주둥이노린재 무리 지어 모인 약충

남색주둥이노린재(노린재과) *Zicrona caerulea*

크기 | 6~8㎜ 출현시기 | 3~9월(여름) 먹이 | 나방류 유충, 잎벌레류 유충

몸은 청람색을 띠며 광택이 반질반질하다. 주둥이노린재류 중에서는 크기가 작은 편이다. 습지나 축축한 논밭에서 많이 보인다. 성충과 유충 모두 활발하게 움직이며 날카로운 주둥이로 나방류 유충과 잎벌레류 유충 등을 찔러 체액을 빨아 먹고 산다.

알락수염노린재 2형(적갈색)

약충

알락수염노린재 1형(황갈색)

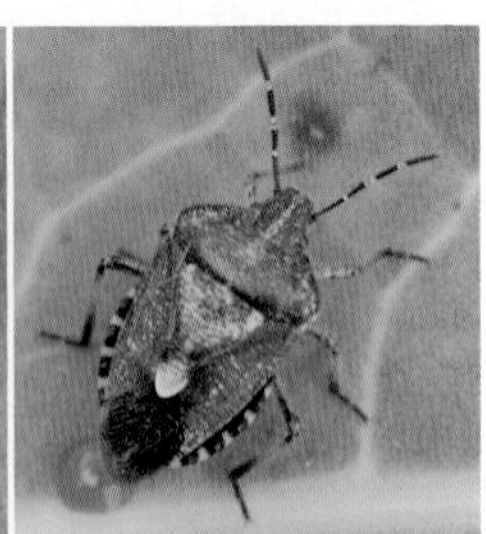

식물 즙을 빨아 먹는 모습 짝짓기 배설하는 모습

알락수염노린재(노린재과) *Dolycoris baccarum*

크기 | 10~14㎜ 출현시기 | 3~11월(여름) 먹이 | 콩류, 국화류, 십자화류, 벼류

몸은 황갈색이나 적갈색으로 개체에 따라 체색 변이가 다양하다. 황갈색과 검은색 줄무늬가 교대로 있는 더듬이가 알록달록해서 '알락수염'이라는 이름이 지어졌다. 앞날개 혁질부는 적갈색을 띠고 작은방패판은 황색을 띠며 끝부분은 황백색이다. 콩과, 국화과, 십자화과 등 다양한 식물의 즙을 빨아 먹고 살기 때문에 산과 들판에서 가장 쉽게 만날 수 있는 대표적인 노린재이다. 특히 콩과, 벼과 식물의 주요 해충으로 강낭콩, 보리, 담배, 양파, 파, 밀, 참깨 등 다양한 작물을 먹고 산다.

나비노린재 몸(연황색 세로줄무늬)

나비노린재(노린재과) *Antheminia varicornis*

크기 | 8㎜ 내외 출현시기 | 4~10월(여름)

몸은 갈색이나 적갈색을 띤다. 머리에서 작은방패판까지 연황색 세로줄무늬가 있다. 작은방패판 끝부분은 연황색으로 돌출되어 있다. 앞날개 혁질부는 적갈색이고 막질부는 투명한 갈색을 띤다. 개체 수가 드문 편이며 간척지 풀밭에서 자주 보인다.

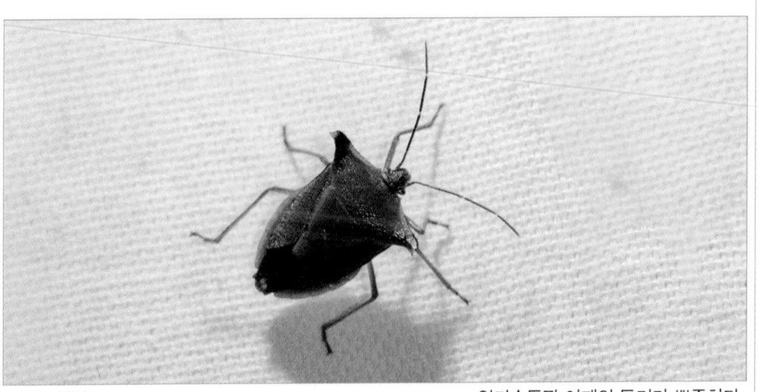
청동노린재 앞가슴등판 어깨의 돌기가 뾰족하다.

청동노린재(노린재과) *Acrocorisellus serraticollis*

크기 | 15~20㎜ 출현시기 | 7~8월(여름)

몸이 전체적으로 광택이 있는 청동색이어서 이름이 지어졌다. 앞가슴등판과 작은방패판은 녹색이고 앞날개 혁질부는 갈색을 띤다. 앞가슴등판 어깨의 돌기가 뾰족하게 튀어나왔으며 끝부분은 황색을 띤다. 비교적 개체 수가 적은 편이며 밤에 불빛에 유인되어 날아온다.

약충

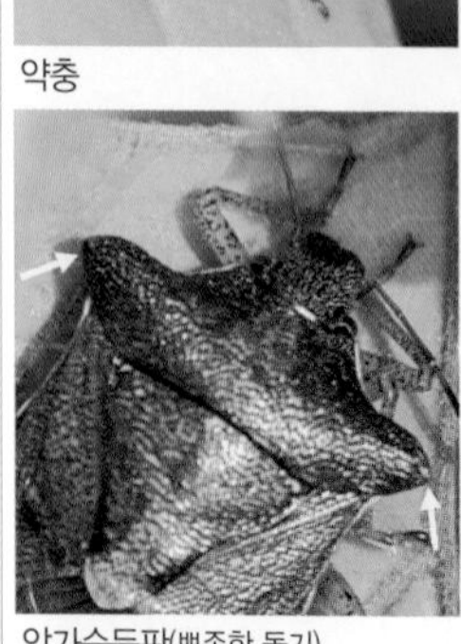
앞가슴등판(뾰족한 돌기)

가시노린재

앞가슴등판(흰색 무늬)

주둥이(빨대 모양)

식물 즙을 빨아 먹는 모습

가시노린재(노린재과) *Carbula putoni*

크기 | 8~10㎜ 출현시기 | 5~10월(여름) 먹이 | 국화류, 미나리류, 장미류

몸은 갈색이고 광택이 있다. 앞가슴등판 어깨의 돌기가 가시처럼 뾰족하게 생겨서 이름이 지어졌다. 뾰족한 돌기 때문에 '뿔노린재'로 착각하기도 한다. 개체 수가 많아서 숲에서 흔하게 관찰되는 노린재이다. 봄에는 동글동글하게 생긴 날개 없는 약충이 많이 보이고 여름이 되면 뾰족한 가시가 달린 성충이 기다란 주둥이로 열매의 즙을 빨아 먹는 모습을 볼 수 있다. 숲이나 들판의 국화과, 미나리과, 마디풀과, 장미과 등의 다양한 식물에 모여서 짝짓기도 하고 식물의 즙을 빨아 먹는 모습이 관찰된다.

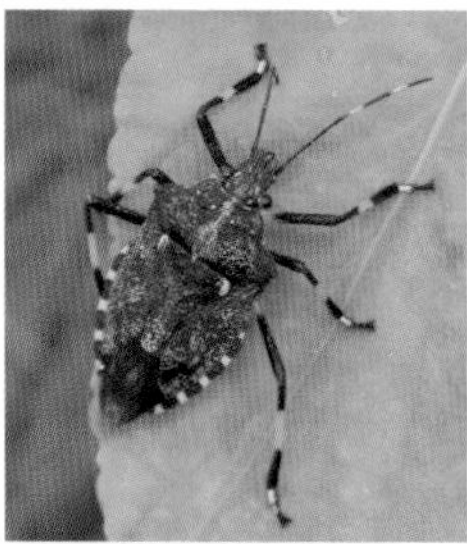
다리무늬두흰점노린재 2형

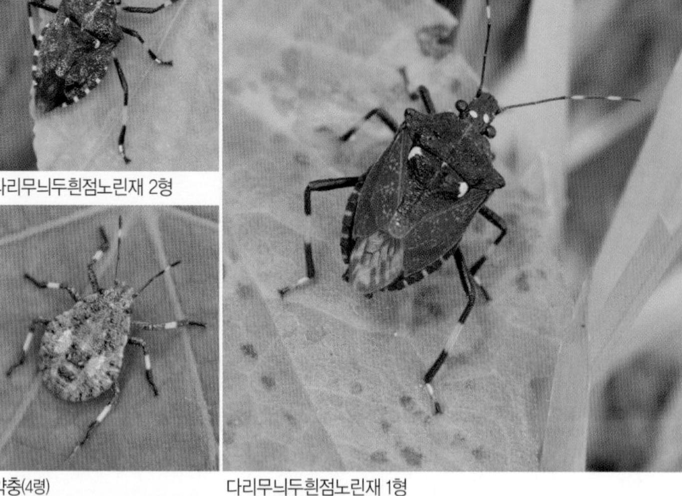
다리무늬두흰점노린재 1형

약충(4령)

작은방패판(좌우의 흰색 점무늬)

다리

더듬이를 청소하는 모습

다리무늬두흰점노린재(노린재과) *Dalpada cinctipes*

크기 | 16~17㎜ 출현시기 | 3~9월(여름) 먹이 | 활엽수

몸은 흑갈색 또는 황갈색으로 매우 다양하며 광택이 없다. 다리는 전체적으로 검은색을 띠고 종아리마디에 황백색 줄무늬가 있으며 발목마디도 흰색을 띤다. 작은방패판 좌우에 2개의 황백색 점무늬가 있다. 앞가슴등판 어깨의 돌기가 약간 튀어나왔고 겹눈은 공 모양으로 둥글다. 더듬이는 몸길이 정도로 길고 2개의 황백색 줄무늬가 있는 것이 특징이다. 활엽수가 많은 숲에서 발견되지만 개체 수가 적어서 흔하게 만날 수는 없다. 주둥이로 활엽수의 나무의 즙을 빨아 먹고 살며, 연 2회 발생한다.

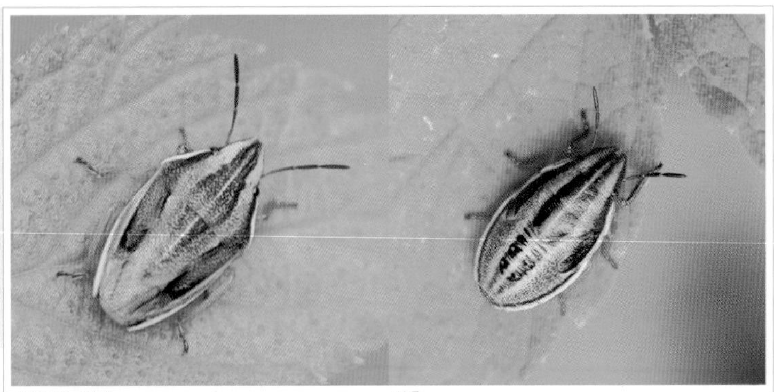
메추리노린재 약충

메추리노린재(노린재과) *Aelia fieberi*

크기 | 8~10㎜ 출현시기 | 3~11월(여름) 먹이 | 콩, 보리, 호밀

몸은 전체적으로 연갈색을 띤다. 머리는 삼각형이고 머리부터 앞가슴등판까지 세로줄무늬가 있는 모습이 메추라기와 닮아서 이름이 지어졌다. 더듬이는 붉은색을 띠고 작은방패판 끝부분은 둥글다. 경작지에서 콩, 보리, 호밀, 밀, 귀리 등의 즙을 빨아 먹고 산다.

가시점둥글노린재 약충

가시점둥글노린재(노린재과) *Eysarcoris aeneus*

크기 | 4~7㎜ 출현시기 | 3~10월(여름) 먹이 | 강아지풀, 뚝새풀

몸은 갈색을 띠며 약한 광택이 있다. 앞가슴등판 어깨에 가시 모양의 뾰족한 돌기가 뚜렷하게 튀어나와 있어서 이름이 지어졌다. 작은방패판 좌우에 둥근 황백색 점무늬가 있다. 강아지풀, 뚝새풀 등의 벼과 식물에서 잘 관찰되며 벼를 빨아 먹어 반점미를 유발시킨다.

배둥글노린재(노린재과)

Eysarcoris ventralis

크기 | 5~7㎜ 출현시기 | 4~10월(여름)
먹이 | 벼류, 콩류, 국화류

몸은 연갈색이고 약한 광택이 있으며 배가 둥글다. 작은방패판 좌우에 황백색 점무늬가 작은 편이다.

둥글노린재(노린재과)

Eysarcoris gibbosus

크기 | 5~6㎜
출현시기 | 3~10월(여름)

몸은 연한 황갈색을 띠고 둥글다. 작은방패판 위쪽에 보랏빛이 도는 검은색 삼각형 무늬가 있다.

점박이둥글노린재(노린재과)

Eysarcoris guttiger

크기 | 4~6㎜ 출현시기 | 4~10월(여름)
먹이 | 벼류, 마디풀류

몸은 암갈색을 띠고 약한 광택이 있다. 작은방패판이 크게 발달했고 좌우에 황백색 점무늬가 있다.

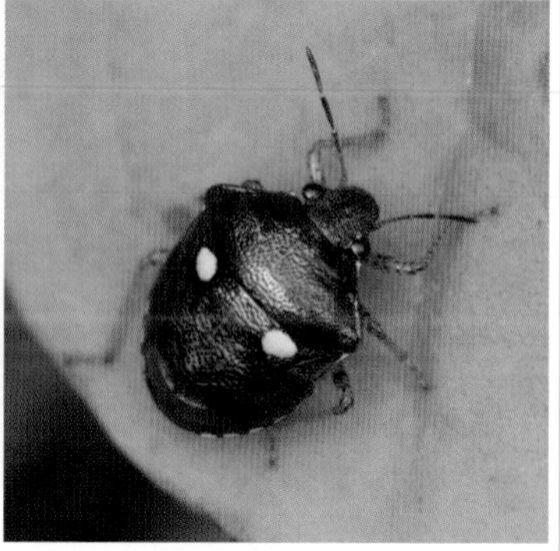

보라흰점둥글노린재(노린재과)

Eysarcoris annamita

크기 | 4~6㎜ 출현시기 | 5~11월(여름)
먹이 | 국화류, 콩류, 벼류

몸은 암갈색이고 진한 보랏빛을 띤다. 작은방패판 좌우에 둥근 황백색 점무늬가 있다.

북쪽비단노린재 1형(귤색형) 비단처럼 색깔이 아름답다.

북쪽비단노린재 2형(주황색형)

약충(5령)

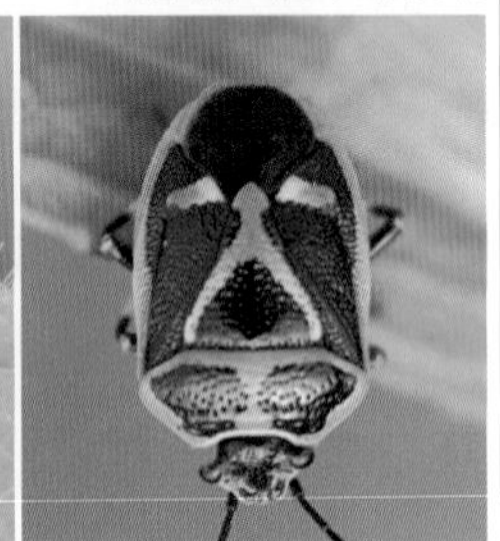

몸(수염 있는 얼굴 모양)

북쪽비단노린재(노린재과) *Eurydema gebleri gebleri*

크기 | 6~9㎜ 출현시기 | 3~10월(여름) 먹이 | 배추, 무, 양배추

몸은 광택이 있는 검은색을 띠고 귤색 또는 주황색 무늬가 있으며 개체마다 색깔의 변이가 있다. '홍비단노린재'와 생김새가 비슷하지만 앞날개 혁질부에 삼각형 무늬가 없어서 구별된다. 배추, 무, 양배추 등의 십자화과 작물을 먹고 사는 농작물 해충이어서 경작지에서 쉽게 볼 수 있다. 먹이 식물이 다양해서 콩, 쌀보리, 호밀, 기장, 밀, 냉이도 먹는다. 몸을 거꾸로 보면 수염이 있는 할아버지 얼굴처럼 보여서 사람 얼굴을 닮은 '인면(人面) 노린재'라고도 부른다.

홍비단노린재 2형(붉은색형)

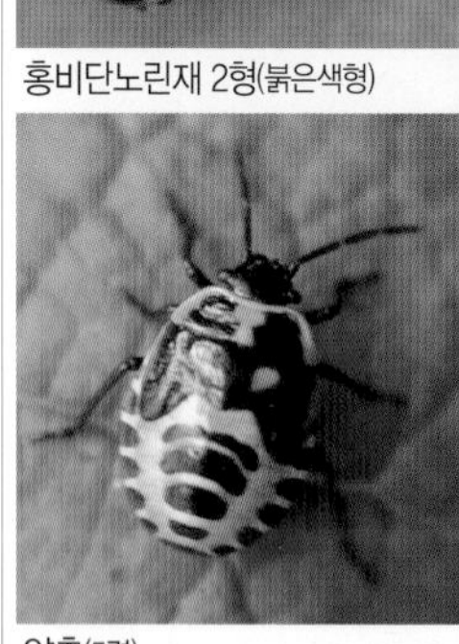
약충(5령)

홍비단노린재 1형(귤색형)

날개

집합페로몬을 분비하며 모여 있는 모습

홍비단노린재(노린재과) *Eurydema dominulus*

크기 | 6~9㎜ 출현시기 | 3~10월(여름) 먹이 | 배추, 순무, 양배추

몸은 광택이 있는 검은색을 띠고 귤색 또는 붉은색 무늬가 있으며 머리, 더듬이, 다리는 모두 검은색을 띤다. '북쪽비단노린재'와 생김새가 비슷하지만 주황색 줄무늬가 더 많고 앞날개 혁질부 끝 좌우에 삼각형 무늬가 있어서 구별된다. 앞가슴등판의 검은색 무늬가 6개이지만 개체에 따라 4~5개인 경우도 있다. 빛깔이 알록달록 각시처럼 예뻐서 '각시비단노린재'라고도 불린다. 배추, 순무, 양배추, 꽃양배추, 무, 냉이 등의 십자화과 작물에 모여 즙을 빨아 먹어서 피해를 주는 농작물 해충이다.

썩덩나무노린재 2형

약충(1령)과 알

썩덩나무노린재 1형

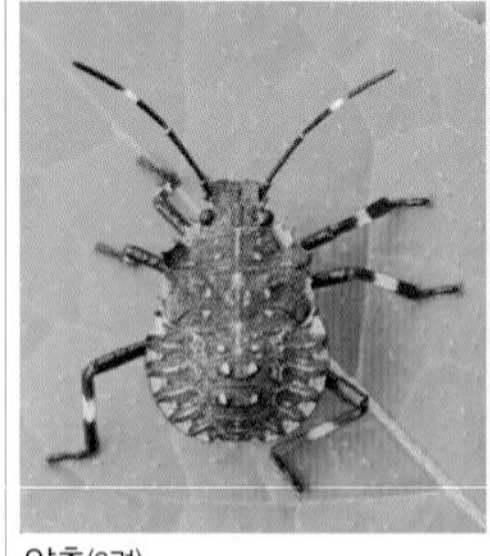

약충(2령)

약충(4령)

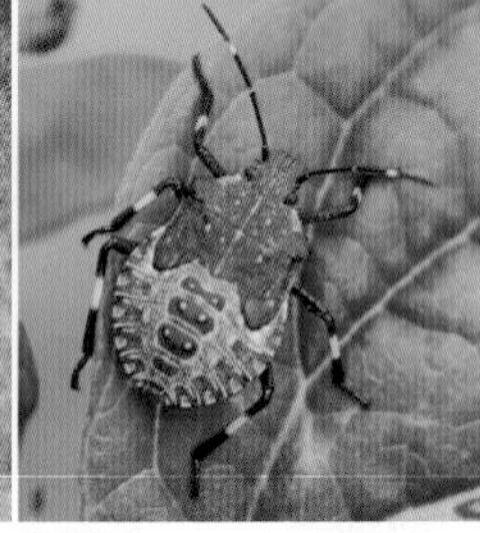
약충(5령)

썩덩나무노린재(노린재과) *Halyomorpha halys*

크기 | 13~18㎜ 출현시기 | 3~11월(가을) 먹이 | 각종 식물, 과일나무

몸은 진갈색이고 적갈색, 검은색, 황백색 무늬가 있어서 얼룩덜룩해 보인다. 개체에 따라 색깔의 변이가 다양하다. 몸이 나무껍질과 비슷해서 '썩은 나무'라는 뜻의 '썩덩'이 붙어서 이름이 지어졌다. 개체 수가 많아서 숲과 들판에서 쉽게 볼 수 있으며 성충과 약충 모두 농작물이나 과일나무에 모여 즙을 빨아 먹어서 피해를 일으킨다. 1998년에는 미국에 외래 해충으로 유입되어 미국의 과수 농가에 큰 피해를 일으켰다. 성충으로 나무 틈새나 나무껍질 속, 땅속에서 월동한다.

느티나무노린재(노린재과)

Homalogonia grisea

크기 | 11㎜ 내외 출현시기 | 4~10월(가을)
먹이 | 느티나무, 느릅나무

몸은 갈색이나 회갈색을 띤다. 작은방패판에 2개의 황갈색 점무늬가 있고 배가 앞날개 바깥까지 넓게 발달해 있다.

산느티나무노린재(노린재과)

Homalogonia confusa

크기 | 13㎜ 내외
출현시기 | 5~9월(여름)

몸은 갈색을 띤다. '네점박이노린재'와 매우 비슷하지만 배가 앞날개 바깥까지 넓게 발달해 있다.

네점박이노린재

약충

네점박이노린재(노린재과) *Homalogonia obtusa obtusa*

크기 | 12~14㎜ 출현시기 | 4~11월(가을) 먹이 | 감나무, 칡

몸은 갈색 또는 황색이며 갈색과 검은색 점각이 많다. 앞가슴등판 위쪽에 4개의 황백색 점무늬가 있어서 이름이 지어졌다. '산느티나무노린재'와 생김새가 비슷하지만 작은방패판에 Y자 모양의 홈이 없고 배가 앞날개 바깥으로 넓게 발달해 있지 않아서 구별된다.

열점박이노린재 1형(황갈색)

활엽수가 자라는 숲속에 산다.

열점박이노린재 2형(갈색형)

등면(10개의 점무늬)

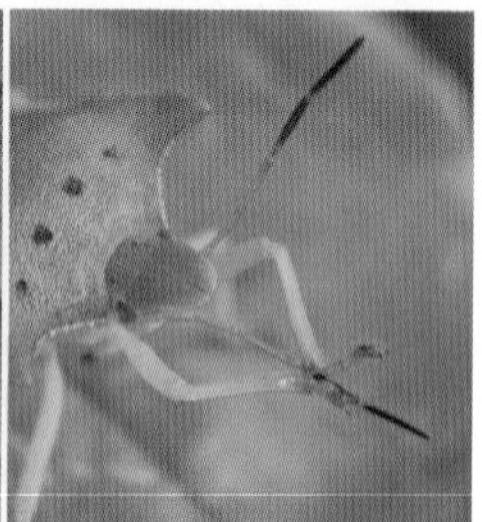

더듬이를 청소하는 모습

열점박이노린재(노린재과) *Lelia decempunctata*

크기 | 16~23㎜ 출현시기 | 4~10월(여름) 먹이 | 활엽수

몸은 전체적으로 황갈색이나 갈색을 띤다. 앞가슴등판 어깨의 돌기가 위쪽으로 돌출되어 크게 튀어나와 있다. 더듬이는 황갈색이며 끝으로 갈수록 진갈색이고 다리는 황색을 띤다. 앞날개 혁질부는 황갈색이며 막질부는 투명하고 진갈색을 띤다. 앞가슴등판에 4개의 점이 있고 작은방패판에 4개의 점이 있으며 앞날개 혁질부에 2개의 점이 있어서 총 10개의 점무늬가 있다는 뜻에서 '열점박이'라는 이름이 지어졌다. 숲속의 활엽수에 살면서 나무의 즙을 빨아 먹으며 밤에 불빛에 잘 모인다.

무시바노린재(노린재과)

Menida musiva

크기 | 8~9㎜ 출현시기 | 5~11월(가을)
먹이 | 참나무류

몸은 적갈색 또는 회황색이며 검은색 점각과 얼룩무늬가 많다. 상수리나무, 졸참나무, 물참나무에 산다.

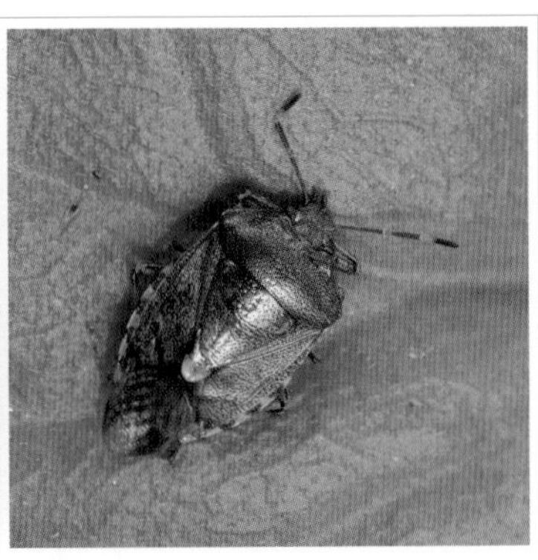

스코트노린재(노린재과)

Menida scotti

크기 | 9~11㎜ 출현시기 | 5~11월(가을)
먹이 | 활엽수

몸은 암갈색이나 적동색을 띠며 금속 광택이 있다. 앞날개 막질부가 배 끝보다 훨씬 더 길다.

구슬노린재(노린재과)

Sepontia aenea

크기 | 3~4㎜ 출현시기 | 5~8월(여름)
먹이 | 갈퀴덩굴, 광대수염

몸은 암갈색이고 광택이 있다. 구슬처럼 둥글게 생겨서 이름이 지어졌으며 우리나라 노린재류 중 크기가 가장 작다.

제주노린재(노린재과)

Okeanos quelpartensis

크기 | 17~19㎜ 출현시기 | 5~10월(여름)
먹이 | 참나무류, 밤나무

몸은 어두운 적갈색이고 앞가슴등판 위쪽과 배 가장자리는 녹색을 띤다. 산지의 활엽수에 산다.

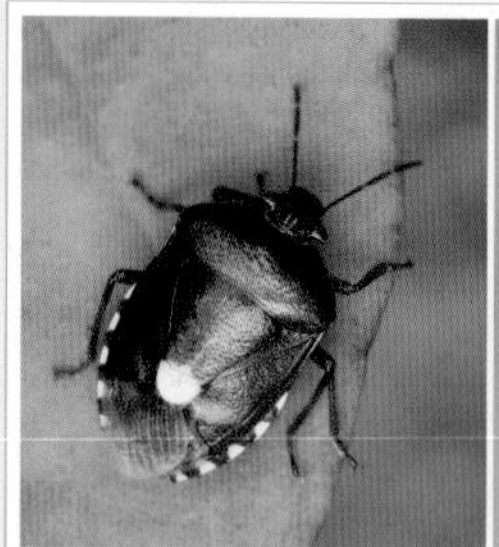
깜보라노린재 2형(검은색형)

약충(5령)

깜보라노린재 1형

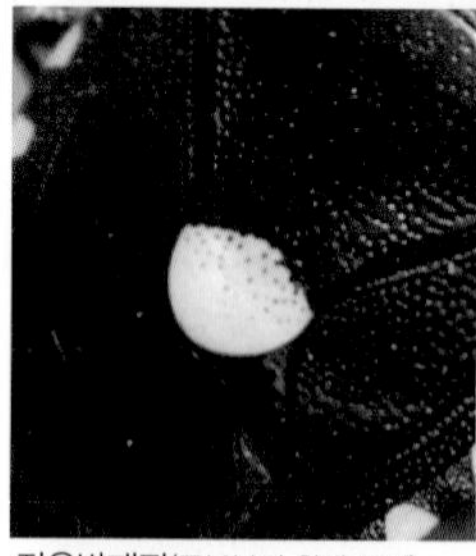
작은방패판(끝부분의 흰색 무늬)

배(테두리의 흰색 무늬)

배면(갈색)

깜보라노린재(노린재과) *Menida violacea*

크기 | 7~10㎜ 출현시기 | 4~11월(가을) 먹이 | 활엽수

몸은 검은색 또는 청색이며 보랏빛의 광택이 있다. 햇빛이 비치는 각도에 따라 몸 빛깔이 달라 보여 매우 아름답다. 몸은 검은색이지만 보랏빛 광택이 돈다고 해서 '깜보라'라는 이름이 지어졌다. 작은방패판의 끝부분은 둥글고 흰색을 띤다. 앞날개 막질부는 배 끝보다 길다. 산이나 들판의 잎이나 꽃에 무리 지어 잘 모여들기 때문에 쉽게 볼 수 있다. 감나무, 사과나무, 능금나무 등의 과일나무와 떡갈나무, 신갈나무, 상수리나무, 가시나무 등 다양한 활엽수의 즙을 빨아 먹고 살아간다.

풀색노린재 2형

풀색노린재 1형

약충(3령)

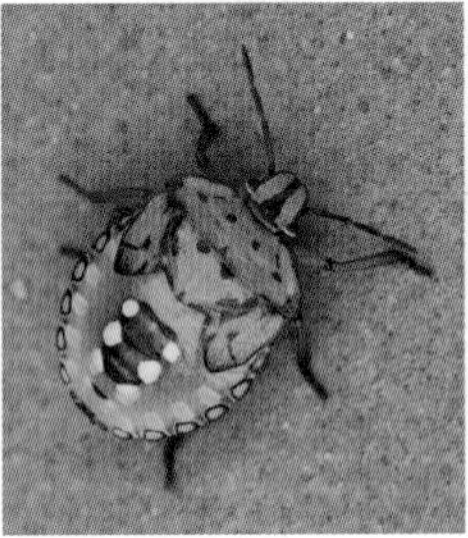
약충(4령)

약충 1형(5령)

약충 2형(5령)

풀색노린재(노린재과) *Nezara antennata*

크기 | 12~16㎜ 출현시기 | 3~11월(여름) 먹이 | 콩류, 과일나무, 각종 식물

몸이 전체적으로 녹색을 띠고 있어서 '풀색'이라는 이름이 지어졌다. 그러나 개체에 따라 황색이나 갈색인 경우도 있고 머리와 앞가슴등판 위쪽에 연황색 띠무늬가 있는 개체도 있다. 노린재는 보통 '방귀벌레'라고 불릴 정도로 지독한 방귀 냄새를 풍기지만 풀색노린재는 풀 향기를 풍긴다. 방귀 냄새가 좋은 노린재는 방향제와 향수의 원료로 사용된다. 경작지의 풀밭에서 콩, 팥 등의 콩과 작물을 빨아 먹거나 과일의 즙을 빨아 먹어 피해를 일으키는 농작물 해충으로 알려져 있다.

북방풀노린재 2형(갈색형)

북방풀노린재 1형(녹색형)

약충(5령)

날개

비행 준비

1)**민풀노린재**

북방풀노린재(노린재과) *Palomena angulosa*

크기 | 12~16㎜ 출현시기 | 5~11월(여름) 먹이 | 벚나무, 배나무

몸은 진녹색을 띠며 광택이 있다. 전체적으로 녹색을 띠고 있어서 나뭇잎에 붙어 있으면 천적의 눈에 잘 띄지 않는다. 앞가슴등판 양옆이 약간 뾰족하게 튀어나왔다. 전체적인 생김새가 '풀색노린재'와 비슷하지만 앞날개 막질부가 암갈색을 띠고 있어서 연녹색인 풀색노린재와 구별된다. '북방'이라고 이름이 지어졌지만 남부와 제주도 등 남부 지방에서도 쉽게 관찰된다. 벚나무, 배나무, 야광나무, 아그배나무, 사과나무 등의 즙을 빨아 먹고 산다. 1)**민풀노린재**는 '북방풀노린재'보다 앞가슴등판 양옆이 약하게 튀어나왔다.

대왕노린재 산지에 사는 대형 노린재이다.

대왕노린재(노린재과) *Pentatoma parametallifera*

크기 | 23~25㎜ 출현시기 | 5~8월(여름) 먹이 | 활엽수

몸은 녹색 또는 청록색이고 금속 광택이 매우 반짝거린다. 산지에 사는 대형 노린재로 앞가슴등판 양옆과 배마디, 다리 발목마디는 붉은색을 띤다. '왕노린재'와 생김새가 비슷하지만 앞가슴등판 양옆이 훨씬 더 튀어나왔고 많이 휘어져 있어서 서로 구별된다.

왕노린재(노린재과)
Pentatoma metallifera

크기 | 22~24㎜ 출현시기 | 6~8월(여름)
먹이 | 활엽수

몸은 녹색이나 청록색이며 광택이 있다. 앞가슴등판 양옆이 뾰족하게 돌출되었다. '대왕노린재'보다 드물다.

분홍다리노린재(노린재과)
Pentatoma japonica

크기 | 17~24㎜ 출현시기 | 5~10월(여름)
먹이 | 느릅나무, 층층나무, 참나무류

몸은 녹색이고 광택이 있다. 앞가슴등판 가장자리와 다리가 분홍색을 띠어서 이름이 지어졌다.

장흙노린재 2형(갈색형)

약충

장흙노린재 1형(황갈색형)

주둥이(빨대 모양)

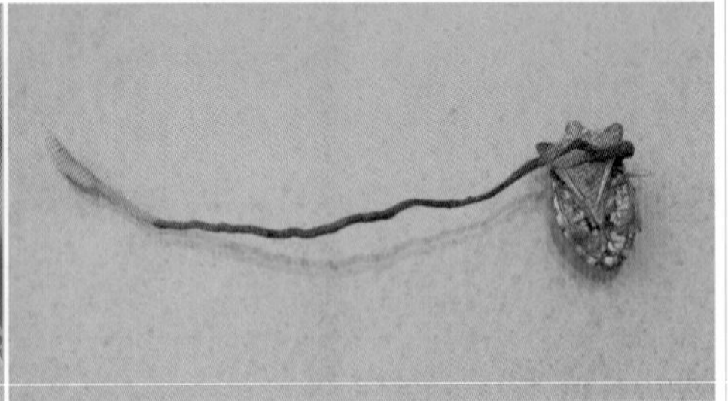
동충하초(곤충에 기생하는 버섯)

장흙노린재(노린재과) *Pentatoma semiannulata*

크기 | 20~23㎜ 출현시기 | 7~10월(여름) 먹이 | 활엽수

몸은 전체적으로 황갈색 또는 갈색을 띤다. 앞가슴등판 어깨에 불룩 튀어나온 돌기가 발달되어 있다. 더듬이와 다리는 연황색을 띠고 배마디 가장자리는 연황색과 검은색 줄무늬가 교대로 나타난다. 겹눈 가장자리에는 톱니 모양의 작은 돌기가 있다. 작은방패판 좌우 끝부분에 2개의 검은색 점무늬가 있다. 작물에는 거의 모이지 않고 주로 산지의 활엽수가 많은 숲에 모여 산다. 느티나무, 정향나무, 나무딸기, 청미래덩굴 등 다양한 활엽수의 줄기나 잎에서 즙을 빨아 먹으며 살아간다.

얼룩대장노린재 참나무류 숲에 사는 대형 노린재이다.

얼룩대장노린재(노린재과) *Placosternum esakii*

크기 | 21㎜ 내외 출현시기 | 4~10월(가을) 먹이 | 참나무류

몸은 회갈색 또는 회황색이고 불규칙한 검은색 무늬가 많은 대형 노린재이다. 얼룩덜룩한 무늬가 죽은 나무껍질의 지의류와 비슷해서 천적으로부터 자신을 지키는 보호색이 된다. 앞가슴등판 어깨의 돌기가 불룩 튀어나왔다. 상수리나무, 갈참나무 등의 참나무류에 산다.

애기노린재(노린재과)
Rubiconia intermedia

크기 | 6~8㎜ 출현시기 | 5~10월(여름)
먹이 | 솔나물, 달맞이꽃, 당근, 뚝사초

몸은 황갈색 또는 암갈색을 띤다. 노린재류 중에서 크기가 작아서 '애기'라는 이름이 지어졌다.

극동애기노린재(노린재과)
Rubiconia peltata

크기 | 7~9㎜
출현시기 | 5~10월(여름)

몸은 암갈색 또는 황갈색을 띤다. '애기노린재'와 비슷하지만 머리에 황색 줄무늬가 없어서 구별된다.

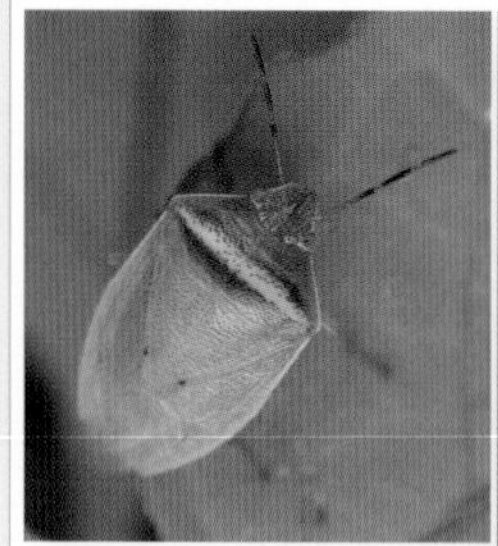
수컷

약충(5령)

가로줄노린재(암컷)

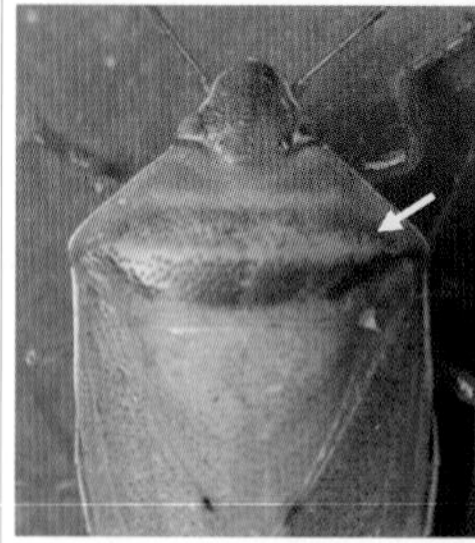
앞가슴등판(가로줄무늬)

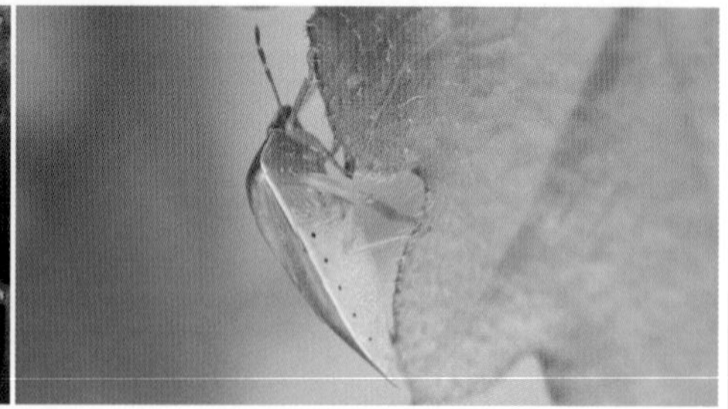
배면

가로줄노린재(노린재과) *Piezodorus hybneri*

크기 | 9~11㎜ 출현시기 | 6~11월(가을) 먹이 | 족제비싸리, 비수리, 콩, 팥

몸은 전체적으로 녹색이고 검은색 점각이 많다. 노린재과의 다른 노린재에 비해 비교적 몸이 긴 편이다. 더듬이는 붉은색이고 다리는 녹색을 띤다. 앞가슴등판 양옆은 약간 돌출되어 있으며 가로줄무늬가 선명하게 있어서 이름이 지어졌다. 가로줄무늬가 흰색이면 수컷이고 붉은색이면 암컷이다. 작은방패판 아래쪽 좌우에 검은색 점무늬가 뚜렷하게 있다. 약충은 타원형으로 길쭉하며 배에 검은색과 붉은색 무늬가 있다. 족제비싸리, 비수리, 콩, 팥 등의 콩과 식물의 즙을 빨아 먹고 산다.

갈색날개노린재 2형(갈색형)

갈색날개노린재 1형(녹색형)

약충(5령)

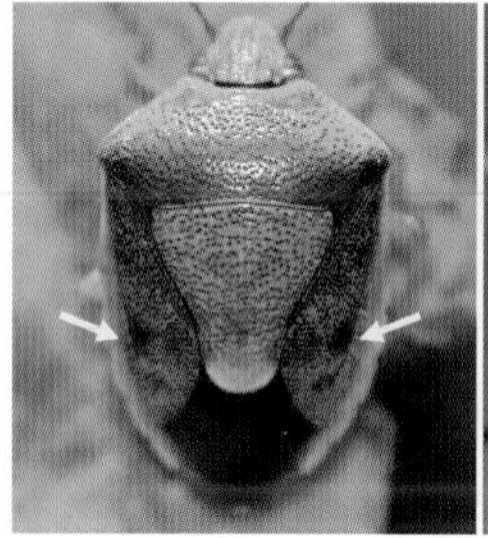
날개(갈색)

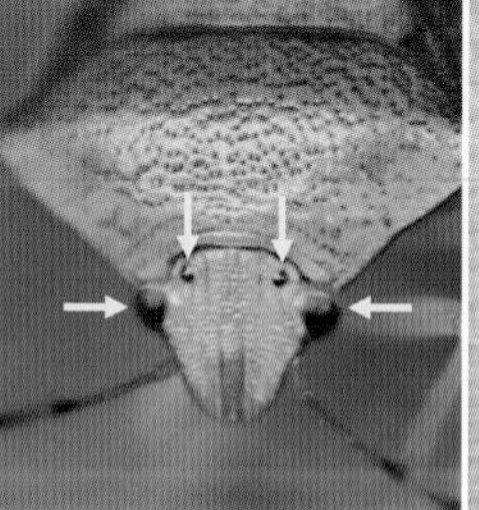
겹눈(좌우 2개)과 홑눈(위쪽 2개)

야행성(불빛에 날아옴)

갈색날개노린재(노린재과) *Plautia stali*

크기 | 10~12㎜ 출현시기 | 3~11월(여름) 먹이 | 과일나무, 각종 식물

몸은 녹색이고 광택이 있다. 머리, 앞가슴등판, 작은방패판은 녹색을 띤다. 앞날개의 혁질부가 진갈색을 띠고 있어서 '갈색날개'라는 이름이 지어졌다. 앞날개 막질부는 투명하고 흑갈색을 띤다. 약충은 주로 식물의 잎 뒷면에 살면서 즙을 빨아 먹고 성충은 과일의 즙을 빨아 먹는다. 과수 해충으로 성충이 즙을 빨아 먹은 열매는 변형이 되어 낙과하거나 검은색 반점이 생긴다. 연 2회 발생하며 성충으로 월동한다. 밤에 환하게 켜진 불빛에 잘 모여드는 습성이 있다.

약충(5령)

탈피(허물벗기)

억새노린재

날개

잎에 앉아 날갯짓하는 모습

억새노린재(노린재과) *Gonopsis affinis*

크기 | 14~19㎜ 출현시기 | 4~10월(여름) 먹이 | 벼류

몸은 황갈색 또는 주황색을 띤다. 작은방패판은 크게 발달했고 이등변삼각형 모양을 닮았다. 머리는 정삼각형 모양으로 뾰족하게 튀어나왔다. 벼과 식물인 억새에 살아서 이름이 지어졌다. 약충은 황갈색에 붉은색 줄무늬가 있다. 몸이 편평하고 날개가 없는 모습이 성충과 모습이 달라 보이지만 정삼각형 머리 부분을 보면 억새노린재 약충인지 쉽게 짐작할 수 있다. 겨울에 성충으로 월동하고 5월 말이 되면 억새에 알을 낳아 번식한다. 옛날에는 '억새노린재과'로 구분했지만 지금은 '노린재과'에 포함시킨다.

약충 1형(5령)

홍줄노린재

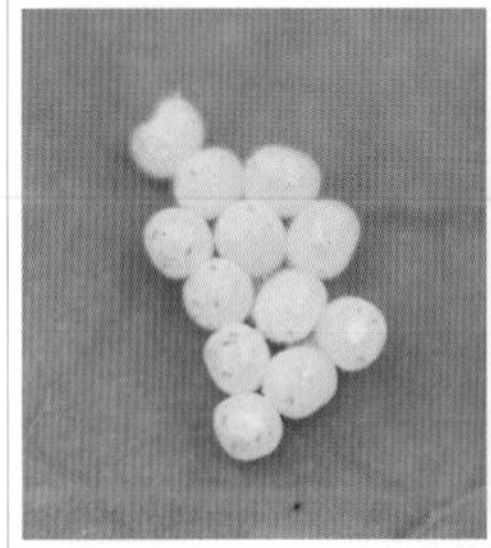
약충 2형(5령)

알

우화(날개돋이)

날갯짓하는 모습

홍줄노린재(노린재과) *Graphosoma rubrolineatum*

크기 | 9~12㎜ 출현시기 | 5~10월(여름) 먹이 | 궁궁이, 왜당귀, 땅두릅

몸은 검은색이고 주홍색 세로줄무늬가 있으며 광택이 있다. 세로줄무늬가 적갈색 또는 황갈색을 띠는 개체도 있다. 앞가슴등판이 위로 불룩 솟아 있고 작은방패판은 배 끝까지 넓게 발달해 있다. 더듬이와 다리는 검은색을 띤다. 약충은 성충과 달리 날개가 없고 몸이 둥글지만 성충과 마찬가지로 주홍색 세로줄무늬가 있다. 들판에 살면서 궁궁이, 왜당귀, 땅두릅 등의 미나리과 식물의 꽃과 열매에 잘 모여든다. 당귀, 인삼 등의 약용 식물의 즙을 빨아 먹어 농가에 피해를 일으킨다.

꼬마먹노린재(노린재과)
Scotinophara scotti

크기 | 6~7㎜ 출현시기 | 3~11월(여름)
먹이 | 포아풀, 띠, 바랭이 뿌리

몸은 암갈색이나 검은색을 띤다. '먹노린재'와 닮았지만 크기가 작아서 이름이 지어졌다.

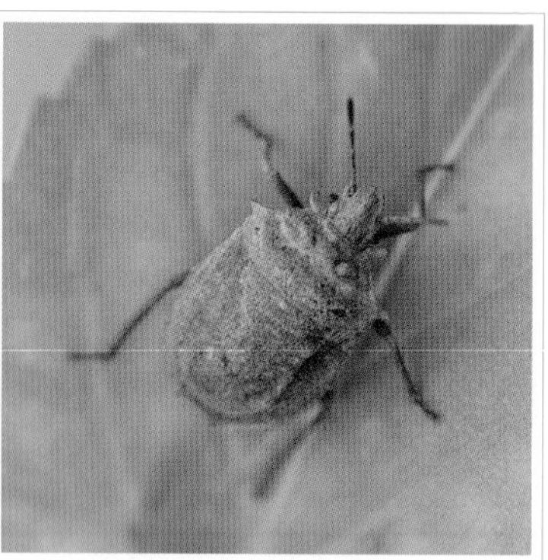

갈색큰먹노린재(노린재과)
Scotinophara horvathi

크기 | 8~10㎜ 출현시기 | 5~11월(여름)
먹이 | 식물 뿌리, 그루터기

몸은 암갈색을 띤다. 앞가슴등판 양옆에 뾰족한 돌기가 있다. 하천 변에 자라는 식물 뿌리에 해를 끼친다.

먹노린재(노린재과)
Scotinophara lurida

크기 | 8~10㎜ 출현시기 | 6~10월(여름)
먹이 | 벼, 줄, 갈대

몸은 검은색이고 광택이 있다. 앞가슴등판 양옆에 뾰족한 돌기가 있다. 벼, 갈대 등의 벼과 식물을 먹고 산다.

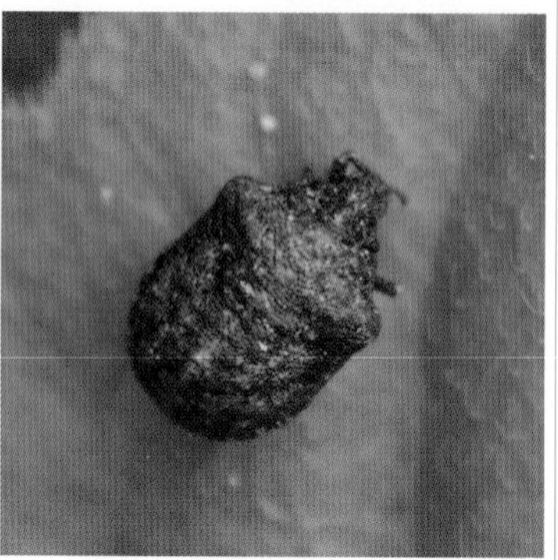

빈대붙이(노린재과)
Dybowskyia reticulata

크기 | 5~6㎜ 출현시기 | 5~7월(여름)
먹이 | 미나리류, 사상자

몸은 암갈색을 띠고 광택이 없다. 작은방패판이 넓게 발달해서 배 끝에 다다르며 위쪽이 불룩 솟았다.

노린재 무리 비교하기

알락수염노린재

노린재류

몸은 타원형 또는 달걀 모양이다. 주로 농작물의 즙을 먹지만 주둥이노린재류는 육식성이다. 우리나라에 70여 종이 산다.

에사키뿔노린재

뿔노린재류

몸은 방패 모양이고 앞가슴등판 양옆이 뿔처럼 뾰족하다. 나무에서 열매의 즙을 빨아 먹고 살며 우리나라에 20여 종이 산다.

장수땅노린재

땅노린재류

몸은 검은색 또는 갈색이며 둥글고 광택이 있다. 흙을 파헤치며 뿌리나 씨앗의 즙을 빤다. 우리나라에 20여 종이 산다.

희미무늬알노린재

알노린재류

몸은 타원형 또는 달걀 모양이다. 배 위쪽이 볼록하다. 식물의 즙을 빨며 곰팡이를 먹기도 한다. 우리나라에 10여 종이 산다.

광대노린재

광대노린재류

몸은 중대형이며 작은방패판이 넓게 발달되어 배 전체를 덮고 있다. 식물의 즙을 먹고 살며 우리나라에 6종이 산다.

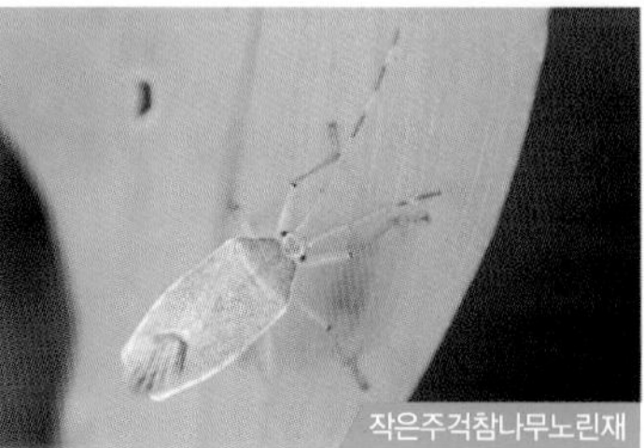
작은주걱참나무노린재

참나무노린재류

몸은 긴 타원형이고 납작하며 다리는 길다. 참나무류 등 활엽수의 즙을 빨아 먹는다. 우리나라에 10여 종이 산다.

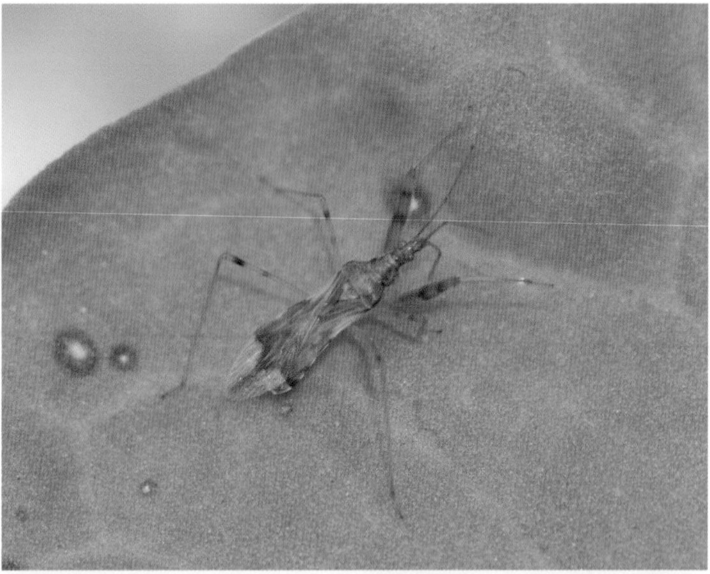

빨간긴쐐기노린재 날카로운 주둥이로 사냥하는 육식성 노린재이다.

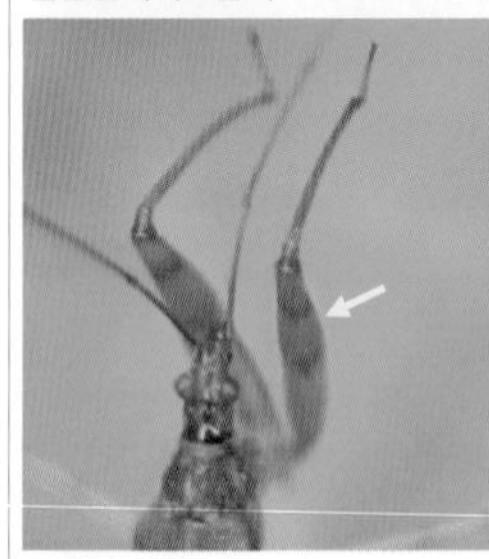

굵은 앞다리

주둥이

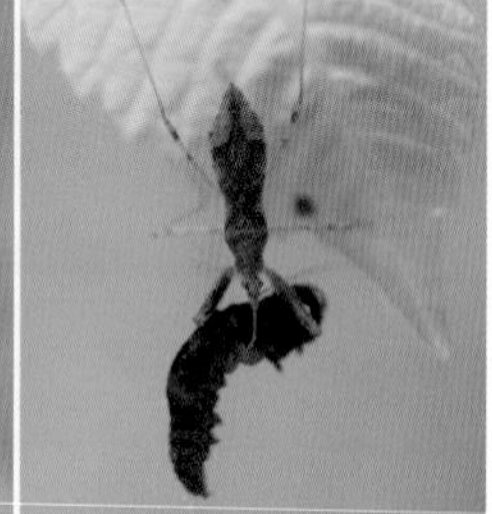

먹이를 사냥하는 모습

빨간긴쐐기노린재(쐐기노린재과) *Gorpis brevilineatus*

크기 | 10㎜ 내외 출현시기 | 5~10월(가을) 먹이 | 나비류 유충

몸은 전체적으로 적갈색을 띤다. 앞다리 넓적다리마디가 매우 굵게 발달해서 사냥감을 포획하기에 안성맞춤이다. 모든 다리의 넓적다리마디에는 2개의 갈색 줄무늬가 있다. 더듬이는 몸 길이보다 훨씬 더 길고 실 모양으로 매우 가늘다. 전체적인 생김새가 길고 색깔이 적갈색으로 빨갛다고 해서 이름이 지어졌다. 성충과 약충 모두 소형 곤충을 찔러서 체액을 빨아 먹고 산다. 특히 식물의 잎에서 많이 살기 때문에 주로 나비, 나방 등의 나비류 유충을 사냥하는 모습을 볼 수 있다.

노랑날개쐐기노린재 약충

노랑날개쐐기노린재(쐐기노린재과) *Prostemma kiborti*

크기 | 9~10㎜ 출현시기 | 3~11월(여름) 먹이 | 소형 곤충

몸은 전체적으로 검은색이고 광택이 있다. 앞날개의 혁질부가 황색을 띠고 있어서 '노랑날개'라는 이름이 지어졌다. 날개는 대부분 단시형이지만 장시형도 있다. 앞다리 넓적다리마디는 굵게 발달했다. 땅 위를 발 빠르게 기어 다니며 소형 곤충을 잡아먹는 육식성 노린재이다.

알락날개쐐기노린재(쐐기노린재과) *Prostemma hilgendorffi*

크기 | 6~7㎜ 출현시기 | 4~10월(여름) 먹이 | 소형 곤충

몸은 검은색을 띠고 앞날개 혁질부 위쪽과 다리는 주홍색이다. 앞다리 넓적다리마디는 굵게 부풀었다.

미니날개애쐐기노린재(쐐기노린재과) *Nabis apicalis*

크기 | 6~7㎜ 출현시기 | 5~10월(여름) 먹이 | 소형 곤충

몸은 암갈색을 띠고 앞날개가 매우 짧다. 더듬이는 가늘고 길며 겹눈은 구슬처럼 동그랗다.

미니날개큰쐐기노린재(암컷) 먹이를 사냥해서 체액을 빨아 먹는다.

수컷 약충

미니날개큰쐐기노린재(쐐기노린재과) *Himacerus apterus*

크기 | 12㎜ 내외 출현시기 | 6~11월(가을) 먹이 | 곤충

몸은 암갈색을 띤다. 더듬이는 실 모양으로 매우 가늘고 몸 길이 정도로 길다. 앞날개는 매우 짧은 단시형이지만 때로는 장시형도 나타난다. 배는 머리와 앞가슴등판에 비해 넓적하게 부풀어서 매우 크다. 겹눈은 구슬 모양으로 매우 둥글다. 다리는 가늘고 길며 전체적으로 황갈색을 띠고 넓적다리마디 끝부분은 검은색을 띤다. 사람의 인기척이나 주변의 변화를 눈치채면 재빠르게 움직인다. 먹잇감을 포착하면 빠른 동작으로 다가가 빨대 모양의 기다란 주둥이를 찔러 넣어 사냥한다.

긴날개쐐기노린재 1형 긴날개쐐기노린재 2형

긴날개쐐기노린재(쐐기노린재과) *Nabis stenoferus*

크기 | 7~9㎜ 출현시기 | 4~10월(여름) 먹이 | 진딧물, 깍지벌레

몸은 전체적으로 연황색을 띤다. 몸이 매우 길쭉하고 머리는 구슬 모양으로 둥글다. 더듬이는 실 모양으로 가늘며 몸 길이와 비슷하다. 작은방패판에 짧은 흑갈색 세로줄무늬가 있다. 풀밭의 잎 사이를 돌아다니며 '진딧물', '깍지벌레'처럼 소형 곤충을 잡아먹고 산다.

등줄갈색날개쐐기노린재(쐐기노린재과) *Nabis capsiformis*

크기 | 6~8㎜ 출현시기 | 4~7월(여름) 먹이 | 소형 곤충, 소형 절지동물

몸은 연황색을 띤다. '긴날개쐐기노린재'와 비슷하지만 앞날개 막질부가 더 길어서 구별된다.

로이터쐐기노린재(쐐기노린재과) *Nabis reuteri*

크기 | 6~7㎜ 출현시기 | 3~10월(여름) 먹이 | 소형 곤충

몸은 연갈색이다. '미니날개애쐐기노린재'와 비슷하지만 넓적다리마디에 갈색 줄무늬가 없어서 구별된다.

붉은등침노린재(장시형) 붉은등침노린재(단시형)

붉은등침노린재(침노린재과) *Haematoloecha rufithorax*

크기 | 10~12㎜ 출현시기 | 4~11월(여름) 먹이 | 곤충

머리와 다리, 작은방패판과 앞날개는 검은색을 띤다. 앞가슴등판, 앞날개 가장자리, 배 가장자리는 붉은색을 띤다. 등면이 붉은색을 띠어서 이름이 지어졌다. 앞가슴등판에 십자(X자)무늬 홈이 파여져 있다. 날카로운 주둥이로 곤충을 찔러서 체액을 빨아 먹고 산다.

우단침노린재(침노린재과)
Ectrychotes andreae

크기 | 11~14㎜ 출현시기 | 4~10월(여름) 먹이 | 곤충, 절지동물

몸은 흑남색이고 광택이 있다. 낙엽이나 식물 뿌리 근처에 살면서 곤충을 포함한 절지동물을 사냥한다.

붉은무늬침노린재(침노린재과)
Haematoloecha nigrorufa

크기 | 11~13㎜ 출현시기 | 4~10월(여름) 먹이 | 곤충

몸은 대체적으로 주홍색을 띠며 앞가슴등판과 앞날개는 검은색을 띤다. 소형 곤충을 사냥하는 육식성 곤충이다.

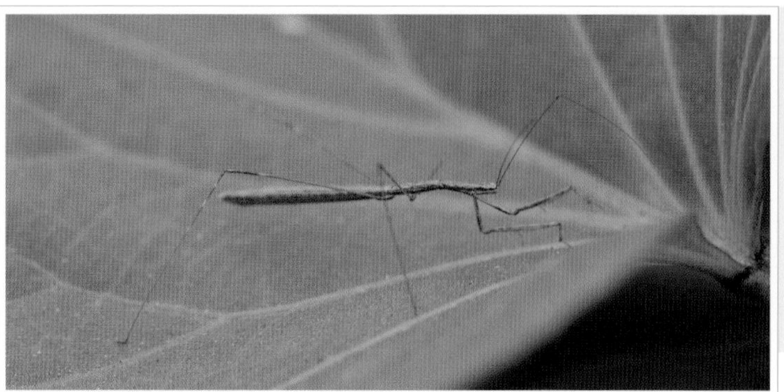

장다리막대침노린재 막대 모양의 생김새가 '대벌레'와 닮았다.

장다리막대침노린재(침노린재과) *Schidium marcidium*

크기 | 16~17㎜ 출현시기 | 6~9월(여름) 먹이 | 곤충

몸은 전체적으로 황갈색을 띤다. 몸이 가늘고 긴 막대 모양이며 다리가 길어서 '장다리막대'라는 이름이 지어졌다. 앞날개는 짧아서 배 끝을 모두 덮지 못한다. 풀밭에 살면서 동작은 매우 느리지만 소형 곤충을 사냥해서 체액을 빨아 먹고 산다. 키가 큰 풀밭에서 발견된다.

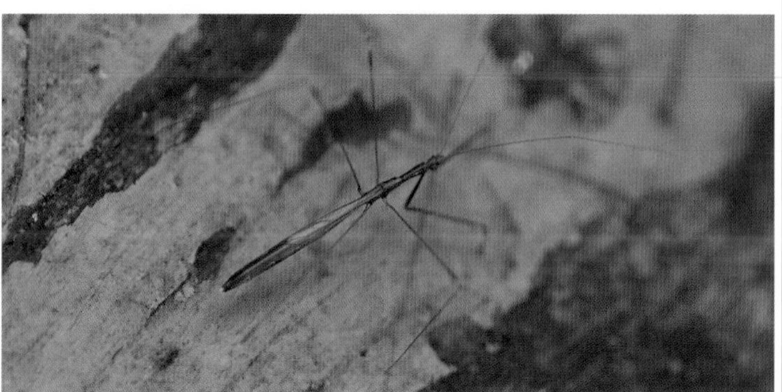

큰장다리막대침노린재 몸은 막대처럼 얇지만 곤충을 사냥한다.

큰장다리막대침노린재(침노린재과) *Gardena melinarthrum*

크기 | 17.8~21㎜ 출현시기 | 6~9월(여름) 먹이 | 곤충

몸은 연갈색을 띤다. 몸과 다리가 매우 가늘고 길어서 이름이 지어졌다. 앞날개는 짧아서 배 끝을 모두 덮지 못한다. '장다리막대침노린재'와 생김새가 비슷하지만 크기가 더 커서 구별된다. '사마귀' 같은 갈고리 모양의 앞다리로 먹잇감을 사냥해서 체액을 빨아 먹고 산다.

민날개침노린재(수컷) 암컷

민날개침노린재(침노린재과) *Coranus dilatatus*

크기 | 15~19㎜ 출현시기 | 5~10월(여름) 먹이 | 곤충

몸은 전체적으로 검은색을 띤다. 겹눈은 구슬 모양으로 둥글며 더듬이는 실 모양으로 가늘다. 앞날개와 뒷날개 모두 없기 때문에 '민날개'라는 이름이 지어졌다. 간혹 날개가 있는 유시형 개체도 발견된다. 산지나 들판의 식물 뿌리와 나무에서 생활하며 개체 수가 적은 편이다.

고추침노린재(침노린재과)

Cydnocoris russatus

크기 | 14~17㎜ 출현시기 | 4~10월(여름) 먹이 | 곤충

몸이 붉은색이어서 '고추'라는 이름이 지어졌다. 앞날개 막질부는 투명하고 배 끝보다 길이가 길다.

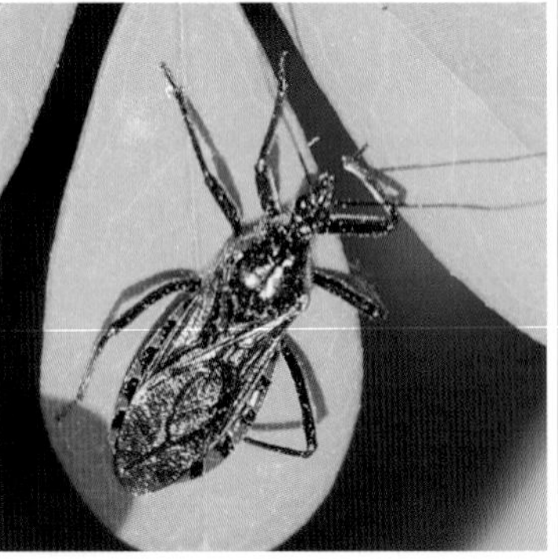

배홍무늬침노린재(침노린재과)

Rhynocoris leucospilus

크기 | 13~15㎜ 출현시기 | 4~11월(여름) 먹이 | 곤충

몸은 전체적으로 검은색이고 광택이 있다. 배 양옆 가장자리가 붉은색을 띠고 있어서 이름이 지어졌다.

수컷

약충(5령)

왕침노린재(암컷)

주둥이(배 아래로 접음)

1)**극동왕침노린재** 약충

왕침노린재(침노린재과) *Isyndus obscurus*

크기 | 20~27㎜ 출현시기 | 3~11월(가을) 먹이 | 곤충

몸은 전체적으로 갈색을 띤다. 머리는 길쭉하고 겹눈은 동그랗다. 더듬이는 실 모양으로 가늘며 몸 길이와 비슷하다. 앞가슴등판은 정삼각형이고 양옆은 살짝 튀어나왔다. 침노린재류 중에서 크기가 커서 이름이 지어졌으며 물리면 독성이 강해 통증이 있다. 암컷은 수컷에 비해 배의 폭이 넓어서 서로 구별된다. 가을에 성충의 모습이 많이 보이며 성충으로 무리 지어 월동한다. 1)**극동왕침노린재** 약충은 진딧물이나 깍지벌레의 체액을 빨아먹고 산다.

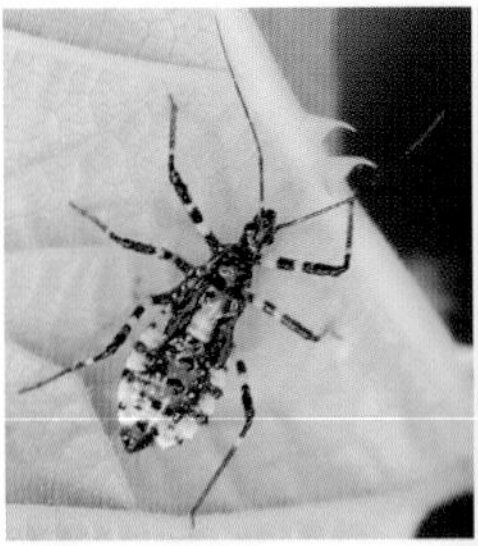

약충

다리(줄무늬)

다리무늬침노린재

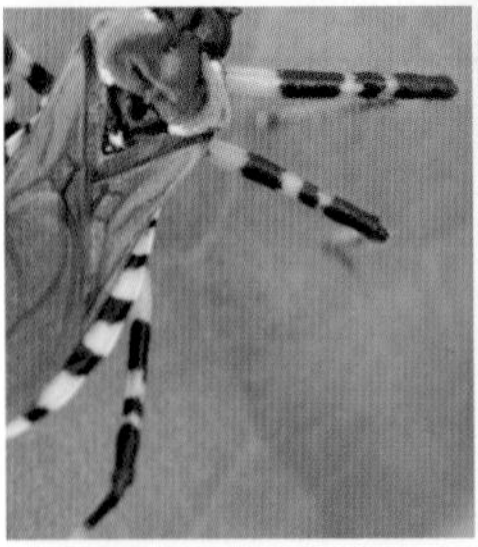

주둥이

더듬이(실 모양)

먹이를 사냥하는 모습

다리무늬침노린재(침노린재과) *Sphedanolestes impressicollis*

크기 | 13~16㎜ 출현시기 | 4~10월(여름) 먹이 | 곤충

몸은 전체적으로 검은색을 띠고 연황색과 흰색 무늬가 있다. 앞가슴등판은 연황색이나 검은색을 띤다. 배 가장자리는 넓게 발달해서 검은색과 황백색 무늬가 교대로 나타난다. 다리에 검은색 줄무늬가 많이 있어서 '다리무늬'라는 이름이 지어졌다. 약충은 날개가 없어서 성충과 달라 보이지만 다리와 배마디의 줄무늬는 성충과 닮았다. 산이나 풀밭 곳곳을 돌아다니며 빨대 모양의 기다란 주둥이로 곤충을 찔러서 체액을 빨아 먹고 산다. 침노린재류 중에서는 가장 흔하게 발견된다.

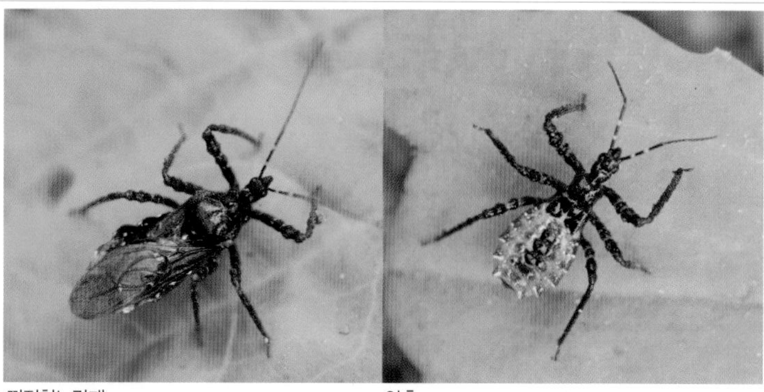
껍적침노린재 약충

껍적침노린재(침노린재과) *Velinus nodipes*

크기 | 12~16㎜ 출현시기 | 4~11월(여름) 먹이 | 곤충

몸은 검은색을 띠며 광택이 반질반질하다. 앞날개 막질부는 투명하며 배 끝보다 더 길다. 끈적끈적한 나뭇진에 모여 있어서 몸에 나뭇진이 묻어 있는 모습을 쉽게 발견할 수 있다. 침노린재류 중에서도 행동이 매우 느려서 천천히 움직인다. 나무껍질 속에 숨어서 월동한다.

검정무늬침노린재 약충

검정무늬침노린재(침노린재과) *Peirates turpis*

크기 | 12~15㎜ 출현시기 | 4~11월(여름) 먹이 | 곤충

몸이 전체적으로 검은색을 띠고 있어서 이름이 지어졌다. 앞다리 넓적다리마디가 매우 굵게 발달되어 있어서 사냥에 유리하다. 날개가 배보다 짧은 단시형과 배를 모두 덮는 장시형이 있다. 땅 위에서 빠르게 움직이며 날카로운 주둥이로 소형 곤충의 체액을 빨아 먹는다.

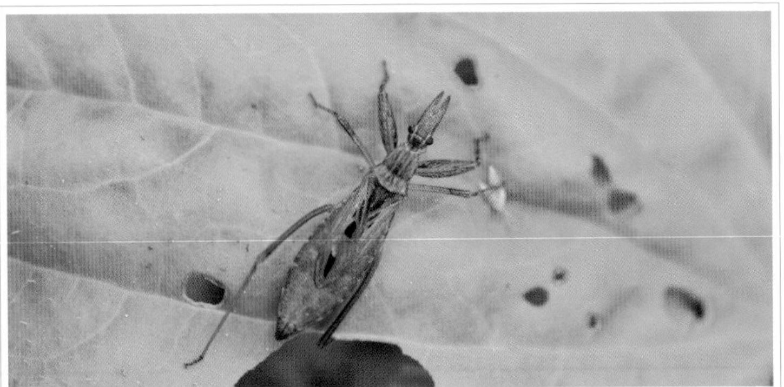
닮은큰침노린재 날카로운 주둥이로 다른 곤충을 사냥한다.

닮은큰침노린재(침노린재과) *Oncocephalus simillimus*

크기 | 16~21㎜ 출현시기 | 6~7월(여름) 먹이 | 곤충

몸은 황갈색을 띤다. '비율빈침노린재'와 비슷하지만 크기가 더 크고 앞가슴등판 양옆의 돌기가 적게 튀어나와서 서로 구별된다. 날개가 긴 장시형과 짧은 단시형이 있다. 빨대 모양의 날카로운 주둥이로 곤충을 찔러 체액을 빨아 먹는 육식성 노린재이다. 개체 수가 많지 않아서 드물게 발견된다.

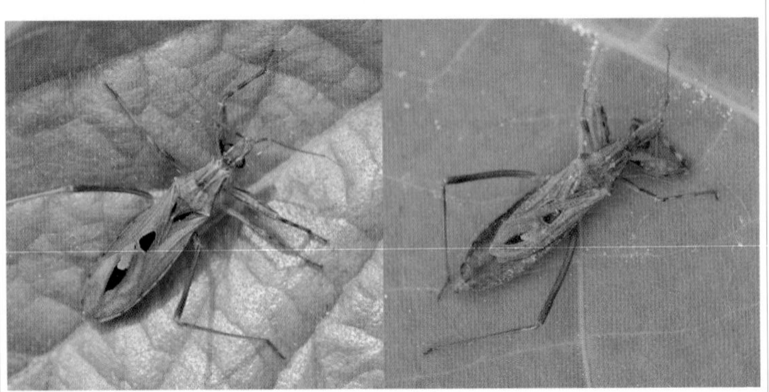
비율빈침노린재 암컷

비율빈침노린재(침노린재과) *Oncocephalus assimilis*

크기 | 14~19㎜ 출현시기 | 6~7월(여름) 먹이 | 곤충

몸은 황갈색이고 갈색과 검은색 무늬가 있다. 앞가슴등판 양옆에 가시 모양의 돌기가 있다. 작은방패판은 검은색이고 앞날개 혁질부에 검은색 사각 형 무늬가 있다. 앞다리 넓적다리마디가 굵고 가시 모양의 돌기가 있다. 식물의 뿌리나 돌 밑에서 살면서 곤충을 찔러 체액을 빨아 먹는다.

어리큰침노린재(수컷) 낮에는 곤충을 사냥하고 밤에는 불빛에 잘 날아온다.

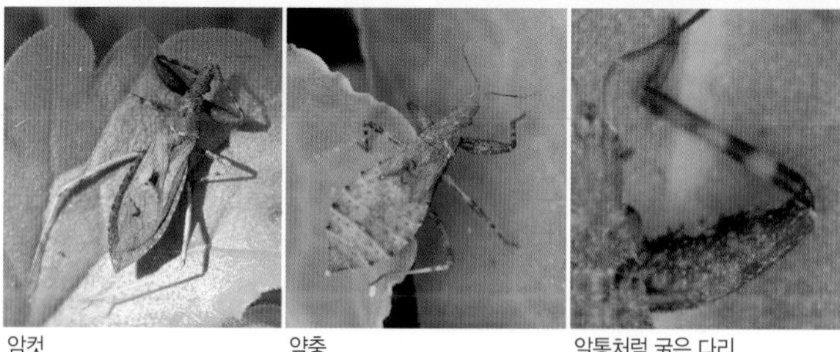
암컷 약충 알통처럼 굵은 다리

어리큰침노린재(침노린재과) *Oncocephalus breviscutum*

크기 | 16~21㎜ 출현시기 | 8~10월(여름) 먹이 | 곤충

몸은 전체적으로 암갈색을 띠며 광택이 없다. 앞날개 혁질부에 검은색 사각형 무늬가 있다. 앞다리는 암갈색이고 가운뎃다리와 뒷다리는 연황색을 띤다. 앞다리 넓적다리마디는 매우 크게 부풀어 있으며 아래쪽에는 가시 모양의 돌기가 있다. 앞다리 종아리마디에는 연갈색 줄무늬가 있다. 들판이나 논밭에 살면서 곤충을 날카롭고 기다란 주둥이로 찔러서 체액을 빨아 먹고 산다. 개체 수가 비교적 적어서 쉽게 보기 힘들다. 밤에 불빛에 잘 유인되어 날아온다.

침노린재 종류 비교하기

붉은등침노린재

몸이 붉은색과 검은색이 어우러져 있어서 '붉은무늬침노린재'와 닮았다. 앞날개 혁질부 안쪽은 전체적으로 검은색이다.

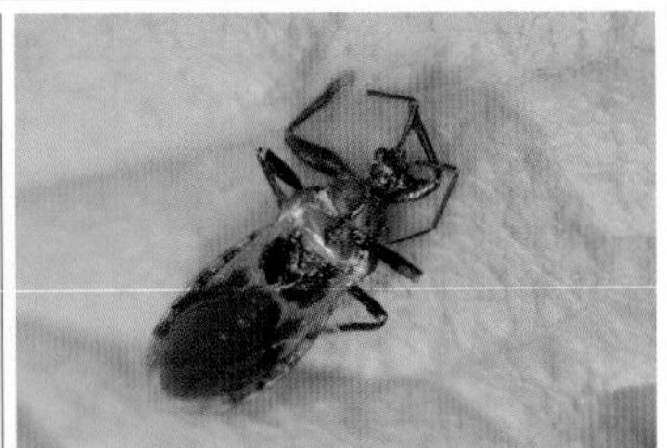

붉은무늬침노린재

몸이 주홍색이어서 '붉은등침노린재'와 닮았지만 앞날개 전체가 검지 않다. 앞가슴등판에 십자무늬가 있다.

우단침노린재

몸은 흑남색이고 광택이 있다. 배는 옆으로 발달해 있으며 황색이나 주홍색을 띤다. 다른 곤충을 사냥한다.

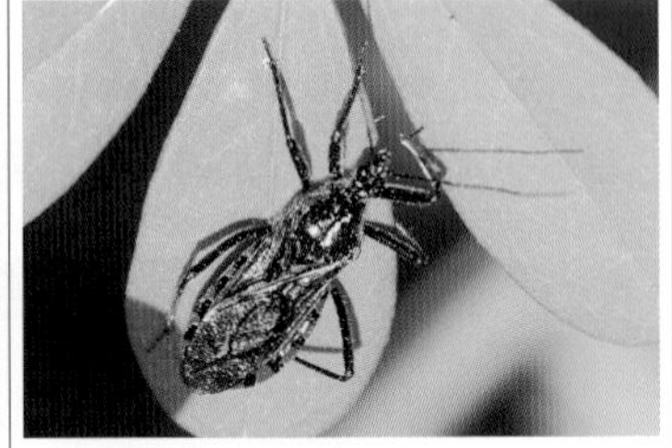

배홍무늬침노린재

몸은 전체적으로 검은색이며 앞가슴등판 양옆과 넓게 발달한 배 가장자리가 붉은색과 검은색 줄무늬를 이룬다.

고추침노린재

등면이 전체적으로 붉은색을 띤다. 앞날개 막질부는 투명하고 배 끝을 넘는다. 곤충을 사냥해서 체액을 빨아 먹는다.

검정무늬침노린재

몸은 전체적으로 검은색을 띤다. 날개가 긴 장시형과 짧은 단시형이 있다. 땅 위에 살며 곤충을 사냥해서 체액을 빨아 먹는다.

밀감무늬검정장님노린재 2형(검은색형)

밀감무늬검정장님노린재 2형(주홍색형)

밀감무늬검정장님노린재 1형

약충

더듬이

밀감무늬검정장님노린재(장님노린재과) *Deraeocoris ater*

크기 | 7~9㎜ 출현시기 | 5~8월(여름) 먹이 | 각종 식물

몸은 전체적으로 검은색이고 광택이 강하다. 작은방패판은 정삼각형이며 검은색을 띤다. 단단한 앞날개 끝부분에 해당하는 설상부가 흰색 또는 붉은색을 띤다. 앞가슴등판 전체가 검은색인 개체도 있지만 앞가슴등판 위쪽이 주홍색을 띠고 있는 개체도 있다. 다양한 식물의 잎이나 꽃에 잘 날아오며 풀 즙을 빨아 먹고 산다. 겹눈을 갖고 있고 홑눈이 퇴화되어서 '장님노린재'라는 이름이 지어졌다. 약충은 하얀 밀가루를 뒤집어쓰고 있는 모습을 하고 있어서 성충과 달라 보인다.

알락무늬장님노린재 작은방패판(하트 무늬)

알락무늬장님노린재(장님노린재과) *Deraeocoris sanghonami*

크기 | 9~12㎜ 출현시기 | 5~6월(여름)

몸은 전체적으로 검은색을 띠고 광택이 있다. 작은방패판에 황백색 하트 무늬가 있는 것이 특징이다. 앞가슴등판에 황백색 반원 무늬가 있고 단단한 앞날개 설상부에는 황백색 점무늬가 있다. 모든 다리의 종아리마디마다 2개의 황백색 줄무늬가 있다. 풀잎에 앉아 있는 경우가 많다.

대륙무늬장님노린재(장님노린재과) *Deraeocoris olivaceus*

크기 | 9~13㎜ 출현시기 | 5~7월(여름)
먹이 | 버드나무류, 참나무류, 배나무류

몸은 적갈색이고 광택이 있다. 설상부는 붉은색을 띤다. 잎벌레류 유충을 잡아먹고 동종포식도 한다.

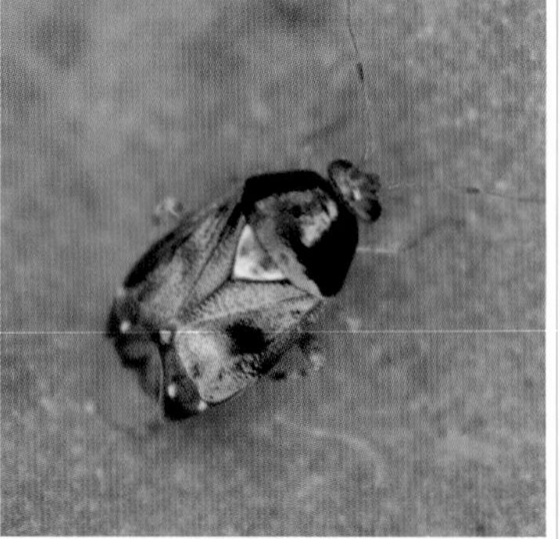

새꼭지무늬장님노린재(장님노린재과) *Deraeocoris (Knightocapsus) ulmi*

크기 | 4㎜ 내외 출현시기 | 1~12월(여름)
먹이 | 느릅나무류

몸은 갈색과 검은색이 섞여 있으며 작은방패판은 흰색이다. 밤에 불빛에 잘 날아오며 성충으로 월동한다.

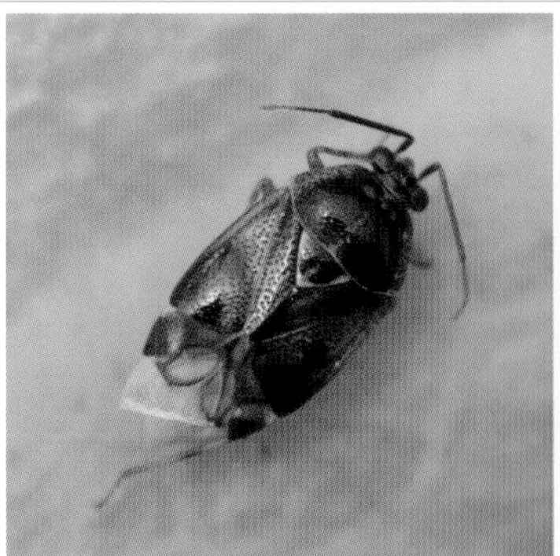

온포무늬장님노린재(장님노린재과)

Deraeocoris (Camptobrochis) pulchellus

크기 | 4㎜ 내외
출현시기 | 3~9월(여름)

몸은 검은색과 갈색이 섞여 있다. 함경북도 온포리에서 처음 채집되어 이름이 붙여졌다. 성충으로 월동한다.

무늬장님노린재(장님노린재과)

Cimicicapsus koreanus

크기 | 5~6㎜
출현시기 | 7~9월(여름)

몸은 적갈색을 띠며 작은방패판에 황색 무늬가 있다. 활엽수에 살며 밤에 불빛에 날아온다.

소나무장님노린재(장님노린재과)

Alloeotomus chinensis

크기 | 4~5㎜ 출현시기 | 6~9월(여름)
먹이 | 깍지벌레류

몸은 전체적으로 적갈색을 띠며 앞가슴등판에 흰색 테두리가 있다. 소나무에 살며 불빛에 잘 날아온다.

닮은소나무장님노린재(장님노린재과)

Alloeotomus simplus

크기 | 5~6㎜ 출현시기 | 3~12월(여름)
먹이 | 깍지벌레류

몸은 연한 적갈색을 띠며 '소나무장님노린재'보다 약간 더 크다. 소나무 속에서 성충으로 월동한다.

설상무늬장님노린재

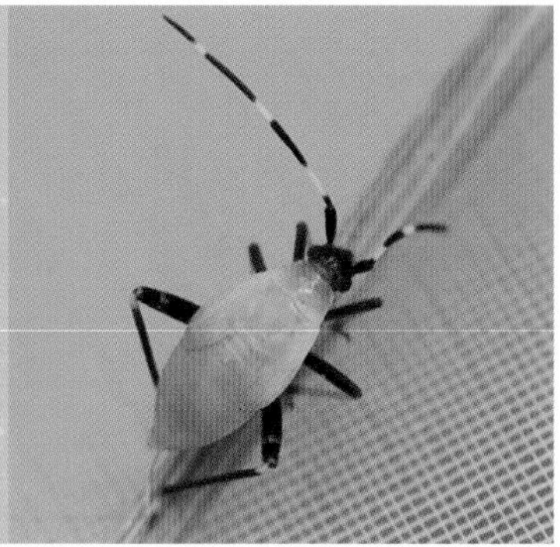
약충

설상무늬장님노린재(장님노린재과) *Adelphocoris triannulatus*

크기 | 6~9㎜ 출현시기 | 6~10월(여름) 먹이 | 국화류, 콩류, 벼류

몸은 전체적으로 갈색 또는 흑갈색을 띤다. 앞날개 끝부분의 설상부는 황백색을 띤다. 앞가슴등판에 검은색 가로줄무늬가 있다. 다리는 갈색을 띠며 뒷다리 넓적다리마디는 흑갈색을 띤다. 국화과, 콩과, 벼과 등의 다양한 식물에 모이기 때문에 쉽게 찾아볼 수 있다.

목도리장님노린재(장님노린재과) *Adelphocoris demissus*

크기 | 6~8㎜ 출현시기 | 7~10월(여름) 먹이 | 싸리, 쑥, 개망초, 꽃향유

몸은 전체적으로 갈색을 띤다. '설상무늬장님노린재'와 비슷하지만 설상부의 황백색 무늬 둘레가 붉다.

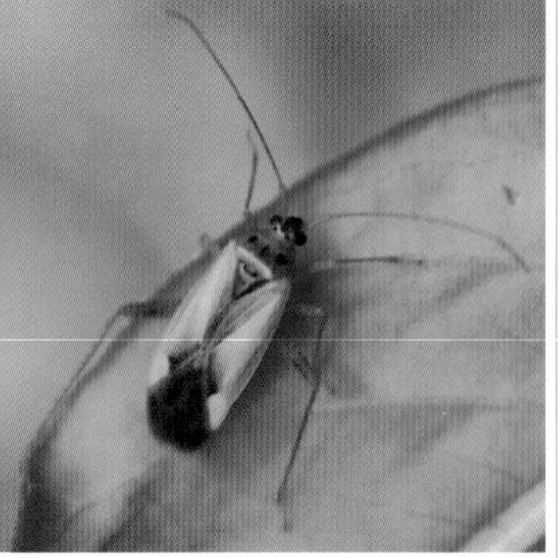

변색장님노린재(장님노린재과) *Adelphocoris suturalis*

크기 | 6~9㎜ 출현시기 | 5~11월(여름) 먹이 | 국화류, 콩류, 벼류

몸은 연황색을 띤다. 앞가슴등판에 2개의 검은색 점이 있다. 벼에 반점미를 일으키고 불빛에도 날아온다.

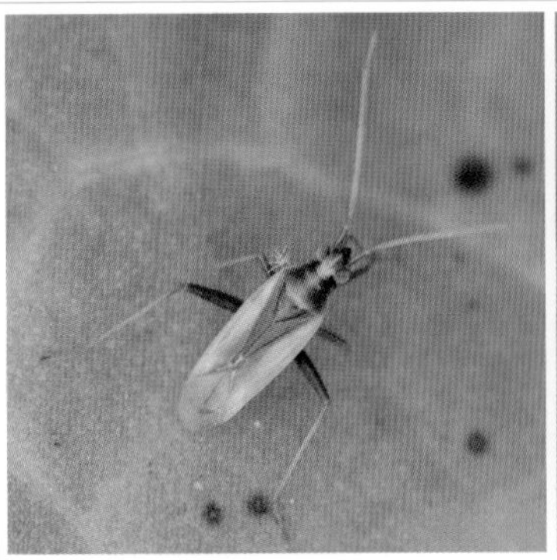

홍색얼룩장님노린재(장님노린재과)

Stenotus rubrovittatus

크기 | 4~6mm 출현시기 | 5~10월(여름)
먹이 | 벼류

몸은 연황색이다. 머리, 앞가슴등판, 앞날개 안쪽 가장자리까지 붉은색 줄이 있다. 더듬이와 다리도 붉은색이다.

민장님노린재(장님노린재과)

Loristes decoratus

크기 | 8~9mm 출현시기 | 5~6월(여름)
먹이 | 인동류

몸은 흑갈색을 띠고 앞날개 혁질부에 4개, 설상부에 2개의 황색 점무늬가 있다. 인동류의 잎과 꽃에 모인다.

큰흰솜털검정장님노린재(장님노린재과)

Proboscidocoris varicornis

크기 | 4~5mm 출현시기 | 5~10월(여름)
먹이 | 닭의장풀

몸은 전체적으로 검은색이고 광택이 있다. 몸 전체에 흰색 털 뭉치가 흩어져 있다. 풀밭에서 볼 수 있다.

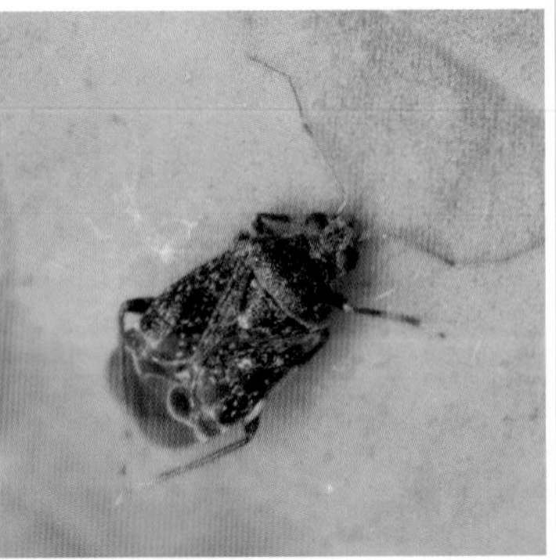

흰솜털검정장님노린재(장님노린재과)

Charagochilus angusticollis

크기 | 3~4mm 출현시기 | 4~10월(여름)
먹이 | 잡초

'큰흰솜털검정장님노린재'와 닮았지만 작은방패판 끝에 주황색이나 황색 점무늬가 있어서 구별된다.

탈장님노린재

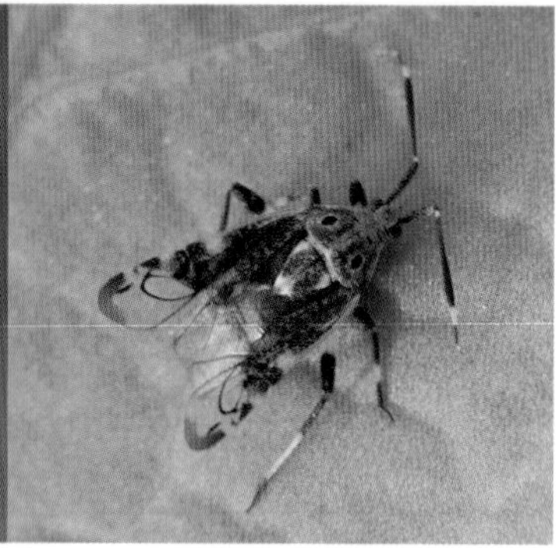
날개

탈장님노린재(장님노린재과) *Eurystylus coelestialium*

크기 | 5~8㎜ 출현시기 | 5~11월(여름) 먹이 | 활엽수의 꽃, 꽃가루

몸은 흑갈색이고 황갈색과 황록색의 무늬가 있어서 얼룩덜룩해 보인다. 앞가슴등판에는 2개의 흰색 테두리가 있는 검은색 점이 있다. 작은방패판 가장자리에는 흰색 무늬가 있다. 각 다리의 넓적다리마디의 절반은 흰색을 띤다. 꽃가루나 꿀, 꽃잎과 꽃자루 즙을 먹고 산다.

산알락장님노린재(장님노린재과) *Phytocoris shabliovskii*

크기 | 5~6㎜ 출현시기 | 6~11월(여름) 먹이 | 활엽수

몸은 갈색을 띠며 얼룩덜룩하다. 앞날개 혁질부 끝부분에 검은색 빗금 무늬가 뚜렷한 점이 특징이다.

산북방장님노린재(장님노린재과) *Capsus wagneri*

크기 | 5~6㎜
출현시기 | 5~8월(여름)

머리, 더듬이, 앞날개는 검은색이고 앞가슴등판, 작은방패판, 다리는 주황색이다. 한국 고유종이다.

풀밭장님노린재(수컷)

암컷

풀밭장님노린재(장님노린재과) *Lygus rugulipennis*

크기 | 5~6㎜ 출현시기 | 5~8월(여름) 먹이 | 각종 식물

몸은 전체적으로 황갈색이고 앞가슴등판과 앞날개에 검은색 무늬가 있다. 작은방패판은 황백색을 띤다. 풀밭에 있는 다양한 식물의 즙을 빨아 먹으며 생활한다. 다양한 채소와 곡물에 피해를 일으키기 때문에 북미에서는 해충으로 꼽힌다. 밤에 불빛에도 잘 날아와 모인다.

밝은색장님노린재(장님노린재과) *Taylorilygus apicalis*

크기 | 4~6㎜ 출현시기 | 9~11월(여름) 먹이 | 각종 식물

몸은 연녹색 또는 황갈색을 띤다. 앞날개 혁질부에 검은색 무늬가 있다. 밤에 불빛에 모여든다.

초록장님노린재(장님노린재과) *Lygocoris lucorum*

크기 | 4~6㎜ 출현시기 | 5~10월(여름) 먹이 | 쑥

몸은 녹색 또는 연녹색이며 앞날개 안쪽에 검은색 무늬가 있다. 작물에 피해를 주기도 하고 불빛에도 날아온다.

새무늬고리장님노린재(장님노린재과)
Apolygus pulchellus

크기 | 4㎜ 내외 출현시기 | 5~10월(여름)
먹이 | 싸리류

몸은 연갈색을 띤다. 작은방패판은 황백색을 띠는 것이 특징이다. 싸리류 식물의 즙을 먹고 산다.

붉은다리장님노린재(장님노린재과)
Apolygus roseofemoralis

크기 | 4~5㎜
출현시기 | 7~9월(여름)

몸은 연갈색이며 뒷다리 넓적다리마디가 붉은색을 띤다. 등면과 배면은 모두 초록빛이 돈다.

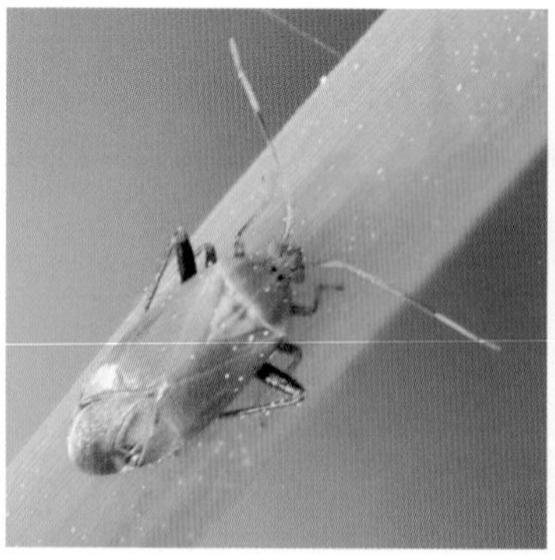

참고운고리장님노린재(장님노린재과)
Castanopsides kerzhneri

크기 | 6~7㎜ 출현시기 | 5~7월(여름)
먹이 | 참나무류

몸은 주황색이나 적갈색을 띤다. 앞가슴등판 위쪽에 2개의 검은색 점이 있다. 뒷다리 넓적다리마디는 흑갈색이다.

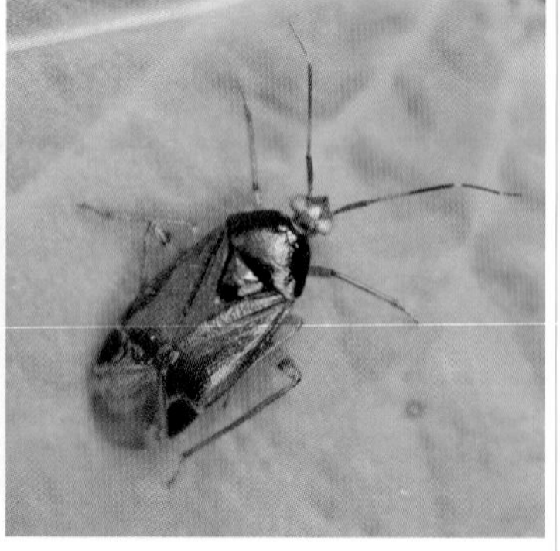

고운고리장님노린재(장님노린재과)
Philostephanus glaber

크기 | 5~6㎜ 출현시기 | 4~7월(여름)
먹이 | 참나무류

몸은 검은색을 띠며 광택이 있다. 앞날개 막질부는 투명하다. 다리 넓적다리마디에 흰색 줄무늬가 있다.

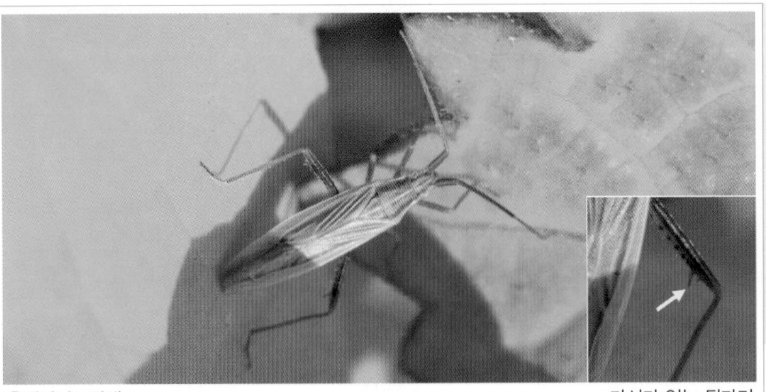

홍맥장님노린재

홍맥장님노린재(장님노린재과) *Stenodema calcarata*

크기 | 6~8㎜ 출현시기 | 3~10월(여름) 먹이 | 벼류, 사초류

몸은 녹색 또는 갈색을 띠고 길쭉하다. 여름에는 녹색형 개체가 많고 겨울에는 갈색형 개체가 많다. 뒷다리 넓적다리마디에 2개의 작은 가시가 있다. 벼과나 사초과 식물의 즙을 빨아 먹고 살아서 작물에 피해를 일으키기도 한다. 밤에는 환한 불빛에 유인되어 잘 날아온다.

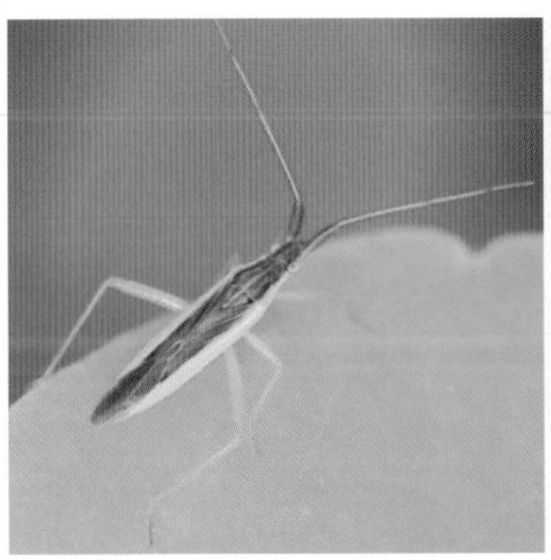

보리장님노린재(장님노린재과)
Stenodema rubrinervis

크기 | 8~10㎜ 출현시기 | 4~7월(여름)
먹이 | 벼류, 사초류

몸은 갈색을 띠고 길쭉하다. 몸의 가장자리와 다리는 연녹색을 띤다. 경작지에서 흔하게 볼 수 있다.

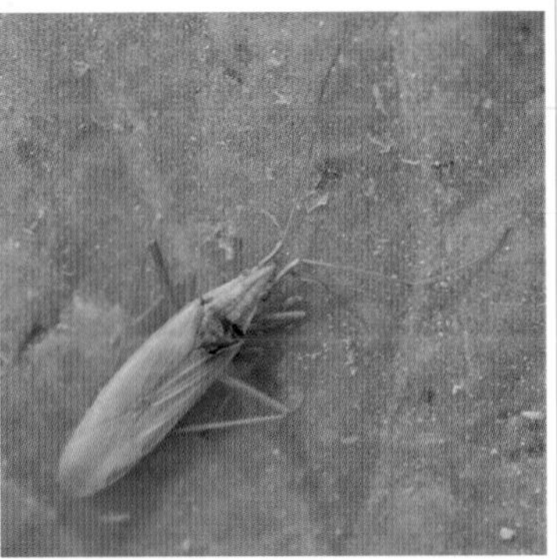

빨간촉각장님노린재(장님노린재과)
Trigonotylus coelestialium

크기 | 4~6㎜ 출현시기 | 4~10월(여름)
먹이 | 벼류

몸은 연녹색을 띠고 길쭉하다. 더듬이가 붉은색을 띠고 있어서 '빨간촉각'이라는 이름이 지어졌다.

암수다른장님노린재(수컷) 암컷

암수다른장님노린재(장님노린재과) *Orthocephalus funestus*

크기 | 4~7㎜ 출현시기 | 4~6월(여름) 먹이 | 쑥

몸은 검은색이고 광택이 있다. 암컷과 수컷의 체형이 달라서 '암수다른'이 붙어 이름이 지어졌다. 암컷은 몸이 짧고 배가 둥글며 뚱뚱하지만 수컷은 몸이 길고 홀쭉해서 쉽게 구별된다. 수컷은 장시형만 있고 암컷은 장시형과 단시형이 있다. 밤에 불빛에 유인되어 날아온다.

검은빛갈참장님노린재(장님노린재과) *Cyllecoris nakanishii*

크기 | 5~7㎜ 출현시기 | 5~6월(여름)
먹이 | 느릅나무

몸은 갈색이고 길쭉하며 더듬이는 가늘고 길다. 앞가슴등판, 작은방패판, 앞날개 설상부는 황백색을 띤다.

새맵시장님노린재(장님노린재과) *Dryophilocoris kanyukovae*

크기 | 5~7㎜
출현시기 | 5~6월(여름)

머리는 검은색이고 앞가슴등판은 주황색이며 작은방패판과 앞날개 혁질부 가장자리는 황색을 띤다.

검정맵시장님노린재(장님노린재과)
Dryophilocoris saigusai

크기 | 5~6㎜
출현시기 | 4~6월(여름)

몸은 전체적으로 검은색을 띠고 길쭉하다. 앞날개 가장자리와 다리가 황색 또는 갈색을 띤다.

사촌애장님노린재(장님노린재과)
Chlamydatus (Euattus) pullus

크기 | 2㎜ 내외 출현시기 | 8월(여름)
먹이 | 각종 식물

몸은 전체적으로 검은색을 띤다. 다리 종아리마디에는 검은색 줄이 줄지어 있으며 더듬이 기부도 검은색이다.

고려애장님노린재(장님노린재과)
Harpocera koreana

크기 | 5㎜ 내외 출현시기 | 4~5월(여름)
먹이 | 참나무류

수컷은 연갈색이고 더듬이가 검은색으로 굵지만 암컷은 주황색이고 더듬이가 가늘어서 서로 구별된다.

갈참우리장님노린재(장님노린재과)
Psallus (Calopsallus) clarus

크기 | 3~4㎜ 출현시기 | 5~6월(여름)
먹이 | 떡갈나무

몸은 연황색이고 주황색 무늬가 많아서 얼룩덜룩해 보인다. 앞날개 막질부는 연갈색을 띤다.

장님노린재 종류 비교하기

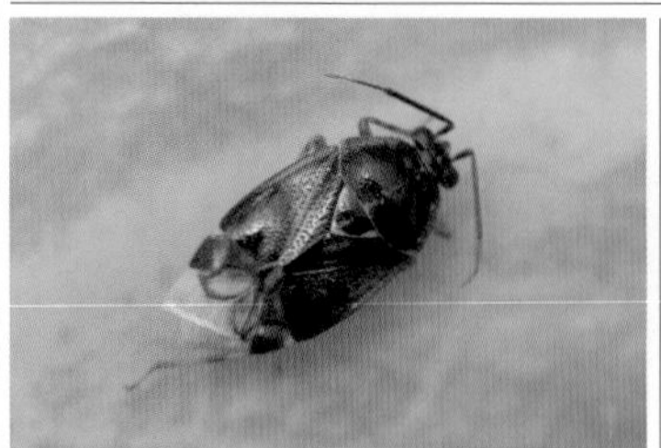

온포무늬장님노린재

'새꼭지무늬장님노린재'와 비슷하지만 머리가 검은색이고 작은방패판 가장자리에 황백색 V자 무늬가 있다.

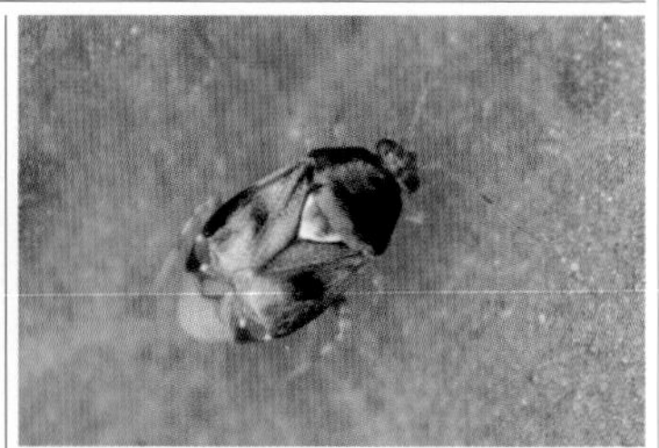

새꼭지무늬장님노린재

'온포무늬장님노린재'와 비슷하지만 머리가 갈색이고 작은방패판 가운데에 넓은 흰색 무늬가 있다.

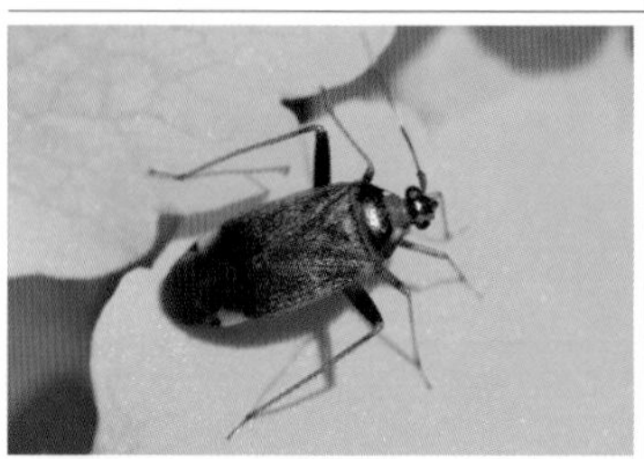

설상무늬장님노린재

'목도리장님노린재'와 비슷하지만 설상부에 있는 황백색 무늬 둘레가 붉지 않다. 앞가슴등판에는 검은색 가로줄무늬가 있다.

목도리장님노린재

'설상무늬장님노린재'와 비슷하지만 설상부에 있는 황백색 무늬 둘레가 붉은색을 띤다.

홍맥장님노린재

'보리장님노린재'와 비슷하지만 몸 테두리가 있는 듯 없는 듯하다. 여름에는 녹색, 가을에는 갈색 개체가 많다.

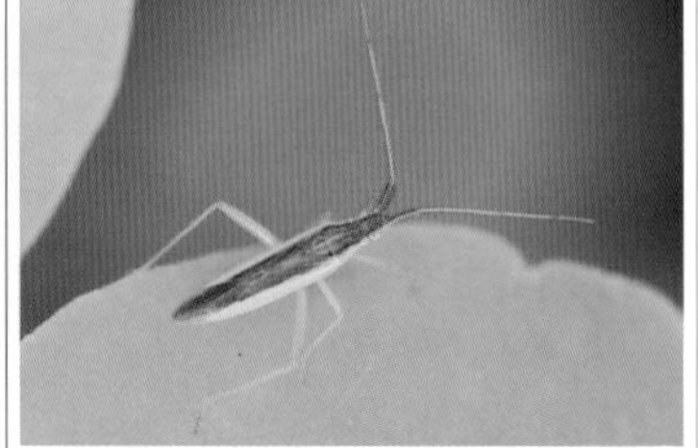

보리장님노린재

'홍맥장님노린재'와 비슷하지만 몸 가장자리를 따라 연녹색 테두리가 뚜렷하게 발달되어 있다. 다리도 연녹색을 띤다.

느티나무꽃노린재 소형 곤충을 잡아먹는 육식성 노린재이다.

느티나무꽃노린재(꽃노린재과) *Anthocoris japonicus*

크기 | 3~4㎜ 출현시기 | 3~12월(여름) 먹이 | 외줄면충

몸은 전체적으로 검은색을 띠며 광택이 있다. 앞날개 혁질부 위쪽은 갈색이나 주황색, 회색을 띠고 아래쪽은 검은색을 띤다. 앞날개 막질부에는 흰색의 삼각형 무늬가 뚜렷하다. 느티나무에 혹을 일으키는 외줄면충을 먹고 살며 느티나무에서 월동한다.

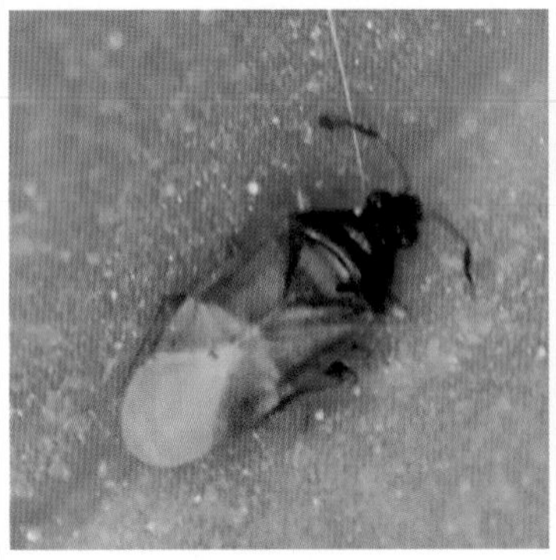

애꽃노린재(꽃노린재과)
Orius (Heterorius) sauteri

크기 | 1.8~2.1㎜ 출현시기 | 7~8월(여름)
먹이 | 매미충류, 응애류, 진딧물류

몸은 검은색이고 앞날개 혁질부와 막질부는 연갈색이다. 날카로운 주둥이를 찔러 소형 곤충을 사냥한다.

으뜸애꽃노린재(꽃노린재과)
Orius (Heterorius) strigicollis

크기 | 2㎜ 내외 출현시기 | 6~8월(여름)
먹이 | 총채벌레류, 응애류, 진딧물류

소형 곤충을 잡아먹고 사는 육식성 노린재로 특히 총채벌레류를 잘 잡아먹어 방제에 이용되는 천적이다.

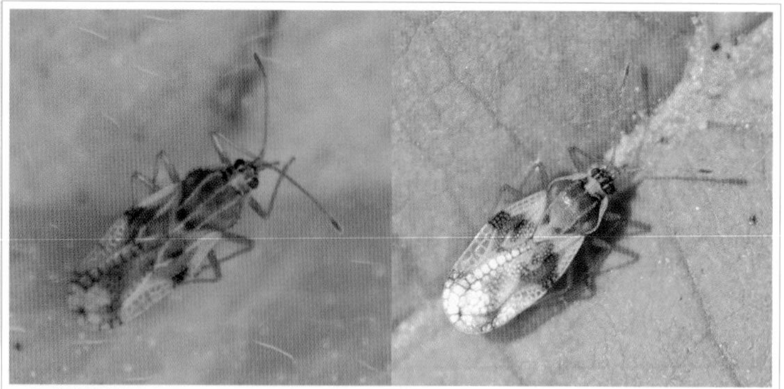

포풀라방패벌레(수컷) 암컷

포풀라방패벌레(방패벌레과) *Metasaes populi*

크기 | 3㎜ 내외 출현시기 | 5~9월(여름) 먹이 | 양버즘나무류, 버드나무류, 사시나무류

몸은 갈색이나 황갈색을 띤다. 앞가슴등판은 암갈색이고 3개의 세로줄무늬가 있다. 앞날개 혁질부에는 검은색 무늬가 있고 막질부는 대체적으로 투명하다. 더듬이와 다리는 연황색을 띤다. 포플러(사시나무류)에서 발견되어 이름이 지어졌지만 다양한 나무에 산다.

국화방패벌레(방패벌레과) *Corythucha marmorata*

크기 | 3㎜ 내외 출현시기 | 5~7월(여름)
먹이 | 국화류, 꿀풀류, 가지류, 백합류, 콩류

몸은 흰색이고 갈색 무늬가 있다. 외래곤충으로 그을음병을 유발시킨다. '해바라기방패벌레'라고도 불렸다.

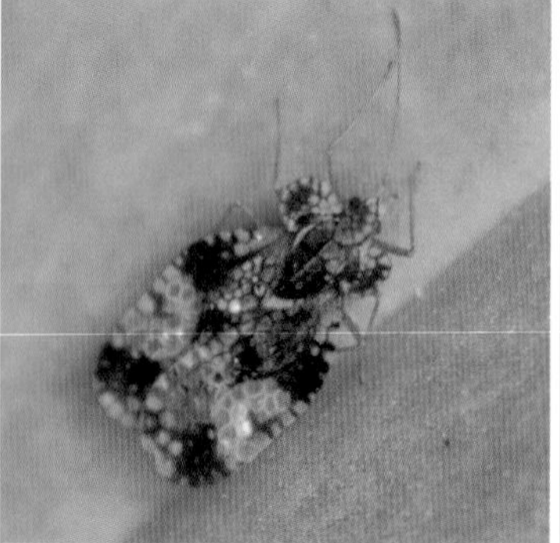

배나무방패벌레(방패벌레과) *Stephanitis nashi*

크기 | 3㎜ 내외 출현시기 | 4~6월(여름)
먹이 | 배나무, 장미류

몸이 방패처럼 납작하고 갈색을 띤다. 더듬이와 다리는 연갈색이고 앞날개 가운데에 갈색 띠무늬가 있다.

장구애비 굵은 앞다리로 물 속 생물을 사냥한다.

약충 기다란 꽁무니 숨관 앞다리(낫 모양)

장구애비(장구애비과) *Laccotrephes japonensis*

크기 | 30~40㎜ 출현시기 | 3~11월(여름) 먹이 | 수서곤충, 올챙이, 갑각류, 물고기

몸은 길쭉하며 전체적으로 흑갈색을 띤다. 굵은 앞다리로 사냥감을 붙잡아 날카로운 주둥이로 찔러 사냥한다. 배 끝에 있는 숨관은 몸 길이와 비슷할 정도로 매우 길게 발달되어 있다. 길고 가느다란 숨관을 위로 올렸다 내렸다 하는 모습이 '장구 치는 아저씨' 같다고 해서 이름이 지어졌다. 전체적인 생김새가 절지동물 거미류에 속하는 '전갈'과 모습이 비슷해서 '물 속의 전갈'이라고 부른다. 논, 연못, 저수지나 물 흐름이 느린 냇가에 살면서 올챙이, 수서곤충 등을 사냥한다.

메추리장구애비 크기가 작아 '메추리'라는 이름이 지어졌다.

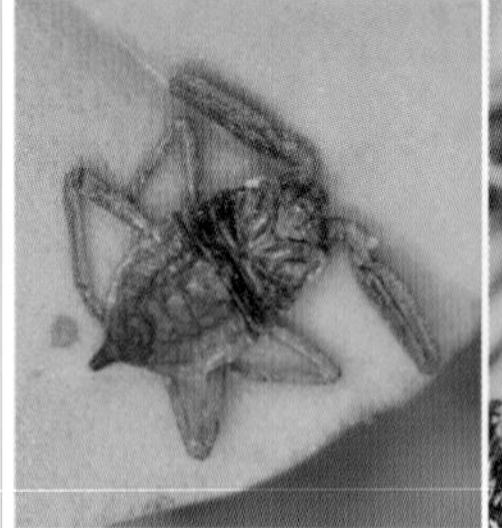

약충

앞다리(낫 모양)

짧은 꽁무니 숨관

메추리장구애비(장구애비과) *Nepa hoffmanni*

크기 | 16~23㎜ 출현시기 | 3~11월(여름) 먹이 | 수서곤충, 올챙이, 물고기

몸은 전체적으로 흑갈색이어서 물속에 있으면 땅 빛깔과 비슷해 눈에 잘 띄지 않는다. 몸이 매우 납작하며 위기에 처하면 바닥에 죽은 척하고 꼼짝하지 않아서 사체로 착각하기 쉽다. 논, 연못, 저수지 등 물풀이 많은 곳에 살면서 굵은 앞다리로 수서곤충, 올챙이, 작은 물고기 등을 사냥한다. 먹잇감을 꽉 붙잡고 날카로운 주둥이로 찔러 체액을 빨아 먹는다. '장구애비'와 생김새가 비슷하지만 크기가 훨씬 작고 꽁무니에 달린 숨관이 매우 짧아서 구별된다. 밤에 불빛에 유인되어 잘 날아온다.

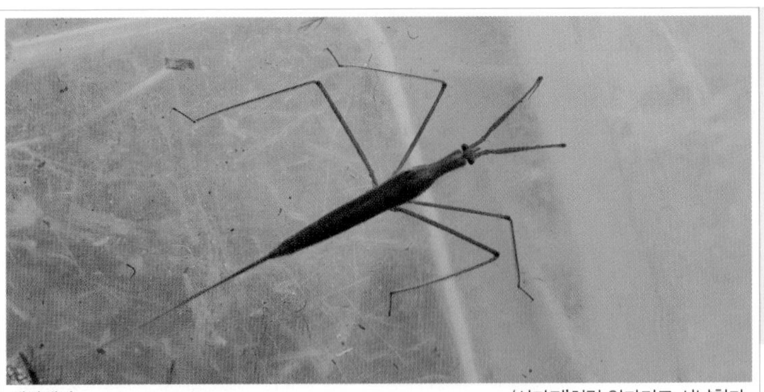
게아재비 '사마귀'처럼 앞다리로 사냥한다.

게아재비(장구애비과) *Ranatra chinensis*

크기 | 40~45㎜ 출현시기 | 4~10월(여름) 먹이 | 수서곤충, 물고기, 올챙이

몸은 갈색이고 '대벌레'처럼 매우 가늘고 길어서 나뭇가지처럼 보인다. 낫 모양의 날카로운 앞다리로 물고기, 올챙이, 수서곤충 같은 먹잇감을 붙잡아 사냥하는 모습이 '사마귀'를 닮아서 '물속의 사마귀'라고 부른다. 배 끝의 기다란 숨관으로 숨을 쉬며 밤에 불빛에 날아온다.

방게아재비 '게아재비'보다 크기도 작고 숨관도 짧다.

방게아재비(장구애비과) *Ranatra unicolor*

크기 | 24~32㎜ 출현시기 | 6~8월(여름) 먹이 | 올챙이, 수서곤충

몸은 갈색이고 길쭉하며 꽁무니에 기다란 숨관이 있다. 전체적인 생김새가 '게아재비'와 비슷하지만 크기도 작고 숨관도 짧아서 쉽게 구별된다. 논, 연못, 저수지 등에 살면서 올챙이와 수서곤충 등의 수서동물을 찔러서 체액을 빨아 먹는다. 밤에 불빛에 유인되어 날아온다.

물장군(암컷) 논에 살면서 미꾸라지 같은 물고기의 체액을 빨아 먹는다.

수컷

굵은 앞다리

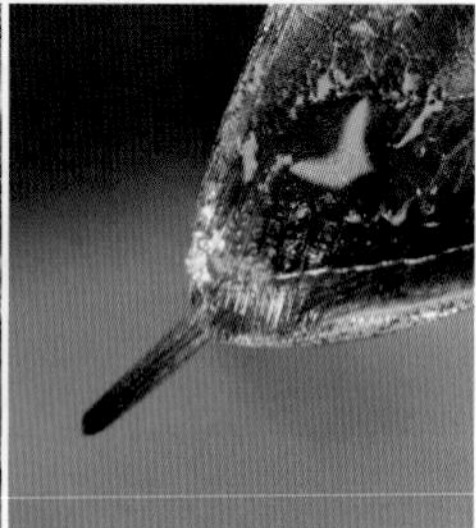

짧은 꽁무니 숨관

물장군(물장군과) *Lethocerus deyrolli*

크기 | 48~65㎜ 출현시기 | 5~9월(여름) 먹이 | 물고기, 개구리

몸은 갈색을 띠며 넓적하다. 노린재목 곤충 중 크기가 가장 커서 '거인노린재(Giant Bug)'라고 부른다. 낫 모양의 날카롭고 굵은 앞다리로 미꾸라지, 개구리, 작은 물고기, 수서곤충 등을 사냥한다. 날카로운 주둥이로 먹잇감을 찔러 체액을 빨아 먹기 때문에 '물속의 드라큘라'라고 부른다. 수컷은 암컷이 물풀에 낳은 알을 부화될 때까지 보살피는 습성이 있다. 제주도, 서해안의 섬 등에 살았으며 특히 논에 많이 살았다. 서식지 감소에 의해 개체 수가 급격히 줄어들어 환경부 지정 멸종위기 야생생물Ⅱ급으로 지정되어 있다.

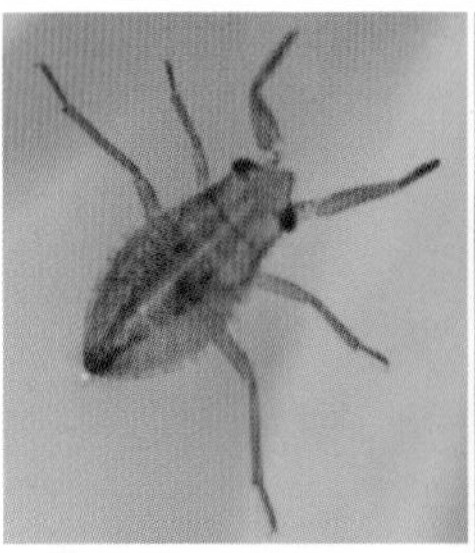
약충(1령)

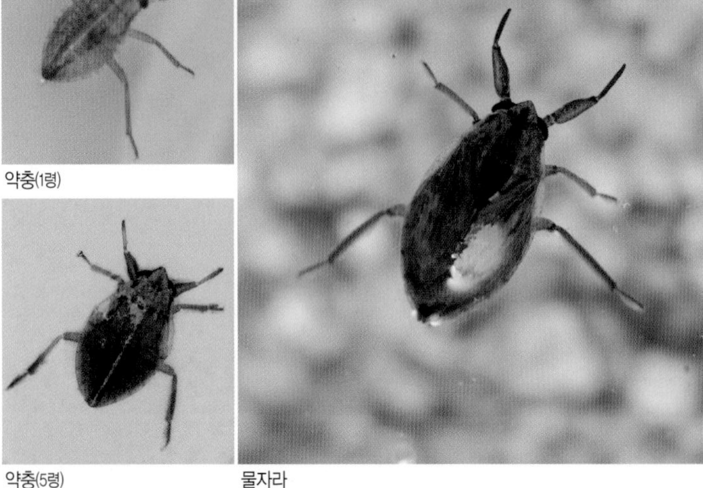
약충(5령)

물자라

먹이를 사냥하는 모습

알을 지고 있는 수컷

[1]**큰물자라**

물자라(물장군과) *Muljarus japonicus*

크기 | 15~22㎜ 출현시기 | 4~10월(여름) 먹이 | 수서곤충, 작은 물고기

몸은 전체적으로 갈색이고 타원형이다. 등판이 넓적한 자라와 비슷해서 '물속에 사는 자라'라는 뜻으로 이름이 지어졌다. 수컷은 등판에 낳은 알을 지고 다니며 부화될 때까지 돌보기 때문에 '알지기'라고 부른다. 약충은 단단한 앞날개가 없기 때문에 배 등면이 그대로 보인다. 성충과 마찬가지로 소형 수서곤충을 찔러 체액을 빨아 먹는다. 연못, 하천의 가장자리, 논에서 흔하게 관찰된다. [1]**큰물자라**는 '물자라'와 비슷하며 몸이 흑갈색을 띠고 몸 길이가 25㎜ 정도로 약간 더 커서 구별된다.

왕물벌레(물벌레과)
Hesperocorixa hokkensis

크기 | 10~12㎜ 출현시기 | 3~10월(여름)
먹이 | 수생식물

몸은 황색이고 검은색 무늬가 있다. 앞가슴등판에 10개의 검은색 가로 줄무늬가 있는 대형 물벌레이다.

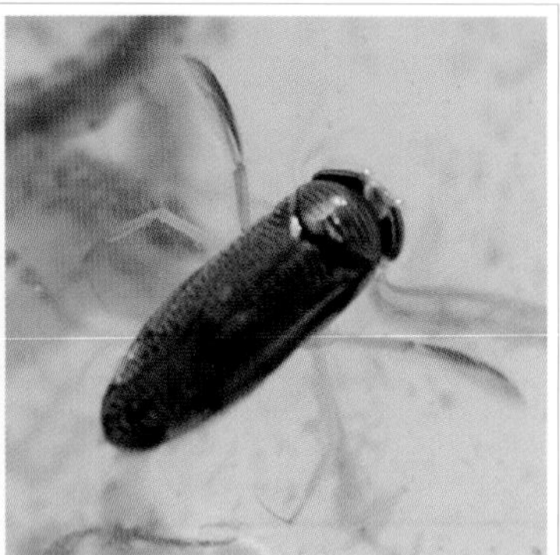

방물벌레(물벌레과)
Sigara (Tropocorixa) substriata

크기 | 5~7㎜ 출현시기 | 3~10월(봄)
먹이 | 수생식물

몸은 황갈색을 띠며 개체 수가 많아 흔하게 볼 수 있다. 논과 연못에서 수생식물을 먹고 산다.

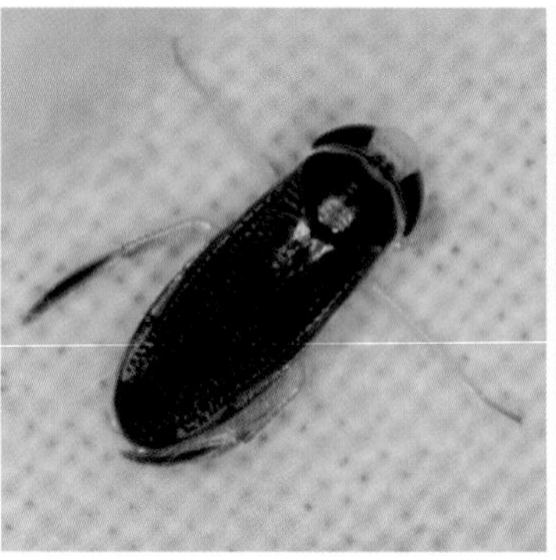

진방물벌레(물벌레과)
Sigara (Tropocorixa) bellura

크기 | 5.9㎜ 내외 출현시기 | 3~10월(여름)
먹이 | 수생식물

몸은 갈색이고 머리 앞부분이 불룩 튀어나왔다. 연못과 웅덩이, 논 등에서 수생식물을 먹고 산다.

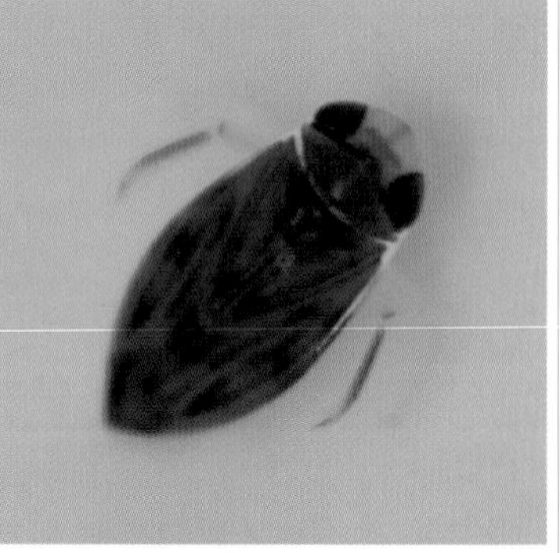

동쪽꼬마물벌레(물벌레과)
Micronecta (Basileonecta) sahlbergii

크기 | 3㎜ 내외 출현시기 | 3~11월(여름)
먹이 | 조류, 저서무척추동물

몸은 연갈색이고 타원형으로 둥글다. 녹조류가 많이 발생한 부영양화된 농수로와 저수지에 산다.

송장헤엄치게

물 밖에서는 똑바로 날아다닌다.

헤엄치는 모습

배면

송장헤엄치게(송장헤엄치게과) *Notonecta (Paranecta) triguttata*

크기 | 11~14㎜ 출현시기 | 4~10월(여름) 먹이 | 올챙이, 수서곤충

몸은 전체적으로 검은색을 띠며 앞가슴등판 위쪽과 다리는 연갈색을 띤다. 겹눈은 크고 붉은색을 띤다. 몸을 뒤집은 채 물 위에 둥둥 떠서 헤엄을 치며 매우 길게 발달된 뒷다리를 노처럼 이용해서 동시에 저어 나가면 앞으로 쭉쭉 미끄러지듯 헤엄칠 수 있다. 물 밖에서 활동할 때는 몸을 바로잡아서 날아다닌다. 사체에도 잘 모여서 이름이 지어졌다. 논, 연못, 저수지 등에서 볼 수 있으며 수서곤충, 올챙이 등을 찔러 체액을 빨아 먹고 산다.

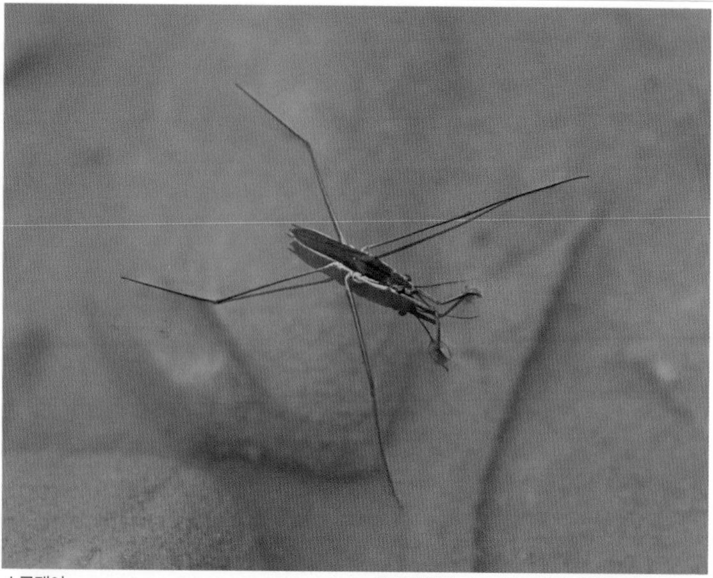

소금쟁이 물 위에 둥둥 떠다니며 곤충의 체액을 빨아 먹는다.

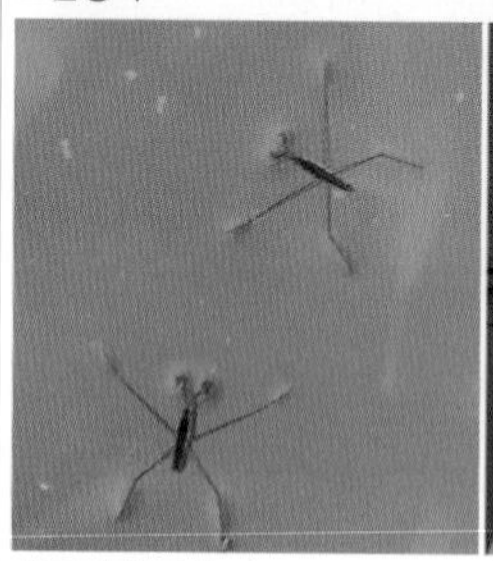
소금쟁이 무리

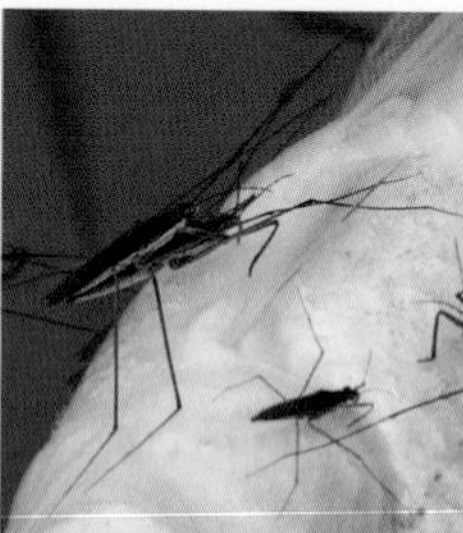
물고기 체액을 빨아 먹는 모습

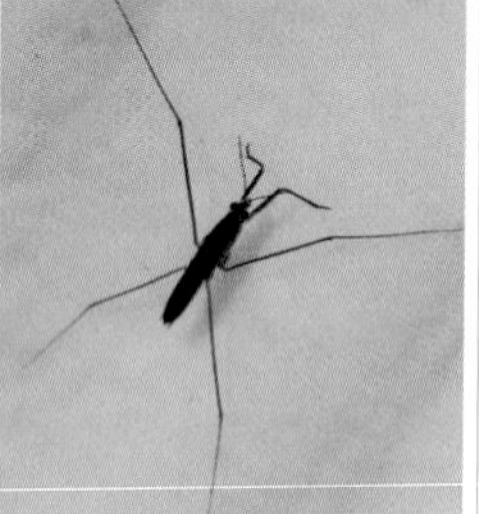
밤에 불빛에 모여든 모습

소금쟁이(소금쟁이과) *Aquarius paludum paludum*

크기 | 11~16㎜ 출현시기 | 4~10월(여름) 먹이 | 물에 떨어진 사체, 죽은 물고기

몸은 전체적으로 암갈색을 띤다. '애소금쟁이'와 비슷하지만 몸이 더 길쭉하고 다리가 길며 색깔이 어두워서 구별된다. 하천과 저수지 등의 고인 물에 모여 물에 떨어진 사체나 수서곤충의 체액을 빨아 먹고 산다. 죽은 물고기가 있으면 무리 지어 체액을 빨아 먹는 모습을 볼 수 있다. 소금쟁이가 물고기 사체를 분해하는 역할을 하지 않으면 사체가 썩어 물이 더 오염되기 때문에 수질을 맑게 유지시키는 분해자이다. 논, 연못, 저수지 등의 물 위를 떠다니며 생활하는 모습을 흔히 볼 수 있다.

등빨간소금쟁이 수컷이 암컷 위에 올라타서 짝짓기한다.

발의 기름으로 생긴 그림자

헤엄치는 모습

먹잇감에 무리 지어 모여든 모습

등빨간소금쟁이(소금쟁이과) *Gerris (Macrogerris) gracilicornis*

크기 | 10~15㎜ 출현시기 | 3~11월(봄) 먹이 | 물에 떨어진 사체

몸은 흑갈색 또는 갈색이며 등면이 전체적으로 붉은색을 띠고 있어서 이름이 지어졌다. 더듬이는 가늘고 짧아서 몸 길이의 절반 정도이다. 냇가와 하천, 저수지 등에서 물에 빠진 나방, 파리, 꿀벌 등의 사체에 모여서 체액을 빨아 먹고 산다. 특히 봄철에 냇가에 가면 여러 마리가 한꺼번에 모여서 짝짓기하고 있는 모습을 쉽게 볼 수 있다. 짝짓기할 때 위쪽에 올라간 몸집이 작은 개체가 수컷이고 아래에 있는 큰 개체가 암컷이다. 냇물에서 짝짓기를 하면서 수면 위를 지치며 이동하는 모습도 볼 수 있다.

약충

짝짓기

애소금쟁이

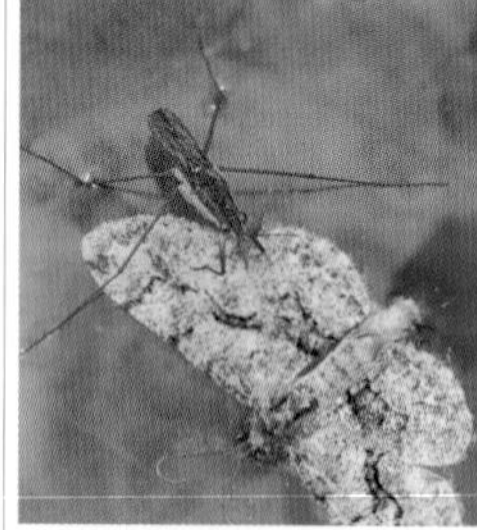

먹이의 체액을 빨아 먹는 모습

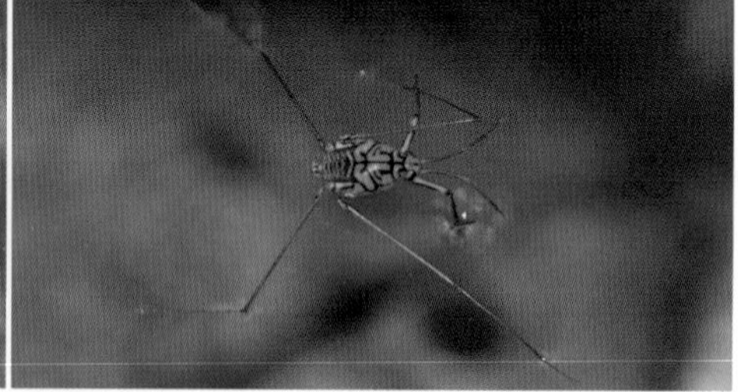

[1]**광대소금쟁이**

애소금쟁이(소금쟁이과) *Gerris latiabdominis*

크기 | 8.5~11㎜ 출현시기 | 3~10월(여름) 먹이 | 물에 떨어진 사체, 죽은 물고기

몸은 길쭉하며 암갈색을 띤다. 논이나 연못, 저수지 등의 죽은 물고기나 물에 떨어진 곤충의 사체에 모여 체액을 빨아 먹고 산다. 물 위에 둥둥 떠 있다가 다리를 지치며 발 빠르게 이동한다. 부엽식물이나 물가의 땅 위에 올라와서 쉬고 있는 모습도 볼 수 있다. 잘 날아다니는 편은 아니지만 밤에 불빛에 유인되어 날아온다. 약충은 날개가 아직 발달하지 못해서 몸과 다리가 매우 짧다. [1]**광대소금쟁이**는 몸은 황색이고 검은색 줄무늬가 복잡하게 얽혀 있는 모습이 광대의 옷처럼 알록달록해서 이름이 지어졌다.

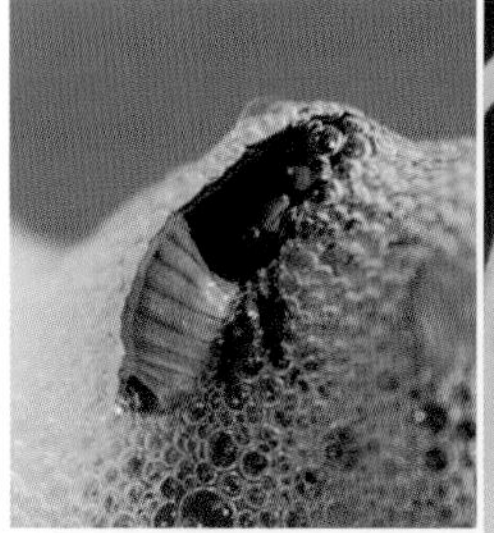
약충

겹눈

흰띠거품벌레

날개(흰색 띠무늬)

거품을 만들어 숨는 약충

흰띠거품벌레(거품벌레과) *Aphrophora intermedia*

크기 | 9~12㎜ 출현시기 | 6~10월(여름) 먹이 | 버드나무, 뽕나무

몸은 암갈색을 띤다. 앞날개 가운데에 넓은 흰색 띠무늬가 있어서 이름이 지어졌다. 버드나무, 뽕나무, 사철나무, 포도나무, 사과나무 등의 즙을 빨아 먹고 산다. 풀 줄기나 나무에 붙어 있다가 위험이 느껴지면 잘 발달된 굵은 뒷다리로 높이 점프하여 도망친다. 거품벌레는 도약력이 매우 뛰어나서 70㎝ 정도 높이까지 뛰어오르는 곤충계의 높이뛰기 선수이다. 약충은 보글보글 흰색 거품을 만들고 그 속에서 생활한다. 나뭇가지에 만들어 놓은 거품 모양이 마치 침을 뱉어 놓은 것 같아서 '침벌레'라고도 불린다.

솔거품벌레

약충이 만든 거품

솔거품벌레(거품벌레과) *Aphrophora flavipes*

크기 | 8~10㎜ 출현시기 | 6~8월(여름) 먹이 | 소나무, 전나무

몸은 검은색과 갈색이 섞여 있어서 얼룩덜룩해 보인다. 약충은 소나무, 잣나무, 전나무, 뽕나무 등의 잔가지에 거품을 만들고 함께 모여서 지낸다. 특히 소나무에 무리 지어 즙을 빨아 먹어서 이름이 지어졌다. 나무의 즙을 빨아 먹으면 그을음병을 유발시켜 피해가 크다.

갈잎거품벌레(거품벌레과) *Aphrophora maritima*

크기 | 10㎜ 내외 출현시기 | 5~10월(여름)
먹이 | 활엽수

몸은 연한 회황색을 띤다. 겹눈은 크고 머리는 삼각형이다. 약충은 만든 거품 속에서 수분을 유지하며 산다.

노랑무늬거품벌레(거품벌레과) *Aphrophora major*

크기 | 12~13㎜
출현시기 | 6~9월(여름)

몸은 황갈색을 띠며 우리나라 거품벌레류 중에서 크기가 가장 크다. 산이나 들판의 계곡, 논에서 발견된다.

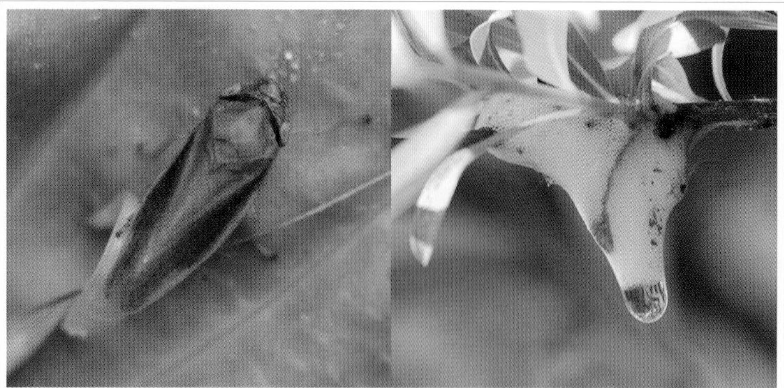
설악거품벌레　　　침처럼 보이는 거품

설악거품벌레(거품벌레과) *Aphilaenus nigripectus*

크기 | 7㎜ 내외　출현시기 | 6~9월(여름)　먹이 | 가문비나무, 전나무

몸은 연한 황갈색이며 다리는 연황색이다. 앞날개 끝부분은 투명하다. 가문비나무, 전나무 같은 침엽수의 새순을 빨아 먹고 산다. 약충은 보글보글 거품을 만들고 거품 속에서 안전하게 숨어서 지낸다. 은신처가 되는 거품을 만들어서 '거품벌레'라는 이름이 지어졌다.

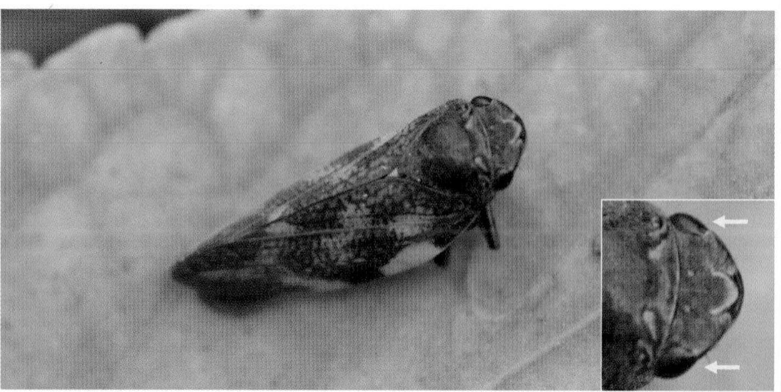
노랑얼룩거품벌레　　　머리와 겹눈

노랑얼룩거품벌레(거품벌레과) *Cnemidanomia lugubris*

크기 | 10.5~12.5㎜　출현시기 | 6~8월(여름)

몸은 검은색이고 황색 무늬가 선명해서 얼룩덜룩해 보인다는 뜻으로 이름이 지어졌다. 작은방패판은 작고 끝부분은 황색이다. 약충 때는 보글보글 거품을 만들어 그 속에서 생활한다. 거품 속은 천적의 공격을 피할 뿐만 아니라 수분을 유지시킬 수 있어 유리하다.

광대거품벌레 1형 광대거품벌레 2형(등면 줄무늬 다름)

광대거품벌레(거품벌레과) *Lepyronia coleptrata*

크기 | 6~8㎜ 출현시기 | 6~9월(여름) 먹이 | 쑥, 버드나무, 자작나무

몸은 회황색 바탕에 암갈색 줄무늬가 있고 둥근 공 모양이다. 수컷은 암컷에 비해 몸이 작고 짧으며 훨씬 더 공 모양으로 둥글다. 위험한 상황이 닥치면 발달된 굵은 뒷다리로 툭 튀어서 멀리 도망간다. 다양한 나무의 즙을 빨아 먹으며 주로 쑥의 즙을 빨아 먹고 산다.

고려광대거품벌레(거품벌레과)
Lepyronia koreana

크기 | 6~8㎜
출현시기 | 5~10월(여름)

몸은 연한 회갈색이나 황갈색을 띤다. 날개 가장자리에 흑갈색 무늬가 있고 다리는 검은색을 띤다.

쥐머리거품벌레(쥐머리거품벌레과)
Eoscartopsis assimilis

크기 | 5.5~8.5㎜ 출현시기 | 5~9월(여름)
먹이 | 오리나무, 버드나무

몸은 적갈색~검은색까지 다양하다. 숲속 계곡 근처의 나뭇잎에 앉아 있는 모습을 볼 수 있다.

뿔매미 / 앞가슴등판(뿔 모양 돌기)

뿔매미(뿔매미과) *Butragulus flavipes*

크기 | 5.5~8㎜ 출현시기 | 5~9월(여름) 먹이 | 엉겅퀴, 쑥

몸은 흑갈색 또는 암갈색을 띤다. 앞가슴등판 양옆에는 뿔 모양의 뾰족한 돌기가 있어서 이름이 지어졌다. 앞날개와 뒷날개는 투명하다. 경작지나 산지나 들판의 풀밭과 키 작은 나무에 산다. 엉겅퀴, 쑥 등의 국화과, 콩과 식물의 잎을 먹고 산다.

외뿔매미(뿔매미과) *Machaerotypus sibiricus*

크기 | 5~6㎜ 출현시기 | 6~9월(여름)
먹이 | 버드나무, 밤나무, 뽕나무, 느릅나무

몸은 적갈색이나 암갈색을 띤다. 앞가슴등판 양옆에 짧은 돌기가 튀어나와 있다. 경작지와 산과 들에 산다.

참뿔매미(뿔매미과) *Tricentrus coreanus*

크기 | 7㎜ 내외 출현시기 | 8~10월(여름)
먹이 | 각종 식물

머리는 마름모꼴이고 앞날개는 투명하다. 앞가슴등판 양옆에 뿔 모양의 돌기가 길쭉하게 튀어나왔다.

동굴뿔매미 날개

동굴뿔매미(뿔매미과) *Gargara genistae*

크기 | 4㎜ 내외 출현시기 | 7~10월(여름) 먹이 | 각종 식물

몸은 전체적으로 검은색이고 광택이 있다. 머리와 앞가슴등판에는 점이 촘촘하게 있으며 가늘고 긴 황백색 털이 있다. 겹눈은 어두운 황갈색이고 더듬이는 황갈색이다. 앞날개는 투명하며 다리는 짧고 검은색을 띤다. 크기가 매우 작지만 생김새는 '매미'를 닮았다.

띠띤뿔매미 작은방패판(황색 점무늬)

띠띤뿔매미(뿔매미과) *Gargara katoi*

크기 | 5.7㎜ 내외 출현시기 | 6~9월(여름) 먹이 | 각종 식물

몸은 전체적으로 흑갈색을 띠며 미세한 점각이 있다. 머리는 둥글고 겹눈은 불룩 튀어나왔다. 작은방패판 가장자리에 2개의 황색 점무늬가 있다. 앞가슴등판은 매우 크고 양옆에 있는 뿔 모양의 돌기는 약하게 돌출되었다. 배는 끝으로 갈수록 좁고 날개는 투명하며 연갈색을 띤다.

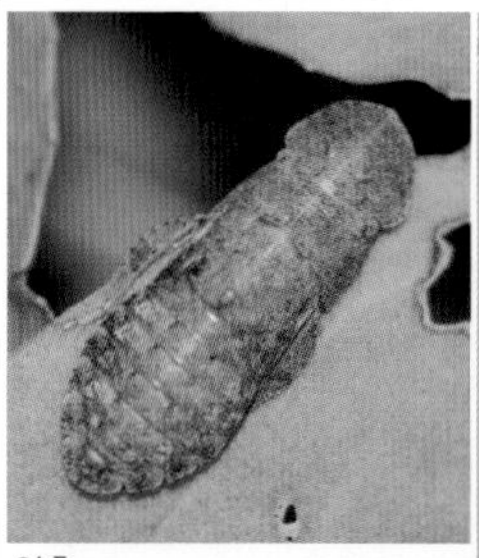
약충

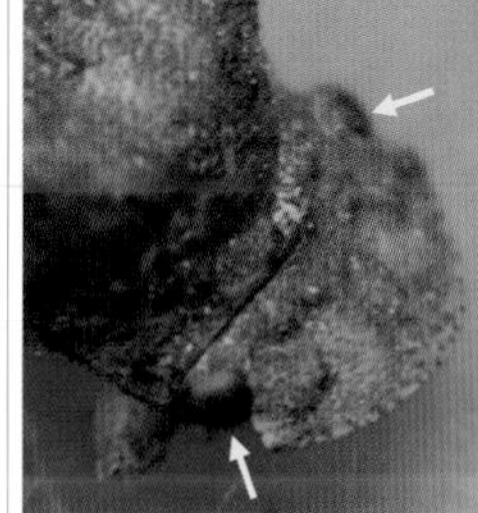
앞가슴등판(귀 모양 돌기)

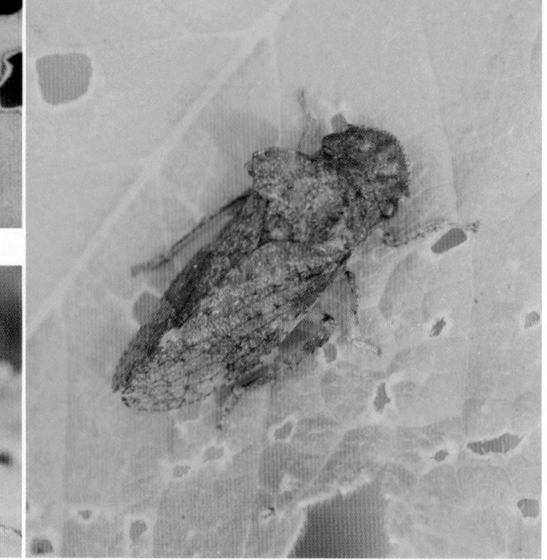
귀매미

머리와 겹눈

나무껍질과 비슷한 보호색

불빛에 날아온 모습

귀매미(매미충과) *Ledra auditura*

크기 | 14~18㎜ 출현시기 | 5~8월(여름) 먹이 | 떡갈나무, 졸참나무

몸은 전체적으로 암갈색 또는 적갈색을 띤다. 날개에 점무늬가 많고 배면은 갈색을 띠며 매미충류 중에서 크기가 큰 대형종에 속한다. 앞가슴등판 양옆에 귀 모양의 돌기가 불룩 튀어나와 있어서 이름이 지어졌다. 암컷의 돌기가 수컷보다 더 크다. 떡갈나무, 졸참나무 등의 참나무류가 많은 숲속에 살며 성충으로 월동한다. 밤에 환한 불빛에 유인되어 매우 잘 날아온다. 약충은 전체적으로 갈색이고 낙엽 조각처럼 보이며 날개가 없을 뿐 몸의 형태가 성충과 닮았다.

금강산귀매미 약충

금강산귀매미(매미충과) *Neotituria kongosana*

크기 | 11~14㎜ 출현시기 | 7~9월(여름) 먹이 | 참나무류, 칡

몸은 녹색을 띤다. 머리가 뾰족하게 앞으로 튀어나왔다. 앞날개는 연갈색이며 검은색 점무늬가 있고 막질부는 배 끝보다 더 길다. 신갈나무, 상수리나무, 갈참나무 등의 참나무류와 칡을 먹고 살며 나뭇잎과 비슷한 보호색을 갖고 있다. 약충은 연녹색이며 매우 납작하다.

우리귀매미(매미충과) *Petalocephala engelhardti*

크기 | 6.2~8㎜
출현시기 | 6~9월(여름)

몸은 황갈색이고 앞가슴등판에 2개의 귀 모양 무늬가 있다. 풀잎에 앉아 있으면 낙엽 조각처럼 보인다.

만주귀매미(매미충과) *Petalocephala manchurica*

크기 | 13㎜ 내외 출현시기 | 8~10월(여름)
먹이 | 밤나무

몸은 황록색을 띤다. '금강산귀매미'와 비슷하지만 연황색 점무늬가 많아서 쉽게 구별된다.

능수버들머리매미충(매미충과)

Idiocerus (Bicenarus) ishiyamae

크기 | 6㎜ 내외
출현시기 | 7~8월(여름)

몸은 전체적으로 황백색을 띠며 작은 방패판에 검은색 무늬가 있다. 날개는 연회색이고 날개맥은 황갈색이다.

버들머리매미충(매미충과)

Idiocerus populi

크기 | 6~7㎜
출현시기 | 7~8월(여름)

몸은 황백색이고 희미한 청색이 돈다. 머리와 앞가슴등판은 폭이 넓지만 꽁무니 쪽으로 갈수록 좁아진다.

등줄버들머리매미충(매미충과)

Podulmorinus vitticollis

크기 | 5.6~5.9㎜ 출현시기 | 7~8월(여름)
먹이 | 버드나무류

머리는 연황색이고 날개는 연갈색을 띤다. 배가 좁고 머리가 커서 '머리매미충'이라는 이름이 지어졌다.

상제머리매미충(매미충과)

Batracomorphus allioni

크기 | 5.5~7㎜
출현시기 | 7~8월(여름)

몸은 황갈색이고 희미한 연녹색을 띤다. 꽃, 열매 등을 먹고 살며 성충으로 월동한다.

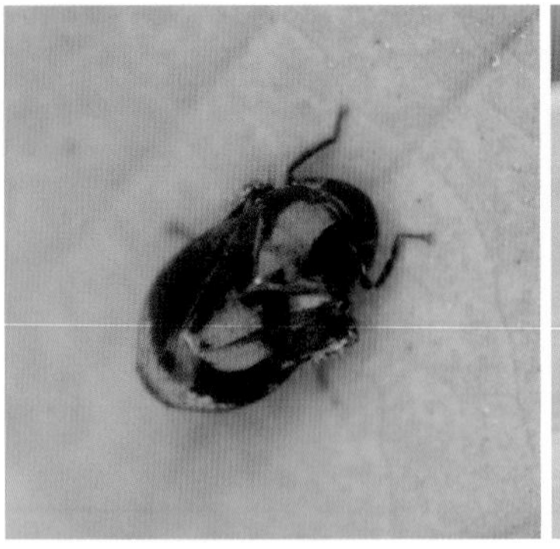

넓적매미충(매미충과)
Penthimia nitida

크기 | 4.2~4.8㎜
출현시기 | 4~8월(봄)

몸은 검은색이고 달걀 모양이며 광택이 있다. 겹눈은 적갈색을 띠고 날개 끝부분은 연회색을 띤다.

알락넓적매미충(매미충과)
Penthimia scutellata

크기 | 5.2~5.7㎜ 출현시기 | 5~8월(여름)
먹이 | 쑥

앞가슴등판에 2개, 앞날개에 6개, 작은방패판 끝에 2개의 황색 점무늬가 있다. 발달된 다리로 높이 뛴다.

지리산말매미충　　약충

지리산말매미충(매미충과) *Diodontophorus japonicus*

크기 | 8㎜ 내외 출현시기 | 5~8월(여름) 먹이 | 참나무류

몸은 흑갈색 또는 적갈색을 띠고 광택이 반질반질하다. 수컷은 날개가 잘 발달된 장시형이지만 암컷은 밝은 갈색을 띠고 뒷날개가 퇴화되어서 잘 날아다니지 못하는 단시형이다. 머리는 편평하고 앞가슴등판은 넓다. 산림 지역의 참나무류가 많이 자라는 숲에 산다.

끝검은말매미충

옆면(검은색 점무늬 배)

끝검은말매미충(매미충과) *Bothrogonia ferruginea*

크기 | 11~13.5㎜ 출현시기 | 4~10월(봄) 먹이 | 각종 식물

몸은 황록색이고 머리와 앞가슴등판에 검은색 점무늬가 있다. 날개 끝부분이 검은색이고 크기가 크다는 뜻의 '말'이 붙어서 이름이 지어졌다. 하늘을 날아다니거나 잎에 앉아 즙을 빨아 먹는 모습을 볼 수 있다. 나무껍질 밑에서 성충으로 월동하고 봄에 관찰된다.

말매미충

옆면(연녹색 배와 흰색 다리)

말매미충(매미충과) *Cicadella viridis*

크기 | 8~10㎜ 출현시기 | 6~9월(여름) 먹이 | 벼류, 사초류

몸은 전체적으로 녹색 또는 청록색을 띠지만 변이가 심하다. 다리는 연황색이며 풀 줄기나 풀잎에 앉아 있거나 풀잎에서 점프하며 날아간다. 개체수가 많아서 경작지나 풀밭에서 쉽게 볼 수 있다. 벼, 보리 등의 벼과 작물과 사초과 풀을 먹고 산다.

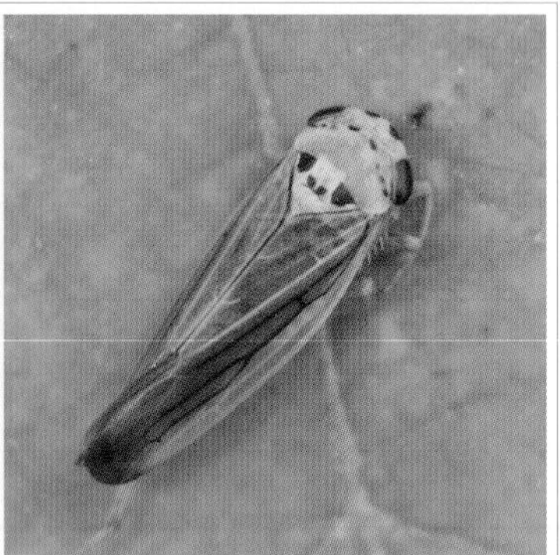

줄친말매미충(매미충과)
Kolla atramentaria

크기 | 5.5~6.5㎜
출현시기 | 5~8월(여름)

몸은 검은색이고 머리와 앞가슴등판은 황색을 띤다. 암컷은 작은방패판에 황색 무늬가 있다.

버들매미충(매미충과)
Athysanopsis salicis

크기 | 6.5㎜ 내외 출현시기 | 7~8월(여름)
먹이 | 버드나무류

머리와 앞가슴등판은 황색을 띤다. 작은방패판은 황색이고 좌우에 검은색 무늬가 있다.

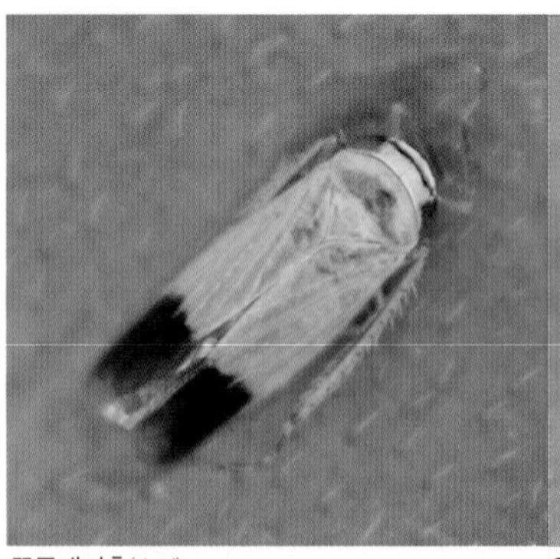

끝동매미충(수컷)

암컷

끝동매미충(매미충과) *Nephotettix cincticeps*

크기 | 4~6㎜ 출현시기 | 4~8월(여름) 먹이 | 벼, 뚝새풀, 보리

몸의 등면은 선명한 녹색을 띤다. 수컷의 배면은 검은색이고 암컷은 연황색을 띤다. 수컷은 녹색 날개 끝부분이 검은색을 띠지만 암컷은 날개 끝부분이 연갈색으로 서로 다르다. 벼, 뚝새풀, 보리, 밀, 조, 피 등 벼과 식물의 즙을 빨아 먹어서 피해를 일으킨다.

넓은각시매미충(매미충과)
Goniagnathus (Epitephra) rugulosus

크기 | 4.5~5.4㎜
출현시기 | 8~10월(여름)

몸은 연회색이고 황적색과 흑갈색의 불규칙한 점이 있다. 작은방패판에 가로로 된 홈이 있다.

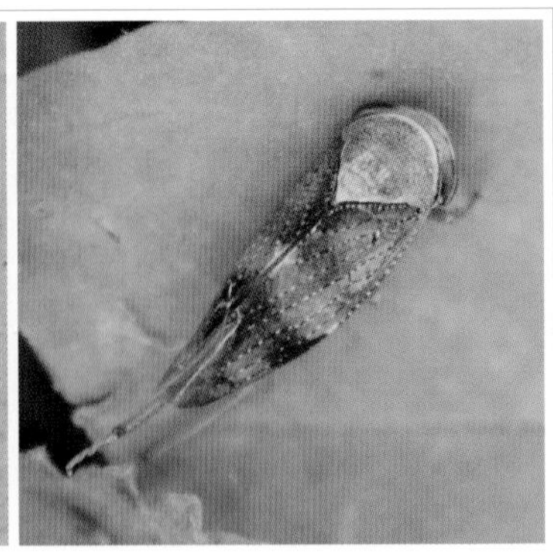

알락맥각시매미충(매미충과)
Drabescus nigrifemoratus

크기 | 8~9㎜
출현시기 | 7~9월(여름)

몸은 황백색과 흑갈색을 띤다. 앞날개에 흰색과 암갈색 무늬가 교대로 나타난다. 불빛에 날아온다.

둥근머리각시매미충(매미충과)
Drabescus conspicuus

크기 | 9.5~11㎜ 출현시기 | 6~9월(여름)
먹이 | 버드나무류, 해당화

몸은 검은색이고 앞가슴등판은 황갈색이다. 삼각형의 작은방패판은 황색이고 겹눈은 매우 크다.

앞흰넓적매미충(매미충과)
Handianus (Usuironus) limbifer

크기 | 6~7㎜ 출현시기 | 6~9월(여름)
먹이 | 버드나무류

몸은 황갈색이고 앞날개는 가장자리의 회황색 띠가 테두리처럼 보인다. 머리는 둥글고 겹눈이 크다.

신부날개매미충 약충

신부날개매미충(큰날개매미충과) *Euricania clara*

크기 | 9㎜ 내외 출현시기 | 8~9월(여름) 먹이 | 칡, 인삼

몸은 흑갈색을 띠며 몸에 비해 크고 넓적한 날개를 갖고 있다. 생김새가 '부채날개매미충'을 닮았지만 앞날개 아랫부분에 진갈색 테두리가 없어서 구별된다. 그물 모양의 날개가 신부의 면사포를 닮았다고 해서 이름이 지어졌다. 위험이 감지되면 톡 하고 튀어서 도망친다.

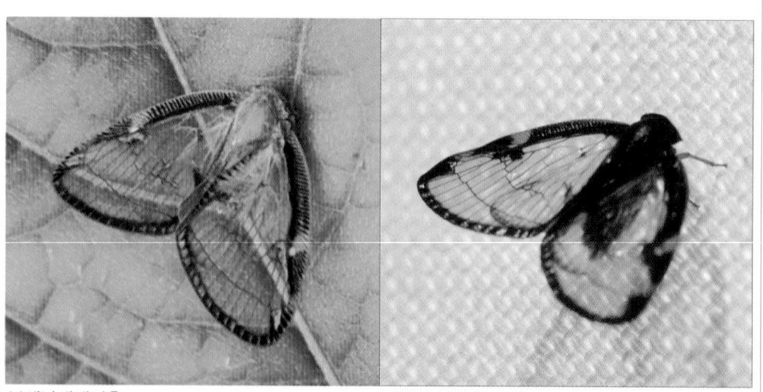
부채날개매미충 불빛에 날아온 모습

부채날개매미충(큰날개매미충과) *Euricania facialis*

크기 | 9~10㎜ 출현시기 | 8~9월(여름) 먹이 | 감나무, 벚나무

몸은 전체적으로 흑갈색을 띤다. 몸에 비해서 날개가 매우 크고 넓적하다. 투명한 날개가 부채처럼 생겼다고 해서 이름이 지어졌다. 앞날개는 그물 모양의 무늬가 있고 날개 전체에 진갈색 테두리가 있다. 뒷날개는 앞날개와 같은 삼각형이지만 크기가 훨씬 작다.

일본날개매미충(큰날개매미충과)
Orosanga japonica

크기 | 9~11㎜ 출현시기 | 8~9월(여름)
먹이 | 칡, 사과, 배, 귤

몸은 전체적으로 갈색을 띤다. 앞날개 가운데와 끝에 연갈색 띠무늬가 있다. 밤에 불빛에 잘 날아온다.

남쪽날개매미충(큰날개매미충과)
Ricania taeniata

크기 | 6~7㎜ 출현시기 | 8~9월(여름)
먹이 | 귤나무, 칡

몸은 연갈색~검은색까지 매우 다양하다. 앞날개 가운데와 끝부분에 암갈색 띠무늬가 선명하다.

갈색날개매미충 불빛에 날아온 모습

갈색날개매미충(큰날개매미충과) *Ricania sublimata*

크기 | 8~9㎜ 출현시기 | 7~11월(여름) 먹이 | 산수유, 감나무, 밤나무, 때죽나무

몸은 암갈색이며 날개가 넓적하다. 약충은 몸 길이가 4.5㎜ 정도이며 꽁무니에 흰색 또는 황색 밀랍 물질이 있다. 나뭇잎과 가지, 과일의 즙을 빨아 먹어서 그을음병을 유발시켜 나무를 고사시킨다. 나뭇가지에 산란한 알을 밀랍과 톱밥으로 덮는다. 알로 월동한다.

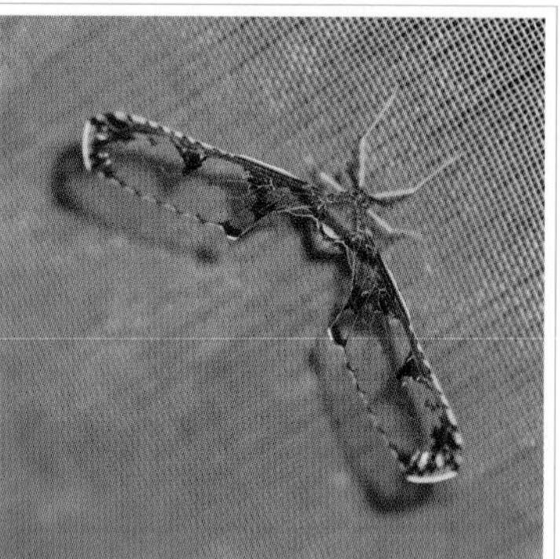

주홍긴날개멸구(긴날개멸구과)
Diostrombus politus

크기 | 4mm 내외 출현시기 | 6~9월(여름)
먹이 | 보리, 감자, 칡

몸은 전체적으로 주홍색을 띤다. 날개는 투명하고 연한 황갈색을 띤다. 위험에 처하면 점프를 잘한다.

동해긴날개멸구(긴날개멸구과)
Losbanosia hirarensis

크기 | 5mm 내외
출현시기 | 7~9월(여름)

몸은 연한 황갈색이고 날개가 매우 길다. 날개는 직사각형 모양이고 테두리는 붉은빛을 띤다.

끝빨간긴날개멸구 앞날개가 길고 툭 하고 점프를 잘한다.

끝빨간긴날개멸구(긴날개멸구과) *Zoraida horishana*

크기 | 6~7mm 출현시기 | 7~9월(여름)

몸은 황갈색 또는 회황색을 띤다. 몸에 비해 앞날개가 매우 길게 발달되었고 날개 가장자리가 붉은빛을 띠고 있어서 이름이 지어졌다. 앞날개 아래쪽은 물결 모양으로 구불구불하며 뒷날개는 폭이 좁고 길이도 짧다. 숲에서 발견되며 날개가 길지만 비행을 잘하지 못한다.

남방점긴날개멸구(긴날개멸구과)

Rhotana maculata

크기 | 6mm 내외
출현시기 | 7~8월(여름)

몸은 연황색을 띤다. 앞날개와 뒷날개 끝부분에 검은색 점무늬가 있다. 밤에 불빛에 날아온다.

상투벌레(상투벌레과)

Raivuna patruelis

크기 | 12~14mm 출현시기 | 5~10월(여름)
먹이 | 보리, 밀, 귤나무

몸은 황록색이고 경작지와 풀밭에 산다. 뾰족한 머리가 상투처럼 보인다고 해서 이름이 지어졌다.

깃동상투벌레 1형

깃동상투벌레 2형

깃동상투벌레(알멸구과) *Orthopagus lunulifer*

크기 | 11~13mm 출현시기 | 8~9월(여름) 먹이 | 예덕나무, 칡

몸은 회황색 또는 담황색을 띤다. 투명한 날개의 끝부분에 검은색 깃동 무늬가 있고 뾰족한 머리가 상투를 닮았다고 해서 이름이 지어졌다. 날개 길이는 몸 길이보다 훨씬 더 길다. 칡덩굴이 많은 풀밭이나 경작지에 산다. 밤에 불빛에 날아오며 알로 월동한다.

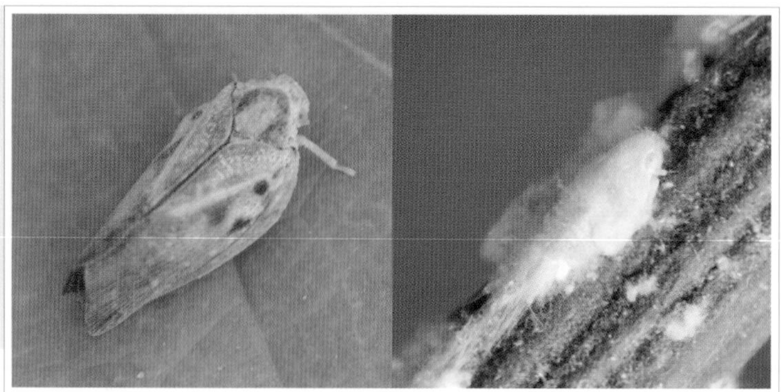
미국선녀벌레 약충

미국선녀벌레(선녀벌레과) *Metcalfa pruinosa*

크기 | 7~8.5㎜ 출현시기 | 6~10월(여름) 먹이 | 감나무, 배나무, 참나무류, 명자나무

몸은 회색을 띤다. 약충은 유백색이며 몸 길이가 5㎜ 정도이다. 성충과 약충 모두 무리 지어서 나무의 즙을 빨아 먹어 나무를 말라 죽인다. 배설물로 인해서 그을음병도 유발시킨다. 북미에서 유입되어 피해를 일으키는 외래 돌발 해충이다. 활엽수에서 알로 월동한다.

선녀벌레 등면

선녀벌레(선녀벌레과) *Geisha distinchtissima*

크기 | 10㎜ 내외 출현시기 | 7~9월(여름) 먹이 | 감귤나무, 돈나무, 동백나무, 무화과

몸은 전체적으로 연한 황록색을 띤다. 앞날개는 삼각형 모양이며 몸 길이보다 훨씬 더 길다. 약충은 몸 길이가 7㎜ 정도이고 연녹색이며 흰색 솜과 같은 물질로 덮여 있다. 남부 지방의 해안이나 섬 지역에서 흔하게 발견된다. 연 1회 발생하며 나뭇가지에서 알로 월동한다.

풀멸구 풀에 모여 풀 즙을 빨아 먹는다.

풀멸구(멸구과) *Saccharosydne procerus*

크기 | 5~6㎜ 출현시기 | 5~10월(여름) 먹이 | 보리, 밀, 옥수수

몸은 연한 황록색을 띠며 가늘고 길다. 앞날개는 투명하고 몸 길이보다 훨씬 더 길다. 하천이나 경작지의 풀밭에 많이 사는 멸구라고 해서 이름이 지어졌다. 억새, 갈대, 보리, 밀 등의 즙을 빨아 먹으며 살아간다. 겨울에 알로 월동한다.

운계방패멸구 약충

운계방패멸구(방패멸구과) *Ossoides lineatus*

크기 | 9~10㎜ 출현시기 | 8~10월(가을) 먹이 | 억새, 갈대

몸은 연한 황록색을 띤다. 머리는 삼각형이고 겹눈은 주황색이다. 머리와 앞가슴등판에 2개의 주황색 세로줄무늬가 있다. 앞날개는 투명하며 배 끝보다 길이가 길다. 약충은 앞날개가 없어서 짧아 보이지만 머리는 성충과 매우 비슷하다. 해안가 간척지에 개체 수가 많다.

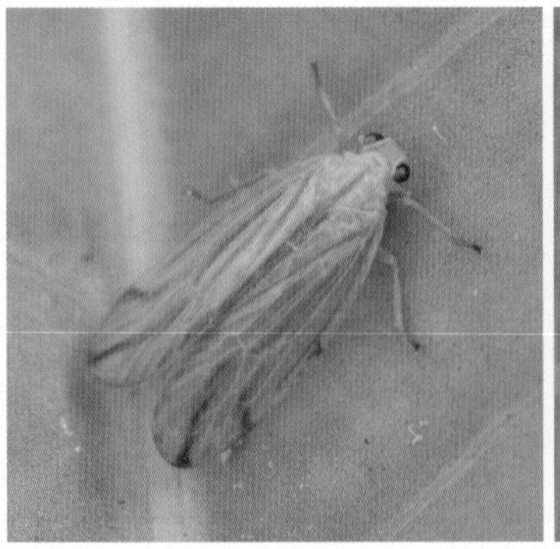

맵시좀머리멸구(방패멸구과)

Catullia vittata

크기 | 8~9.5㎜
출현시기 | 8~9월(여름)

몸은 황록색을 띤다. 날개는 넓적하고 투명하며 흑갈색 무늬가 있다. 날개의 길이가 배 끝보다 길다.

장삼벌레(장삼벌레과)

Pentastiridius apicalis

크기 | 6~8㎜ 출현시기 | 6~8월(여름)
먹이 | 벼

몸은 황갈색을 띤다. 겹눈은 크고 날개는 투명하며 배 끝보다 더 길다. 벼의 즙을 빨아 먹고 산다.

네줄박이장삼벌레(장삼벌레과)

Reptalus quadricinctus

크기 | 5~6㎜ 출현시기 | 7~9월(여름)
먹이 | 감자

날개는 반투명하며 흑갈색 가로줄무늬가 있다. 다리의 종아리마디와 발목마디는 황색이다.

큰장삼벌레(장삼벌레과)

Atretus subnubila

크기 | 12~13㎜
출현시기 | 7~8월(여름)

몸은 전체적으로 갈색을 띠며 장삼벌레류 중에서 크기가 크다. 날개가 투명해서 배 등면이 훤하게 비친다.

약충(3령)

약충(4령) 꽃매미

알집 무리 지어 흡즙하는 모습 [1]**희조꽃매미**

꽃매미(꽃매미과) *Lycorma delicatula*

크기 | 14~15㎜ 출현시기 | 7~11월(여름) 먹이 | 포도나무, 사과나무

앞날개는 연한 회갈색이고 뒷날개는 붉은빛을 띤다. 과수원의 포도, 배, 복숭아, 사과, 매실 등의 과일나무에 피해를 일으켜서 생태계교란종으로 지정되었다. 중국의 열대 지역이 원산지이지만 지구온난화로 우리나라의 기후가 아열대 기후로 변하자 2006년부터 우리나라에서 알을 낳아 번식하고 있다. 처음엔 천적이 없어서 개체 수가 급증했지만 지금은 거미, 사마귀, 잠자리, 벼룩좀벌이 토종 천적으로 활동하면서 개체 수가 조절되고 있다. [1]**희조꽃매미**는 우리나라 토종 꽃매미로 회백색을 띤다.

약충(굼벵이)

우화(날개돋이)

참매미

머리(더듬이, 겹눈, 홑눈)

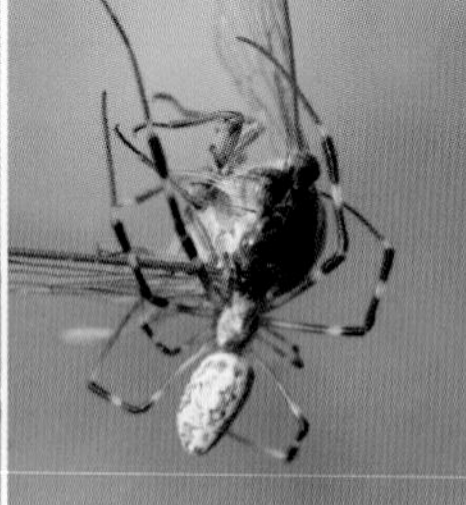

거미줄에 걸린 모습

나무껍질과 비슷한 보호색

참매미(매미과) *Hyalessa maculaticollis*

크기 | 56~60㎜ 출현시기 | 6~9월(여름) 먹이 | 나뭇진

몸은 검은색이고 녹색, 황색, 흰색 무늬가 섞여 있다. '밈밈밈밈미~' 하고 우는 참매미 울음소리를 '맴맴' 운다고 들어서 '매미'라는 말과 '진짜'라는 뜻의 '참'이 붙어서 이름이 지어졌다. 벚나무, 참나무류, 아까시나무, 소나무 등에 붙어서 맑은 날뿐만 아니라 비가 조금씩 오는 날에도 운다. 수컷은 진동막, 발음근, 공기주머니로 구성된 발음기가 있어서 울 수 있지만 암컷은 울지 못한다. 매미 유충인 굼벵이는 뿌리의 즙을 빨아 먹고 살다가 땅 위로 올라와 허물을 벗고 성충이 된다.

말매미(수컷) 우리나라 매미류 중 크기가 가장 크고 울음소리가 시끄럽다.

죽은 암컷에 모인 개미

탈피 허물

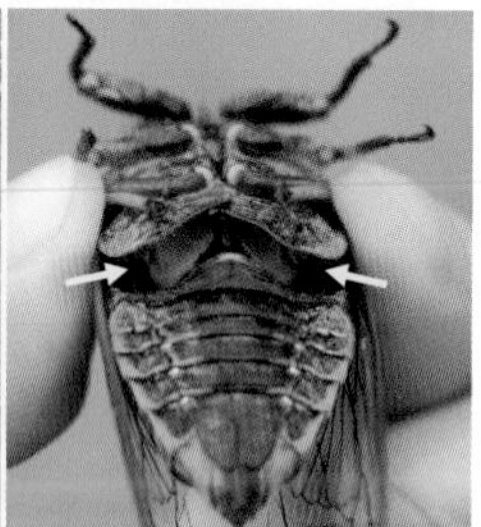
발음기관

말매미(매미과) *Cryptotympana atrata*

크기 | 65㎜ 내외 출현시기 | 6~10월(여름) 먹이 | 나뭇진

몸이 전체적으로 검은색을 띠기 때문에 '검은매미'라고도 불린다. 우리나라 매미류 중에서 몸집이 커서 '크다'라는 뜻의 '말'이 붙어서 이름이 지어졌다. '차르르르' 연속적으로 우는 울음소리가 우리나라 매미류 중에서는 가장 시끄러워서 공사장 소음과 맞먹는다. 대도시는 자동차 등의 소음으로 인해 수컷 매미가 암컷을 부르는 울음소리가 잘 전달되지 못해 시골보다 더 목청껏 크게 울어서 소음 공해가 심하다. 양버즘나무, 느티나무, 벚나무, 버드나무, 물푸레나무 등의 나뭇진을 빨아 먹고 산다.

애매미 아침 일찍부터 다양한 음으로 울어 댄다.

애매미(매미과) *Meimuna opalifera*

크기 | 43~46㎜ 출현시기 | 6~10월(여름) 먹이 | 나뭇진

몸은 전체적으로 검은색을 띠고 녹색 무늬가 있다. 매미류 중 크기가 작아서 '아기매미'라는 뜻으로 이름이 지어졌다. 아침부터 변화무쌍한 다양한 음으로 울고 흐린 날에도 많이 울어 댄다. 아까시나무, 벚나무, 버드나무, 감나무 등의 활엽수에서 볼 수 있다.

유지매미 '지글지글' 기름 볶는 울음소리를 낸다.

유지매미(매미과) *Graptopsaltria nigrofuscata*

크기 | 55~58㎜ 출현시기 | 7~9월(여름) 먹이 | 나뭇진

몸은 검은색이고 날개는 갈색 바탕에 검은색 무늬가 있다. 나무껍질에 붙어 있으면 보호색 때문에 눈에 잘 띄지 않는다. 앞날개와 뒷날개가 모두 불투명한 것이 특징이다. '지글지글' 기름 볶는 듯한 울음소리를 내서 '기름매미'라고 불린다. 낮은 산지와 평지에서 주로 살며 높은 산에서도 종종 보인다.

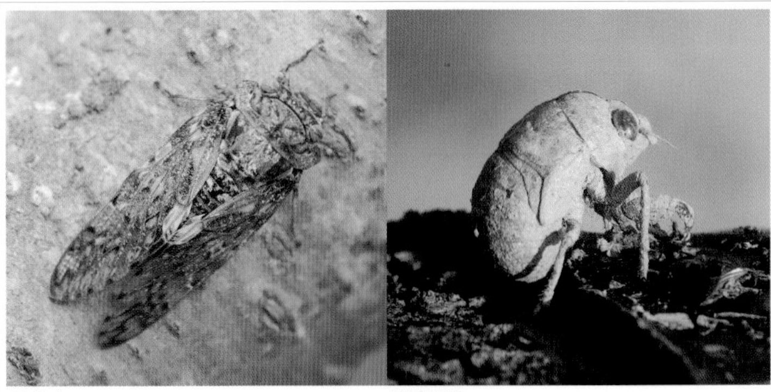

털매미 탈피 허물

털매미(매미과) *Platypleura kaempferi*

크기 | 35~36㎜ 출현시기 | 6~9월(여름) 먹이 | 나뭇진

몸은 전체적으로 갈색을 띤다. 불규칙한 검은색과 연갈색 무늬가 많아서 나무껍질과 비슷해 눈에 잘 띄지 않는다. 수컷은 암컷과 짝짓기를 하기 위해 '찌찌~' 하며 약한 연속음으로 울음소리를 낸다. 가느다란 죽은 나뭇가지에 알을 낳는다. 밤에 불빛에 잘 날아온다.

늦털매미 늦가을까지 울음소리를 낸다.

늦털매미(매미과) *Suisha coreana*

크기 | 35~38㎜ 출현시기 | 8~11월(여름) 먹이 | 나뭇진

몸은 암갈색을 띤다. '털매미'와 닮았지만 몸이 더 뚱뚱하고 털이 더 많다. 영상 10도 이하로 떨어져도 잘 견디기 때문에 늦가을까지 출현하여 울어서 이름이 지어졌다. 자작나무, 참나무류, 버드나무 등에 모여서 '찌~' 하고 연속음으로 울어 댄다.

매미 종류 비교하기

참매미

우리나라 전역에 분포하며 몸은 검은색이고 가슴등판에 녹색, 황색, 흰색 무늬가 섞여 있다. 배 등면은 흰색 가루로 덮여 있다.

애매미

몸은 검은색이고 가슴등판은 녹색인 소형 매미이다. 어디서나 흔히 보이는 매미로 다양한 음으로 운다.

말매미

우리나라에서 가장 덩치가 큰 매미로 몸이 전체적으로 검은색을 띤다. 다리 마디와 배면은 주황색을 띤다.

유지매미

몸은 검은색이고 날개는 갈색 바탕에 검은색 무늬가 있다. 우리나라에 사는 매미류 중 유일하게 날개 전체가 불투명하다.

털매미

몸과 앞날개가 얼룩덜룩해서 나무껍질과 비슷하다. '늦털매미'와 닮았지만 뒷날개가 전체적으로 검은색을 띤다.

늦털매미

'털매미'와 비슷하지만 뒷날개가 연황색 빛을 띤다. 몸통이 굵고 둥글며 앞날개 기부 부위가 둥글게 돌출되어 있다.

무리 지어 흡즙하는 모습

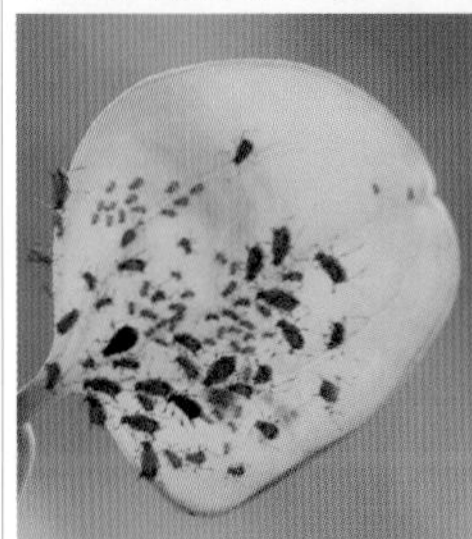
단성생식하는 진딧물류

엉겅퀴수염진딧물

진딧물류의 배설물(감로)을 먹는 개미

[1]**사사키잎혹진딧물**이 만든 벌레혹

엉겅퀴수염진딧물(진딧물과) *Aulacorthum cirsicola*

크기 | 2.5~3.5㎜ 출현시기 | 4~9월(봄) 먹이 | 엉겅퀴

몸은 녹색을 띠고 머리는 연갈색이다. 엉겅퀴 풀 줄기에 다닥다닥 줄지어 붙어서 즙을 빨아 먹는다. 태어난 지 얼마 안 된 작은 진딧물부터 허물을 벗고 몸집이 커진 진딧물까지 함께 붙어서 즙을 빨아 먹는다. 진딧물은 연 23세대까지 번식할 정도로 번식력이 왕성하다. 봄에 출현한 진딧물은 날개가 없지만 다른 먹이 식물로 이동하기 위해 점차 날개 있는 유시충이 태어난다. 진딧물은 암컷이 홀로 번식하는 단성생식을 하며 새끼를 낳는다. [1]**사사키잎혹진딧물**은 잎사귀에 벌레혹(충영)을 만든다.

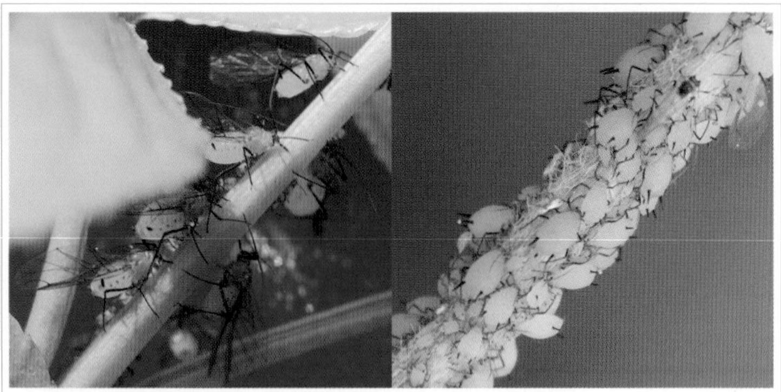
모련채수염진딧물(유시충) 모련채수염진딧물(무시충)

모련채수염진딧물(진딧물과) *Uroleucon picridis*

크기 | 3.1~4.2㎜ 출현시기 | 7~8월(여름) 먹이 | 각종 식물

몸은 전체적으로 주홍색을 띤다. 더듬이와 다리는 검은색이며 더듬이는 몸 길이와 비슷할 정도로 길다. 날개가 있는 유시충은 몸 길이가 3.1㎜ 정도이고 날개가 없는 무시충은 몸 길이가 4.2㎜ 정도이다. 식물의 줄기에 무리 지어 모여서 즙을 빨아 먹고 있는 모습을 볼 수 있다.

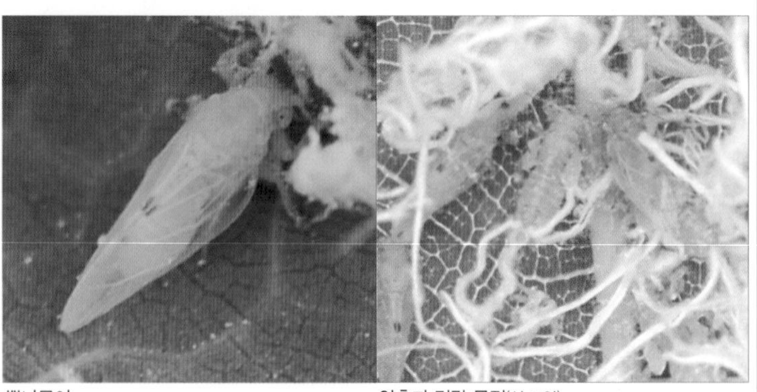
뽕나무이 약충과 밀랍 물질(실 모양)

뽕나무이(나무이과) *Anomoneura mori*

크기 | 4㎜ 내외 출현시기 | 5~9월(여름) 먹이 | 뽕나무

몸은 전체적으로 황록색 또는 연갈색이고 날개는 투명하다. 약충은 몸 길이가 3㎜ 정도이며 실 모양의 기다란 밀랍 물질을 분비한다. 성충과 약충 모두 무리 지어 나무의 즙을 빨아 먹고 배설물로 인해 그을음병이 발생한다. 연 1회 발생하며 성충으로 월동한다.

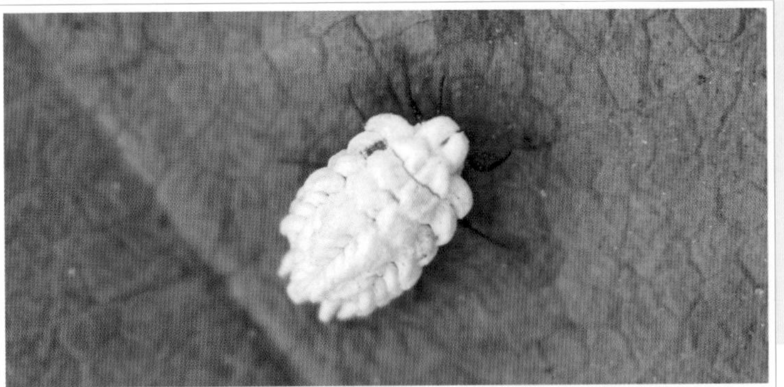
도롱이깍지벌레 흰색 밀랍 물질을 덮어쓰고 다닌다.

도롱이깍지벌레(도롱이깍지벌레과) *Orthezia urticae*

크기 | 3~5㎜ 출현시기 | 6~10월(여름) 먹이 | 국화, 쑥, 싸리

몸은 전체적으로 솜털 모양의 흰색 밀랍 물질로 덮여 있다. 등면 무늬가 비올 때 쓰는 도롱이를 닮아서 이름이 지어졌다. 눈자루는 원뿔 모양으로 길쭉하며 1~2개의 혹이 있다. 낙엽 아래에서 종령 약충으로 월동한다. 성충과 약충은 싸리 등의 식물 즙을 빨아 먹고 산다.

거북밀깍지벌레 나무에 혹이 달린 것처럼 보인다.

거북밀깍지벌레(밀깍지벌레과) *Ceroplastes japonicus*

크기 | 3~4㎜ 출현시기 | 6~11월(가을) 먹이 | 감나무, 배나무, 사철나무, 회양목

몸 전체가 흰색 밀랍 물질로 덮여 있다. 둥근 몸이 거북의 등껍질과 비슷하다고 해서 이름이 지어졌다. 감나무, 배나무, 사과나무, 귤나무, 벚나무, 장미, 동백나무 등의 나무의 즙을 빨아 먹어서 피해를 일으킨다. 배설물로 인해 그을음병을 유발시킨다. 성충으로 월동한다.

잔날개여치(수컷) 날개가 매우 짧은 여치이다.

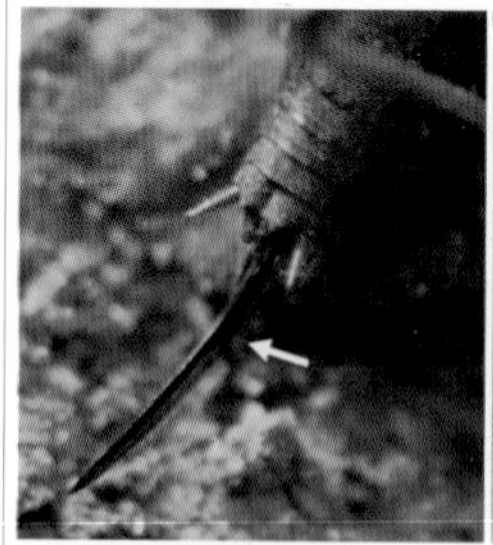
기다란 산란관(암컷)

약충

짧은 날개

잔날개여치(여치과) *Chizuella bonneti*

크기 | 16~25㎜ 출현시기 | 5~9월(여름) 먹이 | 잡식성(육식, 초식)

몸은 전체적으로 갈색을 띤다. 몸에 비해서 매우 짧은 날개를 갖고 있어서 북한에서는 날개가 짧고 크기가 작다는 뜻으로 '작은날개애기여치'라고 부른다. 겹눈 뒤쪽으로 가느다란 흰색 줄무늬가 있고 앞가슴등판 옆쪽에는 흰색 테두리가 선명하다. 수컷은 등면이 진한 흑갈색이지만 암컷은 담갈색이다. 암컷은 수컷보다 크기가 더 크고 날개는 더 짧다. 약충은 검은색이고 등면은 밝은 갈색을 띤다. 습지나 하천의 풀밭에 살면서 '치릿치릿~ 치릿치릿~' 울음소리를 낸다. 알로 월동한다.

애여치 1형(단시형 녹색형)　　날개가 짧은 단시형과 날개가 긴 장시형이 있다.

애여치 2형(장시형 갈색형)

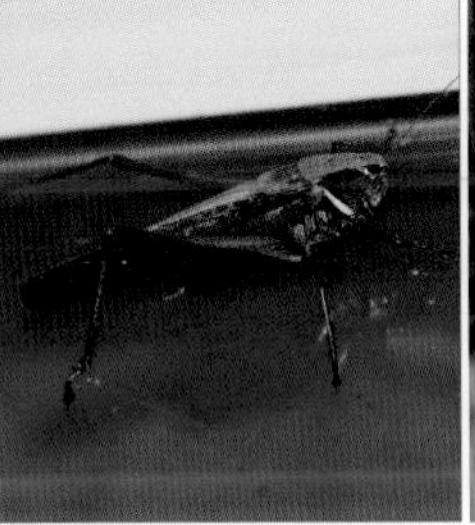

불빛에 날아온 모습(장시형 녹색형)

머리

애여치(여치과) *Eobiana engelhardti engelhardti*

크기 | 16~24㎜ 출현시기 | 6~8월(여름) 먹이 | 잡식성(육식, 초식)

머리와 앞가슴등판은 보통 녹색이지만 개체에 따라 갈색도 있다. 더듬이는 머리카락처럼 가늘고 길며 뒷다리 넓적다리마디는 굵게 발달했다. 날개가 배 길이보다 짧은 단시형과 배 길이보다 훨씬 더 긴 장시형이 있다. 여치류 중에서 애기처럼 크기가 작고 귀엽다고 해서 이름이 지어졌다. '잔날개여치'와 크기와 생김새가 비슷하지만 날개가 긴 장시형이 있어서 쉽게 구별된다. 약충도 '잔날개여치' 약충과 모습이 매우 비슷하지만 전체가 검은색이어서 구별된다. 습지, 강변, 연못, 냇가 등의 물기가 많은 곳에 산다.

여치 산지의 풀밭에 살고 몸이 뚱뚱하다.

여치(여치과) *Gampsocleis sedakovii obscura*

크기 | 30~37㎜ 출현시기 | 6~10월(가을) 먹이 | 잡식성(육식, 초식)

몸은 녹색형과 갈색형이 있다. 앞날개는 녹색 또는 갈색이고 배 끝보다 짧다. 해가 잘 드는 산지의 풀밭에 산다. 장시형은 앞날개가 32~44㎜ 길이로 길다. 몸이 뚱뚱해서 '돼지여치'라고도 불렀으며 수컷은 낮에 '쩝~ 끄르르르' 하고 울음소리를 낸다. 겨울에 알로 월동한다.

좀날개여치 낮은 산지에 살며 잡식성이다.

좀날개여치(여치과) *Atlanticus brunneri*

크기 | 23~25㎜(수컷), 29~37㎜(암컷) 출현시기 | 6~10월(가을) 먹이 | 잡식성(육식, 초식)

몸은 밝은 회갈색을 띤다. 날개가 매우 짧아서 '잔날개여치'와 비슷하지만 몸이 밝은 회갈색이어서 구별된다. 약충은 '갈색여치'와 생김새가 비슷하지만 배면에 녹색 부분이 없고 앞가슴등판이 길어서 구별된다. 낮은 산지의 바닥에서 살며 잡식성이다. 알로 월동한다.

약충

등면

긴날개여치

얼굴

기다란 산란관(암컷)

긴날개여치(여치과) *Gampsocleis ussuriensis*

크기 | 28~38㎜ 출현시기 | 7~10월(가을) 먹이 | 잡식성(육식, 초식)

몸은 연녹색이고 앞가슴등판은 갈색을 띤다. 개체에 따라 녹색형과 갈색형이 있으며 체색 변이가 다양하다. '여치'와 생김새가 비슷하지만 날개 길이가 훨씬 더 길어서 구별된다. 앞날개는 배 끝보다 긴 장시형이며 앞날개가 최대 40~52㎜까지 매우 긴 개체도 있다. 약충은 '여치'와 거의 비슷하지만 앞가슴등판이 약간 더 좁다. 암컷은 기다란 산란관으로 알을 낳으며 알로 월동한다. 계곡, 하천, 해안가, 습지, 섬 등 물가 근처의 풀밭에 산다. 옛날에는 '여치'라 불렀고 북한에서는 '긴날개우수리여치'라 부른다.

암컷(산란관)

갈색여치

약충

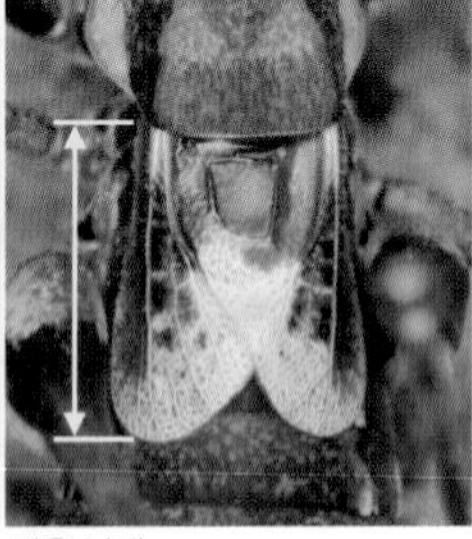
긴 더듬이(약충)

짧은 날개

몸에서 나온 연가시

갈색여치(여치과) *Paratlanticus ussuriensis*

크기 | 25~33㎜ 출현시기 | 6~10월(여름) 먹이 | 잡식성(육식, 초식)

몸이 갈색이어서 이름이 지어졌다. 앞가슴등판 옆면은 검은색이고 테두리는 연한 황백색을 띤다. 앞날개는 갈색이고 '잔날개여치'처럼 매우 짧다. 암컷은 수컷보다 크기가 약간 더 크고 앞날개도 약간 짧다. 날개가 짧아서 허리가 길어 보인다고 해서 북한에서는 '긴허리여치'라고 부른다. 수컷은 흑갈색이고 암컷은 담갈색이다. 약충도 수컷은 흑갈색, 암컷은 연갈색으로 체색이 다르다. 낮은 산지의 풀숲이나 산길에서 살며 알로 월동한다. 충북 지방에 대발생하여 과수 농가에 피해를 주고 있다.

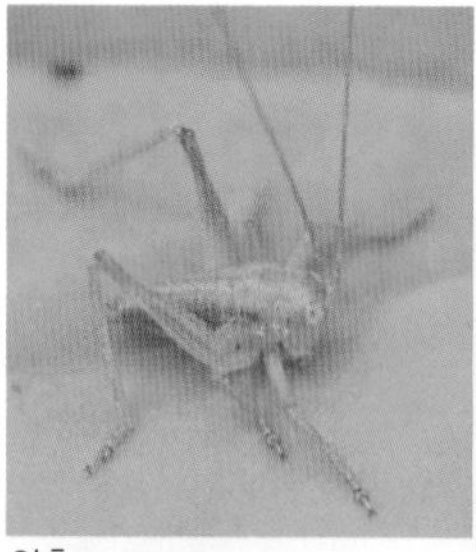

약충

등면

긴날개중베짱이

[1]**중베짱이** 약충

더듬이를 청소하는 [1]**중베짱이** 약충

긴날개중베짱이(여치과) *Tettigonia dolichoptera*

크기 | 40~56㎜ 출현시기 | 6~9월(여름) 먹이 | 메뚜기류, 귀뚜라미류

몸은 선명한 녹색을 띤다. 앞날개는 배 끝보다 훨씬 더 길게 발달했다. '중베짱이'와 생김새가 비슷하지만 날개가 훨씬 더 길어서 쉽게 구별된다. 암컷의 산란관은 앞가슴등판의 3~4배 정도로 길다. 약충은 녹색이며 어릴 때는 '중베짱이'와 잘 구별되지 않는다. 계곡이나 습지 주변의 풀밭이나 나무 주변에 산다. 풀에 사는 메뚜기 등의 곤충을 잡아먹고 산다. [1]**중베짱이**는 '베짱이'와 닮았지만 크기가 더 커서 이름이 지어졌다. 약충은 6번의 허물을 벗고 성충이 되며 육식성이다.

수컷

약충

베짱이(암컷)

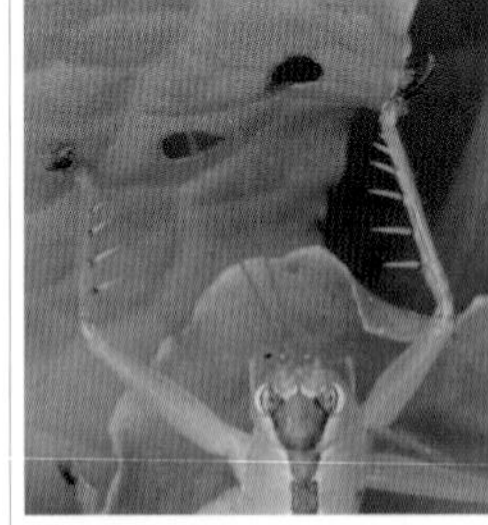

앞다리(뾰족한 가시)

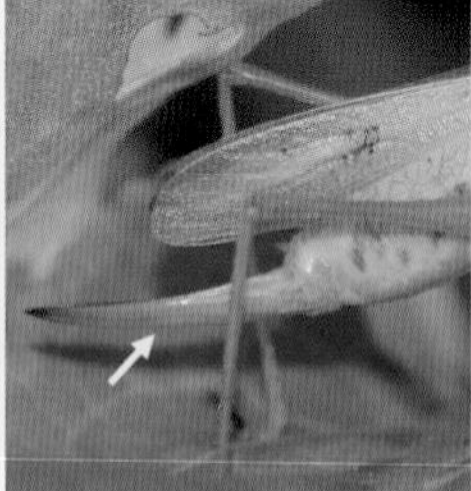

기다란 산란관(암컷)

사체에 생긴 곰팡이

베짱이(여치과) *Hexacentrus japonicus*

크기 | 31~40㎜ 출현시기 | 7~10월(여름) 먹이 | 곤충

몸은 밝은 녹색을 띤다. 머리와 앞가슴등판은 진한 적갈색이다. 겹눈은 황색이고 다리는 녹색이다. 앞날개는 수컷은 크며 넓은 잎 모양으로 끝부분이 둥그렇고 암컷은 수컷과 달리 폭이 좁다. '스익~ 찍' 하고 우는 울음소리가 베를 짤 때 베틀이 움직이는 소리와 같다고 해서 이름이 지어졌다. 산지의 풀밭에 살면서 곤충을 잡아먹는다. 밤이 되면 주변의 빛을 모아서 보려고 눈 색깔이 검게 변한다. 약충은 등면의 갈색 무늬가 흐리고 더듬이에 검은색 마디가 뚜렷하다.

암컷

더듬이

실베짱이(수컷)

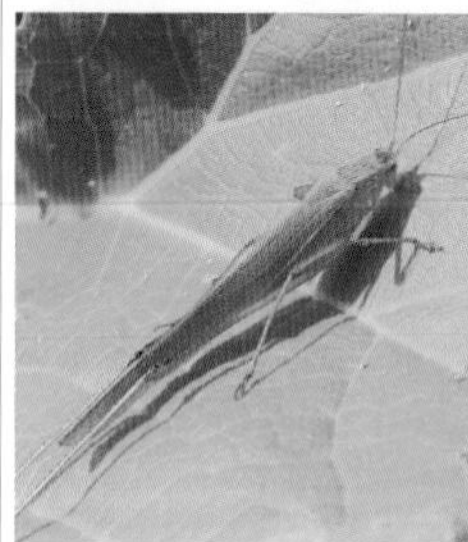
일광욕

사체에 모여든 금파리와 곰개미

실베짱이(여치과) *Phaneroptera falcata*

크기 | 29~37㎜ 출현시기 | 6~11월(가을) 먹이 | 꽃잎, 꽃가루

몸은 연녹색이고 더듬이는 연갈색이다. 다리와 산란관은 모두 녹색이며 앞가슴등판, 날개 접합부, 부절은 담갈색을 띤다. 베짱이류 중에서 몸이 가늘고 길어서 실처럼 보인다고 해서 이름이 지어졌다. 머리는 몸과 날개에 비해 매우 작고 겹눈은 갈색이다. 산지나 하천의 풀밭에 산다. 꽃잎이나 꽃가루를 먹기 위해 잘 날아다닌다. 수컷은 '쯥' 하는 울음소리를 내는데 뚜렷하게 들리지 않는다. 암컷은 나무껍질이나 나무 속에 알을 낳아 번식한다. 겨울에 알로 월동한다.

암컷

검은다리실베짱이

약충(수컷)

더듬이를 청소하는 모습

거미줄에 걸린 모습

약충(암컷)

검은다리실베짱이(여치과) *Phaneroptera nigroantennata*

크기 | 29~36㎜ 출현시기 | 6~11월(가을) 먹이 | 잎, 꽃가루

몸은 진녹색을 띠며 작은 검은색 점이 가득하다. 더듬이는 검은색이고 흰색 고리 무늬가 일정한 간격으로 있다. 겹눈은 담청색이고 불룩 튀어나왔다. '실베짱이'와 매우 비슷하지만 뒷다리 종아리마디가 검은색을 띠어서 구별된다. 약충도 '실베짱이'와 닮았지만 몸에 검은색 점이 많아서 구별된다. 산지와 하천의 풀밭이나 키 작은 나무 위에서 흔하게 볼 수 있다. 낮에 활발하게 활동하면서 식물에 모여 잎이나 꽃가루를 즐겨 먹는 초식성이다. 알로 월동한다.

줄베짱이 1형(수컷 녹색형)

줄베짱이 2형(암컷 갈색형)

줄베짱이 1형(암컷 녹색형)

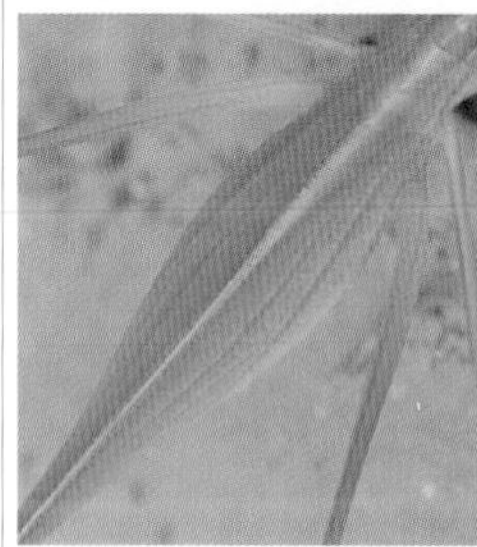
등면(황백색 줄무늬)

약충

줄베짱이(여치과) *Ducetia japonica*

크기 | 35~40㎜ 출현시기 | 7~11월(가을) 먹이 | 잎, 꽃가루

몸은 밝은 녹색을 띠지만 때로는 갈색형도 나타난다. 가을이 깊어갈수록 갈색형이 자주 관찰된다. 머리부터 앞가슴등판, 앞날개 봉합부를 따라서 줄이 있어서 이름이 지어졌다. 줄무늬 색깔이 수컷은 갈색이고 암컷은 황백색을 띠어 서로 다르다. 수컷은 '실베짱이'처럼 홀쭉하지만 암컷은 뚱뚱한 것도 차이점이다. 약충은 6번의 허물을 벗으며 성충이 되고 몸에 세로줄무늬가 있다. 낮은 산지, 공원의 풀밭, 키 작은 나무의 잎 주변에서 볼 수 있다. 알로 월동한다.

큰실베짱이 날개가 그물 무늬 모양이다.

큰실베짱이(여치과) *Elimaea fallax*

크기 | 34~50㎜ 출현시기 | 7~11월(가을) 먹이 | 잎, 꽃가루

몸은 전체적으로 녹색을 띠며 머리부터 앞가슴등판, 앞날개 접합부는 붉은색을 띤다. 날개에 붉은색 날개맥이 많아서 그물 모양처럼 보인다. 실베짱이류 중에서 크기가 비교적 큰 편이다. 산지의 깊은 곳이나 고산의 풀숲과 키 작은 나무에서 발견된다. 알로 월동한다.

날베짱이 베짱이류 중에서 크기가 매우 크다.

날베짱이(여치과) *Sinochlora longifissa*

크기 | 46~55㎜(수컷), 53~57㎜(암컷) 출현시기 | 7~10월(여름) 먹이 | 잡식성(육식, 초식)

몸은 밝은 녹색을 띤다. 앞날개보다 뒷날개가 더 길다. 계곡 주변의 풀밭이나 키 작은 나무에 붙어 있는 모습을 볼 수 있다. 수컷은 '찌지지지~' 하는 울음소리로 암컷을 부른다. 주로 낮에 활동하며 식물과 곤충을 모두 먹는 잡식성이다. 밤에 불빛에 유인되어 모여든다.

쌕쌔기(암컷) 가을에 풀밭에서 '쌕쌕' 우는 소리를 들을 수 있다.

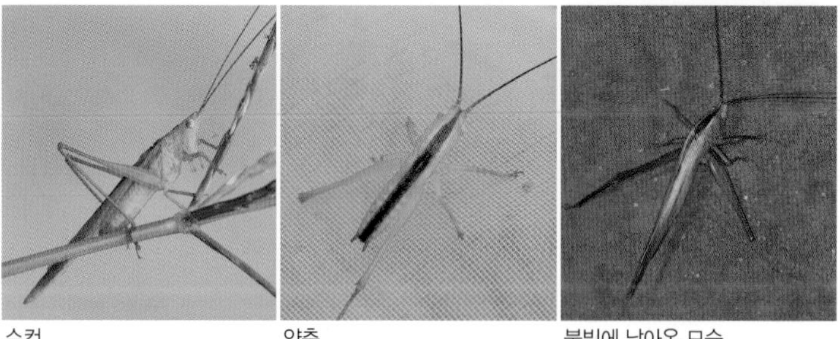
수컷 약충 불빛에 날아온 모습

쌕쌔기(여치과) *Conocephalus (Amurocephalus) chinensis*

크기 | 14~20㎜ 출현시기 | 6~11월(가을) 먹이 | 잎, 꽃가루

몸은 가느다란 원통형이고 연녹색을 띤다. 더듬이는 담홍색이고 겹눈은 황백색이다. 앞가슴등판은 갈색이고 가장자리는 흰색이다. 앞날개는 연녹색이고 접합부는 갈색이다. 앞날개는 배 끝보다 길며 날개가 더욱 더 긴 이형도 있다. 암컷의 산란관은 매우 짧은 편이다. 약충은 6번의 허물을 벗고 자라서 성충이 된다. 하천, 습지, 경작지, 바닷가의 풀밭에 널리 서식한다. 풀 줄기에 붙어 있는 모습을 자주 볼 수 있다. '쌕~쌕~쌕~' 하고 낮은 소리로 우는 울음소리를 듣고 이름이 지어졌다.

수컷

약충(암컷)

긴꼬리쌕쌔기(암컷)

약충(수컷)

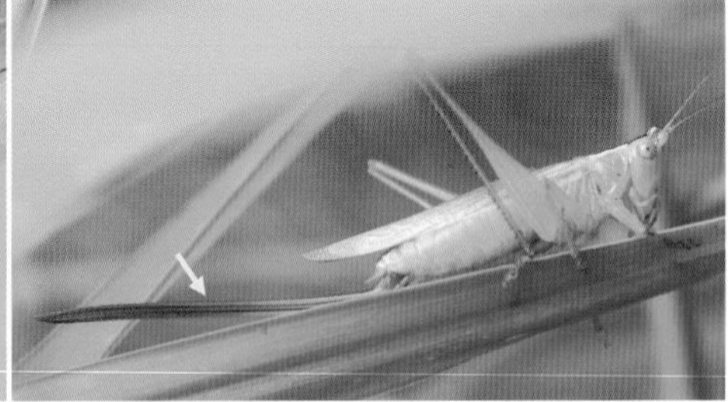

기다란 산란관(암컷)

긴꼬리쌕쌔기(여치과) *Conocephalus (Anisoptera) exemptus*

크기 | 24~31㎜ 출현시기 | 7~11월(여름) 먹이 | 잎, 씨앗

몸은 녹색 또는 암갈색을 띤다. 더듬이는 담갈색이고 머리와 앞가슴등판은 갈색이며 얼굴에 줄무늬가 있다. 우리나라에 살고 있는 쌕쌔기류 중에서 산란관이 제일 길어서 '긴 산란관'을 뜻하는 '긴꼬리'가 붙어 이름이 지어졌다. 북한에서는 비슷한 의미로 '긴꼬리가는여치'라고 부른다. 약충은 6번의 허물을 벗고 자라서 성충이 된다. 산길, 강변, 논밭, 습지의 풀밭에서 흔하게 볼 수 있다. 풀에 붙어 있다가 밤에 풀의 씨앗을 먹고 산다. 수컷은 밤낮으로 활발하게 운다.

점박이쌕쌔기 날개(반점 무늬)

점박이쌕쌔기(여치과) *Conocephalus (Anisoptera) maculatus*

크기 | 19~27㎜ 출현시기 | 8~10월(여름) 먹이 | 잎, 꽃가루

몸은 녹색형과 갈색형이 있다. 머리, 앞가슴등판은 진한 흑갈색이고 테두리는 황백색이다. 약충은 6번의 허물을 벗고 성충이 된다. 경작지, 공원, 바닷가 풀밭에 흔하게 산다. 날개에 반점이 있어서 '반점'을 뜻하는 종명 'maculatus'가 붙어 '점박이'라는 이름이 지어졌다.

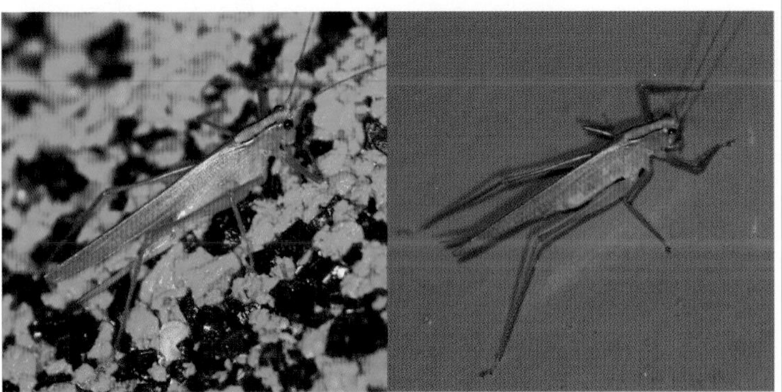
등줄어리쌕쌔기 불빛에 날아온 모습

등줄어리쌕쌔기(여치과) *Xizicus (Eoxizicus) coreanus*

크기 | 21~23㎜ 출현시기 | 7~10월(여름) 먹이 | 소형 곤충

몸은 연녹색을 띤다. 몸 길이는 11~14㎜로 작지만 날개가 길어서 크기가 크다. 더듬이는 담갈색이고 겹눈은 붉은색이며 암컷의 산란관은 날카롭다. 낮은 산지에 살며 밤이 되면 풀이나 나뭇잎 위에서 약하게 운다. 소형 곤충을 사냥해서 잡아먹으며 밤에 불빛에 유인되어 날아온다.

매부리 1형(암컷 녹색형)　　머리 형태가 매의 부리를 닮았다.

매부리 2형(수컷 갈색형)

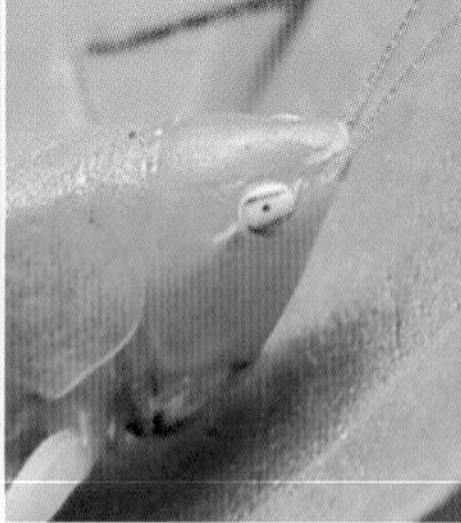
머리(매의 부리 모양)

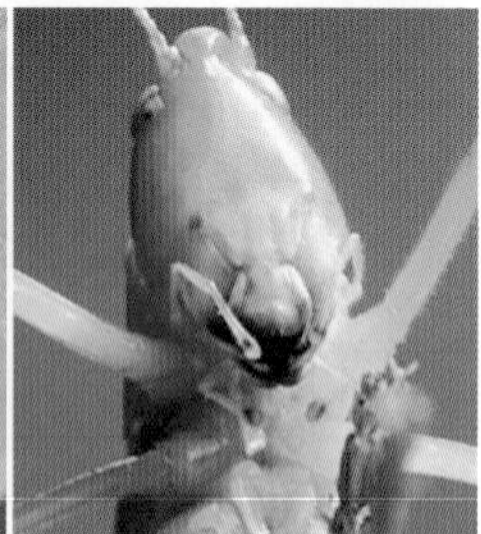
튼튼한 큰턱

매부리(여치과) *Ruspolia lineosa*

크기 | 40~55㎜　출현시기 | 7~11월(여름)　먹이 | 잡식성(육식, 초식)

몸은 전체적으로 녹색 또는 갈색을 띤다. 녹색형 개체가 갈색형 개체보다 숫자가 많다. 몸 길이보다 날개 길이가 더 길어서 몸집이 더 커 보인다. 겹눈은 흰색이고 줄무늬가 있다. 머리가 앞으로 불룩하게 돌출된 모습이 매의 부리를 닮아서 이름이 지어졌다. 산란관은 연녹색이나 담갈색이다. 하천, 습지, 논밭 등의 다양한 풀밭에 산다. 식물의 씨앗도 먹지만 곤충도 잡아먹는 잡식성이다. 수컷은 '찌~~' 하고 연속적으로 울음을 울어 암컷에게 구애한다.

여치 무리 비교하기

갈색여치

여치류

몸이 크고 뚱뚱하며 날개는 대부분 몸길이보다 짧다. 사냥 능력이 부족한 애여치류와 사냥을 잘하는 여치류가 있다.

베짱이

베짱이류

앞다리 종아리마디에 있는 가시가 발목마디 1~2절을 합친 길이보다 더 길다. 다른 곤충을 사냥해서 잡아먹고 산다.

검은다리실베짱이

실베짱이류

몸이 가늘고 길며 뒷날개가 앞날개보다 길게 발달했다. 짧은 산란관은 위로 휘어져 있으며 초식성이다.

긴꼬리쌕쌔기

쌕쌔기류

머리가 돌출되어 있다. 앞다리의 가시는 발목마디 1~2절을 합친 길이보다 짧다. 쌕쌔기류와 매부리류가 속한다.

수컷

산란관(암컷)

꼽등이(암컷)

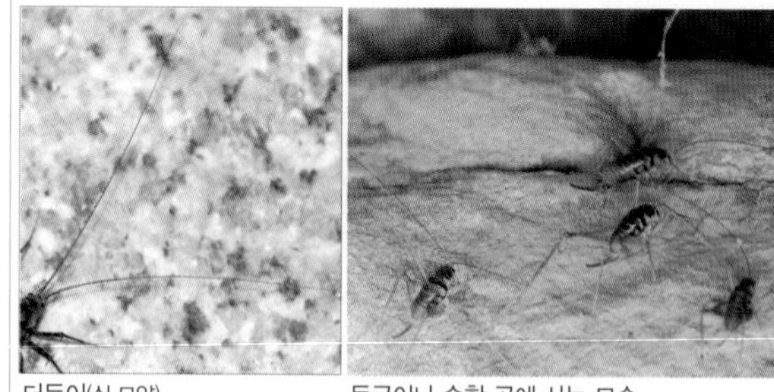

더듬이(실 모양)

동굴이나 습한 곳에 사는 모습

꼽등이(꼽등이과) *Tachycines coreanus*

크기 | 13~20㎜ 출현시기 | 5~11월(여름) 먹이 | 잡식성(육식, 초식)

몸은 밝은 갈색으로 광택이 있다. 등이 꼽추처럼 굽었다고 해서 붙여진 이름이다. 알에서 부화한 약충은 3~4개월 동안 6령을 거쳐 성충이 된다. 마을 주변이나 야산, 동굴에서 매우 흔하게 볼 수 있다. 날개가 없어서 울지 못하며 기다란 더듬이로 주변을 감지하며 살아간다. 사람들에게 귀뚜라미로 알려져 있었지만 2010년 꼽등이가 대발생하면서 정확한 이름이 알려지게 되었다. 특히 몸속에서 철사 모양의 기생충인 연가시가 나오면서 혐오스러운 곤충의 대명사가 되었다.

알락꼽등이 더듬이

알락꼽등이(꼽등이과) *Tachycines asynamorus*

크기 | 12~18㎜ 출현시기 | 1~12월(여름) 먹이 | 잡식성(육식, 초식)

몸은 갈색이며 얼룩덜룩한 반점이 있다. 마을 주변, 창고 온실, 해안가의 구석에 숨어 있다가 밤에 활동한다. 뒷다리가 길어서 높이 점프를 잘하며 땅속에 알을 낳아 번식한다. 여러 가지 식물과 동물을 먹고 사는 잡식성이다. 유충은 10~11번 탈피하여 성충이 된다.

장수꼽등이(꼽등이과) *Diestrammena unicolor*

크기 | 16~25㎜ 출현시기 | 6~10월(여름) 먹이 | 잡식성(육식, 초식)

몸은 검은색을 띤다. 밤에 나뭇진이나 썩은 나무에서 볼 수 있으며 낮에는 절벽 틈새나 동굴 입구에 산다.

검정꼽등이(꼽등이과) *Paratachycines ussuriensis*

크기 | 10~16㎜ 출현시기 | 6~9월(여름) 먹이 | 잡식성(육식, 초식)

몸은 검은색을 띤다. 우리나라 꼽등이류 중에서 크기가 가장 작다. 산지의 낙엽층, 바위, 동굴에 산다.

먹귀뚜라미 산지에 사는 검은색 귀뚜라미이다.

먹귀뚜라미(귀뚜라미과) *Nigrogryllus sibiricus*

크기 | 15~21㎜ 출현시기 | 5~8월(여름) 먹이 | 잡식성(육식, 초식)

몸은 전체적으로 검은색을 띠며 광택이 있다. 머리는 앞가슴등판의 폭보다 크지 않다. 앞날개는 배의 절반 이하로 매우 짧아 배를 덮지 못한다. 산지의 낙엽이 많이 쌓인 곳에 월동을 끝낸 약충이 봄부터 나타나서 활동한다. 약충으로 2번 월동한 후 성충이 된다. 주로 낮에 운다.

쌍별귀뚜라미 식용으로 이용하기 위해 사육하는 모습

쌍별귀뚜라미(귀뚜라미과) *Gryllus bimaculatus*

크기 | 24~29㎜ 출현시기 | 연중 먹이 | 잡식성(육식, 초식)

몸은 전체적으로 갈색이며 머리와 앞가슴등판은 광택이 있는 검은색을 띤다. 앞날개 기부 좌우에 황색 무늬가 있다. 앞날개는 장시형으로 배보다 길며 7번의 탈피(허물벗기)를 하고 성충이 된다. 식용이나 파충류 먹이용으로 사육되며 일본에서 도입되었다.

모대가리귀뚜라미(수컷) 암컷

모대가리귀뚜라미(귀뚜라미과) *Loxoblemmus doenitzi*

크기 | 14~18㎜ 출현시기 | 8~11월(가을) 먹이 | 잡식성(육식, 초식)

몸은 흑갈색을 띠며 광택이 있다. 수컷의 머리가 양쪽으로 뿔이 난 것처럼 뾰족하게 모가 져서 이름이 지어졌다. 북한에서는 '뿔귀뚜라미'라고 부른다. 머리에 돌출된 정도는 개체에 따라 적게 튀어나온 변이도 있다. 풀밭, 농경지, 공원 등에 산다.

샴귀뚜라미(귀뚜라미과)

Svercacheta siamensis

크기 | 14~18㎜ 출현시기 | 5~10월(여름) 먹이 | 잡식성(육식, 초식)

몸은 어두운 검은색을 띤다. 남부 지방의 해안가, 경작지, 돌 밑에서 발견된다. 개구리 울음소리처럼 운다.

새왕귀뚜라미(귀뚜라미과)

Teleogryllus (Brachyteleogryllus) infernalis

크기 | 16~20㎜ 출현시기 | 8~10월(여름) 먹이 | 잡식성(육식, 초식)

'왕귀뚜라미'와 닮았지만 겹눈 위의 흰색 띠무늬가 뒤로 이어지지 않아 구별된다. 해안가, 산지에 산다.

수컷

약충

왕귀뚜라미(암컷)

꼬리털(좌우 2개)과 산란관(중앙 1개)

야행성(불빛에 날아옴)

왕귀뚜라미(귀뚜라미과) *Teleogryllus (Brachyteleogryllus) emma*

크기 | 17~24㎜ 출현시기 | 7~11월(가을) 먹이 | 잡식성(육식, 초식)

몸은 검은색이고 갈색빛이 돈다. 겹눈 위쪽 좌우에 흰색 띠무늬가 뚜렷하다. 배 끝 양쪽에 꼬리털이 있고 암컷은 배 가운데에 기다란 산란관이 달려 있다. 우리나라 귀뚜라미류 중에서 크기가 가장 커서 '왕'이 붙어 이름이 지어졌다. 종명 'emma'는 일본어로 '염라대왕'을 뜻한다. 약충은 등면에 가로로 된 흰색 줄무늬가 있으며 9번의 허물을 벗고 나면 성충이 된다. 수컷은 땅에 구멍을 파고 그 속에서 울음소리를 내서 암컷을 불러 짝짓기를 한다. 산지, 공원, 풀밭, 논밭 주위에서 매우 흔하게 볼 수 있다.

알락귀뚜라미(귀뚜라미과)
Loxoblemmus arietulus

크기 | 12~14㎜ 출현시기 | 7~11월(가을)
먹이 | 잡식성(육식, 초식)

몸은 검은색이고 얼룩덜룩해서 이름이 지어졌다. 산지의 낙엽층, 공원의 풀밭, 마을 주변에 흔하다.

큰알락귀뚜라미(귀뚜라미과)
Loxoblemmus magnatus

크기 | 17~19㎜ 출현시기 | 8~9월(여름)
먹이 | 잡식성(육식, 초식)

몸은 어두운 검은색을 띤다. '알락귀뚜라미'와 비슷하지만 크기가 더 크다. 밤에 불빛에도 잘 모인다.

야산알락귀뚜라미(귀뚜라미과)
Loxoblemmus equestris

크기 | 11~14㎜ 출현시기 | 6~11월(가을)
먹이 | 잡식성(육식, 초식)

몸은 흑갈색을 띤다. '알락귀뚜라미'와 비슷하지만 크기가 약간 작다. 주로 야산이나 마을 주변에 산다.

극동귀뚜라미(귀뚜라미과)
Velarifictorus micado

크기 | 12~22㎜ 출현시기 | 8~11월(가을)
먹이 | 잡식성(육식, 초식)

몸은 흑갈색을 띤다. 머리는 둥글고 이마에 황백색 ∧자 무늬가 있다. 풀밭이나 마을 주변에 흔하다.

탈귀뚜라미 얼굴(탈 모양)

탈귀뚜라미(귀뚜라미과) *Velarifictorus aspersus*

크기 | 15㎜ 내외 출현시기 | 8~10월(가을) 먹이 | 잡식성(육식, 초식)

몸은 황갈색을 띤다. 머리는 둥글고 앞가슴등판보다 크다. 수컷의 머리에 있는 큰턱이 크게 돌출해서 탈을 쓴 것 같아서 이름이 지어졌다. 약충은 '극동귀뚜라미'와 비슷하지만 머리 뒤쪽이 밝은 갈색을 띤다. 경상남도와 전라남도 등 남부 지방에 살며 알로 월동한다.

알락방울벌레(수컷) 암컷

알락방울벌레(귀뚜라미과) *Dianemobius nigrofasciatus*

크기 | 7~8㎜ 출현시기 | 6~11월(가을)

몸은 전체적으로 갈색을 띠고 흰색과 검은색 무늬가 많아서 얼룩덜룩해 보인다. 개체 수가 많아서 방울벌레류 중에서는 가장 쉽게 볼 수 있다. 북한에서는 '알락방울귀뚜라미'라고 부른다. 풀밭, 공원, 논밭 등 습한 곳에 산다. 연 2회 발생하며 알로 월동한다.

좀방울벌레 약충

좀방울벌레(귀뚜라미과) *Polionemobius taprobanensis*

크기 | 6~8㎜ 출현시기 | 7~10월(가을)

몸은 전체적으로 회갈색을 띤다. 앞가슴등판은 갈색이지만 옆쪽은 검은색을 띤다. 암컷의 산란관은 꼬리털보다 더 길다. 크기가 작은 방울벌레로 7번의 허물을 벗고 성충이 된다. 마을, 공원, 산지의 낙엽층이나 풀밭에서 매우 흔하게 볼 수 있다. 연 2회 발생한다.

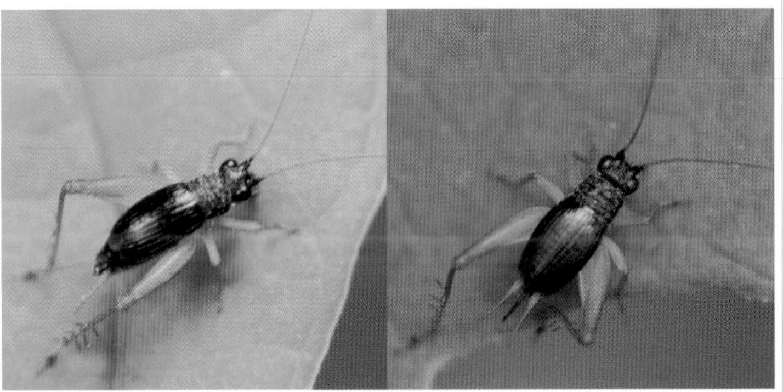
먹종다리(수컷) 암컷

먹종다리(귀뚜라미과) *Metioche japonica*

크기 | 4~5㎜ 출현시기 | 5~7월(여름)

몸은 검은색이고 광택이 있다. 다리는 연황색이고 반점이 없으며 겹눈은 붉은색이다. 수컷은 암컷에 비해 앞날개가 더 검은색을 띤다. 야산의 풀밭에서 매우 흔하게 볼 수 있다. 울음소리를 낼 수 있는 대부분의 귀뚜라미류와는 달리 울지 못한다. 연 1회 발생하며 약충으로 월동한다.

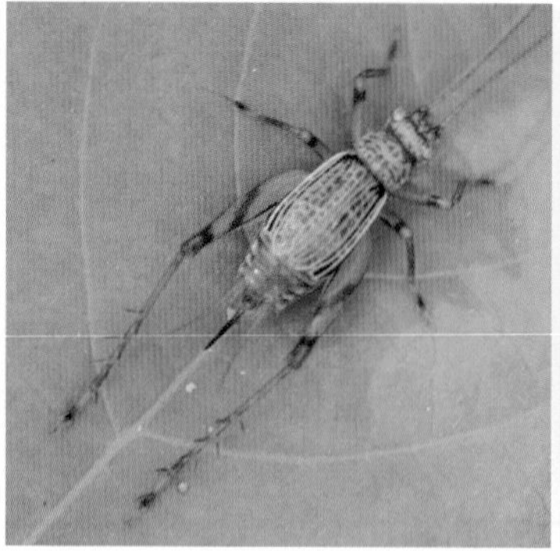

풀종다리(귀뚜라미과)

Svistella bifasciata

크기 | 6~7㎜
출현시기 | 7~11월(여름)

몸은 밝은 회색을 띤다. 산지의 나뭇가지나 나뭇잎 위를 기어 다닌다. 밤낮으로 활발하게 운다.

홀쭉귀뚜라미(귀뚜라미과)

Euscyrtus (Osus) japonicus

크기 | 11~12㎜
출현시기 | 8~10월(여름)

몸은 연황색을 띤다. 등면은 검은색이고 옆면에 밝은 황색 줄무늬가 있다. 풀밭에 살며 울지 못한다.

청솔귀뚜라미(수컷)

암컷

청솔귀뚜라미(귀뚜라미과) *Truljalia hibinonis hibinonis*

크기 | 30~35㎜ 출현시기 | 8~11월(가을) 먹이 | 벚나무, 치자나무

몸은 전체적으로 밝은 녹색을 띤다. 몸 빛깔이 녹색이어서 가로수나 정원수의 나뭇잎에 붙어 있으면 쉽게 눈에 띄지 않는다. 벚나무, 치자나무 등의 활엽수를 갉아 먹고 산다. 밤에 나무 위에서 고운 소리로 운다. 경기도, 전라남도, 제주도 등에 산다. 겨울에 알로 월동한다.

긴꼬리(수컷)

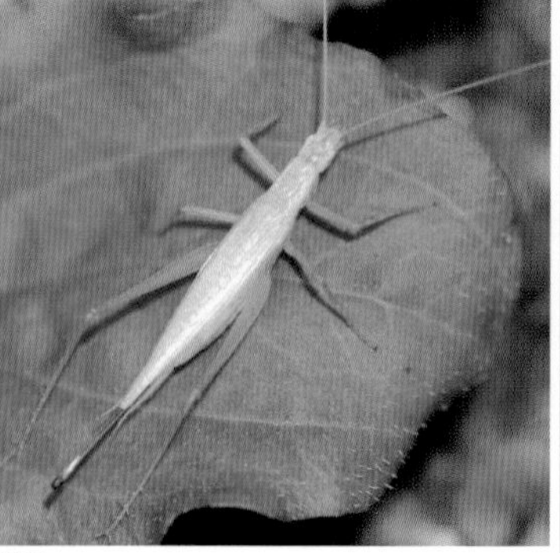
암컷

긴꼬리(귀뚜라미과) *Oecanthus longicauda*

크기 | 14~20㎜ 출현시기 | 8~10월(여름) 먹이 | 꽃가루, 진딧물

몸은 연녹색을 띤다. 뒷날개가 꼬리 모양으로 길게 발달해서 이름이 지어졌다. 낮은 산지나 들판의 풀숲에서 쉽게 볼 수 있다. 꽃가루나 진딧물을 잡아먹으며 식물의 줄기에 알을 낳고 알로 월동한다. 수컷은 밤이 되면 '루루루루~' 하며 반복적으로 울음소리를 낸다.

털귀뚜라미 　　키 작은 나무에 살며 '찡찡찡' 울음소리를 낸다.

털귀뚜라미(털귀뚜라미과) *Ornebius kanetataki*

크기 | 7~9㎜ 출현시기 | 8~10월(가을)

몸은 전체적으로 회갈색이고 연한 비늘가루로 덮여 있다. 수컷은 울음판 역할을 하는 앞날개만 있고 뒷날개가 없다. 암컷은 날개가 전혀 없다. 키 작은 나무 위에서 생활한다. 수컷은 '찡~찡~찡' 소리를 내며 운다. 암컷은 나뭇가지 속에 알을 낳는다. 겨울에 알로 월동한다.

귀뚜라미 종류 비교하기

알락귀뚜라미

몸은 검은색이고 회색 무늬가 많아서 얼룩덜룩해 보인다. 산지, 공원, 마을 주변에 흔하게 살며 불빛에도 모여든다.

극동귀뚜라미

몸은 흑갈색이다. 머리는 둥글고 이마에 황백색의 ∧자 무늬가 있다. 풀밭이나 마을 주변에 산다.

모대가리귀뚜라미

수컷의 머리가 위쪽과 옆쪽으로 돌출되어 있는 모습이 뿔이 난 것처럼 보인다. 암컷은 머리에 돌기가 튀어나오지 않았다.

먹귀뚜라미

몸은 전체적으로 검은색이다. 낙엽이 많이 쌓인 곳이나 산지의 경사면에 산다. 약충으로 2번 월동하고 성충이 된다.

쌍별귀뚜라미

앞날개 기부에 2개의 황색 무늬가 있다. 전 세계적으로 널리 사육하고 있는 귀뚜라미이다.

왕귀뚜라미

전체적으로 갈색빛이 도는 검은색을 띤다. 우리나라에 살고 있는 귀뚜라미류 중에서 크기가 가장 크고 흔하다.

앞발(두더지 발 모양)

날개

땅강아지

땅을 파는 모습

헤엄치는 모습

땅강아지(땅강아지과) *Gryllotalpa orientalis*

크기 | 23~34㎜ 출현시기 | 1~12월(연중) 먹이 | 식물 뿌리

몸은 암갈색을 띠고 부드러운 털로 덮여 있다. 앞날개는 배의 절반 정도로 짧다. 여치류에 속하지만 더듬이도 짧고 산란관도 없다. 앞다리의 톱날 모양 돌기로 두더지처럼 땅속에 굴을 파고 지내며 알을 낳고 어린 새끼를 돌본다. 봄과 가을에 '비이~' 하는 울음소리를 낸다. 땅에 사는 강아지 같다고 해서 이름이 지어졌다. 게의 발처럼 생겨서 '게발두더지', 두더지처럼 땅을 잘 파서 '두더지귀뚜라미'라고도 부른다. 경작지 주변에 살며 식물 뿌리 중에서 제일 좋아하는 것이 인삼이다.

좁쌀메뚜기 야행성(불빛에 날아옴)

좁쌀메뚜기(좁쌀메뚜기과) *Xya japonica*

크기 | 4~5㎜ 출현시기 | 1~12월(여름) 먹이 | 조류

몸은 검은색이고 광택이 있다. '좁쌀처럼 작은 메뚜기'라는 뜻으로 이름이 지어졌다. '벼룩'처럼 작고 굵은 뒷다리로 점프를 잘해서 북한에서는 '벼룩메뚜기'라고 부른다. 물가, 논밭, 습지, 연못의 진흙이나 모래땅에서 조류 등의 식물질을 먹고 산다. 겨울에 성충으로 월동한다.

가시모메뚜기(암컷 갈색형) 암컷(녹색형)

가시모메뚜기(모메뚜기과) *Criotettix japonicus*

크기 | 14~21㎜ 출현시기 | 1~12월(가을) 먹이 | 각종 식물

몸은 전체적으로 갈색을 띠며 개체에 따라 녹색형도 있다. 앞가슴등판 양옆이 가시처럼 뾰족하게 튀어나와서 이름이 지어졌다. 우리나라에 살고 있는 모메뚜기류 중에서 크기가 가장 크다. 습지, 논밭, 연못 등의 축축한 땅과 풀밭 근처에 산다. 겨울에 성충으로 월동한다.

장삼모메뚜기

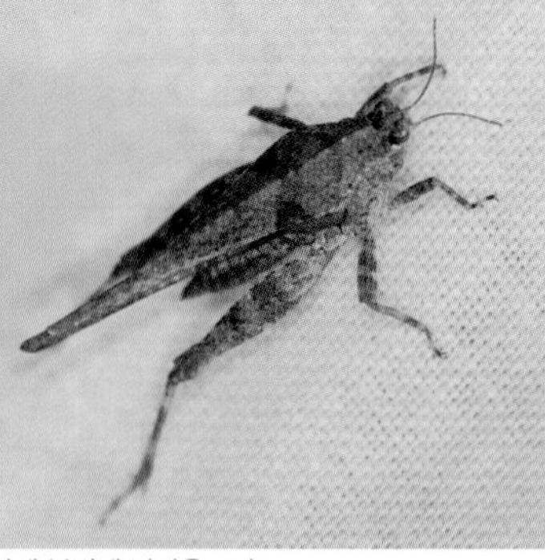
밤에 불빛에 날아온 모습

장삼모메뚜기(모메뚜기과) *Euparatettix insularis*

크기 | 11~16㎜ 출현시기 | 1~12월(연중) 먹이 | 각종 식물

몸은 전체적으로 회갈색을 띠지만 무늬와 체색 변이가 많다. 겹눈은 불룩 튀어나왔다. 기다란 앞가슴등판과 긴 뒷날개를 펼쳐서 나는 모습이 승려가 입는 장삼을 닮아서 이름이 지어졌다. 논밭, 웅덩이 등의 물가 풀밭과 진흙에 산다. 밤에 불빛에 날아오며 겨울에 성충으로 월동한다.

꼬마모메뚜기 1형　　꼬마모메뚜기 2형

꼬마모메뚜기(모메뚜기과) *Tetrix minor*

크기 | 8~13㎜ 출현시기 | 1~12월(여름) 먹이 | 각종 식물

몸은 황갈색을 띠지만 개체에 따라 무늬와 체색 변이가 다양하다. 우리나라 모메뚜기류 중에서 크기가 가장 작고 날씬하다. 겹눈 사이의 간격이 좁고 장시형이 더 흔하다. 습지, 논밭, 저수지처럼 습한 환경에 산다. 1년 내내 볼 수 있고 겨울에 약충이나 성충으로 월동한다.

모메뚜기

연갈색형(2개의 검은색 점)

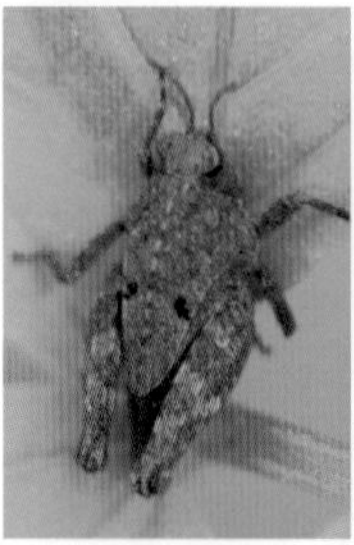

갈색형(4개의 검은색 점)

갈색형(2개의 흰색 점)

갈색형(4개의 흰색 점과 테두리)

갈색형(많은 점무늬)

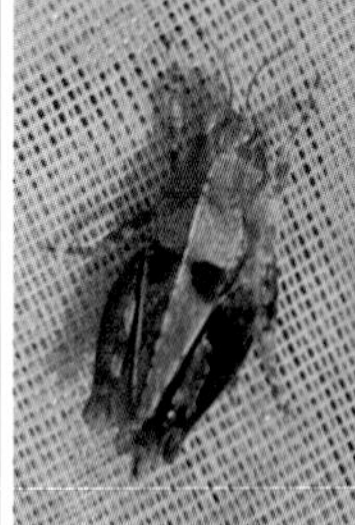

갈색형(2개의 굵은 점무늬)

적갈색형

검은색형

흰색형

모메뚜기(모메뚜기과) *Tetrix japonica*

크기 | 8~13㎜ 출현시기 | 1~12월(봄) 먹이 | 각종 식물

몸은 갈색 또는 회색을 띤다. 개체에 따라 무늬의 변이가 다양하다. 앞가슴등판이 마름모꼴로 각이 져 모가 난 것처럼 보여서 이름이 지어졌다. 크기가 작아서 '작은메뚜기' 또는 '난쟁이메뚜기'라고 불렀다. 굵은 뒷다리로 점프를 잘하며 낙엽과 이끼류, 썩은 부식질을 먹고 산다. 평지의 풀밭부터 높은 산지까지 어디서나 쉽게 볼 수 있다. 논밭에서도 쉽게 관찰되지만 썩은 식물질을 먹고 살아서 농작물에 피해를 주지 않는다. 약충이나 성충으로 월동한 후 초봄부터 출현하여 활동한다.

섬서구메뚜기 2형(수컷 갈색형)

섬서구메뚜기 2형(수컷 분홍색형) 섬서구메뚜기 1형(수컷 녹색형)

섬서구메뚜기 1형(암컷 녹색형) 섬서구메뚜기 2형(암컷 갈색형) 짝짓기

섬서구메뚜기(섬서구메뚜기과) *Atractomorpha lata*

크기 | 23~28㎜(수컷), 40~47㎜(암컷) 출현시기 | 7~10월(가을) 먹이 | 각종 식물

몸은 녹색을 띠지만 갈색형, 적색형, 회색형 등 변이가 많다. 원뿔 모양의 머리와 가늘고 긴 생김새가 '방아깨비'와 무척 많이 닮았지만 크기가 작고 뒷다리가 짧아서 쉽게 구별된다. 수컷은 암컷보다 크기가 작아서 쉽게 구별된다. 수컷은 암컷 위에 올라타서 짝짓기를 한다. 논밭, 공원, 습지 등의 풀밭에서 가장 흔하게 볼 수 있는 메뚜기이다. 논밭에서 벼, 들깨, 땅콩, 배추, 우엉, 콩 등을 먹고 풀밭에 있는 각종 식물의 잎과 꽃잎을 갉아 먹고 산다. 겨울에 알로 월동한다.

우리벼메뚜기 1형(수컷 녹색형)

우리벼메뚜기 2형(암컷 갈색형)

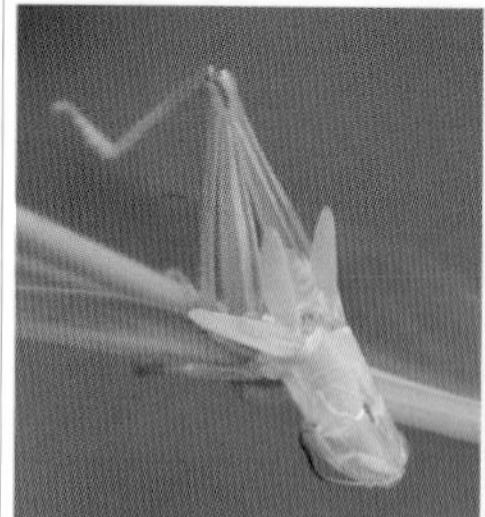
약충

탈피 허물

다리를 스스로 자른 모습(자절작용)

짝짓기

우리벼메뚜기(메뚜기과) *Oxya sinuosa*

크기 | 23~40㎜ 출현시기 | 7~11월(가을) 먹이 | 벼류

몸은 녹색형과 갈색형이 있지만 개체에 따라 붉은색을 띠는 등 변이가 많다. '벼메뚜기'라고 불렀지만 '우리벼메뚜기'로 이름이 변경되었다. 앞날개는 배 끝보다 약간 길며 수컷은 암컷보다 크기가 작다. 논에서 흔하게 볼 수 있었던 대표적인 메뚜기이지만 농약 사용과 개발로 인해 개체 수가 줄었다. 논밭, 하천, 습지의 풀밭에 많이 살며 벼과 식물을 갉아 먹는다. 짝짓기를 마친 암컷은 땅속에 100여 개의 알을 무더기로 낳는다. 약충은 앞가슴등판에 흰색 세로줄무늬가 있다. 겨울에 알로 월동한다.

긴날개밑들이메뚜기 약충

긴날개밑들이메뚜기(메뚜기과) *Ognevia longipennis*

크기 | 24~28㎜(수컷), 29~35㎜(암컷) 출현시기 | 6~11월(가을) 먹이 | 각종 식물

몸은 녹색을 띠며 앞날개는 적갈색이다. 겹눈에서 앞가슴등판까지 세로줄 무늬가 있다. 앞날개가 배 끝을 넘어 밑들이메뚜기류 중에서 날개의 길이가 가장 길다. 산지의 풀숲이나 나무 위에 잘 앉고 약충은 풀잎에 무리 지어 잘 모인다. 겨울에 알로 월동한다.

원산밑들이메뚜기 약충

원산밑들이메뚜기(메뚜기과) *Ognevia sergii*

크기 | 22~26㎜(수컷), 27~33㎜(암컷) 출현시기 | 6~10월(가을) 먹이 | 각종 식물

몸은 진녹색을 띤다. 암컷은 수컷보다 크기가 크다. '긴날개밑들이메뚜기'와 비슷하지만 앞날개가 배 끝을 넘지 않고 앞날개 등면이 밝은 녹색이어서 구별된다. 산지의 풀숲이나 나무 위에서 '긴날개밑들이메뚜기'와 함께 볼 수 있다.

잔날개북방밑들이메뚜기 배 끝부분이 위쪽으로 들려 올라가 있다.

잔날개북방밑들이메뚜기(메뚜기과) *Prumna plana*

크기 | 24~30㎜(수컷), 29~37㎜(암컷) 출현시기 | 6~10월(여름) 먹이 | 각종 식물

몸은 진한 적갈색을 띤다. 앞날개는 짧고 가장자리에 황색 띠무늬가 발달했다. 앞날개가 매우 짧아서 배마디가 그대로 보인다. 배 끝부분이 위로 들려 올라가 있어서 '밑들이'라는 이름이 지어졌다. 산지의 풀숲이나 나무 위에서 볼 수 있다. 강원도, 경기도 등 북부 지방에 산다.

한라북방밑들이메뚜기 날개가 퇴화되어 날 수 없다.

한라북방밑들이메뚜기(메뚜기과) *Prumna halrasana*

크기 | 24~30㎜(수컷), 26~39㎜(암컷) 출현시기 | 6~10월(여름) 먹이 | 각종 식물

몸은 갈색 또는 밝은 황색을 띤다. 앞날개는 암수 모두 퇴화되어 짧고 타원형이며 갈색을 띠고 앞가슴등판보다 짧다. 암컷은 수컷보다 크기가 약간 더 크다. 산지의 풀숲이나 나무 위에서 볼 수 있다. 한라산에서 신종으로 처음 발표된 한국 고유종으로 경기도, 강원도, 충청북도, 경상북도에도 산다.

암컷

밑들이메뚜기(수컷)

약충

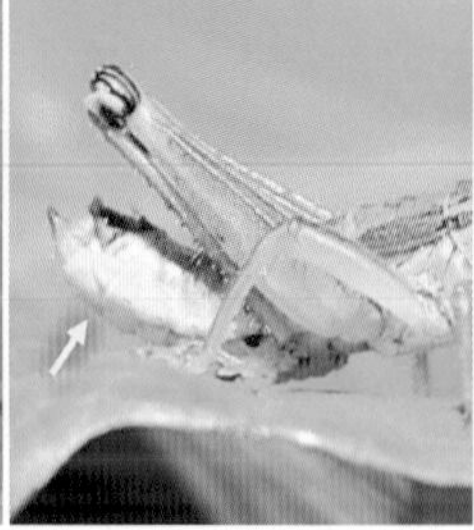
몸(날개가 퇴화됨)

배(위쪽으로 들려 올라감)

물에 떠 있는 모습

밑들이메뚜기(메뚜기과) *Anapodisma miramae*

크기 | 25~40㎜ 출현시기 | 5~9월(여름) 먹이 | 각종 식물

몸은 녹색을 띤다. 겹눈은 개구리눈처럼 불룩 튀어나왔고 머리 뒤쪽부터 앞가슴등판까지 검은색 줄무늬가 있다. 뒷다리 무릎은 검은색이며 날개는 붉은색이고 매우 짧다. 성충이 되어도 날개가 생기지 않아 날아다닐 수 없고 점프만 하면서 이동한다. '밑들이'라는 이름은 배 끝부분이 위로 들려 올라가 있어서 붙여졌다. 숲속의 풀숲에 주로 살고 키 작은 나무의 잎이나 나무껍질에 앉아 있는 모습도 발견할 수 있다. 약충은 연갈색이며 허물을 벗으면서 녹색으로 변한다. 겨울에 알로 월동한다.

각시메뚜기 등면에 황색 줄무늬가 있어서 '등줄메뚜기'라고도 불린다.

약충

등면(황색 세로줄무늬)

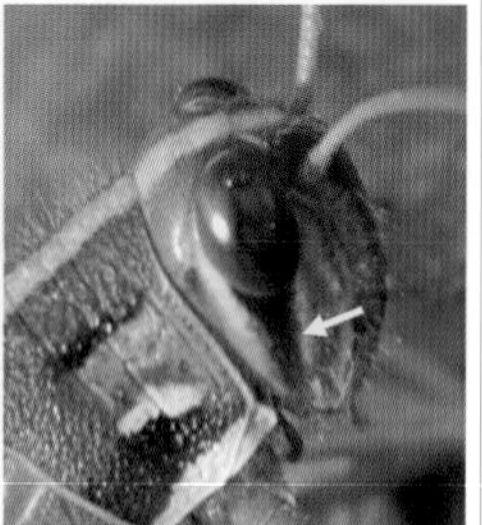

겹눈(겹눈 아래쪽의 검은색 줄무늬)

각시메뚜기(메뚜기과) *Pantanga japonica*

크기 | 34~46㎜(수컷), 46~60㎜(암컷) 출현시기 | 1~12월(여름) 먹이 | 각종 식물

몸은 밝은 갈색을 띤다. 앞가슴등판 가운데부터 앞날개 끝까지 황색 줄무늬가 있지만 때로는 줄무늬가 없는 개체도 있다. 겹눈 아래에 검은색 줄무늬가 있고 뒷다리 종아리마디의 가시는 흰색이며 끝부분이 검다. 암컷은 수컷보다 크기가 훨씬 더 크다. 모습이 각시처럼 예쁘다는 의미로 이름이 지어졌으며 '땅메뚜기', '흙메뚜기', '알록메뚜기' 등 다양한 이름으로 불린다. 약충은 녹색이나 황색을 띠며 성충과 마찬가지로 겹눈 아래에 줄무늬가 뚜렷하다. 겨울에 성충으로 월동한다.

등검은메뚜기(암컷) 전체적으로 검은색이어서 '검은등메뚜기'라고도 불린다.

수컷

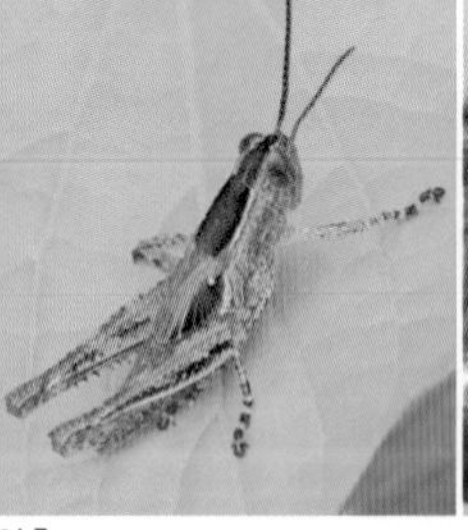

약충

겹눈(세로줄무늬)

등검은메뚜기(메뚜기과) *Shirakiacris shirakii*

크기 | 25~32㎜(수컷), 37~42㎜(암컷) 출현시기 | 7~11월(여름) 먹이 | 각종 식물

몸은 적갈색 또는 흑갈색을 띤다. 앞가슴등판 등면이 검은색을 띠고 있어서 이름이 지어졌다. '검은등메뚜기'라고도 불린다. 겹눈에는 가느다란 세로줄무늬가 있다. 앞날개는 길어서 배 끝을 넘는다. 얼룩덜룩한 점무늬가 많아서 풀밭이나 땅에 앉아 있으면 보호색 때문에 쉽게 눈에 띄지 않는다. 암컷은 수컷보다 크기가 훨씬 더 크다. 산길, 농경지, 저수지, 풀밭 등에서 매우 쉽게 볼 수 있다. 다양한 식물을 먹고 살며 특히 경작지에서 콩과 작물을 잘 갉아 먹는다. 겨울에 알로 월동한다.

땅딸보메뚜기(메뚜기과)
Calliptamus abbreviatus

크기 | 17~34mm 출현시기 | 6~11월(가을)
먹이 | 각종 식물

몸은 회갈색이고 매우 땅딸막하다. 앞날개는 짧아서 배 끝을 넘지 못한다. 건조한 풀밭에 산다.

검정무릎삽사리(메뚜기과)
Podismopsis genicularibus

크기 | 18~30mm 출현시기 | 6~10월(여름)
먹이 | 각종 식물

수컷은 진갈색, 암컷은 회갈색을 띤다. 뒷다리 무릎 부분이 검은색이다. 고도가 높은 풀밭에 산다.

삽사리

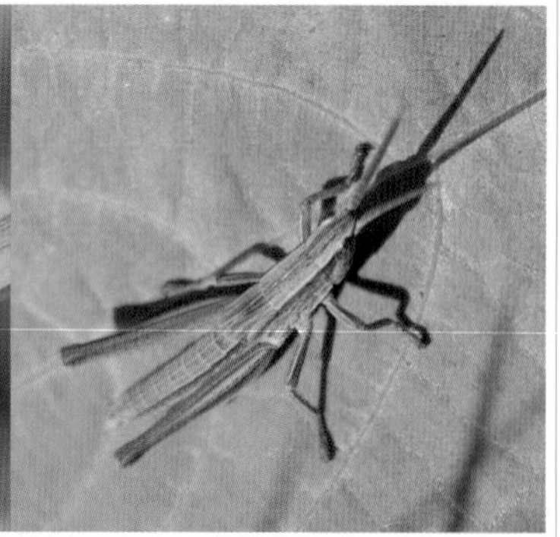

약충

삽사리(메뚜기과) *Mongolotettix japonicus*

크기 | 19~23mm(수컷), 24~32mm(암컷) 출현시기 | 5~8월(여름) 먹이 | 벼류

수컷은 밝은 황갈색이고 암컷은 회갈색을 띤다. 앞날개는 수컷은 배 끝을 넘지 않을 정도로 짧고 암컷은 매우 짧아서 약충처럼 보인다. 수컷은 한낮에 앞날개와 뒷다리를 비벼서 울음소리를 내는데 '사삭사삭' 울어서 이름이 지어졌다. 산지의 풀밭, 공원, 무덤가 등에 흔하게 살며 벼과 식물을 먹는다.

수염치레애메뚜기(메뚜기과)
Schmidtiacris schmidti

크기 | 23~30㎜ 출현시기 | 5~10월(여름)
먹이 | 벼류

몸은 황갈색이고 뒷다리 무릎 부분은 검은색이다. 앞날개는 배 끝보다 길다. 산지의 계곡 주변에 산다.

꼭지메뚜기(메뚜기과)
Euchorthippus unicolor

크기 | 16~24㎜ 출현시기 | 8~11월(여름)
먹이 | 각종 식물

몸은 황갈색 또는 회갈색을 띤다. 앞날개는 짧아서 배 끝을 넘지 않는다. 산지의 풀밭에 산다.

딱따기 약충

딱따기(메뚜기과) *Gonista bicolor*

크기 | 34~36㎜(수컷), 48~57㎜(암컷) 출현시기 | 8~10월(여름) 먹이 | 벼류

몸은 연녹색을 띤다. 몸의 옆면에 분홍색 세로줄무늬가 있으며 전체가 분홍색인 개체도 있다. 머리와 앞가슴등판은 편평하며 머리는 앞으로 돌출되어 있다. 생김새가 '방아깨비'와 비슷하지만 몸집이 작고 연약하며 뒷다리가 짧아서 구별된다. 벼과 식물의 잎에 붙어 있다.

방아깨비 2형(암컷 갈색형)

방아깨비 2형(암컷 혼합형)

방아깨비 1형(암컷 녹색형)

약충

등면

기다란 뒷다리

방아깨비(메뚜기과) *Acrida cinerea*

크기 | 42~55㎜(수컷), 68~86㎜(암컷) 출현시기 | 6~10월(여름) 먹이 | 벼류

몸은 녹색형과 갈색형이 있다. 개체에 따라 적색형과 녹색형에 갈색 줄무늬가 있거나 점무늬가 발달한 개체도 있다. 습도가 높은 곳에서는 녹색형, 습도가 낮은 곳은 갈색형이 태어난다. 우리나라에 살고 있는 메뚜기류 중에서 크기가 가장 크다. 뾰족하게 돌출한 원뿔 모양의 머리에 타원형의 겹눈과 납작한 더듬이가 달려 있다. 수컷은 암컷에 비해 몸집이 작다. 앞날개와 뒷날개를 서로 마찰시켜서 '따다다다' 소리를 내기 때문에 '따닥깨비', '때깨비', '때까치'라고 불렀다. 수컷이 날아다니며 소리를 내면 암

방아깨비 2형(수컷 갈색형)

약충

방아깨비 1형(수컷 녹색형)

더듬이

기다란 머리

뒷다리(잡고 있으면 방아 찧음)

컷이 소리를 듣고 모여들어 짝짓기를 한다. 기다란 뒷다리를 잡고 있으면 방아를 찧는 것처럼 움직여서 이름이 지어졌다. 북한에서는 다리로 방아를 찧는다고 해서 '방아다리메뚜기'라고 부른다. 방아깨비가 방아를 찧는 자세를 취하는 건 몸을 움직여 도망가려고 버둥거리기 때문이다. '섬서구메뚜기'와 비슷하지만 몸집이 매우 크고 뒷다리가 훨씬 더 길어서 구별된다. 벼과 식물이 자라는 논밭이나 하천에 많이 살며 주로 벼과 식물을 갉아 먹는다. 연 1회 발생하며 알로 월동한다.

끝검은메뚜기(메뚜기과)
Stethophyma magister

크기 | 31~50㎜ 출현시기 | 6~9월(여름)
먹이 | 각종 식물

몸은 황록색 또는 회색을 띤다. 날개는 배보다 길고 끝부분이 검은색이고 뒷다리 무릎도 검은색이다.

청분홍메뚜기(메뚜기과)
Aiolopus thalassinus tamulus

크기 | 26~39㎜ 출현시기 | 6~10월(여름)
먹이 | 각종 식물

몸은 갈색 또는 녹색이며 붉은색 무늬가 있는 개체도 있다. 해변, 강변, 경작지 등 건조한 곳에 산다.

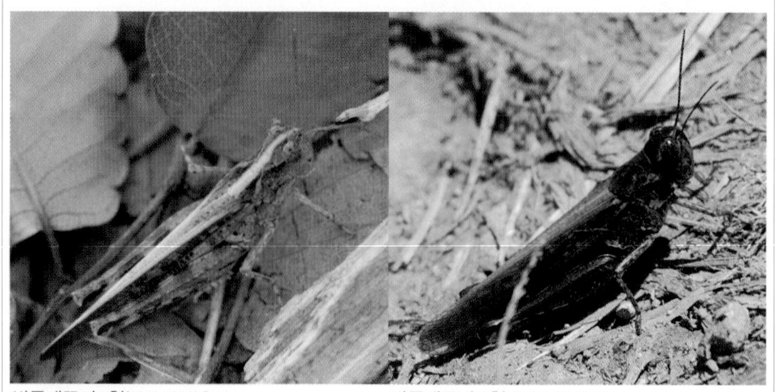

발톱메뚜기 1형(암컷 갈색형)　발톱메뚜기 2형(암컷 분홍색형)

발톱메뚜기(메뚜기과) *Epacromius pulverulentus*

크기 | 21~26㎜(수컷), 27~35㎜(암컷) 출현시기 | 7~10월(가을) 먹이 | 각종 식물

몸은 갈색이고 점무늬가 많아서 얼룩덜룩하다. 머리에서 앞가슴등판까지 밝은 연갈색 줄무늬가 있거나 붉은색을 띠는 개체도 있다. 발톱 사이의 욕반이 크게 잘 발달해서 이름이 지어졌다. 주로 해변이나 염전, 간척지나 섬에 많이 살고 산지의 습지에서도 볼 수 있다.

풀무치 2형(수컷 갈색형)

풀무치 1형(수컷 녹색형)

풀무치 2형(수컷 흑갈색형)

배(숨구멍)와 날개

약충

풀무치(메뚜기과) *Locusta migratoria migratoria*

크기 | 43~70㎜(수컷), 58~85㎜(암컷) 출현시기 | 5~11월(가을) 먹이 | 각종 식물

몸은 녹색 또는 갈색을 띤다. 앞날개는 배보다 훨씬 더 길다. '콩중이'와 생김새가 비슷하지만 앞가슴등판이 높게 솟지 않아서 구별된다. '풀+묻이'가 합쳐진 이름으로 풀 사이에 파묻혀 있다는 뜻이다. 수컷에 비해서 암컷의 크기가 훨씬 더 크다. 특히 서해안 섬 지역에서는 크기가 큰 대형 개체가 출현한다. 산지나 강변, 해안가의 풀밭에 산다. '크치 크치 크치' 하는 짧은 소리로 울어 댄다. '누리', '황충'라고 불리던 풀무치 떼는 벼에 대발생해서 피해를 주었다. 서울시 관리 야생동식물로 지정되어 있다.

콩중이 2형(수컷 갈색형)

튀어나온 앞가슴등판

콩중이 1형(수컷 녹색형)

날개(흰색 줄무늬)

등면(녹색)

콩중이(메뚜기과) *Gastrimargus marmoratus*

크기 | 37~43㎜(수컷), 53~59㎜(암컷) 출현시기 | 7~10월(가을) 먹이 | 벼류

몸은 녹색 또는 갈색을 띠지만 녹색형이 더 많다. 앞날개에 폭이 넓은 흰색 줄무늬가 있다. 날개 등면 전체가 녹색인 것이 특징이다. '팥중이'나 '풀무치'와 생김새가 비슷하지만 앞가슴등판 가운데에 융기선이 불룩 튀어나와 있어서 구별된다. 크기도 팥중이보다 크고 풀무치보다는 작다. 산지의 풀밭이나 무덤가에 많이 살지만 팥중이보다 개체 수가 적기 때문에 쉽게 발견되지 않는다. 벼과 식물을 먹고 살며 6번의 허물을 벗고 성충이 된다. 알로 월동한다.

팥중이 2형(수컷 녹색형)

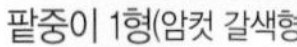

팥중이 1형(암컷 갈색형)

팥중이 1형(수컷 갈색형)

팥중이 2형(암컷 녹색형)

약충

앞가슴등판(X자 무늬)

팥중이(메뚜기과) *Oedaleus infernalis*

크기 | 28~33㎜(수컷), 39~46㎜(암컷) 출현시기 | 7~10월(가을) 먹이 | 각종 식물

몸은 대부분 갈색을 띠며 얼룩덜룩해서 팥가루를 뿌려 놓은 것처럼 보인다. 개체에 따라 변이가 다양해서 녹색을 띠는 개체도 있다. 앞가슴등판에 X자 무늬가 발달한 것이 특징이지만 녹색형은 무늬가 희미해서 잘 보이지 않는다. 산지나 하천의 땅 위에서 매우 흔하게 볼 수 있다. 얼룩덜룩한 몸 빛깔 덕분에 땅에 앉아 있으면 천적으로부터 자신을 보호할 수 있다. 특히 햇볕이 잘 드는 무덤가에서 쉽게 발견되기 때문에 옛날에는 '송장메뚜기'라고 불렀다. 연 1회 발생하며 알로 월동한다.

두꺼비메뚜기 1형(수컷 갈색형)

두꺼비메뚜기 1형(암컷 갈색형)

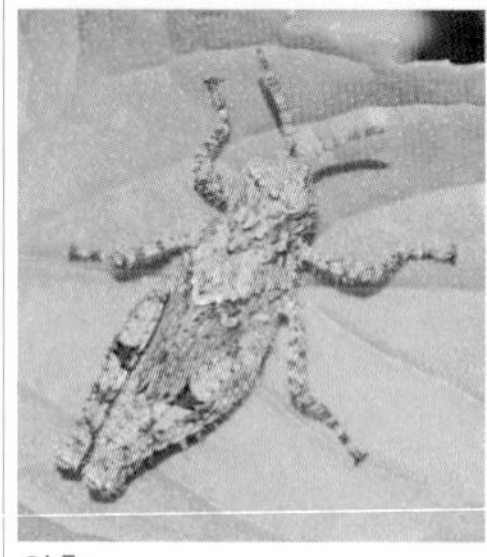
두꺼비메뚜기 2형(수컷 청색형)

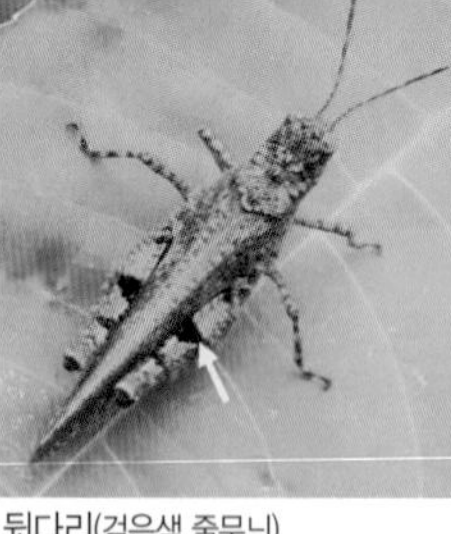
약충

뒷다리(검은색 줄무늬)

등면(울록볼록한 돌기)

두꺼비메뚜기(메뚜기과) *Trilophidia annulata*

크기 | 23~26㎜(수컷), 30~34㎜(암컷) 출현시기 | 7~10월(가을) 먹이 | 각종 식물

몸은 전체적으로 흑갈색이고 개체에 따라 청색을 띠기도 한다. 머리와 앞가슴등판에 울록볼록 혹이 나 있는 모습이 두꺼비 등판을 닮았다고 해서 이름이 지어졌다. 북한에서는 사마귀 돌기 같다고 해서 '사마귀메뚜기'라고 부른다. 앞날개는 긴 장시형이고 약충은 5령을 거쳐 성충이 된다. 햇볕이 잘 드는 산길이나 경작지 주변의 건조한 땅 위에서 쉽게 볼 수 있다. 몸 빛깔이 땅과 매우 비슷해서 땅에 앉아 있으면 천적으로부터 자신을 지킬 수 있다. 연 1회 발생하고 알로 월동한다.

메뚜기 종류 비교하기

청분홍메뚜기

몸은 갈색 또는 녹색이며 붉은색 무늬가 있는 개체도 있다. 해변, 강변, 경작지 등에 산다.

발톱메뚜기

몸은 얼룩덜룩하며 발톱 사이의 욕반이 잘 발달되어 있다. 머리에서 앞가슴등판까지 밝은 연갈색 줄무늬가 있다.

풀무치

풀에 묻혀 사는 메뚜기로 무리를 지는 풀무치를 '누리 떼'라 부른다. '콩중이'와 비슷하지만 앞가슴등판이 높게 솟지 않았다.

콩중이

앞가슴등판 가운데 융기선이 '풀무치'나 '팥중이'보다 훨씬 볼록 솟아 있다. 크기는 팥중이보다 크고 풀무치보다 작다.

팥중이

앞가슴등판에 X자 무늬가 있다. 갈색의 얼룩덜룩한 메뚜기로 두꺼비메뚜기와 함께 '송장메뚜기'라고 부른다.

두꺼비메뚜기

몸이 전체적으로 흑갈색이어서 '팥중이'와 비슷하다. 머리와 앞가슴등판에 작은 혹이 있어서 두꺼비 피부처럼 보인다.

끝마디통통집게벌레(수컷) 암컷

끝마디통통집게벌레(민집게벌레과) *Anisolabella marginalis*

크기 | 15~20㎜ 출현시기 | 4~11월(여름) 먹이 | 소형 곤충, 동물 사체

몸은 검은색을 띤다. 배 끝으로 갈수록 통통하게 부풀어 있어서 이름이 지어졌다. 날개가 전혀 없기 때문에 땅에서만 발 빠르게 기어 다니며 생활한다. 수컷은 집게가 동그랗게 휘어졌고 좌우 대칭이 아니다. 암컷은 집게가 대칭으로 곧게 뻗어 있다. 마을 주변에 살며 알을 돌본다.

민집게벌레(수컷) 암컷

민집게벌레(민집게벌레과) *Anisolabis maritima*

크기 | 18~22㎜ 출현시기 | 5~10월(여름) 먹이 | 소형 곤충, 동물 사체

몸은 전체적으로 암갈색을 띠며 개체에 따라 검은색도 있다. 더듬이와 다리는 연황색이고 집게는 적갈색이다. 수컷은 집게가 짧고 굵으며 좌우 대칭이 아니다. 반면에 암컷은 집게가 대칭으로 곧게 뻗어 있다. 마을, 산지의 낙엽, 정원, 해변의 돌 틈에서 쉽게 볼 수 있다.

애흰수염집게벌레 더듬이(끝부분 연황색 마디)

애흰수염집게벌레(민집게벌레과) *Euborellia annulipes*

크기 | 9~12㎜ 출현시기 | 6~10월(여름) 먹이 | 소형 곤충, 동물 사체

몸은 전체적으로 검은색을 띤다. 19마디로 된 더듬이는 갈색이고 수컷은 제14~16마디, 암컷은 제12~13마디가 연황색을 띤다. 날개가 없어서 날지 못하며 다리는 담황색이다. 수컷의 집게는 굵고 좌우 대칭이 아니다. 산지나 마을 주변에서 기어 다니는 모습을 쉽게 볼 수 있다.

노랑다리집게벌레(민집게벌레과) *Euborellia annulata*

크기 | 11~15㎜ 출현시기 | 6~10월(여름) 먹이 | 소형 곤충, 동물 사체

몸은 흑갈색이고 더듬이는 담갈색이다. 앞날개의 흔적이 있고 뒷날개는 없다. 다리는 연황색을 띤다.

큰집게벌레(큰집게벌레과) *Labidura riparia japonica*

크기 | 24~30㎜ 출현시기 | 4~10월(여름) 먹이 | 소형 곤충, 동물 사체

몸은 적갈색을 띤다. 겉날개에 붉은색 띠무늬가 있다. 하천, 해안 사구, 농경지에서 산다.

암컷

고마로브집게벌레(수컷)

약충

우화(날개돋이)

겨울잠을 자는 모습

방어용으로 이용하는 집게

고마로브집게벌레(집게벌레과) *Timomenus komarowi*

크기 | 15~22㎜ 출현시기 | 4~11월(여름) 먹이 | 소형 곤충, 각종 식물

몸은 흑갈색을 띤다. 겉날개와 집게는 검붉은빛을 띤다. 우리나라에서 집게의 길이가 가장 긴 집게벌레이다. 수컷은 활처럼 휘어진 집게가 매우 길고 암컷은 수컷의 절반 정도로 짧다. 종명 'komarowi'는 러시아 식물학자의 이름에서 유래되었다. 알이 부화할 때까지 돌보는 모성애가 강한 곤충이다. 습기가 많은 지하실이나 도시는 물론 산지의 축축한 낙엽 위에서도 잘 발견된다. 나뭇잎이나 꽃에도 잘 모인다. 약충은 몸이 전체적으로 흑갈색을 띠며 날개가 없다. 성충으로 월동한다.

암컷

약충

좀집게벌레(수컷)

날개(끝부분의 황색 무늬)

겉날개를 펼친 모습

좀집게벌레(집게벌레과) *Anechura japonica*

크기 | 16㎜ 내외 출현시기 | 5~9월(여름) 먹이 | 소형 곤충, 동물 사체

몸은 전체적으로 암갈색이고 다리와 집게는 적갈색을 띤다. 수컷의 집게는 암컷에 비해 둥글게 휘어졌고 집게 안쪽에 작은 돌기가 있지만 암컷은 돌기가 없어서 구별된다. 산지의 돌이나 낙엽 밑에서 활발하게 움직이거나 잎에 앉아 있는 모습을 볼 수 있다. 소형 곤충의 알이나 번데기 등을 먹고 산다. 겨울에 성충으로 월동한다. 옛날에는 배 끝부분에 달린 집게가 가위와 비슷해서 '가위벌레'라고 불렀다. 서양에서는 잠을 잘 때 귀에 집게벌레가 들어간다는 속설이 있어서 집게벌레를 매우 싫어한다.

못뽑이집게벌레(암컷)　집게 모양이 못 뽑는 장도리를 닮았다.

수컷

약충

못뽑이집게벌레(집게벌레과) *Forficula scudderi*

크기 | 20~36㎜　출현시기 | 6~11월(여름)　먹이 | 소형 곤충, 동물 사체

몸은 전체적으로 적갈색을 띤다. 더듬이는 연갈색이고 배는 가운데가 가장 넓다. 머리와 집게는 적갈색이고 다리는 황색을 띤다. 수컷의 집게가 편평하고 끝부분이 못 뽑는 장도리처럼 생겨서 이름이 지어졌다. 반면에 암컷은 집게가 끝으로 갈수록 가늘어지는 직선 모양이다. 앞날개는 매우 짧고 뒷날개는 없다. 산과 들판, 나무 위나 돌 밑, 집 주변에서 발견된다. 천적이 쫓아오면 집게를 등 위쪽으로 들어 올려 상대방을 위협하는 자세를 취한다. 적으로부터 피하기 위해 돌 틈에 재빨리 숨는다.

집게벌레 종류 비교하기

민집게벌레

몸은 암갈색이고 날개가 없어서 날아다니지 못한다. 땅 위를 발발 기어 다니며 다리는 연황색을 띤다.

애흰수염집게벌레

몸은 검은색이고 날개가 없어서 '민집게벌레'와 비슷하지만 다리는 담황색을 띠고 더듬이 끝이 연황색을 띤다.

큰집게벌레

몸은 적갈색을 띠고 겉날개에 붉은색 띠무늬가 있다. 크기가 큰 편이고 경작지와 하천 변에 산다.

고마로브집게벌레

몸은 흑갈색이고 단단한 겉날개는 검붉은빛을 띤다. 수컷은 집게 길이가 암컷에 비해 2배 이상 길다.

좀집게벌레

몸은 암갈색이고 크기가 작다. 돌이나 낙엽 밑에 살며 단단한 날개 끝부분 좌우에 황색 무늬가 있다.

못뽑이집게벌레

몸은 적갈색을 띤다. 수컷의 집게가 못을 뽑는 장도리처럼 크게 발달되었고 암컷은 집게가 매우 길다.

대벌레(녹색형) 몸은 대나무처럼 생겼고 참나무류 숲에 많이 산다.

갈색형 약충 나무껍질과 비슷한 보호색

대벌레(대벌레과) *Ramulus mikado*

크기 | 70~100㎜ 출현시기 | 5~10월(여름) 먹이 | 참나무류, 벚나무류

몸은 전체적으로 녹색 또는 갈색을 띤다. 몸과 다리가 대나무 줄기처럼 가늘고 길다. 대나무 마디를 닮았다고 해서 우리나라에서는 '죽절충(竹節蟲)'이라고 불렀고 생김새가 지팡이를 닮았다고 해서 서양에서는 '지팡이곤충'이라고 부른다. 활엽수에 붙어 있으면 나뭇가지처럼 위장을 잘하기 때문에 천적의 눈에 잘 띄지 않는다. 천적의 습격을 받으면 다리를 떼어 내고 달아나거나 죽은 척하여 위기를 넘긴다. 참나무류를 포함한 활엽수와 가로수, 과일나무의 잎을 갉아 먹어서 피해를 일으킨다.

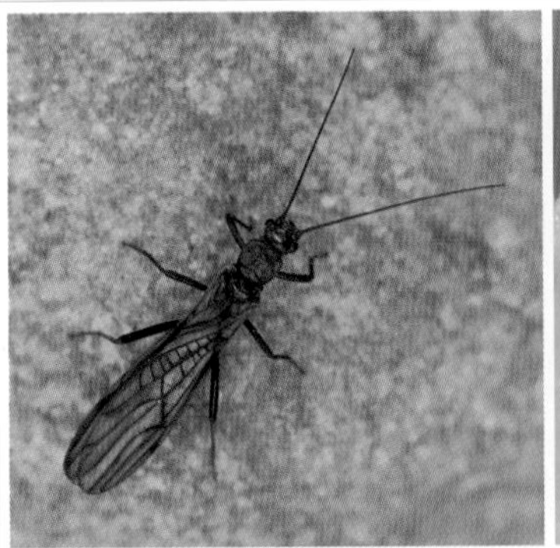

총채민강도래(민강도래과)
Amphinemura coreana

크기 | 7~9㎜
출현시기 | 4~6월(봄)

몸은 전체적으로 갈색을 띤다. 크기가 작은 소형 강도래로 앞가슴등판과 날개가 좁다.

큰애기강도래(꼬마강도래과)
Perlomyia mahunkai

크기 | 6~8㎜
출현시기 | 4~6월(봄)

몸은 얇은 막대 모양이다. 숲의 계곡 주변에 산다. 크기가 작아서 '꼬마'라는 이름이 지어졌다.

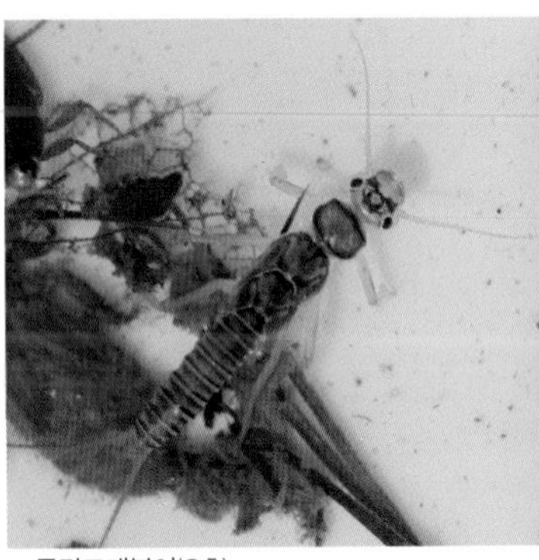
그물강도래붙이(유충)

맑은 물에만 사는 지표종

그물강도래붙이(그물강도래과) *Stavsolus japonicus*

크기 | 20~25㎜ 출현시기 | 4~6월(봄) 먹이(유충) | 하루살이, 날도래

유충의 몸은 밝은 갈색을 띠며 길쭉하다. 하루살이, 날도래 등의 수서곤충을 잡아먹고 산다. 성충은 암갈색이고 머리와 가슴등판에 황색 세로줄 무늬가 있다. 봄부터 여름까지 출현한다. 수질이 깨끗한 산림 지역의 하천에서 발견되는 종으로 청정수계의 지표종이다.

큰그물강도래 우리나라 강도래류 중에서 크기가 가장 크다.

유충

낙엽과 비슷한 보호색

큰그물강도래(큰그물강도래과) *Pteronarcys sachalina*

크기 | 50~55㎜ 출현시기 | 5~7월(봄) 먹이(유충) | 낙엽, 부착조류

몸은 전체적으로 검은색을 띠고 날개는 밝은 갈색을 띤다. 우리나라의 강도래류 중에서 크기가 가장 커서 '거인강도래(Giant Stonefly)'라고 부른다. 유충은 몸이 길고 갈색 또는 진갈색을 띤다. 유충과 성충 모두 앞가슴등판이 사각형이고 모서리가 뾰족하게 돌출되었다. 수질이 매우 깨끗한 산림계류에 살며 자갈이 많고 물 흐름이 느린 여울이나 낙엽과 같은 유기물이 쌓인 곳을 좋아한다. 바닥을 기어 다니며 낙엽을 썰어 먹거나 부착조류를 먹고 산다. 국가기후변화지표종이며 국외반출승인대상종으로 지정되어 있다.

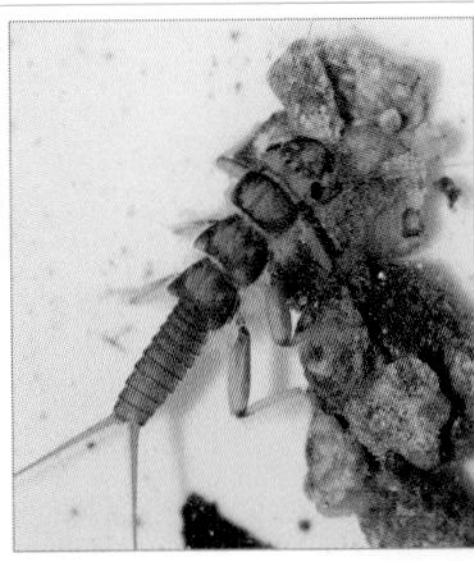
유충

한국강도래

하루살이를 사냥하는 모습

탈피 허물

돌과 비슷한 보호색

냇가의 잎에 앉아 있는 모습

한국강도래(강도래과) *Kamimuria coreana*

크기 | 25~30㎜ 출현시기 | 5~8월(봄) 먹이(유충) | 하루살이, 날도래

몸은 전체적으로 황갈색을 띤다. 연갈색의 투명한 날개를 포개어 접고 있다. 겹눈은 둥글고 홑눈은 3개가 있다. 유충은 몸이 연갈색 또는 암갈색이고 짧은 갈색 가시털에 덮여 있으며 머리에 갈색의 M자 무늬가 있다. 물에 사는 하루살이, 날도래 등의 수서곤충을 잡아먹고 산다. 용존 산소량이 부족하면 팔굽혀펴기 행동을 한다. 우리나라 전역에 살고 있으며 수질이 깨끗한 산림계류에 사는 청정수계의 지표종이다. 한국 고유종이며 국외반출승인대상종으로 지정되어 있다.

진강도래 깨끗한 계곡에서 발견되는 대표 강도래이다.

유충 사냥에 이용하는 큰턱 꼬리아가미

진강도래(강도래과) *Oyamia nigribasis*

크기 | 25~30㎜ 출현시기 | 4~8월(봄) 먹이(유충) | 수서곤충

몸은 전체적으로 진갈색을 띠며 납작하다. 다리는 갈색이고 관절마다 검은색 줄무늬가 있으며 더듬이는 실처럼 가늘다. 봄에 우화하여 계곡 근처의 풀잎에 앉아 있는 모습을 볼 수 있다. 유충은 연갈색 또는 갈색을 띠며 몸 전체에 짧은 갈색 털이 덮여 있다. 수질이 깨끗한 계류나 평지하천에 살면서 납작하루살이류 등의 수서곤충 유충을 잡아먹고 산다. 돌 빛깔과 비슷한 보호색을 갖고 있어서 '스톤플라이(Stonefly)'라고 부른다. 우리나라 전역에 살고 있으며 청정수계의 지표종이다.

무늬강도래

유충

무늬강도래(강도래과) *Kiotina decorata*

크기 | 20~25㎜ 출현시기 | 5~7월(봄) 먹이(유충) | 하루살이, 수서곤충

몸은 전체적으로 암갈색을 띠며 날개 가장자리에 갈색 테두리가 있다. 유충은 몸이 길고 밝은 갈색을 띤다. 수질이 깨끗한 계곡에 사는 청정수계의 지표종이며 개체 수가 적은 편이다. 물속에서 돌 위를 기어 다니며 납작하루살이류 등의 수서곤충을 잡아먹는 포식성 곤충이다.

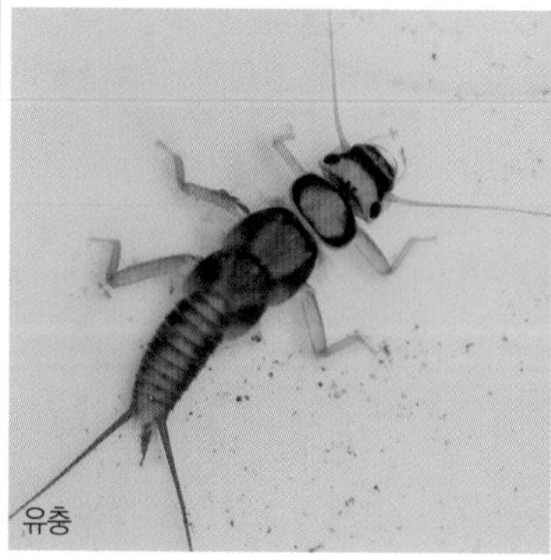
유충

두눈강도래(강도래과)
Neoperla coreensis

크기 | 12~15㎜ 출현시기 | 5~8월(여름)
먹이(유충) | 수서곤충

유충은 갈색을 띠며 겹눈 2개와 홑눈 2개가 뚜렷하다. 수서곤충을 잡아먹고 사는 한국 고유종이다.

녹색강도래(녹색강도래과)
Sweltsa nikkoensis

크기 | 10~13㎜ 출현시기 | 6~7월(여름)
먹이(유충) | 이끼류, 낙엽

몸은 황색이고 눈은 검은색을 띤다. 맑은 계곡 주변을 날아다닌다. 밤에 불빛에 유인되어 날아온다.

먹바퀴(왕바퀴과)
Periplaneta fuliginosa

크기 | 25~30㎜ 출현시기 | 4~10월(여름)
먹이 | 잡식성(육식, 초식)

몸은 흑갈색이며 광택이 난다. 나뭇진이나 썩은 나무에 잘 모인다. 잡식성으로 밤에 잘 활동한다.

이질바퀴(왕바퀴과)
Periplaneta americana

크기 | 35~43㎜ 출현시기 | 1~12월(여름)
먹이 | 잡식성(육식, 초식)

몸은 담갈색을 띤다. 집 안에 사는 바퀴 중 크기가 가장 크며 '미국바퀴'라고 부른다. 밤에 활동한다.

산바퀴

약충

산바퀴(바퀴과) *Blattella nipponica*

크기 | 12~14㎜ 출현시기 | 4~10월(여름) 먹이 | 잡식성(육식, 초식)

몸은 전체적으로 갈색을 띤다. 집에 사는 '바퀴'와 비슷하지만 앞가슴등판에 고리 모양의 진한 검은색 무늬가 있어서 구별된다. 집에 사는 바퀴와 달리 가옥에 살지 않고 산지의 낙엽 밑에 산다. 산지의 유기물을 분해시키는 분해자 역할을 한다. 약충으로 월동한다.

알덩이

약충(1령)

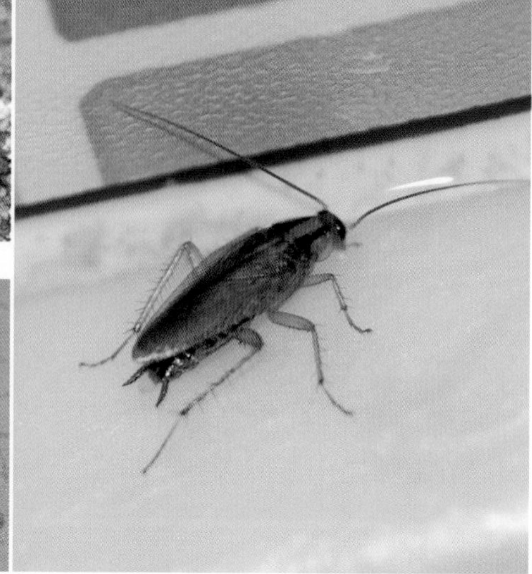
독일바퀴

약충

바퀴 알덩이를 물고 가는 일본왕개미

독일바퀴(바퀴과) *Blattella germanica*

크기 | 11~15㎜ 출현시기 | 1~12월(여름) 먹이 | 잡식성(육식, 초식)

몸은 전체적으로 연갈색을 띤다. '바퀴 중에서 진짜 바퀴'라는 뜻으로 '참바퀴'라고 불렸다. '산바퀴'와 생김새가 비슷하지만 앞가슴등판의 검은색 무늬가 둥글지 않고 직선이어서 구별된다. 주택가나 음식점 주변을 발 빠르게 기어 다니며 특히 어두운 곳을 좋아한다. 오염된 곳을 기어 다니며 병균을 옮기는 위생 해충으로 집에서 생활하는 가주성 바퀴여서 연중 볼 수 있다. 살충제를 뿌려도 살아남고 방사능에도 사람보다 500배 이상 견딜 수 있을 정도로 생존력과 번식력이 탁월하다.

흰개미 '개미'처럼 역할을 분담하여 사는 사회성 곤충이다.

병정흰개미

무리 지어 나무를 갉아 먹는 모습

나무에 만든 흰개미 집

흰개미(흰개미과) *Reticulitermes speratus kyushuensis*

크기 | 4~7㎜ 출현시기 | 1~12월(겨울) 먹이 | 썩은 나무

몸은 전체적으로 흰색을 띤다. 생김새가 '개미'를 닮아서 이름이 지어졌다. 일개미는 크기가 4~6㎜이고 날개 달린 유시충은 5~7㎜이다. 병정흰개미는 원통형의 황갈색 머리가 특징이며 큰턱이 발달했다. 여왕흰개미, 왕흰개미, 일흰개미, 수흰개미가 함께 모여 사회생활을 하는 사회성 곤충이다. 이름은 개미이지만 '벌 무리'가 아닌 '바퀴 무리'에 속한다. 수입 목재와 함께 우리나라에 유입되어 살게 된 외래종으로 습기가 많은 나무를 갉아 먹는다. 목조 문화재에 침투해서 피해를 주는 문화재 해충이다.

약충

알집(난괴)

사마귀

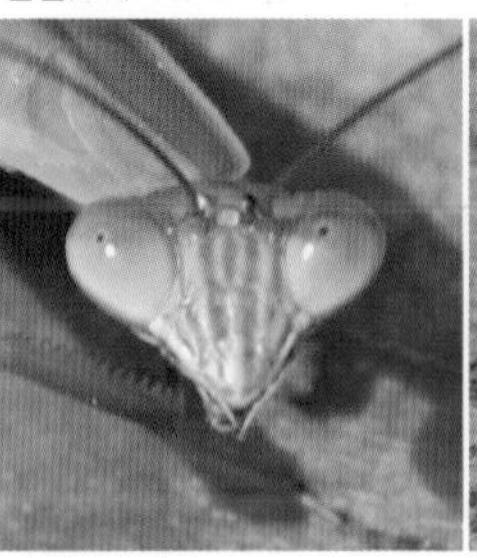

머리(겹눈, 홑눈)

위협 자세

사체에 생긴 곰팡이

사마귀(사마귀과) *Tenodera angustipennis*

크기 | 65~80㎜(수컷), 70~90㎜(암컷) 출현시기 | 9~11월(가을) 먹이 | 곤충

몸은 녹색형과 갈색형이 있다. '왕사마귀'와 비슷하지만 약간 날씬하고 앞가슴등판 배면에 진한 주황색 무늬가 있어서 구별된다. 위협을 받으면 앞다리를 들어 올리고 날개를 펼쳐서 몸집을 부풀려 공격 자세를 취한다. 풀숲에 숨어 있다가 먹잇감이 접근하면 앞다리로 순식간에 낚아채는 솜씨가 매우 뛰어나다. 나뭇가지와 바위 등의 단단한 곳에 200개 이상의 알이 들어 있는 알 무더기를 낳는다. 거품처럼 보이는 알 무더기는 점점 단단해져서 겨울에도 따뜻하고 안전하게 월동할 수 있다.

왕사마귀 2형(암컷 갈색형)

왕사마귀 1형(암컷 녹색형)

약충

알집(난괴)

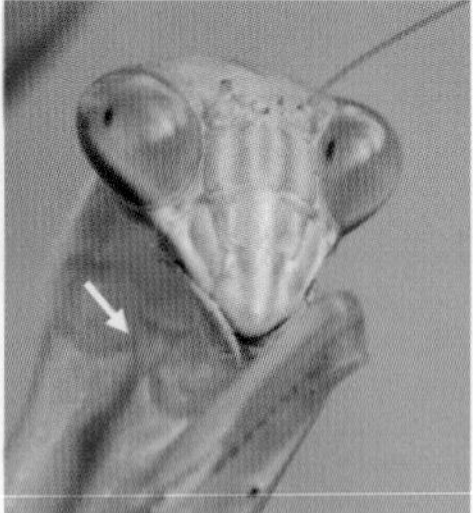
앞가슴(밝은 황색 무늬)

겹눈(밤에 검게 변함)

왕사마귀(사마귀과) *Tenodera sinensis*

크기 | 68~92㎜(수컷), 77~95㎜(암컷) 출현시기 | 7~11월(가을) 먹이 | 곤충

몸은 전체적으로 녹색을 띤다. 낫처럼 생긴 굵은 앞다리로 순식간에 먹잇감을 낚아챈다. 낮은 산지의 나무에 숨어 있다가 먹잇감을 사냥하는 속도가 1/1000초로 매우 재빠르다. 머리를 휙휙 돌리며 요리조리 사냥감을 노리다가 근접한 곤충을 잡아먹는다. '사마귀'와 생김새가 매우 비슷하지만 몸이 더 굵고 큰 편이며 앞가슴등판 배면에 밝은 황색 무늬가 있어서 구별된다. 뒷날개 전체에 보라색과 갈색의 진한 무늬가 흩어져 있다. 알집은 길쭉한 '사마귀' 알집과 달리 크고 볼록해서 구별된다.

좀사마귀 알집(난괴)

좀사마귀(사마귀과) *Statilia maculata*

크기 | 36~55㎜(수컷), 46~63㎜(암컷) 출현시기 | 8~10월(가을) 먹이 | 곤충

몸은 회갈색 또는 흑갈색을 띤다. '사마귀'와 '왕사마귀'에 비해 몸집이 매우 작아서 '좀'이 붙어서 이름이 지어졌다. 앞다리 사이에 검은색 무늬가 있고 앞가슴등판 배면에 검은색 띠무늬가 있다. 산지와 마을 주변의 바위와 돌에 갈색 알 무더기를 낳고 알집(난괴)으로 월동한다.

넓적배사마귀 약충

넓적배사마귀(사마귀과) *Hierodula patellifera*

크기 | 45~65㎜(수컷), 52~71㎜(암컷) 출현시기 | 8~10월(가을) 먹이 | 곤충

몸은 녹색을 띠고 개체에 따라 갈색형이 있다. 앞다리에 황백색 돌기가 있고 앞날개 가장자리에 흰색 점무늬가 있다. 마을이나 풀밭에 산다. 약충은 배를 위로 접고 있는 특징이 있다. 알집은 매우 볼록하다. 충청 이남에만 살았지만 현재는 서울, 경기도에서도 볼 수 있다.

큰밀잠자리

III 유시아강〉고시하강(고시류)

날개가 있는 유시아강(유시류)에 속하는 곤충 중에서 날개를 접을 수 없는 고시류의 곤충을 말한다. 날개를 포개어 접을 수 없기 때문에 천적에게 공격 당하기 쉽다. 고생대 석탄기에 출현한 날개가 달린 매우 오래된 곤충 무리이다.

수컷

물잠자리(암컷)

유충

[1]**검은물잠자리**

[1]**검은물잠자리** 날개

[1]**검은물잠자리** 머리

물잠자리(물잠자리과) *Calopteryx japonica*

크기 | 55~57㎜ 출현시기 | 5~7월(여름) 먹이 | 곤충

몸은 청동색을 띠며 날개는 검은색이고 둥근 타원형이다. 암컷은 날개 끝에 흰색 점무늬(연문)가 있다. 수생식물이 풍부하게 자라는 청정 지역 하천에 살며 식물의 줄기에 알을 낳는다. 유충은 하천 상류 지역의 수생식물이 많은 곳에 산다. 유충으로 월동한다. [1]**검은물잠자리**는 몸과 날개의 빛깔이 검은색을 띠어서 '물잠자리'와 구별되며 5~9월에 출현한다. 유충은 하천 중류의 수생식물이 많은 곳에 산다. 해 질 녘에 검은색 날개를 펄럭거리며 나는 모습을 보고 '귀신잠자리'라고도 부른다.

참실잠자리(수컷) 물풀이 많이 자라는 곳을 포르르 날아다닌다.

암컷

머리(떨어져 있는 겹눈)

짝짓기

참실잠자리(실잠자리과) *Coenagrion johanssoni*

크기 | 30~34㎜ 출현시기 | 5~9월(여름) 먹이 | 소형 곤충

수컷은 몸이 전체적으로 청색을 띤다. 제8~9배마디는 청색이며 제10배마디는 흑갈색을 띤다. 암컷은 전체적으로 흑갈색을 띠며 제8~9배마디에 둥근 청색 무늬가 있어서 수컷과 구별된다. 산지 주변에 수생식물이 자라는 습지, 휴경 논, 물웅덩이 등에 살면서 식물의 조직에 알을 낳는다. 유충은 수생식물이 풍부한 습지와 연못, 물 흐름이 느린 하천에 산다. 북방계열의 실잠자리로 중북부 지방에 많이 살고 있으며 남부 지방은 고지대 습지의 한랭한 풀밭에 산다.

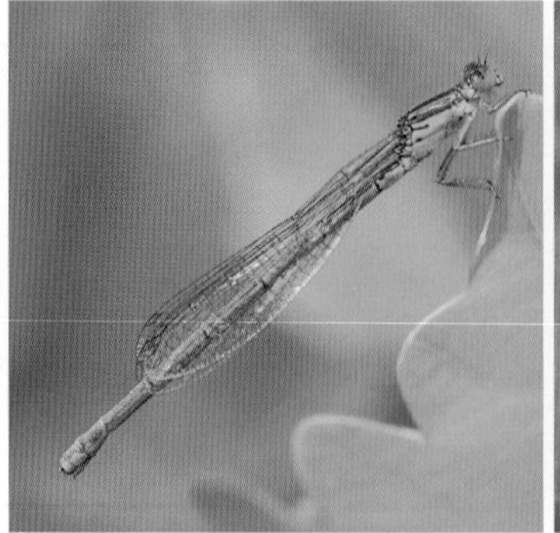

등검은실잠자리(실잠자리과)
Paracercion calamorum

크기 | 28~32㎜ 출현시기 | 4~9월(봄)
먹이 | 소형 곤충

몸은 검은색이지만 성숙하면 청색을 띤다. 습지, 하천, 연못에 살고 부엽식물에 알을 낳는다.

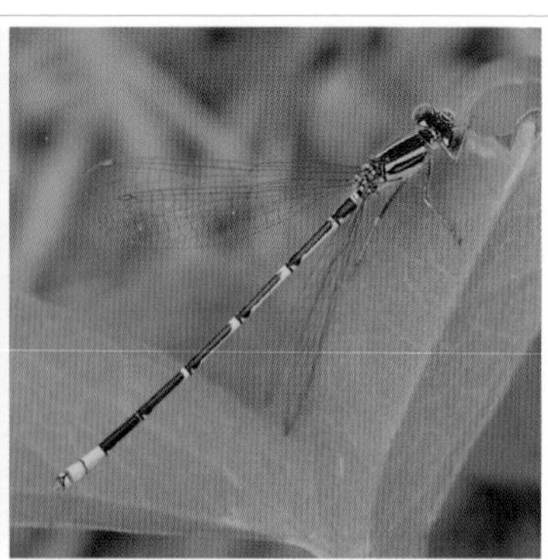

등줄실잠자리(실잠자리과)
Paracercion hieroglyphicum

크기 | 26~34㎜ 출현시기 | 5~9월(여름)
먹이 | 소형 곤충

수컷의 몸은 연청색이고 암컷은 황갈색을 띤다. 연못, 저수지, 하천의 물 흐름이 느린 정수역에 산다.

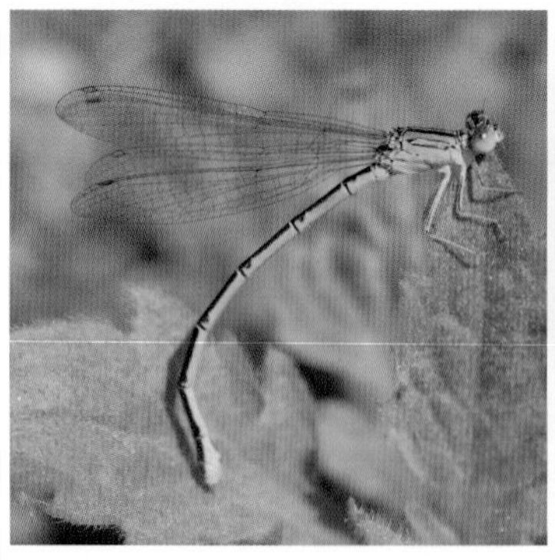

큰등줄실잠자리(실잠자리과)
Paracercion plagiosum

크기 | 38~42㎜ 출현시기 | 6~8월(여름)
먹이 | 소형 곤충

몸은 전체적으로 녹색을 띠며 등면은 흑갈색이다. 개체 수가 매우 적어서 쉽게 보기 힘들다.

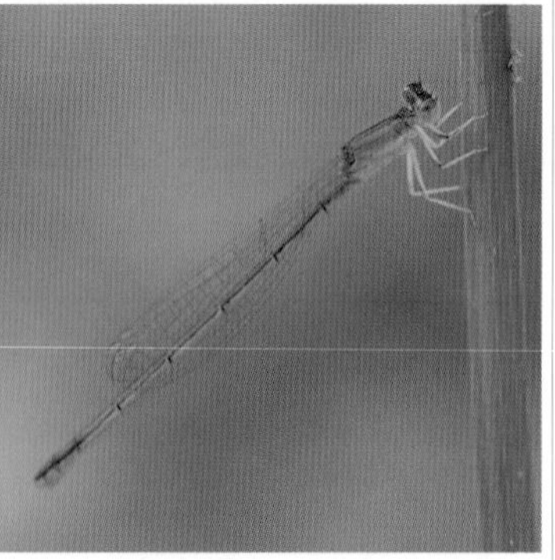

황등색실잠자리(실잠자리과)
Mortonagrion selenion

크기 | 20~22㎜ 출현시기 | 6월(여름)
먹이 | 소형 곤충

몸은 녹색을 띠지만 미성숙 암컷은 황갈색이다. 크기가 작은 실잠자리로 성충 시기가 2~3주로 짧다.

아시아실잠자리(수컷) 개체 수가 많아서 가장 쉽게 볼 수 있다.

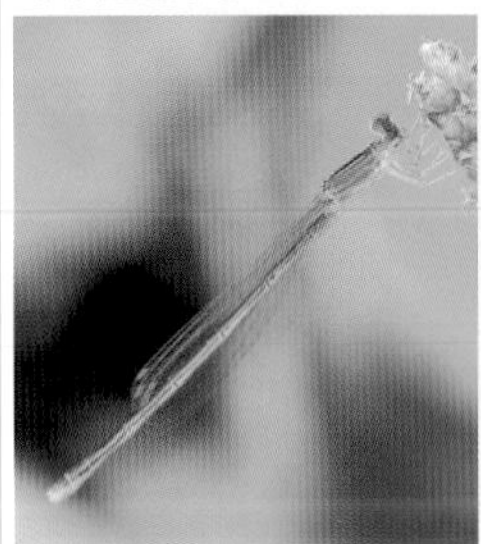
암컷(미성숙)

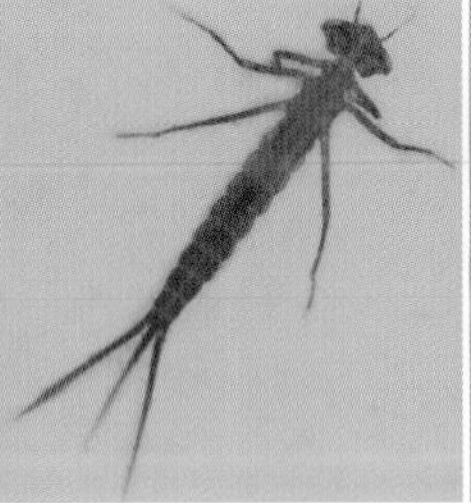
유충

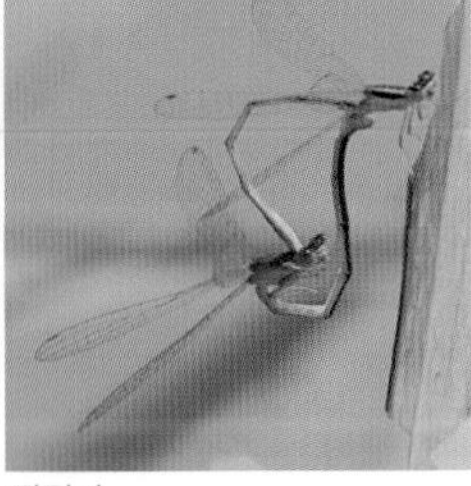
짝짓기

아시아실잠자리(실잠자리과) *Ischnura asiatica*

크기 | 24~30㎜ 출현시기 | 4~10월(봄) 먹이 | 소형 곤충

몸은 암수 모두 녹색을 띤다. 방금 우화한 미성숙 암컷은 붉은색을 띠지만 성숙하면 녹색으로 바뀐다. 개체 수가 많아서 봄부터 일찍 우화하여 날아다니는 모습을 볼 수 있다. 수컷이 배 끝 부위로 암컷의 뒷머리나 목 부위를 잡고 짝짓기하면 하트 모양이 그려진다. 수컷은 제9배마디에 보관된 정자를 제2~3배마디의 정자 저장소로 옮긴 후 암컷에게 전해 주어 짝짓기가 완성된다. 짝짓기를 마친 암컷은 수생식물의 줄기 속에 알을 낳는다. 유충은 습지, 연못, 저수지, 하천 등에 널리 서식한다.

북방아시아실잠자리(수컷) 암컷

북방아시아실잠자리(실잠자리과) *Ischnura elegans*

크기 | 32~36㎜ 출현시기 | 5~9월(여름) 먹이 | 소형 곤충

몸은 청색을 띠지만 암컷의 경우에는 개체에 따라 갈색형도 있다. 수생식물이 풍부한 연못이나 습지에 산다. 중북부 지방에 사는 북방 계열 잠자리로 기후 변화를 예측할 수 있는 환경부 지정 기후변화지표종이다. 유충은 습지와 연못에 살며 특히 해안가 저지대에 많다.

푸른아시아실잠자리(실잠자리과) *Ischnura senegalensis*

크기 | 32~36㎜ 출현시기 | 5~9월(여름) 먹이 | 소형 곤충

몸은 녹색을 띠며 수컷은 제8~9배마디가 청색이다. 수생식물이 풍부한 습지, 연못, 하천에 산다.

노란실잠자리(실잠자리과) *Ceriagrion melanurum*

크기 | 38~42㎜ 출현시기 | 6~9월(여름) 먹이 | 소형 곤충

암수가 모두 선명한 황색을 띠어서 이름이 지어졌다. 성숙하면 수컷은 가슴이, 암컷은 전체가 연녹색으로 변한다.

암컷

날개

새노란실잠자리(수컷)

머리

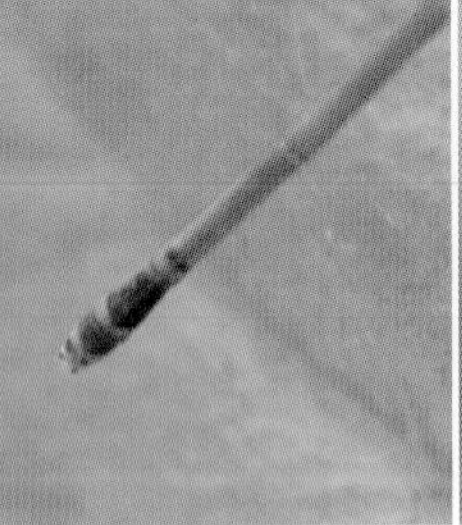

암컷 꼬리(흑갈색 점무늬)

나뭇가지를 잡은 모습

새노란실잠자리(실잠자리과) *Ceriagrion auranticum*

크기 | 38~40㎜ 출현시기 | 7~10월(여름) 먹이 | 소형 곤충

머리, 앞가슴등판, 다리 부분이 선명한 황색을 띠어서 이름이 지어졌다. 몸에는 황색 외에도 녹색, 붉은색, 검은색 등이 섞여 있다. 겹눈과 가슴은 녹색이고 배는 붉은색을 띤다. 수컷의 배마디에는 흑갈색 점무늬가 없지만 암컷은 제7~10배마디에 흑갈색 점무늬가 있어서 구별된다. 수생식물이 풍부한 연못이나 습지에 산다. 제주도, 전라남도, 일부 남부 지방에서만 사는 남방 계열의 실잠자리로 중북부 지방에서는 볼 수 없다. 유충은 수생식물이 풍부한 습지와 연못의 물풀에 붙어서 생활한다.

방울실잠자리(수컷)

수컷의 다리가 방울 모양이다.

암컷

방울 달린 다리

머리(떨어져 있는 겹눈)

방울실잠자리(방울실잠자리과) *Platycnemis phyllopoda*

크기 | 38~40㎜ 출현시기 | 5~10월(여름) 먹이 | 소형 곤충

몸은 전체적으로 흑갈색을 띤다. 수컷의 가운뎃다리와 뒷다리 종아리마디가 방울 모양을 하고 있어서 이름이 지어졌다. 암컷은 다리에 방울 모양이 없다. 짝짓기를 마치고 나면 수컷이 암컷의 목을 잡은 채로 함께 다니며 부유식물의 줄기와 잎에 산란한다. 연못, 저수지, 물 흐름이 느린 하천의 정수역에 산다. 유충은 습지, 연못, 저수지, 하천 정수역의 수생식물 뿌리에 붙어 산다. 우리나라 중남부 지방 대부분에 살고 있으며 개체 수가 많아서 어디서나 쉽게 볼 수 있다.

청실잠자리(청실잠자리과)
Lestes sponsa

크기 | 38~42㎜ 출현시기 | 6~10월(여름)
먹이 | 소형 곤충

몸이 청색을 띠어서 이름이 지어졌다. 높은 산지의 습지와 연못에 많이 살며 국외반출금지종이다.

묵은실잠자리(청실잠자리과)
Sympecma paedisca

크기 | 34~38㎜ 출현시기 | 1~12월(가을)
먹이 | 소형 곤충

몸은 전체적으로 밝은 갈색을 띤다. 습지나 연못에 살며 식물 줄기에 산란한다. 성충으로 월동한다.

가는실잠자리 1형(수컷) 가는실잠자리 2형(암컷 월동형)

가는실잠자리(청실잠자리과) *Indolestes peregrinus*

크기 | 34~38㎜ 출현시기 | 1~12월(가을) 먹이 | 소형 곤충

가을철에는 몸이 갈색이어서 '묵은실잠자리'와 비슷하다. 성충으로 월동한 후 4월이 되면 암수 모두 청색의 혼인색을 띤다. 성충으로 월동하기 때문에 늦가을까지 산지의 나뭇가지에서 발견할 수 있다. 수생식물에 알을 낳으며 유충은 웅덩이, 논, 습지에 산다.

실잠자리 종류 비교하기

아시아실잠자리

몸은 녹색이고 가슴 등쪽의 줄무늬가 가늘고 제9배마디가 청색을 띤다. 갓 우화한 암컷은 붉은색을 띠지만 성숙하면 녹색이 된다.

북방아시아실잠자리

가슴 등쪽의 연녹색 줄무늬가 가늘다. 제7, 9배마디는 배면이 청색을 띠고 제8배마디는 전체가 청색을 띤다.

등검은실잠자리

수컷은 성숙하면 가슴 등쪽의 줄무늬가 보이지 않고 제8~10배마디가 진한 청색을 띤다. 제8배마디에는 V자 무늬가 있다.

등줄실잠자리

수컷은 가슴 등쪽의 줄무늬가 2줄이고 제8~10배마디가 청색을 띤다. 연못이나 저수지, 수생식물이 풍부하게 자라는 하천에 산다.

묵은실잠자리

전체적으로 밝은 갈색을 띠며 가슴 옆면에 줄무늬가 있다. 습지, 연못, 논에 살며 성충으로 월동한다.

가는실잠자리

가슴 옆면에 점무늬가 있고 연못, 논, 습지에 산다. 성숙한 개체는 청색이지만 월동하는 성충은 갈색을 띤다.

수컷

유충

왕잠자리(암컷)

비행 중

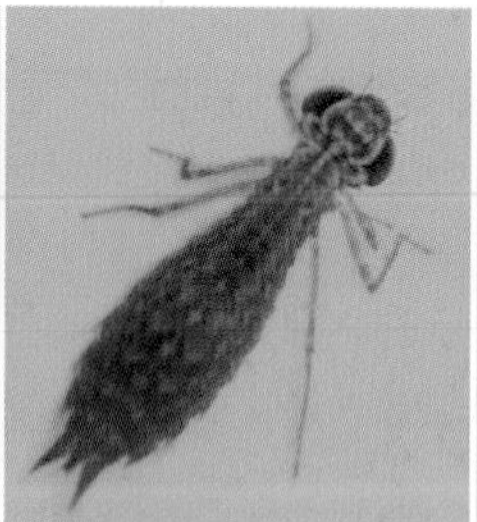

1)**먹줄왕잠자리** 유충

2)**황줄왕잠자리** 유충

왕잠자리(왕잠자리과) *Anax parthenope julius*

크기 | 70~75㎜ 출현시기 | 4~10월(여름) 먹이 | 곤충

겹눈과 가슴은 녹색이고 배는 갈색이며 황색의 사각형 무늬가 있다. 수컷은 제1~3배마디의 등면이 청색이고 암컷은 녹색이어서 서로 구별된다. 우리나라 전역 대부분의 연못, 저수지, 하천 등지에 폭넓게 산다. 수컷은 영역을 지키기 위해 왕복 비행하며 날아다닌다. 암컷은 수생식물의 줄기에 알을 낳는다. 유충은 환경 적응력이 뛰어나서 1~3급수까지도 적응하며 산다. 유충으로 월동한다. 1)**먹줄왕잠자리,** 2)**황줄왕잠자리** 등의 왕잠자리 유충은 몸이 원통형으로 통통하고 길쭉하다.

긴무늬왕잠자리 녹색을 띠는 왕잠자리로 높이 난다.

긴무늬왕잠자리(왕잠자리과) *Aeschnophlebia longistigma*

크기 | 62~68㎜ 출현시기 | 5~8월(여름) 먹이 | 곤충

몸은 전체적으로 녹색을 띠며 가슴과 배마디 등면에 굵은 검은색 줄무늬가 있다. 부들, 갈대 등의 수생식물이 풍부한 평지의 연못이나 습지에 산다. 주로 이른 오전 시간과 저녁에 먹이 활동을 하기 위해 활발하게 비행한다. 수면 위 수생식물의 줄기에 산란하여 번식한다.

장수잠자리 우리나라에서 크기가 가장 큰 잠자리이다.

장수잠자리(장수잠자리과) *Anotogaster sieboldii*

크기 | 90~105㎜ 출현시기 | 6~9월(여름) 먹이 | 곤충

몸은 검은색을 띠며 가슴과 배마디에 황색 줄무늬가 있다. 양지바른 산지의 계곡이나 냇가 주변을 날아다닌다. 우리나라에 사는 잠자리류 중에서 크기가 가장 크다. 냇가의 모래 퇴적층에 산란한다. 유충은 수서곤충과 올챙이를 잡아먹으며 3년 동안 성장해야 성충이 된다.

수컷

유충

쇠측범잠자리(암컷)

우화(날개돋이)

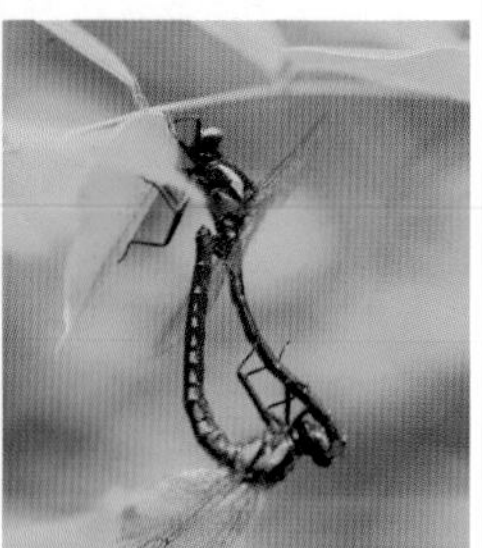
탈피 허물

짝짓기

쇠측범잠자리(측범잠자리과) *Davidius lunatus*

크기 | 40~44㎜ 출현시기 | 4~6월(봄) 먹이 | 곤충

몸은 전체적으로 검은색을 띠며 황색 무늬가 있다. 배에 기울어진 황색 줄무늬가 범 무늬와 비슷하고, 몸집이 작아서 '쇠(소)'가 붙어 이름이 지어졌다. 깨끗한 하천의 상류 지역에 사는 잠자리로 초봄에 우화하기 때문에 봄에 산길을 걷다 보면 쉽게 만날 수 있다. 계곡, 돌, 나뭇잎, 풀잎 등에 붙어서 우화한 후 근처에 있는 물가 식물에 앉아 날개를 말리고 있는 모습을 볼 수 있다. 유충은 깨끗한 계곡이나 냇가의 모래 속에 산다. 몸이 납작해서 빠른 물살이나 홍수에도 떠내려가지 않아 안전하다.

검정측범잠자리 배마디의 황색 무늬가 범 무늬와 비슷하다.

검정측범잠자리(측범잠자리과) *Trigomphus nigripes*

크기 | 42~46㎜ 출현시기 | 4~7월(봄) 먹이 | 곤충

몸은 전체적으로 검은색을 띠며 가슴과 배에 황색 무늬가 많다. '쇠측범잠자리'와 비슷하지만 배마디의 황색 무늬가 다르고 서식지가 달라서 구별된다. 연못이나 저수지, 정수성 하천에서 발견된다. 유충은 연못과 저수지 등의 퇴적층에서 살면서 수서동물을 잡아먹는다.

자루측범잠자리 배자루가 굵게 발달했다.

자루측범잠자리(측범잠자리과) *Burmagomphus collaris*

크기 | 48~50㎜ 출현시기 | 5~9월(여름) 먹이 | 곤충

몸은 전체적으로 검은색을 띠며 가슴은 황색이다. 배마디마다 황색 무늬가 있다. 수컷의 제7~9배마디가 자루처럼 굵게 발달해서 '자루'가 붙어 이름이 지어졌다. 측범잠자리류에 속하는 '부채장수잠자리'와 비교하면 크기가 작은 편이다. 유충은 하천 중류 지역의 자갈과 모래가 많은 곳에 산다.

꼬리돌기(부채 모양)

부채장수잠자리

겹눈과 더듬이

얼굴

가슴(줄무늬)

[1]어리장수잠자리 유충

부채장수잠자리(측범잠자리과) *Sinictinogomphus clavatus*

크기 | 65~70㎜ 출현시기 | 5~9월(여름) 먹이 | 곤충

가슴은 황색을 띠고 검은색 줄무늬가 있다. 제3~7배마디에는 황색의 역삼각형 무늬가 있고 제8~9배마디 옆면에도 황색 무늬가 있다. 제8배마디 아래에 부채 모양의 돌기가 있어서 이름이 지어졌다. 연못과 저수지 위를 날아다니며 짝짓기를 하고 암컷은 수생식물이나 부유물에 산란을 한다. 유충은 연못이나 저수지의 깊은 곳에 산다. [1]**어리장수잠자리** 유충은 몸이 측범잠자리류 유충처럼 납작하고 하천의 바닥이나 돌 밑에 숨어 살아서 폭우가 쏟아져도 쉽게 떠내려가지 않는다.

언저리잠자리 물풀이 많이 자라는 습지를 잘 날아다닌다.

언저리잠자리(청동잠자리과) *Epitheca marginata*

크기 | 48~53㎜ 출현시기 | 4~6월(봄) 먹이 | 곤충

몸은 검은색이고 겹눈은 암녹색이다. 가슴과 배마디에는 황색 무늬가 있다. 봄에 습지나 연못에서 정수식물이 무성한 가장자리를 비행하는 모습을 볼 수 있다. 짝짓기를 마친 암컷은 배 끝에 알을 뭉쳐서 낳은 후 산란 장소로 가서 물을 튀기며 타수산란을 한다.

밑노란잠자리 배마디 아래에 황색 무늬가 있다.

밑노란잠자리(청동잠자리과) *Somatochlora graeseri*

크기 | 52~56㎜ 출현시기 | 6~9월(여름) 먹이 | 곤충

머리와 가슴은 광택이 있는 청록색을 띠고 배는 흑갈색이다. 제2~3배마디는 배면에 황색 무늬가 있어서 '밑노란'이라는 이름이 지어졌다. 습지, 연못, 하천, 웅덩이 주변을 날아다니며 경계 비행을 하는 모습을 볼 수 있다. 유충은 습지, 연못, 하천 웅덩이 바닥에 산다.

대모잠자리 환경부 지정 멸종위기 야생생물 Ⅱ급으로 지정되어 있다.

대모잠자리(잠자리과) *Libellula angelina*

크기 | 38~43㎜ 출현시기 | 4~6월(봄) 먹이 | 곤충

몸은 전체적으로 갈색을 띤다. 날개에 3개의 흑갈색 무늬가 있으며 제1~10배마디에 흑갈색 줄무늬가 있다. 퇴적물이 많은 연못에 살지만 도시 개발로 개체 수가 줄어들어 환경부 지정 멸종위기 야생생물 Ⅱ급으로 지정되었다. 서해안 일대의 퇴적물이 많은 습지와 연못에 산다.

홀쭉밀잠자리 몸이 홀쭉하고 날개 끝에 깃동 무늬가 있다.

홀쭉밀잠자리(잠자리과) *Orthetrum lineostigma*

크기 | 45~47㎜ 출현시기 | 6~8월(여름) 먹이 | 곤충

몸은 암수 모두 미성숙일 때는 연갈색을 띤다. 성숙한 수컷은 청회색으로 변한다. 날개 끝에 깃동 무늬가 있는 것이 특징이다. 성숙한 수컷은 깃동 무늬가 거의 없다. 암컷은 습지나 하천에서 관찰되며 타수산란을 한다. 유충은 하천의 퇴적층에 산다. 유충으로 월동한다.

암컷

짝짓기

밀잠자리(수컷)

꽃매미를 사냥하는 모습

풀 빛깔과 비슷한 보호색

밀잠자리(잠자리과) *Orthetrum albistylum*

크기 | 48~54㎜ 출현시기 | 4~10월(봄) 먹이 | 곤충

암수 모두 전체적으로 연갈색을 띤다. 성숙한 수컷은 배가 청회색으로 변하지만 암컷은 변하지 않는다. 하늘을 잘 날아다니다가 풀 줄기, 나뭇가지, 모래 바닥, 돌 위에 잘 내려앉는다. 암컷은 수컷의 보호를 받으며 수생식물이 많은 습지, 저수지, 농수로 등에 타수산란을 한다. 유충은 환경에 적응력이 매우 뛰어나서 다양한 수서 생태계에 산다. 습지, 연못, 저수지, 하천, 논두렁 등에 폭넓게 살며 오염이 매우 심각한 웅덩이에서도 산다. 유충으로 월동하고 봄에 출현한다.

큰밀잠자리(수컷) 수컷은 성숙하면 청회색으로 변한다.

암컷 짝짓기

큰밀잠자리(잠자리과) *Orthetrum melania*

크기 | 51~53㎜ 출현시기 | 6~9월(여름) 먹이 | 곤충

암수 모두 미성숙일 때는 황색을 띠지만 성숙하면 수컷은 청회색으로 변한다. 가슴 옆면에 검은색 줄무늬가 뚜렷하며 성숙한 수컷은 줄무늬가 없어진다. 밀잠자리류 중에서 크기가 가장 크다고 해서 이름이 지어졌다. 습지, 연못, 하천, 논두렁 등에 널리 서식한다. '밀잠자리'보다 개체 수가 적어서 보기 힘들며 여름부터 출현하기 때문에 봄에 출현하는 종은 밀잠자리라고 보면 된다. 짝짓기를 마친 암컷은 수컷의 보호를 받으며 타수산란한다. 유충으로 월동한다.

암컷

수컷(성숙 초기)

배치레잠자리(수컷)

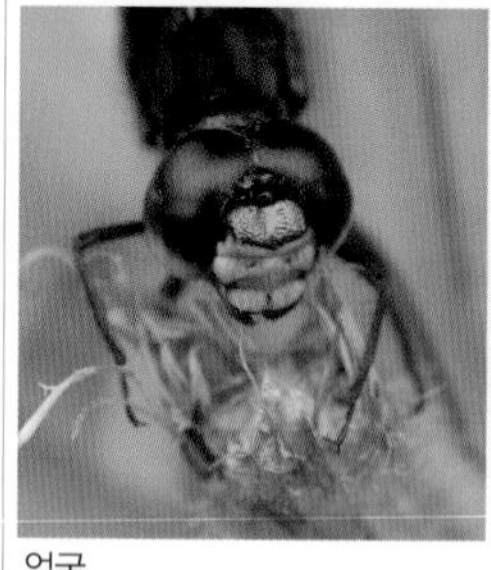
얼굴

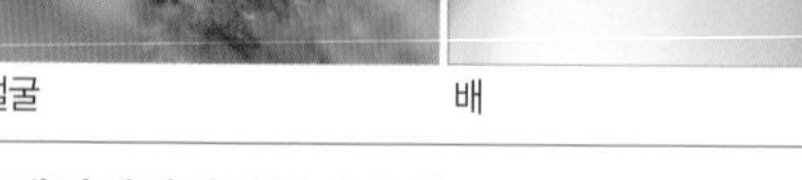
배

배치레잠자리(잠자리과) *Lyriothemis pachygastra*

크기 | 34~38㎜ 출현시기 | 4~9월(봄) 먹이 | 곤충

몸은 전체적으로 황색을 띤다. 수컷은 성숙하면 초기에는 흑갈색을 띠다가 완전히 성숙하면 청회색으로 변한다. 암컷은 색깔의 변화가 없이 계속 황색을 띤다. 잠자리류 중에서 특히 배가 넓적하다고 해서 이름이 지어졌다. 배를 유심히 관찰해 보면 배가 부풀었다 줄어들었다 하며 호흡하는 것을 볼 수 있다. 크기가 작은 소형 잠자리로 연못, 습지, 하천 등에 살고 개체 수가 많아서 흔히 볼 수 있다. 유충은 수생식물이 풍부하고 유기퇴적물이 많이 쌓인 습지나 연못에 산다.

암컷

고추잠자리(수컷)

수컷(미성숙)

날개(주황색 무늬)

머리

다리(소쿠리 모양)

고추잠자리(잠자리과) *Crocothemis servilia mariannae*

크기 | 44~50㎜ 출현시기 | 5~9월(여름) 먹이 | 곤충

몸은 전체적으로 진한 황색을 띤다. 수컷은 성숙하면 얼굴부터 배까지 전체가 붉게 변한다. 붉은색을 띠는 모습이 고추를 닮았다고 해서 이름이 지어졌다. 고추가 특산품인 충북 괴산에서는 고추를 알리는 데 고추잠자리를 상징으로 활용하고 있다. 연못이나 저수지, 하천이나 연안 습지 주변을 날아다니는 모습을 쉽게 볼 수 있다. 암컷은 수생식물이 풍부한 곳에 타수산란을 한다. 유충은 수생식물이 풍부한 습지, 연못, 저수지에 산다. 유충으로 월동한다. 서울시에서는 숫자가 줄어들어 보호종으로 지정했다.

밀잠자리붙이(잠자리과)
Deielia phaon

크기 | 42~48㎜ 출현시기 | 5~9월(여름)
먹이 | 곤충

몸은 황색을 띠지만 성숙한 수컷은 청회색으로 변한다. 연못, 저수지, 습지에 살고 유충으로 월동한다.

여름좀잠자리(잠자리과)
Sympetrum darwinianum

크기 | 36~42㎜ 출현시기 | 6~10월(여름)
먹이 | 곤충

암수 모두 황색을 띠지만 성숙한 수컷은 붉게 변한다. '여름에 관찰되는 좀잠자리'라는 뜻으로 이름이 지어졌다.

두점박이좀잠자리

얼굴의 이마(2개의 검은색 점무늬)

두점박이좀잠자리(잠자리과) *Sympetrum eroticum*

크기 | 32~38㎜ 출현시기 | 6~11월(가을) 먹이 | 곤충

얼굴의 이마 부위에 2개의 검은색 점무늬가 있어서 이름이 지어졌다. 수컷은 날개 끝에 깃동 무늬가 없다. 암컷은 대부분 흑갈색 깃동 무늬가 있지만 간혹 없는 개체도 있다. 수컷은 성숙하면 배가 붉게 변한다. 연못, 습지, 하천 등에 살며 진흙이나 모래에 알을 낳는다. 알로 월동한다.

날개띠좀잠자리(수컷) 암컷

날개띠좀잠자리(잠자리과) *Sympetrum pedemontanum elatum*

크기 | 32~38㎜ 출현시기 | 7~11월(가을) 먹이 | 곤충

암수 모두 연갈색을 띤다. 성숙한 수컷은 몸 전체가 붉게 변한다. 날개의 끝부분에 갈색 띠무늬가 있어서 이름이 지어졌다. 하천이나 연못에 살면서 암수가 연결된 채로 진흙이나 모래에 타수산란을 한다. 알로 월동한 후 봄이 되면 부화하여 성장하며 여름에 성충이 된다.

애기좀잠자리(수컷) 암컷

애기좀잠자리(잠자리과) *Sympetrum parvulum*

크기 | 32~36㎜ 출현시기 | 6~11월(가을) 먹이 | 곤충

몸은 전체적으로 황색을 띠고 성숙한 수컷은 얼굴은 흰색, 배는 붉은색으로 변한다. 우리나라의 좀잠자리류 중에서 크기가 매우 작은 편에 속한다. 수생식물이 풍부한 논, 습지, 연못, 하천에 산다. 짝짓기를 한 후에 암수가 연결 상태로 알을 낳거나 단독으로 암컷이 알을 낳는다.

고추좀잠자리(수컷) 옛날에는 흔히 '고추잠자리'라고 불렀다.

암컷 머리 다리

고추좀잠자리(잠자리과) *Sympetrum frequens*

크기 | 38~44㎜ 출현시기 | 6~11월(가을) 먹이 | 곤충

암수 모두 황색을 띠지만 성숙한 수컷은 붉은색을 띤다. 연못, 저수지, 하천, 논, 습지 등 폭넓은 곳에 살고 있으며 우리나라에서 개체 수가 가장 많아서 쉽게 볼 수 있다. 마을 주변, 풀밭, 주택가에서도 날아다니는 모습을 흔하게 볼 수 있다. 배 부분이 빨갛게 변한 수컷이 빨갛게 익은 고추밭에 앉았다 날아가는 모습을 보고 옛날에는 흔히 '고추잠자리'라고 불렀다. 그러나 '고추잠자리'에 비해 크기가 무척 작아서 작다는 뜻의 '좀'이 붙어 이름이 지어졌다. 유충은 웅덩이, 논, 습지의 바닥에 산다.

깃동잠자리(암컷) 날개 끝부분에 깃동 무늬가 있다.

수컷

머리

짝짓기

깃동잠자리(잠자리과) *Sympetrum infuscatum*

크기 | 42~48㎜ 출현시기 | 6~11월(여름) 먹이 | 곤충

암수 모두 황색을 띠며 성숙한 수컷은 적갈색을 띤다. 암수 모두 날개 끝부분에 깃동 무늬가 있어서 이름이 지어졌다. 습지, 웅덩이, 연못, 논 등에 살며 숲의 가장자리나 하천에서 쉽게 관찰된다. 깃동잠자리류 중에서 개체 수가 많아서 가장 흔하게 볼 수 있다. 짝짓기를 마치고 나면 암수가 연결된 채로 연못 등의 얕은 물이나 식물이 우거진 곳에 공중에서 알을 떨어뜨리는 연결 공중산란을 한다. 유충은 습지, 웅덩이, 논 등에 산다. 알로 월동한 후 봄이 되면 부화하여 성장하고 여름이 되면 성충이 된다.

하나잠자리(잠자리과)

Sympetrum speciosum

크기 | 40~46㎜ 출현시기 | 6~9월(여름)
먹이 | 곤충

몸은 황갈색을 띠며 성숙한 수컷은 붉게 변한다. 앞날개와 뒷날개 기부가 주홍색이다. 기후변화지표종이다.

두점배좀잠자리(잠자리과)

Sympetrum fonscolombii

크기 | 40~42㎜ 출현시기 | 6~11월(여름)
먹이 | 곤충

수컷은 제8~9배마디에 검은색 점이 있고 암컷은 배마디 등면에 2개의 점이 있다. 해안가에 산다.

흰얼굴좀잠자리(잠자리과)

Sympetrum kunckeli

크기 | 34~37㎜ 출현시기 | 6~10월(여름)
먹이 | 곤충

얼굴이 흰색이어서 이름이 지어졌지만 성숙한 수컷은 얼굴이 청백색이 된다. 습지, 연못, 저수지에 산다.

나비잠자리(잠자리과)

Rhyothemis fuliginosa

크기 | 36~42㎜ 출현시기 | 6~9월(여름)
먹이 | 곤충

수컷은 진한 청동색, 암컷은 검은색을 띤다. 뒷날개가 넓어서 '나비'처럼 보인다고 해서 이름이 지어졌다.

좀잠자리 종류 비교하기

고추좀잠자리

옆가슴선이 가늘고 수컷은 성숙하면 배가 붉은빛으로 변한다. 우리나라에 사는 잠자리류 중 개체 수가 가장 많다.

날개띠좀잠자리

투명한 날개 끝부분에 갈색 띠무늬가 발달되어 있다. 수컷 미성숙 개체는 연갈색이지만 성숙하면 붉게 변한다.

두점박이좀잠자리

옆가슴선이 매우 가늘다. 얼굴의 이마 부위에 2개의 검은색 점무늬가 뚜렷하다. 암컷은 날개 끝에 깃동 무늬가 있다.

흰얼굴좀잠자리

암수 모두 얼굴이 흰색을 띤다. 수컷은 성숙하면 배가 붉은색으로 변한다. 습지, 연못, 저수지 등에 산다.

두점배좀잠자리

수컷은 제8~9배마디 등면과 옆쪽에 검은색 점이 있다. 암수 모두 뒷날개 기부가 연황색을 띤다.

애기좀잠자리

소형 잠자리로 옆가슴선이 가늘고 배 옆쪽에 굵은 검은색 점무늬가 있다. 성숙한 수컷은 배가 붉게 변한다.

암컷

겹눈과 더듬이

된장잠자리(수컷)

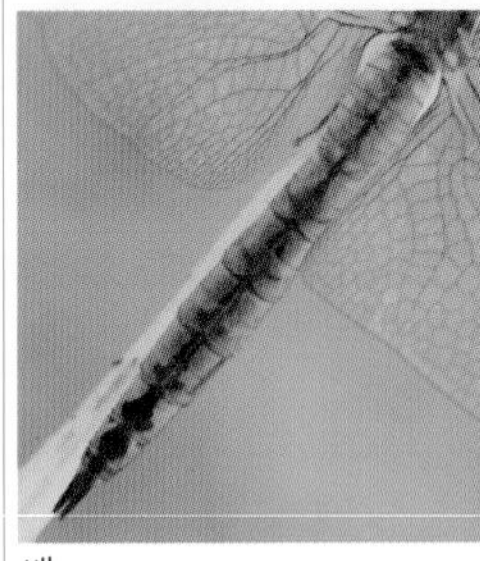
배

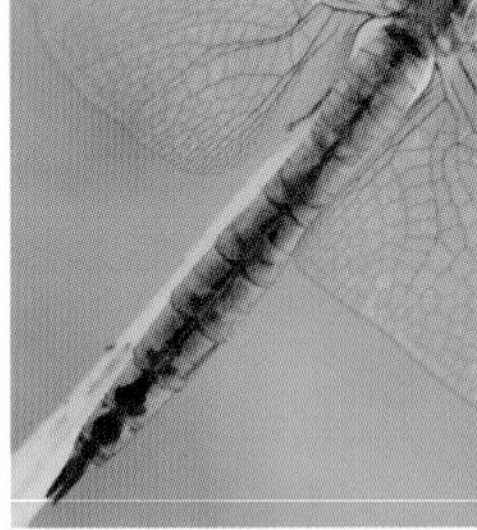
다리로 돌을 드는 모습

된장잠자리(잠자리과) *Pantala flavescens*

크기 | 37~42㎜ 출현시기 | 4~10월(여름) 먹이 | 곤충

몸이 전체적으로 황갈색을 띠고 있어서 된장 색깔과 비슷하다고 해서 이름이 지어졌다. 열대 지방에서 태평양을 지나 우리나라까지 날아온다. 몸이 매우 가볍고 날개가 넓적해서 바람을 타고 둥둥 떠서 멀리까지 이동할 수 있다. 7월 중순 이후부터 하늘 위에 무리 지어 날아다니는 모습을 쉽게 볼 수 있다. 봄부터 가을까지 3~4회 번식하며 한살이 기간이 35일 정도로 짧다. 유충은 연못과 웅덩이, 습지와 하천에서 살아가지만 추위에 약해서 월동하지 못하고 모두 죽고 만다.

노란허리잠자리(수컷) 수컷은 성숙하면 황색 배마디가 흰색으로 변한다.

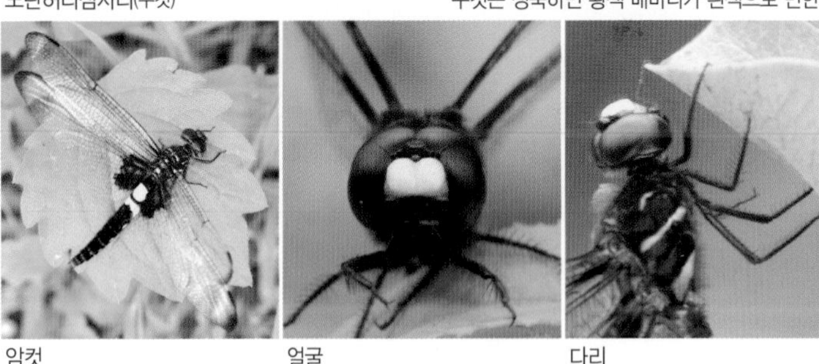

암컷 얼굴 다리

노란허리잠자리(잠자리과) *Pseudothemis zonata*

크기 | 40~46㎜ 출현시기 | 5~9월(여름) 먹이 | 곤충

몸은 전체적으로 검은색을 띤다. 미성숙 암컷은 제3~4배마디가 선명한 황색을 띠지만 성숙하면 수컷만 흰색으로 변한다. 연못이나 저수지, 하천 등을 날아다니는 모습을 볼 수 있으며 배마디에 무늬가 있어서 쉽게 눈에 띈다. 짝짓기를 마친 암컷은 풀 줄기나 나무에 알을 낳는다. 알에서 부화된 유충은 물속에서 월동한다. 유충은 머리가 역삼각형이고 다리는 밝은 고리 무늬가 많아서 얼룩덜룩해 보인다. 퇴적물이 많이 쌓여 있는 연못, 저수지, 하천 등에 산다.

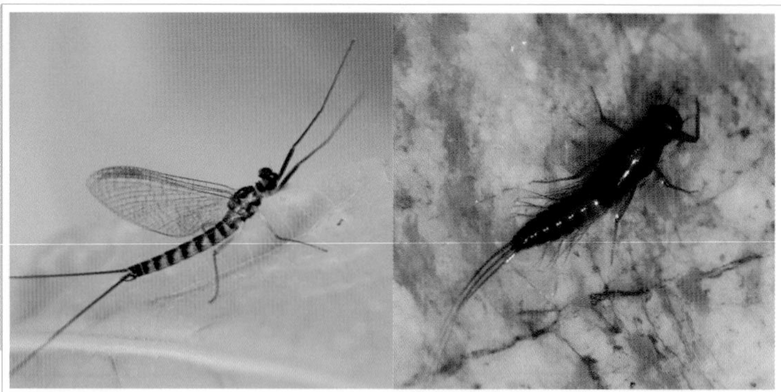
두갈래하루살이 유충

두갈래하루살이(갈래하루살이과) *Paraleptophlebia japonica*

크기 | 10㎜ 내외 출현시기 | 4~6월(봄) 먹이(유충) | 퇴적된 유기물

몸은 검은색 또는 진갈색을 띤다. 배마디에 황색 줄무늬가 있고 꼬리 길이는 몸 길이의 2배 이상으로 매우 길다. 유충은 몸 길이 10㎜ 정도이고 갈색 또는 연갈색을 띤다. 물 흐름이 빠른 냇가나 낙엽이 많이 쌓인 돌 위를 기어 다니며 바닥에 퇴적된 유기물을 먹고 산다.

금빛하루살이 거미줄에 걸린 모습

금빛하루살이(강하루살이과) *Potamanthus yooni*

크기 | 19㎜ 내외 출현시기 | 5~8월(여름) 먹이(유충) | 퇴적된 유기물

몸은 전체적으로 황색을 띤다. 날개 가장자리와 앞다리 넓적다리마디는 적갈색이다. 겹눈은 불룩 튀어나왔고 3개의 기다란 꼬리를 갖고 있다. 강변에 많이 사는 하루살이로 밤에 무리 지어 우화하여 짝짓기한다. 거미줄에 걸려 죽는 경우가 많다. 국외반출금지종이다.

가는무늬하루살이 유충

가는무늬하루살이(하루살이과) *Ephemera separigata*

크기 | 20㎜ 내외 출현시기 | 4~7월(봄) 먹이(유충) | 퇴적된 유기물

몸은 갈색을 띠고 3개의 기다란 꼬리가 있다. 유충은 연갈색이고 성충처럼 3개의 꼬리를 갖고 있다. 모래와 자갈이 섞여 있는 물 흐름이 느린 냇가에 산다. 배를 위아래로 흔들며 헤엄치고 앞다리로 굴을 잘 파고 숨는다. 바닥에 퇴적된 유기물을 먹고 산다. 한국 고유종이고 국외반출승인대상종이다.

무늬하루살이 유충

무늬하루살이(하루살이과) *Ephemera strigata*

크기 | 20㎜ 내외 출현시기 | 4~7월(봄) 먹이(유충) | 퇴적된 유기물

몸은 황갈색을 띠고 3개의 기다란 꼬리가 달려 있다. 유충은 갈색 또는 연갈색이다. '가는무늬하루살이'와 비슷하지만 배마디에 있는 세로줄무늬가 굵어서 구별된다. 모래와 자갈이 섞인 냇가에 굴을 파고 살며 배를 흔들며 헤엄친다. 바닥에 퇴적된 유기물을 먹고 산다.

동양하루살이

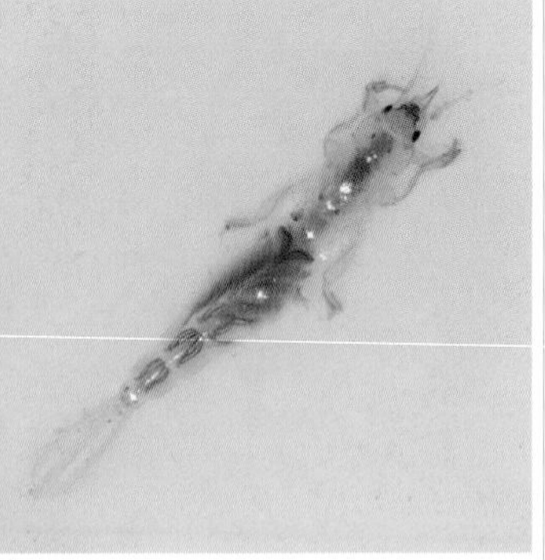
유충

동양하루살이(하루살이과) *Ephemera orientalis*

크기 | 20㎜ 내외 출현시기 | 5~7월(봄) 먹이(유충) | 퇴적된 유기물

몸은 연황색을 띤다. 날개는 투명하고 앞다리는 붉은색을 띤다. 대발생하여 가로등이나 빌딩에 모여들어 불편을 유발시킨다. 유충은 연갈색을 띠고 배 등면에 6개의 세로줄무늬가 뚜렷하다. 물 흐름이 느린 하천이나 강에 살고 저수지, 연못, 웅덩이 등의 고인 물에도 산다.

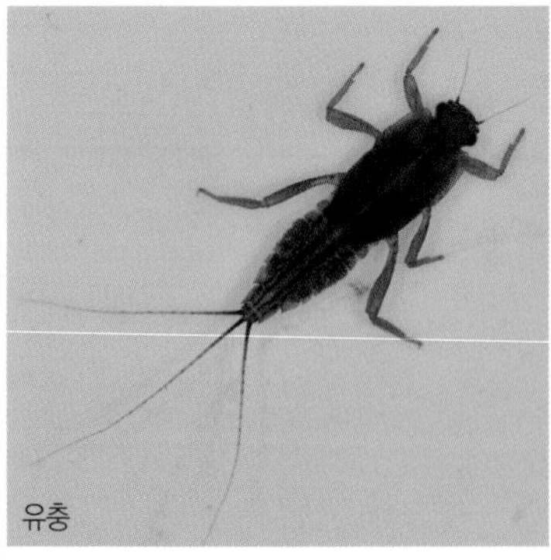
유충

민하루살이(알락하루살이과) *Cincticostella levanidovae*

크기 | 10㎜ 내외 출현시기 | 4~6월(봄) 먹이(유충) | 부착조류, 퇴적된 유기물

유충은 갈색 또는 암갈색을 띤다. 꼬리 길이는 몸 길이와 비슷하다. 계류나 평지하천에 산다.

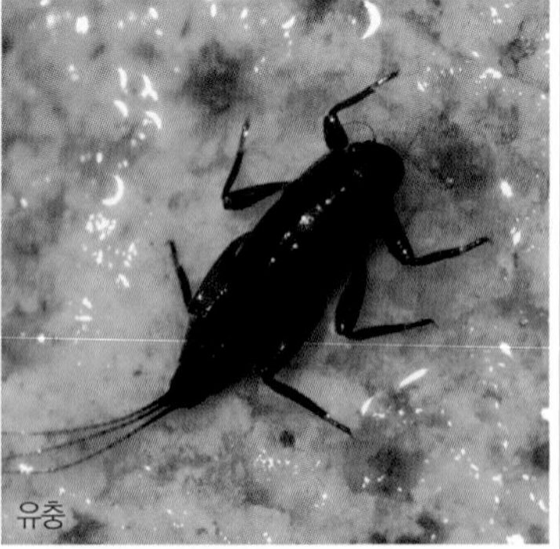
유충

먹하루살이(알락하루살이과) *Cincticostella orientalis*

크기 | 10㎜ 내외 출현시기 | 4~6월(봄) 먹이(유충) | 부착조류, 퇴적된 유기물

유충은 암갈색 또는 검은색을 띤다. 꼬리 길이가 몸 길이보다 짧다. 평지하천이나 계류에 산다.

뿔하루살이(알락하루살이과)
Drunella aculea

크기 | 20㎜ 내외 출현시기 | 4~6월(봄)
먹이(유충) | 부착조류

유충은 갈색 또는 흑갈색을 띤다. 머리에 3개의 뿔이 있고 앞다리 종아리마디에 가시가 있다.

봄처녀하루살이(납작하루살이과)
Cinygmula grandifolia

크기 | 10~15㎜ 출현시기 | 4~5월(봄)
먹이(유충) | 부착조류

몸은 전체적으로 검은색을 띤다. 꼬리가 매우 길어서 몸 길이의 3배 이상이 된다. 초봄에 출현한다.

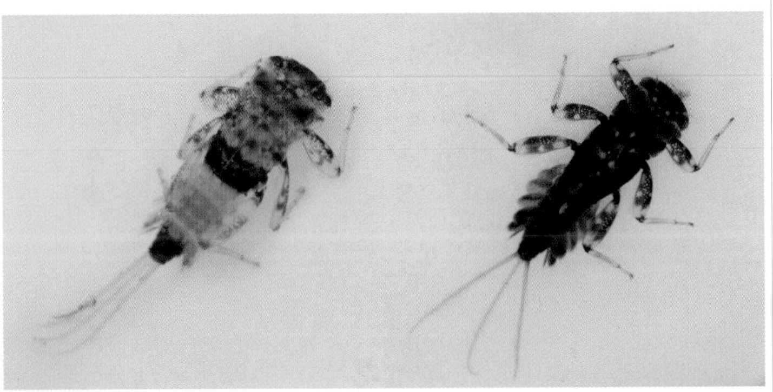
몽땅하루살이 1형(유충 갈색형) 몽땅하루살이 2형(유충 검은색형)

몽땅하루살이(납작하루살이과) *Ecdyonurus bajkovae*

크기 | 8~12㎜ 출현시기 | 4~5월(봄) 먹이(유충) | 부착조류

유충은 밝은 황색을 띠지만 개체에 따라 검은색을 띠기도 한다. 배 등면 가운데가 흰색을 띠는 것이 특징이다. 몸이 매우 납작한 납작하루살이류로 유충은 깨끗한 산지의 계류나 물 흐름이 빠른 하천에 산다. 몸 길이보다 짧은 3개의 꼬리를 갖고 있다. 초봄에 우화하여 성충이 된다.

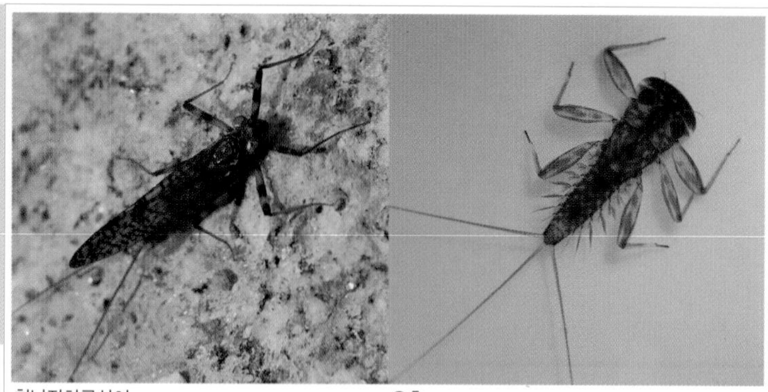
참납작하루살이 유충

참납작하루살이(납작하루살이과) *Ecdyonurus dracon*

크기 | 10~15㎜ 출현시기 | 4~6월(봄) 먹이(유충) | 부착조류

몸은 진갈색이고 날개도 갈색을 띤다. 맑은 계곡이나 시냇가에 산다. 유충은 갈색 또는 암갈색이고 3개의 기다란 꼬리를 갖고 있다. 배마디에 나뭇잎 모양의 기관아가미가 있다. 산지의 계류에 살고 물속 돌 밑을 기어 다니며 부착조류를 긁어 먹고 산다.

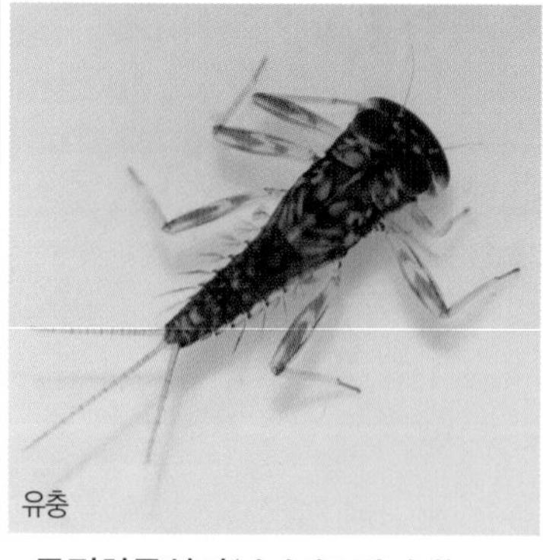
유충

두점하루살이(납작하루살이과) *Ecdyonurus kibunensis*

크기 | 5㎜ 내외 출현시기 | 4~6월(봄) 먹이(유충) | 부착조류

유충은 연갈색이나 갈색이다. 머리 앞쪽 가장자리에 2개의 점무늬가 있다. 계류, 하천, 강에 산다.

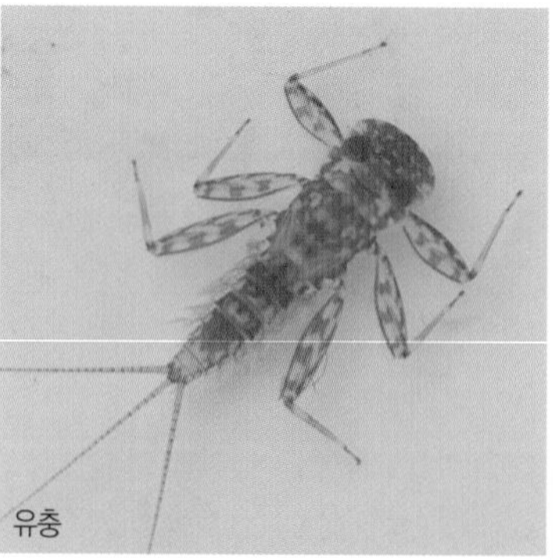
유충

네점하루살이(납작하루살이과) *Ecdyonurus levis*

크기 | 10㎜ 내외 출현시기 | 4~6월(봄) 먹이(유충) | 부착조류

유충은 갈색이나 암갈색을 띤다. 머리 앞쪽 가장자리에 4개의 점무늬가 있다. 계류와 하천에 산다.

부채하루살이(유충)

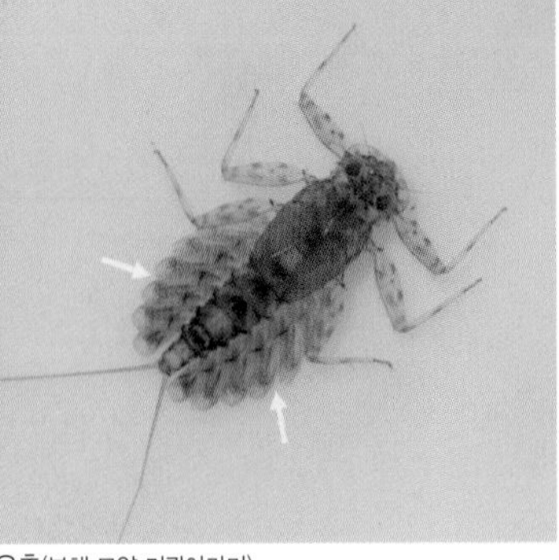
유충(부채 모양 기관아가미)

부채하루살이(납작하루살이과) *Epeorus pellucidus*

크기 | 10~15㎜ 출현시기 | 4~6월(봄) 먹이(유충) | 부착조류, 퇴적된 유기물

유충은 연갈색 또는 갈색을 띤다. 머리 앞쪽 가장자리가 둥글다. 유충의 배마디에 발달된 기관아가미가 부채 모양처럼 보여서 이름이 지어졌다. 꼬리는 2개가 있으며 몸 길이보다 길다. 계류와 평지하천, 강에 산다. 몸이 납작해서 물 흐름이 빠른 여울에서도 잘 이동한다.

흰부채하루살이(유충) 몸이 돌 빛깔과 비슷해서 위장한다.

흰부채하루살이(납작하루살이과) *Epeorus nipponicus*

크기 | 10~15㎜ 출현시기 | 4~6월(봄) 먹이(유충) | 부착조류

몸은 연갈색이나 갈색을 띤다. 꼬리는 2개가 있고 몸 길이보다 길다. 유충은 배마디의 기관아가미 모양이 부채 모양이다. 맑은 계류와 평지하천에 산다. 몸이 납작하기 때문에 물 흐름이 매우 빠른 계곡에서도 잘 이동할 수 있다. 물속의 돌에 붙어 있는 부착조류를 먹고 산다.

햇님하루살이 유충

햇님하루살이(납작하루살이과) *Heptagenia kihada*

크기 | 10~15㎜ 출현시기 | 4~7월(봄) 먹이(유충) | 부착조류

몸은 갈색을 띤다. 유충은 배마디에 나뭇잎 모양의 기관아가미가 잘 발달되어 있는 것이 특징이다. 꼬리는 3개이고 몸 길이보다 길다. 깨끗한 산지의 계곡이나 하천에 산다. 전국적으로 널리 서식하며 돌에 붙어 있는 부착조류를 긁어 먹고 산다. 성충은 봄부터 여름까지 우화한다.

유충

피라미하루살이(피라미하루살이과) *Ameletus costalis*

크기 | 15㎜ 내외 출현시기 | 4~6월(봄) 먹이(유충) | 부착조류, 퇴적된 유기물

유충은 암갈색을 띠고 배마디에 나뭇잎 모양의 기관아가미가 달려 있다. 계류와 하천에 산다.

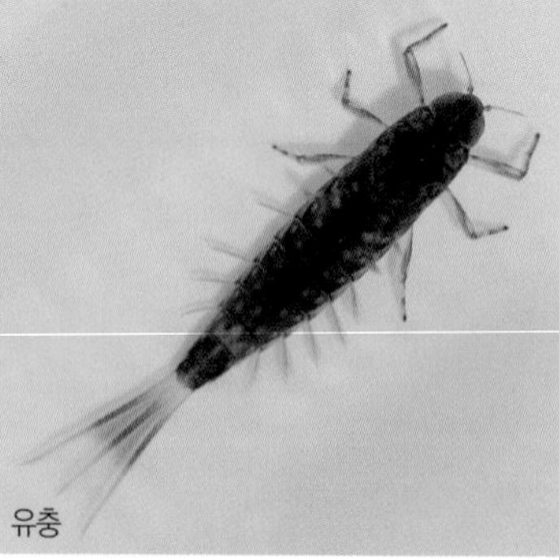

유충

멧피라미하루살이(피라미하루살이과) *Ameletus montanus*

크기 | 10㎜ 내외 출현시기 | 4~6월(봄) 먹이(유충) | 부착조류, 퇴적된 유기물

유충은 연갈색 또는 갈색을 띠고 배마디에 나뭇잎 모양의 기관아가미가 있다. 부착조류를 먹고 산다.

개똥하루살이(꼬마하루살이과)
Baetis fuscatus

크기 | 5~8㎜ 출현시기 | 4~6월(봄)
먹이(유충) | 퇴적된 유기물

유충은 갈색 또는 암갈색을 띠며 3개의 꼬리는 몸 길이보다 짧다. 계류와 평지하천, 강에 산다.

감초하루살이(꼬마하루살이과)
Baetis silvaticus

크기 | 5~8㎜ 출현시기 | 4~6월(봄)
먹이(유충) | 퇴적된 유기물

유충은 갈색이지만 서식 환경에 따라 색깔과 무늬가 다양하다. 3개의 꼬리는 몸 길이보다 짧다.

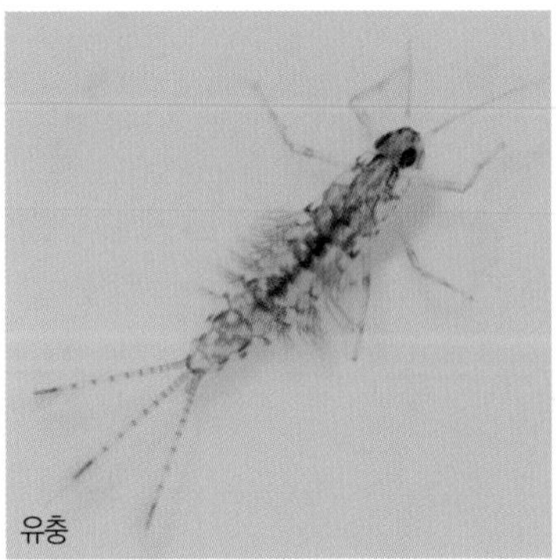

연못하루살이(꼬마하루살이과)
Cloeon dipterum

크기 | 10㎜ 내외 출현시기 | 4~6월(봄)
먹이(유충) | 퇴적된 유기물

유충은 갈색을 띠고 3개의 긴 꼬리는 배 길이와 비슷하다. 평지하천, 강, 웅덩이, 연못, 저수지 등에 산다.

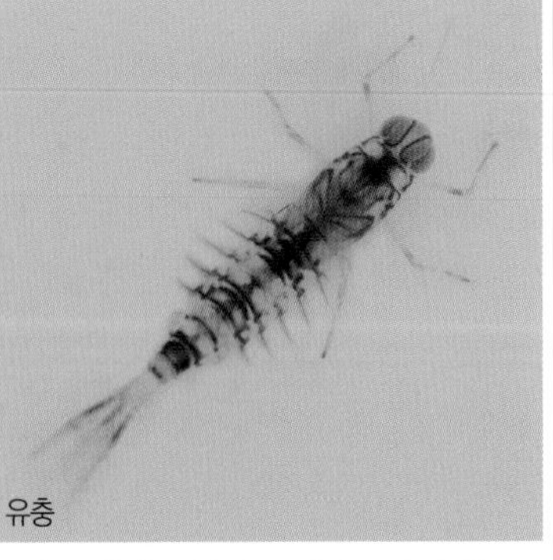

갈고리하루살이(꼬마하루살이과)
Procloeon pennulatum

크기 | 8㎜ 내외 출현시기 | 4~6월(봄)
먹이(유충) | 부착조류, 퇴적된 유기물

유충은 밝은 갈색 또는 갈색을 띠고 꼬리 가운데는 진갈색을 띤다. 계류, 평지하천, 강에 산다.

Ⅳ 무시아강(무시류)

날개가 없는 무시아강(무시류)에 속하는 곤충을 말한다. 날개가 발달하지 못해서 먹이를 찾아 이동하거나 천적을 피해서 도망치기 어려운 원시적인 곤충이다. 4억 년 전 고생대 데본기부터 출현한 가장 오래된 곤충 무리이다.

납작돌좀 산길의 돌 위에 잘 올라가 있다.

납작돌좀(돌좀과) *Haslundichilis viridis*

크기 | 10~15㎜ 출현시기 | 4~10월(여름) 먹이 | 조류, 이끼류, 썩은 과일

몸은 암갈색 또는 회색을 띠며 얼룩덜룩하다. '하루살이'처럼 배 끝에 3개의 가늘고 기다란 꼬리가 달려 있다. 가운데에 있는 꼬리가 가장 길다. 번데기 시기가 없는 불완전탈바꿈을 한다. 바위나 나무의 틈, 낙엽 밑에 살면서 조류, 이끼류, 썩은 과일을 먹고 산다. 날개가 없는 곤충이다.

좀 천연 섬유를 갉아 먹고 산다.

좀(좀과) *Ctenolepisma longicaudata*

크기 | 11~13㎜ 출현시기 | 6~11월(여름) 먹이 | 천연 섬유

몸은 은색 광택이 있어서 서양에서는 '실버피시(Silverfish)'라고 부른다. 겹눈은 작고 홑눈은 없으며 꼬리는 3개 있다. 옷감, 종이, 풀 등의 식물성 섬유를 주로 먹고 살지만 석유화학제품으로 바뀌어 먹이가 줄고 약제방제를 하면서 개체 수가 줄어들어 보기 힘들어졌다. 날개가 없는 곤충이다.

부록

곤충의 몸 구조와 명칭

1. 딱정벌레 무리

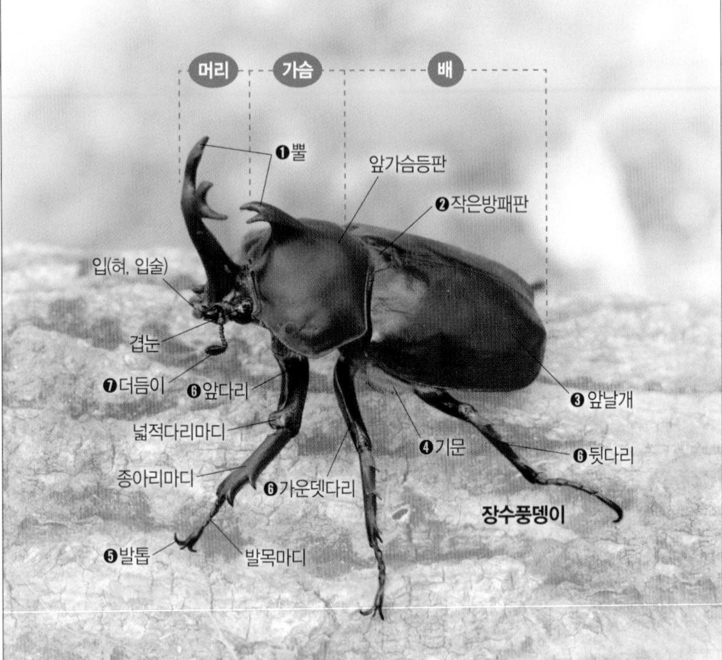

❶ **뿔 :** 머리와 앞가슴등판에 달린 뿔은 싸움을 할 때 이용한다.

❷ **작은방패판 :** 모양은 역삼각형으로 크기가 작다.

❸ **날개 :** 앞날개(딱지날개)가 매우 단단하게 발달되어 '딱정벌레(갑충, 甲蟲)'라 부른다.
뒷날개(속날개)는 막질의 날개로 앞날개 안쪽에 있어서 보이지 않고 비행할 때만 펼친다.

❹ **기문(숨구멍) :** 배에 뚫려진 숨구멍으로 공기를 들이마셔 호흡한다.

❺ **발톱 :** 날카로운 발톱은 나무를 오르는 데 적합하게 발달되어 있다.

❻ **다리 :** 다리는 6개 있으며 밑마디(기절, 基節), 도래마디(전절, 轉節), 넓적다리마디(퇴절, 腿節), 종아리마디(경절, 脛節), 발목마디(부절, 跗節)로 이루어져 있다.
밑마디와 도래마디는 크기가 작고 배면에 있어서 겉으로 잘 보이지 않는다.

❼ **더듬이 :** 딱정벌레의 종류에 따라 실, 톱니, 곤봉, 빗살 등 다양한 형태를 갖는다.

2. 나비 무리

호랑나비

머리 가슴 배

❶더듬이
❷인편
❸앞날개
❸뒷날개
❹가운뎃다리
❹뒷다리
❹앞다리(퇴화됨)
❺입
❻겹눈

대왕나비

❶ **더듬이 :** 곤봉 모양처럼 끝부분이 부풀어 있다.

❷ **인편 :** 날개는 수많은 비늘조각으로 덮여 있다.

❸ **날개 :** 앞날개와 뒷날개는 각각 1쌍씩 있으며 날개 빛깔이 화려하고 앉아서 쉴 때 날개를 접는다. 호랑나비류는 기다란 꼬리돌기가 있다.

❹ **다리 :** 다리는 6개 있으며 네발나비류는 앞다리 2개가 퇴화되어 4개만 보인다.

❺ **입 :** 기다란 관 모양의 주둥이를 돌돌 말고 다니다가 먹이를 먹을 때 길게 쭉 편다.

❻ **겹눈 :** 먹이와 동료를 찾기 위해 시력이 잘 발달되어 있다.

3. 벌 무리

❶ **더듬이 :** 촉각과 후각 기능을 하며 ㄱ자 모양으로 구부러져 있다.
❷ **날개 :** 앞날개와 뒷날개가 있으며 비행 능력이 좋아서 재빨리 날아다닌다.
❸ **꽃가루받이 :** 꽃가루 경단을 붙여 모으는 부위이다.
❹ **독침 :** 알을 낳는 산란관이 변형되어 독을 쏠 수 있는 침으로 발달되었다.
❺ **뒷다리 :** 꽃가루를 모아 운반하는 데 이용한다.
❻ **가운뎃다리 :** 가슴과 날개를 씻는 데 이용한다.
❼ **앞다리 :** 눈과 더듬이를 씻는 데 이용한다.
❽ **겹눈 :** 수천 개의 낱눈으로 이루어져 있는 시각기관이다.
❾ **입 :** 씹기 위한 큰턱과 꿀을 빨기 위한 길쭉한 입으로 이루어져 있다.
사냥하는 벌들은 사냥감을 씹어 먹을 수 있는 입으로 되어 있다.

4. 노린재 무리

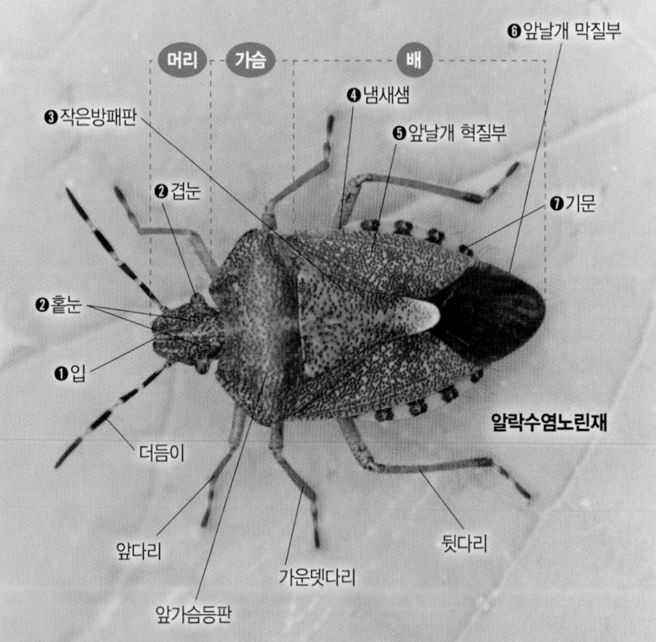

❶ **입 :** 빨대 모양의 기다란 주둥이로 먹잇감을 뚫어서 풀 즙이나 체액을 빨아 먹는다.
❷ **겹눈과 홑눈 :** 보통 겹눈 2개와 홑눈 2개가 있지만 장님노린재류는 홑눈이 모두 퇴화되었다.
❸ **작은방패판(소순판) :** 몸의 중앙에 있는 역삼각형 모양의 부분을 말한다.
❹ **냄새샘 :** 뒷다리가 붙은 몸 부위에 뚫려진 구멍이며 여기로 방귀 냄새를 풍긴다.
❺ **앞날개 혁질부 :** 앞날개의 위쪽 부분으로 가죽처럼 단단한 부위를 말한다.
❻ **앞날개 막질부 :** 앞날개의 아래쪽 부분으로 반투명한 막질 부위를 말한다.
❼ **기문(숨구멍) :** 배 옆면에 위치한 구멍으로 공기를 들이마셔 숨을 쉰다.

5. 메뚜기 무리

❶ **더듬이 :** 몸 길이에 비해 매우 짧고 굵으며 감각기관 역할을 한다.

❷ **머리 :** 시각기관인 '겹눈', 감각기관인 '더듬이', 먹이를 먹는 '입'이 달려 있다.

❸ **앞날개 :** 몸의 앞쪽에 붙은 날개이며 가죽처럼 단단하고 뒷날개를 덮고 있다.
앞날개가 길게 발달된 '장시형'은 잘 날 수 있지만,
앞날개가 아주 짧은 '단시형'이나 '무시형'은 날지 못한다.

❹ **귀(고막) :** 첫 번째 배마디에 소리를 들을 수 있는 고막이 있다.

❺ **기문(숨구멍) :** 배마디에 뚫려진 구멍으로 공기를 들이마셔 숨을 쉰다.

❻ **뒷다리 :** 뒷다리가 굵고 길게 잘 발달되어서 점프 능력이 뛰어나다.

❼ **입 :** 큰턱으로 먹잇감을 잘라서 오물오물 씹어 먹는다.

6. 잠자리 무리

❶ **홑눈 :** 빛의 밝기를 측정하고 명암과 원근을 인지해서 입체적으로 사물을 볼 수 있게 돕는다.

❷ **겹눈 :** 수만 개의 낱눈이 모여서 이루어진다. 겹눈은 둥글고 크며 두 겹눈이 서로 붙어 있는 경우가 많다.

❸ **가슴 :** 앞가슴, 가운데가슴, 뒷가슴의 세 부분으로 이루어져 있으며 날개와 다리가 달려 있다. 날개가슴은 가운데가슴과 뒷가슴을 말한다.

❹ **배 :** 심장과 혈관, 소화기, 배설기, 생식기가 들어 있으며 수컷의 배 끝에는 교미부속기가 있다.

❺ **교미부속기 :** 교미(짝짓기)를 할 때 암컷을 붙잡는 역할을 한다.

❻ **연문 :** 날개 가장자리에 있는 무늬를 말한다.

❼ **날개 :** 앞날개와 뒷날개가 있으며 앞날개는 뒷날개보다 길이가 약간 더 길고 폭이 좁다. 나뭇가지나 풀잎에 내려앉아 쉴 때 날개를 펴고 앉는다.

용어 해설

가시털(강모:剛毛)	몸 표면에 있는 가늘고 기다란 뾰족한 가시 모양의 털.
감로(甘露)	진딧물류가 풀 즙을 빨아 먹고 분비하는 당분이 풍부한 끈적거리는 액체 배설물.
개미귀신	땅이나 모래에 깔때기 모양의 집을 만들어 먹이 사냥을 하는 명주잠자리 유충을 일컫는다.
개체(個體)	독립된 각각의 생물체. 개체가 모여 개체군 또는 종(種)이 형성된다.
개체 변이	동일한 종의 곤충이 개체에 따라서 색깔, 무늬, 크기 등이 다르게 나타나는 것을 말한다.
겨울잠(동면:冬眠)	먹이가 없고 추운 겨울에 활동을 중단하고 겨울을 보내는 것을 말한다.
결혼 비행	개미, 벌 등 사회성 곤충이 짝짓기를 위해 공중으로 무리 지어 날아오르는 비행을 말한다. 새 여왕개미가 날아오르면 수개미가 함께 날아올라 짝짓기를 한다.
겹눈(복안:複眼)	사물을 볼 수 있는 눈으로 수천 개에서 수만 개의 낱눈(個眼)이 모여서 구성된다. 각각의 낱눈마다 시세포가 있어서 사물을 볼 수 있다.
경고색	자신이 위험한 동물이라는 것을 천적에게 알려서 자신을 보호하는 색깔이나 무늬로 '경계색'이라고도 한다. 특히 붉은색과 황색은 독이 있다는 것을 암시한다.
계절형(季節型)	계절의 변화에 따라 곤충의 크기, 모양, 빛깔 등이 다르게 나타나는 것을 말한다.
고치	완전탈바꿈을 하는 곤충의 유충이 번데기가 될 때 자신의 분비물로 만든 껍데기 또는 자루 모양의 집. 나방, 파리, 벌 등의 곤충에서 볼 수 있다.
공생(共生)	서로 다른 2종 이상의 생물이 서로 영향을 주고받으며 살아가는 것을 말한다.

공중산란(空中産卵)	잠자리가 공중에서 알을 뿌려서 알을 낳는 행동이다.
기관아가미	수서곤충의 유충이나 번데기에서 볼 수 있는 숨을 쉬는 호흡기관.
기부(基部)	다리, 더듬이, 날개 등이 몸에 붙어서 시작되는 부위.
기생(寄生)	생존이나 번식을 위한 자원을 다른 곤충 종에서 얻는 것을 말한다. 기생 곤충에는 기생벌, 기생파리 등이 있다.
꼬리아가미	배 끝부분에 달려 있는 숨을 쉬는 호흡기관.
꼬리털(미모:尾毛)	꼬리 부분에 달린 털.
꽃가루받이 곤충	꽃가루를 옮겨 주어 식물의 열매를 맺는 데 도움을 주는 곤충.
나비길(접도:蝶道)	호랑나비과의 나비들이 산길이나 계곡을 따라서 일정한 곳을 반복해서 날아다니는 길. 나비길로 날아다니는 것은 암컷을 빨리 찾기 위해서 하는 행동이다.
날개맥(시맥:翅脈)	곤충의 날개에 있는 그물 모양의 무늬. 날개맥은 날개를 지탱하는 역할을 한다.
날개싹(시포:翅包)	불완전탈바꿈을 하는 곤충류의 유충에 달려 있는 것으로 장차 어른이 되면 날개가 될 싹. 허물을 벗으며 성장할 때마다 날개싹도 점점 커진다.
냄새뿔(취각:臭角)	호랑나비과의 나비류 유충의 머리에 달려 있는 냄새를 풍기는 뿔. 특유의 냄새를 풍겨서 적을 물리친다.
눈알 무늬	나비나 나방의 날개에 달려 있는 눈알 모양의 무늬.
단성생식(單性生殖)	암컷이 수컷 배우자와 수정하지 않고 암컷 혼자서 새로운 개체를 만드는 생식 방법을 말한다. '처녀생식'이라고도 한다.
단시형(短翅型)	곤충의 성충 중 생태, 생리적으로 짧은 날개를 갖고 있는 형태.
동종포식(同種捕食)	같은 종류의 곤충끼리 서로 잡아먹는 것을 말하며 특히 먹이가 부족할 때 많이 발생한다.
동충하초(冬蟲夏草)	곤충에 기생하는 버섯. 겨울에는 죽은 곤충의 몸에 기생하고 여름이 되면 버섯으로 피어난다.

등면	곤충의 등 쪽에 있는 면.
령(齡)	유충이 더 크게 자라기 위해 탈피를 하는데 탈피를 1번 할 때의 기간을 말한다. 알에서 부화되면 1령 유충이 되고 허물을 벗을 때마다 2령, 3령, 4령이 된다.
무시충(無翅蟲)	진딧물류 중에서 날개가 없는 형태.
미모상	나방류 중에서 더듬이가 눈썹 모양인 형태.
발광마디	반딧불이류의 배에 있는 불빛을 내는 배마디. 수컷은 제6, 7배마디, 암컷은 제6배마디에서 불빛이 난다.
발음기관(發音器官)	매미류나 메뚜기류의 곤충이 의사소통을 위해서 소리를 낼 수 있도록 발달된 기관.
발향린(發香鱗)	나비류의 수컷 날개에서 볼 수 있는 성적 흥분을 일으키는 비늘가루. 수컷이 구애를 위해 발향린을 뿌리면 암컷이 수컷에게서 벗어나지 못한다.
방어 물질(防禦物質)	자신을 방어하기 위해 분비하는 물질. 악취가 나거나 자극성 화합물이 많다.
배면	곤충의 배 쪽에 있는 면.
배자루	곤충의 배 부분이 자루 모양으로 길게 발달된 것을 말한다.
번데기	완전탈바꿈을 하는 곤충류에서 유충과 성충 사이의 단계를 말한다. 유충에서 탈피하여 번데기가 되는 현상을 '용화(蛹化)'라고 한다.
범 무늬	몸에 있는 호랑이 무늬.
법의학 곤충	시체에 모여 있는 곤충을 분석해서 사망 시간을 알아내어 범인을 검거하는 데 이용되는 곤충.
보호색(保護色)	곤충이 천적에게 발견되지 않도록 주변의 환경과 비슷한 색깔을 띠는 것을 말한다.
부속지(附屬肢)	몸에서 바깥으로 돌출되어 있는 더듬이, 다리, 생식기관 등의 기관.

부착조류(附着藻類)	하천, 해양 등에서 암석, 자갈, 모래, 생물체 등의 표면에 부착해서 살아가는 조류. 녹조류, 규조류, 남조류 등이 있다.
불완전탈바꿈 (불완전변태:不完全變態)	알-약충-성충의 3단계를 거치며 어른이 되는 곤충을 말한다. 번데기 과정을 거치지 않고 약충(유충)이 탈피를 하면 성충이 된다. 종류로는 노린재, 메뚜기, 잠자리 등이 있다.
생식돌기(生殖突起)	수컷 생식기의 끝부분에 있는 돌기. 암컷의 생식기를 자극하는 역할을 한다.
설상부(楔狀部)	노린재류의 앞날개 혁질부 끝에 있는 쐐기 모양의 부위.
성충(成蟲)	다 자라서 생식 능력이 있는 곤충. 암컷과 수컷이 있다.
수서동물(水棲動物)	물속에서 생활하는 동물. 어류, 고래, 물개, 연체동물 등이 있다.
수생식물(水生植物)	물에 사는 식물. 정수식물, 부유식물, 부엽식물, 침수식물이 있다.
수태낭(受胎囊)	짝짓기가 끝나면 수컷이 암컷의 배 끝에 분비물을 내어 굳어지게 만드는 돌기. '짝짓기주머니'라고도 한다. 모시나비, 붉은점모시나비, 애호랑나비 등에서 볼 수 있다.
숨관	숨을 쉴 때 쓰는 기관. 수서노린재류는 꽁무니에 기다란 숨관이 발달되어 있다.
알집	여러 개의 알이 모여서 들어 있는 집. 덩어리로 낳는 알은 '난괴(卵塊)'라고 한다.
야행성	밤에 활동하는 성질을 갖고 있는 곤충을 말한다.
약충(若蟲)	불완전탈바꿈하는 곤충의 유충으로 성충과 생김새가 매우 닮았다.
여름잠(하면:夏眠)	여름철 무더운 날씨가 기승을 부릴 때 일시적으로 활동하지 않고 휴면(休眠) 상태로 쉬는 것을 말한다.
연가시	곤충의 몸에 기생하는 철사 모양의 가느다란 기생충. 연가시는 유선형동물에 속한다.
완전탈바꿈 (완전변태:完全變態)	알-유충-번데기-성충의 4단계를 거쳐서 어른이 되는 곤충을 말한다. 번데기 과정을 거쳐서 성충이 되며 종류로는 딱정벌레, 나비, 벌, 파리 등이 있다.

외래종(外來種)	다른 나라에서 유입된 곤충. 꽃매미, 미국선녀벌레 등이 있다.
요람	거위벌레가 알을 낳아 나뭇잎을 둘둘 말아 놓은 것.
욕반(褥盤)	곤충의 다리에서 쌍을 이루는 발톱 사이에 있는 돌기.
우화(羽化)	번데기에서 날개가 달린 생식 기능이 있는 성충이 되는 것을 말하며 '날개돋이'라고도 한다.
위생 해충(衛生害蟲)	인간의 인체에 직접적, 간접적으로 해를 주거나 위생에 관계가 있는 곤충.
유시충(有翅蟲)	날개가 달려 있는 성충.
유충(幼蟲)	알에서 부화되어 깨어난 어린 애벌레로 번데기가 되기 전까지를 일컫는다.
융기선(隆起線)	위쪽으로 높게 올라와 있는 선.
의사 행동	곤충이 살아남기 위해 죽은 척하는 행동.
이형(異形)	동일한 곤충 종에서 색깔, 모양, 성질 등이 다른 형태.
일광욕	나비가 날개를 펴고 햇볕을 쬐어 체온을 올리는 행동.
자절작용	메뚜기류 등의 곤충이 몸의 일부를 스스로 절단하여 생명을 유지하려는 행동.
잡식성(雜食性)	동물성 먹이와 식물성 먹이를 가리지 않고 다 먹고 사는 성질.
장시형(長翅型)	날개가 길게 발달된 곤충의 형태.
저서무척추동물	담수나 해수의 바닥에 사는 수중 무척추동물.
점각(點刻)	점으로 새겨진 그림이나 무늬로 볼록하게 튀어나와 있는 돌기.
점각렬(點刻列)	점각이 줄을 지어 새겨져 있는 무늬.
정수(渟水)	흐르지 않고 고여 있는 물.
정수역(停水域)	물이 흐르지 않고 고여 있는 영역으로 저수지, 호수, 연못, 댐이 있다.

정지 비행(停止飛行)	공중에서 정지한 상태로 떠서 제자리 비행하는 것을 말한다.
짝짓기 거부 행동	짝짓기를 이미 끝냈거나 미성숙한 암컷이 짝짓기를 하려고 접근하는 수컷을 거부하는 행동. 흰나비과의 나비는 날개를 펴고 배를 하늘로 들어 올린다.
체색 변이	동일한 종류의 곤충 중에서 몸 색깔이 서로 다른 것을 말한다.
체색 이형	동일한 종류의 곤충이지만 색깔, 모양 등이 서로 다른 개체.
초식성(草食性)	식물성의 먹이를 먹고 사는 성질.
큰턱	곤충의 입에 있는 1쌍의 부속지. 큰턱은 먹이를 씹는 역할을 한다.
타수산란(打水産卵)	잠자리류의 암컷이 수면을 치는 듯하면서 수면 또는 수중에 알을 낳는 방법을 말한다.
탈피(脫皮)	곤충이 자라면서 허물이나 껍질을 벗는 것을 말한다.
텃세 행동 (점유 행동:占有行動)	수컷이 한 장소를 차지하고 다른 수컷을 쫓아내는 행동.
페로몬	몸 밖으로 방출되는 화학 물질로 동일한 종의 다른 개체를 자극하는 물질이다. 짝짓기를 위한 '성(性)페로몬', 침입자를 알리는 '경보(警報)페로몬', 집을 찾아갈 수 있도록 안내하는 '길잡이페로몬', 한곳에 무리 지어 모이게 하는 '집합페로몬'이 있다.
평균곤(平均棍)	파리류의 뒷날개가 퇴화되어 생긴 곤봉 모양의 돌기. 비행할 때 몸의 평행을 유지하는 역할을 한다.
포식성(捕食性)	곤충이 다른 동물 또는 곤충을 잡아먹는 성질.
홑눈(단안:單眼)	어둡고 밝은 것을 구분해서 사물을 볼 수 있게 도와주는 눈. 색깔과 모양을 구분하는 겹눈을 돕는 역할을 한다.
흡밀 행동(吸蜜行動)	영양분을 얻기 위해서 꽃에 있는 꿀을 빠는 행동.
흡수 행동(吸水行動)	나비류가 물가나 축축한 땅, 이슬 등의 수분을 먹는 행동.
흡즙	식물, 과일, 나뭇진, 배설물 등의 즙을 빨아 먹는 것을 말한다.

서식지로 곤충 찾기

땅에서 만나는 곤충

잎에서 만나는 곤충

꽃에서 만나는 곤충

나무에서 만나는 곤충

물에서 만나는 곤충

밤에 만나는 곤충

* 〈서식지로 곤충 찾기〉는 '땅, 잎, 꽃, 나무, 물, 밤'의 6개로 대표 서식지를 구분했다. 그러나 대부분의 곤충은 여러 곳을 돌아다니며 생활하기 때문에 2곳 이상의 서식지에서 동시에 관찰되는 경우가 많다.
* '땅에서 만나는 곤충'은 땅에서 자주 보이는 곤충을, '잎에서 만나는 곤충'은 풀잎과 나뭇잎에서 활동하는 곤충을, '꽃에서 만나는 곤충'은 꽃가루나 꿀을 먹는 곤충을, '나무에서 만나는 곤충'은 나뭇진이나 나무를 갉아 먹는 곤충을 수록했다. '물에서 만나는 곤충'은 성충 또는 유충 때 물과 관련된 곤충을 모두 포함시켰고, '밤에 만나는 곤충'은 야행성 곤충과 불빛에 유인되는 곤충을 수록했다.
* 곤충은 대표적인 서식지 1곳에 편집했지만 여러 곳에서 자주 보이는 곤충의 경우는 2곳의 서식지에 모두 포함시켰다. 각 서식지 내에서는 곤충의 무리별(목별)로 배열하여 발견한 곤충을 찾기 쉽도록 했다.

땅에서 만나는 곤충

딱정벌레목

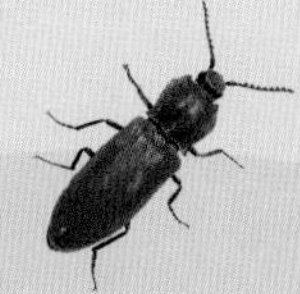

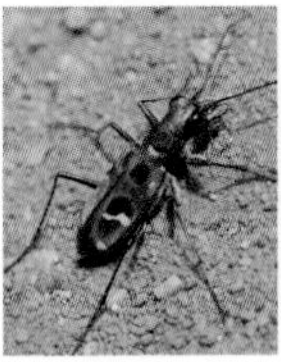
길앞잡이 12쪽

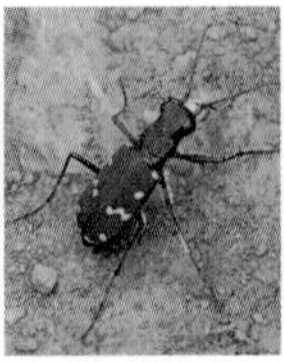
아이누길앞잡이 13쪽

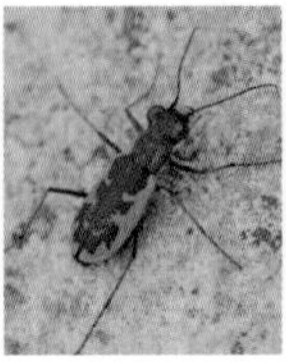
무녀길앞잡이 13쪽

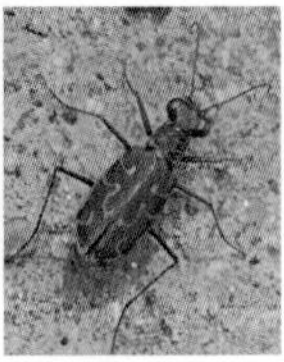
꼬마길앞잡이 14쪽

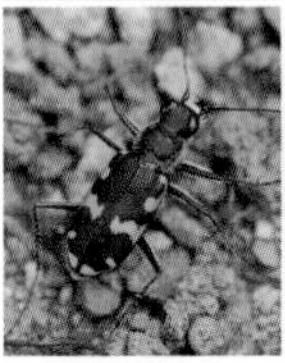
큰무늬길앞잡이 14쪽

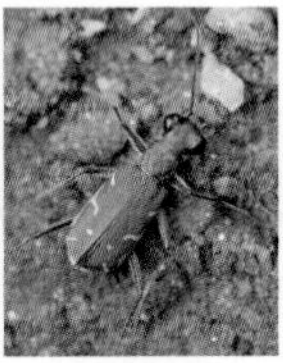
쇠길앞잡이 14쪽

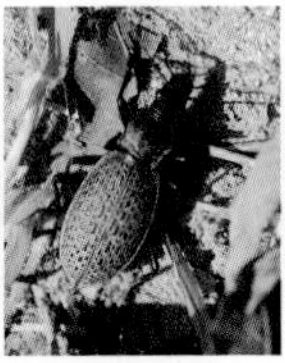
홍단딱정벌레 15쪽

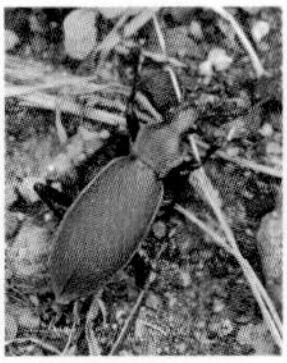
멋쟁이딱정벌레 15쪽

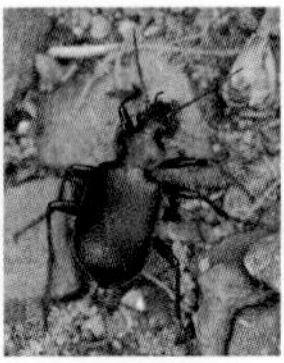
검정명주딱정벌레 16쪽

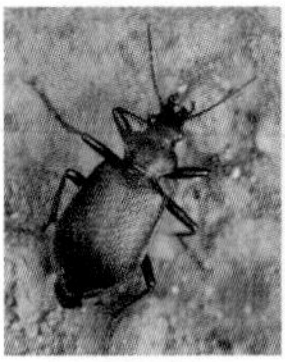
풀색명주딱정벌레 17쪽

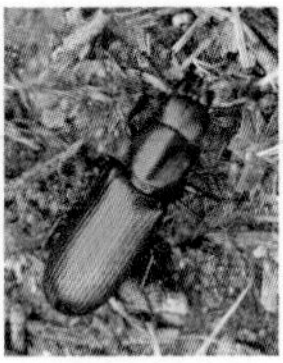
긴조롱박먼지벌레 17쪽

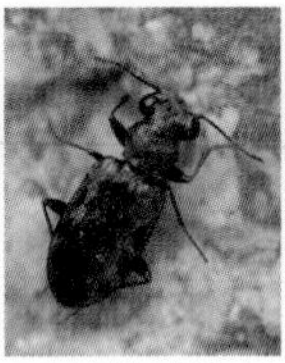
줄딱부리강변먼지벌레 18쪽

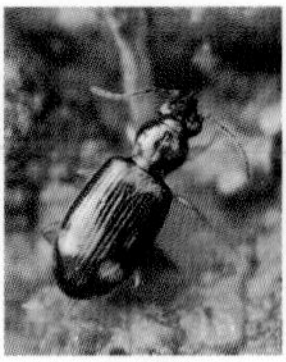
볕강변먼지벌레 18쪽

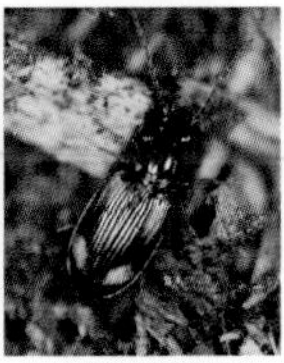
네눈박이강변먼지벌레 18쪽

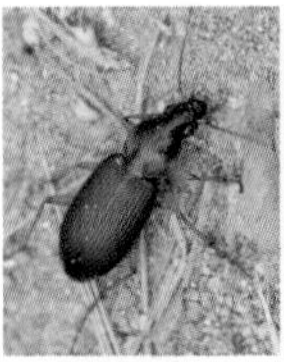
습지먼지벌레 19쪽

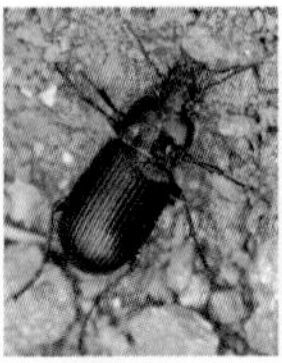
한국길쭉먼지벌레 19쪽

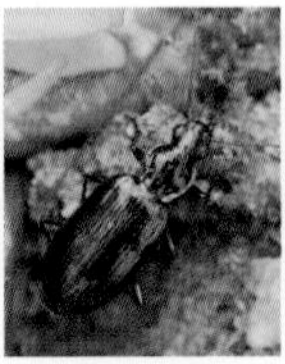
큰줄납작먼지벌레 19쪽

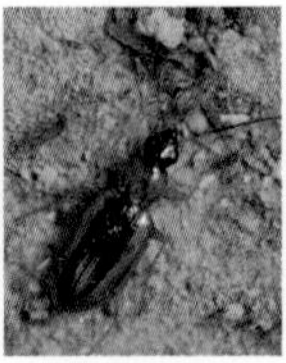
등줄먼지벌레 19쪽

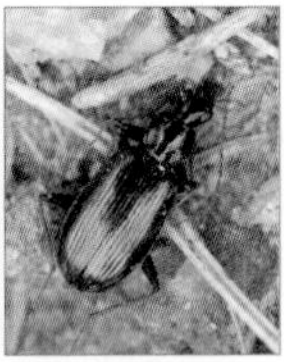
남색납작먼지벌레 20쪽

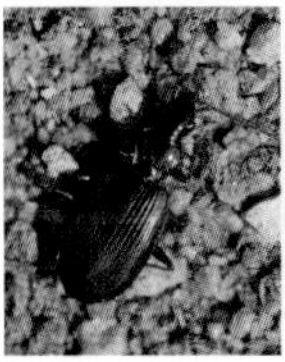
날개끝가시먼지벌레 20쪽

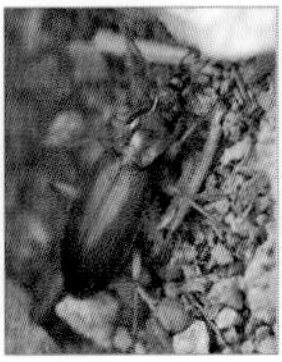
등빨간먼지벌레 20쪽

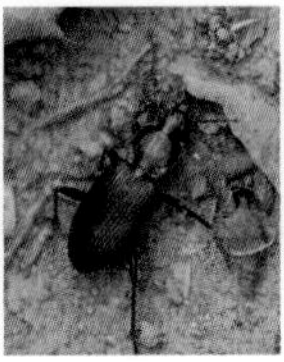
윤납작먼지벌레 21쪽

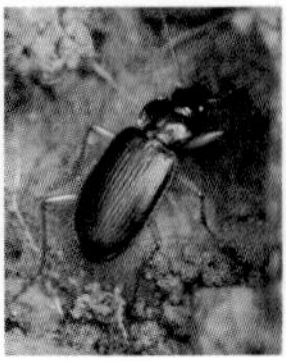
검정칠납작먼지벌레 21쪽

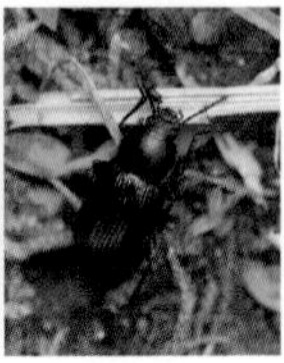
애먼지벌레 21쪽

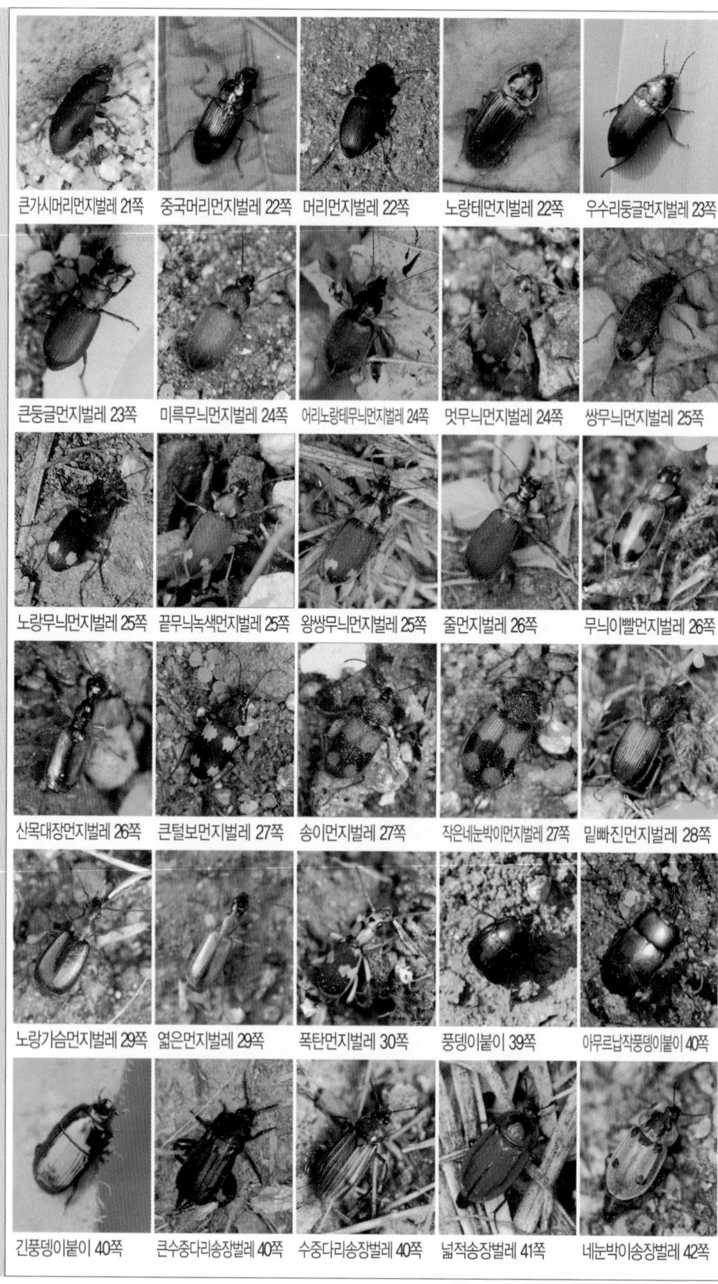

큰가시머리먼지벌레 21쪽 | 중국머리먼지벌레 22쪽 | 머리먼지벌레 22쪽 | 노랑테먼지벌레 22쪽 | 우수리둥글먼지벌레 23쪽

큰둥글먼지벌레 23쪽 | 미륵무늬먼지벌레 24쪽 | 어리노랑테무늬먼지벌레 24쪽 | 멋무늬먼지벌레 24쪽 | 쌍무늬먼지벌레 25쪽

노랑무늬먼지벌레 25쪽 | 끝무늬녹색먼지벌레 25쪽 | 왕쌍무늬먼지벌레 25쪽 | 줄먼지벌레 26쪽 | 무늬이빨먼지벌레 26쪽

산목대장먼지벌레 26쪽 | 큰털보먼지벌레 27쪽 | 송이먼지벌레 27쪽 | 작은네눈박이먼지벌레 27쪽 | 밑빠진먼지벌레 28쪽

노랑가슴먼지벌레 29쪽 | 엷은먼지벌레 29쪽 | 폭탄먼지벌레 30쪽 | 풍뎅이붙이 39쪽 | 아무르납작풍뎅이붙이 40쪽

긴풍뎅이붙이 40쪽 | 큰수중다리송장벌레 40쪽 | 수중다리송장벌레 40쪽 | 넓적송장벌레 41쪽 | 네눈박이송장벌레 42쪽

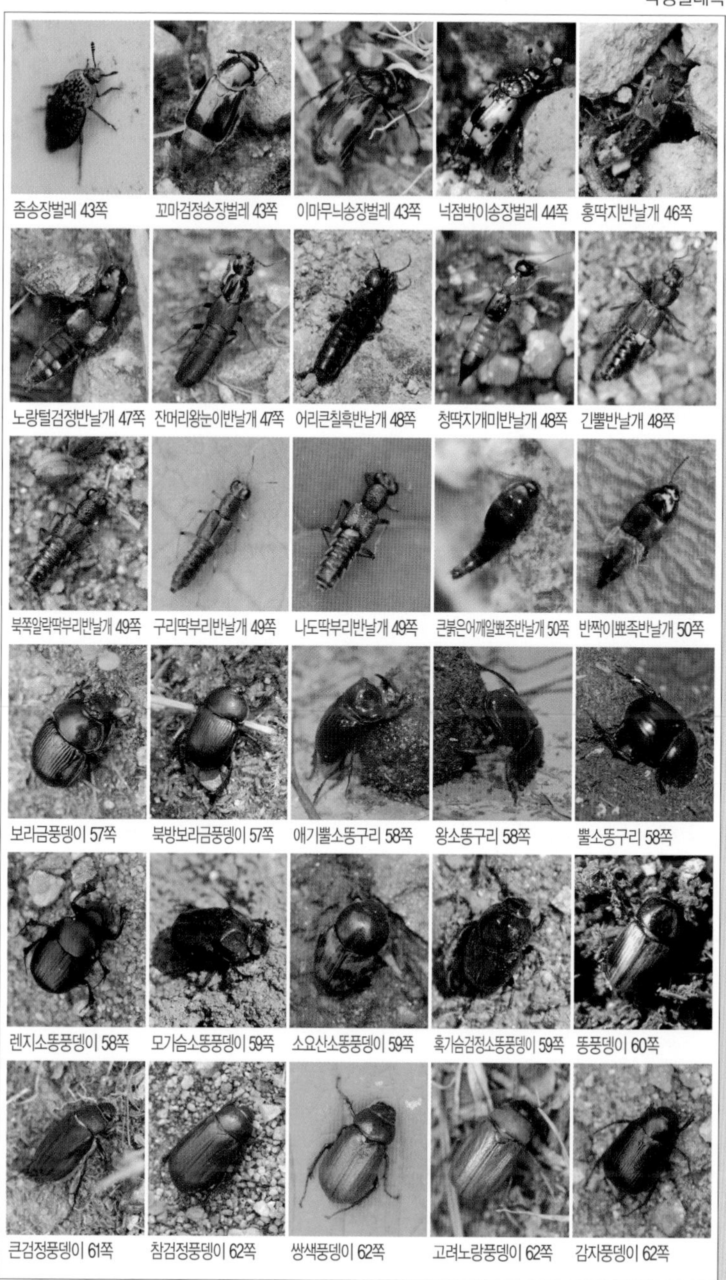

좀송장벌레 43쪽 꼬마검정송장벌레 43쪽 이마무늬송장벌레 43쪽 넉점박이송장벌레 44쪽 홍딱지반날개 46쪽

노랑털검정반날개 47쪽 잔머리왕눈이반날개 47쪽 어리큰칠흑반날개 48쪽 청딱지개미반날개 48쪽 긴뿔반날개 48쪽

북쪽알락딱부리반날개 49쪽 구리딱부리반날개 49쪽 나도딱부리반날개 49쪽 큰붉은어깨알뾰족반날개 50쪽 반짝이뾰족반날개 50쪽

보라금풍뎅이 57쪽 북방보라금풍뎅이 57쪽 애기뿔소똥구리 58쪽 왕소똥구리 58쪽 뿔소똥구리 58쪽

렌지소똥풍뎅이 58쪽 모가슴소똥풍뎅이 59쪽 소요산소똥풍뎅이 59쪽 혹가슴검정소똥풍뎅이 59쪽 똥풍뎅이 60쪽

큰검정풍뎅이 61쪽 참검정풍뎅이 62쪽 쌍색풍뎅이 62쪽 고려노랑풍뎅이 62쪽 감자풍뎅이 62쪽

황갈색줄풍뎅이 63쪽 긴다색풍뎅이 63쪽 빨간색우단풍뎅이 64쪽 애우단풍뎅이 64쪽 등노랑풍뎅이 73쪽

참콩풍뎅이 74쪽 홀쭉꽃무지 76쪽 알락풍뎅이 76쪽 대유동방아벌레 88쪽 녹슬은방아벌레 89쪽

꼬마방아벌레 89쪽 루이스방아벌레 90쪽 왕빗살방아벌레 90쪽 얼룩방아벌레 91쪽 청동방아벌레 92쪽

진홍색방아벌레 92쪽 북방색방아벌레 92쪽 검정빗살방아벌레 93쪽 사마귀수시렁이 101쪽 검수시렁이 101쪽

무당벌레붙이 110쪽 묘향산거저리 132쪽 바닷가거저리 133쪽 모래거저리 133쪽 모래거저리붙이 133쪽

작은모래거저리 133쪽 강변거저리 134쪽 아메리카왕거저리 134쪽 산맴돌이거저리 135쪽 맴돌이거저리 135쪽

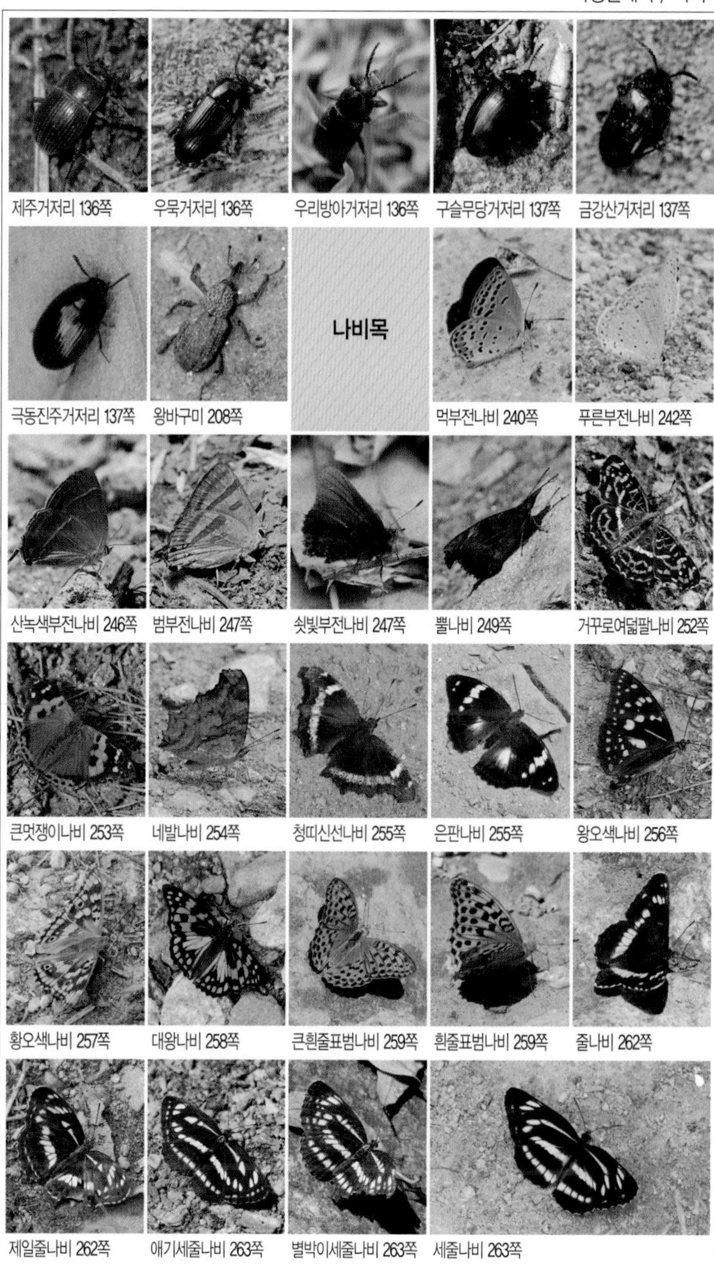

제주거저리 136쪽 우묵거저리 136쪽 우리방아거저리 136쪽 구슬무당거저리 137쪽 금강산거저리 137쪽
극동진주거저리 137쪽 왕바구미 208쪽 먹부전나비 240쪽 푸른부전나비 242쪽
산녹색부전나비 246쪽 범부전나비 247쪽 쇳빛부전나비 247쪽 뿔나비 249쪽 거꾸로여덟팔나비 252쪽
큰멋쟁이나비 253쪽 네발나비 254쪽 청띠신선나비 255쪽 은판나비 255쪽 왕오색나비 256쪽
황오색나비 257쪽 대왕나비 258쪽 큰흰줄표범나비 259쪽 흰줄표범나비 259쪽 줄나비 262쪽
제일줄나비 262쪽 애기세줄나비 263쪽 별박이세줄나비 263쪽 세줄나비 263쪽

파리목

검털파리 395쪽 / 갈로이스등에 398쪽 / 뿔들파리 426쪽 / 큰검정파리 428쪽

금파리 429쪽 / 검정볼기쉬파리 431쪽

벌목

구주개미벌 449쪽 / 대모벌 451쪽

왕무늬대모벌 451쪽 / 별대모벌 452쪽 / 홍허리대모벌 452쪽 / 나나니 453쪽 / 식크맨나나니 453쪽

노랑점나나니 454쪽 / 애황나나니 454쪽 / 홍다리조롱박벌 454쪽 / 큰호리병벌 455쪽 / 장수말벌 461쪽

참땅벌 464쪽 / 땅벌 464쪽 / 뱀허물쌍살벌 465쪽 / 큰뱀허물쌍살벌 466쪽 / 등검정쌍살벌 466쪽

왕바다리 467쪽 / 참어리별쌍살벌 470쪽 / 일본왕개미 472쪽 / 한국홍가슴개미 473쪽 / 이토왕개미 473쪽

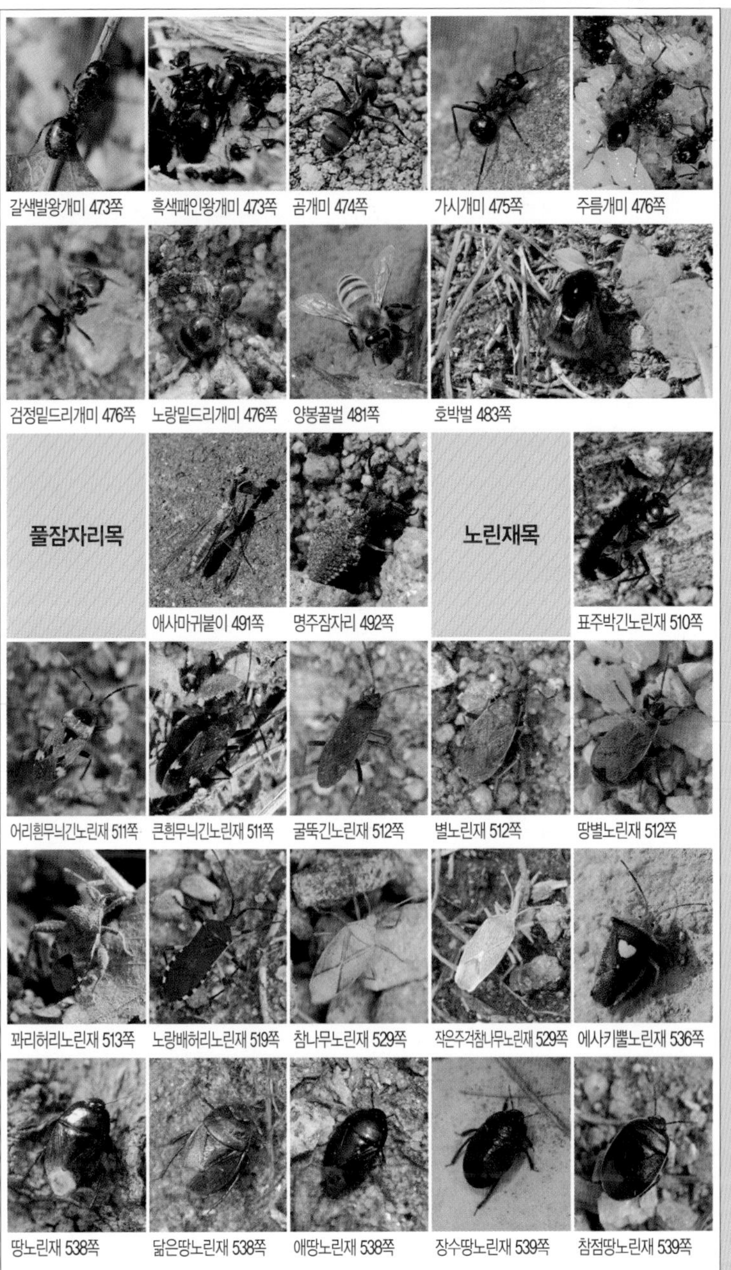

갈색발왕개미 473쪽 흑색패인왕개미 473쪽 곰개미 474쪽 가시개미 475쪽 주름개미 476쪽

검정밑드리개미 476쪽 노랑밑드리개미 476쪽 양봉꿀벌 481쪽 호박벌 483쪽

애사마귀붙이 491쪽 명주잠자리 492쪽 표주박긴노린재 510쪽

어리흰무늬긴노린재 511쪽 큰흰무늬긴노린재 511쪽 굴뚝긴노린재 512쪽 별노린재 512쪽 땅별노린재 512쪽

꽈리허리노린재 513쪽 노랑배허리노린재 519쪽 참나무노린재 529쪽 작은주걱참나무노린재 529쪽 에사키뿔노린재 536쪽

땅노린재 538쪽 닮은땅노린재 538쪽 애땅노린재 538쪽 장수땅노린재 539쪽 참점땅노린재 539쪽

땅

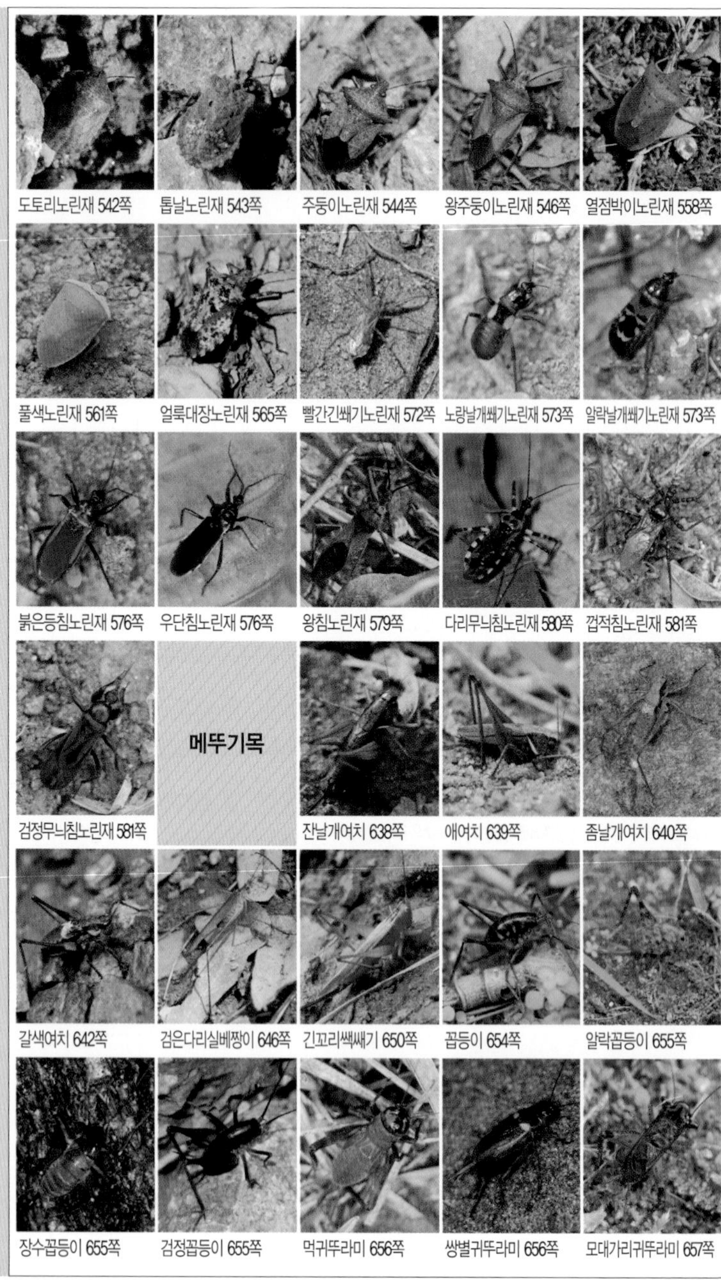
도토리노린재 542쪽
톱날노린재 543쪽
주둥이노린재 544쪽
왕주둥이노린재 546쪽
열점박이노린재 558쪽
풀색노린재 561쪽
얼룩대장노린재 565쪽
빨간긴쐐기노린재 572쪽
노랑날개쐐기노린재 573쪽
알락날개쐐기노린재 573쪽
붉은등침노린재 576쪽
우단침노린재 576쪽
왕침노린재 579쪽
다리무늬침노린재 580쪽
껍적침노린재 581쪽
검정무늬침노린재 581쪽
메뚜기목
잔날개여치 638쪽
애여치 639쪽
좀날개여치 640쪽
갈색여치 642쪽
검은다리실베짱이 646쪽
긴꼬리쌕쌔기 650쪽
꼽등이 654쪽
알락꼽등이 655쪽
장수꼽등이 655쪽
검정꼽등이 655쪽
먹귀뚜라미 656쪽
쌍별귀뚜라미 656쪽
모대가리귀뚜라미 657쪽

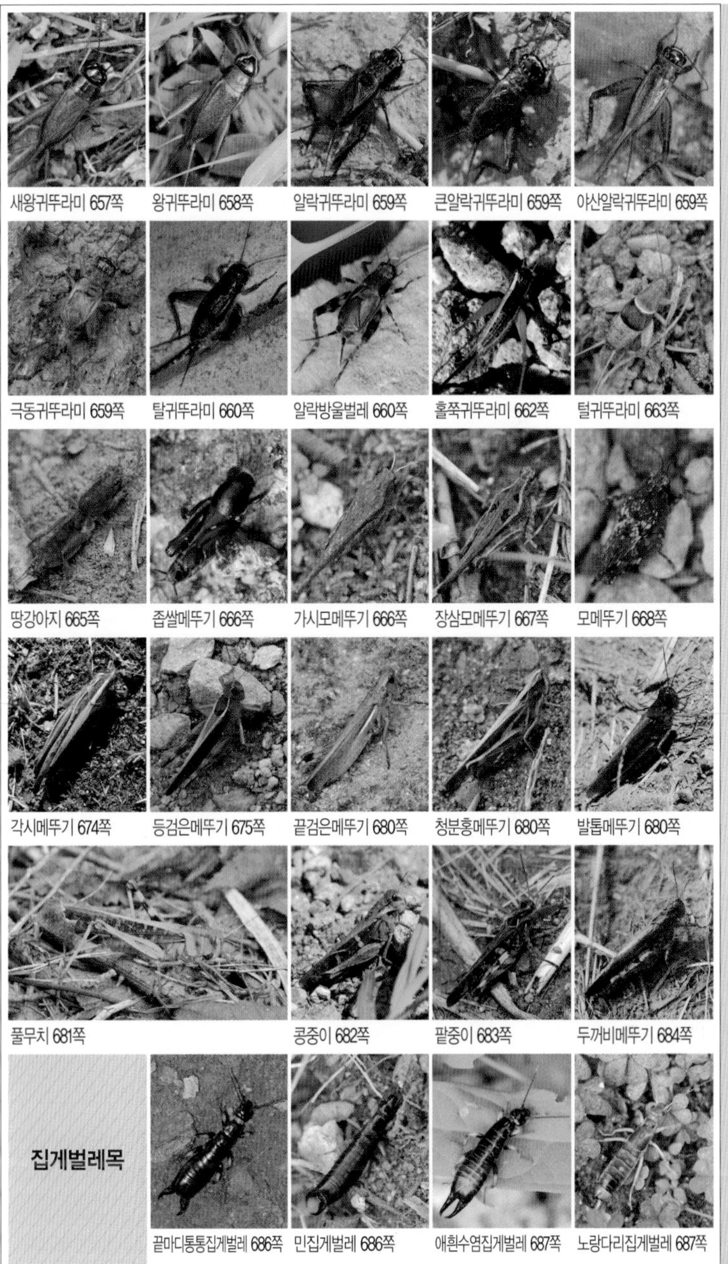

새왕귀뚜라미 657쪽
왕귀뚜라미 658쪽
알락귀뚜라미 659쪽
큰알락귀뚜라미 659쪽
야산알락귀뚜라미 659쪽
극동귀뚜라미 659쪽
탈귀뚜라미 660쪽
알락방울벌레 660쪽
홀쭉귀뚜라미 662쪽
털귀뚜라미 663쪽
땅강아지 665쪽
좁쌀메뚜기 666쪽
가시모메뚜기 666쪽
장삼모메뚜기 667쪽
모메뚜기 668쪽
각시메뚜기 674쪽
등검은메뚜기 675쪽
끝검은메뚜기 680쪽
청분홍메뚜기 680쪽
발톱메뚜기 680쪽
풀무치 681쪽
콩중이 682쪽
팥중이 683쪽
두꺼비메뚜기 684쪽

집게벌레목

끝마디통통집게벌레 686쪽
민집게벌레 686쪽
애흰수염집게벌레 687쪽
노랑다리집게벌레 687쪽

땅

큰집게벌레 687쪽
고마로브집게벌레 688쪽 
좀집게벌레 689쪽 
못뽑이집게벌레 690쪽 

바퀴목

먹바퀴 698쪽
이질바퀴 698쪽 
산바퀴 698쪽 
독일바퀴 699쪽 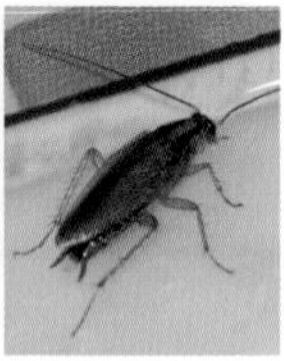

사마귀목

사마귀 701쪽
왕사마귀 702쪽 
좀사마귀 703쪽 
넓적배사마귀 703쪽 

돌좀목

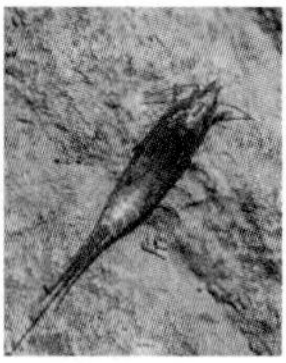

납작돌좀 743쪽

좀목

좀 743쪽

잎

잎에서 만나는 곤충

딱정벌레목

산목대장먼지벌레 26쪽

노랑머리먼지벌레 28쪽

쌍점박이먼지벌레 28쪽

줄납작밑빠진먼지벌레 28쪽

납작선두리먼지벌레 29쪽 노랑가슴먼지벌레 29쪽 한라십자무늬먼지벌레 29쪽 엷은먼지벌레 29쪽 네눈박이송장벌레 42쪽

홍딱지반날개 46쪽 녹슬은반날개 47쪽 알꽃벼룩 50쪽 주황긴다리풍뎅이 60쪽 감자풍뎅이 62쪽

줄우단풍뎅이 64쪽 홈줄풍뎅이 65쪽 풍뎅이 68쪽 별줄풍뎅이 69쪽 금줄풍뎅이 69쪽

어깨무늬풍뎅이 69쪽 등얼룩풍뎅이 70쪽 연노랑풍뎅이 71쪽 몽고청동풍뎅이 71쪽 청동풍뎅이 71쪽

참오리나무풍뎅이 72쪽 오리나무풍뎅이 72쪽 카멜레온줄풍뎅이 72쪽 등노랑풍뎅이 73쪽 주둥무늬차색풍뎅이 73쪽

참콩풍뎅이 74쪽 콩풍뎅이 74쪽 녹색콩풍뎅이 74쪽 풀색꽃무지 75쪽 검정꽃무지 76쪽

잎

호랑꽃무지 79쪽
긴다리호랑꽃무지 79쪽
넓적꽃무지 79쪽
아세아호리비단벌레 85쪽
흰점호리비단벌레 85쪽
황녹색호리비단벌레 85쪽
사과호리비단벌레 85쪽
청록호리비단벌레 86쪽
꼬마청호리비단벌레 86쪽
통비단벌레 86쪽
구리빛얼룩비단벌레 87쪽
버드나무좀비단벌레 87쪽
얼룩무늬좀비단벌레 87쪽
느티나무좀비단벌레 87쪽
대유동방아벌레 88쪽
녹슬은방아벌레 89쪽
애녹슬은방아벌레 89쪽
꼬마방아벌레 89쪽
루이스방아벌레 90쪽
왕빗살방아벌레 90쪽
관모긴몸방아벌레 91쪽
검정긴몸방아벌레 91쪽
크라아츠방아벌레 91쪽
청동방아벌레 92쪽
진홍색방아벌레 92쪽
북방색방아벌레 92쪽
검정테광방아벌레 93쪽
검정빗살방아벌레 93쪽
살짝수염홍반디 94쪽
홍반디 95쪽

큰홍반디 95쪽
고려홍반디 95쪽
별홍반디 95쪽
서울병대벌레 99쪽
회황색병대벌레 100쪽
노랑줄어리병대벌레 100쪽
등점목가는병대벌레 100쪽
연노랑목가는병대벌레 100쪽
노랑무늬의병벌레 104쪽
황띠굵은뿔의병벌레 105쪽
굵은뿔의병벌레 105쪽
탐라의병벌레 105쪽
붉은가슴방아벌레붙이 109쪽
애방아벌레붙이 109쪽
석점박이방아벌레붙이 109쪽
소나무무당벌레 111쪽
긴점무당벌레 111쪽
달무리무당벌레 111쪽
십일점박이무당벌레 111쪽
무당벌레 112쪽
칠성무당벌레 114쪽
유럽무당벌레 115쪽
네점가슴무당벌레 115쪽
열석점긴다리무당벌레 115쪽
다리무당벌레 115쪽
남생이무당벌레 116쪽
꼬마남생이무당벌레 117쪽
노랑무당벌레 118쪽
노랑육점박이무당벌레 119쪽
십이흰점무당벌레 119쪽

잎

십구점무당벌레 119쪽 애홍점박이무당벌레 120쪽 홍점박이무당벌레 120쪽 넉점검은테무당벌레 120쪽 홍테무당벌레 121쪽

바바애기무당벌레 121쪽 대륙애기무당벌레 121쪽 방패무당벌레 121쪽 큰이십팔점박이무당벌레 122쪽 중국무당벌레 123쪽

곱추무당벌레 123쪽 애곱추무당벌레 123쪽 녹색하늘소붙이 126쪽 아무르하늘소붙이 126쪽 시베르스하늘소붙이 126쪽

청색하늘소붙이 127쪽 큰노랑하늘소붙이 127쪽 노랑하늘소붙이 127쪽 홍날개 129쪽 황머리털홍날개 129쪽

중국먹가뢰 130쪽 황가뢰 130쪽 애남가뢰 130쪽 좀남가뢰 130쪽 잎벌레붙이 132쪽

중국잎벌레붙이 132쪽 줄점잎벌레붙이 132쪽 육점박이범하늘소 155쪽 범하늘소 156쪽 긴다리범하늘소 156쪽

꼬마긴다리범하늘소 156쪽 측범하늘소 156쪽 세줄호랑하늘소 157쪽 닮은북자호랑하늘소 157쪽 작은호랑하늘소 157쪽

벌호랑하늘소 157쪽 원통하늘소 159쪽 작은초원하늘소 159쪽 남색초원하늘소 160쪽 흰가슴하늘소 161쪽

삼하늘소 168쪽 국화하늘소 168쪽 노랑줄점하늘소 168쪽 선두리하늘소 169쪽 통사과하늘소 169쪽

사과하늘소 169쪽 벼뿌리잎벌레 171쪽 쌍무늬혹가슴잎벌레 171쪽 곰보날개긴가슴잎벌레 171쪽 등빨간남색잎벌레 171쪽

주홍배큰벼잎벌레 172쪽 점박이큰벼잎벌레 172쪽 열점박이잎벌레 172쪽 배노랑긴가슴잎벌레 173쪽 적갈색긴가슴잎벌레 174쪽

홍줄큰벼잎벌레 174쪽 등빨간긴가슴잎벌레 174쪽 밤나무잎벌레 174쪽 반금색잎벌레 175쪽 콜체잎벌레 175쪽

잎

소요산잎벌레 175쪽 | 십사점통잎벌레 176쪽 | 광릉잎벌레 176쪽 | 네점통잎벌레 176쪽 | 콩잎벌레 176쪽

금록색잎벌레 177쪽 | 고구마잎벌레 177쪽 | 사과나무잎벌레 178쪽 | 이마줄꼽추잎벌레 178쪽 | 곧선털꼽추잎벌레 178쪽

포도꼽추잎벌레 178쪽 | 중국청람색잎벌레 179쪽 | 박하잎벌레 179쪽 | 쑥잎벌레 179쪽 | 청줄보라잎벌레 180쪽

호두나무잎벌레 180쪽 | 버들꼬마잎벌레 180쪽 | 좀남색잎벌레 181쪽 | 사시나무잎벌레 182쪽 | 홍테잎벌레 182쪽

참금록색잎벌레 182쪽 | 버들잎벌레 183쪽 | 십이점박이잎벌레 184쪽 | 열점박이별잎벌레 185쪽 | 한서잎벌레 185쪽

질경이잎벌레 185쪽 | 딸기잎벌레 185쪽 | 일본잎벌레 186쪽 | 남방잎벌레 186쪽 | 노랑가슴녹색잎벌레 186쪽

상아잎벌레 186쪽
돼지풀잎벌레 187쪽
오리나무잎벌레 188쪽
세점박이잎벌레 189쪽
두줄박이애잎벌레 189쪽
오이잎벌레 189쪽
검정오이잎벌레 189쪽
크로바잎벌레 190쪽
어리발톱잎벌레 190쪽
왕벼룩잎벌레 190쪽
벼룩잎벌레 190쪽
긴발벼룩잎벌레 191쪽
털다리벼룩잎벌레 191쪽
발리잎벌레 191쪽
딸기벼룩잎벌레 191쪽
바늘꽃벼룩잎벌레 192쪽
황갈색잎벌레 192쪽
보라색잎벌레 192쪽
단색둥글잎벌레 192쪽
두점알벼룩잎벌레 193쪽
검정배줄벼룩잎벌레 193쪽
점날개잎벌레 193쪽
노랑테가시잎벌레 194쪽
큰노랑테가시잎벌레 194쪽
사각노랑테가시잎벌레 194쪽
모시금자라남생이잎벌레 195쪽
남생이잎벌레붙이 195쪽
남생이잎벌레 195쪽
줄남생이잎벌레 195쪽
애남생이잎벌레 196쪽

청남생이잎벌레 196쪽 꼬마남생이잎벌레 196쪽 곱추남생이잎벌레 196쪽 큰남생이잎벌레 197쪽 루이스큰남생이잎벌레 197쪽

팥바구미 197쪽 포도거위벌레 199쪽 단풍뿔거위벌레 199쪽 꼬마주둥이거위벌레 199쪽 찔레털거위벌레 199쪽

도토리거위벌레 200쪽 복숭아거위벌레 201쪽 분홍거위벌레 201쪽 거위벌레 201쪽 개암거위벌레 202쪽

북방거위벌레 203쪽 어깨넓은거위벌레 203쪽 등빨간거위벌레 204쪽 꼬마혹등목거위벌레 204쪽 앞다리톱거위벌레 204쪽

왕거위벌레 205쪽 노랑배거위벌레 206쪽 엉겅퀴창주둥이바구미 208쪽 제주목창주둥이바구미 208쪽 북방길쭉소바구미 209쪽

회떡소바구미 209쪽 소바구미 210쪽 어리소바구미 210쪽 날개떡소바구미 210쪽 톱다리애범바구미 211쪽

닮은밤바구미 211쪽
도토리밤바구미 211쪽
개암밤바구미 211쪽
검정밤바구미 212쪽
천선과밤바구미 212쪽
멋쟁이밤바구미 212쪽
환삼덩굴애바구미 213쪽
환삼덩굴좁쌀바구미 213쪽
가슴골좁쌀바구미 213쪽
배자바구미 215쪽
노랑쌍무늬바구미 216쪽
오뚜기바구미 216쪽
뭉뚝바구미 217쪽
밤색주둥이바구미 217쪽
털줄바구미 217쪽
주둥이바구미 217쪽
상수리주둥이바구미 218쪽
칠주둥이바구미 218쪽
왕주둥이바구미 218쪽
쌍무늬바구미 218쪽
털보바구미 219쪽
황초록바구미 219쪽
혹바구미 220쪽
얼룩무늬가시털바구미 220쪽
땅딸보가시털바구미 220쪽
두줄무늬가시털바구미 221쪽
알팔파바구미 221쪽
큰뚱보바구미 221쪽
길쭉바구미 222쪽
흰띠길쭉바구미 222쪽

잎

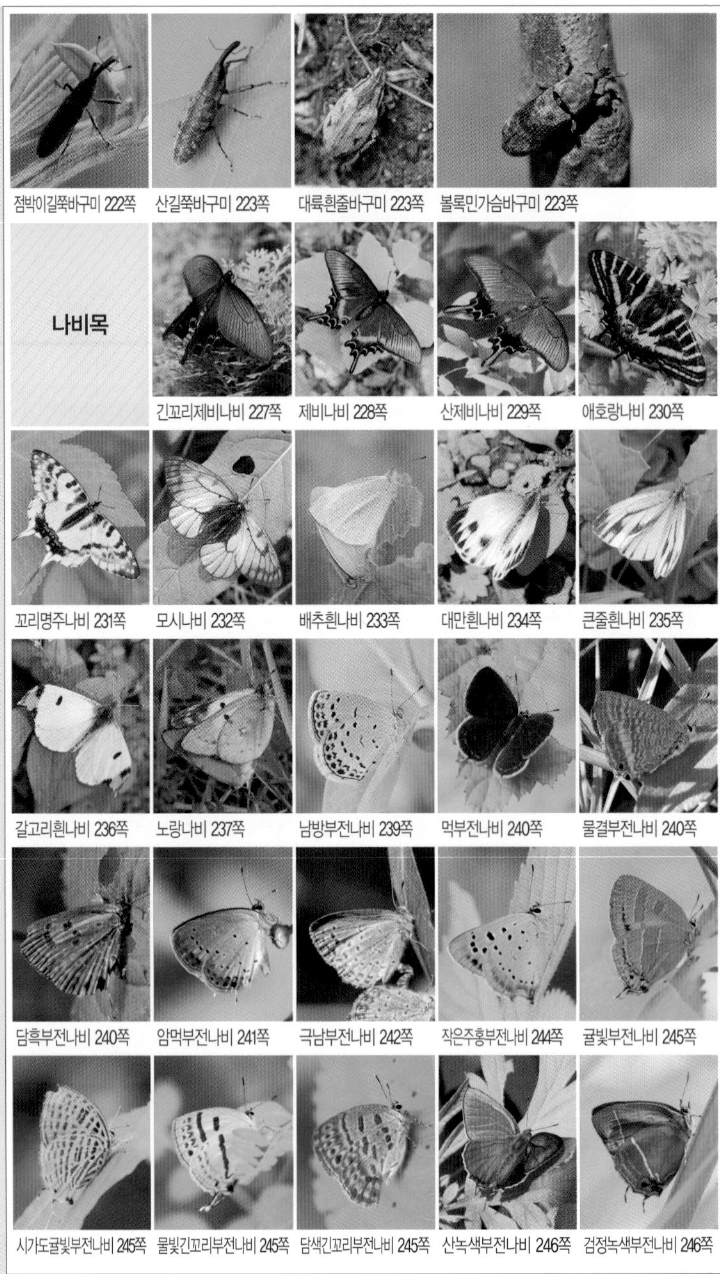

점박이길쭉바구미 222쪽
산길쭉바구미 223쪽
대륙흰줄바구미 223쪽
볼록민가슴바구미 223쪽

나비목

긴꼬리제비나비 227쪽
제비나비 228쪽
산제비나비 229쪽
애호랑나비 230쪽
꼬리명주나비 231쪽
모시나비 232쪽
배추흰나비 233쪽
대만흰나비 234쪽
큰줄흰나비 235쪽
갈고리흰나비 236쪽
노랑나비 237쪽
남방부전나비 239쪽
먹부전나비 240쪽
물결부전나비 240쪽
담흑부전나비 240쪽
암먹부전나비 241쪽
극남부전나비 242쪽
작은주홍부전나비 244쪽
귤빛부전나비 245쪽
시가도귤빛부전나비 245쪽
물빛긴꼬리부전나비 245쪽
담색긴꼬리부전나비 245쪽
산녹색부전나비 246쪽
검정녹색부전나비 246쪽

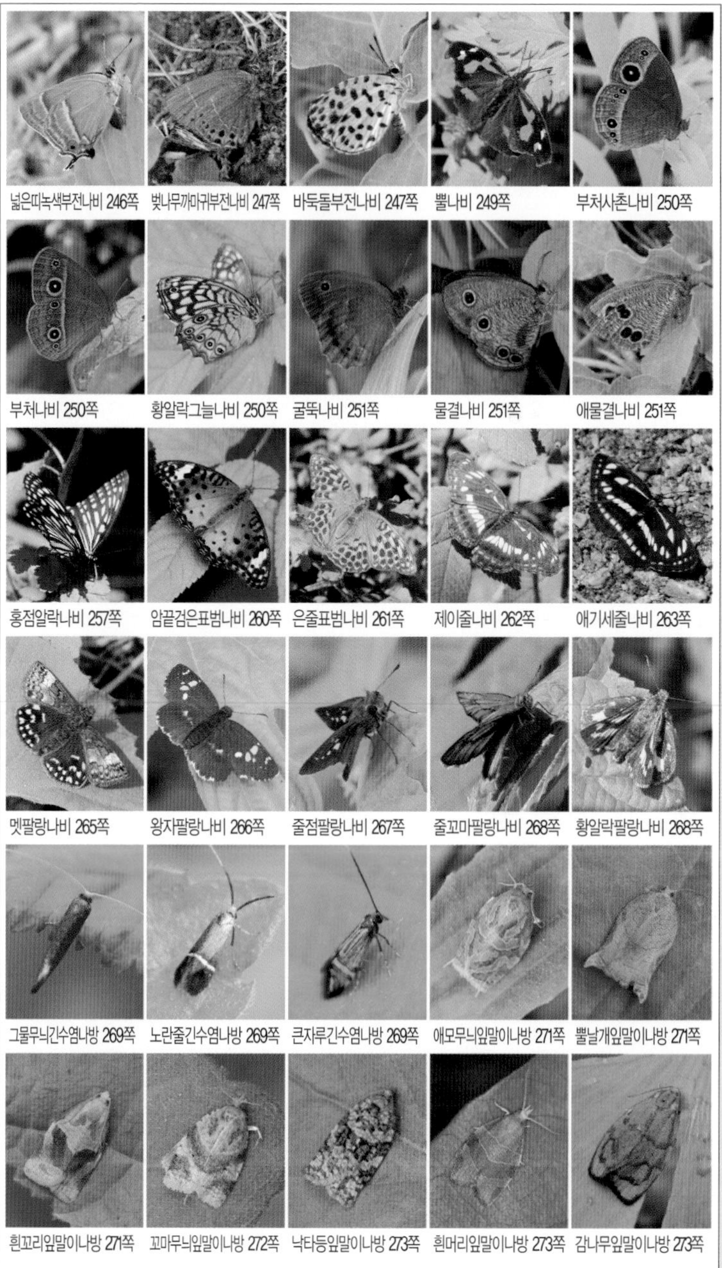

넓은띠녹색부전나비 246쪽 벚나무까마귀부전나비 247쪽 바둑돌부전나비 247쪽 뿔나비 249쪽 부처사촌나비 250쪽

부처나비 250쪽 황알락그늘나비 250쪽 굴뚝나비 251쪽 물결나비 251쪽 애물결나비 251쪽

홍점알락나비 257쪽 암끝검은표범나비 260쪽 은줄표범나비 261쪽 제이줄나비 262쪽 애기세줄나비 263쪽

멧팔랑나비 265쪽 왕자팔랑나비 266쪽 줄점팔랑나비 267쪽 줄꼬마팔랑나비 268쪽 황알락팔랑나비 268쪽

그물무늬긴수염나방 269쪽 노란줄긴수염나방 269쪽 큰자루긴수염나방 269쪽 애모무늬잎말이나방 271쪽 뿔날개잎말이나방 271쪽

흰꼬리잎말이나방 271쪽 꼬마무늬잎말이나방 272쪽 낙타등잎말이나방 273쪽 흰머리잎말이나방 273쪽 감나무잎말이나방 273쪽

꼬마홀쭉잎말이나방 273쪽 | 크리스토프잎말이나방 274쪽 | 참느릅잎말이나방 274쪽 | 네줄애기잎말이나방 274쪽 | 앞흰점애기잎말이나방 275쪽

흰갈퀴애기잎말이나방 275쪽 | 극남방꼬마애기잎말이나방 275쪽 | 줄회색애기잎말이나방 275쪽 | 남방차주머니나방 277쪽 | 유리주머니나방 277쪽

복숭아유리나방 278쪽 | 애기유리나방 278쪽 | 다래유리나방 278쪽 | 산딸기유리나방 278쪽 | 창포그림날개나방 279쪽

배추좀나방 279쪽 | 우묵날개원뿔나방 279쪽 | 젤러리원뿔나방 279쪽 | 붉은꼬마꼭지나방 280쪽 | 깨다시포충나방 281쪽

등심무늬들명나방 285쪽 | 분홍무늬들명나방 285쪽 | 화랑곡나방 290쪽 | 그물무늬창나방 291쪽 | 상수리창나방 291쪽

깜둥이창나방 291쪽 | 여덟무늬알락나방 293쪽 | 대나무쐐기알락나방 294쪽 | 굴뚝알락나방 294쪽 | 사과알락나방 294쪽

노랑털알락나방 295쪽 | 흑점쌍꼬리나방 300쪽 | 포도애털날개나방 300쪽 | 별박이자나방 303쪽 | 붉은다리푸른자나방 306쪽

홍띠애기자나방 307쪽 | 넓은홍띠애기자나방 307쪽 | 붉은날개애기자나방 307쪽 | 앞노랑애기자나방 308쪽 | 흰애기물결자나방 309쪽

각시얼룩가지나방 310쪽 | 쌍점흰가지나방 310쪽 | 먹세줄흰가지나방 310쪽 | 뿔무늬큰가지나방 314쪽 | 날개물결가지나방 315쪽

흰무늬겨울가지나방 316쪽 | 노랑띠알락가지나방 318쪽 | 큰빗줄가지나방 318쪽 | 우수리가지나방 320쪽 | 큰노랑애기가지나방 320쪽

누에나방 323쪽 | 줄박각시 333쪽 | 주홍박각시 334쪽 | 흰무늬왕불나방 353쪽 | 노랑애기나방 356쪽

세줄무늬수염나방 359쪽 | 흰무늬박이뒷날개나방 362쪽 | 구름무늬나방 363쪽 | 벼금무늬밤나방 370쪽 | 은무늬밤나방 370쪽

잎

붉은금무늬밤나방 371쪽
애기얼룩나방 372쪽
밑들이 387쪽
참밑들이 387쪽
큰황나각다귀 388쪽
황각다귀 388쪽
황나각다귀 389쪽
밑들이각다귀 389쪽
대모각다귀 389쪽
줄각다귀 390쪽
검정날개각다귀 390쪽
장수각다귀 391쪽
민나방파리 392쪽
빨간집모기 392쪽
흰줄숲모기 393쪽
장수깔따구 394쪽
검털파리 395쪽
붉은배털파리 396쪽
어리수중다리털파리 396쪽
극동쑥혹파리 396쪽
깨다시등에 397쪽
황등에붙이 397쪽
소등에 398쪽
동애등에 399쪽
꼬마동애등에 400쪽
범동애등에 400쪽
히라야마동애등에 400쪽
아메리카동애등에 401쪽

방울동애등에 401쪽
얼룩점밑들이파리매 402쪽
뒤영벌파리매 402쪽
파리매 403쪽
왕파리매 404쪽
홍다리파리매 404쪽
검정파리매 405쪽
광대파리매 405쪽
장다리파리 408쪽
얼룩장다리파리 408쪽
동해참머리파리 409쪽
검정넓적꽃등에 409쪽
두줄꽃등에 409쪽
별넓적꽃등에 411쪽
끝노랑꽃등에 411쪽
꼬마꽃등에 412쪽
노란점곱슬꽃등에 413쪽
고려꽃등에 413쪽
배짧은꽃등에 416쪽
수중다리꽃등에 417쪽
배세줄꽃등에 420쪽
벌붙이파리 422쪽
산타로벌붙이파리 422쪽
조잔벌붙이파리 422쪽
왕벌붙이파리 422쪽
닮은줄과실파리 423쪽
산알락좀과실파리 423쪽
호박과실파리 423쪽
국화좀과실파리 424쪽
알락파리 424쪽

잎

날개알락파리 424쪽 민무늬콩알락파리 425쪽 배무늬콩알락파리 425쪽 끝검정콩알락파리 425쪽 검정길쭉알락파리 425쪽
뿔들파리 426쪽 노랑초파리 426쪽 검정큰날개파리 426쪽 꼬리꼬마큰날개파리 426쪽 똥파리 427쪽
왕똥파리 427쪽 검정띠꽃파리 428쪽 푸른등금파리 428쪽 큰검정파리 428쪽 금파리 429쪽
연두금파리 429쪽 검정뺨금파리 429쪽 초록파리 430쪽 점박이초록파리 430쪽 검정볼기쉬파리 431쪽
북해도기생파리 432쪽 검정수염기생파리 432쪽 됫박털기생파리 432쪽 노랑털기생파리 433쪽 등줄기생파리 433쪽
참풍뎅이기생파리 433쪽 표주박기생파리 433쪽 뚱보기생파리 434쪽 중국별뚱보기생파리 434쪽

장미등에잎벌 436쪽
극동등에잎벌 437쪽
구리수중다리잎벌 438쪽
잣나무별납작잎벌 438쪽
검정날개잎벌 439쪽
왜무잎벌 439쪽
두색무잎벌 440쪽
황갈테두리잎벌 440쪽
테수염검정잎벌 440쪽
황호리병잎벌 441쪽
검정마디꼬리납작맵시벌 442쪽
송곳벌살이긴꼬리납작맵시벌 442쪽
단색자루맵시벌 442쪽
왜가시뭉툭맵시벌 443쪽
긴꼬리뾰족맵시벌 443쪽
누런줄뭉툭맵시벌 443쪽
어리곤봉자루맵시벌 444쪽
흰줄박이맵시벌 444쪽
나방살이맵시벌 444쪽
나무좀살이고치벌 445쪽
중국고치벌 445쪽
무늬수중다리좀벌 445쪽
먹사치청벌 446쪽
왜청벌 446쪽
육니청벌 446쪽
줄육니청벌 446쪽
왕청벌 447쪽
등빨간갈고리벌 447쪽
참나무잎혹벌 447쪽

참나무혹벌 448쪽 | 참나무순혹벌 448쪽 | 밤나무혹벌 448쪽 | 어리상수리혹벌 448쪽 | 황띠배벌 450쪽

어리줄배벌 450쪽 | 빗은주둥이벌 454쪽 | 점호리병벌 456쪽 | 민호리병벌 456쪽 | 줄무늬감탕벌 457쪽

한국황슭감탕벌 457쪽 | 고동배감탕벌 458쪽 | 두줄잎벌레살이감탕벌 458쪽 | 파피꼬마감탕벌 458쪽 | 참땅벌 464쪽

뱀허물쌍살벌 465쪽 | 두눈박이쌍살벌 468쪽 | 어리별쌍살벌 470쪽 | 곰개미 474쪽 | 양봉꿀벌 481쪽

풀잠자리목

보날개풀잠자리 488쪽 | 좀보날개풀잠자리 488쪽 | 칠성풀잠자리 489쪽 | 흰띠풀잠자리 490쪽

끝검은사마귀붙이 490쪽 | 애사마귀붙이 491쪽 | 명주잠자리 492쪽 | 노랑뿔잠자리 493쪽 | 약대벌레 495쪽

뿔넓적노린재 498쪽 털큰넓적노린재 498쪽 검정넓적노린재 498쪽 애긴넓적노린재 499쪽

큰넓적노린재 499쪽 산넓적노린재 499쪽 실노린재 500쪽 게눈노린재 501쪽 등줄빨강긴노린재 501쪽

둘레빨강긴노린재 501쪽 흰점빨간긴노린재 502쪽 참긴노린재 502쪽 십자무늬긴노린재 503쪽 애긴노린재 504쪽

고운애긴노린재 504쪽 팔방긴노린재 505쪽 머리울도긴노린재 505쪽 억새반날개긴노린재 505쪽 어리민반날개긴노린재 506쪽

큰딱부리긴노린재 507쪽 얼룩딱부리긴노린재 507쪽 참딱부리긴노린재 507쪽 더듬이긴노린재 508쪽 갈색무늬긴노린재 509쪽

달라스긴노린재 509쪽 흑다리긴노린재 509쪽 측무늬표주박긴노린재 510쪽 미디표주박긴노린재 510쪽 표주박긴노린재 510쪽

잎

꼬마긴노린재 510쪽 | 어리흰무늬긴노린재 511쪽 | 흰무늬긴노린재 511쪽 | 큰흰무늬긴노린재 511쪽 | 별노린재 512쪽

꽈리허리노린재 513쪽 | 자귀나무허리노린재 513쪽 | 두점배허리노린재 513쪽 | 넓적배허리노린재 514쪽 | 떼허리노린재 515쪽

애허리노린재 516쪽 | 양털허리노린재 516쪽 | 우리가시허리노린재 517쪽 | 시골가시허리노린재 518쪽 | 노랑배허리노린재 519쪽

소나무허리노린재 520쪽 | 큰허리노린재 521쪽 | 장수허리노린재 522쪽 | 톱다리개미허리노린재 524쪽 | 호리좀허리노린재 525쪽

호리허리노린재 525쪽 | 붉은잡초노린재 526쪽 | 삿포로잡초노린재 527쪽 | 점흑다리잡초노린재 527쪽 | 호리잡초노린재 527쪽

투명잡초노린재 527쪽 | 참나무노린재 529쪽 | 작은주걱참나무노린재 529쪽 | 뒷창참나무노린재 530쪽 | 갈참나무노린재 530쪽

잎

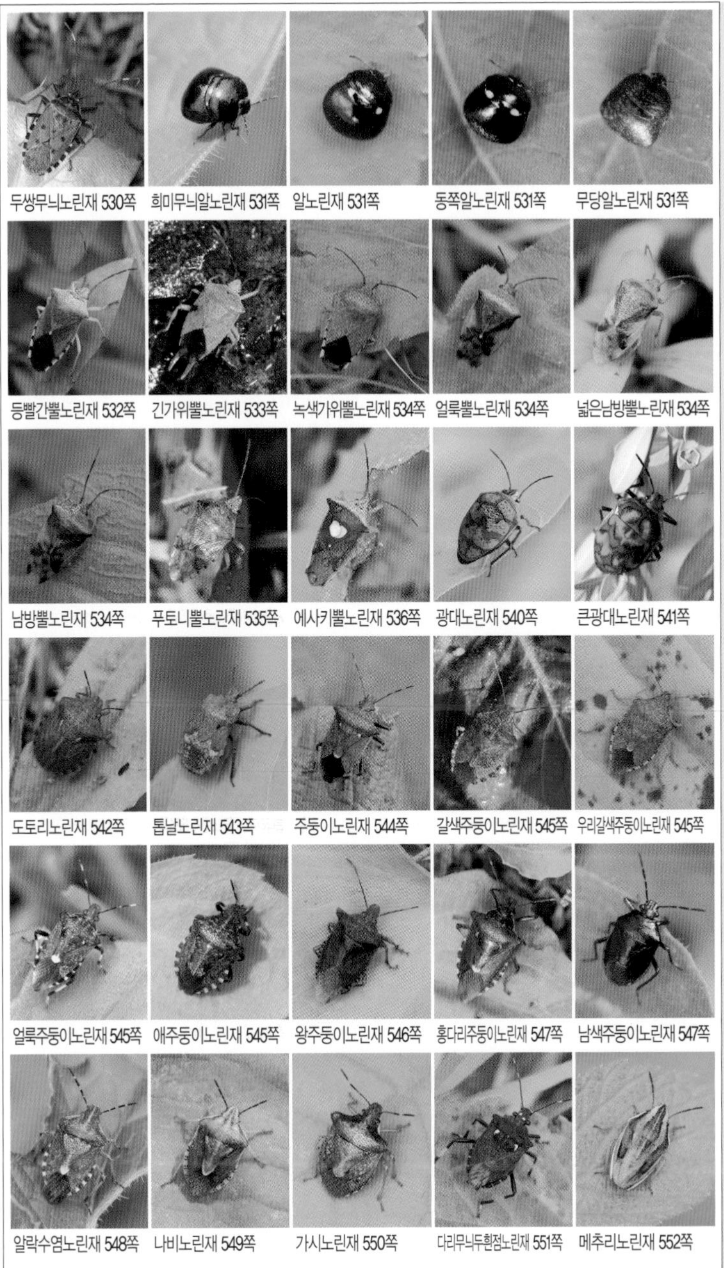

두쌍무늬노린재 530쪽 희미무늬알노린재 531쪽 알노린재 531쪽 동쪽알노린재 531쪽 무당알노린재 531쪽

등빨간뿔노린재 532쪽 긴가위뿔노린재 533쪽 녹색가위뿔노린재 534쪽 얼룩뿔노린재 534쪽 넓은남방뿔노린재 534쪽

남방뿔노린재 534쪽 푸토니뿔노린재 535쪽 에사키뿔노린재 536쪽 광대노린재 540쪽 큰광대노린재 541쪽

도토리노린재 542쪽 톱날노린재 543쪽 주둥이노린재 544쪽 갈색주둥이노린재 545쪽 우리갈색주둥이노린재 545쪽

얼룩주둥이노린재 545쪽 애주둥이노린재 545쪽 왕주둥이노린재 546쪽 홍다리주둥이노린재 547쪽 남색주둥이노린재 547쪽

알락수염노린재 548쪽 나비노린재 549쪽 가시노린재 550쪽 다리무늬두흰점노린재 551쪽 메추리노린재 552쪽

가시점둥글노린재 552쪽 배둥글노린재 553쪽 둥글노린재 553쪽 점박이둥글노린재 553쪽 보라흰점둥글노린재 553쪽

북쪽비단노린재 554쪽 홍비단노린재 555쪽 썩덩나무노린재 556쪽 느티나무노린재 557쪽 산느티나무노린재 557쪽

네점박이노린재 557쪽 열점박이노린재 558쪽 무시바노린재 559쪽 스코트노린재 559쪽 구슬노린재 559쪽

제주노린재 559쪽 깜보라노린재 560쪽 풀색노린재 561쪽 북방풀노린재 562쪽 민풀노린재 562쪽

대왕노린재 563쪽 왕노린재 563쪽 분홍다리노린재 563쪽 장흙노린재 564쪽 얼룩대장노린재 565쪽

애기노린재 565쪽 극동애기노린재 565쪽 가로줄노린재 566쪽 갈색날개노린재 567쪽 억새노린재 568쪽

홍줄노린재 569쪽　꼬마먹노린재 570쪽　갈색큰먹노린재 570쪽　먹노린재 570쪽　빈대붙이 570쪽

빨간긴쐐기노린재 572쪽　미니날개애쐐기노린재 573쪽　미니날개큰쐐기노린재 574쪽　긴날개쐐기노린재 575쪽　등줄갈색날개쐐기노린재 575쪽

로이터쐐기노린재 575쪽　붉은등침노린재 576쪽　우단침노린재 576쪽　붉은무늬침노린재 576쪽　장다리막대침노린재 577쪽

큰장다리막대침노린재 577쪽　민날개침노린재 578쪽　고추침노린재 578쪽　배홍무늬침노린재 578쪽　왕침노린재 579쪽

다리무늬침노린재 580쪽　껍적침노린재 581쪽　닮은큰침노린재 582쪽　비율빈침노린재 582쪽　어리큰침노린재 583쪽

밀감무늬검정장님노린재 585쪽　알락무늬장님노린재 586쪽　대륙무늬장님노린재 586쪽　새꼭지무늬장님노린재 586쪽　온포무늬장님노린재 587쪽

무늬장님노린재 587쪽　소나무장님노린재 587쪽　닮은소나무장님노린재 587쪽　설상무늬장님노린재 588쪽　목도리장님노린재 588쪽

변색장님노린재 588쪽　홍색얼룩장님노린재 589쪽　민장님노린재 589쪽　큰흰솜털검정장님노린재 589쪽　흰솜털검정장님노린재 589쪽

탈장님노린재 590쪽　산알락장님노린재 590쪽　산북방장님노린재 590쪽　풀밭장님노린재 591쪽　밝은색장님노린재 591쪽

초록장님노린재 591쪽　새무늬고리장님노린재 592쪽　붉은다리장님노린재 592쪽　참고운고리장님노린재 592쪽　고운고리장님노린재 592쪽

홍맥장님노린재 593쪽　보리장님노린재 593쪽　빨간촉각장님노린재 593쪽　암수다른장님노린재 594쪽　검은빛갈참장님노린재 594쪽

새맵시장님노린재 594쪽　검정맵시장님노린재 595쪽　사촌애장님노린재 595쪽　고려애장님노린재 595쪽　갈참우리장님노린재 595쪽

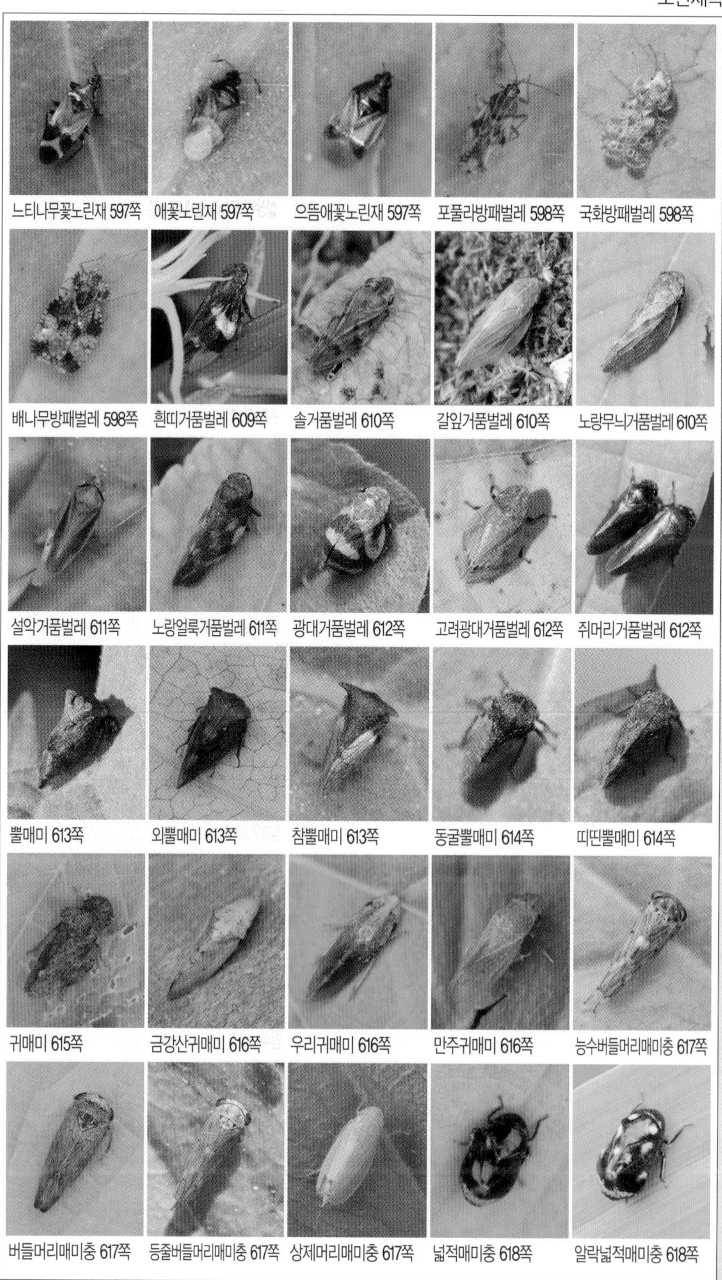

느티나무꽃노린재 597쪽 / 애꽃노린재 597쪽 / 으뜸애꽃노린재 597쪽 / 포풀라방패벌레 598쪽 / 국화방패벌레 598쪽

배나무방패벌레 598쪽 / 흰띠거품벌레 609쪽 / 솔거품벌레 610쪽 / 갈잎거품벌레 610쪽 / 노랑무늬거품벌레 610쪽

설악거품벌레 611쪽 / 노랑얼룩거품벌레 611쪽 / 광대거품벌레 612쪽 / 고려광대거품벌레 612쪽 / 쥐머리거품벌레 612쪽

뿔매미 613쪽 / 외뿔매미 613쪽 / 참뿔매미 613쪽 / 동굴뿔매미 614쪽 / 띠띤뿔매미 614쪽

귀매미 615쪽 / 금강산귀매미 616쪽 / 우리귀매미 616쪽 / 만주귀매미 616쪽 / 능수버들머리매미충 617쪽

버들머리매미충 617쪽 / 등줄버들머리매미충 617쪽 / 상제머리매미충 617쪽 / 넓적매미충 618쪽 / 알락넓적매미충 618쪽

잎

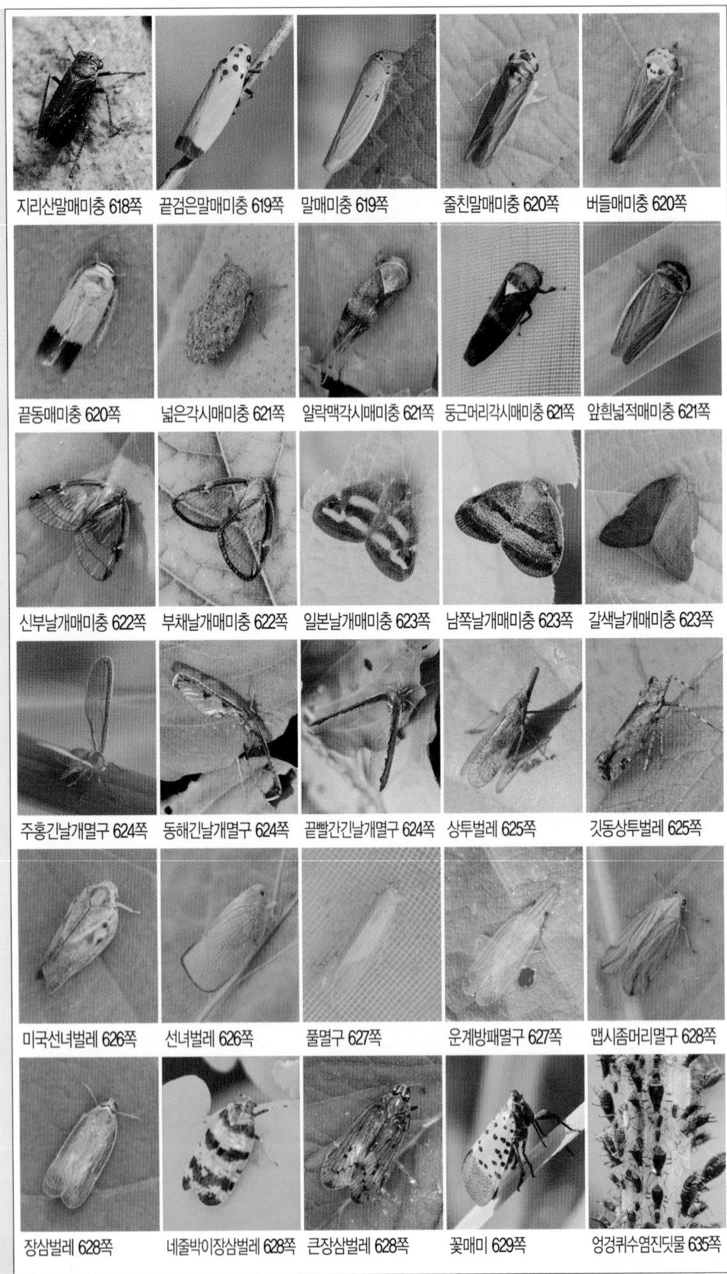
지리산말매미충 618쪽
끝검은말매미충 619쪽
말매미충 619쪽
줄친말매미충 620쪽
버들매미충 620쪽
끝동매미충 620쪽
넓은각시매미충 621쪽
알락맥각시매미충 621쪽
둥근머리각시매미충 621쪽
앞흰넓적매미충 621쪽
신부날개매미충 622쪽
부채날개매미충 622쪽
일본날개매미충 623쪽
남쪽날개매미충 623쪽
갈색날개매미충 623쪽
주홍긴날개멸구 624쪽
동해긴날개멸구 624쪽
끝빨간긴날개멸구 624쪽
상투벌레 625쪽
깃동상투벌레 625쪽
미국선녀벌레 626쪽
선녀벌레 626쪽
풀멸구 627쪽
운계방패멸구 627쪽
맵시좀머리멸구 628쪽
장삼벌레 628쪽
네줄박이장삼벌레 628쪽
큰장삼벌레 628쪽
꽃매미 629쪽
엉겅퀴수염진딧물 635쪽

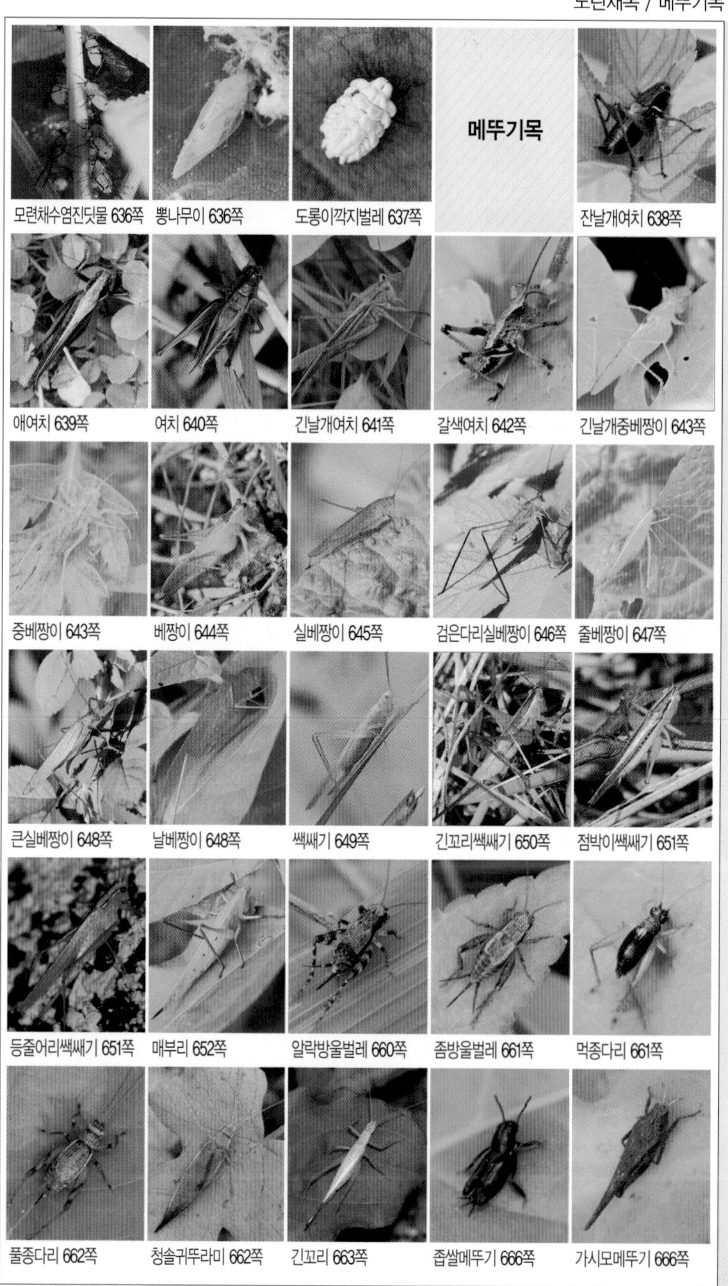

모련채수염진딧물 636쪽 뽕나무이 636쪽 도롱이깍지벌레 637쪽 잔날개여치 638쪽
애여치 639쪽 여치 640쪽 긴날개여치 641쪽 갈색여치 642쪽 긴날개중베짱이 643쪽
중베짱이 643쪽 베짱이 644쪽 실베짱이 645쪽 검은다리실베짱이 646쪽 줄베짱이 647쪽
큰실베짱이 648쪽 날베짱이 648쪽 쌕쌔기 649쪽 긴꼬리쌕쌔기 650쪽 점박이쌕쌔기 651쪽
등줄어리쌕쌔기 651쪽 매부리 652쪽 알락방울벌레 660쪽 좀방울벌레 661쪽 먹종다리 661쪽
풀종다리 662쪽 청솔귀뚜라미 662쪽 긴꼬리 663쪽 좁쌀메뚜기 666쪽 가시모메뚜기 666쪽

잎

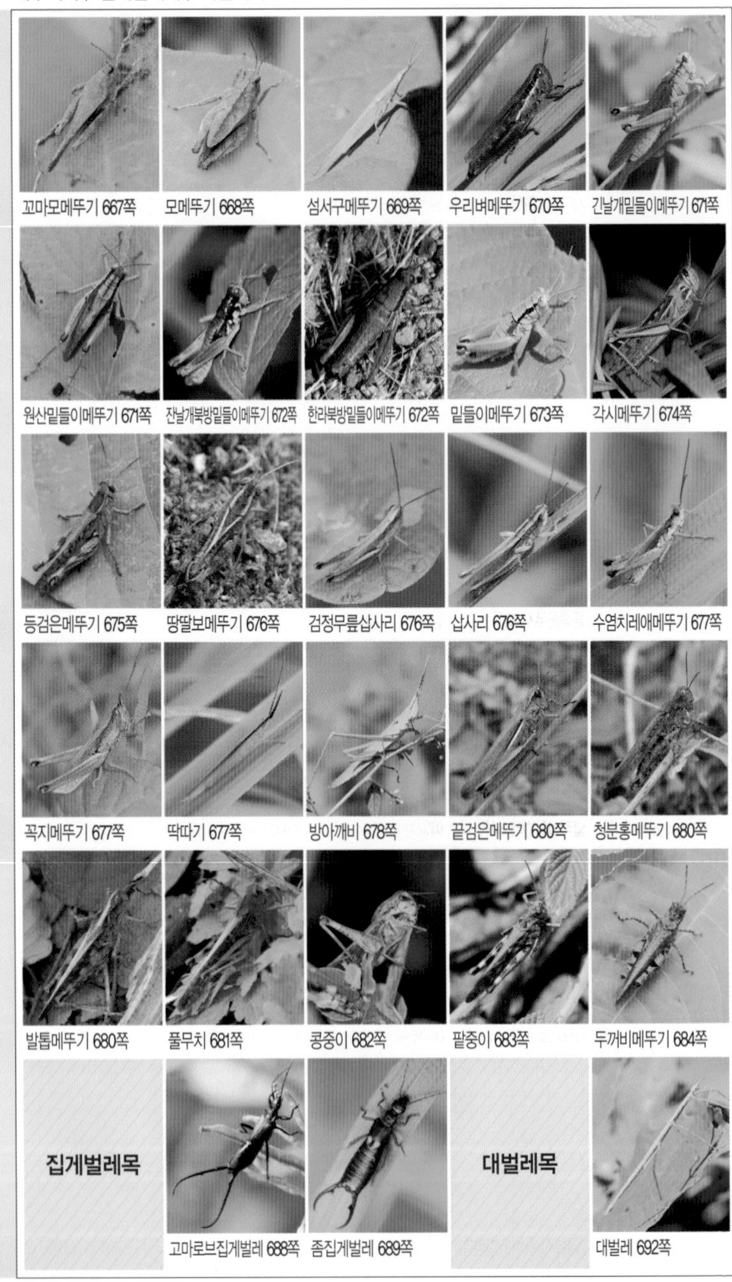

꼬마모메뚜기 667쪽
모메뚜기 668쪽
섬서구메뚜기 669쪽
우리벼메뚜기 670쪽
긴날개밑들이메뚜기 671쪽
원산밑들이메뚜기 671쪽
잔날개북방밑들이메뚜기 672쪽
한라북방밑들이메뚜기 672쪽
밑들이메뚜기 673쪽
각시메뚜기 674쪽
등검은메뚜기 675쪽
땅딸보메뚜기 676쪽
검정무릎삽사리 676쪽
삽사리 676쪽
수염치레애메뚜기 677쪽
꼭지메뚜기 677쪽
딱따기 677쪽
방아깨비 678쪽
끝검은메뚜기 680쪽
청분홍메뚜기 680쪽
발톱메뚜기 680쪽
풀무치 681쪽
콩중이 682쪽
팥중이 683쪽
두꺼비메뚜기 684쪽
고마로브집게벌레 688쪽
좀집게벌레 689쪽
대벌레 692쪽

사마귀목

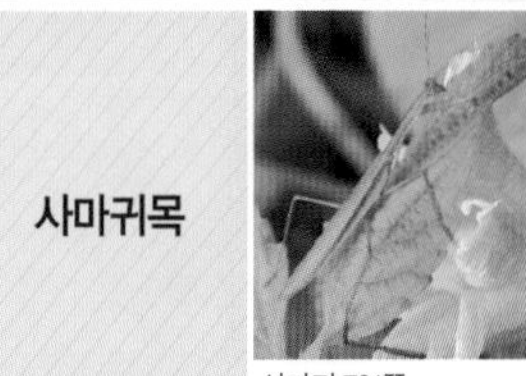
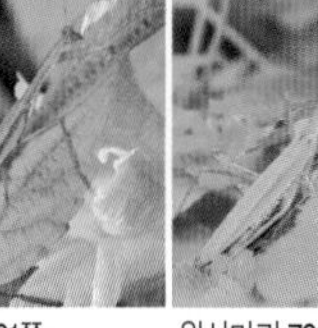
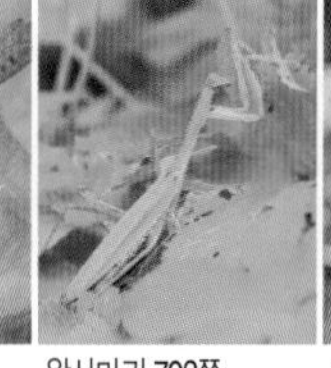

사마귀 701쪽 | 왕사마귀 702쪽 | 종사마귀 703쪽 | 넓적배사마귀 703쪽

꽃에서 만나는 곤충

딱정벌레목

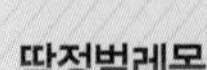

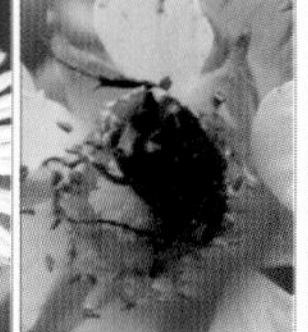

풀색꽃무지 75쪽 | 검정꽃무지 76쪽 | 호랑꽃무지 79쪽 | 넓적꽃무지 79쪽

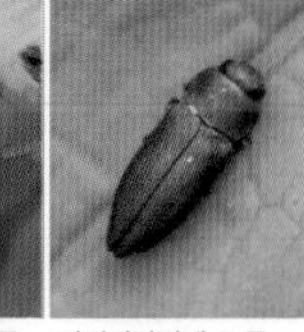

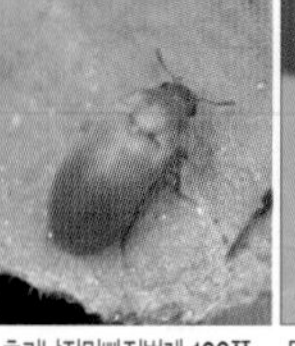

꼬마넓적비단벌레 84쪽 | 넓적비단벌레 84쪽 | 애알락수시렁이 101쪽 | 호리납작밑빠진벌레 106쪽 | 목대장 125쪽

밑검은섬하늘소붙이 125쪽 | 녹색하늘소붙이 126쪽 | 아무르하늘소붙이 126쪽 | 시베르스하늘소붙이 126쪽 | 꽃벼룩 128쪽

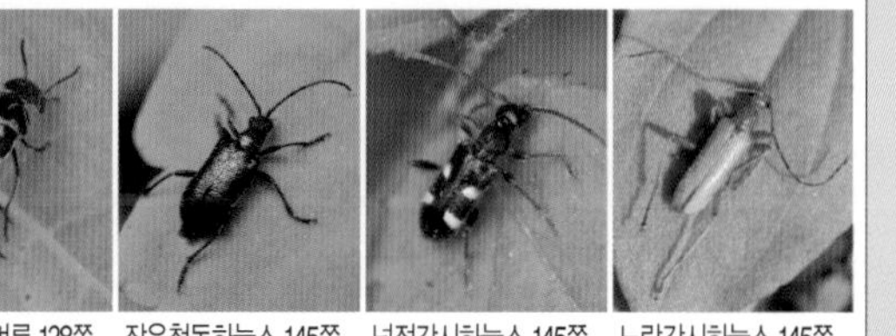

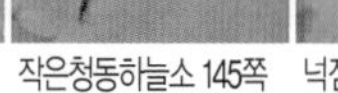

밤갈색꽃벼룩 128쪽 | 알락광대꽃벼룩 128쪽 | 작은청동하늘소 145쪽 | 넉점각시하늘소 145쪽 | 노랑각시하늘소 145쪽

산각시하늘소 146쪽
꼬마산꽃하늘소 146쪽
남색산꽃하늘소 146쪽
긴알락꽃하늘소 147쪽
꽃하늘소 148쪽
붉은산꽃하늘소 149쪽
알통다리꽃하늘소 149쪽
옆검은산꽃하늘소 149쪽
열두점박이꽃하늘소 149쪽
육점박이범하늘소 155쪽
점날개잎벌레 193쪽
버들깨알바구미 212쪽
흰점박이꽃바구미 213쪽
호랑나비 225쪽
산호랑나비 226쪽
긴꼬리제비나비 227쪽
제비나비 228쪽
산제비나비 229쪽
청띠제비나비 229쪽
애호랑나비 230쪽
꼬리명주나비 231쪽
모시나비 232쪽
배추흰나비 233쪽
대만흰나비 234쪽
줄흰나비 234쪽
큰줄흰나비 235쪽
갈고리흰나비 236쪽
남방노랑나비 236쪽
노랑나비 237쪽

남방부전나비 239쪽 암먹부전나비 241쪽 부전나비 242쪽 푸른부전나비 242쪽 큰주홍부전나비 243쪽
작은주홍부전나비 244쪽 범부전나비 247쪽 거꾸로여덟팔나비 252쪽 큰멋쟁이나비 253쪽 작은멋쟁이나비 253쪽
네발나비 254쪽 큰흰줄표범나비 259쪽 흰줄표범나비 259쪽 암끝검은표범나비 260쪽 은줄표범나비 261쪽
긴은점표범나비 261쪽 멧팔랑나비 265쪽 줄점팔랑나비 267쪽 산줄점팔랑나비 267쪽 줄꼬마팔랑나비 268쪽
두점애기비단나방 280쪽 흰띠명나방 285쪽 깜둥이창나방 291쪽 뿔나비나방 300쪽 황나꼬리박각시 335쪽
꼬리박각시 335쪽 작은검은꼬리박각시 335쪽 벌꼬리박각시 335쪽 노랑애기나방 356쪽 콩은무늬밤나방 370쪽

멸강나방 376쪽
왕담배나방 377쪽
스즈키나나니등에 406쪽
털보재니등에 406쪽
좀털보재니등에 406쪽
빌로오도재니등에 407쪽
쟈바꽃등에 409쪽
호리꽃등에 410쪽
물결넓적꽃등에 411쪽
끝노랑꽃등에 411쪽
꼬마꽃등에 412쪽
루펠꽃등에 413쪽
어리대모꽃등에 414쪽
장수말벌집대모꽃등에 414쪽
넓은이마대모꽃등에 415쪽
눈루리꽃등에 415쪽
꽃등에 416쪽
배짧은꽃등에 416쪽
수중다리꽃등에 417쪽
왕꽃등에 418쪽
알통다리꽃등에 418쪽
덩굴꽃등에 418쪽
울보꽃등에 418쪽
노랑배수중다리꽃등에 419쪽
삼색꽃등에 419쪽
쌍형꽃등에 419쪽
배세줄꽃등에 420쪽
알락허리꽃등에 420쪽
조잔벌붙이파리 422쪽

초록파리 430쪽 / 점박이초록파리 430쪽 / 노랑털기생파리 433쪽 / 뚱보기생파리 434쪽 / 중국별뚱보기생파리 434쪽

벌목

흰입술무잎벌 439쪽 / 배벌 449쪽 / 긴배벌 449쪽 / 애배벌 449쪽

대모벌 451쪽 / 큰호리병벌 455쪽 / 줄무늬감탕벌 457쪽 / 파피꼬마감탕벌 458쪽 / 두눈박이쌍살벌 468쪽

별쌍살벌 469쪽 / 어리흰줄애꽃벌 477쪽 / 흰줄꼬마꽃벌 477쪽 / 구리꼬마꽃벌 477쪽 / 홍배꼬마꽃벌 477쪽

털보애꽃벌 478쪽 / 극동가위벌 478쪽 / 장미가위벌 478쪽 / 왕가위벌 478쪽 / 야노뾰족벌 479쪽

뾰족벌 479쪽 / 애뾰족벌 479쪽 / 루리알락꽃벌 480쪽 / 꼬마알락꽃벌 480쪽 / 꼬마광채꽃벌 480쪽

꽃

양봉꿀벌 481쪽 재래꿀벌 482쪽 수염줄벌 482쪽 일본애수염줄벌 482쪽 서양뒤영벌 482쪽

호박벌 483쪽 어리호박벌 484쪽 대성산실노린재 500쪽 십자무늬긴노린재 503쪽

고운애긴노린재 504쪽 큰딱부리긴노린재 507쪽 붉은잡초노린재 526쪽 희미무늬알노린재 531쪽 알락수염노린재 548쪽

가시노린재 550쪽 북쪽비단노린재 554쪽 홍비단노린재 555쪽 썩덩나무노린재 556쪽 깜보라노린재 560쪽

나무

넓적사슴벌레 51쪽 왕사슴벌레 52쪽 애사슴벌레 53쪽 톱사슴벌레 54쪽

두점박이사슴벌레 55쪽
외뿔장수풍뎅이 65쪽
장수풍뎅이 66쪽
사슴풍뎅이 77쪽
흰점박이꽃무지 78쪽

풍이 78쪽
소나무비단벌레 82쪽
비단벌레 83쪽
고려비단벌레 83쪽
금테비단벌레 83쪽

노랑무늬비단벌레 84쪽
윤넓적비단벌레 84쪽
권연벌레 102쪽
길쭉표본벌레 102쪽
넓적나무좀 102쪽

얼러지쌀도적 103쪽
개미붙이 103쪽
긴개미붙이 103쪽
집개미붙이 103쪽
갈색왕밑빠진벌레 106쪽

네무늬밑빠진벌레 106쪽
네눈박이밑빠진벌레 107쪽
털무늬밑빠진벌레 107쪽
주홍머리대장 107쪽
고려나무쑤시기 107쪽

털보왕버섯벌레 108쪽
노랑줄왕버섯벌레 108쪽
쌍점둥근버섯벌레 108쪽
꼬마긴썩덩벌레 125쪽
큰남색잎벌레붙이 131쪽

보라거저리 138쪽 호리병거저리 138쪽 극동긴맴돌이거저리 139쪽 별거저리 139쪽 밤빛사촌썩덩벌레 139쪽

왕썩덩벌레 139쪽 장수하늘소 141쪽 버들하늘소 141쪽 톱하늘소 142쪽 검정하늘소 143쪽

소나무하늘소 144쪽 작은넓적하늘소 144쪽 깔따구하늘소 144쪽 하늘소 151쪽 작은하늘소 152쪽

굵은수염하늘소 152쪽 북방꼬마벌하늘소 152쪽 무늬소주홍하늘소 152쪽 달주홍하늘소 153쪽 참풀색하늘소 153쪽

벚나무사향하늘소 154쪽 애청삼나무하늘소 155쪽 깨다시하늘소 159쪽 흰깨다시하늘소 159쪽 흰점곰보하늘소 161쪽

우리곰보하늘소 161쪽 큰곰보하늘소 161쪽 우리목하늘소 162쪽 알락하늘소 162쪽 북방수염하늘소 163쪽

점박이수염하늘소 163쪽
우단하늘소 164쪽
울도하늘소 164쪽
참나무하늘소 165쪽
굴피염소하늘소 165쪽
털두꺼비하늘소 166쪽
새똥하늘소 167쪽
줄콩알하늘소 167쪽
구름무늬콩알하늘소 167쪽
우리콩알하늘소 167쪽
통하늘소 168쪽
왕바구미 208쪽
북방길쭉소바구미 209쪽
회떡소바구미 209쪽
극동버들바구미 214쪽
사과곰보바구미 214쪽
흰모무늬곰보바구미 214쪽
옻나무바구미 216쪽
엉겅퀴통바구미 216쪽
곰보벌레 223쪽

벌목

말벌 459쪽
좀말벌 460쪽
장수말벌 461쪽
털보말벌 462쪽
등검은말벌 463쪽
검정말벌 463쪽
왕바다리 467쪽

노린재목

소나무허리노린재 520쪽

나무

꽃매미 629쪽

참매미 630쪽

말매미 631쪽

애매미 632쪽

유지매미 632쪽

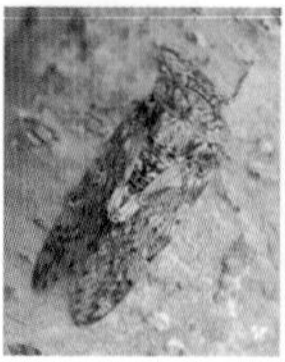

털매미 633쪽

늦털매미 633쪽

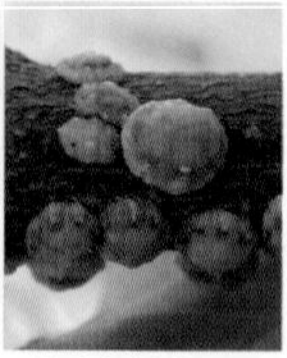

거북밀깍지벌레 637쪽

대벌레목

대벌레 692쪽

바퀴목

흰개미 700쪽

물

물에서 만나는 곤충

딱정벌레목

물방개 32쪽

검정물방개 33쪽

애기물방개 34쪽

꼬마줄물방개 34쪽

알물방개 35쪽

노랑무늬물방개 35쪽

검정땅콩물방개 35쪽

깨알물방개 36쪽

혹외줄물방개 36쪽

물맴이 36쪽 · 물진드기 36쪽 · 물땡땡이 37쪽 · 잔물땡땡이 38쪽 · 애물땡땡이 38쪽

애넓적물땡땡이 38쪽 · 무늬점물땡땡이 38쪽 · 둥근물삿갓벌레 81쪽 · 주름물날도래 379쪽

긴발톱물날도래 379쪽 · 수염치레날도래 380쪽 · 우수리광택날도래 380쪽 · 큰줄날도래 381쪽 · 곰줄날도래 381쪽

꼬마줄날도래 381쪽 · 굴뚝날도래 382쪽 · 일본가시날도래 382쪽 · 날개날도래 382쪽 · 띠무늬우묵날도래 383쪽

띠우묵날도래 384쪽 · 가시우묵날도래 384쪽 · 둥근날개날도래 384쪽 · 동양털날도래 384쪽 · 네모집날도래 385쪽

흰점네모집날도래 385쪽 · 청나비날도래 385쪽 · 채다리날도래 385쪽 · 얼룩뱀잠자리 486쪽

물

뱀잠자리붙이 487쪽
시베리아좀뱀잠자리 488쪽
장구애비 599쪽
메추리장구애비 600쪽
게아재비 601쪽
방게아재비 601쪽
물장군 602쪽
물자라 603쪽
왕물벌레 604쪽
방물벌레 604쪽
진방물벌레 604쪽
동쪽꼬마물벌레 604쪽
송장헤엄치게 605쪽
소금쟁이 606쪽
등빨간소금쟁이 607쪽
애소금쟁이 608쪽
광대소금쟁이 608쪽
총채민강도래 693쪽
큰애기강도래 693쪽
그물강도래붙이 693쪽
큰그물강도래 694쪽
한국강도래 695쪽
진강도래 696쪽
무늬강도래 697쪽
두눈강도래 697쪽
녹색강도래 697쪽
물잠자리 706쪽

검은물잠자리 706쪽 / 참실잠자리 707쪽 / 등검은실잠자리 708쪽 / 등줄실잠자리 708쪽 / 큰등줄실잠자리 708쪽

황등색실잠자리 708쪽 / 아시아실잠자리 709쪽 / 북방아시아실잠자리 710쪽 / 푸른아시아실잠자리 710쪽 / 노란실잠자리 710쪽

새노란실잠자리 711쪽 / 방울실잠자리 712쪽 / 청실잠자리 713쪽 / 묵은실잠자리 713쪽 / 가는실잠자리 713쪽

왕잠자리 715쪽 / 긴무늬왕잠자리 716쪽 / 장수잠자리 716쪽 / 쇠측범잠자리 717쪽 / 검정측범잠자리 718쪽

자루측범잠자리 718쪽 / 부채장수잠자리 719쪽 / 언저리잠자리 720쪽 / 밑노란잠자리 720쪽 / 대모잠자리 721쪽

홀쭉밀잠자리 721쪽 / 밀잠자리 722쪽 / 큰밀잠자리 723쪽 / 배치레잠자리 724쪽 / 고추잠자리 725쪽

물

네점하루살이 738쪽 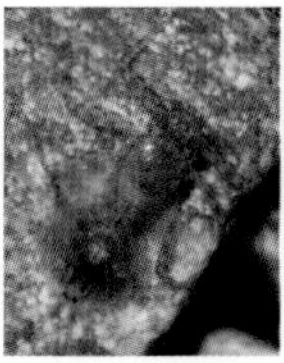 부채하루살이 739쪽 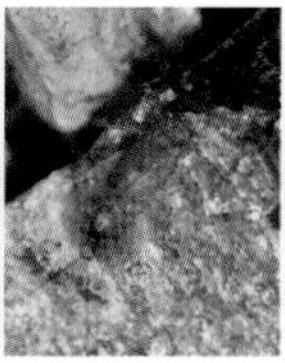 흰부채하루살이 739쪽  햇님하루살이 740쪽  피라미하루살이 740쪽

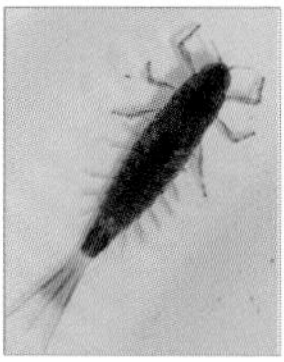

멧피라미하루살이 740쪽  개똥하루살이 741쪽 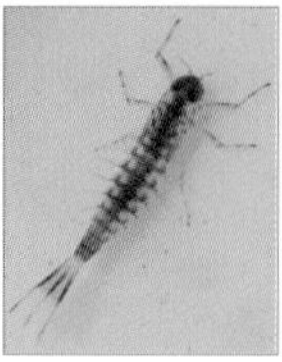 감초하루살이 741쪽 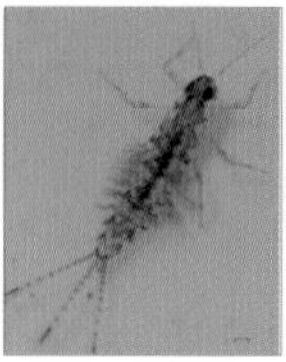 연못하루살이 741쪽 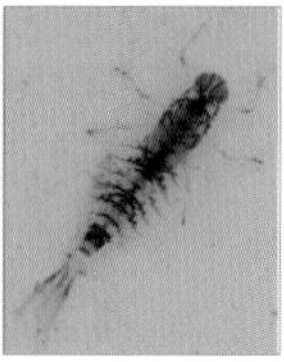 갈고리하루살이 741쪽

밤에 만나는 곤충

딱정벌레목

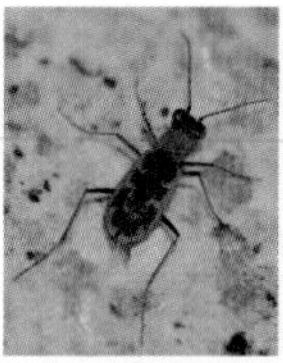

무녀길앞잡이 13쪽 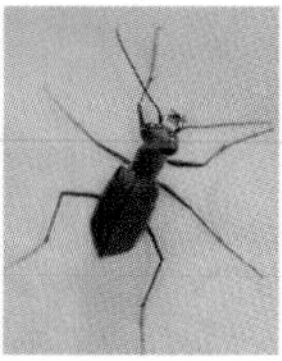 꼬마길앞잡이 14쪽  검정명주딱정벌레 16쪽 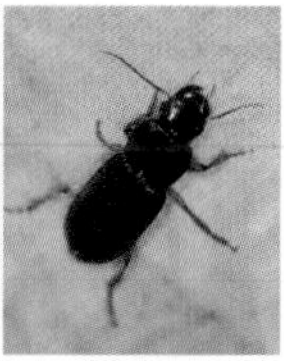 가슴털머리먼지벌레 22쪽

꼬마좁쌀먼지벌레 23쪽  폭탄먼지벌레 30쪽 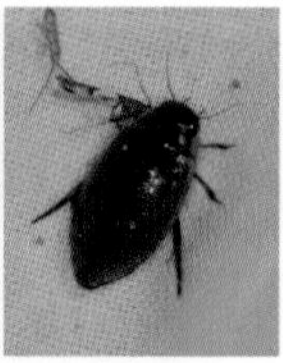 애기물방개 34쪽  꼬마줄물방개 34쪽  애물땡땡이 38쪽

무늬점물땡땡이 38쪽  큰수중다리송장벌레 40쪽  수중다리송장벌레 40쪽  넓적송장벌레 41쪽  극동좀반날개 47쪽

밤

호리좀반날개 48쪽 / 넓적사슴벌레 51쪽 / 왕사슴벌레 52쪽 / 애사슴벌레 53쪽 / 톱사슴벌레 54쪽

큰검정풍뎅이 61쪽 / 긴다색풍뎅이 63쪽 / 왕풍뎅이 63쪽 / 장수풍뎅이 66쪽 / 별줄풍뎅이 69쪽

등얼룩풍뎅이 70쪽 / 주둥무늬차색풍뎅이 73쪽 / 대유동방아벌레 88쪽 / 녹슬은방아벌레 89쪽 / 왕빗살방아벌레 90쪽

애반딧불이 96쪽 / 늦반딧불이 97쪽 / 파파리반딧불이 98쪽 / 털보왕버섯벌레 108쪽 / 무당벌레 112쪽

청색하늘소붙이 127쪽 / 황가뢰 130쪽 / 버들하늘소 141쪽 / 톱하늘소 142쪽 / 검정하늘소 143쪽

하늘소 151쪽 / 참풀색하늘소 153쪽 / 도토리거위벌레 200쪽 / 나비목 / 알락굴벌레나방 270쪽

회색굴벌레나방 270쪽 | 애모무늬잎말이나방 271쪽 | 사과잎말이나방 272쪽 | 큰사과잎말이나방 272쪽 | 찔레애기잎말이나방 274쪽

낙엽뿔나방 280쪽 | 흰풀명나방 281쪽 | 이화명나방 281쪽 | 칠점두줄포충나방 281쪽 | 연물명나방 282쪽

연보라들명나방 282쪽 | 검은보라들명나방 282쪽 | 각시뾰족들명나방 282쪽 | 외줄들명나방 283쪽 | 복숭아명나방 283쪽

혹명나방 283쪽 | 목화바둑명나방 284쪽 | 말굽무늬들명나방 284쪽 | 목화명나방 284쪽 | 포도들명나방 284쪽

흰띠명나방 285쪽 | 조명나방 285쪽 | 큰노랑들명나방 286쪽 | 몸노랑들명나방 286쪽 | 흰얼룩들명나방 286쪽

점애기들명나방 286쪽 | 구름무늬들명나방 287쪽 | 점붙이들명나방 287쪽 | 줄검은들명나방 287쪽 | 콩명나방 287쪽

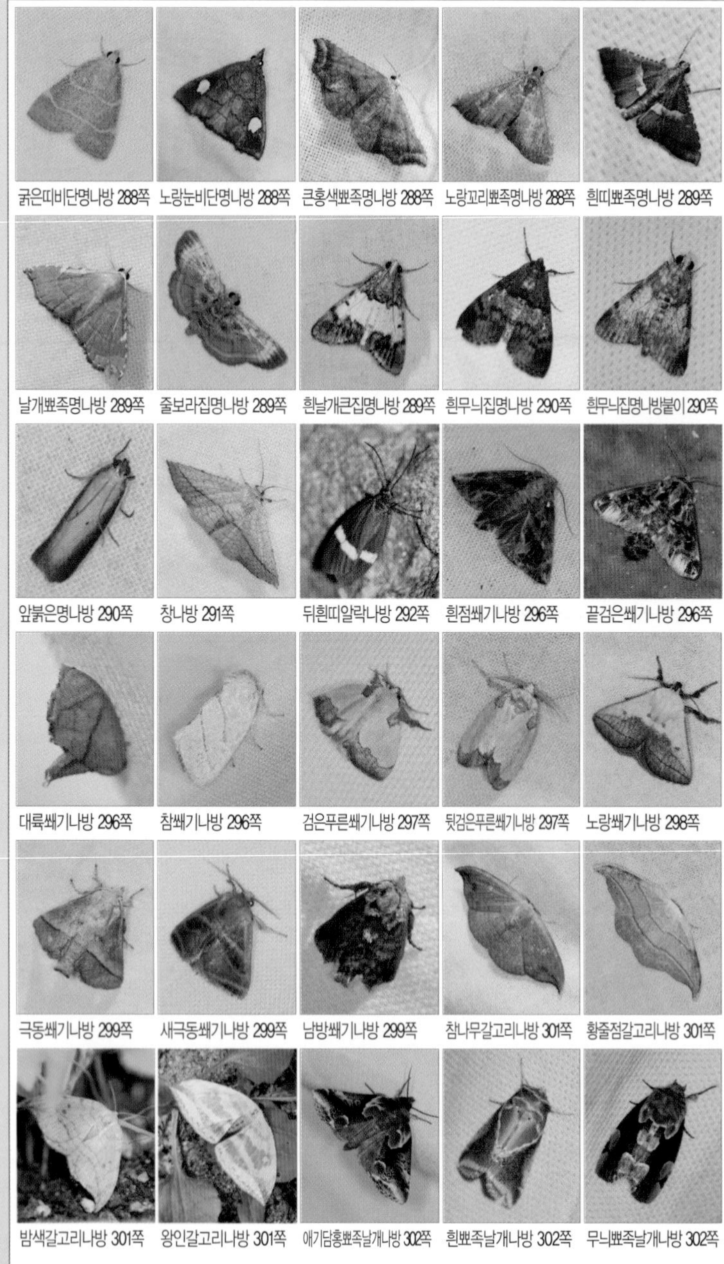

굵은띠비단명나방 288쪽 노랑눈비단명나방 288쪽 큰홍색뾰족명나방 288쪽 노랑꼬리뾰족명나방 288쪽 흰띠뾰족명나방 289쪽

날개뾰족명나방 289쪽 줄보라집명나방 289쪽 흰날개큰집명나방 289쪽 흰무늬집명나방 290쪽 흰무늬집명나방붙이 290쪽

앞붉은명나방 290쪽 창나방 291쪽 뒤흰띠알락나방 292쪽 흰점쐐기나방 296쪽 끝검은쐐기나방 296쪽

대륙쐐기나방 296쪽 참쐐기나방 296쪽 검은푸른쐐기나방 297쪽 뒷검은푸른쐐기나방 297쪽 노랑쐐기나방 298쪽

극동쐐기나방 299쪽 새극동쐐기나방 299쪽 남방쐐기나방 299쪽 참나무갈고리나방 301쪽 황줄점갈고리나방 301쪽

밤색갈고리나방 301쪽 왕인갈고리나방 301쪽 애기담홍뾰족날개나방 302쪽 흰뾰족날개나방 302쪽 무늬뾰족날개나방 302쪽

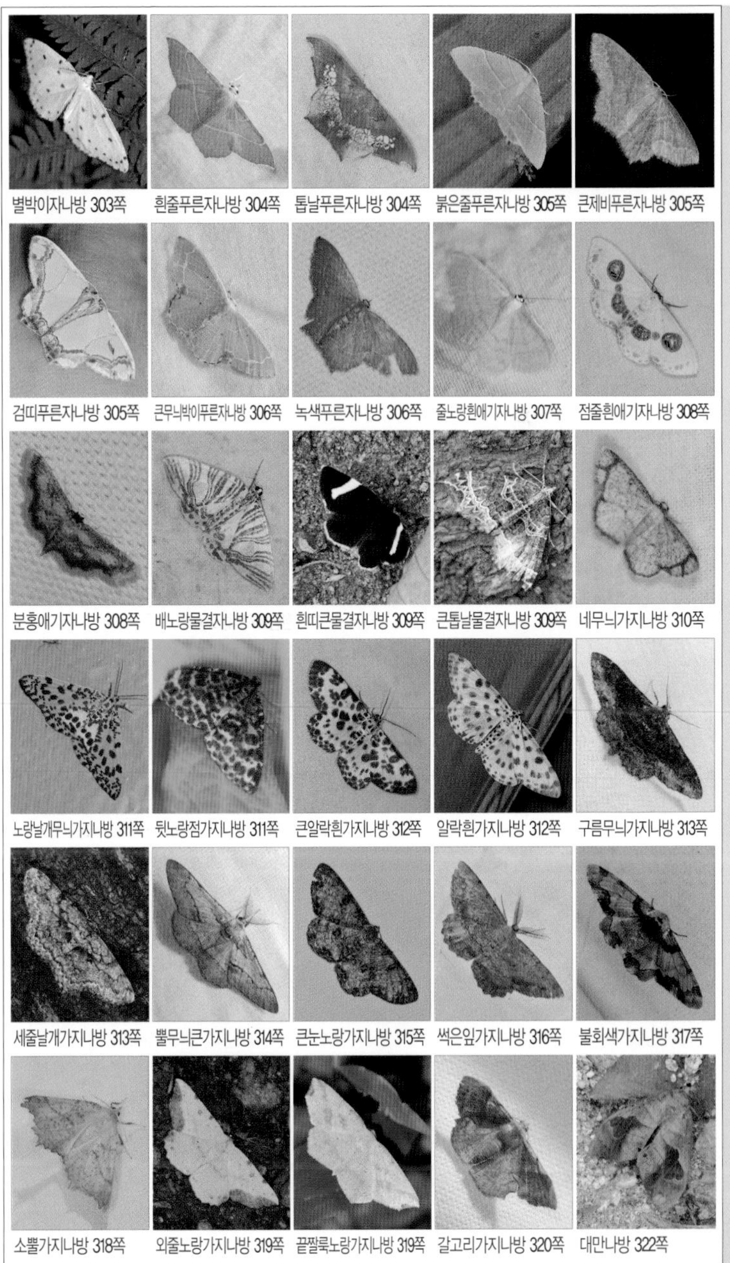

별박이자나방 303쪽
흰줄푸른자나방 304쪽
톱날푸른자나방 304쪽
붉은줄푸른자나방 305쪽
큰제비푸른자나방 305쪽
검띠푸른자나방 305쪽
큰무늬박이푸른자나방 306쪽
녹색푸른자나방 306쪽
줄노랑흰애기자나방 307쪽
점줄흰애기자나방 308쪽
분홍애기자나방 308쪽
배노랑물결자나방 309쪽
흰띠큰물결자나방 309쪽
큰톱날물결자나방 309쪽
네무늬가지나방 310쪽
노랑날개무늬가지나방 311쪽
뒷노랑점가지나방 311쪽
큰알락흰가지나방 312쪽
알락흰가지나방 312쪽
구름무늬가지나방 313쪽
세줄날개가지나방 313쪽
뿔무늬큰가지나방 314쪽
큰눈노랑가지나방 315쪽
썩은잎가지나방 316쪽
불회색가지나방 317쪽
소뿔가지나방 318쪽
외줄노랑가지나방 319쪽
끝짤룩노랑가지나방 319쪽
갈고리가지나방 320쪽
대만나방 322쪽

밤

멧누에나방 323쪽 옥색긴꼬리산누에나방 324쪽 참나무산누에나방 325쪽 박각시 326쪽 큰쥐박각시 326쪽

녹색박각시 327쪽 물결박각시 327쪽 점박각시 328쪽 닥나무박각시 328쪽 아시아갈고리박각시 329쪽

점갈고리박각시 329쪽 콩박각시 330쪽 등줄박각시 331쪽 분홍등줄박각시 331쪽 벚나무박각시 332쪽

우단박각시 332쪽 머루박각시 333쪽 검은띠나무결재주나방 337쪽 밤나무재주나방 337쪽 곱추재주나방 338쪽

곧은줄재주나방 338쪽 꽃술재주나방 339쪽 은무늬재주나방 340쪽 먹무늬재주나방 340쪽 주름재주나방 341쪽

참나무재주나방 341쪽 줄재주나방 342쪽 기생재주나방 342쪽 배얼룩재주나방 343쪽 버들재주나방 343쪽

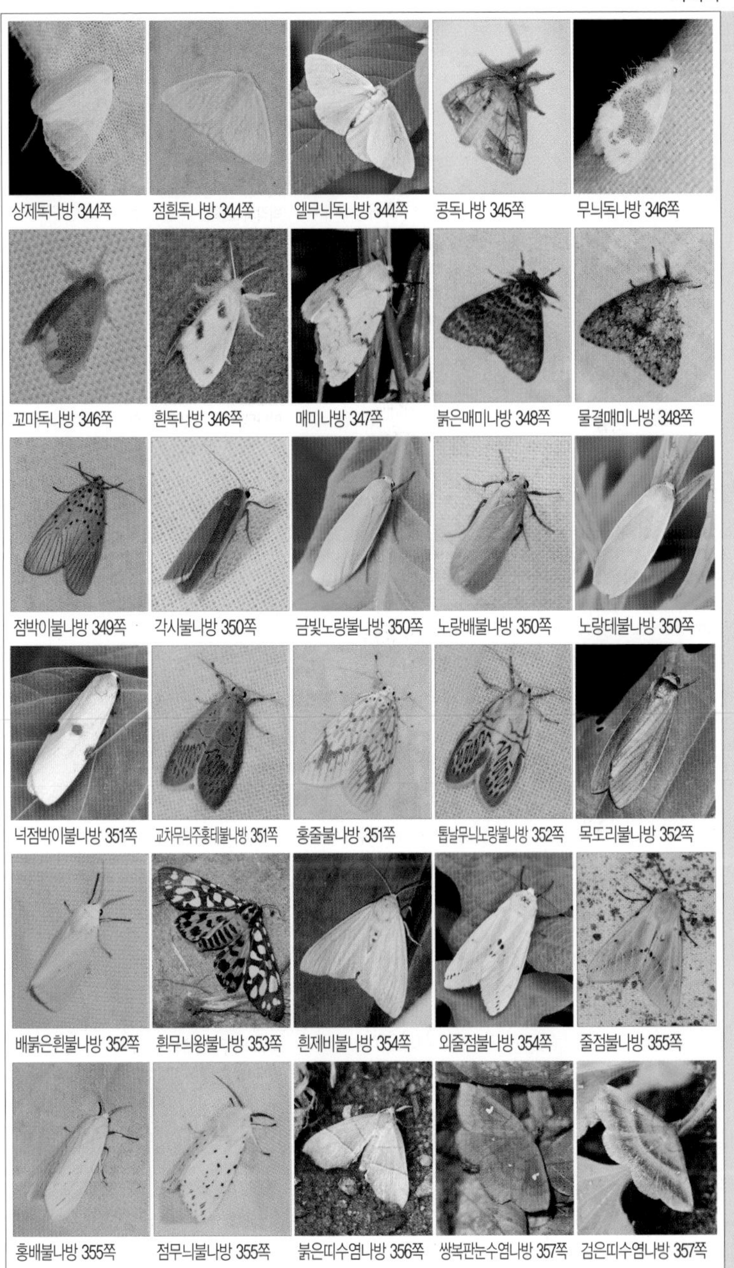

상제독나방 344쪽 · 점흰독나방 344쪽 · 엘무늬독나방 344쪽 · 콩독나방 345쪽 · 무늬독나방 346쪽

꼬마독나방 346쪽 · 흰독나방 346쪽 · 매미나방 347쪽 · 붉은매미나방 348쪽 · 물결매미나방 348쪽

점박이불나방 349쪽 · 각시불나방 350쪽 · 금빛노랑불나방 350쪽 · 노랑배불나방 350쪽 · 노랑테불나방 350쪽

넉점박이불나방 351쪽 · 교차무늬주홍테불나방 351쪽 · 홍줄불나방 351쪽 · 톱날무늬노랑불나방 352쪽 · 목도리불나방 352쪽

배붉은흰불나방 352쪽 · 흰무늬왕불나방 353쪽 · 흰제비불나방 354쪽 · 외줄점불나방 354쪽 · 줄점불나방 355쪽

홍배불나방 355쪽 · 점무늬불나방 355쪽 · 붉은띠수염나방 356쪽 · 쌍복판눈수염나방 357쪽 · 검은띠수염나방 357쪽

밤

흰점멧수염나방 357쪽 노랑무늬수염나방 358쪽 줄수염나방 358쪽 복판눈수염나방 358쪽 넓은띠담흑수염나방 358쪽

가운데흰수염나방 359쪽 활무늬수염나방 359쪽 뒷노랑수염나방 359쪽 흰줄노랑뒷날개나방 360쪽 붉은뒷날개나방 360쪽

광대노랑뒷날개나방 361쪽 연노랑뒷날개나방 361쪽 잿빛노랑뒷날개나방 361쪽 사과나무노랑뒷날개나방 362쪽 꼬마노랑뒷날개나방 362쪽

꼬마구름무늬나방 363쪽 큰갈색띠태극나방 363쪽 무궁화무늬나방 364쪽 톱니태극나방 364쪽 태극나방 365쪽

흰줄태극나방 366쪽 왕흰줄태극나방 366쪽 큰목검은나방 367쪽 점분홍꼬마짤름나방 367쪽 노랑줄꼬마짤름나방 367쪽

줄무늬꼬마짤름나방 368쪽 긴수염비행기나방 368쪽 쌍줄푸른나방 368쪽 큰쌍줄푸른나방 368쪽 흰무늬껍질밤나방 369쪽

붉은가꼬마푸른나방 369쪽 분홍꼬마푸른나방 369쪽 붉은무늬갈색애나방 369쪽 솔버짐나방 371쪽 노랑목저녁나방 371쪽

높은산저녁나방 371쪽 산저녁나방 372쪽 사과저녁나방 372쪽 흰줄이끼밤나방 372쪽 흰눈까마귀밤나방 373쪽

까마귀밤나방 374쪽 메밀거세미나방 374쪽 제주꼬마밤나방 374쪽 얼룩어린밤나방 374쪽 꼬마봉인밤나방 375쪽

점박이줄무늬밤나방 375쪽 줄흰무늬밤나방 375쪽 썩은밤나방 377쪽 검거세미밤나방 377쪽

뿔들파리 426쪽 갈로이스등에 398쪽 흰줄숲모기 393쪽

말벌 459쪽 뱀허물쌍살벌 465쪽 얼룩뱀잠자리 486쪽

밤

풀잠자리목

칠성풀잠자리 489쪽 애사마귀붙이 491쪽 명주잠자리 492쪽 뿔잠자리 493쪽

노린재목

땅노린재 538쪽 청동노린재 549쪽 썩덩나무노린재 556쪽 얼룩대장노린재 565쪽

갈색날개노린재 567쪽 진방물벌레 604쪽 소금쟁이 606쪽 귀매미 615쪽 신부날개매미충 622쪽

부채날개매미충 622쪽 일본날개매미충 623쪽 남쪽날개매미충 623쪽 갈색날개매미충 623쪽 동해긴날개멸구 624쪽

남방점긴날개멸구 625쪽 희조꽃매미 629쪽 애매미 632쪽 늦털매미 633쪽

메뚜기목

애여치 639쪽 검은다리실베짱이 646쪽 샴귀뚜라미 657쪽 왕귀뚜라미 658쪽

좀방울벌레 661쪽 | 좁쌀메뚜기 666쪽 | 장삼모메뚜기 667쪽 | 잠자리목 | 나비잠자리 730쪽

밤에 불빛에 유인되어 날아온 곤충

속명 찾아보기

A

Q

호박벌

곤충 이름 찾아보기

ㄱ

ㅇ

ㅈ

저자 한영식

지구에서 가장 다양한 곤충의 세상에 매료되어 곤충을 탐사하고 연구하는 곤충연구가로 현재 곤충생태교육연구소 〈한숲〉 대표로 활동하고 있다. 숲해설가, 유아숲지도사, 자연환경해설사 양성과정 및 도서관, 학교 등에서 자연 교육을 진행하고 있으며 KBS, SBS, EBS 등의 다큐 방송에 자문을 하고 있다.

곤충생태교육연구소 〈한숲〉 : cafe.daum.net/edu-insect

곤충 쉽게 찾기

초판 1쇄 – 2020년 4월 28일 **초판 3쇄** – 2022년 3월 10일
개정판 인쇄 – 2024년 7월 25일 **개정판 발행** – 2024년 8월 1일
사진·글 – 한영식
발행인 – 허진
발행처 – 진선출판사(주)
편집 – 김경미, 최윤선, 최지혜
디자인 – 고은정
총무·마케팅 – 유재수, 나미영, 허인화
주소 – 서울시 종로구 삼일대로 457 (경운동 88번지) 수운회관 15층
전화 (02)720 – 5990 팩스 (02)739 – 2129
www.jinsun.co.kr
등록 – 1975년 9월 3일 10 – 92

※ 책값은 뒤표지에 있습니다.

ISBN 979-11-93003-53-4 06490

진선books는 진선출판사의 자연책 브랜드입니다.
자연이라는 친구가 들려주는 이야기 – '진선북스'가 여러분에게 자연의 향기를 선물합니다.

곤충 크기 측정 방법

곤충은 종류에 따라 모양과 빛깔, 무늬 등이 각기 다르다. 또한 종류마다 개체의 크기가 다르기 때문에 크기를 알면 어떤 곤충인지 구별하는 데에 큰 도움이 된다. 곤충의 크기를 측정하는 방법은 다음과 같다.

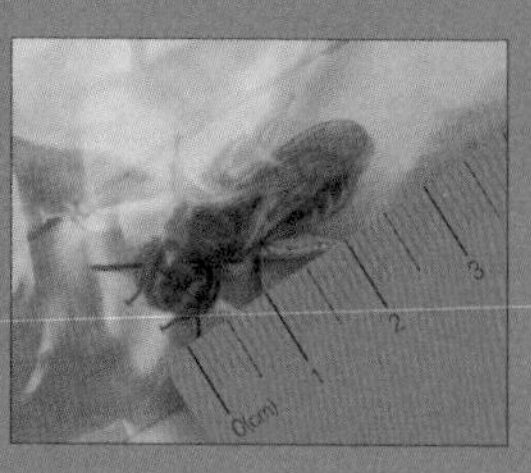

❶ 곤충을 채집해서 비닐백(지퍼백)에 넣는다.

❷ 채집한 곤충을 비닐백 한쪽 구석으로 이동시킨다.

❸ 곤충 위치를 자의 영점(0)에 맞추고 크기(몸 길이 또는 날개 편 길이)를 잰다.

❹ 측정한 곤충의 크기를 《곤충 쉽게 찾기》에서 확인한다.